AKADEMIE DER WISSENSCHAFTEN DER DDR
ZENTRALINSTITUT
FÜR ALTE GESCHICHTE UND ARCHÄOLOGIE

BIBLIOTHECA
SCRIPTORVM GRAECORVM ET ROMANORVM
TEVBNERIANA

LEIPZIG

BSB B. G. TEUBNER VERLAGSGESELLSCHAFT
1988

EVRIPIDES

PHOENISSAE

EDIDIT

DONALD JOHN MASTRONARDE

LEIPZIG

BSB B.G. TEUBNER VERLAGSGESELLSCHAFT

1988

Bibliotheca
scriptorum Graecorum et Romanorum
Teubneriana
ISSN 0233-1160
Redaktor: Günther Christian Hansen
Redaktor dieses Bandes: Günther Christian Hansen

ISBN 3-322-00461-9

1. Auflage
VLN 294/375/18/88 · LSV 0886
Lektor: Manfred Strümpfel
Printed in the German Democratic Republic
Gesamtherstellung: INTERDRUCK Graphischer Großbetrieb Leipzig,
Betrieb der ausgezeichneten Qualitätsarbeit, III/18/97
Bestell-Nr. 666 453 1
05900

T. C. W. Stinton (1925—1985)
in memoriam

PRAEFATIO

§ 1–8 de codicibus Phoenissarum; § 9 de gnomologiis; § 10 de papyris; § 11–12 de testimoniis et scholiis; § 13–14 de interpolationibus; § 15–16 de editionibus; § 17–19 de huius editionis ratione; § 20–21 de rebus orthographicis; § 22 peroratio

1. Codicum anno 1600 vetustiorum, si e summa apographa excludimus, exstant ca. 115 qui Euripidis Phoenissarum textum continent. et horum codicum[1]) et ceterorum conspectum invenies in studio praeclaro ab A. Turyn confecto[2]) necnon nonnullorum ampliorem cognitionem in opere maxime necessario ad triadis Euripideae traditionem extricandam a K. Matthiessen confecto.[3]) codices qui maximi momenti esse videbantur ad Phoenissarum textus traditionem cognoscendam una cum viro docto et amico J. M. Bremer Amstelodamensi contuli, de quibus studia varia a me conscripta alibi edita sunt.[4])

Horum codicum stemma aegre construas, eoque magis quod Phoenissae iam antiquitus lectitatae primum inter fabulas scholiis instructas numeratae sunt, deinde tertia fabula triadis quam dicunt Byzantinam factae sunt, unde magistri, scribae, lectores saepe codices unum cum altero contulerunt sic ut traditio maxima ex parte contaminata vel (ut nunc dicimus) aperta eveniret. genera autem atque familias codicum cognoscas, modo ne postules ut constanter fideles codices adfines sint.

2. Quinque sunt codices quos veteres nomino, anno 1260 antiquiores, ω
quippe qui exarati sint antequam floruerunt nova studia aetatis Palaeo-

---

1) Praeter Vaticanum graecum 1824, foll. 31^r-53^r, de quo vide sis quae scripsi GRBS 26, 1985, 99–102.

2) Alexander Turyn, The Byzantine Manuscript Tradition of the Tragedies of Euripides (Illinois Studies in Language and Literature, vol. 43), Urbanae 1957.

3) Kjeld Matthiessen, Studien zur Textüberlieferung der Hekabe des Euripides (Bibl. der kl. Altertumswissenschaften, N. F., 2. Reihe, Bd. 52), Heidelbergae 1974.

4) Donald J. Mastronarde and Jan Maarten Bremer, The Textual Tradition of Euripides' Phoinissai (Univ. of California Publications: Classical Studies, vol. 27), Berkeleiae 1982 (quod dehinc breviter Text. Trad. citatur). addenda et corrigenda nonnulla edidi in Notes on Some Manuscripts of Euripides' Phoenissae, GRBS 26, 1985, 99–109.

loganae litteris Graecis dedicata et a viris doctis quorum nomina cognoscimus et a scribis nunc anonymis. his adfines sunt duo codices, **C** et **Ad** (quod ad versus 1–400 attinet). consensum codicum **MHBOVC(Ad)** siglo ***ω*** designo.

M Marcianus graecus 471, membraneus, saeculo xi scriptus, scholiis veteribus instructus. correctiones plerumque a prima manu (**M**^{1pc}) et a manu quae paene eiusdem aetatis est (**M**^{2}) factae sunt, raro a manu rudi et recentiori (**M**^{3}). hic est princeps codicum Phoenissas continentium, lectionibus insignis perraris (plerumque veris vel vero proximis: ex. gr. 101, 625, 1438; cf. infra ad ***μ***).

H Hierosolymitanus patriarchalis 36, membraneus, saec. x–xi scriptus, scholiis veteribus instructus. codex rescriptus est sic ut Euripidea nunc vix legi possent nisi ope lucis inusitati.[1]) hodie exstant Phoenissarum versus tantum 811–899 et 1601–1700.

B Parisinus graecus 2713, membraneus, saec. x–xi scriptus, scholiis veteribus instructus. insunt correctiones a prima manu (**B**^{1pc}), a manu quae paene eiusdem aetatis est (**B**^{2}), a manu quae aetatis Palaeologanae esse videtur (**B**^{3}) factae.

O Laurentianus 31. 10, chartaceus (e charta fortasse in Hispania ad modum chartae orientalis facta), ca. 1175 scriptus.[2]) correctiones maxima ex parte a prima manu (**O**^{1}: scribae Ioannicii) factae, paucae ab altera manu (**O**^{2}). in primis sescentis vel septingentis Phoenissarum versibus codici **M** adfinis est (cf. infra ad ***μ***), in reliqua autem dramatis parte non magis **M** adfinis quam aliis veterum saepe veterrimus evenit testis lectionum in recentioribus codicibus vulgatarum.

V Vaticanus graecus 909, chartaceus (e charta orientali), ca. 1250–1280 scriptus, scholiis veteribus instructus. correctiones et a prima manu (**V**^{1pc}) et a paulo recentiore manu (**V**^{2}, Palaeologanae aetatis indolem prae se ferente) factae; nonnumquam non potest decerni utra manus correctionem fecerit (**V**^{pc}); etiam perrarae correctiones a tertia manu (**V**^{3}) factae.[3])

1) Stephan G. Daitz, The Jerusalem Palimpsest of Euripides. A Facsimile Edition with commentary, Berolini 1970; vide etiam S. G. Daitz, The Scholia in the Jerusalem Palimpsest of Euripides. A Critical Edition (Bibl. der kl. Altertumswissenschaften, N. F., 2. Reihe, Bd. 64), Heidelbergae 1979.

2) Nigel G. Wilson, A Mysterious Byzantine Scriptorium: Ioannikios and his colleagues, Scrittura e Civiltà 7, 1983, 161–176; vide etiam J. Irigoin, La tradition manuscrite des tragiques grecs dans l'Italie méridionale au XIIIe siècle et dans les premières années du XIVe siècle, in: Bisanzio e l'Italia. Raccolta di studi in memoria di Agostino Pertusi (Univ. Catt. del Sacro Cuore, Milano. Scienze filologiche e letteratura, 22), 1982, 132–143.

3) Vide sis quae scripsi GRBS 26, 1985, 106–108.

Taurinensis B. IV. 13, chartaceus[1]), ca. 1300–1350 scriptus, Phoen. **C**
1–1164 continet scholiis veteribus instructos.

Athous Dionysii 334, chartaceus, saec. xv scriptus. adfinitatem insignem **Ad**
cum codicibus **MO** in versibus 1–400 (etiam aliquando in 401–600)
praebet (cf. infra), post versum 400 maxima ex parte cum recensione **χ**
congruus nonnisi perraro notatur.

In versibus 1–400 (raro in 401–600) codices **MOAd** saepe inter se **μ**
congruunt in lectionibus non alibi praebitis, plerumque falsis (ex. gr. 62, 125, 134, 199, 237, 263) sed nonnumquam veris vel vero proximis (186, 198, 223, 264, 301–302, 309). consensum **MOAd** siglo **μ** designo.

Praeter familiam **μ** non facile discernes duo tresve codicum veterum inter se constanter consentientes, quandoquidem nunc hic nunc ille ab ceteris recedit. monendum est ne hos quidem codices, quamquam aetate Palaeologana antiquiores sint, coniecturis manifestis scribarum carere, praecipue **B** (572, 909, 1456) et **O** (302–303, 945, 1240, 1353, 1574, 1596).

3. Recentiores nomino duodeviginti codices post annum 1260 scriptos qui vel omnino non vel parum arte cum recensionibus virorum doctorum Moschopuli, Thomae, Triclinii cohaereant. ex quibus duo sunt indolis mixtae[2]):

Cremonensis 130, chartaceus, saec. xiv medio scriptus, Phoen. 1–1065 **Cr**
et 1231–1586 continens, saepe cum **P** vel cum **L** vel cum **Λ** (vide infra)
facit.

Ambrosianus L 39 sup., chartaceus, ca. 1320 scriptus, saepe cum **χ** **G**
(vide infra) consentit sed saepe etiam cum **V** vel cum **P**. correctiones
pleraeque a manu prima ($\mathbf{G}^{1pc}$), paucae ab altera manu ($\mathbf{G}^{2}$) factae.
nonnullas coniecturas (etiam metricas) suo Marte fecisse videtur scriba
doctus (ex. gr. 618, 773, 1282, 1322, 1352, 1656).

4. Sex sunt codices recentiores familiae **Θ**, ad quam cognoscendam vide **Θ**
errores communes in app. crit. ad 70, 90, 239, 413, 1335, 1587, alibi (cf. Text. Trad. 41sqq.).

---

1) Nisi verba 'e charta orientali' adduntur, intelligas sis codices chartaceos e charta occidentali factos esse.

2) Diu mecum volvi an hos in editione hac citari oporteret, tandemque statui ut apparatus criticus amplior in quo **Mn** vel **Rw** vel codices Thomano-Tricliniani citarentur etiam hos recte complecteretur.

Ab Ambrosianus F 74 sup., chartaceus, ca. 1300[1]) in Italia meridionali scriptus, Phoen. 1–702 continet. correctiones ab altera manu (**Ab**^{2}) factae.

R Vaticanus graecus 1135, membraneus, saec. xiii exeunte (vel fortasse medio) in Italia meridionali scriptus. correctiones et a prima manu (**R**^{1pc}) et ab altera manu (**R**^{2}) factae.

Mn Monacensis graecus 560, chartaceus, saec. xiv scriptus, Phoen. 1–1586 et 1632–1742 continet, scholiis veteribus instructos.

S Salamantinus 31, chartaceus, anno 1326 a scriba Ioanne Calliandro scriptus, scholiis veteribus instructus, continet Phoen. 1–871, 921–1424, 1487–1766.

Vr Palatinus graecus 343, chartaceus, ca. 1500 scriptus ab uno Gregoropulorum (Ioanne, ut mihi videtur, qui etiam editionem Aldinam curavit: vide § 15), Phoen. 63–1766 scholiis veteribus instructos continet.

W Athous Iberorum 209 (olim 161), chartaceus, ca. 1300 scriptus, Phoen. 1150–1766 continet. correctrices manus plerumque aegre distinguuntur (**W**^{pc}, **W**^{2}).

α, β, γ, ϑ Intra familiam ***Θ*** consensum **Ab R** (in vv. 1–702) siglo ***α*** designo, consensum **Mn S Vr** ***β***. codex **Vr** nonnumquam ab **Mn S** dissentit quoniam exemplar de quo descriptus est correctum esse videtur adhibito codice aliae familiae (nonnumquam traditionis ***χ***). ubi **Vr** cum aliis facit, consensum **Mn S** ***γ*** nomino. etiam codex **W** saepe contaminatam traditionem praebet, unde consensum **R Mn S Vr** ***ϑ*** nomino ubi **W** a familia sua desciscit. familiae ***Θ*** traditionem fideliter praebet etiam codex Hauniensis 417 (**Hn**) cuius lectiones hic illic ab editoribus citatae sunt.

Φ 5. Tres sunt codices familiae ***Φ***, ad quam cognoscendam vide errores communes in app. crit. ad 66, 95, 924, 925, 984, alibi (cf. Text. Trad. 39 sqq.). omnes chartacei sunt (e charta orientali), scripti saec. xiii exeunte a scribis doctis quorum similes sunt manus.

F Marcianus graecus 468. scriba ipse nonnullas correctiones fecit eodem atramento usus quo textum scripsit (**F**^{1pc}), deinde atramento mutato *διορθωτοῦ* partibus functus plures intulit (**F**^{c}); etiam a manu recentiori (**F**^{2}) nonnullae correctiones illatae sunt.

Pr Remensis 1306 Phoen. 1–123a et 879–1766 continet scholiis veteribus instructos.

---

1) Chartam huius codicis orientalem esse dixit Matthiessen; Irigoin autem (in opere in p. VI adn. 2 supra citato) chartam in Italia factam esse affirmat necnon codicem annis 1305–1315 scriptum esse, chartae signis inspectis.

Vaticanus graecus 1345 a quodam Theodoro scriptus, scholiis veteribus selectis instructus. **Sa**

Ubi deficit **Pr** vel a familia desciscit, consensus **F Sa** designatur ***φ***. codex **Sa** saepe cum familia ***Θ*** vel aliqua eius parte consentit contra **F** vel **F Pr**. nonnumquam in parte altera dramatis $\mathbf{F}^1$ ab **Pr Sa** dissentit, sed $\mathbf{F}^c$ lectionem codicibus **Pr Sa** communem intulit, unde consensum $\mathbf{F}^c$ **Pr Sa** siglo $\boldsymbol{\Phi}^c$ nomino. ***φ***, $\boldsymbol{\Phi}^c$

6. Quinque sunt codices familiae ***Ψ***, ad quam cognoscendam vide errores communes in app. crit. ad 291, 351, 417, 444, 523 alibi (cf. Text. Trad. 44 sqq.). errores communes vere familiae ***Ψ*** proprii pauci sunt, quoniam non solum unus alterve horum codicum saepe a familia sua desciscit contaminationem traditionis praebens sed etiam familia ipsa saepe cum familia ***Θ*** facit vel lectiones testatur quae etiam in codicibus Thomano-Triclinianis vulgantur. ***Ψ***

Ambrosianus C 44 sup., chartaceus, saec. xiv scriptus, Phoen. 1–1651 continet. correctiones plerumque a manu altera ($\mathbf{Aa}^2$) et tertia ($\mathbf{Aa}^3$) factae, sic ut lectiones correctae saepe cum recensione ***χ*** congruerent. nonnumquam $\mathbf{Aa}^1$ a familia sua desciscens cum ***Θ*** consentit. **Aa**

Laurentianus conventi soppressi 172, membraneus, ca. 1320–1325 scriptus in circulo scribarum Tricliniano. manus prima ($\mathbf{P}^1$) sescenties inepte in scribendo erravit, sescenties se ipsa correxit. paucae correctiones a manu recentiori ($\mathbf{P}^2$) factae sunt. saepissime a codicibus familiae suae dissentiens contaminatam traditionem praebet **P**, tum recensioni ***χ*** vel codicibus Thomano-Triclinianis tum alteri alicui codici communem. **P**

Laurentianus 32. 33, chartaceus (e charta orientali), ca. 1300 scriptus, Phoen. 1–1726 continet, scholiis veteribus instructos. correctiones plerumque a manu prima factae ($\mathbf{Rf}^{1pc}$), nonnullae autem ab altera manu ($\mathbf{Rf}^2$). **Rf**

Vaticanus graecus 1332, chartaceus (e charta orientali), saec. xiv (vel 1300–1350?)[1]) scriptus, Phoen. 1001–1766 continet scholiis veteribus instructos. textum scholia correctiones nonnullas atramento fusco scripsit $\mathbf{Rv}^1$, glossemata personarum notas correctiones alias scripsit codicis rubricator ($\mathbf{Rv}^r$), deinde alias correctiones intulit manus altera ($\mathbf{Rv}^2$), nigro atramento usa. **Rv**

Vindobonensis philologicus graecus 119, chartaceus (e charta orientali), ca. 1300 scriptus, Phoen. 1–1271 continet, scholiis maxima ex parte **Rw**

---

1) De aetate huius codicis vide GRBS 26, 1985, 108, ubi corrigitur id quod Text. Trad. 9 dixeram alii testi confisus.

veteribus ad versus 1–1028 instructos. qui codex proprios errores plerosque praebet, scriba glossemata in textum inferente vel verba traiciente vel aliter confundente.

δ, ε Intra familiam ***Ψ*** saepe inter se consentientes invenies codices **Rf Rv Rw** (vel horum qui duo exstent): vide app. crit. ad 362, 381, 515, 1009, 1308, alibi necnon lectiones codici **W** communes ad 1244, 1409, 1446, 1482, alibi. consensum **Rf Rv Rw** (vel ex his duorum qui exstent) ***ε*** nomino, commoditatis gratia etiam consensum **AaP *δ*** designo. familiae ***Ψ*** accedit etiam codex multo recentioris aetatis, Harleianus 6300 (**J**) qui aut e gemello codicis **Rf** pendet aut e apographo leniter correcto.

6. Quinque sunt codices recentioribus similes quos citare supersedendum censui: Athous Vatopedianus 671 (**At**) qui nihil bonum idemque novum adferat; Marcianus 516, Vaticanus 1824 (quod ad folia 86^r-86^v attinet), Coislinianus 169 (quod ad folia 277^r-282^v attinet), qui tantum paucas lineas contineant; Leidensis Vossianus graecus Q 33, qui mixtae indolis esse legitur. etiam codicum inter Moschopuleos infra recensitorum sunt qui mixtam indolem praebeant, tum Moschopuleae recensioni tum recentiorum alicui familiae consentientes.

7. Reliqui codices saltem aliquam in partem cum viris doctis aetatis Palaeologanae Moschopulo Thoma Triclinio aliquo modo consociari possunt.

Ξ Quinque sunt codices qui variis modis inter se cohaereant non solum minutias orthographicas easdem saepe testantes sed etiam alia indicia diligentiae scribarum doctorum aetatis Palaeologanae (vel etiam aetatis prioris?) prae se ferentes. horum codicum consensum (**A Mt X Xa Xb**) commoditatis causa ***Ξ*** nomino.

A Parisinus graecus 2712, membraneus, ca. 1300 scriptus. manus prima correctiones paucas fecit ($\mathbf{A}^{1pc}$), plurimas eadem manus vel rubricatoris vel *διορθωτοῦ* partibus functa ($\mathbf{A}^r$, $\mathbf{A}^c$); nonnullas lectiones rescripsit vel correxit manus recentior ($\mathbf{A}^2$).

Mt Matritensis 4677, chartaceus (e charta orientali), saec. xiv (ineunte?) scriptus, Phoen. 1–1708 continet. $\mathbf{Mt}^{pc}$ saepe lectiones proprias recensionis Moschopuleae intulit necnon paraphrases et scholia quaedam Moschopuli addidit.

κ consensum **A Mt** nomino ***κ***, ad quam cognoscendam vide app. crit. ad 295, 340, 525, 569, 744–745, alibi (cf. Text. Trad. 47sq.).

χ in hac codicum serie (***Ξ***) numeranda est recensio quam dicunt Moschopuleam (***χ***): cave autem ne putes omnes lectiones recensionis ***χ*** proprias a Moschopulo ipso profectas vel etiam approbatas esse (vide Text. Trad. 94–95). quae recensio e lectionibus communibus (vide Text. Trad. 93 sqq.), versuum divisionibus, glossematibus paraphrasibus scholiis Moschopulo ipsi a Triclinio tributis definite cognita e tribus praecipuis testibus citatur, quamquam exstant plus quam sexaginta codices vel fideliter vel contaminate hanc recensionem praebentes.[1])

Oxoniensis Bodleianus Auct. F. 3. 25, chartaceus, ca. 1330–1350 scriptus. **X**

Oxoniensis Barocci 120, chartaceus, ca. 1320–1330 scriptus. **Xa**

Laurentianus conventi soppressi 71, chartaceus, saec. xiv scriptus, Phoen. 1–1687 continet. **Xb**

8. Septem codices citavi ad recensionem quam Thomano-Triclinianam dico pertinentes, quorum plerique e glossematibus, paraphrasibus, scholiis Thomae Magistro a Triclinio tributis cognoscuntur. Thomas ipse mihi videtur lectiones varias nonnullas collegisse et scholia varia conscripsisse, non vero exemplar unicum diligenter praeparasse de quo deriventur huius generis codices (nedum illum duas recensiones praeparasse, sicut credidit A. Turyn). potius existimandum scribas in circulo Thomano-Tricliniano Thessalonicensi, inter quos principem locum tenebat ipse Demetrius Triclinius, variis modis selegisse et supplevisse scholia Thomana necnon variarum lectionum unam alteri praetulisse vel coniecturas intulisse. etiam suspiceris nonnullas coniecturas in codicibus quos Thomanos iudicavit A. Turyn inventas Triclinio tribuendas esse.

Laurentianus 32. 2, chartaceus, ca. 1300–1320 scriptus et in aliis fabulis diligenter a Triclinio ipso correctus, in Phoenissis raro. correctiones et a **L**

---

1) Praeter **XXaXb** et codicis **Ad** partem posteriorem (vide supra) ipse strictim inspexi tredecim hos: Laurentianos 31. 5 et conv. soppr. 98 (**Yf**), Londinensem Add. 4952, Parisinos 2801 et suppl. 393 (**An**), Coislinianum 169, Vaticanos graecos 56 et 50, Palatinum 42, Guelferbytanum Gudianum 15, Neapolitanum II. F. 9 (**Y**), Marcianum 469 (**Yv**), Parmensem 154 (**Tp**). quinquaginta alios recensionis Moschopuleae codices Phoenissas continentes non vidi: Atheniensem Siderideanum 14, Bruxellenses 4280–83 et 11278–79, Cantabrigiensem C. C. C. 403, Laurentianos 31. 6, 31. 9, 31. 18, 31. 21, 31. 34, conv. soppr. 11, Leidenses Vossianum graecum F 38 et Bibl. Publ. graecum 61e, Mantuanum A. III. 20, Ambrosianos B 97 sup., G 43 sup., I 36 sup., Mutinensem *α*. U. 9. 19, Monacensem graecum 500, Neapolitanos II. F. 37, II. F. 38, II. F. 40, II. F. 42, Oxonienses Bodleianos Auct. F. 4. 1, Auct. T. 4. 10, Barocci 34, 66, Laud gr. 54, Parisinos graecos 2795, 2800, 2802, 2803, 2805, Sinaiticos graecos 1195, 1415, Vaticanos graecos 52, 896, 907, 1363, 2237, 2379, Palatinum 140, Urbinatem 140, Marcianos 470, 515, IX. 11, Vindobonenses phil. gr. 161, 163, 180, 197, 289. etiam duo codices huius recensionis deperditi sunt intra hos centum annos: Dresdensis Da. 22 et codex Thessalonicensis sine numero, de quo scripsit P. N. Papageorgiou, *Ἀθήναιον* 10, 1881, 286 sqq.

prima manu factae (L^{1pc}) et a manu altera (L^2), quae saepe litteras inepte vel ambigue a L^1 scriptas planius rescripsit. raras correctiones sine dubio Triclinio tribuendas siglo L^t notavi. (nonnumquam inter L^2 et L^t aegre distinguas.)

Z Cantabrigiensis Nn. 3. 14, chartaceus, saec. xiv scriptus (ca. 1330–1350?), Phoen. 1–333 et 377–1766 continet, scholiis Thomanis instructos. gemellus huius codicis exstat Arundelianus 540, saec. xv scriptus (**Za**).

Zb Vaticanus graecus 51, chartaceus, ca. 1320–1330 scriptus, scholiis Thomanis tantum ad versus 1–600 instructus. lectiones e recensione Moschopulea illatae, emendationes quaedam, adnotationes trochaicorum et lyricorum versuum auctoritatem Triclinii prae se ferre videntur potius quam recensionem alteram Thomae tribuendam (sicut credidit A. Turyn). correctiones intulerunt manus prima (Zb^{1pc}), rubricator (Zb^r), manus *διορθωτοῦ* (Zb^c) quae atramento subfusco usa est, manus altera (Zb^2), quae nigro atramento usa est.

Zc Hauniensis 3549, chartaceus, ca. 1315 scriptus, Phoen. 1–1658 continet scholiis Thomanis tantum ad 1–102 instructos.

Zm Ambrosianus I 47 sup., chartaceus, saec. xiv (medio?) scriptus, scholiis Thomanis instructus. correctiones paucae factae a rubricatore (Zm^r), plurimae a manu altera (Zm^2). gemellus huius codicis exstat Vaticanus graecus 1824 (foll. 31^r–53^r), ca. 1300–1325 scriptus (**Zv**), de quo vide GRBS 26, 1985, 99sqq.

Zu Upsaliensis graecus 15, chartaceus, ca. 1300–1350 scriptus, Phoen. 1–58 et 101–1593 continet scholiis Thomanis instructos. hic codex et in textu et in scholiis proxime codici **Zm** accedit.

T Angelicus graecus 14, chartaceus, ca. 1300–1325 scriptus, Phoen. 1–1760 continet partim a Triclinio ipso (T^t) scriptos, partim ab altero scriba (T^z) ad usum Triclinii, qui ipse glossemata, scholia, correctiones intulit. quae non decernere potui utrum T^t an T^z scripserit vel correxerit siglo **T** vel T^{pc} notavi. a scriba T^z scripti sunt versus 1–102 (etiam 103–106 scripserat, sed in fine folii 108^v erasi sunt a Triclinio ut sequens folium a versu 103 inciperet), 385–637, 713–783, 851–993, 1082–1226, 1376–1483 (in fine folii 157^v addidit 1484 Triclinius ipse), 1603–1709; reliqui versus a T^t. glossematibus et scholiis nominatim Moschopulo tributis crucem praefixit T^t, Thomanis litteram initialem maiorem; scholia maxima ex parte metrica a se ipso conscripta et cruce et vocabulo *ἡμέτερον* notavit. ubi deficit vel vix legitur **T**, apographum eius Vaticanum Urbinatem graecum 142 (**Ta**, saec. xiv medio scriptum) contuli. octo sunt alii codices qui de **T** pendeant. quorum ipse strictim inspexi Arundelianum 522, Vaticanos graecos 2241 et 897, Palatinum graecum 223; non vidi Ambrosianos A 104 sup. et A 115 sup., Parisinum 2812, Salamantinum 243.

Consensum codicum **Z Zb Zc Zm Zu** (vel horum quotquot exstant) ζ, ζ̣
commoditatis causa ζ nomino, consensum quattuor ex his (vel trium ubi tantum quattuor exstant) ζ̣. siglo ζ̣ usus sum etiam si lectio communis in uno vel altero codicum post correctionem vel supra lineam illata est. septem sunt codices quos non citavi familiae vel potius generi ζ accedentes. duo ipse strictim inspexi: Cantabrigiensem Mm. 1. 11 (a Porsono citatum sub siglo Cant.), Londiniensem Add. 10057; reliquos non vidi, Parisinum graecum 2797, Perusinum G 84, Salamantinum 280, Sinaiticum graecum 1196, Vicentinum Bertolianum G. 3. 818.

Consensum **L ζ T** commoditatis causa *Λ* nomino, **λ** autem consensum *Λ*, **λ**
Lζ vel **L ζ̣**.

9. Iam criticus anonymus antiquus cuius sententiam inter argumenta in codicibus tradita invenimus hoc drama laudavit quod est *γνωμῶν μεστὸν πολλῶν τε καὶ καλῶν*. qui sententiarum amor non paulum valuit ad efficiendum ut Phoenissae in fabulis selectis (scholiis instructis) et deinde in triade quam dicunt Byzantinam numeraretur. unde non mirum est excerpta gnomica exstare non solum in Stobaeo sed etiam in gnomologiis quinque, duobus in papyris repertis ($\Pi^{i}\,\Pi^{j}$) et tribus in codicibus saec. xii – xiv scriptis.

Athous Vatopedianus 36, membraneus, saec. xii scriptus. **gV**

gnomologium Vatopedianum inter alia excerpta continet Euripidea ex Hecuba, Oreste, Phoenissis, Hippolyto, Medea, Andromacha, Alcestide, Rheso. in foliis 122^{r} – 123^{v} Phoenissarum versus continet octoginta tres hos: 198 – 201, 270 – 271, 355 – 356, 358 b *ἀναγκαίως* – 360, 374 – 375, 386, 388 – 389, 392 – 397, 403, 406 – 407, 438 – 440, 452 – 454, 461 – 464, 469 – 472, 494 – 496, 499 – 502, 507 – 510, 526 – 532 a *παῖ*, 538 b *τὸ γὰρ* – 540, 555 – 558, 597 (*εἰσορῶ* omisso), 721, 731, 772, 917, 965, 1214 – 1216, 1446, 1595 – 1596, 1622 – 1624, 1680, 1762 (*ἀλλὰ γὰρ* omisso), 1763 (*ἐκ θεῶν* omisso). apographum huius codicis est gnomologium Venetum in codice Marciano graeco 507 traditum.[1])

Barberinianus graecus 4, chartaceus (e charta orientali), ca. 1300 scriptus. **gB**

gnomologium Barberinianum inter alia continet excerpta Euripidea ex Andromacha, Alcestide, Troadibus, Rheso, Hippolyto, Medea, Bacchis, Hecuba, Oreste, Phoenissis. in foliis 29^{v} – 32^{v} continet Phoenissarum versus centum septuaginta septem hos: 1 – 3, 86 – 87, 127 – 130, 146 – 147, 161 b *ὁρῶ* – 162, 198 – 201, 243, 269 –

1) Vide G. A. Longman, Gnomologium Vatopedianum: the Euripidean Section, CQ 9, 1959, 129 sqq.

271, 286, 305–306a *προσεῖδον*, 357–360, 371–375, 382b *δεῖ ... θεῶν*, 385, 386, 388–389, 393–396, 401–407, 418, 424–425, 438–440, 442b *πένης ... ἀνήρ*, 452–453, 461–464, 469–472, 494–496, 499–502, 509–510a *ἔλαβεν*, 516b *πᾶν* –517, 521–540a *τοὔλασσον*, 554b *τά γ'* –558, 597b *δειλὸν* –599, 629b *μὴ ... αἰτιῶ*, 634–635, 689, 703, 713b *μῶν ... ὁρᾶν*, 721, 814, 847–848, 889–890, 917, 920, 922, 965–967, 1015–1018, 1200–1202, 1215–1218, 1320–1321, 1328, 1332–1334, 1380–1381, 1425–1426, 1440–1441, 1446, 1451–1459, 1543–1545, 1555–1556a *λέγω*, 1595–1596, 1612, 1622–1624, 1646–1647, 1689, 1691, 1726–1727, 1740, 1764–1766.

gE Escorialensis X. I. 13, chartaceus, saec. xiv ineunte scriptus.

gnomologium Escorialense inter alia continet excerpta Euripidea ex Hecuba, Oreste, Hippolyto, Phoenissis, Medea, Andromacha, Troadibus, Rheso. in foliis 324ᵛ–326ʳ Phoenissarum versus continet ducentos octoginta duos hos: 20–22, 30–31, 63, 74b *ἐπεὶ* –77a *ἀπωθεῖ*, 86–87, 93, 112–113, 121–122, 127b *ὡς* –128, 138, 146–149, 167b *ὡς* –169, 172, 198–201, 269b *κτύπον* –271, 294, 302–303, 350–352a *δαιμόνιον*, 355–356, 358b *ἀλλ'* –360, 363b *ξιφήρη* –364a *ἦλθον*, 374–375, 389b *ἔργῳ ... λόγῳ*, 390b *τί* –397, 403, 405–407, 425, 431–432, 435–442, 452–456, 458b *εἰς* –464, 467b *κριτὴς* – 472, 492–493, 499–502a *ὀνομάσαι*, 503–510a *ἔλαβεν*, 516b *πᾶν* –517, 521–523, 524–532a *παῖ*, 533–534, 536–542, 548b *κᾆτα* –550, 553b *τί* – 558, 563–565a *ἀνδρῶν*, 566, 569–570, 580b *ὦ* –582a *ἀπωλόμεθα*, 584–587, 588b *οὐ ... χρόνος*, 594b *τίς* –595, 597b *δεινὸν* –600, 605b *τίς ... ἐπεστρατευμένου*, 623b *αὐτὸ σημανεῖ*, 627, 634, 693, 713b *μῶν ... ὁρᾶν*, 715, 717a *ἔχει ... τἄργος*, 719, 721–722a *ὁδούς*, 723, 726–727, 729, 731, 745b *εἷς* –747a *ἀμφότερον*, 751, 763–764a *τυφλώσας*, 771, 875b *ἄνδρα* –879a *ἦλθον*, 881, 883–885, 894–895, 899, 903, 908, 917–919, 921–922, 954b *ὅστις* –956, 958b *φοῖβον* –959, 967, 994b *συγγνωστὰ* –996, 1001, 1013–1014a *δώσων*, 1078b *περιβολαί* –1079, 1128, 1177–1179a *ἀμείβων*, 1190–1195, 1204–1207a *λυπρῶς*, 1214–1218, 1261–1262, 1297, 1336b *οὐκ* –1337, 1350–1351, 1361–1362, 1368–1370, 1373b *ὦ* –1375, 1381–1383, 1388–1389, 1392–1393, 1404–1406, 1424, 1426, 1434–1435, 1449b *ὡς* –1452a *μῆτερ*, 1592b *καὶ* –1596, 1632–1633, 1640–1642, 1648b *τἀντεταλμέν'* –1649, 1653, 1685, 1688–1689, 1698, 1733–1734, 1762–1763.

10. Exstant non solum fragmenta papyracea librorum antiquorum Phoenissarum textum totum continentium sed etiam papyri, tabula lignea, testa continentes aliquot huius dramatis lineas in usum magistrorum vel discipulorum vel histrionum vel lectorum privatorum scriptas. quorum veterrimum fragmentum (***Π***⁵) saeculo iii a. C. n. scriptum esse videtur[1]), recentissimum (***Π***⁸) saeculo vi vel vii p. C. n., plurima autem saeculo ii vel iii p. C. n. lectiones paene omnium diligenter indagavimus J. M. Bremer et ego, partim fragmentis ipsis inspectis, partim novis imaginibus lucis ope expressis comparatis, partim viris disciplinae papyrologicae peritis consultis: vide quae scripsi de ***Π***⁵ et ***Π***³ in ZPE 38, 1980, 1–42 et 49, 1982, 7–14 necnon quae scripsit de aliis Bremer in Mn 36, 1983, 293–305 et (adiuvante K. A. Worp) in Mn 39, 1986.

1) Miro errore hunc papyrum saeculo i a. C. n. scriptum esse dixit A. Dihle (1981: vide conspectum librorum).

lectiones fragmentorum nuper editorum, scil. *Π*[19] *Π*[20] *Π*[21] necnon *Π*[4] eius partis quae versus 625–635 continet, per benignitatem editoris M. W. Haslam in hac editione citare potui (nec fragmenta nec imagines ipse inspexi). tabulam brevem papyrorum conspectui siglorum subiunctam invenies.

Tot testibus exstantibus non mirum ut paucas lectiones bonas non alibi inventas e papyris assecuti simus: 180 *ἐκεῖνος* (sine *ἑπτὰ*), 603 *τὰ πλ[είω* (nisi *πλ[εῖστα* fuit), 1508 *πάτερ* om., 1523 *ἰαχήσω* om., 1576 *φόνιον*. codicum errores in 180, 1508, 1523 iamdudum a viris doctis correcti erant et in 1576 paullulum refert utrum *φόνιον* an *φονίαν* scribamus; in 603 autem *τὰ πλείω* praeferendum codicum paene omnium lectioni *τὸ πλεῖον* duxi propterea quod *πλεῖον* exstat sine dubio apud tragicos nonnisi Aesch. Pers. 791 et TrGF adesp. 653, 50 (*πλεῖον* in *πλέον* vel *πλείον'* probabiliter corrigunt edd. Soph. fr. 774, 2 Radt, Eur. Hipp. 641, Tro. 644, fr. 746 necnon etiam TrGF adesp. 564d fortasse *πλείον'* legendum; lectio dubia in Soph. fr. 178 Radt). non saepius lectiones bonae perrarae papyris confirmantur: 26 *μέσων*, 341 *ματρὶ*, 566 *δαπανηρὸς*, 596 *βέβηκεν*, 786 *ὥρας*, 1021 *ἁρπαγά*, 1722 *ἔχων* om. etiam alicuius momenti est ut e papyris cognoscamus nonnullos errores iam antiquitus ortos esse, non per incuriam vel ex emendatione scribarum recentiorum (vide Text. Trad. 66–69). de eo quod papyri conferunt ad interpolationes investigandas infra agetur (§ 13).

11. Testimonia ad Phoenissas spectantia post Kirchhoff et Nauck collegit J. M. Bremer, nonnullis additis redegi ipse (vide Text. Trad. 402–429). ut e papyris sic e testimoniis errores quidem plerosque codicibus nostris insitos iam antiquitus exstitisse discimus necnon alios per memoriae lapsum vel alia de causa ortos esse, lectiones autem veras aliunde non cognitas perpaucas invenimus: in loco vexato 504 Stobaei lectio *αἰθέρος* vera esse potest, codicum *ἡλίου* non potest (verum praebet Stobaeus iterum in 198 ubi cum ***μ*** consentit contra reliquos); sunt qui Plutarchi lectionem *μόνιμον* in 538 praetulerunt; Strattidis imitatio ut in versu 546 *βροτοῖς* tueamur persuadet, Aristophanis ut in versu 1363 codicum lectionem corrigamus. in testimoniorum apparatu redigendo brevitati studui (plenius citatos auctores in Text. Trad. invenies), testimonia nonnulla e Etymologico genuino, Photio, Nicephoro Basilaca addidi. ubi in hoc apparatu praefixum est 'cf.', periphrasim vel imitationem loci Phoenissarum praebere citatum auctorem, ubi nihil praefixum est, ipsa fabulae verba ferre auctorem intellige sis.

12. Scholia in Phoenissas vetera congeriem confusam doctrinae tum magistrorum cum virorum vere doctorum continent. historici, grammatici, mythographi nominatim brevissime et non saepe citantur Androtion, Aristodemus, Asclepiades, Crates, Ephorus et Philoxenus; eorum qui hypomnemata in tragoedias scripserunt solus Didymus bis nominatur in scholiis (ad 751 et ad 1747 – hic quidem in locum quem, si recte aliis praeeuntibus Euripidi abiudico, signis notatum in Aristophanis Byzantini editione esse credendum est), alia autem eius et aliorum commenta breviata vel longiora facta vel aliter contaminata nunc anonyma feruntur. nonnumquam lectiones varias bonas testantur scholia (ex. gr. 50 *μούσας*, 264 *ἐκφρῶσ'*, 786 *ὥρας*, 1363 *μονομάχου τ'*) vel aliter legisse scholiastam ex eius interpretatione colligimus (ex. gr. 572 *διί* legebat Σ^{S}, 1722 *ἔχων* non legebatur). quandoquidem in scholiorum editione ab E. Schwartz confecta lemmata incuriose redacta sunt necnon in eius apparatu nonnulla omissa sunt, scholiorum lectiones quod ad textum constituendum attinet in imaginibus ipse indagavi. idem feci de scholiis Moschopuli, Thomae, Triclinii, editione Dindorfiana nonnulla omittente et in eis quae praebet non omnino fidei digna. etiam variis siglis distinguere tentavi quatenus scholiastarum verbis fidem habendam esse crederem: siglo Σ usus sum ubi scholiasta lectionem ipsis verbis testatur, ${}^{i}\Sigma$ ubi scholiastam lectionem testari videri ex eius interpretatione colligas, ${}^{p}\Sigma$ denique ubi codicum error vel varia lectio cum formula verborum qua utitur in paraphrasi scholiasta sic congruit ut nonnumquam non e codice verba hausisse scholiasta videatur, sed e scholio codicis scriba. monendum est lubricam esse rem colligere e scholiastae verbis quam lectionem habuerit siquidem reddunt scholiastae saepe id quod verba exprimere debere iudicant potius quam id quod possunt.

13. Praeter Iphigeniam Aulidensem, fabulam post poetae mortem scenae commissam et fortasse ab ipso imperfectam relictam, nulla alia fabula suspicionem retractata ab histrionibus esse tot viris doctis tantum movit quam Phoenissae. neque enim dubitandum quin versus interpolatos in hac fabula (sicut in multis aliis) praebeant hic illic codices nostri: viri docti Alexandrini *ἀρχὴν* huius dramatis habuerunt versum qui hodie tertius est (cf. $\boldsymbol{\Pi}^{8}\,\boldsymbol{\Pi}^{16}\,\boldsymbol{\Pi}^{17}$); versus 1737sqq. spurios esse fabulae ratio (nam in versibus 1667–1679 Antigona fratrem insepultam relinquere coacta potius patrem comitari decrevit) et confusa ipsorum versuum actio docent necnon $\boldsymbol{\Pi}^{5}$ confirmare videtur. quatenus autem grassati sint histriones vel lectores (nam non iure omnes interpolationes histrionibus tribuas) viri docti inter se hos ducentos triginta annos disceptaverunt et disceptabunt quoad florebunt studia litteris Graecis dedicata. equidem credo viros doctos interpolationum indagatores impotentius in textum Phoenissarum grassatos esse quam interpolatores, partim quod rerum structuram et personarum affectus vel mores et stilum ipsum huius fabulae vel spreverunt vel non penitus intellexerunt, partim quod postquam in malam famam fabula incidit hanc praecipue interpolationibus obnoxiam esse rati ad interpolatorem incusandum proclives fuerunt ubicumque aliquid aut iure aut immerito suspectum visum est. siquidem commentarium perpetuum in Phoenissas alibi edere in animo habeo, hic satis est ut dicam me iudicare editoris vicem esse cum caute versus e textu secludere tum diligenter in apparatu suspiciones potiores non solum quas alicuius pretii ipse faciat sed etiam quas spernat recensere, sic ut lectores libere utantur suo quisque iudicio. paenitet autem me editorem non posse varios gradus suspicionis indicare, nam necesse quidem est versus aut uncis secludere aut non secludere, re vera autem confidentius versum 51 (ex. gr.) quam 11 seclusi, dubitantius 1104–1140 non seclusos reliqui quam 1703–1707. conspectum omnium versuum a quolibet viro docto suspectorum in appendice tertia addidi ut perspicuum omnibus esset quam late hoc interpolationum detegendarum studium patuisset.

14. Ne in versibus suspectis ponderandis omnino linguae peritia et artis iudicio suis quisque moveatur, nonnulla indicia versuum interpolatorum exstant et in scholiis et in papyris. in argumentis et scholiis nihil quidem reperimus quod versum aliquem diserte Euripidi abiudicet. nam (ut paene omnes consentiunt) verba critici anonymi (cave ne haec Aristophani Byzantino tribuas) *ἥ τε ἀπὸ τῶν τειχέων Ἀντιγόνη θεωροῦσα μέρος οὐκ ἔστι δράματος* artis Euripideae iudicium vel potius damnationem ferunt ac non interpolationis crimen: quae verba sententiam habere mihi videntur hanc: episodion in quo Antigona e muris exercitum Argivum spectat non est proprium fabulae in scena actae, sed potius poema epicum decet (nisi addito *τοῦ* ante *δράματος* intelligendum est sic: '... non est pars necessaria actionis fabulae'). nihilominus versum 1225 afuisse in libris quos scholiastae cognoverunt apparet e scholio exegetico ad hunc locum; deinde non solum 1225 sed etiam 375 et 1282 omissos fuisse in quibusdam vel multis exemplaribus docemur; tertio *περισσότητος* crimine arguuntur 428 et 974 (quamquam hoc crimen aut artis iudicium aut secludendi causa esse potest et mihi quidem 974 genuinus videtur); denique scholiastae mira narratiuncula de Sophocle et Euripide inter se disceptantibus nonnihil adfert ad versus 1–2 suspectos faciendos. indicia quae adferunt papyri qui unum alterumve versum omittunt magis lubrica sunt: recte in quaestionem venit utrum versus omissus spurius esse possit, non recte hac de causa solum versus damnatur, nam per neglegentiam versum omittere potuerunt scribae antiqui non minus quam scribae medii aevi. igitur de uno quoque versu hac de causa suspecto separatim et caute iudicandum est: equidem ex. gr. versus 291–292, 387, 781 retinendos esse censui, 1–2, 778 delendos (vide etiam apparatum ad 297, 800, 1713–1715, 1730). necnon versum 11 dubitanter seclusi quamquam et ad crimina a viris doctis allata responderi potest et testimonium quod adfert **Π^{16}** satis confusum est: nam quod vidit K. A. Worp[1]) et confirmavit R. A. Coles vitro ad minuta multo grandiora oculis reddenda conformato usus, non omnino vacat **Π^{16}** post verbum *αδελφος* (ut dixit editor princeps) sed vestigia minutissima (litterarum fortasse novem) aegre dispici possunt, post haec denique vacare videtur papyrus. at contra versum 52 retinere decrevi, deleto 51: constat enim horum versuum alterum confectum esse ad alterius locum tenendum neque uter genuinus sit docemur ex eo quod in papyro saec. i–ii p. C. n. 51 adest at 52 abest; ceterum versus 52 plus *ἐναργείας* praestare mihi videtur et e scholio cognovimus fuisse qui vocabulo *ἔπαλϑα* offensi versum 52 rescripsissent, unde veri simile est alios 51 confecisse ad versum 52 omnino tollendum.

15. Librum typis expressum Phoenissas continentem primus edidit Venetiis anno 1503 librarius Aldus Manutius, cuius editionis gratia in usum typographorum fabularum textum e variis codicibus necnon interdum e suo arbitrio constitutum suppeditavit Ioannes Gregoropulus, ut demonstravit vir doctus M. Sicherl.[2]) quod ad Phoenissarum textum attinet, codex sic ab eo correctus maximam in partem periit, tria vero folia restant in codice Parisino suppl. gr. 393 servata, Phoen. 916–1073 continentia. qui codex primitus quidem indolem mixtam praebuit, saepius familiae **χ** lectionibus consentiens, minus saepe ex alia quadam familia derivatis; editoris autem partibus functus lectiones vel potius errores complures aliunde intulit Gregoropulus sic ut per decennios haec fabula praecipue corrupta legeretur in libris impressis. errorum potiorum circiter 130 quos divulgavit editio Aldina longe plurimi e familia **Θ** derivati sunt, sive familia tota errorem testante, sive eius parte corruptiore **β** (vel **γ**), sive solo codice **Vr** quem ipse Gregoropulus fere eodem temporis spatio exaravit.

1) Vide conspectum librorum sub nominibus Bremer et Worp (1986).
2) Vide RhMus 118, 1975, 205–225.

(a) e *Θ* fluxerunt lectiones hae (inter uncos addidi nomen editoris qui errorem sustulit vel rectam lectionem citavit): 70 ἀρὰς (Valck.); 90 δ' add. (King); 91 ἱκεσίαις (Scaliger, Barnes); 155 ᾧ καὶ (King); 169 φλεγέσθων (Herv.², id est fortasse Brodaeus); 170 ἐκπλῆσαι (King); 206 νιφοβόλοιο (Barnes); 327 δώμασι (Barnes); 376 δώμασι (Canter); 521 μοι (King); 544 βαδίζειν (Canter); 618 σύ μοι transp. (Barnes); 625 Et. notam (una cum Pol. nota ad 626) hab. (post King Musgrave); 628 πρὸς (Canter); 686 ἁπάντων (bis) (King); 748 δ' ἑπτάπυλον (post Barnes Hermann); 766 ἡμῖν ἀργόν ἐστι transp. (Barnes); 769 ἀντεπώνυμον (Herv.²); 778 αὐδῶ (King); 781 ὁρμῶμεν (King); 993 πόλεως (Grotius); 1075 ἥκες (Piers); 1126 στρόφιγξί γ' (Barnes); 1203 κἀπέφευγε (Canter); 1216 εἰ (King); 1223 Ἐτεοκλῆς (Barnes); 1284 chori notam ad 1286 transp. (Herv.²); 1334 ἡμῖν (Grotius); 1425 σὸς ὢν (emend. Brubach., Canter); 1481 δωμάτων (Canter); 1500 alterum ὦ om. (King); 1533 οἰδίπου (Barnes); 1567a τιθειμένα (Barnes); 1573 μήτηρ (King); 1587 σὸς παῖς transp. (Burton); 1634 οἰωνοῖσι (Canter); 1635 τριπτύχων νεκρῶν γόους (Grotius); 1748 ἔχουσα add. (Barnes).

(b) e *β* vel *γ* lectiones hae: 5 θεῶν add. (Canter); 120 ἄγει (Barnes); 152 δαμάσσασα (Brubach.); 197 χώρει (Canter); 198 γένος add. (post Brubach. Canter); 342 σῷ (Grotius); 386 μᾶτερ (Barnes); 399 θεόν (Piers.); 456 γοργόνας (Brubach.); 546 ἅλιος (Barnes); 594 εἰς om. (Brubach.); 598 πολλοῖς (Brubach.); 607 ἀπὸ add. (Grotius); 674 εὐηλίησι (Grotius); 704 πεποιθέναι (Barnes); 734 -ίοισι δώσω (Brubach.); 793 τ' om. (Valck.); 796 θίασσον (Barnes); 954 χρᾶται (King); 955 μὲν γὰρ (Barnes); 969 εἰμι add. (Canter); 980 πῆ (Barnes); 1036–1037 ἤϊον (Grotius); 1060 -μεθα δ' (Barnes); 1291 ὁμογενᾶ (post Valck. Brunck); 1317–1318 στέλλων add., γέρων et γραῖαν om. (Barnes); 1373 ηὔχετο (Barnes); 1381 ἔγχη add. (Canter); 1449 δὴ (King); 1729 τ' οὐράνιόν τ' (Barnes); 1752 μαινάδος (Barnes); 1756 θίασσον (Barnes); 1761 οἰκτρὸς bis (αὐτὸς om.) (Barnes).

(c) errores codici **Vr** communes sunt hi: 426 ἑσπέσθαι (Canter); 460 σφώ (Herv.²); 522 πέπλασθ' (post Barnes Porson); 656 εὐβοίοις (Stiblinus); 1186 τήνδ' (Herv.²); 1710 Ant. notam om. (Stiblinus). notandum est lectionem veram 416 ῆ exstare nonnisi in editione Aldina et **Vr**ᵞᵉ, unde suspiceris ipsius Gregoropuli esse emendationem.

Aliis e fontibus derivati sunt perpauci errores sicut e *χ* 183 πῦρ (Valck.; φῶς primus recepit Hermann), 1489 αἰδουμένα (King), 1617 γὰρ (Grotius); error 1228 μεθ' (Brubach.) etiam in codice **O** exstat necnon 1764 σεμνὰ νίκα (Kirchhoff) cum in **R**ˢ **Rv** tum in codicibus Luciani exstat. denique per emendationem Gregoropuli vel per incuriam sive ipsius sive typographorum ad quinquaginta errores novi in fabulae textum irrepserunt: triginta quidem in locis μῆτερ, μητρὶ, μητρὸς in μᾶτερ, ματρὶ, ματρὸς mutavit (quod fecit editor Aldinus etiam interdum in Hecuba, saepius in Oreste), unde Doricae formae in editionibus inveteraverunt donec veras restituit King; maioris autem momenti sunt hi:

159 τῶν ἑπτὰ (cf. $^{1e}\Sigma^{Vr}$) (Brubach.); 247 τέκαε (τέκνα Herv.², τέκεα Barnes); 473 δωμάτων πατρὸς transp. (Scaliger, Barnes); 509 πλεῖον (Barnes); 617 γ' add. post ἀνακαλεῖς (Barnes); 624b Et. notam (una cum Et. nota ad 625) (Pol. notam 624b Herv.²); 870 διαφοραί (Canter); 888 δαιμονοῦντες (Portus); 899 Cr. notam (una cum Cr. notis ad 898 et 900) (Herv.²); 1142 ἑκαβόλοις (Barnes); 1148 ἀργὸς οὔτις transp. (Valck.); 1200 chori notam om. (Canter); 1223 προὐπῆρξ' disyllabum (Barnes); 1280 Ant. notam (una cum Ant. nota ad 1279) (Herv.²); 1426 Cr. notam (una cum chori nota ad 1425) (1425–1426 Cr. trib. Brubach.); 1683–1685 Ant., Cr., Ant. notas (una cum Ant. nota ad 1686) (Herv.²); 1690 δὴ κἀμὲ (δεῖ Herv.²,

κἀμὲ δεῖ Canter); 1711 Ant. notam hic (ad 1710 om.) (Stiblinus); 1761 *ναῦ δ'* (Herv.[2]).

Tam corruptam traditionem praebuit non solum editio Aldina, sed etiam quae illam (ut mos tum erat) paene immutatam recuderunt editiones Hervagianae, Brubachiana, Stibliniana, Canteriana, Commeliniana, Stephaniana. nam luce clarius apparet parum docte egisse editores saec. xvi praeter eum (fortasse Brodaeum) qui plerasque mendas manifestas sustulit in editione altera Hervagiana curanda et Canterum qui errores metricos mederi potuit. verum correctionibus supra citatis addenda sunt alia nonnulla emendata vel peccata in his editionibus: in Herv.[2] 309 *χαίταις*, 384 *ἐλήλυθας*, 725 *σ' ὠθήσῃ*, 852 *γᾶν*, 968 *καὶ* (pro *γὰρ*), 1296 *γᾶ ... γᾶ*; in Brubachiana 1223 *ὁ δ' ἐτεοκλῆς* (una cum disyllabo *προὐπῆρξ'*), 1240 *ἐπὶ τοῖσι γ'*; in Stibliniana 390 *φυγάδι*, 765 *ἡμᾶς γὰρ* (post merum errorem *ἡμᾶς σ'* in Herv.[2]). suspicandum quidem est Canterum lectiones nonnullas e codicibus hausisse necnon Grotium, cuius editio posterioribus editoribus perraro in manus venit, codicem aliquem Triclinianum contulisse (unde ex. gr. 1036–1037 *βοὰν βοάν ... μέλος μέλος* scr.); Barnes autem codices una cum editionibus prioribus et virorum doctorum notis adhibuit, quamquam saepe meliore lectione in margine adscripta vulgatam in textu reliquit.

16. Non solum codices plures quam priores viri docti contulerunt saeculi xviii editores potiores King (qui codicem Triclinianum optimum duxit), Valckenaer, Musgrave, Porson, sed etiam minus vulgato textui dediti rem eclecticorum in modum gesserunt. quos secuti collationes plurimorum codicum diligentius quam in futurum utilius congessit A. Matthiae, commentarios continuos scripserunt Hermann, Klotz, Geel, Hartung, aemule inter se disceptantes. tandem anno 1855 prodiit nova recensionis methodo fruens editio maior A. Kirchhoffii, qui codices a prioribus editoribus adhibitos paene omnes sprevit ut emendationibus Byzantinorum infectos necnon codices paucos qui etiam fabulas extra triadem Byzantinam continerent praetulit. in Phoenissarum textu recensendo adhibuit ille **M** (cuius paucas tantum lectiones easque minus accurate Hermann divulgaverat), **O** (cuius lectiones nonnullas Matthiae divulgaverat), **V** primus ipse, **F** (cuius nonnullas lectiones attulerat Hermann), **A** (cuius lectiones iam magni pretii fecerat Brunck), **L** (cuius lectiones Matthiae divulgaverat). **B** autem citare in Phoenissis (sicut in Hecuba et Oreste) supersedit quippe cum tantum lectiones perraro a Musgravio allatas cognovisset. post Kirchhoffium editores et alii viri docti Euripideorum studiosi plus textui emendando quam codicibus accurate cognoscendis intenti fuerunt donec R. Prinzii studia prosecutus N. Wecklein, novis collationibus factis, fabulam quamque Euripidis apparatu ampliore necnon magna ex parte accuratiore instruxit. in Phoenissarum fasciculo anno 1901 edendo codices citavit non solum **MVAL** quibus Kirchhoff usus erat sed etiam **B** primus et **P** (cuius partem Laurentianam, in qua Phoenissae traduntur, olim cum Vaticano Palatino graeco 287, quae pars sola Kirchhoffio cognita erat, coniunctam fuisse primus perspexit C. Robert anno 1878[1]), **OF** vero sprevit. denique non denuo inspectis codicibus apparatum Weckleinii redegit G. Murray in editione Oxoniensi, quae hos septuaginta quinque annos maxime in virorum doctorum manibus fuit.

17. Nunc de huius editionis ratione agendum est. perpensis et varietatibus lectionum et interpolationum suspicionibus textum redegi qualem existimo defendi vel explicari posse (quam explicationem vel defensionem intra hos paucos annos prodituram spero), sic ut non leviter e meo solius arbitrio emendationibus acceptis vel versibus seclusis nisi rationibus satis certis iudicium vel meum vel priorum confirmaretur, textus eveniret ad studia prosequenda omnibus utilis. in apparatu autem critico redigendo, ut decet editionem quae unam fabulam contineat eamque tot codicibus traditam inter se variis modis coniunctis contaminatisque, non solum ampliora proferre malui ne quis priores editiones et alia opera nisi de minutiis consulere cogeretur, sed etiam perspicuitati et lectorum commoditati consulens apparatum formae mixtae confeci in quo lemma nunc adesset nunc abesset, codices nunc omnes nunc tantum ii qui variam lectionem praeberent recenserentur. discrepantias lectionum minutiores e rebus orthographicis vel sonis litterarum ortas aut omnino aut magnam in partem omisi, ex. gr. sicubi (1) verba plene scripta sunt (sicut 550 *μέγα ἥγησαι ω* **Θ** *φ* **T**^{s}); (2) verba falso divisa sunt (sicut 89 *ἔπεισε* **CS**); (3) lectio falsa tantum supra lineam velut glossema exstat (sicut *πατρὸς* **γ**^{s}**Sa**^{s}**Mt**^{s}); (4) vocales eodem sono a Graecis recentioribus prolatae inter se permutantur (*αι/ε, ο/ω, ει/η/ι/οι/υ*); (5) consonantes confunduntur (singula pro geminis, gemina pro singulis, similia pro similibus: *σ/σσ, λ/λλ, γχ/γ*); (6) peccatum est de spiritu vel de accentu; (7) iota adscriptum/subscriptum omittitur; (8) lectio singularis manifesto futilis est (sicut 100 *ποδἵοον* **S**; omnes autem lectiones quamvis perversae et papyrorum et codicum **MHBOV** citantur). verum nonnumquam etiam minutiora talia in apparatum admisi si adfinitatem codicum vel indolem constantem scribarum apte illustrare visa sunt, necnon de orthographicis

1) Vide Hermes 13, 1878, 133sqq.

nonnullis agetur infra (§ 20–21). etiam monendum est me apparatum e collationibus in Text. Trad. editis redigentem tacite non solum nunc denuo inspectis ipsis codicibus Vaticanis et Angelico Tricliniano[1]) multa correxisse vel accuratiora reddidisse sed etiam nonnulla omissa supplevisse, peccata emendavisse.

18. Coniecturas virorum doctorum neque parcius neque fusius in apparatu enumerare decrevi, sed potius in locis difficilibus exempla potiora lectoribus praestare quibus viderent quomodo corrupta mederi vel difficilia sublevare conati essent priores. interdum fit ut coniecturae mentionem faciendam esse duxerim non quia illam ipse approbem sed propterea quod multis aliis probantibus diu inter huius fabulae studiosos alicuius pretii aestimata sit. omnes emendationes auctoribus reddere, quoad potui, conatus sum; necnon ut coniecturarum repertorium a Weckleinio constitutum non solum utile maneret sed etiam utilius eveniret et addenda corrigendaque congessi (vide sis appendicem alteram) et conspectum librorum ampliorem edidi in quo paene omnia opera emendationes continentia invenirentur.

19. Cantica tragicorum constat e periodis metricis sive longioribus sive brevioribus confecta esse finesque periodorum saepe ob hiatum, ob syllabam brevem in elemento longo positam, ob clausulam usitatam patefieri. licet in re lubrica multa dubia restent, quandoquidem apud tragicos omnis strophae forma unica est et astropha difficilius quam antistrophica digeras, operae pretium duxi conari cantica sic digerere ut initia quidem periodorum *ἐν εἰσθέσει* (ut dicebant metrici Graeci), cola autem qui eiusdem periodi essent *ἐν ἐπεισθέσει* (quod est etiam amplius in dexteram promovere primum novae lineae verbum) scriberentur. si quis melius vel cautius cantica digerere scit, mea pace licet dissentire. schemata metrica in appendice prima subiunxi.

20. De rebus orthographicis breviter agendum est et primum quidem dicendum qua ratione commotus formas quasdam praetulerim.

(1) *Ἱσμήνη, Ἱσμηνός*: *Ἱσμην-* aspere prolatum fuisse a Boeotiis ipsis apparet ex inscriptionibus vetustioris aetatis litteris Boeotiis scriptis[2]); deinde littera heta deficiente in inscriptionibus communibus litteris Graecis scriptis post ca. 400–350 a. C. non liquet quo tempore (vel omnino utrum) Boeotii recentiores *Ἰσμην-* leniter

1) Vide GRBS 26, 1985, 99–109.

2) Vide etiam J. Buckler, The Theban Hegemony 371–362 B. C., Cantabrigiae Mass. 1980, 281 n. 2; G. O. Hutchinson ad Aesch. Sept. 273; C. Kraay, Archaic and Classical Greek Coins, Berkeleiae 1976, no. 372 [371–338 a. C. n.: *ΗΙΣΜΕ(ΝΙΑΣ)*].

proferre coeperint. etiam Corinthiam dialectum et veterem Atticam spiritum asperum habuisse cognoscimus e vasibus antiquis Corinthio et Attico figuris nigris picto.[1]) nescitur quando Attici recentiores leniter Ἰσμην- proferre coeperint (non est cur iam saeculo v ψίλωσιν factam esse credamus); in codicibus autem ἰσμην- paene omnibus in locis traditur et in P. Oxy. 5. 841 (= Pind. Paean. VII c (a) 7, saec. ii p. C.) exstat επισμηνιαι[ς. miro casu (si casus est) ἱσμην- duobis in locis habet **M** (57, 101; ἰσμην- 374, 784, 827), sed saepe de spiritu peccat huius codicis scriba. ut in Pindari operibus Ἰσμην- restituendum censuit O. Schroeder (ed. mai. proleg. 17), sic apud tragicos restituendum puto.

(2) *Παρνασσός*: quamquam hoc nomen non exstat in inscriptionibus veterioribus, nomen eiusdem generis Ἁλικαρνασσός gemino sigmate scriptum esse iam saec. v certum est; necnon in saec. iv vel iii inscriptionibus Παρνησσός invenitur[2]), post saec. iii a. C. demum etiam Παρνησός (sed minus saepe quam -σσ-). accedunt testimonia Herodiani (Gr. Gr. I 209, 20 Lentz) et Eustathii (1872, 50 ἡ διὰ τῶν δύο σσ γραφὴ τοῦ Παρνασσοῦ κατήργηται [id est abolevit] παρὰ τοῖς ὑστέροις). igitur Παρνασσός apud Euripidem (Παρνα- etiam in trimetris, quamquam Παρνη- traditur Andr. 1100, Ion. 1267: cf. Tro. 9, Her. 240) scribendum censeo, sicut apud Pindarum (O. Schroeder, ed. mai. proleg. 31) et Hesiodum (M. L. West ad Theog. 499).

(3) *σῳσ-/σεσωμ-*: multo dubitantius decrevi σῳσ- scribere potius quam σωσ- (quod in codicibus semper traditum est necnon in $\boldsymbol{\Pi}^{10}$ ad 783), σεσωμ- autem potius quam σεσῳσμ- (quod in codicibus semper σεσωσμ- traditum est), quandoquidem per analogiam et σῳσ- < σωιζ + σ- et σωσ- < σαωσ- (et item perfecti formae) aeque rationem habent. L. L. Threatte, vir inscriptionum Atticarum grammaticae eximie peritus, benigne mihi impertivit nulla exstare videri exempla certa formarum aoristi sine iota scriptarum ante Romani imperii saecula, formarum autem cum iota e saeculo iv certa exempla, e saeculo v non satis certum exemplum (IG I^2 1085) exstare; porro monendum postquam apud recentiores Atticos ω in locum ωι alibi irrepserit etiam σωζ- pro σωιζ- inveniri (unde scriptum est in codicibus paene semper σωζ-, perraro σῳζ-, ex. gr. 508 **B**, 600 **O**, 783 **G**, 1420 **B**, 1604 **B**). de perfecti autem formis paene nihil ex inscriptionibus adsequimur (δι]ασεσωιμενους post annum 336/5). testimonio a $\boldsymbol{\Pi}^{9}$ allato motus σεσωμ- praetuli, sed rem in dubio esse confiteor.

(4) ex inscriptionibus saec. iv (veteriora enim exempla non exstant nihilque ad rem docerent si litteris veteribus Atticis scriptae exstarent) veri simile fit verbi ἐργάζομαι et imperfectum et aoristum scripta esse per ἠργ- potius quam per εἰργ-: cf. Lautensach 188–189; Meisterhans 171 n. 1426. igitur κατηργάσω scripsi in versu 1062bis.

(5) nonnulli editores formam ταὐτὸν 499 praetulerunt, quamquam codices paene omnes ταὐτὸ praebent. nam Elmsley in ClJ 8, 1813, 437 tum ταὐτὸ perrarum esse apud poetas Atticos contendit cum ταὐτὸ in ταὐτὰ vel ταὐτὸν nonnullis in locis corrigendum esse censuit (verum minus severe ad Med. 550 iudicavit) et Wecklein inscriptiones adduxit ut ταὐτὸν probabilius faceret (vide autem Meisterhans 155 n. 1324). at contra mihi videntur tragici quidem et ταὐτὸν et ταὐτὸ usurpasse prout utraque forma metro convenit, scribae autem ut ἔνερθε, πρόσθε, (προ)πάροιθε in ἔνερθεν, πρόσθεν, (προ)πάροιθεν (465, 505, 760, 834, 1002, 1397, 1422, 1463, 1510), sic ταὐτὸ in ταὐτὸν mutare soliti esse (cf. Arist. Nub. 663, 849, Plut. 153). igitur ταὐτὸ praetuli (et simili de causa ἔνερθε 505).

---

1) Louvre E 640, ca. 560–550, cf. Samml. d. gr. Dialekt-Inschriften no. 3135 (*HΥΣΜΕΝΑ*); JHS 13 (1893) 286 et Pl. XI 1, cf. B. Graef et al., Die antiken Vasen v. d. Akropolis zu Athen I, no. 603 (*HΙΣΜΕΝΕ*).

2) Cf. IG II^2 1258, 24–25 (324/3); Marmor Parium [FGrHist 239], A 4; Fouilles de Delphes 3:1, no. 158, 9 (saec. iii).

21. Nunc restat ut exempla nonnulla proferam quibus cum scribarum usus ab hodierno editorum more alienus tum errores frequentes cognoscantur, quo melius lectores perspiciant quales lectionis discrepantiae in apparatu critico sileri soleant. ceterum sic curabitur ne quis, ut fit, quantam usus varietatem inconstantiamque scribae praebeant oblitus nimium talibus discrepantiis alicubi tribuat. hic quidem magna ex parte tantum versuum numeris instruuntur exempla; si velis qui et quot codices unum quemque scribendi usum testentur scire, adeas sis collationem in Text. Trad. editam.

(1) *βούλει* et *ὄψει* (et *οἴει*, quae forma in Phoenissis non legitur) scribere solebant non solum Euripideorum codicum scribae (sicut Phoen. 118, 386, 553, 563, 564, 616, 722, 899, 909), sed etiam aliorum auctorum (cf. K–B II 60), licet idem hanc ceterorum verborum formam per *-η* scriberent (sicut Phoen. 141 *αἰσθάνῃ*, al.); *βούλει* scribebatur etiam antiquitus duobus quidem in locis (386: ***Π***[13]; 553: ***Π***[15]), sed non item *ὄψει* (*οψη* 564sq.: ***Π***[15]; 616: ***Π***[12]). aliquam grammaticorum veterum doctrinam hic latere suspiceris, cui equidem ut ab Euripidea lingua alienae non obtemperandum esse duxi.

(2) participium aoristi secundi (masc. sing. nomin.) in *-ών* desinens nonnumquam per *-ῶν* scribitur (verborum *μολεῖν* et *δικεῖν* saepissime, aliorum raro), praecipue in codicibus veteribus: ex. gr. 77 *λαβῶν* **M**, 240 *μολῶν* **ωRMnF**, 479 *μολῶν* **MBC*Θ*F**, 573 *ἑλῶν* **MR**, 1417 *δικῶν* ***Π***[18]**OCrMn** (cf. Text. Trad., collationem ad 6, 579, 613, 665, 668, 702, 974, 986, 1015, 1057, 1315, 1608). igitur 189 *περιβαλῶν* **O** potius aoristi quam per scribae coniecturam futuri formam esse existimandum est.

(3) praepositio et nomen tamquam una vox interdum scribuntur: 121 *ἀμφιβραχίονι(α)*, 193 *καταστέγας*, 333 *ὑπερτέρα(ε)μνα*, 478 et 486 *ἀναμέρος*, al. deinde sic scriptis vocabulis etiam nominis spiritus omittitur: 153 *ἐπεμὰν*, 284 *ἐπεσχάρας*, 332 *ἐπαυτόχειρα*, al. igitur 227 *ὑπεράκρων* (**MC**), qua forma motus epitheton compositum *ὑπέρακρον* coniecit Wecklein, nihil aliud est quam *ὑπὲρ ἄκρων*. simili modo locutio adverbialis *τὸ λοιπὸν* scribi *ὑφ' ἕν* (scil. *τολοιπὸν*) solet a plerisque (1018, 1198; etiam pauci scribunt *τοδεῦρο* 266, 315). at contra partes compositi nominis vel verbi separatim scribuntur: 118 *εἰσ ὅρα*, 128 *πρὸς ὅμοιος*, 144 *πρὸς δεδορκώς*, 261 *εἰς ἐδέξατο*, 489 *πρὸς ἀμβάσεις*, al.

(4) de sescentis accentus ponendi erroribus (vel diversis modis) digna sunt ut notentur hi: *ὁ δ'/ὅ δ'/ὁ δ'* (vide Text. Trad. 177–178); non solum *δ'* encliticum habetur (13, 45, 74, 79, 81, 86, al.) sed etiam *δε* (10, 13, 32, 53, 55, 59, 63, 377, 402, 430, al.) et paucis in locis *γαρ* (243, 466, 503, 602); *μὴ δ'* vel *μὴ δὲ* (806, 887, 1175); 2 *ἐμβεβῶς* (cf. 172, 467), 19 *φῦς* (cf. 23, 60, 1725, 1726), 82 *ψαύσαι* (cf. 224, 480, 505, 1218, 1224, 1344), 407 *ὀνομᾶσαι* (cf. 502, 767, 872, 1463), 9 *φύναι* (cf. 419), 87 *καθεστᾶναι*; 40 *ἐκποδῶν* (cf. 706, 978); *πᾶτερ* (611, 985, 1532, 1547, 1550, 1559), *πατρῶαν* (295, 900, 948, cf. 1056), *ποῦς* (271, 847), *γαίαν* (626, 674, 900, 948, 1007, 1012, 1152, 1417, 1423).

(5) in encliticis scribendis sive negligenter agunt scribae sive non eidem regulae atque nos oboediunt: 266 *δόλος τίς* (cf. 27, 344, 461, 530, 842, al.), 13 *λάιος μ'* (cf. 35, 96, 114, 232, 234, 249, 286, 332, 333, 368, al.), 484 *ἕτοιμος εἰμὶ* (cf. 818), 170 *ὥστέ σ'* (cf. 27, 344, 461, 488, 646, 762, al.), 98 *δεῦρο τ'* (cf. 583, 606), 399 *ἀφροδίτην τίν'* (cf. 717), 475 *ἡμᾶς ποτέ* (cf. 633, 737), 885 *ἐμοῖς τίς* (cf. 379), 1614 *θεῶν τοῦ.* etiam tamquam interrogativum scribitur encliticum: 33 *τίνος*, 378 *ποῦ.* at contra nonnumquam interrogativa sine accentu scribuntur: 43, 376, 410, 412, 621, 623, 864. deinde singularis est usus codicis **G** scribae, qui constanter pro enclitico (et interdum etiam pro interrogativo) *τὶς* ponit. fluctuant denique scribae de pronominibus en-

cliticis (*σὲ/σε, σοὶ/σοι, δ' ἐμὲ/δέ με*, et sim.): 89, 381, 429, 437, 446, 577, 675, 700, 713, 757, 762, 891, 906, 909, 923, 979, 1085, 1640, 1643, 1662, 1665.

(6) saepe spiritus asper pro leni vel lenis pro aspero ponitur. cuius erroris e compluribus exemplis frequentissimum est *ἑτεοκλ-*, quam formam testantur paene omnibus in locis in quibus hoc nomen exstat codices **CrZmZu** necnon hic illic alii pauci. deinde constans varia lectio est etiam *ἦμαρ/ἅμαρ* (401, 1579, 1583, 1689); contra in canticis *ἁμέρα/ἁμέριος* scribitur in nonnullis codicibus (130, 305, 1512) et semel in trimetris exstat in papyro *τοτ' ημεραι* (4: ***Π***[16]). notandum est scribam codicis **M** ad spiritus errorem satis proclivem fuisse (sicut 44 *ὀχήματα*, 138 *ὅπλοισι*, 253 *ἂν*, 292 *ὧν*, 803 *ἱοκάστας*, 969 *ἕτοιμος*, 1078 *ἐπτάπυργοι*, 1160 *ὀστέων*, 1242 *ἥδη* et *ὅπλοις*, 1276 *ὅχλον*, al.), unde dubium fit utrum consulto an negligenter *ἱσμην-* duobus in locis scripserit: vide supra, § 20 (1).

(7) crasis et aphaeresis (vel, ut nunc dicimus, prodelisio) variis modis ab scribis indicantur. nam non solum coronis nunc scribitur nunc omittitur (*ταυτὸ/ὸν* 38, 458, 1405; 266 *κακεῖσε*, 423 *κάδωκεν*, al.) sed etiam pro crasi saepe elisio indicatur (*γοῦν/γοὖν/γ' οὖν* 618, 852, 1499; *ταὐτοῦ/ταυτοῦ/τ' αὐτοῦ* 628; *ὅτ' ἂν* 271, 461, 557, 585). alibi scribas inter scripturam plenam et crasin vel aphaeresin variare invenies: *ποῦ ἐστι/ποῦ 'στι/ποῦστι/ποὖστι* 158, 548; *μὴ ἔχειν/μὴ 'χειν* 405 (cf. 896, 1663); *μὴ ἐπὶ/μὴπὶ/μὴ 'πὶ* 526 (cf. 590); *ἆγὼ/ἆ 'γὼ/ἆ ἐγὼ* 441 (cf. 878); *ἡ ἀλήθει'/ἡ 'λήθει'* 922 (cf. 842). proprium denique est codicum Thomano-Triclinianorum scribere post verbum in vocalem desinens *'κείνου, 'κεῖνο* vel sim. (98, 535, 716; perverse etiam 583 *τέκνον,/'κείνων*).

(8) falsam vocalem Doricam in trimetris praebent nonnulli codices ad 162, 357, 374, 378, 386, 546, 581, 691, 717, 852, 867, 954, 987, 996, 1201, 1274, 1318, 1367, 1383, 1413; etiam 124 *αὔδησον* restituendum esse censui, licet in omnibus legatur *αὔδασον*.

(9) dativum pluralem in *-ησι/ῃσι* praebent aliquot codices ad 4, 17, 91, 138, 186, 313, 337, 439, 567, 650, 653, 674, 750, 1066, 1067, 1129 (?), 1146, 1570.

(10) articulum saepe interpolaverunt scribae: 13, 20, 85, 89, 93, 114, 155, 351, 377, 381, 448, (516 test.), 521, 802, 837, 930, 944, 1047, 1144, 1153, 1169, 1171, 1460, 1725.

(11) falso iota subscriptum (vel adscriptum) addunt scribae in infinitivo *-ᾶν* (*-ᾷν* 86, 359, 447, 491, 536, 713, 721, 738, 916, 1117, 1634), in forma duali (*-ῳ* 582, 1240, 1267, 1437, 1659), in vocabulo *σκῆπτρον* (*σκῇπτρον* scriba codicis **O**: 73, 80, 514, 591, 601, 1253), et alibi (26, 58, 100, 118, 366, 594, 597, 642, 786, 966, 981, 983, 1076, 1097, 1346, 1347, 1364, 1381, 1516, 1585, 1620, 1681).

22. Iam alibi[1]) gratias egi viris doctis et amicis necnon bibliothecariis quorum benevolentia consilio opibus fructus sum in his meis studiis de Euripidis Phoenissis prosequendis. quibus omnibus easdem et maiores gratias me iterum hic agere, lectores, velim sciatis. restat ut nunc grato animo dicam cum de eis qui stipendia ad studia promovenda largiti sunt tum de eis qui mihi in opere consummando nuperrime opitulati sunt. Universitatis Californiensis pars Berkeleiensis non solum quotannis stipendia minora ad sumptus studiis proprios solvendos suppeditavit et hoc ipso anno mihi emendam curavit machinam paene divinam quam dicunt Macintosh, ad opus huius generis conficiendum perpoliendumque perutilem, sed etiam ut ab officiis docendi et administrandi in tempus

1) Vide Text. Trad. viii–x.

recederem plus quam semel concessit. deinde sodalitates duae ad virorum doctorum studia confirmanda unice constitutae (scil. quas Anglice dicimus American Council of Learned Societies et John Simon Guggenheim Memorial Foundation) stipendiis maioribus huic meo proposito benigne foverunt ut et tempus ab Universitate mea concessum in longius produceretur et ipse peregrinatione facta bibliothecas potiores adirem ut codices inspicerem. collegarum autem doctorum et amicorum quinque beneficia erga me non debeo hic silentio praeterire: J. M. Bremer, qui de papyris necnon de aliis rebus consilium mihi dare non desiit; Mark Griffith, qui textum, apparatum, conspectum metrorum scite perscrutatus est; D. R. Shanzer et T. N. Habinek et C. E. Murgia, qui hac praefatione perlecta Latinitati consuluerunt. si quid peccatum est in eo quod nunc prodit, velim, lectores, mihi non eis tribuatis. praeterea Bibliothecae Teubnerianae redactor G. C. Hansen et censor huic operi datus W. Luppe benigne mihi persuaserunt ut nonnulla adderem vel corrigerem vel clariora redderem. virum denique humanissimum, sermonis tragici et rerum metricarum eximie peritum, mihi magistrum et amicum, hic gratissimo animo me nominaturum esse speraveram; verum priusquam opus meum paene perfectum illius oculis proponere et ex illo luculento ingenio correctionem, suasionem, confirmationem accipere possem, morte inopinata ereptus est T. C. W. Stinton; cui, id quod solum etiamnunc honoris causa facere possum, hunc libellum dedicavi.

scribebam Berkeleiae mense Decembri 1985 D. J. M.

CONSPECTVS EDITIONVM POTIORVM

[Notae: T = textus; Tr = translatio; N = notae breves; C = commentarius; A = apparatus (vel appendix) criticus vel appendix coniecturarum. asterisco (*) notantur libri quos non ipse vidi.]

Euripidis tragoediae septendecim, editio Aldina, Venetiis 1503 [curante Ioh. Gregoropulo] T

Euripidis trag. octodecim, editio Hervagiana, Basileae [1]1537, *[2]1544, [3]1551 [edd. alt. et tert. coniecturas I. Brodaei continent] T

Eur. trag. octodecim, ed. Brubachiana, Francoforti 1558 T

Euripides poeta tragicorum princeps ..., autore G. Stiblino, Basileae 1562 TTrC

Eur. trag. xix ... opera G. Canteri, Antwerpiae 1571 TN

*Eur. trag. xix, ed. Commeliniana [curante Aem. Porto], Heidelbergae 1597 TTrN

*Eur. trag. quae exstant, ed. Stephaniana (P. Stephani), Parisiis 1602 TTrN

Eur. tragoedia Phoenissae, emendata ... et Latina facta ab H. Grotio, Parisiis 1630 TTr

Eur. quae exstant omnia ... opera et studiis Iosuae Barnes, Cantabrigiae 1694 TTrN [quam ed. recudit C. D. Beck: vide infra]

*Eur. trag. Medea et Phoenissae, studio et opera W. Piers, Cantabrigiae 1703 T ?N

Eur. Hec. Or. et Phoen. ed. J. King, Cantabrigiae 1726 TTrN

*Eur. Phoen ... ed. C. H. Lange, Lubecae 1733 [Salmasii coniecturas continet] TTr

Le Fenisse di Euripide ... del P. Carmeli, Patavii 1744 TTrC

Eur. trag. Phoenissae, ed. L. C. Valckenaer, Franequerae 1755 TTrC

Pentalogia, sive tragoediarum gr. delectus ... ed. J. Burton, Oxonii *[1]1758, [2]1779 [curante T. Burgess] [Marklandi coni. continet ed. pr., etiam anonymi coni. ed. alt.] TC

*Eur. trag. Phoenissae ... ed. C. G. Schütz, Halis Saxonum 1772 TN

Eur. quae exstant omnia ... ed. S. Musgrave, Oxonii 1778 TTrC

Eur. tragoediae fragmenta epistolae ... ed. C. D. Beck, Lipsiae 1778–1788 TTrC [TTr ex ed. Barnesiana (vol. I cur. S. F. N. Moro, vol. II cur. Beck); C, anno 1788 editus, nonnullas adnotationes et coni. Musgravii continet quae non inveniuntur inter notas ed. Oxonianae tom. I 403–415: utrum has separatim Beckio impertiverit Musgravius an ipse alibi ediderit nescio]

Eur. trag. quattuor Hec. Phoen. Hipp. et Bacchae ... ed. R. F. P. Brunck, Argentorati 1780 TC

*Eur. Phoen. ... ed. R. Porson, Londinii 1799 TC [quae ed. saepe recusa est, curante G. A. Schaefer (Lipsiae) vel J. Scholefield (Cantabrigiae) vel aliis]

Euripides' Werke verdeutscht von F. H. Bothe, Bd. I, Berolini [1]1800, [2]1823 TrN

Eur. Phoen. ... ed. G. Burges, Londinii 1809 TN

Eur. trag. et fragmenta ... rec. A. Matthiae, Lipsiae 1813–1837 TNA [T tom. I, 1813; NA tom. VI, 1821]

Euripidis Phoenissae ... ed. R. Porson; editio in Germania tertia correctior et auctior ... [curavit G. H. Schaefer], Lipsiae 1824 TC

*Eur. fabulae cum annotationibus L. Dindorfii, Lipsiae 1825 TN

Eur. dramata ed. F. H. Bothe, Lipsiae 1825–1826 TC

Eur. trag. quatuor ed. R. Porson, recens. ... J. Scholefield, Cantabrigiae [1]1826, *[2]1829, *[3]1851 TN

EDITIONES

Poetae scenici graeci recogn. G. Dindorf, Londinii ^{1}1830; ed. quinta correctior Lipsiae 1869 T
The Phoenissae of Euripides ed. J. A. Major, Londinii 1830 TC
Eur. trag. superstites et deperditarum fragmenta ex recens. G. Dindorfii, Oxonii 1831–1840 T (1832) A (1839)
Eur. Phoenissae ed. I. Apitzius, Lipsiae 1835 TN
Eur. trag. recens. G. Hermann, Lipsiae 1831–1841: vol. II, pars IV Phoenissae (1840) TC
Eur. trag. rec. et comm. instr. R. Klotz, vol. II sect. IV cont. Phoenissas, Gothae 1842 TAC
Eur. fabulae, recogn. ... T. Fix, Parisiis 1843 TTr
Eur. Phoenissae cum comm. instr. I. Geelius, Lugduni Batavorum 1846 TC
Euripides' Werke, ed. J. A. Hartung, Lipsiae 1848–1853: 5. Bdchen: Phönikerinnen (1849) TTrC
Eur. trag. superstites et deperd. fragm. ex recens. A. Nauckii, Lipsiae 1854 (vol. II ^{1}1854, ^{2}1857, ^{3}1871) TA
Eur. trag. ex recens. A. Kirchhoffii, Berolini 1855 TA
Euripides with an English commentary by F. A. Paley, Londinii 1857–1860 (vol. III ^{1}1860, ^{2}1880) TC
Eur. fabulae recogn. A. Kirchhoff (ed. minor), Berolini 1867–1868 T
Ausgewählte Trag. des Eur. für den Schulgebrauch erkl. von G. Kinkel: 1. Bdchen: Phönissen, Berolini 1871 TCA
The Phoenissae of Euripides with brief notes by F. A. Paley, Cantabrigiae 1879 TN
Eur. trag. rec. et comm. instr. A. Pflugk et R. Klotz, vol. II sect. IV cont. Phoenissas, ed. alt. cur. N. Wecklein, Lipsiae 1881 TC
Ausgew. Trag. des Eur. für den Schulgebr. erkl. von N. Wecklein: 5. Bdchen: Phönissen, Lipsiae 1894 TCA
Eur. fabulae ed. R. Prinz et N. Wecklein, Lipsiae 1883–1902: vol. III pars 4: Phoenissae ed. N. Wecklein (1901) [addenda: vol. III pars 6 (1902)] TA
Eur. fabulae recogn. G. Murray, Oxonii 1902–1909: vol. III *^{1}1909, ^{2}1913 TA
Euripides, The Phoenissae, ed. A. C. Pearson, Cantabrigiae 1909 TAC
The Phoenissae of Euripides, ed. J. U. Powell, Londinii 1911 TC
Euripide, Le Fenicie commentate da G. Ammendola, Augusta Taurinorum 1920 TC
Euripide, tome V: Hélène, Les Phéniciennes [Phoen. ed. L. Méridier et F. Chapouthier], Parisiis 1950 TTrN
Euripide, Le Fenicie. Letture di A. M. Scarcella, Romae 1957 TC
Euripides, As Fenicias, introd., trad. e notas de M. Dos Santos Alves, Coimbrae 1975 TrC

CONSPECTVS LIBRORVM

[Continet hic conspectus libros, dissertationes, commentatiunculas in quibus huius fabulae ratio explicatur vel iudicatur aut loci eius explicantur emendantur suspecti vel interpolati iudicantur. asterisco (*) notantur libri quos non ipse vidi.]

Abresch, F. L., Animadversiones ad Aeschylum, Medioburgi 1743, 16

Aélion, R., Euripide, héritier d'Eschyle, Parisiis 1983

Ahrens, H. L., De crasi et aphaeresi, Stolbergae 1845, 11 [= Kleine Schriften I 64]

Albini, U., Euripide, due scene delle Fenicie e i ferri del mestiere, Helikon 13/14, 1973/74, 394–399

Alsina Clota, J., Studia Euripidea I: Observaciones a la técnica escénica de Euripides, Helmantica 8, 1957, 3–15

Altenburg, G. E. O., De interpolatione apud Euripidem sectio prima: de versibus qui sunt in Phoenissis spurii, diss. Halis Saxonum 1865

anonymus, Critical notice of Elmsley's Heraclidae, CJ 7, 1813, 302–307 (304)

anonymus, recens. Burges 1809, CJ 1, 1810, 129–139

anonymus, recens. Schütz 1772, CJ 13, 1816, 177–179

*anonymus, Miscellanea Lipsiensia ad incrementum rei litterariae edita 6, 1717, 302

anonymus Cantabrigiensis, Coniecturae criticae in auctores graecos, no. II, CJ 2, 1810, 892–896

anonymus (A. C.), Eur. Phoen. 861, CJ 23, 1821, 20–21

anonymus (R.), Commentarius de dialogis Euripideis, CJ 2, 1810, 609–617

Apelt, O., Satura critica, Phil. 63, 1904, 247–272

*Apostolides, B., *Μελέτη τῶν Φοινισσῶν τοῦ Εὐριπίδου, ἐξ ἀφορμῆς τῆς ἐκδόσεως τῆς τραγῳδίας ὑπὸ Δ. Ν. Βερναρδάκη,* Alexandriae 1890

–, Étude critique du premier chant chorique des Phéniciennes d'Euripide, Parisiis 1893

Arnaldus, G. [G. d'Arnaud], Ad Euripidem, Miscellaneae observationes criticae in auctores veteres et recentiores 6, 1735, 583–597

Arnim, H. v., De prologorum Euripideorum arte et interpolatione, diss. Gryphiswaldiae 1882

Arnold, B., De Euripidis re scenica pars II continens Bacchas et Phoenissas, Nordhusae 1879

Arnoldt, R., Die chorische Technik des Euripides, Halis Saxonum 1878

Arthur, M. B., Euripides' Phoenissae and the Politics of Justice, diss. Yale 1975

–, The Curse of Civilization: the Choral Odes of the Phoenissae, HSCP 81, 1977, 163–185

Badham, C., *Εὐριπίδου Ἰφιγένεια ἡ ἐν Ταύροις, Ἑλένη,* Londinii 1851, 14–19

Bakhuyzen, W. H. van de Sande, De parodia in comoediis Aristophanis, Traiecti ad Rhenum 1877, 208–212

Bally, C., De Euripidis tragoediarum partibus lyricis quaestiunculae, diss. Berolini 1889

Balsamo, A., Sulla composizione delle Fenicie di Euripide, SIFC 9, 1901, 241–290

Barlow, S., The Imagery of Euripides. A Study in the dramatic use of pictorial language, Londinii 1971

Barthold, T., De nonnullis Euripidis locis e scholiis corrigendis, Liber miscellaneus editus a Soc. Philol. Bonnensi, Bonnae 1864, 19–33

Battierus, S., Observationes in Euripidis Phoenissas, Museum Helveticum, particula xix, Turici 1751, 341–383

Baumert, J., *ΕΝΙΟΙ ΑΘΕΤΟΥΣΙΝ.* Untersuchungen zu Athetesen bei Euripides am Beispiel der Alkestis und Medea, Diss. Tubingae 1968

Behrns, H., De stichomythia Euripidea, Progr. Wetzlariae 1864
Benedetto, V. di, La tradizione manoscritta Euripidea (Proagones: Studi, 7), Patavii 1965
*Benedict, T. F., Observationum ad Euripidem particula X, Progr. Schneebergae 1831
Bentley, R., M. Annaei Lucani Pharsalia cum notis Hugonis Grotii et Richardi Bentleii, Colle Fragorum 1760 (ad Phars. I 146)
Bergk, T., recens. Dindorf Poetae Scenici, ZfA 2, 1835, 945–968; 3, 1836, 44–83
–, Kritische Analekten, Phil. 16, 1860, 577–647 (616–618)
Bergson, L., Zum periphrastischen χρῆμα, Eranos 65, 1967, 79–117
Berlage, J., Commentatio de Euripide philosopho, diss. Lugduni Batavorum 1888
Bernardakis, G. N., Διορθωτικὰ καὶ Ἑρμηνευτικά, Φιλολογικὸς Σύλλογος Παρνασσός· Ἐπετηρίς 10, 1914, 1–38
Bernhardy, G., Grundriss der griechischen Litteratur, 2. Teil, 2. Abt., Halis Saxonum ²1880, 450–451
Beyerle, D., Die feindlichen Brüder von Aeschylus bis Alfieri (Hamburger Romanistische Studien: Allgemeine Romanistische Reihe, Bd. 49), Berolini 1973
Björck, G., Das Alpha impurum und die tragische Kunstsprache: Attische Wort- und Stilstudien (Acta Soc. Litt. Hum. Regiae Upsaliensis, 39:1), Upsalae 1950
Blass, F., Literarische Texte ..., Archiv 3, 1906, 484–485
Blaydes, F. H. M., Aristophanis Lysistrata, Halis Saxonum 1880 (comm. ad Lys. 1)
–, Aristophanis Aves, Halis Saxonum 1882 (comm. ad Av. 354)
–, Adversaria critica in Euripidem, Halis Saxonum 1901
–, Spicilegium tragicum observationes criticas in tragicos poetas Graecos continens, Halis Saxonum 1902
–, Analecta tragica Graeca, Halis Saxonum 1906
–, Miscellanea critica, Halis Saxonum 1907
Blomfield, C. J., Aeschyli Persae, Cantabrigiae ²1818 (ad Pers. 547) [aliae eius coniecturae in Burgesii editione editae sunt]
Bodensteiner, E., Szenische Fragen über den Ort des Auftretens und Abgehens von Schauspielern und Chor im griechischen Drama, JfclPh Suppl. 19, Lipsiae 1893, 637–808
Boeckh, A., Graecae tragoediae principum Aeschyli Sophoclis Euripidis num ea quae supersunt et genuina omnia sint et forma primitiva servata an eorum familiis aliquid debeat ex iis tribui; insunt alia quaedam ad crisin tragicorum Graecorum pertinentia, Heidelbergae 1808
Borthwick, E. K., Two Scenes of Combat in Euripides, JHS 90, 1970, 15–21
Braunlich, A. F., Notes on the Text of Euripides, AJP 83, 1962, 393–411
Breitenbach, W., Untersuchungen zur Sprache der Euripideischen Lyrik (Tübinger Beiträge zur Altertumswissenschaft, Heft 20), Stutgardiae 1934
Bremer, J. M., Euripides, Phoenissae 830–832, Mn 33, 1980, 278–287
–, The Popularity of Euripides' Phoenissae in Late Antiquity, Actes du VIIᵉ congrès de la F. I. E. C., vol. 1, Budae 1983
–, Papyri containing Fragments of Eur. Phoenissae. Some Corrections to the First Editions, Mn 36, 1983, 293–305
Bremer, J. M., Worp, K. A., Papyri containing Fragments of Eur. Phoenissae. Some Corrections to the First Editions (2), Mn 39, 1986, 240–260
Broadhead, H. D., Tragica. Elucidations of passages in Greek tragedy, Christchurch, New Zealand 1968, 179
Brodaeus [vide editionem Hervagianam]
Brown, S. G., Metrical Innovations in Euripides' Later Plays, AJP 95, 1974, 207–234

Brugnola, V., Due ipotesi sulla composizione delle Fenicie di Euripide, RFIC 31, 1903, 401–410
Bruhn, E., Lucubrationum Euripidearum capita selecta, JfclPh Suppl. 15, Lipsiae 1887, 225–326
Brumoy, P., Le Théâtre des Grecs, Parisiis 1730, ²1763 (curante J.-Fr.-J. Fleuriau)
Buchholtz, H., De Euripidis versibus anapaesticis, Progr. Cotbusii 1864
–, De dactylicis Euripidis versibus, Progr. Cotbusii 1865
Burges, G., Euripidis Troades, Londinii 1807
–, addenda et corrigenda ad suam editionem, CJ 1, 1810, 263–266
–, In carmina epodica Euripidea commentarius, CJ 9, 1814, 15–26
–, Euripidis Phoenissae emendatae, CJ 24, 1821, 129–134
Burgess, T., Observationes in Sophoclis Oedipum Tyrannum Oedipum Coloneum Antigonam, Euripidis Phoenissas, Aeschyli Septem contra Thebas, Oxonii 1778 [editae sunt etiam in editione altera Burtoni Pentalogiae, 1779]
Busch, G. N., Observationum ad Euripidis Phoenissas specimen, Rostochii 1826
Busche, K., recens. Wecklein 1894, WKP 12, 1895, 337–341
–, recens. Wecklein 1901, BPW 21, 1901, 1281–1284
Butterworth, J. A., A Commentary on Euripides' Phoinissai (ll. 1–637), diss. Londinii 1973

Caesar, J., Coniectanea critica, Marburgi 1871
Camper, P., Euripidis Electra, Lugduni Batavorum 1831
Cantarella, R., L'influsso degli attori sulla tradizione dei testi tragici, Rivista Indo-greco-italica 14, 1930, 175–209
Canter, W., Novarum lectionum libri octo, Antwerpiae ³1571
Carstens, C., De accusativi usu Euripideo, diss. Ienae 1884
*Catalano, M., Note critiche sulla composizione delle Fenicie di Euripide, Catinae 1903
Chase, G. H., The Shield Devices of the Greeks, HSCP 13, 1902, 61–127
Clemm, W., Hippomedon's Schild in den Phönissen des Euripides, Phil. 30, 1870, 137–176
Cobet, C. G., Variae Lectiones, Mn 5, 1856, 233–272; 6, 1857, 1–56
–, Novae lectiones quibus continentur observationes criticae in scriptores graecos, Lugduni Batavorum 1868
–, Variae lectiones, Lugduni Batavorum 1873
Conacher, D. J., Themes in the *exodus* of Euripides' Phoenissae, Phoenix 21, 1967, 92–101
Conradt, C., Die überlieferte Gliederung der Tragikerfragmente des Papyrus Weil und der Aufbau der Choephoren und Phoinissen, NJPP 151, 1895, 289–329
Corssen, P., Die Heimat der Phönissen, RhM 67, 1912, 631–637
Crusius, O., Der Gigant Aster bei Euripides, Phil. 63, 1904, 472
Czwalina, J., De Euripidis studio aequabilitatis, diss. Bonnae 1867
*–, De locis aliquot Euripideis symmetria versuum insignitis, Progr. Moersae 1872

Dale, A. M., The Lyric Metres of Greek Drama, Cantabrigiae ²1968
–, Metrical Analyses of Tragic Choruses, fasc. 2 Aeolo-Choriambic (BICS Suppl. 21. 2), Londinii 1981
–, Metrical Analyses of Tragic Choruses, fasc. 3 Dochmiac-Iambic-Dactylic-Ionic (BICS Suppl. 21. 3), Londinii 1983
Delulle, H., Les répétitions d'images chez Euripide: contribution à l'étude de l'imagination d'Euripide (Univ. de Louvain, Recueil de Travaux, 32), Lovaniae 1911
Denniston, J. D., Varia, CR 50, 1936, 115–117
Diggle, J., Marginalia Euripidea, PCPS 195, 1969, 30–59 (41 n. 1)

Dihle, A., Der Prolog der 'Bacchen' und die antike Überlieferungsphase des Euripides-Textes, SHAW 1981, no. 2
Diller, H., recens. Fraenkel 1963, Gnomon 36, 1964, 641–650
Dobree, P. P., Adversaria (ed. W. Wagner), vol. 4, Berolini 1874, 61–65
Doederlein, L., Observationes criticae in Sophoclis Oedipum Coloneum, Acta Philologorum Monacensium 1, 1812, 25–70 (50)
Donaldson, J. W., Notes on the Agamemnon of Aeschylus, Journal of Classical and Sacred Philology 3, 1857, 193–222 (206 n. 1)
Donovan, B. E., Euripides Papyri I: Texts from Oxyrhynchus (American Studies in Papyrology, 5), New Haven 1969
Doorenbos, W., Commentatio de moribus Creontis qualem descripsit Sophocles, diss. Groningae 1844 (Thesis 3)
Dragoumis, S. N., *Κριτικὰ καὶ Ἑρμηνευτικὰ εἰς Εὐριπίδην*, *Ἀθηνᾶ* 14, 1902, 37–44
Duport, J. [coniecturae eius in Barnesii editione vulgatae sunt]

Earle, M. L., Euripides' Alcestis, Londinii 1894 (crit. app. ad Alc. 304)
–, Notes on Euripides' Phoenissae, CR 9, 1895, 13–14
–, Notes on Bacchylides, CR 12, 1898, 394–395
Ebeling, H., recens. Kinkel 1871, ZfG 25, 1871, 231–234
Ebeling, R., De tragicorum poetarum graecorum canticis solutis (Diss. Philol. Halenses 15:3), Halis Saxonum 1903
Ebener, D., Die Phönizierinnen des Euripides als Spiegelbild geschichtlicher Wirklichkeit, Eirene 2, 1963, 71–79
Eichler, O., De responsione Euripidea particula I, diss. Lipsiae 1886
*Eldik, E. H. von, Suspicionum specimen, Zutphaniae 1774
Elmsley, P., recens. variae, Edinburgh Review 19, 1811, 64–95 (70, 73, 78–79, 91); Quarterly Review 7, 1812, 441–464 (453); CJ 8, 1813, 199–218 (214); CJ 8, 1813, 417–440 (420, 437)
–, Euripidis Medea in usum studiosae iuventutis, [1]Oxonii 1818, [2]Lipsiae 1822
–, Euripidis Heraclidae, [1]Oxonii 1813, [2]Lipsiae 1821
–, Sophoclis Oedipus Tyrannus, Lipsiae 1821 (ad Oed. 196, 376, 717)
–, Adnotatio in Euripidis Medeam, Museum Criticum 2, 1826, 1–44 (36)
–, Adnotatio in Euripidis Iphigeniam Tauricam, Museum Criticum 2, 1826, 273–307 (290, 296 n. 1)
Emperius, A., Opuscula philologica et historica, ed. F. G. Schneidewin, Gottingae 1847, 308
Engelmann, R., Zu den Phoenissen des Euripides, JDAI 20, 1905, 179–188
Erbse, H., Beiträge zum Verständnis der Euripideischen Phoinissen, Phil. 110, 1966, 1–34
–, Studien zum Prolog der Euripideischen Tragödie (Untersuchungen zur antiken Literatur und Geschichte, 20), Berolini 1984, 222–247
Erdmann, G., Der Botenbericht bei Euripides: Struktur und dramatische Funktion, diss. Kiliae 1964
Es, A. H. G. P. van den, Adnotationes in Lycurgi Orationem in Leocratem, diss. Lugduni Batavorum 1854, 127

Faehse, G., Sylloge lectionum graecarum glossarum scholiorum in tragicos graecos atque Platonem . . . accedit observationum criticarum symbole in scriptores aliquot classicos et graecos et romanos nonnullarum, Lipsiae 1813, 338–339
Faust, P. A., Studien zu Euripides, Progr. Ecclesiae Veteris 1881
Fecht, K., Zur Kritik des Euripides, Progr. Friburgae 1884
Ferrari, F., In margine alle Fenicie, ASNP, ser. 3, 11:2, 1981, 281–294
Firnhaber, C. G., Die Verdächtigungen Euripideischer Verse beleuchtet und in den Phoinissen und der Medea zurückgewiesen, Lipsiae 1840
Fischl, J., De nuntiis tragicis (Diss. Philol. Vindobonenses XI 1), Lipsiae 1910

Foley, H. P., Ritual Irony: Poetry and Sacrifice in Euripides, Ithacae in provincia Novi Eboraci 1985
Fonteneius, P. [Phoen. 538 emendat apud P. Wesseling, Herodoti Halicarnassei Historiarum libri IX, Traiecti ad Rhenum 1763, 50, 15]
Fraenkel, E., A Passage in the Phoenissae, Eranos 44, 1946, 81–89
–, Euripides und Philemon, Mus. Helv. 18, 1961, 229
–, Zu den Phoenissen des Euripides, SBAW 1963, Heft 1
–, Euripides Phoenissen 1262f., Mus. Helv. 21, 1964, 184
–, Anreden an nur gedachte Zuhörer, Mus. Helv. 24, 1967, 190–193; 25, 1968, 179–180
*Freudensprung, S., In Euripidis Phoenissas annotationes, Progr. Monaci 1834
Friedrich, W. H., Prolegomena zu den Phönissen, Hermes 74, 1939, 265–300
Fritzsche, F. V., De monodiis Euripideis commentatio prior, Rostochii 1842
–, De Euripidis Phoenissis. G. Hermanni suasque coniecturas praemisit, Rostochii 1855
–, Specimen primum carminum non antistrophicorum, in quibus scenici poetae dochmiaco potissimum metro usi sunt, Phil. 11, 1856, 315–327
–, Quaestionum metricarum specimen primum (secundum, tertium, quartum, quintum), Rostochii 1858–1859
–, De canticis Euripideis curae secundae, Rostochii 1869

Garlan, Y., De la poliorcétique dans les 'Phéniciennes' d'Euripide, REA 68, 1966, 264–277
Garzya, A., Rifacimento di scena delle Fenicie di Euripide (PSI 1303), Aegyptus 32, 1952, 389–398
Gebauer, W., Euripidis Phoenissarum pars extrema inde a v. 1582 utrum genuina sit necne quaeritur. accedunt de aliis fabulae locis quaestiones selectae, diss. Halis Saxonum 1888
Gebhardt, E., Studien über das Verpflegungswesen von Rom und Constantinopel..., diss. Dorpati 1881 (Thesis 3)
Geist, H., Zu Euripides Phoinissai, NJPP 115, 1877, 313–314
–, De fabula Oedipodea, Progr. Butingae 1879
Girard, P., Le cratère d'Orvieto et les jeux de physionomie dans la céramique grecque, Monuments grecs II, nos. 23–25, 1895–1897, 7–52 (32 n. 2)
Gloël, H., recens. Klotz-Wecklein 1881, BPW 2, 1882, 71–74
–, Zu Euripides, NJPP 127, 1883, 729–733
Gomperz, T., recens., ZÖG 31, 1880, 590–593
Goram, O., Coniectanea in Euripidem, RhM 18, 1863, 310–314. 614–619; 20, 1865, 464–467; 21, 1866, 475; 22, 1867, 133–135
Gotthold, F. A., Aesthetische Beurteilung der Phoenikerinnen des Euripides von zwei Primanern, Progr. Regiomontii 1834
Grenfell, B. P., The Value of Papyri for Textual Criticism, JHS 39, 1919, 16–36 (21)
Grigorakis, G., *Σύγκρισις τῶν σχολίων τῶν Φοινισσῶν τοῦ Εὐριπίδου πρὸς τὸ τούτων κείμενον*, diss. Ienae 1890
Groeneboom, P., Studia praesertim critica et epicritica in Sophoclis Oedipum Regem, diss. Traiecti ad Rhenum 1898 (103, 124 n. 1)
Gross, A., Die Stichomythie in der griechischen Tragödie und Komödie, diss. Berolini 1905
Grube, G. M. A., The Drama of Euripides, Londinii 1941

*Haacke, H., De Euripidis fabula cui Phoenissae nomen inditum est, iterum et acta et recensita, diss. Vratislav., Suidnicii 1851
Hamaker [coniectura eius ad Phoen. 131–132 apud Geel edita est]
Hamelbeck, W., Die rhythmischen Verhältnisse in den lyrischen und chorischen Dichtungen der Griechen: II. Teil, Progr. Novensii 1895

Hamelbeck, W., Der ionicus a maiore mit aufgelöster erster Länge in den lyrischen und chorischen Dichtungen der Griechen, Progr. Muhlhemii 1896
Hamilton, R., Objective Evidence for Actor's Interpolations in Greek Tragedy, GRBS 15, 1974, 387–402
Hannemueller, B., Quaestionum Euripidearum specimen I, diss. Gottingae 1864
Harberton, J. S. P., Notes and Emendations to Aeschylus, Sophocles, and Euripides in connexion with the text of the 5th ed. of Dindorf's 'Scenici Graeci' by a graduate of Cambridge, Londinii 1903, ^{2}1910
Hardion, J., Observations sur quelques endroits des Phéniciennes d'Euripide, Histoire de l'Acad. roy. des inscriptions et belles lettres, 5, Parisiis 1729, 119–124
Harry, J. E., Four verses of the Phoenissae (845–848), AJP 34, 1913, 202–203
–, The Greek Tragic Poets: Emendations, Discussions, and Critical Notes (Univ. of Cincinnati Studies 9), 1914
–, Zu Phoenissae 1182–1184, WKP 31, 1914, 1133
Harsh, P. W., Repetition of Lines in Euripides, Hermes 72, 1937, 435–449
Hartman, J. J., Euripidea, Mn 10, 1882, 122–128. 309–318
Hartung, J. A., Lehre von den Partikeln der griechischen Sprache, Erlangae 1832–1833 (II 407–408)
–, Iphigenia in Aulide. praemittuntur de Euripidis fabularum interpolatione disputationes duae, Erlangae 1837
–, Euripides restitutus, Hamburgii 1843–1844 (II 442–471)
–, recens. Geel 1846, ZfA ser. 2, 6, 1848, 455–465
–, Aeschylus' Werke, Lipsiae 1852–1856 (ad Ag. 1137, Pers. 676, Sept. 781)
Haslam, M. W., The Authenticity of Euripides, Phoenissae 1–2 and Sophocles, Electra 1, GRBS 16, 1975, 149–174
–, Interpolation in the Phoenissae: Papyrus Evidence, CQ 26, 1976, 4–11
Haupt, M., Analecta, Hermes 1, 1866, 21–46 [= Opuscula 3:2, 1876, 313–340]
Haupt, R., De perfecti plusquamperfecti futuri exacti usu Euripideo, diss. Gissae 1867
Haydon, R. S., *ΣΧΗΜΑ ΠΙΝΔΑΡΙΚΟΝ*, AJP 11, 1890, 182–192
Headlam, W., Various Conjectures, JPhil 21, 1893, 75–100 (92); 23, 1895, 286
–, Notes on Euripides, JPhil 26, 1899, 233–237
–, Notes on Euripides, CR 15, 1901, 98–108
–, Emendations and Explanations, JPhil 30, 1907, 290–319 (305)
Heath, B., Notae sive lectiones ad tragicorum graecorum veterum Aeschyli Sophoclis Euripidis quae supersunt dramata deperditorumque relliquias, Oxonii 1762
Hebold, M., De infinitivi syntaxi Euripidea, diss. Halis Saxonum 1881
Heiland, J., Beiträge zur Textkritik des Euripides, Progr. Augustae Nemetum 1887
Heimsoeth, F., Kritische Studien zu den griechischen Tragikern, 1. Abt.: Eine notwendige Ergänzung der kritischen Methode, Bonnae 1865
–, De diversa diversorum mendorum emendatione commentatio tertia, in qua de interpolationibus agitur, Bonnae 1867
–, Commentatio critica de vitiorum in veterum scriptorum codicibus obviorum generibus a Madvigio Hauniensi nuper definitis, Bonnae 1871
–, De interpolationibus commentatio tertia, Bonnae 1871
*Held, J., Observationes in difficiliores quosdam veterum scriptorum et Graecorum et Latinorum locos, Suidnicii 1849
Helmbold, W. C., Atakta, Mn 5, 1952, 224–227
Hemsterhuys, T. [coniecturae eius apud Musgrave 1762 editae sunt]
Henning, E., De tragicorum atticorum narrationibus, diss. Gottingae 1910
Hense, O., Exercitationes criticae imprimis in Euripidis fragmentis, diss. Halis Saxonum 1868
Hermann, G., De metris poetarum graecorum et latinorum libri III, Lipsiae 1796
*–, Euripidis Hecuba, Lipsiae 1800, 85
–, Orphica, Lipsiae 1805, 723; addenda xxiii

Hermann, G., Dissertatio de ellipsi et pleonasmo in graeca lingua, Lipsiae 1808 [= Opuscula I 148 sqq.]
–, De usu antistrophicorum in graecorum tragoediis, Lipsiae 1810
–, Elementa doctrinae metricae, Lipsiae 1816
–, Epitome doctrinae metricae, Lipsiae 1818, ^{2}1844, ^{3}1852
–, vide etiam Fritzsche 1855
Hermann, K. F., Zu Eurip. Phoen. v. 1299, Phil. 2, 1847, 402
Herwerden, H. v., Euripidea, Mn 4, 1855, 358–382
–, Exercitationes criticae in poeticis et prosaicis quibusdam atticorum monumentis, Hagae Comitum 1862
–, Sophoclis Oedipus Rex. accedunt Analecta tragica, Traiecti ad Rhenum 1866 (ad Oed. 1007, 1160; p. 203)
–, Studia critica in poetas scenicas graecorum (Verh. d. K. Akad. v. Wet., Afd. Letterkunde, 7. Deel, 1872, no. 3), 21
–, Adnotationes criticae et exegeticae ad Euripidem (Verslagen en Med. d. K. Akad. v. Wet., Afd. Letterkunde, 2. reeks, 4, 1874), 81–112. 157–213 (90–93. 168)
–, *Εὐριπίδου Ἴων*, Traiecti ad Rhenum 1875
–, Ad Euripidem, Mn 5, 1877, 21–46 (34–35)
–, Novae lectiones Euripideae, RPh 2, 1878, 19–57 (32–35)
–, Ad Euripidem, Mélanges Graux, Parisiis 1884, 187–223
–, Novae commentationes Euripideae, RPh 18, 1894, 60–98
–, Novae curae Euripideae, Mn 31, 1903, 261–294 (286–291)
Heydenreich, H., Zu Euripides, RhM 32, 1877, 134–140
Hilberg, I., Zu Euripides, WS 2, 1880, 143–144
Hirzel, H., De Euripidis in componendis diverbiis arte, diss. Lipsiae 1862
Holzner, E., Studien zu Euripides, Pragae 1895, 114–117
Hooykaas, J., De Sophoclis Oedipode Coloneo, diss. Lugduni Batavorum 1896 (Thesis VII)
Hornbostel, W., Über die Phönissen des Euripides, Progr. Ratzeburgi 1862
Hourmouziades, N. C., Production and Imagination in Euripides (*Ἑλλ. Ἀνθρωπιστικὴ Ἑταιρεία, σειρὰ δευτ.*, 5), Athenis 1965
Huschke, I. G., Albii Tibulli carmina, Lipsiae 1819 (ad Tib. 1, 4, 14)

Imhof, M., Tetrameterszenen in der Tragödie, Mus. Helv. 13, 1956, 125–143 (136)

Jachmann, G., Binneninterpolationen (NGG N. F. Fachgruppe I, Bd. 1, 1934–1936), 123–144. 185–215
–, Calabriae Pierides, Phil. 90, 1935, 331–351 (343)
Jackson, J., Marginalia Scenica II, CQ 35, 1941, 163–187
–, Marginalia Scaenica, Oxonii 1955
Jacobs, F., Animadversiones in Euripidis Tragoedias, Gothae 1790, 15–20
–, Exercitationes criticae in scriptores veteres. tomus primus: curae secundae in Euripidis tragoedias, Lipsiae 1796, 14. 40–43
Jessen, J., Quaestiunculae criticae et exegeticae, diss. Kiliae 1901
Johansen, H. Friis, General Reflection in Tragic Rhesis. A Study in Form, Hauniae 1959
Jortin, J. [nonnullas eius notas adhibuit Musgrave]
Jouanna, J., Texte et espace théâtral dans les Phéniciennes d'Euripide, Ktema 1, 1976, 81–97 [cf. REG 89, 1976, x–xi]
–, Remarques sur le texte et la mise en scène de deux passages des Phéniciennes d'Euripide (v. 103–126 et 834–851), REG 89, 1976, 40–56

Kahle, A., De *ΕΠΙ* praepositionis usu Euripideo, diss. Marburgi 1868
Kampfhenkel, O., De Euripidis Phoenissis capita duo, diss. Berolini 1888
Kapsomenos, A. S., *ΕΝΔΑΚΡΥΕΙΝ*, a Ghost Word?, *ΦΙΛΤΡΑ. Τιμητικὸς τόμος Σ. Γ. Καψωμένου*, Thessalonicae 1975, 69–72 (71)

Kassel, R., Zu Euripides Phoen. 1279, RhM 97, 1954, 96
Kayser, L., recens. Kirchhoff 1855, Nauck 1854, NJPP 75, 1857, 113–135
Keramopoullos, A. D., *Θηβαϊκά*, *Ἀρχαιολογικὸν Δελτίον* 3, 1917 (456 n. 1, 429 n. 2)
–, *Θηβαϊκὰ Εὐριπίδεια*, *Ἀρχαιολογικὴ Ἐφημερίς* 1918, 60–65
Kiehl, E. J., De Prometheo Aeschyli denuo edendo, diss. Lugduni Batavorum 1850 (Thesis XV)
–, De Canone Dawesiano Tragicorum, Genootschap van Leeraren aan de Nederl. Gymnasien, Miscellanea Philologa et Paedagogica 2, 1850/51, 49–64 (59)
Kitto, H. D. F., The Final Scenes of the Phoenissae, CR 53, 1939, 104–111
Klinkenberg, J., De Euripideorum prologorum arte et interpolatione, diss. Bonnae 1881
Koch, R., De anacoluthis apud Euripidem capita selecta V, diss. Halis Saxonum 1881
Kock, T., Veri similia, JfclPh Suppl. 6, 1, Lipsiae 1872, 161–272
Kovacs, D., Tyrants and Demagogues in Tragic Interpolation, GRBS 23, 1982, 31–51
Kranz, W., Stasimon. Untersuchungen zu Form und Gehalt der griechischen Tragödie, Berolini 1933
Krausse, O., De Euripide Aeschyli instauratore, diss. Ienae 1905
Krieg, W., Der trochäische Tetrameter bei Euripides, Phil. 91, 1936, 42–51
Kron, H., recens. Kinkel 1871, ZfG 26, 1872, 461–472
Kueppers, J. J., Curae criticae in Thucydidem, diss. Bonnae 1856 (sent. controversa 4)
Kuiper, W. E. I., Ad Euripidis Phoenissas, Vs. 516, Mn 58, 1930, 425–427
Kvíčala, J., Inwiefern ist man berechtigt, bei Euripides aus der Störung der Stichomythie auf Interpolationen und Lücken zu schliessen?, ZÖG 9, 1858, 609–625
–, recens. Kinkel 1871, Literarisches Centralblatt für Deutschland 1872, 195
–, Kritická analekta k dramatům Sofokleovým a Euripidovým, Listy filologické a paedagogické 5, 1878, 156–183 (171–172)
–, Zur Kritik des Euripides, NJPP 119, 1879, 530–533

Lakon, B., *Κριτικὰ καὶ Ἑρμηνευτικά*, *Ἀθηνᾶ* 12, 1900, 385–446
Lange, K. H., Observationes sacrae . . . accedit specimen lectionum Euripidearum in Phoenissas, Lubecae ca. 1737
–, Kritische Anmerkungen über den Text des griechischen Dichters Euripides, Hamburgische vermischte Bibliothek 1, 1743, 137–145. 1019–1025
Langhoff, V., Unmotivierte Partizipien im Griechischen, Hermes 105, 1977, 290–307
Lanza, D., *ΝΟΜΟΣ* e *ΙΣΟΝ* in Euripide, RFIC 91, 1963, 416–439
Legras, L., Les légendes thébaines dans l'épopée et la tragédie grecques, Parisiis 1905
Leidloff, H., De Euripidis Phoenissarum argumento atque compositione, Holtisminnis 1863
Lenting, J., Euripides Medea, Zutphaniae 1819
–, Animadversiones criticae in Euripidem, Nova Acta Literaria Societatis Rheno-Traiectinae, pars prima, 1821, 1–120 (18–22)
* –, Euripides, Andromache. Vetera Scholia, Zutphaniae 1829 (ad Andr. 79)
Leo, F., De Tragoedia Romana, Gottingae 1910, 4–5 [= Ausgew. kl. Schriften I 192–193]
*Lepar, F., Euripides Phoenissen mit Aeschylus Sieben gegen Theben verglichen, Progr. Lipae 1856
Lesky, A., recens. Fraenkel 1963, AAHG 16, 1963, 154–155
Leutsch, E. v., Varia, Philol. Anzeiger 1, 1869, 167–170; 8, 1877, 474–482; Phil. 29, 1870, 447. 503; 30, 1870, 346; 36, 1877, 63; 41, 1882, 241. 269. 308. 413. 444. 601
Levitt, N., A textual note on Euripides' Phoenissae 128, AJP 83, 1962, 422–423

Lewis, N., Euripides, Lyrics [P. Strasbourg WG 307], Études de Papyrologie 3, 1936, 52–75
*Lichtenauer, A., Des Euripides Phönissen nach ihrem Inhalt, dann aesthetischen und moralischen Gehalt beleuchtet, Progr. Landishutae 1852
Lindau, A. F., Beiträge zur Erklärung und Kritik des Euripides, ZfA 6, 1839, 485
*Lindemann, J. F., Dissertatio de Euripidis Phoenissis eiusdemque fabulae interpretatio Teutonica, Progr. Sitaviae 1835
Lindskog, C., Studien zum antiken Drama, Londinii Gothorum 1897
Lloyd-Jones, H., Euripidea, CR 7, 1957, 97–100
Lobeck, C. A., Sophoclis Aiax, Lipsiae 1809, ²1835, ³1866 (ad Ai. 1144)
Löhbach, R., Zu Eur. Phoenissen 103–105, NJPP 87, 1863, 660
Logothetos, K. I., *Παρατηρήσεις εἴς τινα χωρία τοῦ Εὐριπίδου*, *Ἀθηνᾶ* 23, 1911, 462–469
Lohmann, R., Nova studia Euripidea, diss. Halis Saxonum 1904 [= caput I operis sequentis]
–, Nova studia Euripidea (Diss. Philol. Halenses 15:4), Lipsiae 1905
Longo Rubbi, C., La danza 'magica' di Giocasta nelle Fenicie di Euripide, Dioniso 41, 1967, 398–409
Looy, H. van, *Παρετυμολογεῖ ὁ Εὐριπίδης*, Zetesis. Album amicorum E. de Strycker, Traiecti ad Rhenum 1973, 344–367
Ludwig, W., Sapheneia. Ein Beitrag zur Formkunst im Spätwerk des Euripides, diss. Tubingae 1954
Luppe, W., Zur Phoinissai-Hypothesis in P. Oxy. 2455, Phil. 126, 1982, 313–315

Madvig, J. N., Adversaria critica ad scriptores graecos et latinos I, Hauniae 1871, 273
Marcovich, M., Three-Word Trimeter in Greek Tragedy (Beiträge zur kl. Philologie, Heft 158), Regis Saxo 1984
Markland, J., Euripidis drama Supplices mulieres, Londinii 1763 (ad Su. 649)
–, Notae in Euripidem [curante G. Burges], CJ 25, 1822, 339–343 [etiam aliae eius coniecturae in Burtoni Pentalogia editae sunt]
Masqueray, P., Théorie des formes lyriques de la tragédie grecque, Parisiis 1895
Mastronarde, D. J., Studies in Euripides' Phoinissae, diss. Toronto [= Canadian Theses on microfiche, no. 26070] 1974
–, Are Euripides Phoinissai 1104–1140 Interpolated?, Phoenix 32, 1978, 105–128
–, Contact and Discontinuity: some conventions of speech and action on the Greek tragic stage (Univ. of California Publications: Classical Studies 21), Berkeleiae 1979
–, P. Strasbourg WG 307 Re-examined (Eur. Phoin. 1499–1581, 1710–1736), ZPE 38, 1980, 1–42
–, The London Ostrakon of Eur. Phoin. (P. Lit. Lond. 75), ZPE 49, 1982, 7–14
Mastronarde, D. J., Bremer, J. M., The Textual Tradition of Euripides' Phoinissai (Univ. of California Publications: Classical Studies 27), Berkeleiae 1982
Matthiae, A. H., Observationes criticae in tragicos, Homerum, Apollonium, Pindarum, etc., Gottingae 1789 (11)
Matthiessen, K., Studien zur Textüberlieferung der Hekabe des Euripides, Heidelbergae 1974
Mayer, M., De Euripidis mythopoeia capita duo, diss. Berolini 1883 (sent. contr. 3)
Mayerhoefer, F., Ueber die Schlüsse der erhaltenen griechischen Tragödien, Erlangae 1908
Meineke, A., Fragmenta Comicorum Graecorum III, Berolini 1840, 198
Mekler, S., Euripidea. Textkritische Studien, Vindobonae 1879
Melagros, P., *Κριτικὰ ἐπανορθώματα*, Athenis 1891
Mellon, P. S., The Ending of Aeschylus' Seven Against Thebes and its relation to Sophocles' Antigone and Euripides' Phoenissae, diss. Stanford 1974

Meredith, H. O., The Concluding Scenes of Euripides' Phoenissae, CR 51, 1937, 97–103
Méridier, L., Le prologue dans la tragédie d'Euripide, Burdigalae 1911
Meurig-Davies, E. L. B., Euripides, Phoenissae 504, CR 58, 1944, 52
–, Notes on Euripides, REG 61, 1948, 359–366
Miller, T., Euripides rhetoricus, diss. Gottingae 1887
Milton, J., Emendationes in Euripidem, Museum Criticum 1, 1814, 283–291
Mommsen, T., Beiträge zu der Lehre von den griechischen Präpositionen, Berolini ²1895, 766–770
Moraïtes, S., Φιλολογικαὶ Μελέται, Ἀθηνᾶ 17, 1905, 179–220; 18, 1906, 303–314
*Moret, J.-M., Œdipe, La Sphinx et les Thébains, Romae 1985
Morus, S. F. N., De Euripidis Phoenissis, Lipsiae 1771 [etiam nonnullae eius notae in editione C. G. Schütz 1772 editae sunt]
Motte, A., Prairies et jardins de la Grèce antique: de la religion à la philosophie (Acad. roy. des sciences, des lettres et de beaux arts, Mémoires, 2ᵉ série, 61, 5), Bruxellae 1973
Müller, C. W., Zur Datierung des sophokleischen Ödipus (Akad. d. Wiss. u. d. Literatur Mainz, Abh. der Geistes- und sozialwissenschaftlichen Klasse 1984, nr. 5), 66–69
Müller, K. H. F., De Euripidis Phoenissarum parte extrema, diss. Ienae 1881
Mueller-Goldingen, C., Untersuchungen zu den Phönissen des Euripides (Palingenesia 22), Stutgardiae 1985
Munro, H. A. J., Euripidea, JPhil 11, 1882, 267–286
Murray, A. S., Illustrations of the Phoenissae, CR 2, 1888, 327–328
Musgrave, S., Exercitationum in Euripidem libri duo, Lugduni Batavorum 1762

Naber, S. A., Euripidea, Mn 10, 1882, 136–162
Naeke, A. F., Opuscula Philologica ed. F. T. Welcker, I, Bonnae 1842, 111–118 (opusculum anno 1824 editum)
Nagel, C. F., Observationes in auctores latinos et graecos, Acta Literaria Societatis Rheno-Traiectinae 4, 1803, 256–299 (296–297)
Nancy, C., Φάρμακον σωτηρίας: le mécanisme du sacrifice humain chez Euripide, Théâtre et spectacle dans l'antiquité (Univ. des sciences hum. de Strasbourg, Travaux du Centre de recherche sur le Proche-Orient et la Grèce Antiques 7), Lugduni Batavorum 1984, 17–30
Nauck, A., Variae Lectiones, Phil. 12, 1857, 634–649 (641)
–, Euripideische Studien (Mémoires de l'Acad. imp. des sciences de Saint-Pétersbourg, VIIᵉ série, I 12, 1859), 67–106
–, Kritische Bemerkungen, Bulletin de l'Acad. imp. des sciences de Saint-Pétersbourg, ser. 3, 6, 1863, 48; 9, 1866, 353–354. 390; 17, 1872, 234–235
–, Analecta critica, Hermes 24, 1889, 447–472
Naumann, M., De fontibus et fide Bruti Ciceronis, diss. Halis Saxonum 1883 (sent. contr. II)
*Nitzsch, G. W., Commentatio de quibusdam Euripidis locis, Kiliae 1838
Nodell, J. A., Epistola critica ad ... C. G. Heyne, CJ 10, 1814, 156–163
Northmore, T. [emendatio eius apud Wakefield 1789 edita est]
Norwood, G., Essays on Euripidean Drama, Berkeleiae 1954

Oliveira Pulquério, M. de, Características métricas das monódias de Eurípides, Humanitas 19/20, 1967/68, 87–168 (124–132)

Page, D. L., Actors' Interpolations in Greek Tragedy, Oxonii 1934
Panagl, O., Die 'dithyrambischen Stasima' des Euripides, diss. Wien 1971
Panofka, T. S., Argos Panoptes (Akad. d. Wiss., Berlin, Abhandlungen 1837), 81–127

Papabasileios, G. A., *Κριτικὰ καὶ Ἑρμηνευτικά*, Ἀθηνᾶ 27, 1915, 141 – 154
Parker, L. P. E., Porson's Law Extended, CQ 16, 1966, 1 – 26
–, Split Resolutions in Greek Dramatic Lyric, CQ 18, 1968, 241 – 269
Parry, H., The Choral Odes of Euripides: Problems in Structure and Dramatic Relevance, diss. Berkeleiae 1963
–, Lines 830 – 832 of Euripides' Phoenissae, Phoenix 21, 1967, 20 – 26
Paulson, J., In Phoenissas Euripideam annotatiunculae, Nordisk Tidskrift for Filologi, 3. række, 5, 1896/97, 1 – 18
Petersen, E., Zu Euripides Phoenissen Vers 1113 bis 1118, NJPP 101, 1870, 809 – 813
Petit, S., Leges Atticae, Parisiis 1635, comm. 50 – 52
Pflugk, J., Emendationes in Sophoclis Antigonam, ZfA 3, 1836, 284 – 308 (306 – 307)
Photiadès, P., Quelques considérations suggérées par une représentation des Phéniciennes d'Euripide, Estudios Clásicos 6, 1961/62, 559 – 561
Phoutrides, A. E., The Chorus of Euripides, HSCP 27, 1916, 97 – 170
Pierson, J., Verisimilium libri duo, Lugduni Batavorum 1752
Pluygers, W. G. [emendatio eius ad Phoen. 166 apud Geel edita est]
Podlecki, A. J., Some Themes in Euripides' Phoenissae, TAPA 93, 1962, 355 – 373
–, Sur un passage d'Euripide, REG 93, 1980, 507 – 510
Pohlenz, M., Die griechische Tragödie, Gottingae 1930, ^{2}1954
Polak, H. J., *Ἄτακτα*, Sertum Nabericum, Lugduni Batavorum 1908, 313 – 323
Polle, F., Zu des Euripides Phoenissen, NJPP 105, 1872, 505 – 516
–, Besserungs- und Erklärungsversuche zu Euripides, Commentationes Fleckeisenianae, Lipsiae 1890, 37 – 58
Porson, R., Supplementum ad praefationem Euripidis Hecubae, Londinii 1802, xxxiv
–, Adversaria [= Works, vol. 2], Cantabrigiae 1812, 242. 259. 266
–, Tracts and Miscellaneous Criticisms (ed. T. Kidd), Londinii 1815, 202. 374
*Portus, Aem., Breves notae in omnes Euripidis tragoedias, Heidelbergae 1599
Prato, C., Restauri testuali Euripidei (ammesso l'anapesto nel trimetro tragico), Maia 9, 1957, 49 – 67
–, L'anapesto nel trimetro tragico, SIFC 33, 1961, 101 – 113
–, Il contributo dei papyri al testo dei tragici greci, SIFC 36, 1964, 5 – 79
–, Note linguistiche e filologiche al testo dei tragici greci, Studi Urbinati di storia, filosofia e letteratura 39, 1965, 167 – 179
*Prinz, R., De Solonis Plutarchei fontibus, diss. Bonnae 1867 (thesis II)
*–, Emendationes Euripideae, Vratislaviae 1878
Purgold, L., Observationes criticae in Sophoclem, Euripidem, Anthologiam Graecam et Ciceronem, Ienae 1802, 235 – 240

Quincey, J. H., Greek Expressions of Thanks, JHS 86, 1966, 133 – 159 (146)

Radermacher, L., Observationes in Euripidem miscellaneae, diss. Bonnae 1891
–, Observationum et lectionum variarum specimen, NJPP 151, 1895, 235 – 256
–, Euripides und die Mantik, RhM 53, 1898, 497 – 510
–, Apokope der Präpositionen im Dialog der attischen Tragödie, WS 41, 1919, 1 – 8
Rassow, J., Quaestiones selectae de Euripideorum nuntiorum narrationibus, diss. Gryphiswaldiae 1883
Rau, P., Paratragodia. Untersuchung einer komischen Form des Aristophanes (Zetemata 45), Monaci 1967, 211
Rauchenstein, R., recens. Kinkel 1871, NJPP 103, 1871, 433 – 442
Rawson, E., Family and Fatherland in Euripides' Phoenissae, GRBS 11, 1970, 109 – 127
Rebuffat, R., Le sacrifice du fils de Créon dans les Phéniciennes, REA 74, 1972, 14 – 31
Reeve, M., Interpolation in Greek Tragedy, GRBS 13, 1972, 247 – 265. 451 – 474; 14, 1973, 145 – 171

*Reisig, K., Coniectaneorum in Aristophanem libri duo. Liber primus, Lipsiae 1816, 122–123. 279
Reiske, J. J., Ad Euripidem et Aristophanem animadversiones, Lipsiae 1754 [etiam nonnullae eius emendationes in editione C. G. Schütz 1772 editae sunt]
Renehan, R., Greek Textual Criticism, Cantabrigiae Mass. 1969
Richardson, L. J. D., Euripides, Phoenissae 1664, Hermathena 92, 1958, 74–76
Riemschneider, W., Held und Staat in Euripides' Phönissen, Herbipoli 1940
Ritschl, F. W., Schedae criticae, diss. Halis Saxonum 1829, 25 [= Opuscula Phil. I 720]
Ritter, F., Sieben unechte Schlußstellen in den Tragödien des Sophokles, Phil. 17, 1861, 422–436
Robert, C., Homerische Becher mit Illustrationen zu Euripides' Phoenissen, JDAI 23, 1908, 184–203
–, Oidipous. Geschichte eines poetischen Stoffs im griechischen Altertum, Berolini 1915 [etiam coniectura eius apud Spiro 49 n. 77 edita est]
Romilly, J. de, Les Phéniciennes d'Euripide ou l'actualité dans la tragédie grecque, RPh 39, 1965, 28–47
Roscher, W., Satura critica, Acta Societatis Philologae Lipsiensis I 1, 1871, 93–101
Roussel, P., Observations sur les Phéniciennes d'Euripide, REG 30, 1917, III–IV
–, Le thème du sacrifice volontaire dans la tragédie d'Euripide, Revue Belge de Philologie 1, 1922, 225–240

Salmasius, C. [coniecturae eius vel in C. H. Langii Observationibus sacris vel in huius editione editae esse videntur]
Sauer, R., Zu Euripides' Phoinissai, BPW 52, 1932, 997–1000
Scaliger, J. J. [emendationes scripsit in exemplaribus editionis Hervagianae et editionis Canteri nunc in bibliotheca Bodleiana Oxonii servatis, de quibus nonnullas edidit C. Collard, J. J. Scaliger's Euripidean Marginalia, CQ 24, 1974, 242–249]
Schadewaldt, W., Monolog und Selbstgespräch (Neue Phil. Untersuchungen 2), Berolini 1926
Schaefer, G. H. [Porsoni editionem recusam curavit: vide conspectum editionum]
Schenk, R., Quaestiones criticae Euripideae, Progr. Ruppini Novi 1879
Schenkl, K., Die Euripideische Literatur von 1850–1862, Phil. 20, 1863, 302–334. 466–506 (310).
–, recens. Kinkel 1871, ZÖG 23, 1872, 267–281
Scheurleer, G. A., Disputatio philologica de Demetrio Magnete, diss. Lugduni Batavorum 1858 (thesis III)
*Schmid, G., Euripidea II: ad Orestem, Phoenissas, Medeam, Progr. Dorpati 1865
Schmid, W., Geschichte der griechischen Literatur, 1. Teil, 3. Band, 1. Hälfte, Monaci 1941, 573–590. 862–868
Schmidt, E. O., De clipeorum insignibus quae in Aeschyli Septem contra Thebas et in Euripidis Phoenissis describuntur, diss. Lipsiae 1870
Schmidt, F. W., Analecta Sophoclea et Euripidea, Streliciae Novae 1864, 56–57
–, Zu Euripides, NJPP 113, 1876, 177–186
–, Kritische Studien zu den griechischen Dramatikern, 2. Band: Zu Euripides, Berolini 1886
Schmidt, J. H. H., Kunstformen der griechischen Poesie, 3. Band, Lipsiae 1871
Schmidt, L., Vermischte Bemerkungen, Phil. 37, 1877, 343–345
*Schmidt, M., De dithyrambo poetisque dithyrambicis, Berolini 1844, 130
–, Zu Euripides, RhM 20, 1865, 463–464
Schmitt, J., Freiwilliger Opfertod bei Euripides. Ein Beitrag zu seiner dramatischen Technik (Religionsgeschichtliche Versuche und Vorarbeiten 17, 2), Gissae 1921
Schneidewin, F. W., Coniectanea critica, Gottingae 1839, 161
Schönborn, A., Die Skene der Hellenen. Ein Versuch, Lipsiae 1858, 155–158

Schoene, A., Euripides Phoen. 117. Kirchh. Ed. maior., Hermes 9, 1875, 499
Schoene, F. G., Kritische Bemerkungen zu Euripides, Phil. 9, 1854, 213–222; 10, 1855, 82–96. 391–409
Scholefield, J., recens. Burges, Quarterly Review 3, 1810, 167–185 [cf. Porsoni editionem recusam ad 616]
Schroeder, O., De tichoscopia Euripidis Phoenissis inserta, Lipsiae 1906
–, Das Teichoskopieduett in Euripides' Phoenissen, Verhandlungen der 48. Versammlung deutscher Philologen und Schulmänner, Lipsiae 1906, 48–50
–, Euripidis Cantica, Lipsiae 1910, ²1928
–, Griechische Singverse, Phil. Suppl. 17, 2, 1924, 68. 75
Schumacher, J., Animadversa in Euripidis Phoenissas, Tirocinium Philologum Sodalium regii seminarii Bonnensis, Berolini 1883, 10–12
–, De praepositionum cum tribus casibus coniunctarum usu Euripideo, particula 1, Bonnae 1884
Schwartz, Elimar, De metaphoris e mari et re navali petitis quaestiones Euripideae, diss. Kiliae 1878, 48
Schwerdt, F. I., Vorlesungen über die Metra der griechischen Tragiker, 1862
–, Methodologische Beiträge zur Wiederherstellung der griechischen Tragiker, Lipsiae 1886
Schwinge, E.-R., Die Verwendung der Stichomythie in den Dramen des Euripides, Heidelbergae 1968
Seager, J., In Euripidem commentarii, CJ 20, 1819, 78–87
Seidler, A., De versibus dochmiacis, Lipsiae 1811–1812
Semitelos, D. C., *Διορθωτικὰ εἰς Εὐριπίδην*, BCH 13, 1889, 81–112. 200–216 (215–216)
Seyffert, M., Übersetzungs- und Erklärungs-Proben, Progr. Halis Saxonum 1837, 70
–, Beiträge zur Kritik des Euripides, RhM 17, 1862, 29–54
Shilleto, R., Demosthenes de Falsa Legatione, Cantabrigiae ⁶1886, Appendix B
Siebelis, J. [coniectura eius ad Phoen. 1644 apud Hermann edita est]
Snell, B., Zu Euripides' Phoenissen, Hermes 87, 1959, 7–12
Spiro, F., De Euripidis Phoenissis, diss. Berolini 1884
Stadtmüller, H., recens. Wecklein 1894, BPW 15, 1895, 1441–1447
–, Textkritische Bemerkungen zu Euripides im Anschluss an Studien zu Euripides von Holzner, BBG 31, 1895, 416–418
–, Textkritische Bemerkungen zu den Phönissen des Euripides, BBG 31, 1895, 678–682
Stahl, J. M., Animadversiones ad Euripidis Phoenissas criticae, diss. Bonnae 1856
Stanley, T., Aeschyli Tragoediae septem . . ., Londinii 1663 (comm. de argumento Persarum)
Steinberg, H., Zu Euripides' Phönissen, ZfG 20, 1866, 69–71
Steinberger, A., Zu den Phönikerinnen des Euripides, BBG 16, 1880, 403–405
Stengel, P., Prophezeiung aus den *ΣΦΑΓΙΑ*, Hermes 31, 1896, 478–480; 34, 1899, 462–463
Stephanopoulos, T. K., Umgestaltung des Mythos durch Euripides, Athenis 1980
Steudener, H. R. E., De Euripidis Phoenissis dissertatio, Progr. Halis Saxonum 1849
Stevens, P. T., Colloquial Expressions in Euripides (Hermes Einzelschriften 38), Wiesbaden 1976
Strohm, H., Euripides. Interpretationen zur dramatischen Form (Zetemata 15), Monaci 1957
Sybel, L. von, De repetitionibus verborum in fabulis Euripideis, diss. Bonnae 1868

Terzaghi, N., Eur. Phoen. 1119–1122 e l'arte figurata, RFIC 32, 1904, 260–264
Tessier, A., Per un inventario di docmi ripetitivi in Euripide, Bolletino dell'Istituto di filologia greca, Padova 2, 1975, 130–143

Thelwall, S., Euripides, Phoen. 854–855, CR 4, 1890, 182
Thirlby, S. [hic est eruditissimus editor Iustini Martyris (Londinii 1722) cuius coniecturam ad Phoen. 207 edidit King in annotatione ad 237]
Thompson, S. L., Euripides' Phoenissae 847, Phil. 120, 1976, 293–296
Timm, H. L. [coniectura eius ad Phoen. 911–915 apud Fritzsche 1855 edita est]
Toup, J., Emendationes in Suidam et Hesychium et alios lexicographos graecos, 1, Oxonii 1790, 414
Trautmann, H. T., De Euripidis Phoenissarum versibus suspectis et interpolatis, Halis Saxonum 1863
Trawinski, F., De accusativi ex phrasibus apti apud tragicos Graecos usu, diss. Berolini 1865
Trendelenburg, A., Grammaticorum graecorum de arte tragica iudiciorum reliquiae, Bonnae 1867, 54 n. 56
Treves, P., Le Fenicie di Euripide, Atene e Roma 11, 1930, 171–195
Tucker, T. G., emendationes variae, PCPS 16, 1887, 4–5
Tuilier, A., Recherches critiques sur la tradition du texte d'Euripide (Études et commentaires 68), Parisiis 1968
–, Nouvelles remarques sur l'exodos des Phéniciennes, Studi Classici in onore di Quintino Cataudella, Catinae 1972, I 347–356
–, Étude comparée du texte et des scholies d'Euripide (Études et commentaires 77), Parisiis 1972
*Tyrwhitt, T. [marginalia eius in exemplari editionis Barnesianae nunc in Bibliotheca Britannica servato scripta esse dicuntur: CJ 1, 1810, 136]

*Ugenti, V., Sulla interpolazione dei vv. 774–777 delle Fenicie di Euripide, Annali della Facoltà di Lettere di Lecce 7, 1975–1976, 31–41
Unger, R., Thebana Paradoxa, 1, Halis Saxonum 1839
Usener, H., Lectiones Graecae, RhM 23, 1868, 147–169 (155–156); 25, 1870, 574–616 (577–578) [= Kleine Schriften, Lipsiae 1912, I 141. 160–161]

Valgiglio, E., L'esodo delle Fenicie di Euripide (Univ. di Torino, Pubbl. della facoltà di lettere e filosofia 13, 2), 1961
Valk, M. van der, Observations in connection with Aristophanes, *ΚΩΜΩΙΔΟΤΡΑΓΗΜΑΤΑ*. Studia Aristophanea viri Aristophanei W. J. W. Koster in honorem, Amstelodami 1967, 125–144 (137–138)
–, Eur. Phoen. 1–2 and Soph. El. 1 – Again, GRBS 23, 1982, 235–240
–, Studies in Euripides: Phoenissae and Andromache, Amstelodami 1985
Vauvilliers, J. F., Sophoclis Tragoediae septem ... ed. J. Capponnier; eo defuncto ed. ... J. F. Vauvilliers, tome I, Parisiis 1781, 71
Verrall, A. W., Euripides the Rationalist. A study in the history of art and religion, Cantabrigiae 1895, 231–260 [nonnullae eius coniecturae apud Murray editae sunt]
Vian, F., Les origines de Thèbes: Cadmos et les Spartes (Études et commentaires 48), Parisiis 1963
Voigt, P., Die Phoinissai des Euripides, NJPP 153, 1896, 817–843

Wackernagel, J., Vorlesungen über Syntax ... 2. Reihe, Basileae ^{2}1928, 194. 305
Wakefield, G., Silva critica, sive in auctores sacros profanosque commentarius philologus I, Cantabrigiae 1789
–, Review of Porson's Phoenissae, Critical Review, 2nd series, 31, 1801, 377–390
*Walter, K., Kritisch-exegetische Beiträge zu den griechischen Tragikern, Progr. Wurzenae 1888 (cf. JAW 58, 1889, 392; Wecklein 1894, 15 n. 1)
Walters, H. B., Illustrations of Euripides' Phoenissae, CR 8, 1894, 325–327
Webster, T. B. L., Three Plays by Euripides, The Classical Tradition. Literary and Historical Studies in Honor of Harry Caplan, Ithacae in provincia Novi Eboraci 1966, 83–97

Webster, T. B. L., Scenic Notes II, Antidosis. Festschrift W. Kraus (WS Beiheft 5), Wien 1972, 454–457
Wecklein, N., recens. Herwerden Soph. OT, NJPP 97, 1868, 598
–, Ars Sophoclis emendandi. accedunt analecta Euripidea, Herbipoli 1869, 200
–, Zu Euripides, RhM 27, 1872, 165. 479–480
–, recens. Kinkel 1871, BBG 8, 1872, 110–116
–, Studien zu Euripides, JfclPh Suppl. 7, 5, 1874, 305–448
–, Über die Textüberlieferung des Aeschylos und anderer griechischer Tragiker, SBAW 1888, II 368–369
–, Beiträge zur Kritik des Euripides, SBAW 1895, 492. 511. 530; 1896, 452. 485. 516; 1897, I 460; 1898, II 387. 405. 408–409. 425; 1899, II 504
–, Missverständnisse älterer Wendungen und Ausdrücke . . ., SBAW 1911, 3. Abhandlung, 40
–, Textkritische Studien zu den griechischen Tragikern, SBAW 1921, 5. Abhandlung
–, Textkritische Methoden bei griechischen Dichtern, BBG 61, 1925, 255–264
*Weidgen, J., Qua ratione Euripides in carminibus melicis Doridem, in anapaestis Atticam dialectum temperavit, diss. Ienae 1874 [cf. JAW 3, 1875, 445]
–, Miscellanea critica, Festschrift zu dem 300jährigen Jubiläum des Königlichen Gymnasiums zu Coblenz, Confluentibus 1882, 33–50 (45–46)
–, De Euripidis Phoen. vv. 793–796, 817–820, 1190–1193, Progr. Prumae 1888
Weil, H., Les Phéniciennes et la purgation des passions, Journal des savants 1889, 174–185. 212–223 [= Weil, Études sur le drame antique, Parisiis 1897, 143–178]
–, Observations sur des textes d'Euripide et d'Eschyle, RPh 18, 1894, 201–219
–, Observations sur le texte des Phéniciennes d'Euripide, REG 14, 1901, 265–269
Wesener, P., De repetitione versuum in fabulis Euripideis, diss. Bonnae 1866
–, Über Störungen der Stichomythie bei Euripides, Progr. Inowraslawiae 1871
West, M. L., Tragica V, BICS 28, 1981, 61–78 (66–67)
Weston, S., Correction, by conjecture, of Euripides in the 336th line of his Phoenissae ed. Valck. . . ., CJ 10, 1814, 99–100
Westphal, R. (Rossbach, A.), Griechische Metrik, Lipsiae 1856, ^{3}1889, vol. 3, 2, 316
Wilamowitz-Moellendorff, U. v., Analecta Euripidea, Berolini 1875
–, Die sieben Thore Thebens, Hermes 26, 1891, 191–242 [= Kleine Schriften V 1, 26–77]
–, Euripides Herakles, Berolini ^{2}1895
–, Aischylos Orestie, 2. Stück: Das Opfer am Grabe, Berolini 1896, 257–258
–, recens. Oxy. Pap. II, GGA 1900, 47–49
–, Der Schluss der Phönissen des Euripides, SPAW 1903, 587–600 [= Kleine Schriften VI 344–359]
–, Der Polyneikes des Euripides, in T. v. Wilamowitz-Moellendorff, Die dramatische Technik des Sophokles (Phil. Untersuchungen 22), Berolini 1917, 373–376
–, Griechische Verskunst, Berolini 1921 [id quod scripsit 177–178 in Commentariolis metricis iam 1895 editum est]
–, Der Glaube der Hellenen, Berolini 1931, I 359 n. 1
Williger, E., Sprachliche Untersuchungen zu den Komposita der griechischen Dichter des 5. Jahrhunderts (Forschungen z. gr. u. lat. Grammatik 8), Gottingae 1928
Winckelmann, A. G., Spicilegium criticum, ZfA 7, 1840, 1281–1284
–, Satura critica, ZfA 9, 1842, 289–296
Wölfflin, E., Zu Euripides Phoen. 103–393, Phil. 18, 1862, 536–568. 719–721
Wolff, C., Aspects of the Later Plays of Euripides, HSCP 69, 1965, 353–356
Wunder, E., Emendationes in Sophoclis Trachinias, Grimae 1841, 61–62

Zakas, A. J., *Κρίσις περὶ . . . τῆς Δ. Βεργαρδάκη [ἐκδόσεως] τῶν Φοινισσῶν*, Athenis 1891

Zieliński, T., De Euripidis Thebaide posteriore, Mn 52, 1924, 189–205
–, Tragodumenon libri tres, Cracoviae 1925, 32
Zipperer, W., De Euripidis Phoenissarum versibus suspectis et interpolatis, Herbipoli 1875
Zuntz, G., An Inquiry into the Transmission of the Plays of Euripides, Cantabrigiae 1965

NOTAE

AAHG	Anzeiger für die Altertumswissenschaft, hrsg. von der Österreichischen Humanistischen Gesellschaft
AJP	American Journal of Philology
Archiv	Archiv für Papyrusforschung und verwandte Gebiete
ASNP	Annali della Scuola Normale Superiore di Pisa
BBG	Blätter für das (Bayerische) Gymnasial-Schulwesen
BCH	Bulletin de Correspondance Hellénique
BICS	Bulletin of the Institute of Classical Studies (Londinii)
BPW	(Berliner) Philologische Wochenschrift
CJ	Classical Journal (Londinii)
CQ	Classical Quarterly
CR	Classical Review
GGA	Göttingische Gelehrte Anzeigen
GRBS	Greek Roman and Byzantine Studies
HSCP	Harvard Studies in Classical Philology
JAW	Jahresbericht über die Fortschritte der klassischen Altertumswissenschaft
JDAI	Jahrbuch des Deutschen Archäologischen Instituts
JfclPh	Jahrbuch für classische Philologie
JHS	Journal of Hellenic Studies
JPhil	Journal of Philology
Mn	Mnemosyne. Bibliotheca philologica Batava
Mus. Helv.	Museum Helveticum
NGG	Nachrichten von der Gesellschaft der Wissenschaften zu Göttingen
NJPP	Neue Jahrbücher für Philologie und Pädagogik
PCPS	Proceedings of the Cambridge Philological Society
Phil.	Philologus
REA	Revue des études anciennes
REG	Revue des études grecques
RFIC	Rivista di filologia e d'istruzione classica
RhM	Rheinisches Museum für Philologie
RPh	Revue de philologie, d'histoire et de littérature anciennes
SBAW	Sitzungsberichte der Bayerischen Akademie der Wissenschaften
SHAW	Sitzungsberichte der Heidelberger Akademie der Wissenschaften
SIFC	Studi italiani di filologia classica
SPAW	Sitzungsberichte der Preußischen Akademie der Wissenschaften
TAPA	Transactions of the American Philological Association
WKP	Wochenschrift für klassische Philologie
WS	Wiener Studien
ZfA	Zeitschrift für die Altertumswissenschaft
ZfG	Zeitschrift für das Gymnasialwesen
ZÖG	Zeitschrift für die österreichischen Gymnasien
ZPE	Zeitschrift für Papyrologie und Epigraphik

CONSPECTVS SIGLORVM ET NOTARVM

SIGLA

Codices constanter adhibiti (quoad hoc drama in eis exstet):

A	Parisinus gr. 2712	ca. 1300
Aa	Ambrosianus C 44 sup.	saec. xiv
Ab	Ambrosianus F 74 sup.	ca. 1300
B	Parisinus gr. 2713	saec. x–xi
C	Taurinensis B. IV. 13	1300–1350
Cr	Cremonensis 130	saec. xiv
F	Marcianus gr. 468	saec. xiii exeunte
G	Ambrosianus L 39 sup.	ca. 1320
H	Hierosolymitanus 36	saec. x–xi
L	Laurentianus 32. 2	1300–1320
M	Marcianus gr. 471	saec. xi
Mn	Monacensis gr. 560	saec. xiv
Mt	Matritensis 4677	saec. xiv
O	Laurentianus 31. 10	ca. 1175
P	Laurentianus conv. soppr. 172	1320–1325
Pr	Remensis 1306	saec. xiii exeunte
R	Vaticanus gr. 1135	saec. xiii (exeunte?)
Rf	Laurentianus 32. 33	ca. 1300
Rv	Vaticanus gr. 1332	saec. xiv
Rw	Vindobonensis phil. gr. 119	ca. 1300
S	Salamantinus 31	1326
Sa	Vaticanus gr. 1345	saec. xiii exeunte
T	Angelicus gr. 14	1300–1325
V	Vaticanus gr. 909	ca. 1250–1280
Vr	Palatinus gr. 343	ca. 1500
W	Athous Iberorum 209 (olim 161)	ca. 1300
X	Oxoniensis Bodl. Auct. F. 3. 25	1330–1340
Xa	Oxoniensis Bodl. Barocci 120	1320–1330
Xb	Laurentianus conv. soppr. 71	saec. xiv
Z	Cantabrigiensis Nn. 3. 14	saec. xiv
Zb	Vaticanus gr. 51	ca. 1320–1330
Zc	Hauniensis 3549	saec. xiv ineunte
Zm	Ambrosianus I 47 sup.	saec. xiv
Zu	Upsaliensis gr. 15	1300–1350

Codices ad partem tantum dramatis adhibiti:

Ad	Athous Dionysii 334 (citatur ad 1–400; post versum 400 raro memoratur)	saec. xv
Ta	Urbinas gr. 142 (citatur ad 1761–1766)	saec. xiv

Codices raro adhibiti (non inter 'omnes' vel 'rell.' numerantur):

At	Athous Vatopedianus 671	1420–1443
Hn	Hauniensis 417	ca. 1475
J	Harleianus 6300	saec. xvi ineunte
Tp	Parmensis 154	saec. xiv
Za	Arundelianus 540	saec. xv

Sigla quae familias codicum vel consensum plerorumque codicum significant:

Ω = omnes
ω = **MHBOVC** (una cum **Ad** ad 1–400), vel quotquot horum exstant
Θ = **AbRMnSVrW**, vel quotquot horum exstant
post versum 1150: ϑ = **RMnSVr**
α = **AbR**
β = **MnSVr**
γ = **MnS**
Φ = **FPrSa**
Φ^c = **F**^{c}**PrSa**
φ = **FSa**
Ψ = **AaPRfRvRw**, vel quotquot horum exstant
δ = **AaP**
ε = **RfRvRw**
Ξ = **AMtXXaXb**
$\varkappa$ = **AMt**
ξ = **XXaXb**
Λ = **LZZbZcZmZuT**
ζ = **ZZbZcZmZu**, vel quotquot horum exstant
$\underset{\cdot}{\zeta}$ = quattuor ex his (vel tres ubi quattuor tantum exstant) consentientes in lectione vel in linea vel s. l. posita vel a. c. vel p. c.
λ = **L**ζ vel **L**$\underset{\cdot}{\zeta}$

Gnomologia adhibita (vide praef. § 9):

gV	Athous Vatopedianus 36	saec. xii
gB	Barberinianus gr. 4	ca. 1300
gE	Escorialensis X. I. 13	saec. xiv ineunte

Γ = consensus gnomologiorum **gVgBgE**

Fragmenta papyracea quae Phoenissarum textum vel testimonia continent (quorum de editionibus et de lectionibus plura invenies in Text. Trad. 16–19; ZPE 38, 1980, 1–42 et 49, 1982, 7–14; Bremer (1983) et Bremer/Worp):

Π^1 (Pack^2 425) M. P. E. R. 5, 1892, 74–77 — saec. iv–v^p
continet: 1097–1107, 1126–1137

Π^2 (Pack^2 421) P. Oxy. 2, 224 et P. Ryl. 3, 547 — ii–iii^p
646–656, 1017–1043 bis, 1064–1071

Π^3 (Pack^2 416) P. Lit. Lond. 75 — ii^a
106–118, 128–140

Π^4 (Pack^2 417) P. Oxy. 9, 1177 et P. Oxy. 53, 3714 — i^a–i^p
171–184, 220–226, 625–635

Π^5 (Pack^2 426) P. Strasb. WG 307 — iii^a
1499–1581, 1710–1736

Π^6 (Pack^2 419) P. Wurzb. 1 — vi^p
lemmata ex versibus 24, 43, 90, 344, 347–348, 417, 574, 606, 631, 638–640, 640, 651, 657–658, 683–685, 730,

807bis, 982, 1019–1020, 1023–1023bis, 1028, 1033, 1043–1044, 1046, 1108–1109

Π⁷ (Pack² 423) PSI 11, 1193 — ii^p
1027–1047bis

Π⁸ (Pack² 418) M. P. E. R. n. s. 3, 1939, 21 — vi^p
306–309, 337–342

Π⁹ (Pack² 424) P. Berol. inv. 11868 — ii^p
1079–1095

Π¹⁰ (Pack² 422) P. Merton 2, 54 — ii^p
768–789, 792–806

Π¹¹ (Pack² 415) P. Ant. 2, 74 — vi–vii^p
31–35

Π¹² (Uebel 1208, Archiv 22/23, 1974, 328) P. Berol. 17018 et 21218 (Archiv 30, 1984, 8–13) — v^p
493–503, 505–512, 533–534, 543–548, 565–569, 591–597, 601–604, 615–618, 684(?), 690–703, 719–720, 722–739, 829–833, 846–851, 861–867, 898–900, 931–934, 1079–1095, 1113–1129

Π¹³ (Uebel 1207, Archiv 22/23, 1974, 327) (ZPE 4, 1969, 101–107) P. Berol. 21169 — iii^p
280–298, 337–351, 364–376, 378–392

Π¹⁴ (Luppe, Archiv 27, 1980, 242) BASP 12, 1975, 71–74 — i^a
182–190

Π¹⁵ (Luppe, Archiv 27, 1980, 242) P. Oxy. 44, 3153 — ii–iii^p
552–575

Π¹⁶ (Luppe, Archiv 27, 1980, 242) P. Oxy. 47, 3321 — ii–iii^p
3–40, 51–63

Π¹⁷ (Luppe, Archiv 27, 1980, 242) P. Oxy. 47, 3322 — i–ii^p
3–14, 46–61

Π¹⁸ P. Berol. 21207 (Archiv 30, 1984, 7–8) — vi^p
1383–1387, 1415–1418

Π¹⁹ P. Oxy. 53, 3712 — ii^p
50–69

Π²⁰ P. Oxy. 53, 3713 — ii^p
244–250

Π²¹ P. Oxy. 53, 3715 — ii^p
continet subscriptionem

Π^aa P. Herc. 1609 I 127 (Gomperz, Herculanische Studien II 48; cf. Philippson, Hermes 55, 1920, 259–260; Luppe, Phil. 129, 1985, 188–192) — i^p
testimonium ad 1175

Π^a (Pack² 455) P. Vat. gr. 11 — iii^p
ad 40, 362–363, 367–370, 403, 406, 476, 531–536, 613

Π^b (Pack² 1356) M. P. E. R. n. s. 1, 1932, 23 — vi^p
ad 606

Π^c (Pack² 2642) P. Cairo inv. 65445 — iii^a
ad 529–534

Π^d (Pack² 1934) O. Edfu 3, 326 — i^a
ad 3

Π^e (Pack² 420) PSI 13, 1303 — iii^p
ad 446–637 (imitatio potius quam retractatio)

Π^f (Pack² 311) YCS 15, 1957, 183 — iii^p
ad 543, 544

Π^g (Pack² 453) P. Oxy. 27, 2455 — ii^p
testimonium ad 3; epitomen continet (arg. 1 [a])

SIGLA

Π^h	(Uebel 1209, Archiv 22/23, 1974, 328) P. Oxy. 31, 2544 epitomen continet (arg. 1 [a])	ii–iii^p
Π^i	P. Oxy. 33, 2661 ad 393	iii^p
Π^j	P. Oxy. 42, 3004 ad 536	i^p

Sigla sic instruuntur:

A^1	lectio codicis **A** a prima manu scripta
A^2, **A**^{3}	lectio ab altera (tertia) manu illata
A^c	lectio a codicis correctore (quem *διορθωτὴν* dicunt) correcta vel illata
A^r	lectio a codicis rubricatore correcta vel illata
A^s	varia lectio s. l. scripta (a prima manu)
A^g	glossema s. l. scriptum (quod nonnumquam a varia lectione aegre distinguitur)
A$^{\gamma\varrho}$	varia lectio vel correctio addita (plerumque s. l.), praefixa formula *γρ(άφεται) (καὶ)*
A^{marg}	varia lectio vel correctio in margine scripta
A^{ac}	lectio ante correctionem
A^{pc}	lectio post correctionem (ubi non distingui potest quae manus correctionem fecerit)
A^{1pc}	correctio a prima manu illata
A^{uv}	lectio codicis **A** ut videtur
[**A**]	testis hoc loco non exstat vel legi non potest
~	testis qui sequitur consentit cum lectione in textu expressa contra var. lect. vel coniecturam modo memoratam
*	littera erasa vel parum clara
⟨ ⟩	addendum
{ }	delendum
/	versus terminus
Σ	scholiasta vel scholia vetera ad hoc drama (ed. E. Schwartz)
$^{le}\Sigma$	lemma scholii
$^{\gamma\varrho}\Sigma$	var. lect. a scholiasta citata, formula *γρ(άφεται) (καὶ)* adhibita
$^{i}\Sigma$	lectio quam testari scholiastam ex eius interpretatione colligas
$^{p}\Sigma$	formula verborum qua utitur in paraphrasi scholiasta
$^{g}\Sigma$	glossema scholiastae
Σ^{M}, Σ^{V}, etc.	scholion quale legitur in codice **M** (**V**, etc.)
$\Sigma^{Mosch.}$, $\Sigma^{Thom.}$	scholion quod scripsit Moschopulus (Thomas)
test.	testimonia ad hunc locum in testimoniorum apparatu citata
*	(positum post nomen testimonii auctoris) sic legitur in parte tantum codicum huius auctoris

Numeri versuum adhibentur ei quos stabilivit post Matthiae Nauck; addito ‘a’ indicatur pars prior versus, addito ‘b’ pars posterior.

NOTAE

a. c.	ante correctionem	ca.	circa
acc.	accentus	cf.	confer
accus.	accusativus	cod.	codex
add.	addidit (-erunt), addito (-is)	coll.	collato (-is)
alt.	altera	colloc.	collocavit

compend.	compendium, compendiose
coni.	coniecit (-erunt)
contin.	continuat (-ant)
corr.	correxit
cur.	curante (-ibus)
del.	delevit, deleto
dist.	distinxit, distincto
ed.	editio, editor
emend.	emendavit
eras.	erasit, eraso
expl.	explicavit
fort.	fortasse
gen.	genitivus
indic.	indicavit
iud.	iudicavit
lin.	linea
litt.	littera
man.	manus
marg.	margine
om.	omisit, omisso (-is)
ord.	ordine, ordinem
p.	pagina
pag.	pagina
paraphr.	paraphrasis
p. c.	post correctionem
pers.	persona
praef.	praefixit, praefatio
ras.	rasura
rec.	recentior
recep.	recepit
rel.	reliquit
rell.	reliqui codices
repud.	repudiavit (emendationem quae ipsi in mentem venerat)
rescr.	rescripsit, rescripto
restit.	restituit
scr.	scripsit, scripto (-is), scribere
sec.	secundum
sin.	sinistra
s. l.	supra lineam
spir.	spiritus
suad.	suadet
subscr.	subscriptio
suppl.	supplevit, suppleto
suprascr.	suprascripto
susp.	suspicatus est, suspectus
transp.	transposuit, transpositum habet
var. lect.	varia lectio
vid.	videtur, videntur
vol.	voluit (-erunt)

Ald.	editio Aldina
anon.	anonymus
Björck	G. Björck, Das Alpha impurum und die tragische Kunstsprache: Attische Wort- und Stilstudien, Upsalae 1950
Contact and Discont.	Mastronarde, Contact and Discontinuity (vide conspectum librorum)
Denniston, GP^2	J. D. Denniston, The Greek Particles, 2nd ed., Oxonii 1954
GrGr	Grammatici Graeci
Hervag.	editio Hervagiana
K–B	R. Kühner–F. Blass, Ausführliche Grammatik der griechischen Sprache, 1. Teil: Elementar- und Formenlehre, 3. Aufl., Hanoverae 1890–1892
Lautensach	O. Lautensach, Die Aoriste bei den attischen Tragikern und Komikern, Gottingae 1911
Meisterhans	K. Meisterhans–E. Schwyzer, Grammatik der attischen Inschriften, 3. Aufl., Berolini 1900
Mosch.	Moschopulus
Mueller-Goldingen	C. Mueller-Goldingen, Untersuchungen zu den Phönissen des Euripides (Palingenesia 22), Stutgardiae 1985
N^2	A. Nauck, Tragicorum Graecorum fragmenta, 2. ed., Lipsiae 1889
Schwyzer	E. Schwyzer–A. Debrunner, Griechische Grammatik, I–II, Monaci 1938–1950
Text. Trad.	D. J. Mastronarde–J. M. Bremer, The Textual Tradition of Euripides' Phoinissai, Berkeleiae 1982
Thom.	Thomas Magister
Valck.	Valckenaer
Wilam.	Wilamowitz

ARGVMENTA POTIORA

1 (a) Φ[ο]ίνισσαι ὧν ἀρχή· ἥ[λ]ιε [θοα]ῖ[ς ἵπποισι]ν εἱλίσσ[ων] φ[λόγ]α· [ἡ δὲ ὑπόθ]εσις[·

Ἐ]τεοκλῆς π[αραλαβ]ὼν τὴν ἐν Θήβαις βα[σιλείαν τ]ὸν ἀδελφ[ὸν Πολυ]νείκην ἀπε[στέρησε τοῦ δικ]αίου· φυγὰ[ς δὲ ἐκ]εῖνος εἰς [Ἄρ]γος παραγε[νόμενος] ἔγημεν [θυγατέ]ρα τ[οῦ] βασι[λέως Ἀδράστ]ου. κ[α]τε[λθεῖν δ' εἰς τὴν πατρίδα φιλοτιμούμ]ενο[ς] κ[αὶ τὸν πενθερὸν πείσας + ca. 10]ονιδων συ[νήθροισεν ἐπὶ Θήβας. ἡ δὲ μήτηρ αὐ]τῶν ἔπεισε[ν αὐτὸν ὑπόσπονδον ?εἰς τὴν πόλιν?] παραγενέσθα[ι. δεινοπροσωπήσαντος δὲ ὑπὲρ τ]ῆς τυραννίδ[ος Ἐτεοκλέους οὐκ ἠδύνατο τὰ τέ]κνα συναγαγ[εῖν εἰς φιλίαν· Πολυνείκης δὲ πα]ραταξόμεν[ος ἐχωρίσθη.

Τειρεσ]ί[ας] δ[ὲ ἔχρησεν νικήσειν] τοὺς ἐκ τῆς [πό]λεως [ἐὰν ὁ + ca. 11]ς Μεν[οικεὺς σφ]άγιον [ca. 15 + ὁ] μ[ὲν οὖν νε]ανίσκ[ος + ca. 11 + ἑαυτὸν ἀπέσφ]αξε[ν. Θηβαῖοι δὲ τοὺς ἡγεμόνας] τῶν

1 epitome dramatis qualis antiquitus Dicaearcho tributa est sive recte (cf. Haslam, GRBS 16, 1975, 152–156; Luppe, in: Aristoteles Werk und Wirkung, Paul Moraux gewidmet, 1. Band Aristoteles und seine Schule, Berolini 1985, 610–612) sive (quod potius crederem) falso (cf. J. Rusten, GRBS 23, 1982, 357–367). probabile mihi videtur iam ante renatas saec. ix litteras Graecas (et igitur etiam ante saec. vi/vii) exstitisse huius epitomes recensiones duas (vel plures) longitudine et sententiarum coniunctione et verborum dilectu diversas (cf. epitomas Alcestidis et Medeae). nam erat opus utile potius quam litterarum monumentum quod ipsis verbis servari deberet. de recensionibus tribus, scilicet ea quam praebent papyri duo **Π**^{g} **Π**^{h}, altera in codicibus Moschopuleis tradita, tertia quasi vulgata in codicibus reliquis tradita, docte disputavit W. S. Barrett in CQ 15, 1965, 58–71. lectionibus codicum recentiorum nunc cognitis apparet paulo quidem contaminatiorem esse traditionem quam ille iudicaverit, recensionem autem a Moschopulo adhibitam magis adfinem illi in papyris traditae quam vulgatam.

(a) **1–4** *εις* et **11–23** hab. **Π**^{g}, **3–12** *μ[ενοικευς* hab. **Π**^{h} || **1** plures litterae aegre dispici posse videntur: cf. Luppe, Archiv 30, 1984, 37 | *αρχηι* **Π**^{g} || **3** *την εν θη[* **Π**^{h} *]βαις βα* **Π**^{g} || **4** *-νεικη]ν απε* **Π**^{g} *]νεικην απ[* **Π**^{h} | *ἐκεῖνος* hoc loco **Π**^{g}, post *παραγε[νομενος* transp. **Π**^{h} (exstat tantum *εκεινο]ς*) || **7** *]ονιδων* corruptum **Π**^{h} (fort. *ἀξιόνικον* Barrett); in lacuna restituendum *στρατείαν* vel *στρατὸν* (cf. b, c), nisi post *]ονιδων* non est *συ* sed *στ[ρατ* | etiam *ιοκαστη δε η μητηρ αυτων* (om. *εις θηβας*) restitui potest || **9–10** etiam *εις φιλιαν τα τε]κνα συναγαγ[ειν ουκ ηδυνατο* restitui potest || **11** *τειρεσ]ι[ας] δ[ε εχρησεν* **Π**^{g} [**Π**^{h}] | *νικησειν] το[υς εκ της πο]λεως[* **Π**^{g} *το]υς εκ της [πολεως νικησειν* **Π**^{h} || **12** *ο κρεοντος υιο]ς* potius quam *ο παις κρεοντυ]ς* ?, cf. (b) | *νε]ανισκ[ος εβουλετο και* restit. c (b) et (c) Barrett, *νε]ανι σκ[ος εκουσιως* Luppe, Phil. 126, 1982, 313 sqq.

Ἀρ[γείων + ca. 12 + Ἐτεοκλῆς δὲ καὶ Πολυνείκης μονομαχήσαν]τες ἀ[λλήλους ἀνεῖλον. ἡ μὲν οὖν μήτηρ] αὐτ[ῶν] Ἰοκ[άστη νεκροὺς εὑροῦσα τοὺς] παῖδας ἑαυτ[ὴν προ]σε[π]έσφ[αξ]εν· ὁ [δὲ] ταύτης ἀδελ[φὸς] Κρέων παρέλ[αβεν] τὴν βασιλείαν. [ο]ἱ δὲ Ἀργεῖοι τῆι μάχη[ι τ]ρ[ε]φθέντες ἀπε[χώρ]ησ[αν.] Κ[ρ]έων δὲ παρρησιαστικώτερο[ν] τῆι τύ[χη]ι χρώμενος τοὺς ὑπὸ τὴν Καδμείαν τῶν πολεμίων πεσ[ό]ντ[α]ς εἰς τ[α]φὴν οὐκ [ἔ]δωκεν, Πολυνείκην δ᾽ ἀκήδευτον ἔρρι[ψε]ν, Οἰδίποδ[α] δὲ φυγάδα τῆς π[όλεως] ἀπέστειλε[ν,] ἐφ᾽ ὧ[ν μὲν ο]ὐ φυλάξ[ας τὸ]ν ἀνθρώπων νό[μο]ν, [ἐφ᾽ ὧν δὲ τὴν ὀργὴ]ν οὐ λοιπογραφήσας [οὐδὲ τοὺς] παρα[.....]ν [δυστυ]χεῖς ἐλεήσ[ας].

(b) *Εὐριπίδου ὑπόθεσις Φοινισσῶν*

Ἐτεοκλῆς παραλαβὼν τὴν τῶν Θηβῶν βασιλείαν τὸν ἀδελφὸν Πολυνείκην ἀποστερεῖ τοῦ μέρους· φυγὰς δὲ ἐκεῖνος εἰς Ἄργος παρεγένετο καὶ ἔγημε θυγατέρα τοῦ βασιλέως Ἀδράστου. κατῆλθε δὲ εἰς τὴν πατρίδα φιλοτιμούμενος, τὸν πενθερὸν πείσας στρατείαν ἀξιόχρεων συναθροῖσαι ἐπὶ τὰς Θήβας. ἡ δὲ μήτηρ αὐτῶν ἔπεισεν αὐτὸν ὑπόσπονδον παραγενέσθαι. δεινοπροσωπήσαντος δὲ ⟨ὑπὲρ⟩ τῆς τυραννίδος Ἐτεοκλέους ἡ μὲν Ἰοκάστη τὰ τέκνα συναγαγεῖν εἰς φιλίαν οὐκ ἠδύνατο, Πολυνείκης δὲ ἀποταξάμενος ἐχωρίσθη. Τειρεσίας δὲ ἔχρησε νικήσειν τοὺς ἐκ τῆς πόλεως ἐὰν ὁ Κρέοντος υἱὸς Μενοικεὺς σφάγιον Ἄρει γένηται. ὁ μὲν οὖν νεανίσκος ἐβούλετο καὶ τοῦ πατρὸς φυγὴν μετὰ χρημάτων διδόντος ἑαυτὸν ἔσφαξε. Θηβαῖοι δὲ τοὺς ἡγεμόνας τῶν Ἀργείων ἔσφαξαν. Ἐτεοκλῆς δὲ καὶ Πολυνείκης μονομαχήσαντες ἀλλήλους ἀνεῖλον. ἡ μὲν οὖν μήτηρ αὐτῶν νεκροὺς εὑροῦσα τοὺς υἱοὺς ἑαυτὴν κατέσφαξεν, ὁ δὲ ταύτης ἀδελφὸς Κρέων παρέλαβε τὴν δυναστείαν. οἱ δὲ Ἀργεῖοι τῇ μάχῃ ἡττηθέντες ἀνεχώρησαν. Κρέων δὲ δυσχερῶς φέρων τοὺς μὲν ὑπὸ τῇ Καδμείᾳ τῶν πολεμίων πεσόντας εἰς ταφὴν οὐκ ἔδωκε, Πολυνείκην δὲ

(a) **17** *αγειοι* **Π**^{g} || **20** *ερει[ψε]ν* **Π**^{g} || **22** *παρα [καιρο]ν* Turner, *παρ᾽ ἀξίαν* exspectaret Barrett

(b) edidi e codicibus **XXaXb** necnon **Y** (Neapolitano II. F. 9) **Yf** (Laurentiano conv. soppr. 98) **Yv** (Marciano gr. 469). in margine dextro ad initium huius epitomes *μαξ* hab. **Y**, in quo codice scholia quaedam ad Hecubam et Orestem sic notantur ut ab Maximo Planude scripta (ut ab Moschopuleis distinguantur: vide Turyn, Byz. Manuscript Trad. 47–48, 53sqq.; Text. Trad. 26–28). igitur haec recensio fortasse potius Planudea quam Moschopulea dici debet || **1** om. **XaYYv** *ὑπόθ. φοιν.* **Yf** || **2** *τῶν* om. **XaY**, cf. (c) (∼ **Y**^{s}) | *θηβαίων* **Y**^{s}, cf. (c) || **4** *ἀπῆλθε* **Yv** || **5** *ἀθροῖσαι* **Yv** || **6** *δὲ*] *οὖν* **Yv** || **7** *⟨ὑπὲρ⟩* suppl. e (c) *περὶ* **Yv** || **8** *συναγαγεῖν τὰ τέκνα εἰς φιλίαν οὐκ ἠδυνήθη* **Yv**, cf. (c) || **9** *ἀποταξάμενος* **Yf**^{pc} *ὑπο-* **Yf**^{ac} rell. || **10** *ὁ τοῦ κρέοντος* **Yv** | *γενήσεται* **XaY**, cf. (c) || **11** *ἠβουλήθη τοῦτο* **Yv** | *φυγεῖν . . . ἐνδόντος* **Yv** || **13–14** *ἡ μὲν οὖν*] *καὶ ἡ* **Yv** || **14** *ἐπέσφαξεν* **Yv**, cf. (c) || **15** *οἱ δὲ*] *καὶ οἱ* **Yv** || **15–16** *τὴν μάχην ἡττ.* **Y** *ἡττ. ἐν τῇ μάχῃ* **Yv** || **16–17** *μὲν ἐν τῇ καδμείᾳ γῇ* **Yv**

ἀκήδεστον ἔρριψεν, Οἰδίποδα δὲ φυγάδα τῆς πόλεως ἀπεπέμψατο, ἐφ᾽ ὧν μὲν οὐ φυλάξας ἀνθρώπων νόμους, ἐφ᾽ ὧν δὲ τὴν ὀργὴν † λογοποιήσας οὐδὲ παρὰ τὴν δυστυχίαν ἐλεήσας.

(c) ὑπόθεσις Φοινισσῶν

Ἐτεοκλῆς παραλαβὼν τὴν ⟨τῶν⟩ Θηβῶν βασιλείαν ἀποστερεῖ τοῦ μέρους τὸν ἀδελφὸν Πολυνείκην· φυγὰς δὲ ἐκεῖνος εἰς Ἄργος παραγενόμενος ἔγημε ⟨τὴν⟩ θυγατέρα τοῦ βασιλέως Ἀδράστου. κατελθεῖν δὲ εἰς τὴν πατρίδα φιλοτιμούμενος καὶ πείσας τὸν πενθερὸν συνήθροισεν ἀξιόχρεων στρατὸν ἐπὶ Θήβας κατὰ τοῦ ἀδελφοῦ. ἡ δὲ μήτηρ Ἰοκάστη ἔπεισεν αὐτὸν ὑπόσπονδον εἰσελθεῖν εἰς τὴν πόλιν καὶ διαλεχθῆναι πρότερον πρὸς τὸν ἀδελφὸν περὶ τῆς ἀρχῆς. δεινοπροσωπήσαντος δὲ ὑπὲρ τῆς τυραννίδος ⟨τοῦ⟩ Ἐτεοκλέους ἡ μὲν Ἰοκάστη συναγαγεῖν τὰ τέκνα εἰς φιλίαν οὐκ ἠδύνατο, Πολυνείκης δὲ ὡς πρὸς πολέμιον λοιπὸν παραταξόμενος ἀνεχώρησε τῆς πόλεως. ἔχρησε δὲ ὁ Τειρεσίας νίκην ἔσεσθαι τοῖς

(b) **18** ἀκήδευτον **Yv**, cf. (c) | τὸν οἰδ. (δὲ om.) **Yv** | ἀπέπεμψε **Yv**, cf. (c) || **19** σὺν λόγῳ ποιήσας **Yv**

(c) recensionem vulgatam om. **OPΛ** (hab. **Zc**); deficiunt **HVrWRv**; in loco **Vr** adhibetur **Hn** (β = **MnSHn**) || **1** ὑπόθ. φοιν. **ωCrHnPrAaRfϰ** Ald. et ante arg. 2 (quod ibi primum est) positum **Rw** ὑπόθ. τῶν φοιν. **Ab** ὑπόθ. εὐριπίδου φοινισσῶν **G** et (ante arg. 2, quod primum est, positum) **Sa** ὑπόθ. εὐρ. φοίνισσαι (ante arg. 2, quod primum est, positum) **FAt** εὐρ. φοίνισσαι **Mn** ὑπόθ. ἐτεοκλέους καὶ πολυνείκους **Zc** om. **RSAd** || **2** ὁ ante ἐτεοκλῆς add. **Mn** | τῶν om. **MAdVCαHn Rfϰ Zc**, cf. (b) (∼ **Ab**[s]) | θηβαίων **φ** | τοῦ μέρους post πολυνείκην transp. **φ** (etiam ἀδελφὸν τὸν transp. **Sa**), cf. (a) et (b) || **3** post τὸν add. αὐτοῦ **β** Ald. | ἐκεῖνος hoc loco **BGΘφRwAt**, post ἄργος transp. **MAdV** (ἐκεῖ) **CrPrAaRfϰZc**, utroque loco hab. **C**, cf. (a) | παραγενάμενος **C** || **4** ἔγημεν **M**[ac] **AdV** | τὴν **MAdCCr Hnϰ Zc** Ald. om. rell. | κατελθεῖν δὲ **Pr** Ald., cf. (b) καὶ κατελθεῖν **Zc** κατελθὼν **Rf** κατελθὼν οὖν **φAt** κατελθεῖν (δὲ om.) rell. | τὴν[2] om. **Rf** || **5** καὶ om. **Zc**, cf. (b) | πενθερὸν] ἀδελφὸν **Rw** | συνήθροισιν **Rw** συνῆξεν **Zc** post συνήθ. add. μὲν **At** | ἀξιόλογον **Bβ** (-λοχον **Mn**) **φRwAt** Ald. || **6** στρατείαν **BCrGαΨAt**, cf. (b) στρατιὰν **Φ** | ἐπὶ] εἰς **C** | ἐπὶ ... ἀδελφοῦ] κατὰ τοῦ ἀδελφοῦ (αὐτοῦ add. **φ**) καὶ εἰς θήβας ἐλήλυθεν **BβφRwAt** Ald. | ἔπειθεν **Rw** | ἑαυτὸν **At** || **6–7** μήτηρ αὐτοῦ ἰοκάστη ἐποίησεν ... ἐλθεῖν **β** Ald. || **7** ἐπίσπονδον **Mt** | εἰς τὴν πόλιν εἰσελθεῖν transp. **φAt**, cf. (a) | πρότερον om. **Rf**, post εἰσελθεῖν transp. **αPrAa**, post ἀδελφὸν **Rw** | πρὸς om. **Rw** || **7–8** (πρὸς om.) τῷ ἀδελφῷ (αὐτοῦ add. **Mn**) **β** Ald. || **8** ὑπὲρ **Cr**, sicut coni. Wecklein [περὶ **Yv**, cf. (b)] ὑπὸ rell. Ald., cf. (b) || **9** τοῦ om. **VGϰ**, cf. (a), (b) ὑπὸ τοῦ **MnAt** | πρὸς φιλίαν **Rw** et post ἠδύν. transp. **β** Ald. || **10** ἠδύναντο **M** -αιτο **Ad** ἐδύνατο **Gαϰ** ἴσχυσε **V** (quam lectionem imitatus esse videtur Thomas: vide infra p. 14, 93 | πόλεμον **CrGβFRwAt** Ald. | λοιπὸν] ἐχθρὸν **VSaϰ** (ἐχθρῶν **Mt**[ac]) del. Brunck | -ταξόμενος **At**, sicut coni. Schaefer et Kirchhoff -ταξάμενος rell. (-δεξάμενος **Ab**) Ald. || **11** τῆς πόλεως ἀνεχώρησεν transp. **Rw** | -χώρησεν **RwA**[ac] | τῆς om. **R** | ἔχρ. δὲ καὶ τειρ. **φ** τειρ. δὲ ἔχρησε **αPrRf** (-σεν **Ab**), cf. (a), (b) || **11–12** νίκην θέσθαι (ἔσεσθαι Scaliger) τοῖς θηβαίοις plurimi Ald. νικήσειν τοὺς ἐκ τῆς πόλεως **αPrRf**, cf. (a), (b)

Θηβαίοις ἐὰν ὁ παῖς Κρέοντος Μενοικεὺς σφάγιον Ἄρει γένηται. ὁ μὲν οὖν Κρέων ἠρνήσατο ἐπιδοῦναι τῇ πόλει τὸν παῖδα, ὁ δὲ νεανίσκος ἐβούλετο καὶ τοῦ πατρὸς αὐτῷ φυγὴν μετὰ χρημάτων διδόντος ἑαυτὸν ἀπέσφαξεν {καὶ δὴ καὶ ἔπραξε}. Θηβαῖοι δὲ τοὺς ἡγεμόνας τῶν Ἀργείων ἔσφαξαν. Ἐτεοκλῆς δὲ καὶ Πολυνείκης μονομαχήσαντες ἀνεῖλον ἀλλήλους. ἡ μὲν οὖν μήτηρ αὐτῶν εὑροῦσα νεκροὺς τοὺς υἱοὺς ἔσφαξεν ἑαυτήν, ὁ δὲ ταύτης ἀδελφὸς Κρέων παρέλαβε τὴν βασιλείαν. οἱ δὲ Ἀργεῖοι νικηθέντες τῆς μάχης ἀνεχώρησαν. Κρέων δὲ δυσχερῶς φέρων τοὺς μὲν ὑπὸ τῇ Καδμείᾳ τῶν πολεμίων πεσόντας οὐκ ἔδωκεν εἰς ταφήν, Πολυνείκην δὲ ἀκήδευτον ἔρριψεν, Οἰδίπουν δὲ φυγάδα τῆς πατρῴας ἀπέπεμψεν, ἐφ᾽ ὧν μὲν οὐ φυλάξας τὸν ἀνθρώπινον νόμον, ἐφ᾽ ὧν δὲ τὴν ὀργὴν † λογοποιήσας οὐδὲ παρὰ τὴν δυστυχίαν ἐλεήσας.

2 *περιπαθεῖς ἄγαν αἱ Φοίνισσαι τῇ τραγῳδίᾳ· ἀπώλετο γὰρ ὁ Κρέοντος υἱὸς ἀπὸ τοῦ τείχους ὑπὲρ τῆς πόλεως ἀποθανών, ἀπέθανον δὲ καὶ οἱ δύο*

1 (c) **12** *σφάγιον* post *δοθείη* transp. **Rf** | *γένηται τῷ ἄρει* transp. **Mn**^{ac} | *γίνεται* **Cr** *γενήσεται* **F**^{pc}**At** *δοθείη* **α Pr Aa Rf** | *ὁ μὲν* om. **Ad** || **12** *σφάγιον* — **13** *ἐβου* in nova pagina non idoneo loco scr. **F**^{ac}, deinde haec del. et proprio loco rescr. **F**^{pc} || **13** *ἀπηρνήσατο* **φ** (utroque loco **F**) | *τῇ πόλει τὸν παῖδα* om. **Hn** *τὸν παῖδα τῇ πόλει* transp. **φ** (utroque loco **F**) | *τὴν παῖδα* **Pr** | *ἐβουλεύετο* **F**^{pc}**Mt**^{ac} || **14** *καὶ*] *καίπερ* Kirchhoff (accepto *ἀποσφάξαι*) *καίτοι* Dindorf | *αὐτοῦ* **γ φ Rw Zc At** Ald. | *φυγὴν αὐτῷ* transp. **α** | *φυγεῖν* **F**, cf. (b) **Yv** | *ἀπέσφαξε* **V C Cr Mn Rw A Zc** Ald. *ἀποσφάξαι* **Pr Rf**, sicut coni. Valck. *ἔσφαξε* **G**, cf. (b) *ἐπέσφαξε(ν)* **Hn φ**, cf. (b) **Yv** || **15** *καὶ δὴ καὶ ἔπραξε* (*-εν* **M Ad**) om. Porson (cf. [b]: hic interpolata postquam *ἀπέσφαξεν* in *ἀποσφάξαι* corruptum est) *καὶ δὴ ἔπρ.* **RS** *καὶ δίκαιον ἔπρ.* **G** lacunam post *ἔπραξεν* stat. Brunck | *ἴσφιξαν* **Mn** *ἔκτειναν* Brunck *ἔτρεψαν* Hermann || **16** *ἐτεοκλῆς . . . πολυνείκης μονομαχήσαντες* **G Θ** (*ἐτ-* **Hn**) **Pr Aa Rf** Ald., cf. (a), (b) *-κλέους . . . -νείκους -ήσαντος* **ω Cr** (*ἐτ-*) **Sa** *-κλέους . . . -νείκους -ησάντων* **F Rw ϰ Zc At** (*ἐτ-*) | *δὲ* om. **Cr Aa** || **17** *μῆτερ* **At** | post *υἱοὺς* add. *αὐτῆς* **φ** | *κατέσφαξεν ἑαυτὴν* **G**, cf. (b) *ἀνεῖλεν ἑαυτὴν* **β** Ald. *ἑαυτὴν ἀπέσφαξεν* **φ**, cf. (a), (b) *ἑαυτὴν ἀπέπνιξεν* **Cr** || **18** *παραλαμβάνη* **Ad** (*παρέλα* compendiose **M**) | *οἵ τε* **B β F Rw** Ald. | *ἡττηθέντες* **G**, cf. (b) *νομισθέντες* **At** (corr. **At**^{marg}) || **18—19** *ἀνεχώρησαν τῆς μάχης* **Zc** | *τῇ μάχῃ* Barnes, cf. (b) || **19—20** *τοὺς μὲν ὑπὸ τῶν καδμείων πολεμίους πεσόντας* **G φ At** || **19** *μὲν* om. **β** | *ὑπὸ*] *ἐπὶ* **RHn** | *καδμία* **V** *καθμεία* **Ab** || **20** *πολυνείκη* **M Ad C** | *δὲ* om. **Rw** *τε* Bothe || **21** *οἰδίποδα* **G**, cf. (a), (b) | *πατρίδος* **Cr Hn Rf ϰ Zc At** Ald. *π̄ρ̄ς̄* **Mn** *τ̄ρ̄ιάδος* **S** | *ἀπεπέμψατο* **G**, cf. (b) *ἐξέπεμψε* **F** | *οὐ* **G α Pr Aa Rf** (restit. Barnes) om. **ω Cr β φ Rw ϰ Zc At** Ald. || **21—22** *ἐφ᾽ ὧν . . . νόμον* om. **S** || **22** *τοὺς ἀνθρώπων νόμους* **G** *ἀνθρώπων νόμους* **α Pr Aa Rf A**^{γρ}, cf. (b) | *δὲ* om. **F** | *λόγον ποιήσας* **G**, sicut coni. Bothe || **23** *παρὰ* om. **α** *περὶ* **β Φ At** Ald. | *ἠλέησας* **Sa** *ἔσχεν ἴσως* **Cr**

2 hab. fere eidem qui arg. 1 (c), i. e. om. **O Pr χ Λ** (hab. **Zc**); **β** = **MnSHn** || *εὐρ. φοίνισσαι* praef. **C**, *καὶ ἄλλως* praef. **β** Ald. (cf. etiam ad arg. 1 (c), 1) || **1** *πεπεριπαθεῖς* **Zc** | *περιπαθῶς ἄγαν αἱ φοίνισσαι ἢ χρῶνται περιπαθεῖς τῇ τραγ.* **Rw** (vol. *-θεῖς . . . -θῶς*) | post *φοίνισσαι* lac. stat. Brunck | {*τῇ*} *τραγῳδία* Scaliger | *ὁ*] *τοῦ* **Cr Sa P** || **2** *ἀποθανών* om. **Rf** *πηδῶν* Nauck | *δὲ καὶ*] *καὶ* **Ab** *γὰρ* **At** | *δύο* om. **Cr Zc** *δύοι* **Aa**

ἀδελφοὶ ὑπ' ἀλλήλων, καὶ Ἰοκάστη ἡ μήτηρ ἀνεῖλεν ἑαυτὴν ἐπὶ τοῖς παισί, καὶ οἱ ἐπὶ Θήβας στρατευσάμενοι Ἀργεῖοι ἀπώλοντο, καὶ ἄταφος Πολυνείκης πρόκειται, καὶ ὁ Οἰδίπους τῆς πατρίδος ἐκβάλλεται καὶ σὺν αὐτῷ ἡ θυγάτηρ Ἀντιγόνη. ἔστι δὲ τὸ δρᾶμα καὶ πολυπρόσωπον καὶ γνωμῶν μεστὸν πολλῶν τε καὶ καλῶν.

3 *τὸ δρᾶμα ἔστι μὲν ταῖς σκηνικαῖς ὄψεσι καλόν, †ἐπεὶ† καὶ παραπληρωματικόν· ἥ τε ἀπὸ τῶν τειχέων Ἀντιγόνη θεωροῦσα μέρος οὐκ ἔστι δράματος, καὶ ὑπόσπονδος Πολυνείκης οὐδενὸς ἕνεκα παραγίνεται, ὅ τε ἐπὶ πᾶσι μετ' ᾠδῆς ἀδολέσχου φυγαδευόμενος Οἰδίπους προσέρραπται διὰ κενῆς.*

4 *χρησμός·*

Λάιε Λαβδακίδη, παίδων γένος ὄλβιον αἰτεῖς·

2 **3** *ὑπ'*] *ἀπ'* **Hn**^{ac} **φPAt** *ὑ* (*π' ἀλλήλων* om.) **Ad** | *ἡ* ante *ἰοκ.* add. **FAt** | *ἡ μήτηρ* om. **G** | *ἡ* om. **B**(∼ **B**^{s})**RwAt** | post *μήτηρ* add. *αὐτῶν* **βF** Ald. | *ἑαυτὴν ἀνεῖλεν* transp. **β** Ald. | *αὐτὴν* **CrAbAa** | *ἐπὶ τοῖς*] *ἐν τοῖς* **β** Ald. *ἐπὶ* **Sa** | *παισὶν* **MAdAbSAa** || **4** *θήβαις* **MAd** | *στρατευόμενοι* **R**^{ac}**β** Ald. | post *ἀπώλοντο* add. *καὶ αὐτοί* **Zc** || **4–5** *καὶ οἱ . . . πολυνείκης* om. **Mt** || **5** *ὁ* om. **Hn** Ald. | *τῆς* bis scr. (in duabus pag.) **Cr** | *ἐκβάλεται* **V**^{ac}**Ad** || **6** *θυγάτηρ* om. **G** | *δὲ* om. **VRfA** | *πολυπρόβοτον* **Ab** || **7** *γνωμῶν . . . καλῶν* Nauck^{2} et Dindorf *γνωμῶν πολλῶν* (*π. γν.* transp. **φ**) *μεστόν τε καὶ καλῶν* fere codd. Ald. (*γνωμικῶν* **Zc**; *μεστῶν* **M**^{ac}**RfA**; *τε* om. **GSaRfκZc**; post *καλῶν* transp. *μεστόν* **P**; *καλλῶν* **R**, *καλόν* **ZcAd**, om. **At**) | in fine e nescioquo fonte (ex Arsenii scholiorum editione?) add. Barnes haec: *ὁ χορὸς ἐκ τῶν Φοινισσῶν παρθένων* (*ὅθεν καὶ τὸ δρᾶμα ἐπεκλήθη*) *τῶν ἐκ τῆς Παλαιτύρου*

3 hab. fere eidem qui arg. 1 (c), i. e. om. **PMtχΛ** (hab. **Zc**); **β** = **MnSHn** || *καὶ ἄλλως* praef. **β** Ald., *ὑπόθεσις φοινισσῶν* praef. **O** (in quo primum argumentum est) || **1** post *τὸ* add. *δὲ* **F** | *τὸ δρᾶμα* post *καλὸν* transp. **β** Ald. | *μὲν* om. **φAt** | *σκηναῖς* **Cr**^{ac}**αFΨ** (∼ **Aa**^{pc}) | lacunam ante *ἐπεὶ* stat. Brunck | *ἐπεὶ*] *ἐπεὶ δὲ* **VCr** *ἔτι δὲ* vel *ἔστι δὲ* Kirchhoff *ἔστι δὲ ἐπεισοδιῶδες* Wecklein | *ἐπεὶ καὶ παραπληρωματικόν* post *δράματος* (**3**) transp. Scaliger || **2** *ἥ τ'* **Rf** *εἴτ'* **Zc** *ἥ τε* ⟨*γὰρ*⟩ Valck. | *ἡ* ante *ἀντιγόνη* add. **Rw** | *θεωρεῖσθαι* **F** || **3** *τοῦ* ante *δράματος* add. **S** (recep. vel coni. Valck., Hermann, fortasse recte: vide praef. § 14) | *καὶ* om. **Zc** | *ὅ τ'* **AbRf** *ὅ τε καὶ* **φAt** *ὅτι* **β** Ald. *ἔτι* (retento *ὁ* ante *οἰδίπους* [**4**]) Scaliger || **4** *ἀδολέσχου* om. **Cr** | *ὁ* ante *οἰδίπους* add. codd. (Ald.) praeter **RfAAt** | *προσέρραπται* Tyrwhitt (ad Arist. Poet. 1451 b 37) *-έρριπεν* **αRf** *-έρριπτε(ν)* **O MnHnPrAa** Ald. *-έ(ρ)ριπται* rell. || **4.5** *διὰ κενῆς* **CrGZcAt**, sicut coni. Nauck om. **αPrSaAaRf** *δυσμενὴς* **F** *διὰ κενοῦ* **ω** (*διάκενον* **C**) **βRwA** Ald.

4 hab. fere eidem qui arg. 1 (c), i. e. om. **OMtχΛ** (hab. **Zc**); **β** = **MnSHn**; accedunt **YYf**. bis hab. **Sa** in duobus foliis (priore loco corrupte). traditur etiam in argumento Thomano (vide infra p. 12, 28–32) et inter argumenta Sophoclis Oedipo praefixa, tantum **2–4** fert Anth. Pal. 14, 67 || **1** *χρησμός* **MAdVCCrαHnPrRfAYf** *ἀπόλλωνος χρ.* **P** *χρ. ὁ δοθεὶς λαΐῳ* fere **BGFRwZcYAt** (*ὁ* om. **GRwY**; ante *χρ.* add. *ὁ παρὰ τοῦ διὸς* **F**) *χρ. δοθεὶς λαΐῳ τῷ θηβαίῳ* Ald. om. **γSaAa** || **2** *λάιε λαβδ.* om. priore loco **Sa**, in quorum locum scr. *χείρεσι λιπεῖν βίον εἰ γὰρ ἔνευσε* | *λάϊ* **Mn** | *λανδακίδη* **CrβAd** *λαβαδακ-* **α** *λαμβδυκ-* **CRw** *λαμβακ-* **Rf** | *αἰτεῖς*] *ζητεῖς* **Rf**

τέξεις μὲν φίλον υἱόν, ἀτὰρ τόδε σοι μόρος ἔσται,
παιδὸς ἑοῦ χείρεσσι λιπεῖν βίον· ὣς γὰρ ἔνευσε
Ζεὺς Κρονίδης Πέλοπος στυγεραῖς ἀραῖσι πιθήσας,
οὗ φίλον ἥρπασας υἱόν· ὁ δ' ηὔξατό σοι τάδε πάντα.

5 τὸ τῆς Σφιγγὸς αἴνιγμα·

ἔστι δίπουν ἐπὶ γῆς καὶ τετράπον, οὗ μία φωνή,
καὶ τρίπον· ἀλλάσσει δὲ φυὴν μόνον, ὅσσ' ἐπὶ γαῖαν
ἑρπετὰ γίνονται ἀνά τ' αἰθέρα καὶ κατὰ πόντον.

4 3 τέξῃ μὲν **G** δώσω τοι **αPrδRfA**^{γρ}**YYf**, etiam Soph. (δώσω τὸ G), Anth., Ald. | post φίλον υἱὸν add. τὸν χρύσιππον **β** | υἱὸν φίλον transp. **Rw** | τυωσδέ σοι μ. ἔ. **Rw** τῶδε σοι μ. ἔστι **Sa** (altero loco) πεπρωμένον ἐστὶ(ν) **αPrδRfYYf**, etiam Soph., Anth., Ald. ⟨σε⟩ πεπρωμένον ἐστὶ Barnes || 4 παιδὸς ἑοῦ **VC**^{ac}**Zc** παιδὸς υἱοῦ **Sa** (priore loco) ἑοῦ om. **P** παιδὸς σοῦ **αPrAaRfYYf** σοῦ παιδὸς Soph., Anth., Ald. | χείρεσσι **BGΘPrSa** (altero loco) **Rw**^{uv}**AYf**, Thom. **ZuT**, Soph., Ald. χείρεσι rell. (-εσιν **Y**), Thom. **ZZbZmGu**, Anth. | λίπον **Sa** (priore loco) λείψειν Anth. | βίον] φάος Soph., Anth., Ald. | γὰρ ἔνευσα Anth. γὰρ ἄνευσε **Rw** γὰρ ἔνεσπε **V** γὰρ ἐπένευσε **PrYf** ἐπένευσε **αδRfY** || 5 ζεὺς om. **Sa** (priore loco), ante ἔνευσε transp. **Hn** ζεῦ **F** | πελοπαῖς **α** | στυγεραῖς om. **β** -ρῆς **Zc** -ραῖσι **Aa** -ραῖσιν **VCrαPrPRfYf** | ἀρᾶσι **MAd** ἀραῖσιν **AbZc** ἀραῖς **CCrAaAYf**, Thom. **ZmZu** | πειθήσας **MAdγ**, Thom. **Gu** πηθήσας **R** πιθήσασθαι **F** || 6 οὐ **G** | ἀνήρπασας **PrYf** ἀρ' ἥρπασας fere **α** ἁρπάσας **G** ἔκτανες **Cr** ἥρπαξας Soph. **Φ** | εὔξατό σοι **G**, Soph. **Φ** | σε **FSa** (priore loco) | καὶ ante τάδε add. **Yf** | πάντα om. **α**

5 e Σ 50 in argumenta translatum hab. codd. praeter **AaRfAχΛ** (hab. **Zc**); **β** = **MnSHn**; accedunt **YYf**; recensionem decurtatam fert $Σ^{MnSPr}$ 50 (tantum ἔστι δίπους [δήπ- **S**] ἐπὶ γῆς καὶ τετράπους καὶ προεγράφη). aenigma traditur etiam in argumento Thomano (vide infra p. 13, 64–68) et inter argumenta Sophoclis Oedipo praefixa et in argumento recentiore ad Aesch. Septem (VI Smith, e codice Parisino suppl. gr. 110, saec. xiv med.); ferunt etiam Athen. 10, 456 B, Anth. Pal. 14, 64, sch. Lycophr. 7, Tzetzes ad Lycophr. 7. vide A. Lesky, Gesammelte Schriften, Monaci 1966, 318; H. Lloyd-Jones, Dionysiaca, Cantabrigiae 1978, 60–61 || 1 (τὸ) αἴνιγμα τῆς σφιγγός **αPrPYf** Ald. αἴνιγμα σφιγγός **V** τὸ τῆς σφιγγὸς (τ. σφ. om. $Σ^{M}$) αἴνιγμα ἀσκληπιάδης (FGrHist 12 F 7) οὕτως (ἀνα)γράφει e Σ 50 (ἀναγράφει $Σ^{V}$, -γράφεται $Σ^{MC}$) fere **BGFRwAt** || 2 δήπουν **SMt**^{ac} δίπους fere $Σ^{MnSPr}$ 50 | γῆν **μVCγ** (~ **Mn**^{pc}), $Σ^{MC}$ 50 | τετράπον $Σ^{V}$ 50, Soph. LA, Anth., sch. Lycophr., Tzetzes, Ald. τετράπουν **Ω**, $Σ^{MC}$ 50, fere Soph. rell., Thom., Aesch., Athen. τετράπους $Σ^{MnSPr}$ 50 | οὗ] οὐ Soph. L, Anth. | φωνή] μορφή **CrZc** (~**Zc**^{s}), sch. Lycophr., Tzetzes, Thom., Aesch. (φωνή ut vid. erasum in **Mt**) || 3 καὶ τρίπον om. $Σ^{MVC}$ 50, Soph. G, ante καὶ τετράπουν transp. Thom. **ZZmZu** | τρίπον **BC**, Soph. LAV, Anth., sch. Lycophr., Tzetzes, Ald. τρίπουν Eur. rell., Soph. rell., Thom., Aesch., Athen. | ἀλάσει **μ** ἀλάσσει **CPMt**, Thom. **ZmZu** ἀλλάσει **RF** | φυὴν plurimi Eur., Soph. **Φ**, Thom. **ZbTGu**, Aesch., (sch. Lycophr. sec. Scheer), Tzetz.*, Ald. τὴν φυὴν **Cr** et (post μόνον transp.) Thom. **Zu**^{ac} τὰν φυὰν (post μόνον transp.) Thom. **ZZmZu**^{pc} φυὴς **Ab** φύσιν Athen. (φυὴν s. l. EC) et (post μόνον transp.) $Σ^{MVC}$ 50 φωνὴν **B** βοὴν **Y**, Soph. LAV, Anth., Tzetz.* (sch. Lycophr. sec. Kinkel) | μόνην **VCrβφMtZcAtYf**, Soph. V, Aesch. | ὅσ' **VCrβPMtZc**, $Σ^{C}$ 50 ὅς **Cα** | γαῖς **Ab** || 4 γίνονται plurimi Eur. (γείν- **μBCGγ**), Aesch., Athen., sch. Lycophr. γίνεται **PRwZc**, $Σ^{MVC}$ 50, Thom. **ZbTGu** (om. **ZZmZu**) γίνηται Soph. LVR, Anth., Tzetzes γένηται **Mt**, Soph. G κινεῖται **Y**, Soph. A, Ald. | ἀνά τ'] ἀν' (post ἑρπέτ') Thom. **ZZmZu** καὶ ἀν' Athen. (~ Athen. C)

ἀλλ᾽ ὁπόταν πλεόνεσσιν ἐρειδόμενον ποσὶ βαίνῃ,
ἔνθα μένος γυίοισιν ἀφαυρότερον πέλει αὐτοῦ.

6 *λύσις τοῦ αἰνίγματος·*

κλῦθι καὶ οὐκ ἐθέλουσα, κακόπτερε μοῦσα θανόντων,
φωνῆς ἡμετέρης, σὸν τέλος ἀμπλακίης·
ἄνθρωπον κατέλεξας, ὅς, ἡνίκα γαῖαν ἐφέρπει
πρῶτον, ἔφυ τετράπους, νήπιος ἐκ λαγόνων,
γηραλέος δὲ πέλων τρίτατον πόδα βάκτρον ἐρείδει
αὐχένα φορτίζων γήραϊ καμπτόμενος.

τινὲς δέ φασιν τύχῃ λῦσαι τὸ αἴνιγμα τὸν Οἰδίποδα † καὶ δακτυλοδεικτεῖ ὅ ἐστι τὸν ἄνθρωπον † ἑαυτὴν διεσπάραξεν.

5 **5** *ὅταν* **MtAt** | fere *πλεόνεσσιν* plurimi Eur., Soph. *Φ*, Thom., Aesch. (*πλειόν- γ*; *-εσσι* **M**^{s} **AdAb**, *-εσιν* **CCrφPZcAt**, Thom. **ZbGu**, *-εσι* **M**) *πλείστοισιν* **MtY**, Soph. LAV, Athen. A, Anth., sch. Lycophr., Tzetzes, Ald. *πλείοσιν* Athen. epit. EC *τρισσοῖς* Σ^{MC} 50 *τριτοῖσιν* Σ^{V} 50 | *ἐρειδόμενον* plurimi Eur., Soph. *Φ*, Σ^{MVC} 50, Thom., Aesch., Athen. *ἐρειδόμενος* **αPrYf** *ὑπερειδόμενον* **φ** *ἐπερειδόμενον* **At** *ἐπειγόμενος* **Mt** *ἐπειγόμενον* **Y**, Soph. LAV, Anth., sch. Lycophr., Tzetzes, Ald. | *ποσσὶ* **P** *ποσὶν* Thom. **Zu** | *βαίη* **Mt**, Σ^{MC} 50 et fort. Σ^{V} 50 *βαίνει* **Cr**, Thom. **Zb**^{ac}, Aesch. *βαίνοι* **Y**^{ac}, Thom. (**Zb**^{pc}) || **6** *μένος* plurimi Eur., Thom. **ZbZmZuT**^{s} **Gu**, Aesch., Tzetzes* *τάχος* **Y**, Σ^{MVC} 50, Soph., Athen., sch. Lycophr., Tzetzes*, Ald. *τάχος μένος* Tzetzes* *τάχα* **Mt** *τάχους* Thom. **Zb**^{s}**T** *σθένος* Thom. **Z** | *γύοισιν* plerique Eur., Σ^{MVC} 50, Soph. plurimi, Aesch., Athen. epit. EC *γένισιν* **Ad** | *ἀφαυρότερον* plurimi Eur., Soph. *Φ*, Thom., Aesch., Athen. epit. EC, Tzetzes* *ἀφαυλότερον* **Ad** *ἀμφότερον* **P** *ἀφαυρότατον* **Mt**, Σ^{MVC} 50, Soph. LAV, Athen. A, Anth., sch. Lycophr., Tzetzes*, Ald. | *αὐτοῦ* **Y**, Thom. **TGu**, Athen., Ald. *αὐτῷ* **P** *αὐτοῖς* **G**

6 e Σ 50 in argumenta translatum hab. **BCrGφRwZcAtY**; ad Σ 50 codices **MVCMnSPr** contuli. traditur etiam in argumento Thomano (vide infra p. 14, 73–78) et in argumento recentiore ad Aesch. Septem (vide ad arg. 5) || **1** *ἡ λύσις* **Y** *ἡ λύσις τοῦ αἰνίγματος αὕτη* **Cr** *τὴν δὲ λύσιν τῶν αἰνίγματων* (*τοῦ αἰνίγματος* **VSPr**) *οὕτως φασί τινες εἰρῆσθαι* (*εἰρ.* om. **VSPr**) Σ 50 || **2** *δὲ* ante *καὶ* add. **φ** | *θέλουσα* Aesch. || **2b–3** sic confusi in **Rw**: ... *κακόπτερε μοῦσα πρῶτον ἔφυ τετράπους νήπιος ἀμπλακίης* | *κακόπτερε* om. **φ** | *θάνον· τὴν φωνὴν* Σ^{V} *θάνατον τῆς φωνῆς* Σ^{MnS} || **3** *σῆς* Schwartz || **4** *ὃν* **B** | *γαῖα* Σ^{MC} | *ὑφέρπει* **Cr**, Thom. **ZZmZu**, Aesch. | post *ἐφέρπει* dist. fere codd.; melius me iudice post *πρῶτον* distinguas (et sic versio Latina Barnesiana) || **5** *ἔφη* Σ^{Pr} | *τετράπους* bis scr. **φ** *τετράπος* Σ^{V} *τεταρτος* Σ^{Pr} *τετράπουν* **B** | *νήπιος*] *νήδυος* Wecklein | post *λαγόνων* add. *καὶ αὐξανόμενος οἰδίπους* **At** || **6** *γηραλαῖος* **Cr** *-λέας* **G** *-λαίαι* **F** *-λέα* **Sa** | *πέπλων* **φ** | *τρίτατον πόδα* **At** *τρίτατον* Aesch. *τριττῆ πόδα* **G** *τριταπόδα* **F** *τριπόδα* **SaY** | *βάκαρον* Aesch. | *ἐρείδει*] *ἔδει* Σ^{MVC} *ἔχει* Σ^{MnSPr} *ἐπάγει* **Y** || **7** *φροντίζων* **Zc**, Σ^{M}, Thom. **ZZb**, Aesch. *φωτίζων* **φ** || **8** *δέ* om. Σ^{S} | *λύσαντα* **Rw** | *τὸν οἰδίποδα* hab. **RwZc**, om. rell., Σ 50 | *δακτυλοδεικτεί* **Gφ** (*-κτί* **F**) **RwZcAt** *-δεικτεῖν* **CrY**, Σ 50 *-δείξ* **B** | post *δακτυλοδ.* et post *ἄνθρ.* lac. stat. Valck. || **9** *τὸν* om. (scr. *ἐστιν*) **Sa** | post *ἄνθρωπον* add. *δείξας* **At**, add. *καὶ* **Zc** | *διεσπάραξεν ἑαυτὴν* transp. **Zc** *αὐτὸν διέπραξεν* **φ** | post *διεσπάραξεν* add. *ἡ σφίγξ* **RwZc** | verba corruptissima fortasse sic emendes: {*καὶ*} *δακτυλοδεικτεὶ ὅ ἐστι* {*τὸν ἄνθρωπον*} ⟨*σημαίνοντα καὶ οὕτως τὴν σφίγγα*⟩ *ἑαυτὴν διασπαράξαι*

7 Ἀριστοφάνους γραμματικοῦ ὑπόθεσις

(a) ἐπιστρατεία Πολυνείκους μετὰ τῶν Ἀργείων ἐπὶ Θήβας καὶ ἀπώλεια τῶν ἀδελφῶν Πολυνείκους καὶ Ἐτεοκλέους καὶ θάνατος Ἰοκάστης. (b) ἡ μυθοποιία κεῖται παρ᾽ Αἰσχύλῳ ἐν Ἑπτὰ ἐπὶ Θήβας πλὴν τῆς Ἰοκάστης. (c) ⟨ἐδιδάχθη⟩ † ἐπὶ Ναυσικράτους ἄρχοντος ⟨ ⟩ δεύτερος Εὐριπίδης ⟨ ⟩ καθῆκε διδασκαλίαν περὶ τούτου. καὶ γὰρ ταῦτα ὁ Οἰνόμαος καὶ Χρύσιππος καὶ ⟨ ⟩ σῴζεται. † (d) ὁ χορὸς συνέστηκεν ἐκ Φοινισσῶν γυναικῶν. προλογίζει δὲ Ἰοκάστη.

ARGVMENTA MINORA

8 (a) Λάιος ἀπὸ Θηβῶν παραγενόμενος κατὰ τὴν ὁδὸν ἐθεάσατο Χρύσιππον τὸν υἱὸν τοῦ Πέλοπος. τούτου ἐρασθεὶς ἠξίου αὐτὸν παραγενέσθαι εἰς Θήβας σὺν αὐτῷ. τοῦ δὲ μὴ τοῦτο ποιῆσαι βουληθέντος, ἥρπασεν αὐτὸν ὁ Λάιος λάθρα τοῦ ἑαυτοῦ πατρός.

7 frustula doctrinae Aristophanis ferunt **αΦPεAt**: (a) tradunt omnes, (b) **αPr SaεAt**, (c) **φRwAt**, (d) **φRw** (accedunt **XaZc**). vide A. Kirchhoff, Zwei Argumente des Aristophanes von Byzanz und eine Didaskalie, ZfG Suppl.-Band 7, 1853, 46–53; B. Snell, TrGF vol. 1, DID C 16 (a); W. Luppe, RhM 129, 1986 || **1** om. **P** ὑπόθεσις εὐριπίδους περὶ ἰοκάστης καὶ τῶν υἱῶν αὐτῆς **Rf** | ἀριστοφάνου **F** || **2** ante ἐπιστρ. add. ⟨ἡ μὲν ὑπόθεσις τοῦ δράματος⟩ Kirchhoff, ⟨τὸ δὲ κεφάλαιον⟩ Trendelenburg, ⟨τὸ μὲν κεφαλαιόν ἐστιν⟩ Wecklein | ἐπιστρατεία **P** ἐπιστατεία **R** ἐπὶ τῇ στρατείᾳ τοῦ **φAt** ἐπὶ στρατεία **AbPrε** | καὶ om. **Pr** || **3** θανάτου **Rf** θανόντος **Rw** || **4** μυθοποιία] μὲν ἠθοποιία **SaRwAt** | παρα*/χίλλω **Ab** | ἐπὶ om. **αPr Rf** | θήβας **R** om. **Ab** θήβαις rell. (μίβαις **At**) | πλὴν τῆς Kirchhoff πλείστης codd. || **5–7** (c) corruptum et lacunosum esse vidit, ⟨ἐδιδάχθη⟩ suppl. Kirchhoff, qui etiam post διδασκαλίαν et post ταὐτὰ (ταῦτα) lac. stat.; Nausicrates numquam saec. v ἄρχων ἐπώνυμος fuit, nec verisimile didascaliam nomen suffecti archontis (scil. anno 411) citasse; διὰ Ναυσικράτους ἐπὶ ⟨ ⟩ coni. T. Bergk, Griechische Literaturgeschichte III, Berolini 1884, 561 n. 291 (choregi nomen esse ratus), cf. Wilam. apud Schwartz; ἐπὶ Γλαυκίππου [anno 409] coni. post Wilam. Snell; ἐπὶ ⟨Διοκλέους [anno 408] τοῦ⟩ Ναυσικράτους coni. Luppe (de fabulae anno vide post dramatis personarum indicem) || **5–6** δεύτερος Εὐριπίδης ⟨Ὑψιπύλῃ, Φοινίσσαις, Ἀντιόπῃ, Ὀρέστῃ. πρότερον δ' ἤδη ὅλην Εὐριπίδης⟩ καθῆκε Luppe, RhM 129, 1986; ⟨. . . οὐκ αὐτὸς⟩ καθῆκε διδασκαλίαν ⟨. . .⟩ (deletis περὶ . . . ταῦτα) Snell; aliter restit. W. Schmid, BPW 56, 1936, 1246sq. || **6** εὐριπίδου **Rw** | ad locutionem καθῆκε διδασκαλίαν cf. Plut. Cim. 8, 8, arg. ad Arist. pacem (II Platnauer), TrGF DID C 24 necnon scholiastarum vocabulum κάθεσις | περὶ] παρὰ **RwAt** | ταῦτα] ταύτην **RwAt** ταὐτὰ Kirchhoff ⟨περὶ⟩ ταὐτὰ Wecklein || **7** χρήσιππος **F** | καὶ^2 om. **At** | καὶ ⟨Φοίνισσαι καὶ . . . . . . σατυρ . . . . . . οὐ⟩ σῴζεται suppl. Kirchhoff, eiusdem tetralogiae esse Oenomaum Chrysippum Phoenissas ratus; cf. Snell, qui suppl. ⟨τῆς αὐτῆς τετραλογίας⟩ ὁ Οἰνόμαος καὶ ⟨ὁ⟩ Χρύσιππος καὶ ⟨. . . σατυ, ὃς οὐ⟩ σῴζεται; at contra has tragoedias non eodem anno actas sed ex eodem fabularum ordine sumptas esse dixisse Aristophanem censuerunt Schwartz, Wecklein (1894), alii; καὶ ⟨Οἰδίπους . . .⟩ suppl. C. W. Müller apud Mueller-Goldingen || **8** γυναικῶν om. **F[Rw]** | προλογίζει (ἡ) ἰοκάστη ante versum 1 repet. **Rw**, ibi hab. etiam **At**

8 (a) ferunt **VRf**, (b) Σ 13 ab **V**^{2} additum, **Zc** || **1** κατὰ om. **V**, etiam ὁδὸν om. spatio vacuo relicto || **2** τούτου **V** καὶ τοῦτο **Rf** | αὐτὸν **V** αὐτοῦ **Rf** | σὺν om. **Rf** spatio vacuo relicto | τοῦ **V** τὸν **Rf**

ἐπὶ πολὺ δὲ αὐτοῦ θρηνοῦντος διὰ τὴν τοῦ παιδὸς ἀπώλειαν, ὕστερον ἔμαθε καὶ μαθὼν κατηράσατο τῷ αὐτὸν ἀνελόντι μὴ παιδοποιῆσαι, εἰ δὲ τοῦτο γένηται, ὑπὸ τοῦ τικτομένου ἀναιρεθῆναι.

(b) ἡ δὲ ἱστορία αὕτη· Λάιος ἀπὸ Θηβῶν παραγενόμενος εἰς Ἦλιν ἐθεάσατο Χρύσιππον τὸν Πέλοπος υἱόν. τούτου ἐρασθεὶς ἠξίου αὐτὸν παραγενέσθαι εἰς Θήβας σὺν αὐτῷ. μὴ πεισθέντα δὲ αὐτὸν ἥρπασεν ὁ Λάιος. μαθὼν δὲ ὁ Πέλοψ περὶ τούτου κατηράσατο τῷ ἑλόντι αὐτὸν μὴ κτήσασθαι παῖδα· εἰ δὲ κτήσαιτο, ὑπὸ αὐτοῦ ἀναιρεθῆναι.

9 Ἀγήνορος θυγάτηρ Εὐρώπη, ἣν λαβὼν Ζεὺς εἰς Κρήτην ἀγνοίᾳ τοῦ πατρὸς ἤγαγεν. ὁ δὲ περιήρχετο ζητῶν καὶ τοὺς υἱοὺς αὐτοῦ Κάδμον, Θάσον, Κίλικα ⟨καὶ⟩ Φινέα ἀπέστειλε ψηλαφήσοντας μαθεῖν. Κάδμος οὖν τὸν χρησμὸν λαβὼν εἰς τὸ Ἀπόλλωνος ἱερὸν ἐτάχθη δάμαλιν λαβεῖν καὶ ἀπερχόμενος ἐλαύνειν ἔμπροσθεν καὶ ὅπου κλιθείη ἡ δάμαλις πεσοῦσα κτίσαι πόλιν. κτίζει οὖν Θήβας, καὶ τὸν δράκοντα ἀναιρεῖ, σπείρας τοὺς ὀδόντας αὐτοῦ, ἐξ ὧν ἀνεφύησαν οἱ γίγαντες.

10 (a) Ἰοῦς Ἔπαφος, οὗ Βῆλος, οὗ Ἀγήνωρ, οὗ Κάδμος, οὗ Πολύδωρος, οὗ Λάβδακος, οὗ Λάιος, οὗ Οἰδίπους, οὗ Ἐτεοκλῆς καὶ Πολυνείκης.

(b) περὶ τῶν ἑπτὰ ἐπὶ Θήβας υἱῶν· Αἰγιαλεὺς Ἀδράστου· Θέρσανδρος Πολυνείκους· Διομήδης Τυδέως· Σθένελος Καπανῆος· Στρατόλαος Παρθενοπαίου· Ἀλκμαίων καὶ Ἀμφίλοχος Ἀμφιαράου· Πολύδωρος Ἱππομέδοντος.

8 4 post *μαθὼν* repet. *ὕστερον* **V** || 7 *ἡ δὲ ἱστορία αὕτη* om. **Zc** || 8 *σὺν*] *ἅμα* **V²** || 9 *μὴ* om. **Zc** | *ἥρπασε* (*ὁ* om.) **V²** || 10 *τῷ ἑλόντι αὐτὸν* **V²** *τῷ λαΐῳ ὥστε* **Zc** | post *δὲ* add. *καὶ* **Zc** | *ἀναιρεθείη* **V²**

9 tradunt **GφRwZcAt** et ex eodem fonte hab. Σ^{Thom} 5 (quod exstat in **ZZbZm TGu**); similia praebet Σ 5 || 1 *ἱστορία περὶ θηβῶν ὅπως ἐκλήθησαν* praef. **G** | *θυγάτηρ . . . λαβὼν*] *θυγατέρα λαβὼν εὐρώπην* **G** | *ὁ ζεὺς* **GRw** || 2 *διήρχετο* **φ** | *κάδμων* **Zc** *κάδμους* **Sa** | *θάσον* **FAt** *θάσσον* **GZc** *θᾶσσον* **Sa** *θάστον* **Rw**[uv] *βάσον* **ZbT** *βάσσον* **ZZmGu** | *καὶ* add. **ZbT** om. rell. | *Φινέα*] recte Phoenicem fratrem esse traditur in Σ 5, Σ 6 || 3 *καὶ* ante *ἀπέστειλε* add. **G** | *ψηλαφήσοντας* **Rw** *-ήσας* **At** *-ήσαντας* rell. (*-ίσαντας* **ZZbT**) | *οὖν* om. **φ** | *τὸν* om. **GRwZc At** | *τὸ* om. **G** *τοῦ* **Zb** *τὸ τοῦ* **Zc** || 3–5 *εἰς τὸ . . . κτίσαι πόλιν* om. **At** || 4 *δάμαλιν*] *δύναμιν* **φ** | *καὶ*[1] om. **Z** | *ἀπερχόμενος* **Zc** *-ομένου* **F** *-ομέν* vel *-όμεν* (sine casus signo) **Sa** *-όμενην* **Z**[uv] *-όμενον* rell. | *κλισθείη* **Sa** || 5 *ἡ δύναμις* **F** | *σπείρει* **Zb** || 6 post *γίγαντες* add. *οἵτινες αὐθήμερον ἔνοπλοι ἀναφανέντες καὶ πρὸς ἀλλήλους πόλεμον συνάραντες αὐθήμερον καὶ παρῆλθον* **Z**

10 congeriem fabularum epitomarum et generum stirpium ferunt β (= **MnSHn**) **PrYf** ([f] autem tradit tantum β) || (a) in argumenta translatum est e Σ^{BV} 291 (cf. scholion marginale ad versum 281 additum ab **V²**), unde etiam traditur in Σ^{Thom} 247; similia fert Σ^{MC} 158. accedit testis **P**, necnon leviter redactum indicem stirpis praebent **CrZc** || 1 in initio *ἀπὸ διὸς ἴναχος, ἀπὸ ἰνάχου ἰώ* add. **Zc** (cf. Σ^{MC} 158); ubique pro *οὗ* (*ἧς*) ponunt *ἀπὸ* una cum nomine ipso **CrZc** (etiam articulum tribus primis nominibus add. **Cr**); *ἀπὸ* ante *ἰοῦς* hab. etiam Σ^{Thom} | *οὗ Βῆλος*] *οὗ λιβύη, ἧς βῆλος* Σ^{BV}, Σ^{Thom} (*λιβύη* hab. etiam **CrZc**) | *οὗ Ἀγήνωρ*] *οὗ φοῖνιξ καὶ ἀγήνωρ* Σ^{BV}, Σ^{Thom} *ἀπὸ βήλου φοῖνιξ, ἀπὸ φοίνικος ἀγήνωρ* **CrZc** | *λαύδακος, ἀπὸ λαυδάκου* **Cr** || 2 *καὶ*] *οὗ* **Pr** || (b) accedit testis **P**; paene eundem indicem fert sch.[T] Iliad. 4, 406a (I 517, 90–93 Erbse), unde Eust. 489, 37–39 || 3 *περὶ . . . υἱῶν* om. **P** | *ἑπτὰ* om. **S** | *θήβαις* **Yf** | *υἱῶν* om. **Yf** | *αἰγιαλεὺς* **HnPrYf** *αἰγίαλος* **P** *γιαλεὺς* γ (*ὁ* praef. **S**) | *θέσανδρος* β || 4 *σθέναλος* γ | *σθένελος . . . παρθενοπαίου* om. **P** | *σκαπανέως* **Yf** *Καπανέως* sch.[T], Eust. | *Στρατ. Παρθ.* post *Ἀλκμ. . . . Ἀμφιαράου* collocat sch.[T], Eust. | *στρατόλαος* **Yf** *-όλατος* **Pr** *-όλαγος* **Hn** *-ήλατος* **S** *στατήλατος* **Mn** | *ἀλκμαίων* **P** *ἀκμαίων* rell. || 5 *ἀμφίλοχος* **P** *γαμφίλοχος* rell. | *ἱπο-* **S**

(c) (1) *Ἀγήνωρ γεννᾷ Κάδμον καὶ Κίλικα καὶ Φοίνικα καὶ Εὐρώπην καὶ Ἀσίαν. τὴν οὖν Εὐρώπην ὁ Ζεὺς ἁρπάζει μεταβληθεὶς εἰς ταῦρον καὶ φέρει αὐτὴν εἰς Ἀσίαν καὶ διὰ τοῦτο ἔπεμψεν ὁ πατὴρ ζητῶν αὐτὴν ἀγνοῶν τὸ γεγονός.* (2) *ἁρπαγείσης τῆς Εὐρώπης ὑπὸ Διὸς ὁ πατὴρ ἀπέστειλε τοὺς ἀδελφοὺς αὐτῆς εἰς ἐπιζήτησιν. ὡς δ' οὐχ εὗρον δειλιάσαντες τὸν πατέρα παρέμειναν ἐν ταῖς χώραις αἳ τὴν ἐπωνυμίαν ἔσχον ἀπ' αὐτῶν.*

(d) *Εὐριπίδου Φοίνισσαι· ⟨ἀρχὴ⟩ παντὸς δράματος καλεῖται πρόλογος· Ἰοκάστη δέ ἐστιν ἐν ταῖς Εὐριπίδου Φοινίσσαις προλογίζουσα· ἔστι δὲ Μενοικέως θυγάτηρ, ἀδελφὴ Κρέοντος, Οἰδίποδος δὲ ἅμα μήτηρ καὶ γυνή, ἐξ οὗ καὶ παῖδες αὐτῇ γίνονται τέσσαρες, ἄρρενες μὲν δύο Ἐτεοκλῆς καὶ Πολυνείκης, δύο δὲ κόραι Ἰσμήνη καὶ Ἀντιγόνη.*

(e) *Κάδμος πεμφθεὶς ὑπὸ τοῦ πατρὸς Ἀγήνορος ζητῆσαι τὴν ἀδελφὴν αὐτοῦ Εὐρώπην σὺν τοῖς ἀδελφοῖς καὶ μὴ εὑρὼν αὐτήν, εἰς τὸ μαντεῖον τοῦ Ἀπόλλωνος ἐν Πυθοῖ παραγίνεται πυνθανόμενος ποῦ ὀφείλει κατοικεῖν· ὁ δὲ ἔφη ʻὅπου καθίσει ἡ βοῦς αὕτη ἐκεῖ κτίσον πόλιν'. καὶ δὴ ἐξελθὼν τοῦ μαντείου εὗρε βοῦν, καὶ ἠκολούθησεν αὐτῇ, καὶ εἰς Θήβας †ἔθηκε† καὶ ἐκεῖ ᾠκοδόμησε τὰς Θήβας· θῆβα γὰρ Συριστὶ λέγεται ἡ βοῦς. οὐδέπω ἐκαλεῖτο Φοινίκη ὅτε κατέλιπεν αὐτὴν ὁ Κάδμος, ἀλλὰ Τύρος. μετὰ ταῦτα ἀπὸ Φοίνικος τὴν προσηγορίαν ἔσχεν, ὡς καὶ αἱ λοιπαὶ πόλεις ὁμοίως ὠνομάσθησαν ἀπὸ τῶν ἀδελφῶν.*

(f) *Ἰοκάστη ἐγέννησε τὸν Οἰδίπουν· ὁ δὲ ἀνὴρ αὐτῆς ἦν Λάιος· μετὰ ταῦτα δὲ ἔγημεν ὁ Οἰδίπους τὴν μητέρα αὐτοῦ τὴν Ἰοκάστην ἐξ ἧς ἐγέννησε παῖδας τέσσαρας Ἐτεοκλῆν Πολυνείκην Ἀντιγόνην καὶ Ἰσμήνην.*

11 *ἱστορία πρώτη· ἱστορεῖ Πείσανδρος* (FGrHist 16 F 10) *ὅτι κατὰ χόλον τῆς Ἥρας ἐπέμφθη ἡ Σφὶγξ τοῖς Θηβαίοις ἀπὸ τῶν ἐσχάτων μερῶν τῆς Αἰθιοπίας, ὅτι τὸν Λάιον ἀσεβήσαντα εἰς τὸν παράνομον ἔρωτα τοῦ Χρυσίππου, ὃν ἥρπασεν ἀπὸ τῆς Πίσης, οὐκ ἐτιμωρήσαντο {αὐτόν}. ἦν δὲ ἡ Σφίγξ, ὥσπερ γράφεται, παρθένου μὲν ἔχουσα πρόσωπον, οὐρὰν δὲ δρακαίνης καὶ τὰ λοιπὰ λέοντος· ἀναρπάζουσα δὲ μικροὺς*

10 (c) (1) et (2) tamquam unam adnotationem praeb. *γ*, divisionis autem signum interserunt **HnPrYf** || **7** *ἁρπάζει* et *καὶ* om. ***β*** || **9** *τοῦ* ante *διὸς* add. **Hn** || **11** *ἀπ' αὐτῆς* **Yf** || (d) **12** *εὐριπίδου φοίνισσαι* om. **Hn** | ⟨*ἀρχὴ*⟩ ex. gr. supplevi; etiam ⟨*τὸ πρῶτον μέρος*⟩ possis || **13** *ἐστιν* om. ***β*** | fort. ⟨*ἡ*⟩ addendum ante *προλογίζουσα* || **14** *καὶ* ante *μήτηρ* add. **Hn** | *αὐτῇ* om. **S** *αὐτὴν* **Yf** || **15** *ἄρρενες μὲν δύο* om. **Mn** | *δύο δὲ κόραι*] *κόραι* **Mn** *καὶ κόραι δύο* **Yf** | *ἰσμίνη* **SHnPrYf**^{ac} || (e) scholia duo (scil. **17–22** et **22–24**) quae ad versus 638 et 639 pertinerent conflata esse iud. Valck.; ad **22–24** cf. Σ 6 (248, 8–11 Schwartz); ad etymologiam Syriacam cf. Et. magn. 450, 41 sqq. Gaisford || **17** *φοίνισσαι εὐριπίδου* praef. **Pr** || **19** *παραγενόμενος* **Yf** | post *ἔφη* add. *ὅτι* **Pr** | *καθίσῃ* **Hn** || **20** *πολεῖ* **Yf** || **21** *εἰς Θήβας* ⟨*ἦλθε, καὶ ὤκλασε*⟩ *καὶ* ex. gr. Valck.; possis etiam *εἰς Θήβας* ⟨*ἐλθοῦσα χαμᾶζε ἑαυτὴν κατ*⟩-*έθηκε* | *ἐκεῖ* om. **Yf** | *συριστῆ* **S** *συριστιστὶ* **Pr** || **22** post *οὐδέπω* add. *γὰρ* **PrYf** | *Τύρος* Valck. *τύρις* ***β*** *τύρες* **PrYf** || **23** post *μετὰ* add. *δὲ* **PrYf** || (f) **25** *ἐγένησε τὸν ἰδίπουν* **Hn** | *δὲ*^{1} om. **S** || **26** *ὁ* om. **Hn**

11 Peisandri narratiunculam de Sphinge et Oedipo (**1–26**) e Σ 1760 in argumenta translatam habent ***β*Pr** (tantum **1–7** *μαχεσαμένου* **Yf**); reliqua (**27–32**) etiam e scholiorum corpore ampliore eo quod nunc exstat derivata esse veri simile est. ad Σ 1760 codices **MBVSa** contuli. vide E. L. de Kock, Acta Classica (South Africa) 5, 1962, 15–37, ubi citata invenies cetera opera quae ad hoc scholion spectent || **1** *ἱστορία πρώτη* **PrYf** om. *γ* *ἱστορίαι καὶ ἀπορίαι τοῦ δράματος τῶν φοινισσῶν* **Hn** | *κατὰ τὸν χόλον* Σ^{Sa} || **2** *σφὶγξ*] *γῆ* **Yf** (∼ **Yf**^{marg}) || **4** *πίσης* Σ^{B} *πίσσης* rell. || **4–5** *οὐκ ἐτιμ. . . . οὐρὰν* om. Σ^{M} || **4** *ἐτιμωρήσατο* *γ***Yf**, Σ^{V} *ἐτιμώρησαν* Σ^{Sa} [Σ^{M}] | *αὐτόν* om. Σ^{B} add. rell. [Σ^{M}] | *γράφεται*] *γραία* Σ^{Sa} || **4–5** *παρθένου . . . λέοντος* Σ^{Sa} || **5** *τὴν οὐρὰν ἔχουσα δρακαίνης* ***β***, Σ^{B} (unde *τὴν* ⟨*δὲ*⟩ *οὐρὰν* Robert, Oidipus I 153) *τὴν οὐρὰν εἶχε δρακαίνης* **PrYf** (*οὐρὰν* om.) *εἶχεν δρακαίνης* Σ^{M} *τὴν μὲν οὐρὰν ἢ δρακαίνης* Σ^{V} | *ἁρπάζουσα* **Pr**, Σ^{Sa}

καὶ μεγάλους κατήσθιεν, ἐν οἷς καὶ Αἵμονα τὸν Κρέοντος παῖδα καὶ Ἵππιον τὸν Εὐρυνόμου τοῦ τοῖς Κενταύροις μαχεσαμένου. ἦσαν δὲ Εὐρύνομος καὶ Ἠιονεὺς υἱοὶ Μάγνητος τοῦ Αἰολίδου καὶ Φυλοδίκης. ὁ μὲν οὖν Ἵππιος καὶ ξένος ὢν ὑπὸ τῆς Σφιγγὸς ἀνῃρέθη, ὁ δὲ Ἠιονεὺς ὑπὸ τοῦ Οἰνομάου ὃν τρόπον καὶ οἱ ἄλλοι μνηστῆρες. πρῶτος δὲ ὁ Λάιος τὸν ἀθέμιτον ἔρωτα τοῦτον ἔσχεν. ὁ δὲ Χρύσιππος ὑπὸ αἰσχύνης ἑαυτὸν διεχρήσατο τῷ ξίφει. τότε μὲν οὖν ὁ Τειρεσίας ὡς μάντις εἰδὼς ὅτι θεοστυγὴς ἦν ὁ Λάιος ἀπέτρεπεν αὐτὸν τῆς ἐπὶ τὸν Ἀπόλλωνα ὁδοῦ, τῇ δὲ Ἥρᾳ μᾶλλον τῇ γαμοστόλῳ θεᾷ θύειν ἱερά. ὁ δὲ αὐτὸν ἐξεφαύλιζεν. ἀπελθὼν τοίνυν ἐφονεύθη ἐν τῇ σχιστῇ ὁδῷ αὐτὸς καὶ ὁ ἡνίοχος αὐτοῦ, ἐπειδὴ ἔτυψε τῇ μάστιγι τὸν Οἰδίποδα. κτείνας δὲ αὐτοὺς ἔθαψε παραυτίκα σὺν τοῖς ἱματίοις ἀποσπάσας τὸν ζωστῆρα καὶ τὸ ξίφος τοῦ Λαΐου καὶ φορῶν. τὸ δὲ ἅρμα ὑποστρέψας ἔδωκε τῷ Πολύβῳ, εἶτα ἔγημε τὴν μητέρα λύσας τὸ αἴνιγμα. μετὰ ταῦτα δὲ θυσίας τινὰς ἐπιτελέσας ἐν τῷ Κιθαιρῶνι κατήρχετο ἔχων καὶ τὴν Ἰοκάστην ἐν τοῖς ὀχήμασι. καὶ γενομένων αὐτῶν περὶ τὸν τόπον ἐκεῖνον τῆς σχιστῆς ὁδοῦ ὑπομνησθεὶς ἐδείκνυε τῇ Ἰοκάστῃ τὸν τόπον καὶ τὸ πρᾶγμα διηγήσατο καὶ τὸν ζωστῆρα ἔδειξεν. ἡ δὲ δεινῶς φέρουσα ὅμως ἐσιώπα· ἠγνόει γὰρ υἱὸν ὄντα. ⟨καὶ⟩ μετὰ ταῦτα ἦλθέ τις γέρων ἱπποβουκόλος ἀπὸ Σικυῶνος ὃς εἶπεν αὐτῷ τὸ πᾶν, ὅπως τε αὐτὸν εὗρε καὶ ἀνείλετο καὶ τῇ Μερόπῃ δέδωκε, καὶ ἅμα τὰ σπάργανα αὐτῷ ἐδείκνυε καὶ τὰ κέντρα ἀπῄτει ⟨τε⟩ αὐτὸν ⟨τὰ⟩ ζωάγρια· καὶ οὕτως ἐγνώσθη τὸ ὅλον. φασὶ δὲ ὅτι μετὰ τὸν θάνατον τῆς Ἰοκάστης καὶ τὴν αὐτοῦ τύφλωσιν ἔγημεν Εὐρυγάνην παρθένον, ἐξ ἧς αὐτῷ γεγόνασιν οἱ τέσσαρες παῖδες. ταῦτά φησι Πείσανδρος.

οἱ τὴν Οἰδιποδίαν γράφοντες {οὐδεὶς οὕτω φησὶ περὶ τῆς Σφιγγός}·

ἀλλ' ἔτι κάλλιστόν τε καὶ ἱμεροέστατον ἄλλων
παῖδα φίλον Κρείοντος ἀμύμονος Αἵμονα δῖον.

καί φασιν ὅτι οὐκ ἦν θηρίον, ὡς οἱ πολλοὶ νομίζουσιν, ἀλλὰ χρησμολόγος δύσγνωστα τοῖς Θηβαίοις λέγουσα καὶ πολλοὺς αὐτῶν ἀπώλλυεν ἐναντίως τοῖς χρησμοῖς χρωμένους.

6 *κατήσθιεν* **Pr** -*αίσθιεν* **Mn** -*ίσθιεν* **Hn**, fort. Σ^{M} | *κραίοντος* **S** | *τὸν*[2] **Hn** om. Σ^{M} *τοῦ* rell. || **7** *τοῖς*] *τῆς* **Pr** | *δὲ* om. *γ* *γὰρ* Σ^{Sa} | *υἱοὶ*] *ὡς οἱ* **Pr**, Σ^{M} || **8** *Αἰόλου* Bethe (coll. Apollodor. 1, 7, 3, 3) | *καὶ*[1] om. **Pr** | *φιλοδίκης* **Sa** *φικίδης* *β* *φιδίκης* **Pr** | *καὶ*[2] om. Σ^{Sa} || **9** *νιοεὺς* Σ^{M} | post *πρῶτος* add. *ὁ* $\mathbf{S}^{ac}$ || **10** *τοῦτον* om. **Mn** (*ἔρωταν* scr.), ante *ἔρωτα* transp. **Hn** | *ὑπὸ αἰσχύνης*] *αἰσχυνθεὶς* Σ^{Sa} || **11** *διεχειρήσατο* *β* (-*ίσατο* **Hn**) **Pr**, Σ^{M} | *οὖν* om. Σ^{M} | *τηρεσίας* **S** | *ὡς*] *ὁ* Σ^{Sa} | *θεοστιγὲς* Σ^{V} | *ὁ*[2] om. **Pr** || **12** *αὐτὸν* om. *γ* (-*τρεπε* **Mn**) | *μαγοστόλῳ* *β***Pr** || **12–13** *τῇ δὲ ... ἐξεφαύλιζεν* om. Σ^{M} || **13** *θεᾷ* om. **Hn** *θεῷ* Σ^{Sa} | *ἐξεφαύλισεν* Σ^{Sa} || **14** *αὐτὸς καὶ ὁ*] *ὁ δὲ* Σ^{Sa} || **14–15** *κτείνας ... παραυτίκα*] *ἔκτεινεν αὐτούς. παραυτίκα δὲ ἀνέθορε* Σ^{Sa} || **16** *καὶ* om. *β*, Σ^{Sa} | *Πολύβῳ*] *πολυνείκῃ* Σ^{Sa} | *εἶτα* bis scr. in duabus pag. **Hn** || **17** *μετὰ ταῦτα δὲ*] *καὶ μ. τ.* Σ^{Sa} || **18** *ἐν*] *σὺν* Σ^{B} | *γινομένων* **Pr**, Σ^{MV} | *ἐκεῖνον* om. Σ^{M} || **19** *ἐπεδείκνυε(ν)* **Pr**, Σ^{M} *ὑπεδείκνυε* *β* || **20** *ὡς* ante *υἱὸν* add. Σ^{M} || **21** *καὶ* hab. *Σ* om. *β***Pr** | *αὐτῇ* **Hn** || **22** *τε αὐτὸν*] *καὶ* *β* | *δέδωκεν* Σ^{MB} | *δέδ. καὶ ἅμα*] *δείξας καὶ ἁλοὺς* Σ^{Sa} || **23** *ἐδείκνυεν* Σ^{M} | *τε* et *τὰ* hab. *Σ* om. *β***Pr** | *καὶ*[2] om. **Pr** || **24** *δὲ* om. **Pr** | *τὸν* om. *γ***Pr** | *τῆς* om. Σ^{Sa} | *αὑτοῦ* **Hn** *αὐτοῦ* rell. | *τύφλωσιν*] *γύμνωσιν οἰδίπους* Σ^{Sa} || **25** *ἐρυγάνην* *β***Pr**, Σ^{MSa} (*ἑρυ-* Σ^{M}) | *παρθένον* om. *β* | -*ν οἱ* om. *β***Pr**, Σ^{B} | *τέσσαρες*] *δύο* Σ^{Sa} | *ταὐτά* Robert || **27** *οὐδεὶς ... Σφιγγός* additicia iud. Valck.; *γράφοντες, ⟨ἄλλος δ'⟩ οὐδεὶς οὕτω φησί, περὶ κτλ.* T. W. Allen (Homeri Opera, tom. V, 112) || **28** *ἔτι* Valck. *ἐπὶ* *β***Pr** | *ἡμεροέστατον* *β***Pr**, corr. Valck. || **29** *φιλοκρείοντος ἀμύμονα* *β***Pr**, corr. Valck. || **31** *ἔναντι* *β***Pr**, corr. Valck. collato *Σ* 45

ARGVMENTVM THOMANVM

12 *τοῦ αὐτοῦ σοφωτάτου Μαγίστρου σύνοψις περιεκτικὴ τῆς ἀπ' ἀρχῆς ἄχρι τέλους τοῦ δράματος ἱστορίας·*

ἁρπασθείσης Εὐρώπης ὑπὸ Διὸς γενομένου ταύρου καὶ μετακομισθείσης ἀπὸ Φοινίκης διὰ θαλάττης εἰς Κρήτην, ὁ μὲν πατὴρ αὐτῆς Ἀγήνωρ ἔπεμψε τὸν υἱὸν Κάδμον εἰς ζήτησιν τῆς κόρης, εἰπὼν εἰ μὴ ταύτην εὑρὼν ἄξοι μηδ' ἂν αὐτὸν ἐπανελθεῖν οἴκαδε· Κάδμος δὲ οὐκ ἔχων ὅ τι καὶ δράσειε μόνην ἔγνω τῆς ἀπορίας λύσιν καταφυγεῖν εἰς Ἀπόλλω κἀκ τούτου γνῶναι τί δεῖ ποιεῖν. ἐλθὼν οὖν εἰς Δελφοὺς ἤρετο τοῦτον περὶ τῆς ἀδελφῆς. καὶ ὃς χρᾷ μὲν οὐδὲν αὐτῷ περὶ τῆς Εὐρώπης, λέγει δὲ ὡς ἐξελθόντα ἐκεῖθεν, ἀκολουθήσαντα βοΐ, οἷ ἂν αὕτη γε πέσῃ, κἀκεῖ κτίζειν πόλιν. ὁ δὲ πεισθεὶς τῷ χρησμῷ τὴν μὲν πρὸς τὴν πατρίδα ἐπάνοδον εἴασε, βοῦν δὲ κατὰ τύχην εὑρὼν ἡγεμόνα τῆς ὁδοῦ ἐποιήσατο. ἐλθούσης δὲ αὐτῆς ἐν ᾧ νῦν ἑστήκασι τόπῳ αἱ Θῆβαι κἀκεῖ παραχρῆμα πεσούσης, ἔγνω τε οὗτος τὸν χρησμὸν τελεσφόρον καὶ πόλιν ἑπτάπυλον κτίζει τὰς Θήβας ὁμωνύμους τῶν ἑκατονταπύλων Αἰγυπτίων Θηβῶν, χρησάμενος ἐπιστήμονι τῆς οἰκοδομῆς καὶ ἐργάτῃ Ἀμφίονι τῷ μουσικῷ· τοῦτον γάρ φασιν ἀνακρουόμενον μέλος θέλγειν τε τῷ μέλει τοὺς λίθους καὶ ἀλλεπαλλήλως αὐτῶν τιθεμένων ἀποδεῖξαι τὰ τείχη· πύλας δὲ ἔχειν τὴν πόλιν ἑπτά, ἐπειδὴ καὶ οἱ τῆς λύρας τόνοι ἑπτά εἰσι. καὶ τὸ μὲν μυθῶδες τοιοῦτον· πέπλασται δὲ διὰ τὸ ἄκρως ἡρμόσθαι τὰ τείχη πρὸς ἄλληλα· ἡ γὰρ ἁρμονία μουσικῆς ἴδιον.

Κάδμος οὖν γήμας τὴν Ἀφροδίτης καὶ Ἄρεος παῖδα Ἁρμονίαν ἐγέννησε Πολύδωρον, ὁ δὲ Λάβδακον, ὁ δὲ Λάιον· οὗτος ἀφικόμενός ποτε εἰς Ἦλιν καὶ τὸν τοῦ Πέλοπος υἱὸν Χρύσιππον ἰδών, ὃς ἦν αὐτῷ ἐξ ἄλλης γυναικὸς καὶ οὐκ ἐκ τῆς θυγατρὸς Οἰνομάου Ἱπποδαμείας, καὶ ἁλοὺς τούτου κατάκρας τῷ ἔρωτι, ἁρπάσας εἰς Θήβας ἤνεγκε. καὶ συνῆν αὐτῷ τὰ ἐρωτικά, πρῶτος ἐν ἀνθρώποις τὴν ἀρρενοφθορίαν ὑποδείξας καθὼς δὴ καὶ ὁ Ζεὺς ἐν θεοῖς τὸν Γανυμήδην ἁρπάσας. ὁ δὲ Πέλοψ μαθὼν τοῦτο κατηρήσατο Λαΐῳ μηδέποτε μὲν παῖδα τεκεῖν, εἰ δ' ἄρα καὶ συμβαίη, ὑπ' αὐτοῦ τοῦτον ἀναιρεθήσεσθαι. διὰ ταῦτα πολὺν ἤδη χρόνον Λάιος ἄπαις ὢν παραγίνεται εἰς τὴν Πυθίαν καὶ παίδων αἰτεῖ γονήν. καὶ ἀκούει τοιόνδε χρησμόν·

Λάιε Λαβδακίδη, παίδων γένος ὄλβιον αἰτεῖς·
τέξεις μὲν φίλον υἱόν, ἀτὰρ τόδε σοι μόρος ἔσται,
παιδὸς ἑοῦ χείρεσσι λιπεῖν βίον· ὣς γὰρ ἔνευσε
Ζεὺς Κρονίδης, Πέλοπος στυγεραῖς ἀραῖσι πιθήσας,
οὗ φίλον ἥρπασας υἱόν· ὁ δ' ηὔξατό σοι τάδε πάντα.

12 argumentum quod scr. Thomas Magister argumentis veterioribus conflatis, redactis, ampliatis, breviatis; nam cognosse videtur arg. 1 (c), 2–7, 8, 9 vel 10 (c) vel 10 (e) necnon argumentum recentius ad Aesch. Sept. (III Smith). testimonium ad hoc argumentum praebet arg. Thomanum ad Aesch. Septem (IV Smith): *ἐγράφη δὲ ἡ ἱστορία αὕτη ἐξ ἀρχῆς κατὰ λεπτὸν ἐν Φοινίσσαις Εὐριπίδου.* codices **ZZbZmZuTGu** contuli ‖ **1–2** inscr. sic **ZbZuT** *ἡ ἀπ' ἀρχῆς ἄχρι τέλους τοῦ παρόντος δράματος ἱστορία ἔστι τοιαύτη* **Zm** om. **ZGu** (nisi brevius aliquid scr. minio evanido **Z**^{r}) ‖ **3** *ἁρπαγείσης* **Zu**^{ac}**T** ‖ **6** *μόνον* **Gu** ‖ **9** *ἐκεῖ* **Z** ‖ **10–11** *κατύχην εὑρὼν* **Zb** *ἢ εὑρὼν ἁπλῶς ἢ ἀγοράσας* **Zm** ‖ **12** *τόπῳ αἱ* om. **Zm**^{ac} ‖ **15** *φησιν* **Z** | *τε* om. **Zb** | *ἀλλεπαλλήλους* **Z** ‖ **16** *αὐτοὺς τιθεμένους* **ZmZu** *αὐτῶν τιθέμενον* **Gu** | *τὰ τύχη* **Zb** ‖ **17** *οἱ*] *ἡ* **Zb** ‖ **17–18** *καὶ τὸ . . . ἴδιον* om. **ZmZu** ‖ **18** *ἄκρος* **Zb** ‖ **19** *τὴν*] *τῆς* **Gu** | *ἄρεως* **Zb**^{ac} ‖ **20** *λαύδακον* **Zu** ‖ **21–22** *ὃς ἦν . . . Ἱπποδαμείας* om. **ZmZu** ‖ **21** *αὐτῷ* post *ἄλλης* transp. **Gu** ‖ **22** *ἱποδ-* **Zb** ‖ **23–24** *πρῶτος . . . ἁρπάσας* om. **ZmZu** ‖ **23** *ὑποδείξας*] *εὑρὼν* **Gu** ‖ **25** *τούτου* Nauck ‖ **26** *ὁ* ante *λάιος* add. **Gu** | *εἰς τὴν* **ZmZu** *πρὸς τὴν* **Z** *εἰς* **ZbTGu** ‖ **28–32** de var. lect. vide ad arg. 4 | in marg. *ἡρωϊκοί* add. **ZmZuT** ‖ **29** *μόνος* **Z** | s l. ad *μόρος* scr. *μεμοιρασμένον* **ZmZuT**

ὧντινων θεσπισμάτων τῇ τῆς γυναικὸς Ἰοκάστης ἐπιθυμίᾳ καὶ ἡδονῇ ὥσπερ ἐκλαθόμενος Λάιος (ἢ ὥς τινες φασὶ μιᾷ τῶν ἡμερῶν βαρυνθεὶς τῷ οἴνῳ καὶ συνελθὼν τῇ αὐτοῦ γυναικί) Οἰδίποδα σπείρει. καὶ μετὰ τὸ τεχθῆναι αὐτὸν ἀναπεμπάσας τοὺς χρησμοὺς καὶ φόβον λαβών, διατορήσας τοὺς πόδας αὐτοῦ καὶ χρυσέους κρίκους διαπερονησάμενος ῥίπτει διὰ τῶν οἰκείων βουκόλων εἰς τὸ ὄρος τὸν Κιθαιρῶνα ὡς ὑπὸ θηρίων ἐνταῦθα ἀναιρεθησόμενον.

ἔτυχε δὲ κατ᾽ ἐκεῖνο καιροῦ καὶ τοὺς τοῦ Πολύβου νομέας, βασιλέως Κορίνθου, βόσκειν ἐκεῖ· οἳ καὶ τὸ βρέφος εὑρόντες καὶ ἀνελόμενοι φέρουσι πρὸς τὴν τοῦ Πολύβου γυναῖκα Μερόπην· ἦν γὰρ ἀπαιδίαν δυστυχοῦσα. καί πως πείθει τὸν ἄνδρα Πόλυβον αὐτὴ τοῦτο τεκεῖν. ἀνδρωθεὶς δὲ ὁ παῖς καί τινι τῶν ἐκεῖ συνελθὼν εἰς ἔριν, οἷα δὴ γίνεται, ὡς οὐκ εἴη Πολύβου παῖς ὄνειδος ἔσχε παρ᾽ αὐτοῦ. ὅθεν ἀναστὰς ἀφικνεῖται πρὸς τὸν Ἀπόλλω πευσόμενος περὶ τούτου, καὶ ὡς ἔσται φονεὺς τοῦ πατρὸς μανθάνει καὶ ὡς τῇ τεκούσῃ συνέσοιτο, ταυτὶ μόνα· τίνες δὲ εἶεν αὐτῷ οἱ γονεῖς σαφῶς οὐ μανθάνει. ἐπανιὼν δὲ ἐκεῖθεν ὑπήντησε Λαΐῳ ἀφικνουμένῳ καὶ αὐτῷ πρὸς Ἀπόλλωνα ἐφ᾽ ᾧ περὶ τοῦ ἐκτεθέντος παιδὸς γνῶναι εἰ τέθνηκε. καὶ ὁ τοῦ Λαΐου θεράπων αὐτῷ κελεύει μικρὸν ὑποχωρῆσαι τῷ βασιλεῖ. Οἰδίπους δὲ ὑπεροψίᾳ κρατούμενος καὶ τοῦτο μηδὲν ἐνεγκὼν κτείνει τε τὸν θεράποντα καὶ σὺν αὐτῷ τὸν δεσπότην, οὐκ εἰδὼς ὡς πατροκτόνος γέγονεν, ἑνὸς μόνου τῶν συνεπομένων Λαΐῳ διαφυγόντος, ὃς δὴ καὶ τὸν φόνον ὕστερον διεσάφησεν, ὥς φησι Σοφοκλῆς ἐν Οἰδίποδι τυράννῳ.

τότε δ᾽ οὖν Οἰδίπους τοὺς τοῦ Λαΐου ἵππους λαβὼν καὶ πάντα τὰ αὐτοῦ καταλαμβάνει τὴν Κόρινθον, καὶ δοὺς ταῦτα πάντα Πολύβῳ τροφὰς ἐκεῖθεν ἀναχωρεῖ τὸν περὶ τῆς πατροκτονίας καὶ τῆς τῇ μητρὶ συνελεύσεως χρησμὸν δεδιώς· ᾤετο γὰρ πατέρας αὐτοῦ τῷ ὄντι Πόλυβον καὶ τὴν ἐκείνου γυναῖκα εἶναι. καὶ ἀφικνεῖται πρὸς Θήβας, αἳ δὴ καὶ ὑπὸ τῆς Σφιγγὸς ἐχειμάζοντο τότε, χρησμούς τε ῥαψῳδούσης καὶ ὅντινα βούλοιτο τῶν πολιτῶν ἁρπαζούσης καὶ διαφθειρούσης διὰ τὸ μὴ συνιέναι σφᾶς τῶν ὑπ᾽ αὐτῆς λεγομένων χρησμῶν. ἐπήγαγε δὲ ταύτην ὁ Ἄρης Θηβαίοις, ἀμυνόμενος αὐτοὺς διὰ τὸν τοῦ παιδὸς δράκοντος φόνον, ὃν Κάδμος ἀνεῖλε καὶ τοὺς ὀδόντας αὐτοῦ ἔσπειρεν, ἐξ ὧν ἀνεφύησαν οἱ γίγαντες. ἦν δὲ ἡ Σφὶγξ τέρας, πρόσωπον μὲν ἔχουσα παρθένου, στῆθος δὲ καὶ χεῖρας καὶ πόδας καὶ ὄνυχας λέοντος, οὐραῖον δὲ δράκοντος, πτερὰ δὲ ὄρνιθος, δι᾽ ὧν ἵπτατο. ἔτυχε δὲ τότε εἰποῦσα τοιοῦτόν τι τοῖς Θηβαίοις αἴνιγμα (ὡς Ἀσκληπιάδης ἀναγράφει)·

ἔστι δίπουν ἐπὶ γῆς καὶ τετράπουν, οὗ μία μορφή,
καὶ τρίπουν· ἀλλάσσει δὲ φυὴν μόνον ὅσσ᾽ ἐπὶ γαῖαν
ἑρπετὰ γίνεται ἀνά τ᾽ αἰθέρα καὶ κατὰ πόντον.
ἀλλ᾽ ὁπόταν πλεόνεσσιν ἐρειδόμενον ποσὶ βαίνοι,
ἔνθα μένος γυίοισιν ἀφαυρότερον πέλει αὐτοῦ.

οὗπερ ἀγνοουμένου ἐκήρυξε Κρέων ὁ ἀδελφὸς Ἰοκάστης τῆς βασιλίσσης ὡς, ὅστις εὕροι τὸ αἴνιγμα, τούτῳ συνάψειν τὴν ἀδελφήν. Οἰδίπους δέ, ὡς ἔφημεν, διάγων ἐκεῖ τότε, ἀκούσας τὰ κηρύγματα λύει τε τὸ αἴνιγμα τῆς Σφιγγὸς καὶ τὴν μητέρα οὐκ εἰδὼς εἰς γυναῖκα λαμβάνει. ἔλυσε δὲ οὕτως·

34–35 *ἢ ὥς . . . γυναικί* om. **ZZmZu** et *βαρυνθεὶς οἴνῳ* post *θεσπισμάτων* **(33)** add. **Z** ‖ **39** *κορίνθου* **Zb** ‖ **40** *ἀνελόμενον* **Zb** | *τοῦ* om. **Zb** ‖ **41** *δυστυχοῦσα*] *νοσοῦσα* **Z** | *καί πως*] *καίπερ* **Zb** ‖ **43** *εἴη*] *εἰ* **ZbT**pc ‖ **44** *ἀπόλλωνα* **Z** ‖ **47** *τεθνήκει* **Z** ‖ **48** *ὑποχωρεῖσαι* **ZmZu** *-ρῖσαι* **Z** ‖ **50** *μόν* sine casus signo **Gu** (unde *μόνον* Matthiae) ‖ **51** *τυράννῳ* om. **ZmZu** ‖ **53** *διδοὺς* **Gu** | *ταῦτα πάντα* **ZZuGu** *πάντα ταῦτα* **ZbT** *ταῦτα* (et s. l. *πάντα* add.) **Zm** ‖ **56** *ἥντινα* **Zb** ‖ **57** *σφᾶς*] *σφαγᾶς* **Zb** ‖ **58** post *διὰ* add. *δὲ* **Zb** ‖ **59–60** *καὶ τοὺς . . . γίγαντες* om. **ZmZu** (scr. *ἀνεῖλεν*) ‖ **60** *τέρας* ante *ἡ σφὶγξ* transp. **Gu** ‖ **62** *τότε*] *τοῦτο* **ZbGu** (et *τότε* post *θηβαίοις* add. **Gu**) | *τοιοῦτό* **Gu** | *τι*] *τοι* **Zb** ‖ **62–63** *ὡς . . . ἀναγράφει* om. **ZZmZu** ‖ **64–68** de var. lect. vide ad arg. 5 | in marg. add. *ἡρωϊκοί* **T** ‖ **70** *συνάψει* Nauck | *τῇ ἀδελφῇ* **Zm**ac**Zu**ac | *ἔφαμεν* **ZbT** ‖ **72** post *οὕτως* add. *ὥς φασι* **Gu**

κλῦθι καὶ οὐκ ἐθέλουσα, κακόπτερε Μοῦσα θανόντων,
φωνῆς ἡμετέρης, σὸν τέλος ἀμπλακίης·
ἄνθρωπον κατέλεξας, ὅς, ἡνίκα γαῖαν ἐφέρπει,
πρῶτον ἔφυ τετράπους, νήπιος ἐκ λαγόνων,
γηραλέος δὲ πέλων τρίτατον πόδα βάκτρον ἐρείδει,
αὐχένα φορτίζων, γήραϊ καμπτόμενος.

ἀκούσασα δὲ τὴν λύσιν ἡ Σφὶγξ ἑαυτὴν ἀναιρεῖ παραχρῆμα ῥίψασα τοῦ ἀέρος.

Οἰδίπους δὲ συνὼν τῇ μητρὶ καὶ παῖδας ἐξ αὐτῆς φύσας τέσσαρας, ἄρρενας μὲν Ἐτεοκλέα καὶ Πολυνείκην, θηλείας δὲ Ἀντιγόνην καὶ Ἰσμήνην, ὡς ἔγνω τὸ μίασμα ὕστερον, ἐτύφλωσεν ἑαυτόν. Ἐτεοκλῆς δὲ καὶ Πολυνείκης θέλοντες ἀφανίσαι πως τὸ ὄνειδος κατακλείουσιν αὐτὸν ἐν οἰκίσκῳ, ἵν' ὑπὸ μηδενὸς θεωρούμενον εἰς λήθην ἥξοι τὸ κατ' ἐκεῖνον. καὶ ὃς τούτῳ ὑπεραλγήσας ἀρᾶται τούτοις σιδήρῳ τὴν βασιλείαν μερίσαι. οἱ δὲ τὰς τοῦ πατρὸς ἀρὰς δεδιότες μηχανῶνται τοιόνδε· ἔχεσθαι τῆς ἀρχῆς ἕνα παρ' ἕνα καὶ ταύτης παραχωρεῖν θατέρῳ θάτερον. ὁ τοίνυν Ἐτεοκλῆς ἅτε πρῶτος ὢν τοῦ ἀδελφοῦ καὶ πρῶτος τῆς ἀρχῆς ἥψατο, Πολυνείκης δὲ ὑπεχώρησε, καὶ τελεσθέντος ἐνιαυτοῦ ἀφῖκτο πρὸς τὸν ἀδελφὸν αἰτῶν καὶ αὐτὸς ἄρξειν ἐνιαυτόν. Ἐτεοκλῆς δὲ οὔτε ἐξέστη τῆς ἀρχῆς καὶ ἄτιμον τὸν ἀδελφὸν ἀπέπεμψεν· ὃς καὶ πλανώμενος ἦλθεν εἰς Ἄργος καὶ τὴν τοῦ βασιλέως Ἀδράστου λαβὼν θυγατέρα πείθει τὸν κηδεστὴν συνάρασθαι τούτῳ πρὸς τὴν τῆς βασιλείας ἀνάληψιν, καὶ πλείστην ὅσην παραλαβὼν στρατιὰν ἐπιστρατεύει τῷ ἀδελφῷ.

ὅπως δὲ ἡ μήτηρ ἐθέλουσα πρὸ τῆς συμπλοκῆς διαλλάξαι τοὺς παῖδας οὐδὲν ἴσχυσε, καὶ ὡς ἔχρησε Τειρεσίας, εἰ ὁ τοῦ Κρέοντος υἱὸς Μενοικεὺς ἀνέλοι ἑαυτὸν ἐπὶ τὸν τοῦ δράκοντος φωλεόν, κρατήσειν Ἀργείων Θηβαίους, καὶ ὡς γέγονε ταῦτα καὶ οἱ τῶν Ἀργείων ἡγεμόνες πεπτώκασι πάντες πλὴν Ἀδράστου, καὶ ὡς μονομαχήσαντες πρὸς ἀλλήλους Ἐτεοκλῆς καὶ Πολυνείκης ὑπ' ἀλλήλων ἑκάτεροι ἀνηρέθησαν, καὶ ὡς ἐλθοῦσα πρὸς αὐτοὺς Ἰοκάστη καὶ τεθνηκότας εὑροῦσα συναπέσφαξεν ἑαυτήν, καὶ ὡς Κρέων ἀψάμενος τῆς ἀρχῆς Ἐτεοκλῆν μὲν ἔθαψε, Πολυνείκην δὲ ἄταφον εἴασε καὶ Οἰδίπουν τῆς πόλεως ἐξήλασε, πάντα τὰ τοιαῦτα Εὐριπίδης ἔνδον κατὰ λεπτὸν διηγεῖται.

ἔστι δὲ τὸ παρὸν δρᾶμα τῶν ἄγαν ἐξαιρέτων, διανοίαις καὶ γνώμαις πολλαῖς καὶ καλαῖς καὶ ποικίλαις ἀνθοῦν καὶ μεταχειρίσει ἀρίστη καὶ διὰ πάντων ἀκμάζον, εἰ καὶ ἀπίθανον ἔχει τὴν εἰς Θήβας Πολυνείκους εἴσοδον. ἐπιγέγραπται δὲ ἀπὸ τοῦ χοροῦ Εὐριπίδου Φοίνισσαι πρὸς ἀντιδιαστολὴν τῶν Ἑπτὰ ἐπὶ Θήβας Αἰσχύλου. ταύτῃ γὰρ τῇ ὑποθέσει κἀκεῖνος χρῆται ἐν τῷ δευτέρῳ. αὐτὰς δὲ τὰς παρθένους ἐκ Φοινίκης Ἀγηνορίδαι θυσίαν τῷ Ἀπόλλωνι ἔπεμψαν, αἵτινες καὶ πρὸς Δελφοὺς ἐρχόμεναι παρέβαλον ταῖς Θήβαις διὰ τὸ καὶ τὸν Κάδμον, ὡς ἔφημεν, ἐκ Φοινίκης εἶναι. καὶ καταλαβόντος τοῦ πολέμου ἠναγκάσθησαν μένειν αὐτόθι μέχρις ἂν ἡ μάχη λωφήσῃ.

ἡ μὲν σκηνὴ τοῦ δράματος ὑπόκειται ἐν Θήβαις· ἔστι δὲ τὰ τούτου πρόσωπα Ἰοκάστη, παιδαγωγός, Ἀντιγόνη, χορὸς ἐκ Φοινισσῶν παρθένων, Πολυνείκης, Ἐτεοκλῆς, Κρέων, Τειρεσίας, Μενοικεύς, ἄγγελος, ἕτερος ἄγγελος, Οἰδίπους.

73–78 de var. lect. vide ad arg. 6 | in marg. *ἡρω(ϊκοί) ἐλεγεῖοι* scr. **T**, s. l. ad **73** *ἡρωϊκός*, s. l. ad **74** *ἐλεγεῖος* **ZmZu** || **79** *τοῦ ὄρους* vel *ἐκ τοῦ ὄρους* Nauck || **80** *ἄρενας* **ZZb** || **81** *ἐταιοκλέα* **Z** || **82** *πως* ante *ἀφανίσαι* transp. **Gu** || **83** *θεωρούμενον* **Z ZmZu** *-μένου* **T** *-μένους* **Zb** *-μενος* **Gu** || **84** *τοῦτο* **Zb**[ac]**Gu** | *ἀράσεται* **Z** | *τούτους* **Z** | *σιδήρῳ* post *βασιλείαν* transp. **Gu** || **85** *διαμερίσαι* **Zu**[ac] || **87** post *ὑπεχώρησε* add. *σοφοκλῆς δὲ πρῶτον εἶναι τὸν πολυνείκην ἱστορεῖ* **Z** || **91** *τούτῳ*] *ἑαυτῷ* Bothe *αὐτῷ* Nauck || **94** *τοῦ*[1]] *το* **Zb** | *ἀνέλοι ἑαυτὸν*] *ὑπὸ τοῦ πατρὸς σφαγείη* **ZbT** | *τοῦ*[2] om. **Zb** || **95** post *κρατήσειν* add. *δὲ* **Zu** || **97** *καὶ*[1] om. **Zb** || **98** *συναπέ* in fine lineae scr. **Zb**, om. *σφαξεν ἑαυτήν* || **99** *θάπτει* **Gu** | *ἄθαπτον* **Z** || **100** *ἐξείλασε* **Z** | *πάντα ταῦτα* **Gu**, sed *τα* vel fort. *τοι* add. **Gu**[s] || **103** *μεταχειρήσει* **Z** || **104** *ἔχει* om. **Zb** || **105** *ταῦτα* **Zu**[ac] || **106** *τὰς* om. **Zb** || **108** *ἔφαμεν* **ZbT** || **110–112** om. **Gu** || **110–111** *ἡ μὲν . . . ἐκ φοι-* nunc deperdita in **Z**, imo folii margine absciso

ΤΑ ΤΟΥ ΔΡΑΜΑΤΟΣ ΠΡΟΣΩΠΑ

ΙΟΚΑΣΤΗ
ΠΑΙΔΑΓΩΓΟΣ
ΑΝΤΙΓΟΝΗ
ΧΟΡΟΣ ΕΚ ΦΟΙΝΙΣΣΩΝ
ΠΟΛΥΝΕΙΚΗΣ
ΕΤΕΟΚΛΗΣ
ΚΡΕΩΝ
ΤΕΙΡΕΣΙΑΣ
ΜΕΝΟΙΚΕΥΣ
ΑΓΓΕΛΟΣ
ΕΤΕΡΟΣ ΑΓΓΕΛΟΣ
ΟΙΔΙΠΟΥΣ

indicem om. **XXbL** (deficiunt **HVrWRv**) || *ἡ μὲν σκηνὴ τοῦ δράματος ὑπόκειται ἐν θήβαις, ἔστι δὲ τὰ τούτου πρόσωπα* indici praef. **ζT**^{t} || rectum ordinem personarum hab. **PrRwXaζT**^{t} (etiam Ald. praeter *μεν.* ante *τειρ.* transp.); confusum ordinem rell.: in duabus columnis *ἰοκ. παιδ. ἀντ. χορ. ἄγγ. ἕτ. ἄγγ. πολ.* | *κρ. τειρ. μεν.* spatium *ἐτεο.* spatium *καὶ οἰδ.* **M**, unde *ἰοκ. κρ. παιδ. τειρ. ἀντ. μεν. χορ. ἄγγ. ἐτεο. ἕτ. ἄγγ. πολ.* (*καὶ*) *οἰδ.* fere **OVCαφδ(Yf)** (*ἕτ. ἄγγ. ἐτεο. ἄγγ.* transp. **φ**, *ἕτ. ἄγγ.* et *πολ.* om. **P**) *ἰοκ. κρ. παιδ. τειρ. ἀντ. μεν. ἄγγ. ἐτεο. ἕτ. ἄγγ. χορ. πολ.* (*καὶ*) *οἰδ.* fere **BCrGκAt** (*χορ.* om. **κ**, etiam *ἐτεο. ἕτ. ἄγγ.* om. **A**) *ἰοκ. παιδ. ἀντ. κρ. τειρ. μεν. χορ. ἄγγ. ἐτεο. πολ. ἕτ. ἄγγ. οἰδ.* **Rf** *ἰοκ. παιδ. ἀντ. χορ. κρ. τειρ. μεν. ἄγγ. ἕτ. ἄγγ. ἐτεο. πολ. καὶ οἰδ.* **Ad** *ἰοκ. ἄγγ. οἰδ. ἕτ. ἄγγ. παιδ. πολ. κρ. ἐτεο. ἀντ. χορ. τειρ.* (*μεν.* om.) **γHn** || *παιδαγωγός*] *θεράπων* vel simile debuerunt, nam puellae nutricem non paedagogum habebant (cf. app. crit. ad 88–201) || *χορὸς ἐκ φοινισσῶν* **μVCCrκZuT**^{t} *χορ. ἐκ φοιν. γυναικῶν* **B** (*γυναιξῶν*) **GγHnF PrΨAt** Ald. *χορ. ἐκ φοιν. παρθένων* **ZZbZm** *χορὸς* **SaXaZc** *ὁ ἐκ φοιν. γυναικῶν* **α** (*χορ.* add. **R**^{2})

fabulam actam esse post annum 412 docemur e sch. Arist. ran. 53 [TrGF DID C 15(c)] *διὰ τί δὲ μὴ ἄλλο τῶν πρὸ ὀλίγου* (sc. ante 405) *διδαχθέντων καὶ καλῶν, Ὑψιπύλης, Φοινισσῶν, Ἀντιόπης; ἡ δὲ Ἀνδρομέδα ὀγδόῳ ἔτει προ⟨ει⟩σῆλθεν* (cf. sch. Arist. av. 348, 424). si recte ponimus nulla Euripidis dramata post Orestem (408) vivo Euripide Athenis in scenam commissa esse necnon Phoenissas non eodem anno quo Orestes actas esse, restant anni 411–409 (cui tempori convenit etiam trimetrorum stilus); huc accedit quod verba *πρὸ ὀλίγου* annos 411 et 410 minus probabiles reddunt. anno 409 trib. Wilam., alii: cf. arg. 7 et TrGF DID C 16; anno 408 (eidem anno quo Orestes fabula acta est) trib. C. W. Müller, Mueller-Goldingen, Luppe (RhM 129 [1986]). e corruptissimo arg. 7 loco eiusdem tetralogiae esse Oenomaum, Chrysippum, Phoenissas, satyros deperditos nonnulli statuerunt. at alii e scholio modo citato censuerunt Antiopam, Hypsipylam, Phoenissas eiusdem tetralogiae esse: cf. R. L. Hunter, ZPE 41, 1981, 21 n. 18; necnon Mueller-Goldingen 6–11 (ubi aliorum opera citata invenies), et Luppe (qui Orestem pro satyris eidem fabularum seriei anno 408 in scenam actae tribuunt). mihi quidem veri similior esse videtur haec sententia quam illa[1]), sed res incerta manet.

---

1) De tetralogia argumentum e trimetrorum stilo fragmentorum Oenomai et Chrysippi frustra petimus. nam Chrysippi tantum octo trimetri (scil. quattuor fragmenta quae binos versus contineant) exstant et Oenomai 24 trimetri (scil. septem fragmenta, e quibus fr. 571 octo versuum est, fr. 572 quinque, fr. 573 quattuor). qui, quamquam nullos pedes solutos continent, nimis pauci sunt ut ex eis indicium fide dignum assequamur: vide M. Cropp et G. Fick, Resolutions and Chronology in Euripides: The Fragmentary Tragedies, BICS Suppl. 43 (1985) 77–78, 86. praeterea per litteras certiorem me fecit amicus meus Cropp minime quidem probabile esse casu seligi e fabula eodem anno quo Phoenissae acta talia fragmenta qualia ex Oenomao exstent, ea autem quae exstent non casu selecta esse, quamobrem nihil fide dignum doceamur.

ΦΟΙΝΙΣΣΑΙ

ΙΟΚΑΣΤΗ

{Ὦ τὴν ἐν ἄστροις οὐρανοῦ τέμνων ὁδὸν
καὶ χρυσοκολλήτοισιν ἐμβεβὼς δίφροις,}
Ἥλιε, θοαῖς ἵπποισιν εἱλίσσων φλόγα,
ὡς δυστυχῆ Θήβαισι τῇ τόθ᾽ ἡμέρᾳ
ἀκτῖν᾽ ἐφῆκας, Κάδμος ἡνίκ᾽ ἦλθε γῆν
τήνδ᾽, ἐκλιπὼν Φοίνισσαν ἐναλίαν χθόνα·
ὃς παῖδα γήμας Κύπριδος Ἁρμονίαν ποτὲ
Πολύδωρον ἐξέφυσε, τοῦ δὲ Λάβδακον
φῦναι λέγουσιν, ἐκ δὲ τοῦδε Λάιον.
ἐγὼ δὲ παῖς μὲν κλῄζομαι Μενοικέως,

Actio: **1** egreditur e porta Iocasta, atra veste, crinibus detonsis

1–3 cf. (?) Ar. Eccl. 1sqq. || **1–2** cf. Georg. Pach. Rhet. Gr. I 553, 9 Walz || **1** cf. Eust. 446, 46; [Eur.] epigr. apud Athen. 61A–B (= Page, Epigr. gr. 478–481) || **2** cf. (?) Iulian. or. 2, 50d || **3** Π^{d} Π^{g}; Aristid. or. 47, 22 Keil; Stob. 1, 25, 6; Macrob. Sat. 1, 17, 46; sch.^{B} Hephaest. p. 267 et p. 297 Consbruch; anon. metr. p. 398 Consbr.; Achill. gr. in Arat. 130E (37, 24 Maass); Iohan. Sic. Rhet. Gr. VI 268 Walz; Nic. Chon. or. 15 (165, 16 van Dieten); cf. Theodectam TrGF 72 F 10; Accium Phoen. fr. 1 Ribbeck; sch. Mosch. in Hes. Op. 412

Codd.: Π^{16} (3–), Π^{17} (3–14); *ω* = **MOAdBVC**, **CrG**, *Θ* = **AbRMnS**, *Φ* = **FPrSa**, *Ψ* = **AaPRfRw**, *Ξ* = **AMtXXaXb**, *Λ* = **LZZbZcZmZuT**^{z}

εὐριπίδου φοίνισσαι **BVCAdCrFP***κ***Xb***ζ***T**^{z} *φοίν. εὐρ.* *α* **Aa** *φοίν.* **G**^{2}*γ***L** *εὐρ. οἰδίπους* **Z** om. **MOG**^{1}**PrSa***ε***XXa** || **1–2** om. $\Pi^{16}\Pi^{17}$, del. Haslam (cf. test. ad 3) || **1–4** bis habet **S** || **1** *ὁδὸν*] *γῆν* **Pr**$^{\gamma\varrho}$ (fort. per errorem hic scr., ad var. lect. *γῆν θεῶν* 5 pertinens) || **2** *χρυσοκολλήτοισι* **R** *-τοις* **V** || **3** *θοαῖσιν* *φ*, Macrob.* (~Π^{16}) [Π^{17}] | *ἵπποισι* **CS**, sch. Hephaest. p. 297, anon. metr. *ἵπποις* *φ*, sch. Hephaest. p. 267 (~Π^{16}) [Π^{17}] | *εἰλίσσων* **MBVCrZu** *ηλ-* Π^{d} *ἑλ-* **ARS**, Aristid.*, Macrob., Iohan. Sic., Nic. *ἐλ-* **Ab** *εισων* Π^{16}[Π^{17}] | *φλόγα*] *χθόνα* **Pr**$^{\gamma\varrho}$ **Zu**$^{\gamma\varrho}$ (~$\Pi^{16}\Pi^{17}$) || **4** *φίβαισι* **O** (~**O**^{1s}) *θήβῃσι* **L** (~Π^{16}) [Π^{17}] | *τοτ᾽* Π^{16} *θ᾽* **Mt**^{ac} [Π^{17}] || **5** *α[κτ]ειν[* Π^{16} [Π^{17}] | *ἀφῆκας* **V** [$\Pi^{16}\Pi^{17}$] | *κάδμος γ᾽* *γ* (~Π^{16}) [Π^{17}] | *ἡνίχ᾽* **L** (~$\Pi^{16}\Pi^{17}$) | *γῆν θεῶν* *γ* (~$\Pi^{16}\Pi^{17}$) || **6** *εἰναλίαν* **VCrGSa***Ψ* *Λ* (~Π^{16}) [Π^{17}] || **7** *κύπριδ᾽* **R** *κύπριον* **F**^{1} (~**F**^{c} Π^{16}) [Π^{17}] || **8** *εκξεφυσε* Π^{16} *ἔφυσε* **Pr** [Π^{17}] | *τοῦδε* **OVCrG***α***Mn***Φ***Aa***κ***XaZbZu** || **9** om., inter lin. scr. **Sa** | *λέγουσι* **Mn** (~Π^{16}) [Π^{17}] | *δὲ* om. **A** (~Π^{16}) [Π^{17}] | *τοῦ* **L**^{1} (~**L**^{2}) *τοῦδε τὸν* **Sa** (~Π^{16}) [Π^{17}] || **10** *μὲν* om. **CMnSaRfZu**^{ac} (~Π^{16}) [Π^{17}] | *κλῄζομαι* **VCGRf***χ*, **T** in ras. *κληζομαι* Π^{16} *κλεΐζ-* **Ab** *κληΐζ-* rell. [Π^{17}]

{*Κρέων τ' ἀδελφὸς μητρὸς ἐκ μιᾶς ἔφυ,*}
καλοῦσι δ' Ἰοκάστην με· τοῦτο γὰρ πατὴρ
ἔθετο. γαμεῖ δὲ Λάιός μ'· ἐπεὶ δ' ἄπαις
ἦν χρόνια λέκτρα τἄμ' ἔχων ἐν δώμασιν,
ἐλθὼν ἐρωτᾷ Φοῖβον ἐξαιτεῖ θ' ἅμα
παίδων ἐς οἴκους ἀρσένων κοινωνίαν.
ὁ δ' εἶπεν· Ὦ Θήβαισιν εὐίπποις ἄναξ,
μὴ σπεῖρε τέκνων ἄλοκα δαιμόνων βίᾳ·
εἰ γὰρ τεκνώσεις παῖδ', ἀποκτενεῖ σ' ὁ φύς,
καὶ πᾶς σὸς οἶκος βήσεται δι' αἵματος.
ὁ δ' ἡδονῇ ⟨*'ν*⟩*δοὺς εἴς τε βακχείαν πεσὼν*
ἔσπειρεν ἡμῖν παῖδα· καὶ σπείρας βρέφος,
γνοὺς τἀμπλάκημα τοῦ θεοῦ τε τὴν φάτιν,

13–62 cf. Zenob. 2, 68 ‖ **13–14** cf. Diod. Sic. 4, 64, 1 ‖ **15–16** cf. Olympiod. in Alcib. I 8, 17–18 ‖ **18–20** Orig. Cels. 2, 20 = Philocal. 23, 12; cf. Calcid. in Plat. Tim. 153 ‖ **18–19** Lucian. 20, 13; Max. Tyr. 1, 19. 368; argum. rec. Aesch. Sept. (7, 5 et 8–9 Smith); cf. Zenob. 2, 68; sch.^{M} et sch. rec. Aesch. Sept. 745–750a–b Smith ‖ **18** Stob. 4, 22d, 92; Procl. in Alcib. I 91, 11–12; sch. Pind. Ol. 2, 65c (cf. 2, 72c); Et. gen. *α* 527 (Et. magn. 70, 3; Sym. Et. 623) ‖ **19–20** Alex. Aphr. de fato 31 (SVF II 941); cf. Diod. Sic. 4, 64, 1 ‖ **19** Albin. Plat. epit. 26, 2; anon. epimer. An. Oxon. I 164, 18; *φύς*] Hsch. *φ* 1038; cf. Oenom. apud Euseb. praep. evang. 6, 7, 22; Tzetz. in Ar. Ran. 1185 ‖ **20** Dio Cass. 78, 8, 6 (Xiph. epit. 340, 32); Oenom. apud Euseb. praep. evang. 6, 7, 25 (cf. 6, 7, 30) ‖ **21** sch. Ar. Ach. 263b Wilson (cf. 243a)

11 del. Paley (iam susp. Geel); dubitanter seclusi; partem tantum versus habere vid. **Π**^{16} (post *κρεωνδ'αδελφος* fort. litt. ca. 9 vestigia hab., deinde vacat: vide praef. § 14); totum hab. **Π**^{17} (exstat *εφ*]*ụ* in fine); versus fort. confectus ex adnotatione in textum inserta, deinde in trimetrum suppleta | *μιᾶς ἐκ μητρὸς* **L** *ἐκ μιᾶς μ.* **Pr**^{1} *ἐκ μιᾶς γαστρὸς* **AaRf** et vol. **Pr**^{2} (unde *γαστρὸς ἐκ μιᾶς* Burges) ‖ **12** *τοῦ γὰρ* **Pr** (∼**Π**^{16}) [**Π**^{17}] | *πατερẹ* **Π**^{16} (*εθετο* scr. coepit? cf. versuum divisionem *πατὴρ ἔθετο / γαμεῖ* **CrPrRf**) (∼**Π**^{17}) ‖ **13** *δὲ* om. **Cr** *δ' ὁ* **Rw** (∼**Π**^{16}) [**Π**^{17}] | *με επει δε* **Π**^{16} [**Π**^{17}] ‖ **14** *δώμασι* **Π**^{16}**VCZu** *δόμασιν* **MAdZbZm** ‖ **16** *παίδων*] *τέκνων* **R**$^{\gamma\rho}$**Pr δ RfZZbZc** (∼**Pr**$^{\gamma\rho}$**Π**^{16}) (cf. 18, 22) | *ἀρρένων* **Pr** (∼**Π**^{16}) | *κοιρανίαν* **Ab γ Sa**$^{\gamma\rho}$ (∼**Π**^{16}) ‖ **17** *θήβηισιν* **Pr** (∼**Π**^{16}) ‖ **18** *σπεῖραι* **R**^{s}**Pr Aa**^{1} (∼**Aa**^{2}), Et. gen., sch. Pind.*, Orig.* *σπείρειν* Stob.*, Procl. (∼**Π**^{16}) | *τέκνον* **Rw**^{ac}, fort. **V**^{ac} *παίδων* **Π**^{16}, Stob.*, sch. Pind.*, Orig. (cf. 16, 22) | *αὔλακα* **V**, ^{g}*Σ*, Orig.* (∼**V**^{2s} **Π**^{16}) | *βία δαιμόνων* transp. *φ* *δαιμόνων ἄτερ* Max. Tyr.* (∼**Π**^{16}) ‖ **19** *ἢν γὰρ* Max. Tyr. (∼**Π**^{16}) | *φυτεύσῃς* Max. Tyr.* -*σεις* Alex. Aphr., Max. Tyr.* (∼**Π**^{16}) ‖ **20** *καὶ πᾶς σὸς οἶκος*] *σὸς δ' οἶκος πᾶς* Dio, Xiph. (∼**Π**^{16}) | *σὸς οἶκος*] *οἶκος σὸς* transp. **V**, Orig.* *ὁ σὸς οἶκος* **C**, **gE** *οἶκος* **Ab γ** | *βạιṣεται* **Π**^{16} | *αἱμάτων* Orig.* [**Π**^{16}] ‖ **21** *'νδοὺς* Markland *δοὺς* **Π**^{16} **Ω**, **gE**, sch. Arist. | *εἴς* **Π**^{16} **Ω**, **gE**, sch. Arist. *ἔς* Brunck | *βακχείαν* **F**^{1} (sicut coni. von Arnim) *βακχịọν* **Π**^{16} -*εῖον* **F**^{c} rell., **gE**, sch. Arist. ‖ **22** *παῖδα*] *τέκνον* *φ* (cf. 16, 18) (∼**Π**^{16}) | *βρέφος* om. **gE** *φρέφος* **O**^{1} (∼**O**^{2} **Π**^{16}) *φρενὸς* anon. apud Burton, Pentalog.^{2}, *γόνον* Wecklein, *τάλας* Hartung: ad iteratum *βρέφος* (22 et 25) obiectum et participii et verbi cf. *τὐμὸν σῶμα* Soph. Trach. 1193–1197 ‖ **23** *γνούς τ' ἀμπλάκημα* **BOVGΦΞLZZm**

λειμῶν᾽ ἐς Ἥρας καὶ Κιθαιρῶνος λέπας
δίδωσι βουκόλοισιν ἐκθεῖναι βρέφος,
σφυρῶν σιδηρᾶ κέντρα διαπείρας μέσων·
ὅθεν νιν Ἑλλὰς ὠνόμαζεν Οἰδίπουν.
Πολύβου δέ νιν λαβόντες ἱπποβουκόλοι
φέρουσ᾽ ἐς οἴκους εἴς τε δεσποίνης χέρας
ἔθηκαν. ἡ δὲ τὸν ἐμὸν ὠδίνων πόνον
μαστοῖς ὑφεῖτο καὶ πόσιν πείθει τεκεῖν.
ἤδη δὲ πυρσαῖς γένυσιν ἐξανδρούμενος
παῖς οὑμὸς ἢ γνοὺς ἤ τινος μαθὼν πάρα
ἔστειχε τοὺς φύσαντας ἐκμαθεῖν θέλων
πρὸς δῶμα Φοίβου, Λάιός θ᾽ οὑμὸς πόσις
τὸν ἐκτεθέντα παῖδα μαστεύων μαθεῖν
εἰ μηκέτ᾽ εἴη. καὶ ξυνάπτετον πόδα

24–26 cf. Paus. 10, 5, 3 || **24b** sch. Ap. Rh. I 1265–1272b; Et. gen. *λ* 65 Colonna (Et. magn. 328, 26) || **25–27** cf. Diod. Sic. 4, 64, 1; Eust. in Od. 11, 271 (1684, 20) || **25** sch. Thom.-Tricl. Ar. Nub. 531a Koster || **26–27** cf. Eust. 88, 19 || **26** sch.^{A} Il. 2, 45; *Σ* 805; cf. Paus. 10, 5, 3 || **28–30** cf. Diod. Sic. 4, 64, 2 || **28** Eust. 1205, 52; *ἱπποβουκόλοι*] sch.^{bT} Il. 20, 221; Antiatt. An. Gr. I 84, 19–20 Bekker; (?) Hsch. *ι* 814; (?) Pollux onom. 7, 185 (= Soph. fr. 1149a Radt); cf. Eust. 160, 5 || **30b–31** *Σ* 1606 || **31** *ὑφεῖτο*] Hsch. *υ* 877 || **32b** sch. Theocr. 6, 2–3d; Hsch. *π* 4466, *γ* 374 (cf. *γ* 372); Phot. lex. *γ* 74 Theodoridis; Suda *γ* 158; synag. lex. chres. Anec. Bachmann I 356, 8; I 184, 21; Suda *ε* 1541 || **33–34** cf. Diod. Sic. 4, 64, 2 || **34–35a** et **36–37a** Posid. FGrHist 87 F 70 (= Strabo 16, 38) || **34** cf. (?) Pacuv. Atalant. fr. 1 || **35b–36** cf. Diod. Sic. 4, 64, 2

Codd.: **Π**^{11} (31–35), **Π**^{16} (–40, 51–), **Π**^{17} (46–), **Π**^{19} (50–); **ω** = **MOAdB VC**, **CrG**, **Θ** = **AbRMnS**, **Φ** = **FPrSa**, **Ψ** = **AaPRfRw**, **Ξ** = **AMtXXaXb**, **Λ** = **LZZbZcZmZu T**^{z}

24–25 inverso ordine hab. *φ* (∼**Π**^{16}) || **24** *λιμωνα* et *κιθερωνος* **Π**^{16} || **25** *βρέφος*] *πατήρ* Camper ad Soph. El. 18 (cf. ad 22) (∼**Π**^{16}) || **26–27** del. Paley (27 iam Valck.) || **26** *διασπείρας* **OCF**^{1}**Zb**^{1} (∼**F**^{c}**Zb**^{2} **Π**^{16}) | *μέσων* **Π**^{16}**Zb**^{1}**T**^{z}, Cant. Mm. 1. 11 *μέσα* **Cr** *μέσον* **Zb**^{c}**T**^{s} rell., *Σ* 805 (*σφυροῖν . . . μέσοιν* Blaydes) || **27** *ωνομαξεν* **Π**^{16} *ὠνόμασεν* **αPrRfZZcZm**^{2s} || **28** *δέννιν* **M** (∼**Π**^{16}) | *ἱπποβουκολῶ* Antiattic. (∼**Π**^{16}) || **29–30** om., in marg. scr. **G** || **29** *ἐς* om. **Sa** (∼**Π**^{16}) | *εἴ τε* **C** *ἔς τε* *φ***PRwZb**^{s} (∼**Π**^{16}) || **30** *τὸν ἐμὸν* **Π**^{16} *χ***LZbZcZmT**^{z} (cf. *Σ*$^{Mosch.}$) *τὸν ἐμῶν* **O CrSaPRfZ**, *Σ*^{BV} 1606 *τῶν ἐμῶν* **X**^{ac} rell., *Σ*^{MPrS} 1606, **gE** | *ωδεινων* **Π**^{16} | *πόνων* **M**^{1} **AdSa**^{ac}**X**^{ac}**Zb**^{ac}**T**^{zac}, *Σ*^{S} 1606 (∼**M**^{2}**Zb**^{1pc} **Π**^{16}, **gE**) || **31** om., in marg. scr. **Mt** | *καὶ*] *κα* **Π**^{16} [**Π**^{11}] | *πόσει* **Sa** (∼**Π**^{16}) [**Π**^{11}] | *τεκεῖν*] *τρέφειν* Nagel (∼**Π**^{16}) [**Π**^{11}] || **32** *δὲ* om. **Cr** (∼**Π**^{11} **Π**^{16}) | *πυρραῖς* Phot., synag. *πυρσοῖς* **G** (∼**Π**^{11} **Π**^{16}) | *γένοισιν* **M**^{1}**O** (∼**M**^{2}) *γενύεσ(σ)ι(ν)* **Aa**, Hsch. *γ* 372, sch. Theocr.* *-υξι* Hsch. *π* 4466 (∼**Π**^{11} **Π**^{16}) || **33** *τινος* om. **G** (∼**G**^{1s}), post *μαθὼν* transp. **Cr** (∼**Π**^{11} **Π**^{16}) || **34** *ἔστειχε*] *ἔπειθε* **Sa** (∼**Π**^{16}) [**Π**^{11}] | *τοὺς τεκόντας* Posid. (∼**Π**^{11} **Π**^{16}) || **35** *τ᾽* **V**^{1} (in ras.) **G**^{1pc}**Pr** *δ᾽* **Rf** (∼**Π**^{16}) [**V**^{ac}] | *θ᾽ οὑμὸς*] *θαυμ[* **Π**^{11} (∼**Π**^{16}) || **36** *μαθεῖν* om. **Pr** (add. in marg. sin. ad 37 **Pr**^{2}) *ζητεῖν ἢ μαθεῖν* **F** *ἰδεῖν* **B**^{γρ}**A**^{γρ}**Mn**^{s}**S**^{s}*χ* (∼**X**^{γρ}**Xb**^{γρ}) *ἰδὼν* **V** *ι[. .]ν* **Π**^{16} || **37** om. **S** | *συνάπτετον* **Zu** (∼**Π**^{16}) | *παῖδα* **Rf** (∼**Rf**^{2s}) [**Π**^{16}]

εἰς ταὐτὸν ἄμφω Φωκίδος σχιστῆς ὁδοῦ.
καί νιν κελεύει Λαΐου τροχηλάτης·
Ὦ ξένε, τυράννοις ἐκποδὼν μεθίστασο.
ὁ δ' εἷρπ' ἄναυδος, μέγα φρονῶν. πῶλοι δέ νιν
χηλαῖς τένοντας ἐξεφοίνισσον ποδῶν.
ὅθεν – τί τἀκτὸς τῶν κακῶν με δεῖ λέγειν; –
παῖς πατέρα καίνει καὶ λαβὼν ὀχήματα
Πολύβῳ τροφεῖ δίδωσιν. ὡς δ' ἐπεζάρει
Σφὶγξ ἁρπαγαῖσι πόλιν ἐμός τ' οὐκ ἦν πόσις,
Κρέων ἀδελφὸς τἀμὰ κηρύσσει λέχη,
ὅστις σοφῆς αἴνιγμα παρθένου μάθοι,
τούτῳ ξυνάψειν λέκτρα. τυγχάνει δέ πως
μούσας ἐμὸς παῖς Οἰδίπους Σφιγγὸς μαθών,
{ὅθεν τύραννος τῆσδε γῆς καθίσταται}
καὶ σκῆπτρ' ἔπαθλα τῆσδε λαμβάνει χθονός.
γαμεῖ δὲ τὴν τεκοῦσαν οὐκ εἰδὼς τάλας,
οὐδ' ἡ τεκοῦσα παιδὶ συγκοιμωμένη.
τίκτω δὲ παῖδας παιδὶ δύο μὲν ἄρσενας,
Ἐτεοκλέα κλεινήν τε Πολυνείκους βίαν,

40 ***Π***^{a} col. 17, 37–38 (Favor. de exilio 20); Diog. Laert. 6, 55; Greg. Naz. poem. mor. 9, 279 (PG 37, 700); Stob. 3, 17, 15; cf. Ezech. exag. TrGF 128 F 1, 57; Zenob. 2, 68 || **44b** Eust. 375, 7 || **45a** Hsch. *π* 2831 || **45b–46a** Eust. 909, 27; 381, 20 || **45b** *ἐπεζάρει*] Hsch. *ε* 4304; cf. [Eur.] Rhes. 441 || **47–49** cf. Diod. Sic. 4, 64, 3 || **52** *ἔπαθλα*] sch. Dem. 4, 5 (33 Dilts); cf. Diod. Sic. 4, 64, 3 || **53** cf. Diod. Sic. 4, 64, 4

38 *ἐς* **XaYf**, Ald. (~***Π***^{16}) || **39** *στρατηλάτης* **Rw** (~***Π***^{16}) || **40** *ξένιε* **M**^{ac}**O** *ξεῖνε* **G*φ* *δ* *χ* *Λ*** (~**Zb**^{1} ***Π***^{16}) | *τυρήνοις* **V** (*α* supra *η* scr. **V**^{2}) *κοιράνοις* Zenob. (~***Π***^{16}) || **41** *εἷρπεν* **Rw** | *πώλω* **R**^{s} | *πῶλοι δέ νιν* erasa esse vid. in **C** || **42** *χηλᾶι* vel *χηλᾶις* **M**^{1}, corr. vel rescr. **M**^{2} | *ποδοῖν* ***φ*** (~**Sa**^{s}) || **43** *τ' ἄχθος* fere ***γ*** **Sa** | *με* om. **M O Cr** || **44** *κτείνει* **A**^{ac} || **45** *ἐπεξάρει* ***χ*** **Z**, fort. **Mt**^{ac} *ἐζάρει* **Rw** *ἐπεβάρει* **M**^{g}**O** fort. *ἐπεζάτει* a. c. Hsch., cf. [Eur.] Rhes. 441 codd. || **46** *σφὶξ* **MtXa** *φὶγξ* **A** (~***Π***^{17}) | *ἦν* om. **Rw**^{ac} [***Π***^{17}] || **47** *κρέων* ***Π***^{17} (prima man. a. c. et fort. restit. p. c. altera man.) **OGF**^{c}***Ψ*** ***χ*** **ZcT**^{z} *κρέων δ'* ***Π***^{17s} (prima man. p. c.) **MAdBVC*φ*** ***κ*** **L** *κρέων τ'* **Cr*Θ*Pr** *ζ*, cf. *Σ*$^{Thom.}$ || **48** *μάθη* **AbR**^{s}**Mn**^{s}**Pr**^{s}**SaRf** (-*ῃ*) **RwZb**^{ac}**Zm** (~**Zb**^{1pc}) [***Π***^{17}] || **49** *συν-* ***Θ*** ***κ*** **LZc** (~***Π***^{17}) *-άψει* **VAbRw** (~**Rw**^{s}) *-άπτειν* **LZm** [***Π***^{17}] || **50** *μούσας* ***Π***^{17}**V**^{2γρ}, ^{γρ}*Σ* *αἴνιγμ'* ***Ω*** [***Π***^{19}] | *σφιγγὸς οἰδίπου* transp. **Rf** (~***Π***^{19}) [***Π***^{17}] || **51–52** del. Leutsch, Fraenkel; 51 Valck., alii; 52 Bergk, Dindorf: cf. praef. § 14 || **51** *τῆς γῆς* **R** (~***Π***^{19}) *τῆς δέ γε γῆς* **Rw** [***Π***^{16} ***Π***^{17} ***Π***^{19}] || **52** om. ***Π***^{17} (hab. ***Π***^{16} ***Π***^{19}), cf. ad 51–52; rescr. quidam (ita ut *ἔπαθλα* submoverent) *καὶ σκῆπτρα χώρας ἆθλα* (sc. *τῆσδε λαμβάνει*), testante *Σ* || **53–54** *τεκοῦσαν . . . οὐδ' ἡ* om. **Mt**^{ac} || **55–59** tantum vestigia quae legi non possunt ***Π***^{16} || **55** *δύω* **FRf**^{ac} ***χ*** *δύ'* **Sa** (~***Π***^{19}) [***Π***^{17}] | *μὲν* om. ***ψ*** **Aa** (~**Aa**^{1s} ***Π***^{19}) [***Π***^{17}] | *ἄρσενας* **VG** *ἄρρενας* ***Π***^{19} rell. [***Π***^{17}] || **56** fort. *πολυνεικου* ***Π***^{19}

κόρας τε δισσάς· τὴν μὲν Ἰσμήνην πατὴρ
ὠνόμασε, τὴν δὲ πρόσθεν Ἀντιγόνην ἐγώ.
μαθὼν δὲ τἀμὰ λέκτρα μητρῴων γάμων
ὁ πάντ' ἀνατλὰς Οἰδίπους παθήματα
εἰς ὄμμαθ' αὑτοῦ δεινὸν ἐμβάλλει φόνον,
χρυσηλάτοις πόρπαισιν αἱμάξας κόρας.
ἐπεὶ δὲ τέκνων γένυς ἐμῶν σκιάζεται,
κλῄθροις ἔκρυψαν πατέρ', ἵν' ἀμνήμων τύχη
γένοιτο πολλῶν δεομένη σοφισμάτων.
ζῶν δ' ἔστ' ἐν οἴκοις. πρὸς δὲ τῆς τύχης νοσῶν
ἀρὰς ἀρᾶται παισὶν ἀνοσιωτάτας,
θηκτῷ σιδήρῳ δῶμα διαλαχεῖν τόδε.
τὼ δ' εἰς φόβον πεσόντε μὴ τελεσφόρους
εὐχὰς θεοὶ κραίνωσιν οἰκούντων ὁμοῦ
ξυμβάντ' ἔταξαν τὸν νεώτερον πάρος
φεύγειν ἑκόντα τήνδε Πολυνείκη χθόνα,
Ἐτεοκλέα δὲ σκῆπτρ' ἔχειν μένοντα γῆς,
ἐνιαυτὸν ἀλλάσσοντ'. ἐπεὶ δ' ἐπὶ ζυγοῖς
καθέζετ' ἀρχῆς, οὐ μεθίσταται θρόνων,

60 ἀνατλὰς] Hsch. α 4643 || **61** Andr. Lopad. lex. Vind. φ 21 || **65** cf. Chor. Gaz. Lyd. 10 || **67** cf. Oenom. apud Eus. praep. evang. 6, 7, 27 || **68** Plut. vit. 388A (Pyrrh. 9); Σ 1565; cf. Plut. mor. 483E; Iulian. or. 7, 228b; Eust. 484, 42 || **69b–70a** sch. Mosch. Hes. Op. 538 || **74b–75a** Herod. GrGr III 1, 140, 17 Lentz; Eust. 460, 34

Codd.: Π^{16} (–63), Π^{17} (–61), Π^{19} (–69); **ω** = **MOAdBVC**, **CrG**, **Θ** = **AbR MnSVr** (63–), **Φ** = **FPrSa**, **Ψ** = **AaPRfRw**, **Ξ** = **AMtXXaXb**, **Λ** = **LZZbZc ZmZu** (–58) **T**^{z}

57 δὲ Wakefield [Π^{17} Π^{19}] | ἰσμήνην **M** (cf. 101; praef. § 20) ἰσμ- rell. (ἰσμίνην **α**) εισμηνη[ν Π^{19} [Π^{17}] || **58** ὠνόμασε om. **C** (~**C**^{γρ} Π^{17} Π^{19}) || **59** δὲ om. **F** (~**F**^{c}) [Π^{17} Π^{19}] | μρῴων γάμων **R** μητρῷον γάμον **VPZbZcZm**^{s} (~Π^{19}) [Π^{17}] || **60** del. Valck. (hab. Π^{16} Π^{17} Π^{19}) | πάντ'] πατ[Π^{17} [Π^{16} Π^{19}] || **61** ἐς Π^{17} (sicut scr. Valck.) (~Andr. Lopad.) [Π^{16} Π^{19}] | ὄμμαθ' αὑτοῦ **Fχ Zb**^{c} ὄμματ' αὐτοῦ **Zb**^{1} rell., ^{le}Σ, et vol. Andr. Lopad. [Π^{16} Π^{17} Π^{19}] | ἐμάλλει **B**^{ac} ἐκβάλλει **Ab** (~Π^{16}) [Π^{17} Π^{19}] || **62** del. Fraenkel (hab. Π^{16} Π^{19}) | χρυσηλάταις **μ** (una cum -τοις **O**) [Π^{16} Π^{19}] || **64** κλῄθροις (vel κλή-) **MAdVFPrRf** κλείθροις rell. [Π^{19}] | πατέρ' om. **O** || **65** om. **Rf**^{ac} || **66** δ' ἔστ'] ἔστ' **F** τ' **Pr** δέτ' **αγPLZ** δ' ἔτ' **Cr Zm**, fort. **Rw** δῆτ' **Zb** [Π^{19}] | τῆς om. **Φ** (~**F**^{c} Π^{19}) || **67–68** om., deinde infra 66 + 69 scr. **Rf** || **69** ἐς Brunck [Π^{19}] | πεσόντες **Rf** [Π^{19}] | τελεσφόροις **Mn** (~Π^{19}) || **70** εὐχὰς] ἀρὰς fere **Φ Rf**^{1pc} (~**Rf**^{ac}**Rf**^{γρ}) ὀργὰς **V** | κραίνουσι **Pr**, fort. **Zc**^{ac} | οἰκούντοιν Elmsley, CJ 8, 1813, 420, coll. Aesch. Sept. 801–802 || **71** ξυμβάντες **PrAaZb** || **72** φεύγειν δ' **V**, fort. **Zb** ante ras. | Πολυνείκη Elmsley, QuRev 7, 1812, 453, Dindorf πολυνείκην **Ω**, cf. 76, 290, 636, 1463 || **73–74** inverso ordine scr. **Vr**, sed rectum ordinem numeris indic. || **73** om. **S** | δὲ om. **Sa** | σκῆπτρον **V** || **74** ἀλλάσσοντὲ ἐπεὶ **Aa**^{1} -οντα ἐπεὶ **Aa**^{3} (-οντε ἐπεὶ scr. Murray) | ἐπί δ' **V**^{1} (~**V**^{2}) | ζυγῷ **L**^{1} (~**L**^{2s}) || **75** ἄρχων **Z**^{γρ}**Zb**^{γρ}**Zm**^{γρ} | κοὐ μεθίστατο **Zb**

φυγάδα δ' ἀπωθεῖ τῆσδε Πολυνείκη χθονός.
ὁ δ' Ἄργος ἐλθών, κῆδος Ἀδράστου λαβών,
πολλὴν ἀθροίσας ἀσπίδ' Ἀργείων ἄγει.
ἐπ' αὐτὰ δ' ἐλθὼν ἑπτάπυλα τείχη τάδε
πατρῷ' ἀπαιτεῖ σκῆπτρα καὶ μέρη χθονός.
ἐγὼ δ' ἔριν λύουσ' ὑπόσπονδον μολεῖν
ἔπεισα παιδὶ παῖδα πρὶν ψαῦσαι δορός.
ἥξειν δ' ὁ πεμφθείς φησιν αὐτὸν ἄγγελος.
  ἀλλ', ὦ φαεννὰς οὐρανοῦ ναίων πτυχὰς
Ζεῦ, σῷσον ἡμᾶς, δὸς δὲ σύμβασιν τέκνοις·
χρὴ δ', εἰ σοφὸς πέφυκας, οὐκ ἐᾶν βροτὸν
τὸν αὐτὸν αἰεὶ δυστυχῆ καθεστάναι.

ΘΕΡΑΠΩΝ

ὦ κλεινὸν οἴκοις Ἀντιγόνη θάλος πατρί,
ἐπεί σε μήτηρ παρθενῶνας ἐκλιπεῖν
μεθῆκε μελάθρων ἐς διῆρες ἔσχατον
στράτευμ' ἰδεῖν Ἀργεῖον ἱκεσίαισι σαῖς,
ἐπίσχες, ὡς ἂν προὐξερευνήσω στίβον,

Actio: **87** redit in regiam Iocasta || **88** in tecto apparet servus senex; Antigonam vel adhuc invisam vel capite tantum se proferentem adloquitur

77 Georg. Lacap. ep. 4 (29, 19–20 Lindstam) || **81** *ὑπόσπονδον*] (?) Hsch. υ 745 || **84** cf. (?) Ezech. exag. TrGF 128 F 1, 69 || **86–87** sch. Dion. Thr. GrGr I 3, 289, 20–21 Hilgard; cf. (?) Athenag. leg. de Christ. 5, 1 (= Eur. fr. 900 N^2) || **86 a** sch.^{T} Il. 13, 153 || **87** anon. epimer. An. Par. III 321 || **90** Et. gen. s. v. *διήρης* (Et. magn. 274, 25; [Zonaras] lex. p. 509 Tittmann); *διῆρες*] Pollux onom. 4, 129; Hsch. δ 1775; Thom. Mag. ecl. voc. att. 90, 5 Ritschl || **92 b–93** Σ^{Mosch} 736

76 *φυγάδα δ'*] *φυγάδα* **B**^{1} (~**B**^{2s}) *φυγὰς δ'* **Ad**, fort. **M**^{ac} (~**M**^{1pc}) *φυγᾷ δ'* **O Cr Zc** *φυγάδ'* **G Φ Rf Xa Xb Z**^{ac}**Zb**^{1} (~**Zb**^{c}) | *Πολυνείκη* Elmsley (etiam **At**) *-νείκην* **Ω** (cf. ad 72) || **77–80** om. **Ad** || **77** *κῆδος τ'* **φ Aa**^{3}**Mt Λ**, cf. Σ^B *λείπει ὁ καί, καὶ κῆδος* || **78** *πολλὴν δ'* **Rw** || **79** *ἐπ'*] *ἐς* **Rf χ** (~**X**^{ac}) **Zc T**^{z} *εἰς* **δ** || **81–82** om. **Aa**^{ac} || **82** *ἔπαισα* **O** | *δουρός* **V**^{1} **R** (~**V**^{2s}) || **83** bis hab. **Mn** (in duabus pag. scr.) || **84** *φαεινὰς* fere **Θ Sa Rw Mt**^{pc} **χ Zb**^{1} **T**^{z} (~**Zb**^{2}) | *πτυχὰς* **Pr**^{uv} (sicut suadet Elmsley ad Med. 1297 [1264 ed. suae]) *πτύχας* rell. (praeter *πύλας* **χ Zm**^{s}**T**^{s}), cf. Σ || **85** *σύμβασιν* **V S**^{ac} *ξύμβασιν* **S**^{pc} rell. || **86** *εἰ*] *ὁ* **Sa** | *πέφυκας* om. **C** *γέγονας* sch. Dion. Thr.* | *βροτῶν* **Ab**^{ac}, sch. Dion. Thr.* || **87** *ἀεὶ* **μ V Cr Sa δ κ, gB gE**, sch. Dion. Thr.*, epimer. | *δυστυχὴν* vel *-ὴς* **M**^{1} (~**M**^{2}) *-χεῖ* fort. **Mn**^{ac} *-χεῖν* **Zb**^{ac} (~**Zb**^{1pc}) || **88–201** Euripidi abiudicant Verrall, Dihle; de iudicio anonymi *μέρος οὐκ ἔστι δράματος* vide praef. § 14 | pers. nota: *θεράπων* scripsi (cf. Robert, Oidipous I 427–428) *παιδαγωγός* **Ω** (cf. dramatis pers. indicem) || **88** *ἀντιγόνης* **γ** | *θάλλος* **Rf Ξ** || **90** *μελάθρων δ'* **Θ** *μέλαθρον* Et. gen. cod. **A** | *ἐσχάτων* **V**^{ac} (~**V**^{1}) || **91** *ἀργείων* **C Cr Φ Rf**^{s} **Rw κ L Z Zb Zc** (~**Zc**^{s}) | *ἱκεσίαις* **C R β Pr κ Xa Λ** (~**L**^{2}) || **92** *ἐπίσχ'* **R** (~**R**^{2γρ}) *ἐπίσχε* **Ab** | *προὐξενήσω* **B**^{1} (~**B**^{2s}) **C Ab** | *τρίβον* **V**

μή τις πολιτῶν ἐν τρίβῳ φαντάζεται,
κἀμοὶ μὲν ἔλθῃ φαῦλος ὡς δούλῳ ψόγος,
σοὶ δ' ὡς ἀνάσσῃ. πάντα δ' ἐξειδὼς φράσω
ἅ τ' εἶδον εἰσήκουσά τ' Ἀργείων πάρα,
σπονδὰς ὅτ' ἦλθον σῷ κασιγνήτῳ φέρων
ἐνθένδ' ἐκεῖσε δεῦρό τ' αὖ κείνων πάρα.
ἀλλ' οὔτις ἀστῶν τοῖσδε χρίμπτεται δόμοις·
κέδρου παλαιὰν κλίμακ' ἐκπέρα ποδί,
σκόπει δὲ πεδία καὶ παρ' Ἰσμηνοῦ ῥοὰς
Δίρκης τε νᾶμα πολεμίων στράτευμ' ὅσον.

ΑΝΤΙΓΟΝΗ

ὄρεγέ νυν ὄρεγε γεραιὰν νέᾳ
χεῖρ' ἀπὸ κλιμάκων
ποδὸς ἴχνος ἐπαντέλλων.

ΘΕ. ἰδοὺ ξύναψον, παρθέν'· εἰς καιρὸν δ' ἔβης·
κινούμενον γὰρ τυγχάνει Πελασγικὸν
στράτευμα, χωρίζουσι δ' ἀλλήλων λόχους.

ΑΝ. ἰὼ πότνια παῖ
Λατοῦς Ἑκάτα, κατάχαλκον ἅπαν

Actio: **99** scenam et orchestram oculis perlustrat servus || **103–106** Antigonam scalis ascendentem adiuvat servus coniunctis inter se manibus

93 Thom. Mag. ecl. voc. att. 385, 13 Ritschl || **105** *ἐπαντέλλων*] Hsch. ε 4198 || **108b** Eust. 239, 23 || **110b–111** Eust. 471, 42; additamentum recentissimum ad Serv. in Aen. 11, 602 (app. crit. II 550 Thilo-Hagen); cf. Aristid. or. 26, 84 (115, 12 Keil); Heliod. Aethiop. 9, 14, 1; Eust. 512, 41

Codd.: **Π**^{3} (**106–118**); **ω = MOAdBVC, CrG, Θ = AbRMnSVr, Φ = FPr** (**–123** *δέσποινα*) **Sa, Ψ = AaPRfRw, Ξ = AMtXXaXb, Λ = LZZbZcZmZu** (**101–**) **T**^{z} (**–102**) **T**^{t} (**103–**)

93 *ἐν τῇ στίβω* **Sa** (*ἐν τῇ τρίβω* **Sa**^{γρ}) | *φαντάζηται* **φMt** || **94** *ἔλθοι* **ΘALZ** || **95** *ὡς* om. **O**^{ac} | *ἀνάσσῃ μέγας* **Rf**, cf. **M**^{g} *λείπει τὸ μέγας* | *πάντα δ'*] *πάντ'* **F**^{1} (~**F**^{c}) *πάντα* **Pr** *πάν δ'* **Sa** | *ἐδίδως* **O** *ὡς εἰδὼς* **Rw** || **96** *εἰσήκουσ' ἀργ.* **L**^{1} (~**L**^{2}) || **97–98** om., in ima pag. scr. **Rw** || **97** = 143, de iteratione vide ad 141–144 || **98** om. **Ad** | *τ' αὖ*] *τἂν* **M** *τ' ἂν* **C** *τ' ἃ* **O** *τά* **S** *τ'* **Rw** | *κείνων* **V**, cf. ^{p}Σ *ἀπὸ τῶν ἐκεῖθεν* *κείνου* fere rell. || **99** fere *τοῖσδ' ἐ(γ)χρί(μ)πτεται* **VCrF**^{c}**Sa P**ϰ**ZZbZc** | *δρόμοις* **Mn**^{γρ} || **100** *κλίμακα δ'* **VG** | *ἐκπέραι* **B** *-περᾶ* **O** *-περᾷ* **A** || **101** *ἱσμηνοῦ* **M** *ἰσμηνοῦ* fere rell. (cf. ad 57) || **103** *ὄρεγέ νυν* **Zb** (sicut scr. Hermann) *ὄρεγε νῦν* rell. | *γηραιὰν* **T**^{t} || **104** *χειρὶ* **Zb** || **105** *ποδὸς* del. Bothe, Kiehl | *ἐπαντέλλων* **Bβ φL**^{2}**ZmT**^{t}, Hsch. *ἐπανατ-* rell. (*ἐξανατ-* **Z**) || **106** *συναψονπαρθενον* **Π**^{3} | *ἐς* scr. Brunck (~**Π**^{3}) | *δ' ἔβης*] *δεμε* **Π**^{3} || **107** *κεινουμενος* **Π**^{3} | *τυγχάνει*] *ὑπάρχει* **Mn** (~**Π**^{3}) || **108** *χωριζουσιν* (*δ'* om.) **Π**^{3} | *λοχος* **Π**^{3} *λόχοις* **V** || **109–110** *ἰὼ παῖ λατοῦς πότνια* transp. **L** (~**Π**^{3}) || **109** *ἰὼ*] *ω* habuisse vid. **Π**^{3} | *πότνια πότνια* **Rw** (~**Π**^{3}) || **110** *λητοῦς* **γZu**^{s} (~**Π**^{3}) | *ἑκάτη* **ZmZu**^{s} (~**Π**^{3}) | *παταχαλκον* **Π**^{3} *κατέσχον* Eust.

πεδίον ἀστράπτει.
ΘΕ. *οὐ γάρ τι φαύλως ἦλθε Πολυνείκης χθόνα,*
πολλοῖς μὲν ἵπποις, μυρίοις δ' ὅπλοις βρέμων.
ΑΝ. *ἆρα πύλαι κλῄθροις χαλκόδετά τ' ἔμβολα*
λαϊνέοισ⟨ιν⟩ Ἀμφίονος ὀργάνοις
τείχεος ἥρμοσται;
ΘΕ. *θάρσει· τά γ' ἔνδον ἀσφαλῶς ἔχει πόλις.*
ἀλλ' εἰσόρα †τὸν πρῶτον, εἰ βούλῃ μαθεῖν.†
ΑΝ. *τίς οὗτος ὁ λευκολόφας,*
πρόπαρ ὃς ἀγεῖται στρατοῦ,
πάγχαλκον ἀσπίδ' ἀμφὶ βραχίονι κουφίζων; 121–122
ΘΕ. *λοχαγός, ὦ δέσποινα.* ΑΝ. *τίς πόθεν γεγώς;* 123
αὔδησον, ὦ γεραιέ, τίς ὀνομάζεται;
ΘΕ. *οὗτος Μυκηναῖος μὲν αὐδᾶται γένος,*
Λερναῖα δ' οἰκεῖ νάμαθ', Ἱππομέδων ἄναξ.

Actio: **118–181** servus et Antigona longe prospicientes exercitum Argivum et duces in vices digito monstrant

113 cf. Ezech. exag. TrGF 128 F 1, 194–195 || **115** sch. Thom. Soph. Ai. 596 || **117** cf. Lucian. 21, 3 || **118–181** cf. anon. [Cornut.] artis rhet. epit. 47 (Rhet. Gr. I^2 362, 18–19 Spengel-Hammer); anon. in Aphthon. Rhet. Gr. II 13, 4 Walz; Doxopatr. in Aphthon. Rhet. Gr. II 198, 6–7 Walz || **119–120** Iulian. Caes. 313c || **121–122** *Σ* 111 || **125** *αὐδᾶται*] Hsch. *α* 8236

111 *οπλοιςπεδιον* ***Π***^{3} (et sic fort. legebat Heliod.) | *αστραπται* ***Π***^{3} *στράπτει* **Rf** *ἀστραπαῖς* Eust. || **112** pers. notam om. **LZb** | *τοι* **V***γε***Zu**^{acuv}, **gE** (~***Π***^{3}) | *φαῦλος* **CMt**^{ac}**ZZbZc**^{s}, **gE** [***Π***^{3}] || **113** *δ'* om. ***Π***^{3} | *βρίθων* **A** [***Π***^{3}] || **114** pers. notam om. **Zb**^{1} (~**Zb**^{r}) | *ἆρα* **MV**^{1} (~**V**^{2}) **Zb** *ἆρ' αἱ* **G***φ* (~***Π***^{3}) | *πύλαις κλῄθρων* Paley *κλ. πύλ.* transp. **Z** *πυλαι[* ***Π***^{3} | *κλῄθροις* **BC** *κλείθροις* rell. [***Π***^{3}] | *χαλ]κοτ . . . ε̣μ̣β[ολ]α̣* ***Π***^{3} *χαλκόδετα δ' ἔμβ.* **G***φ* *χαλκόδετ' ἔμβ.* **O** *χαλκόδετ' ἔμβολά τε* Seidler *χαλκόδετ' ἔμβολ' ἐν* Fritzsche, Paley (dochmiacum hexasyllabum cum brevi in longo accipiendum censeo) || **115** *λαϊνέοισιν* Burges, sch. Thom. Soph. Ai. 596 *λαινοις* ***Π***^{3} *λαϊνέοις* ***Ω*** || **116** *ωρμασται* ***Π***^{3} || **117** pers. notam om., ad 118 scr. **Mn**^{ac}**Pr** | *τά τ'* **PrRw** *ταγτ'* **Ab** *τά δ'* **Sa** | *ἔχει πόλει* legisse Lucianum, qui in parodia *ἔχει θεοῖς* scr., susp. Porson; sed probabilius est Luc. metro coactum constructionem verborum mutavisse | *]π̣ο̣λιν* ***Π***^{3} || **118** *τὸ πρῶτον* A. Schoene (cf. Jouanna, REG 89, 1976, 40–46), *τοι πρῶτον* Polle (sed adverbium *πρῶτον* ineptum sensum praebet); *τὸ πεδίον* anon. apud Burton, Pentalog.^{2}; conicias etiam vel *ἀλλ' εἰσόρα τὸν πρῶτον, εἰ βούλῃ, λόχον* vel *ἀλλ' εἰσόρα δή, ⟨–⏑⟩ εἰ βούλῃ μαθεῖν* (e. g. ⟨*πάντας*⟩ vel ⟨*πάντα γ'*⟩) [***Π***^{3}] | *βούλῃ* scr. Murray *βούλει* ***Ω*** [***Π***^{3}] || **120** *ὃς* om. **A** | *ἀγεῖται* **MB**^{1} (~**B**^{2}) **C***α***RfMt**^{ac} *ἡγεῖται* **R**^{1pc} *ἡγεῖται* **PΛ**, Iulian. *ἄγει* *β***Sa** || **121–122** post *πάγχαλκον* add. *δ'* **CL**^{2} | *ἀμφὶ* om. **S** | *βραχίονα* **CRPrSaAa RwΞLZb**^{r}**ZcZuT**^{t}, *Σ*^{MC} 111 (~*Σ*^{BV}), **gE** *βραχίον'* **Z** | *κουφίζων*] *ἔχων* **Z** *φέρων λαφρῶς* **Rw** (~**Rw**^{marg}) *κομίζων φέρων* **Zb**^{rγρ} || **123–124** del. Dindorf; sermonem interruptum post *δέσποινα* ind. nonnulli || **124** *αὔδησον* Matthiae *αὔδασον* ***Ω***, cf. *μνῆμα* 145, *τῆδ'* 179; *αὐδησ-* et *αὐδηθ-* inveniuntur apud Soph. (*αὐδήσειεν* lectio dubia Eur. fr. 1064, 7) || **125** *μὲν* om. ***μ*** (~**M**^{2s}) **CSa**

AN. ἒ ἔ, ὡς γαῦρος, ὡς φοβερὸς εἰσιδεῖν,
γίγαντι γηγενέτᾳ προσόμοιος
ἀστερωπὸς ⟨ὡς⟩ ἐν γραφαῖσιν, οὐχὶ πρόσ-
φορος ἁμερίῳ γέννᾳ.
ΘΕ. τὸν δ' ἐξαμείβοντ' οὐχ ὁρᾷς Δίρκης ὕδωρ
λοχαγόν; *AN.* ἄλλος ἄλλος ὅδε τευχέων τρόπος.
τίς δ' ἐστὶν οὗτος; *ΘΕ.* παῖς μὲν Οἰνέως ἔφυ,
Τυδεύς, Ἄρη δ' Αἰτωλὸν ἐν στέρνοις ἔχει.
AN. οὗτος ὁ τᾶς Πολυνείκεος, ὦ γέρον,
αὐτοκασιγνήτᾳ νύμφας
ὁμόγαμος κυρεῖ;
ὡς ἀλλόχρως ὅπλοισι, μειξοβάρβαρος.
ΘΕ. σακεσφόροι γὰρ πάντες Αἰτωλοί, τέκνον,
λόγχαις τ' ἀκοντιστῆρες εὐστοχώτατοι.
{*AN.* σὺ δ', ὦ γέρον, πῶς αἰσθάνῃ σαφῶς τάδε;

127 cf. Ezech. exag. TrGF 128 F 1, 125 || **130** cf. Et. gen. s. v. *ἡμέριοι* || **138** *μειξοβάρβαρος*] Hsch. *μ* 603 || **139** *σακεσφόροι*] Phot. lex. II 141 Naber

Codd.: **Π**^{3} (**128–140**); **ω = MOAdBVC, CrG, Θ = AbRMnSVr, φ = FSa, Ψ = AaPRfRw, Ξ = AMtXXaXb, Λ = LZZbZcZmZuT**^{t}

127 *ἒ ἔ* **MBCCrRwχ Λ** *αἴ αἴ* **γSa**^{s}**PMt**^{s} | *προσιδεῖν* **gE** || **128** *γήγαντι γηγενέτᾳ* **VrRwZZb**^{ac}, **gB** *γίγαντι γηγενάτᾳ* **O A** *γίγαντι γιγενέται* **Mt**^{ac} (*-έτη* **Mt**^{pc}) *γεγονοτα γηγενεθλαν* **Π**^{3}, unde *γηγενέτᾳ γενέθλᾳ* coni. Levitt *γίγαντι* del. Nauck || **128–129** *προσόμοιος ἀστερωπὸς* om., in marg. suppl. **Zb** || **129** *ὡς* addidi (cf. *στερωπὸς ὡς γραφαῖσιν* Nauck) | *ἀστεροπὸς* **CrβPA**^{s}**XAd** (∼**Π**^{3}) *ἀστρωπὸς* Dindorf (cf. Her. 406) | *γραφαῖσι* **α** (∼**Π**^{3}) | *οὐ* **T**^{t} (∼**Π**^{3}) || **129–130** *προσπολος* **Π**^{3} | *ἀμερίω* **CαMnRwZb** *ἀμερίων* **Mt**^{pc}**χT**^{t}, cf. ^{p}Σ^{VC} et Et. gen. (∼**Π**^{3}; **χ**^{g} *ἀνθρωπίνῃ γενεᾷ*) || **131** *τόνδ'* **VCGβSaAaXaXb**^{ac}**Zb** | *ευξαμειβον* **Π**^{3} || **132** *λοχαγόν* om. **μV CCrG**^{ac}**RFPrPRfΞLZZb**^{1}**ZuT**^{t} (∼**R**^{2γρ}**Rf**^{s}**Xb**^{1c}**Z**^{s}**Zb**^{2}; Σ$^{Mosch.}$ *ταξίαρχον λοχαγόν*) *λοχαγος* **Π**^{3} (quo accepto totum versum Ant. trib. Matthiessen, dist. post prius *ἄλλος*) *λελαγεῖν* **Ab** | Ant. notam hic om., ante **133** scr. **SP** | *ἄλλος ἄλλως* **V**^{1} (∼**V**^{2} **Π**^{3}) | *ọτε* vel *ạτε* et *τροπου* **Π**^{3} | *ἄλλος γὰρ ἄλλος τοῦδε τευχέων τρόπος* (*λοχ.* om.) **T**^{t} || **133** *τίς ... οὗτος* om. **Zb**^{1}, in marg. suppl. **Zb**^{2} | *δ'* om. **Π**^{3}**Zb**^{2marg} (del. Burges) | *ουτος εστι* transp. **Π**^{3} | *μενοικ[εως?]* **Π**^{3} || **134** *ἄρη* **BCPZm** *ἄρ* **μ** *αρης* **Π**^{3} *ἄρην* **M**^{2s} rell.; cf. 939, 1006, 1124 | *αἰτωλῶν* **MAdV**^{1} (∼**V**^{2}) **C** *αιτωλος* **Π**^{3} || **135** om. **B**^{1}, suppl. **B**^{2} | *τῆς* **χ** (∼**Π**^{3}) | *πολυνείκους* **Rw** [**Π**^{3}] || **136** *αὐτοκασιγνήτᾳ* Reiske *-γνητα* **Π**^{3} *-γνήτας* fere **Ω** (*-γνήτου* **Rf**^{1c}, *-γνήτης* **Rf**^{ac}**Zu**^{s}) | *νύμφας* om. **S** (∼**S**^{s} **Π**^{3}) || **137** *κυρῆ* **V** [**Π**^{3}] || **138** *ωςδ* **Π**^{3} | *ἀλλόχροος* **B**^{2}**SaΞ** (∼**Mt**^{ac}), **gE** *-χρους* **PZb** *-χρ*ως* **Aa** | *ἀλλ. ὅπλοισι*] *αλλλ̣..χλοις* **Π**^{3} | *μειξο-* scr. Murray (cf. Meisterhans 51 n. 400, 181 n. 1496), cf. Hsch. *μειζοβάρβαρος*? *μιξο-* **Ω**, **gE** *μ̣υ̣χο.[* **Π**^{3} || **139** pers. notam om. **Cr** | *γαρπαισιν[* **Π**^{3} | *τέκνων* **M**^{1} (∼**M**^{2}) [**Π**^{3}] || **140** *εὐστοχότατοι* **M**^{1} (∼**M**^{2}) **O** [**Π**^{3}] || **141–144** del. Stahl; lacunam post 140 omnino statuendam (et 141–144 fort. delendos) iud. Bergk (143 [= 97] del. Burges, Geel; etiam 144 susp. Busche, del. Pearson) || **141** pers. notam om. **R**^{1} (∼**R**^{2}) | *αἰσθάνει* **Rf**

ΘΕ. *σήμει᾽ ἰδὼν τότ᾽ ἀσπίδων ἐγνώρισα,*
σπονδὰς ὅτ᾽ ἦλθον σῷ κασιγνήτῳ φέρων·
ἃ προσδεδορκὼς οἶδα τοὺς ὡπλισμένους.}
ΑΝ. *τίς δ᾽ οὗτος ἀμφὶ μνῆμα τὸ Ζήθου περᾷ,*
καταβόστρυχος, ὄμμασι γοργὸς
εἰσιδεῖν νεανίας,
λοχαγός, ὡς ὄχλος νιν ὑστέρῳ ποδὶ
πάνοπλος ἀμφέπει;
ΘΕ. *ὅδ᾽ ἐστὶ Παρθενοπαῖος, Ἀταλάντης γόνος.*
ΑΝ. *ἀλλά νιν ἁ κατ᾽ ὄρη μετὰ ματέρος*
Ἄρτεμις ἱεμένα τόξοις δαμάσασ᾽ ὀλέσειεν,
ὃς ἐπ᾽ ἐμὰν πόλιν ἔβα πέρσων.
ΘΕ. *εἴη τάδ᾽, ὦ παῖ. σὺν δίκῃ δ᾽ ἥκουσι γῆν·*
ὃ καὶ δέδοικα μὴ σκοπῶσ᾽ ὀρθῶς θεοί.
ΑΝ. *ποῦ δ᾽ ὃς ἐμοὶ μιᾶς ἐγένετ᾽ ἐκ ματρὸς*
πολυπόνῳ μοίρᾳ;
ὦ φίλτατ᾽, εἰπέ, ποῦ ᾽στι Πολυνείκης, γέρον;
ΘΕ. *ἐκεῖνος ἑπτὰ παρθένων τάφου πέλας*
Νιόβης Ἀδράστῳ πλησίον παραστατεῖ.

146–147 cf. Heliod. Aethiop. 7, 10, 4 || **146** *καταβόστρυχος*] Et. gen. s. v. (Et. magn. 494, 43) || **149** *ἀμφέπει*] Hsch. *α* 3920 || **159–160** cf. Eust. 1367, 25; pseudo-Eudoc. Aug. violar. p. 506 Flach || **160b** cf. Greg. Naz. de vita sua 1886

142 *ἐπεγνώρισα* **ZZcZu** || **143** = 97, cf. ad 141–144 | *κασιγνήτη* **A** | *φέρων* om. **S** || **144** *προδεδορκὼς* **VFRfZc** (*π̊ρ-* ambigue scr. **O** *α*) || **145–147** om., in marg. suppl. **G** || **145** post *οὗτος* add. *ὃς* **L**^{2s}**Zc** | *μνῆμα τοῦ ζήθου* **V**^{1} (in ras.) **GR** *β* (~**Mn**^{ac}) *δ* *μνῆμα ζήθου* *φ* *τὸ μνῆμα ζήθου* **Zm** *ζήθου τὸ μνῆμα* **Rw** || **146** *ὄμματι* **Sa** *ὄμμασιν* **T**^{t} (~**gBgE**) | post *γοργός* add. *τ᾽* **F**^{c}**SaP***χ***ZZu** (~**gBgE**) || **147** *εἰσιδεῖν* om. **G** *ἐσιδεῖν* *χ* (~**gBgE**) | *νεανίας* om. **gE** (~**gB**) || **148** Antigonae continuant **R**^{1}**L** et **T**^{t} (qui *λοχαγός* om.), sicut suad. Markland et Hermann (sic etiam **CAd**, qui plerasque notas hic om. vel perperam collocant, et **Mt**^{pc}, qui omnes notas hac in pag. erasit) totum versum servo trib. **M**^{1}**OCrRw**, fort. **Mt**^{ac} *λοχαγός* servo, *ὡς κτλ.* Ant. trib. **M**^{2}**R**^{2} rell. | *λοχαγός* om. **T**^{t} post *λοχ.* add. *γ᾽* **Cr** | *ὅπλος* **O** || **149** Ant. trib. **M**^{1} (~**M**^{2}), servo trib. **Ad**^{ac} | *ἀμφέποι* **B**^{2s}**Rw**^{s} (~Hsch.) || **150** pers. notam om. **CR**^{1} (~**R**^{2}) **RwAd** | *ἔστιν* **VrMt** | *ἀτλάντης γόνης* **C** || **151** pers. notam om. **CCrAa**^{1} (~**Aa**^{2}) **A** | *ἡ* **R**^{s}*φ***Zu**^{s} || **152** *ἱεμέν-* **BVCAb***γφ***PAZmZuT**^{t} (utrumque spiritum **Z**) *-μένη* **VLZu**^{s} | *τόξοισιν* **T**^{t} | *δαμάσασ᾽* **VP***χ***ZZcT**^{t} *δαμάσασα* rell. (paene omnes in fine versus) || **153** *ἐπ᾽* om. **V** | *ἔβαν* **V** *ἐπέβα* *α* **Aa Rf** | *ἔβα πόλιν* transp. **Cr** || **154** pers. notam hic om. **CCr**^{ac}, ad 155 scr. **C**, ad 156 **Cr**^{ac} | *τόδ᾽* **R** *δ᾽* **G**^{ac} || **155** *ᾧ καὶ* **GAb** (~**Ab**^{marg}) *β*, cf. *Σ*$^{Mosch.}$ *ὃ· ᾧ, διό* | *καὶ δέδ. καὶ* **M**^{1} (~**M**^{2}) **Ad** | *σκοπῶσιν* **Sa** || **156** *ποῦ ποῦ δ᾽* **Vr**^{pc}**ZbZmZu** *ποῖ ποῖ δ᾽* **A** | *ἐμοὶ . . . ἐκ*] *ἐκ μιᾶς ἐμῆς γένετο* **F** *μιᾶς ἐμοὶ γένετο* **Sa** (*ἐγέν-* **Sa**^{s}) | *ἐμοῦ* **Rw** | *ἐγέντ᾽* **R** | *ματρὸς* Hermann *ματέρος* fere ***Ω*** (*μητ-* **PZmZu**^{s}) || **158** *ποῦ ᾽στιν* **MAdCrAb** *ποῦ ἐστι* **V**^{2γρ}**RSZm** *ποῦ μοι* **V**^{1} || **159** Ant. trib. **Cr**^{ac} | *ἑπτὰ*] *τῶν ἓξ* *γ* (cf. Il. 24, 604; *Σ* p. 271, 16 Schwartz) | *τάφου* om. **M** (~**M**^{1s}) **Ad** || **160** *ἀδράστου* **CrSa**

ὁρᾷς; ΑΝ. ὁρῶ δῆτ᾽ οὐ σαφῶς, ὁρῶ δέ πως
μορφῆς τύπωμα στέρνα τ᾽ ἐξῃκασμένα.
ἀνεμώκεος εἴθε δρόμον νεφέλας
ποσὶν ἐξανύσαιμι δι᾽ αἰθέρος
πρὸς ἐμὸν ὁμογενέτορα – περὶ δ᾽ ὠλένας
δέρᾳ φιλτάτᾳ βάλοιμι χρόνῳ –
φυγάδα μέλεον. ὡς
ὅπλοισι χρυσέοισιν ἐκπρεπής, γέρον,
ἑῴοις ὅμοια φλεγέθων βολαῖς ἀελίου.
ΘΕ. ἥξει δόμους τούσδ᾽, ὥστε σ᾽ ἐμπλῆσαι χαρᾶς,
ἔνσπονδος. ΑΝ. οὗτος δ᾽, ὦ γεραιέ, τίς κυρεῖ,
ὃς ἅρμα λευκὸν ἡνιοστροφεῖ βεβώς;
ΘΕ. ὁ μάντις Ἀμφιάραος, ὦ δέσποιν᾽, ὅδε·
σφάγια δ᾽ ἅμ᾽ αὐτῷ, γῆς φιλαίματοι ῥοαί.
ΑΝ. ὦ λιπαροζώνου θύγατερ Ἀελίου
Σεληναία, χρυσεόκυκλον φέγγος,
ὡς ἀτρεμαῖα κέντρα καὶ σώφρονα
πώλοις μεταφέρων ἰθύνει.
ποῦ δ᾽ ὃς τὰ δεινὰ τῇδ᾽ ἐφυβρίζει πόλει,

162 Iulian. or. 8, 247d || 163–165 cf. Nicephor. Basilac. ep. 3 (114, 4–5 Garzya) || 163 ἀνεμώκεος] Eust. 720, 53–54; cf. 965, 3 || 172 cf. (?) Philostr. imag. 1, 27 || 175 cf. sch. Arat. 455 || 177b–178a cf. Eust. 557, 36

Codd.: Π^{4} (171–184), Π^{14} (182–); ω = MOAdBVC, CrG, Θ = AbRMnSVr, φ = FSa, Ψ = AaPRfRw, Ξ = AMtXXaXb, Λ = LZZbZcZmZuT^{t}

161 ὁρᾷς om. CrAb^{1}Mn^{ac}P^{1}, in fine v. 160 add. Ab^{2}Mn^{pc}P^{2} | Ant. notam om. Cr^{ac} || 162 μορφᾶς fere λ (~gB, Iulian.) | δ᾽ Mn^{ac} | ἐξῃκ- MAdB^{1}CMt ἐξεικ- B^{2} rell., gB, Iulian. || 163 δρόμου γ (~Mn^{pc}) δρόμω C || 165 παρὰ α || 165–166 ὠλέναις δέρῃν φιλτάταις V^{2s} || 166 δειρᾶ LZbZm δέρῃ V^{1s}AaP^{1pc}Zc | φιλτάτῃ Cr | βάλλοιμι AbγSaAa^{ac}Zb βάλοιμ᾽ ἐν Hermann (cf. ζ^{g} ἐν) || 167 χρ. φ. μέλ. ὡς ἴδω a nonnullis legebatur teste Σ (ἴδω interpolatum ad accus. difficilem regendum) || 168 ὅπλοις Z (~gE) | εὐπρεπής CrGΘF^{1} (~F^{c}) ΨχZbZcZuT^{t} εὐτρεπής Z (~gE) | γέρων gE || 169 ἑῴαις Sa (sicut scr. Piers) ἑῴοισιν T^{t} (~gE) | φλεγέσθων AbVr (~gE) | ἀελίου fere codd. praeter L (ἀελ- VCr^{pc}Aa, -λίοιο P), gE ἡλίου L ἁλίου Hermann (quo accepto φλ. ⟨δέμας⟩ β. ἁ. Paley); de synizesi ἀε- in hoc vocabulo cf. Barrett ad Hipp. 848–851 et infra 175; ἀελίου del. Wecklein, fort. recte || 170 pers. notam om. γMtL^{1} (~Mn^{pc}L^{2}) | ὥστ᾽ ἐμπλῆσαι OGP | ἐκπλῆσαι ΘSaZZc || 171 ἔνσπονδος om. φ (~F^{c}) | Ant. notam om. L^{1} (~L^{2}) | δ᾽ om. F^{1} (~F^{c}) [Π^{4}] | γηραιὲ RLZZbZm [Π^{4}] | τίς κυρεῖ T^{t} τίς πόθεν Π^{4}χ (cf. 123) πόθεν κυρεῖ Z Zm^{pc}Zu τίς πόθεν κυρεῖ Z^{s}Zm^{ac}Zu^{s} rell. || 173 ἀμφιάρεως VRfZZb^{2}Zc [Π^{4}] | δεσ̣πονα Π^{4} || 174 γῆς om. CrMt (~Π^{4}) | φιλαιμάτου AbR^{s}MnS^{pc}Pλ, ^{γρ}Σ (~Π^{4} γ^{s}S^{ac}Zb^{c}Zc^{s}) φιλαιμάτοιο ^{γρ}Σ | ῥοαῖς Z χοαί Musgrave (~Π^{4}) || 175 Ant. notam om. MR^{1} (~R^{2}) (cf. ad 179) | Ἁλίου Burges et Hermann (~Π^{4}) (cf. ad 169) || 176 σεληναία fere B^{2}AbφAa^{s}Zu^{s} [Π^{4}] | χρυσόκυκλον VRχ]υ̣σεονκυκλοιν Π^{4} || 177 ἀτρεμέα CrGRφδRfχ -μαία Vr [Π^{4}] || 178 πώλων R (~R^{2s}) [Π^{4}] | μεταφέρων, non μετάφρενον Eust. (tantum]ων Π^{4}) | ειθυνει Π^{4} ἰθύνει ⟨δρόμον⟩ post Paley Wilam. (~Π^{4}) || 179 Ant. notam hic hab. M^{ac}R^{1}, del. M^{pc}R^{2}

Καπανεύς; *ΘΕ.* *ἐκεῖνος προσβάσεις τεκμαίρεται*
πύργων ἄνω τε καὶ κάτω τείχη μετρῶν.
ΑΝ. *ἰώ,*
Νέμεσι καὶ Διὸς βαρύβρομοι βρονταὶ
κεραύνιόν τε φῶς αἰθαλόεν, σύ τοι
μεγαληγορίαν ὑπεράνορα κοιμίζεις·
ὅδ᾽ ἐστίν, αἰχμαλωτίδας
ὃς δορὶ Θηβαίας Μυκηνηΐσιν
⟨ ⟩
Λερναίᾳ τε δώσειν τριαίνᾳ,
Ποσειδανίοις Ἀμυμωνίοις
ὕδασι δουλείαν περιβαλών.

180–181 cf. Philostr. imag. 1, 4 || **182–183** cf. Lucian. 25, 1 || **182** Suda ε 1062, cf. ι 454, ν 162; cf. [Zonar.] lex. s. v. *ἰώ* (p. 1140 Tittmann) || **184 a** Eust. 462, 4 || **187** cf. Nonn. Dionys. 8, 242 || **188–189** cf. Eust. 461, 4–5

180 *καπανεύς* del. **Mn**^{pc} | pers. notam om. **αSSa** (~**Ab**^{2}**R**^{2}) | *ἐκεῖνος* Valck. et (ut e spatio apparet) ***Π***^{4} *ἐκεῖνος ἑπτὰ* ***Ω*** (cf. 159) | *προβάσεις* **CCrRFPεLZZc Zm** [***Π***^{4}] | *τεκμαίρεται*] *σκοπεῖ* **T**^{t} (etiam **S**^{g}**χ**^{g}**ζ**^{g}) (~***Π***^{4}) || **181** *καὶ* om. **φ** [***Π***^{4}] | *κάτω* om. **Rf** (~**Rf**^{s}), post *τείχη* transp. **Cr** *κατωι* ***Π***^{4} || **182** Ant. notam om. **Ab**^{1} (~**Ab**^{2}) || **182** bis *νέμεσι* **MAdB**^{2}**VC**, Suda ε 1062*, ι 454, ν 162 *νέμεσις* **B**^{1} rell., Suda ε 1062* (om. Zon.) [***Π***^{4} ***Π***^{14}] | *καὶ τὸ διὸς* Suda ε 1062 [***Π***^{4} ***Π***^{14}] *καὶ διὸς* om., *τε* add. post *βαρύβρομοί* Suda ι 454, ν 162, Zon. (~***Π***^{4}) [***Π***^{14}] | *βαρυδρόμοι* **CrSa** (~***Π***^{4} ***Π***^{14}) || **183** *κεραύνειόν* **B**^{ac}**Rw**^{s} (~**B**^{1s}) metri gratia *κεραυνοῦ* Hermann (e ^{p}Σ), *κεραυνῶν* Nauck [***Π***^{4} ***Π***^{14}] | *φῶς*] *πῦρ* **Mn**^{g}**Sa Aa**^{3}**PMt**^{pc}**χT**^{t} (~***Π***^{4}) [***Π***^{14}] || **184** *μεγαληγορίαν* Valck. et Toup e Σ (*-αγορίαν* Matthiae, sed vide Held. 356 et Björck, Alpha impurum 167) *μεγαλανορίαν* fere ***Ω*** (*μεγάλαν ὀρίαν* **O Ad**) utrumque testari vid. scholion conflatum (tantum *]ριαν* ***Π***^{4}) [***Π***^{14}] | *μεγαλάνορα ὑπερανορίαν* Eust. | *κοιμίζοις* **B**^{3}**V**^{2s}**Vr**^{s}**φRf**^{s}**Zc**^{s}**ZmZuT**^{t} (~**Sa**^{s}**Zm**^{s}) *κοιμίζων* **O** *κοσμίζῃς* **Ad** *κομίζεις* **χZ** (cf. **χ**^{g} *ἔχεις*) *κομίζοις* **Z**^{s} [***Π***^{4} ***Π***^{14}] || **185** *αἰχμαλώτιδας* **CCrG**^{1}**FAaΞL**^{1}**Zb**^{ac}**Zm** (~**G**^{2}**L**^{2}**Zb**^{1pc}), cf. 564, Hec. 1097, 1120 et Herodian. Anec. Oxon. III 275–276 Cramer || **186–189** lacunam alicubi latere viderunt Hermann, Matthiae (***Π***^{14} valde mutila, sed cum codd. congruere vid.); *λείπει (τὸ) ἐπαγγέλλεται* (vel *καυχᾶται* vel sim.) s. l. codd. plerique; *Μυκήναισιν* ⟨*εὔχεται*⟩ Hermann (de usu antistr.) et Matthiae *Μυκήναις* ⟨*φησὶν*⟩ Wecklein (sed probabilius est *-νηΐσιν* genuinam lect. esse) *περιβαλὼν* ⟨*ἔφη*⟩ Spiro (*ἔφα* Murray) *περιβαλὼν* ⟨*βοᾷ*⟩ Paley fort. suppleas ⟨*κομπεῖ*⟩ *Λερναίᾳ* vel totum dimetrum, e. g. ⟨*λατρεύειν θήσειν αὐτίκα κομπάζει*⟩ || **186** om. **P**, in marg. add. **P**^{2} | *Μυκηνηΐσιν* Kirchhoff *μυκήνησι* fere **μZu**^{s} *μυκήναισιν* fere **CrLT**^{t} (*-εσιν* **Cr**) *μυκήναισι* rell. (*-εσι* **V**) [***Π***^{14}] || **187** *τε* om. **Sa** (~***Π***^{14}) | *δώσει* Canter *δώσων* (186 *ὃς* omisso) King et (*ὁ* pro *ὃς*) Seidler *δωσε[* ***Π***^{14} (et *ος* exstat 186) | *τριαίνῃ* **PZcZu**^{s} [***Π***^{14}] || **188** *ποσειδανίοις* **VP** *-δωνίοις* **CGR**^{s}**γRfκAd** et sic fere **λ** *-δωνείοις* **MOBCrαMn**^{s}**Vr AaRwχT**^{t} *-δωνίοισι* **S** *-δωνίοισιν* **FZ** (*-δον-* **F**) [***Π***^{14}] | *τ᾽* post *ποσ.* add. **SaP**^{2} **RfZc** (fort. e Σ *λείπει ὁ καὶ* male intellecto), sicut coni. Paley (praeeuntibus Burges, Bothe) [***Π***^{14}] | *ἀμυμωνίοις* **CGMn**^{s}**PΞZZu** (*-ώνια . . . ὕδατα* in paraphr. Eust.) *-ονίοις* ***Π***^{14}**VRf** *-ωνείοις* **μBΘAaRw** *-νείαις* **R**^{s} *-ωνίοισι* **F**^{c} (*-ειοισι* **F**^{1}) *-ονίοισι* **Cr** *-ωνίοισιν* fere **SaLZbZcT**^{t} *-ονίοισιν* **Zm** || **189** virgulam post *ὕδασι* hab. **RSaχζT**^{t} et sic dist. Σ | *περιβαλῶν* **O** (vide praef. § 21) | signum interrogationis post *περιβαλών* hab. **MOB**^{3}**FA**^{c}**χζT**^{t}

μήποτε μήποτε τάνδ᾽, ὦ πότνια,
χρυσεοβόστρυχον ὦ Διὸς ἔρνος,
Ἄρτεμι, δουλοσύναν τλαίην.

ΘΕ. *ὦ τέκνον, εἴσβα δῶμα καὶ κατὰ στέγας*
ἐν παρθενῶσι μίμνε σοῖς, ἐπεί πόθου
εἰς τέρψιν ἦλθες ὧν ἔχρῃζες εἰσιδεῖν.
ὄχλος γάρ, ὡς ταραγμὸς εἰσῆλθεν πόλιν,
χωρεῖ γυναικῶν πρὸς δόμους τυραννικούς.
φιλόψογον δὲ χρῆμα θηλειῶν ἔφυ,
σμικράς τ᾽ ἀφορμὰς ἢν λάβωσι τῶν λόγων,
πλείους ἐπεισφέρουσιν· ἡδονὴ δέ τις
γυναιξὶ μηδὲν ὑγιὲς ἀλλήλας λέγειν.

ΧΟΡΟΣ

στρ. α *Τύριον οἶδμα λιποῦσ᾽ ἔβαν*
ἀκροθίνια Λοξίᾳ
Φοινίσσας ἀπὸ νάσου,

Actio: **193** servo iubente descendit scalis Antigona || **201** ipse servus descendit || **202** chorus virginum Asiatico more vestitarum, fortasse iam 194–201 visibilis, a foro vel aliqua urbis parte per alteram *τῶν εἰσόδων* (dexteram dicamus) in orchestram procedit

198–201 Stob. 4, 22g, 198; cf. Chor. Gaz. laud. Marc. 13 || **198** cf. Nic. Eugen. 5, 53 || **200b–201** Et. gen. s. v. *ἡδονή* (Et. magn. 420, 19) || **202–204** *Σ* 6 || **202** arg. Aesch. Pers. (p. 2, 8 Page)

Codd.: ***Π*^{4}** (220–), ***Π*^{14}** (190); ***ω*** = **MOAdBVC, CrG,** ***Θ*** = **AbRMnSVr,** ***φ*** = **FSa,** ***Ψ*** = **AaPRfRw,** ***Ξ*** = **AMtXXaXb,** ***Λ*** = **LZZbZcZmZuT^{t}**

190 *μήποτε* semel ***φ*** (sicut coni. Bothe) (~***Π*^{14}**) | *τήνδ᾽* **RfZu^{s}** (~***Π*^{14}**) | *τὰν χρυσεοπλόκαμέ δ᾽ ὦ πότνια* **Rw** (cf. *χρυσοπλόκαμε* **M^{g}V^{g}C^{g}Cr^{g}** ad 191) || **191** *-βόστρυχε* ***μ*VCCrR^{2γρ}MnF^{c}*δ*Rw*Ξ ζ*** | *ἔρνος* om. ***γ*** (~ ***γ*^{s}**), post *ἄρτεμις* transp. **Rw** || **192** *ἄρτεμις* **F*ε χ*Zb^{ac}** | *δουλοσύνην* **Zb^{c}Zu^{s}** *-σύνη* **Cr** *-σύνης* **Zb^{1}** | *τλαίης* **Zb^{ac}** || **193** *ἔσβα* Dindorf || **194** *πόθου* om. **L^{1}** (~**L^{2}**) || **195** *ἐς* Brunck | *ἰδεῖν* **Rw** et ***χ*^{g}** || **196** *γὰρ* om. **Rf** (~**Rf^{1s}**) | *εἰσῆλθεν* **MAdG^{1pc}AaXaXbLZmT^{t}** *εἰσῆλθε* **G^{ac}** rell. || **197** *χώρεῖ* **VSa** *χώρει* **CCr*β*Aa^{3}Mt^{ac}** (~**Aa^{1}Mt^{pc}**), cf. *Σ ἔνιοι δὲ στίζουσιν εἰς τὸ πόλιν καὶ τὸ χώρει παροξύνουσι* | *εἰς δόμους* **Z** || **198** *φιλόψυχον* **PRw** (~**Rw^{s}**, ***Γ***, Stob.) | *δὲ* ***μ***, Stob. *τι* **gV** *γὰρ* rell., **gB** (*γὰρ ἔφη* **gE**) | *θηλειῶν γένος ἔφυ* fere ***β*** (cf. **Sa^{g}** *φιλολοίδορον γένος*) (~***Γ***, Stob.) || **199** *σμικρᾶς* **MAdCZc^{pc}** *μικράς* fere **AT^{t}, gE** (~**gVgB**, Stob.) | *τ᾽* **MAd*χ*T^{t}** om. **ORf, gB** *γὰρ* **gE** *δ᾽* rell., **gV**, Stob. | *ἀφορμᾶς* **AdCr^{pc}Zc^{pc}, gV** (~**gBgE**, Stob.) | *ἢν* **R^{γρ}, gV** *ἐν* **Sa** *εἰ* **Cr*Θ*** (~**S^{pc}, gBgE**, Stob.) | *λάβωσιν* ***μ*** (~***Γ***, Stob.) | *τῶν ψόγων* Stob. cod. A (~Stob. codd. SM, ***Γ***) || **200** *ἐπισφέρ-* **MAb*γ*** (~**Mn^{pc}**) **Xa^{ac}** *ἐπιφέρ-* **ZZc**, Stob. (~***Γ***) *ἐπεσφέρ-* Dindorf | *δὲ ταῖς* **G** (~***Γ***, test.) || **201** *γυναικὶ* **V^{1}** (~**V^{2s}**, ***Γ***, test.) | *ὑγιὲς* post *ἀλλήλαις* transp. **Ab**, ante *μηδὲν* **gE**, *ἀλλήλαις μηδὲν ὑγιὲς* transp. Et. magn.

Φοίβῳ δούλα μελάθρων
ἵν' ὑπὸ δειράσι νιφοβόλοις
Παρνασσοῦ κατενάσθη,
Ἰόνιον κατὰ πόντον ἐλά-
τᾳ πλεύσασα, περιρρύτων
ὑπὲρ ἀκαρπίστων πεδίων
Σικελίας Ζεφύρου πνοαῖς
ἱππεύσαντος ἐν οὐρανῷ
κάλλιστον κελάδημα.

πόλεος ἐκπροκριθεῖσ' ἐμᾶς ἀντ. α
καλλιστεύματα Λοξίᾳ
Καδμείων ἔμολον γᾶν,
κλεινῶν Ἀγηνοριδᾶν
ὁμογενεῖς ἐπὶ Λαΐου
πεμφθεῖσ' ἐνθάδε πύργους.
ἴσα δ' ἀγάλμασι χρυσοτεύ-
κτοις Φοίβῳ λάτρις ἐγενόμαν·
ἔτι δὲ Κασταλίας ὕδωρ
περιμένει με κόμας ἐμᾶς

206 *νιφοβόλοις*] Hsch. ν 597 || **210** cf. sch. Il. 15, 27; Eust. 1003, 60

(∼gVgB, Stob., Et. gen.) | *ἀλλήλας* B^{1}B^{2}VCγZm, Stob. *ἀλλήλαις* B^{1s}γ^{s}S^{2} rell., Γ, test. alia || **202–260**: 202–238, choro, 239–260 hemichoriis trib. Arnoldt; 202–238 coryphaeo, 239–260 choro trib. Wecklein; paragraphos ad singulas strophas scr. Murray || **202** *ἔβην* CrR^{s}Zb^{1pc}ZcZu^{s} || **203** *ἀκροθίνιον* GX^{s}Xb^{s} || **204** *φοινίσας* VZb

205 *φοίβου* CrGR^{s}F^{cs}RfMt^{s}χ | *μελάθρῳ* A || **206** *δειρᾶσι* fere MAdBΘSaL | *νιφοβόλοισι* Cr -*βόλοιο* ΘSa^{s} -*βόλου* Rw (∼Hsch.) || **207** *παρνασσοῦ* M^{s}OBαRfL Zm -*νασοῦ* rell. (vide praef. § 20) | *κατενάσθη* Ad (sicut coni. S. Thirlby, amicus Kingii) -*σθην* rell. || **209** *ἐλάτη* ZcZu^{s} | *πλεύσασαι* A | *περιρρύτῳν* V^{1} (-*ρύτωι* M^{1} sec. Wecklein, -*ρύτω* sec. Kirchhoff; -*ρύτων* habuisse M^{1} et idem rescripsisse M^{2} mihi vid.) post *περιρ.* add. *ὑδάτων* L || **210** *ὑπὲρ* μγφΨL^{2} (om. L^{1}) *ὕπερ* rell. (vide K–B I 334) | *εὐκαρπίστων* SaT^{t} (∼sch. Il., Eust.) || **212** *πνεύσαντος* Rf (cf. ^{p}Σ, Cr^{g}Sa^{g}Zc^{g}) || **213** var. lect. *ἐξ οὐρανοῦ* spectare vid. Σ alter || **214** *πόλεος* Musgrave *πόλεως* Ω | *ἐμῆς* R^{2} || **215** *καλίστευμα* V || **216** *καδμειων* BCΘφA *καδμείων δ'* μVCrGΨχΛ *καδμείων θ'* Mt | *γῆν* CrR^{s}φ || **217** *ἀγηνοριδᾶν* ωGΘ RfRw^{s}κZmZuT^{tpc} -*δῶν* B^{2}Cr^{pc}Θ^{s}Mt^{s}Zm^{s}T^{tac}T^{ts} rell. (-*δανων* Cr^{ac}) || **218** *συγγενεῖς* M^{γρ}C^{γρ}Mn^{g}Zc^{g} || **219** *πεμφθεῖσ'* μCrχT^{t} *πεμφθεῖσα* (fere in fine versus) rell. || **220** *ἶσα* OV^{2}CrαSVrφRfRw^{pc}[Π^{4}] | *δ'* μP^{pc}RfχZZbZuT^{t} *τε* F *δὲ* (plerique in fine versus) rell. [Π^{4}] | *α]γαμα[σι* Π^{4} | *χρυσο-* VGVrP *χρυσεο-* rell. [Π^{4}] || **221** *γενόμαν* Rfχ (unde *Φοίβ. γενόμαν λάτρ.* transp. Nauck; ordinem *φοίβ. λάτρ.* habebat Π^{4}) *γενοίμαν* F^{1} (∼F^{c}), vol. V^{2} *ἐγενόμην* C^{s}CrR^{s}βSaPλ[Π^{4}] || **222–224** *ἔτι ... με* post *κόμας ... χλιδὰν* transp. Ab^{ac} (∼Π^{4}) || **223** *περιμένει* fere μB^{3s}Aa Rfχ^{s} *ἐπιμένει* rell. [Π^{4}] | **με* B om. ZZm (∼Z^{2γρ}Zm^{s}) [Π^{4}] | *ἐμᾶς* MAdV^{1}Ab MnS^{pc}AZb *ἐμᾶ̀ς* MtRw^{uv} *ἐμὰς* V^{2}S^{ac} rell.

δεῦσαι παρθένιον χλιδὰν
Φοιβείαισι λατρείαις.

ἐπῳδ.
ὦ λάμπουσα πέτρα πυρὸς
δικόρυφον σέλας ὑπὲρ ἄκρων
βακχείων Διονύσου,
οἴνα θ᾽ ἃ καθαμέριον
στάζεις, τὸν πολύκαρπον οἰν-
άνθας ἱεῖσα βότρυν,
ζάθεά τ᾽ ἄντρα δράκοντος οὔ-
ρειαί τε σκοπιαὶ θεῶν
νιφόβολόν τ᾽ ὄρος ἱερόν, εἱ-
λίσσων ἀθανάτας θεοῦ
χορὸς γενοίμαν ἄφοβος,
παρὰ μεσόμφαλα γύαλα Φοί-
βου Δίρκαν προλιποῦσα.

στρ. β
νῦν δέ μοι πρὸ τειχέων
θούριος μολὼν Ἄρης

229–231 sch. rec. Ar. Aves 588 (224 I 24–26 Dübner); Tzetz. in Ar. Ran. 1320 Koster ‖ **231** cf. (?) Philodam. Scarph. paeanem in Dion. 139–140 (Coll. Alex. p. 169) ‖ **233** *σκοπιαὶ*] Hsch. σ 1095 ‖ **239–240** Hephaest. 6, 2 (p. 18, 9–10 Consbruch); sch.^{B} Hephaest. p. 270, 25 Consbr. ‖ **239** Philoxen. fr. 287 Theodoridis; sch. metr. Pind. Ol. 1 (I 12, 15 Drachmann); sch.^{A} Hephaest. p. 122, 16 Consbr.; sch.^{B} Hephaest. p. 270, 19 Consbr.

Codd.: **Π**^{4} (–226), **Π**^{20} (244–250); **ω** = **MOAdBVC, CrG, Θ** = **AbRMnSVr, φ** = **FSa, Ψ** = **AaPRfRw, Ξ** = **AMtXXaXb, Λ** = **LZZbZcZmZuT**^{t}

224 *χλιδᾶν* **V**^{1} **AL**^{ac} (~**V**^{2}**L**^{1pc}) ‖ **225** *φοιβείαις* **O** [**Π**^{4}] ‖ **226** *ὦ* **Π**^{4uv}, ζ^{g} (cf. ^{p}Σ), quod recepit Porson, var. lect. ratus *ἰὼ* **Ω** ‖ **227** *ὑπεράκρων* **MC** (vide praef. § 21) ‖ **228** *βακχείων* **V**^{2}**CrG**^{ac} *β φ Ψ ζ* *-είῶν* **T**^{t} *-εῖων* **R** *-εῖον* **Rw**^{ac} (sicut coni. Kirchhoff) *-ειῶν* **ωG**^{1pc} **αF**^{c}**ΞL**, Σ ‖ **229** *οἴνᾳ* **F** | *καθημέριον* **Θ φ Rw** (~test.) ‖ **230** *στάζεις τὸν*] *περκάζεις* Nauck ‖ **231** *οἰνάθας* **μ** *οἰνάνθης* **γMt**^{s} *οἰνάνθους* **V**^{1} (~**V**^{2s}, test.) | *ἱεῖσα* **MAdBCCrGαγFRwZcZu** (~sch. Arist.) [Tzetz.] ‖ **232** *ὀρεῖαί* fere **OAa** ‖ **234** *νιφοβόλον* **μVGαAaXaLZ** | *εἰλίσσων* **BV**^{ac}**Mt** *ἑλ-* **MφPεχZb**^{1} (~**Zb**^{2}) **T**^{t} *ἐλ-* **OAd** (cf. 3, 711, 1178, 1186, 1622) ‖ **235** *τῆς ἀθανάτης* **Rw** *ἀθανάτου* **SaΛ** (cf. *τοῦ ἀπόλλωνος* **Zm**^{g}**T**^{tg}) *ἀθανάτους θεοὺς* Seyffert (unde *ἀθάνατον θεὸν* Kinkel), *ἀθανάτους θεοῦ* Wecklein; *ἀθανάτας θεοῦ* de Artemide intelligo, dea Phoebo saepe a poetis sociata et virginibus propria) ‖ **236** *γένοιμ᾽ ἂν* **MO** *γενοίμην* **CrβMt**^{s}**Zu**^{s} ‖ **237** *παρ* fere **μ** (fort. recte, sed praepositio *παρ* non alibi exstat in Eur.: cf. etiam 1140) *περὶ* **F** | *γυίαλα* **VrφRfχT**^{t} *γυῖα* **A** ‖ **238** *δίρκην* **Mt**^{s}**Zc** ‖ **239** *δέ*] *γάρ* **Θ** (~**Vr**$^{γρ marg}$), cf. Σ *ὁ δὲ ἀντὶ τοῦ γὰρ* (~test.) | *στειχέων* **M**^{1} (~**M**^{2}) ‖ **240** *ἄρης μολών* transp. **A**^{ac} (~**A**^{1pc}), *μολὼν* om. sch. Hephaest. (~Hephaest.)

αἷμα δάιον φλέγει
τᾷδ' — ὃ μὴ τύχοι — πόλει·
κοινὰ γὰρ φίλων ἄχη,
κοινὰ δ', εἴ τι πείσεται
ἑπτάπυργος ἅδε γᾶ,
Φοινίσσᾳ χώρᾳ. φεῦ φεῦ.
κοινὸν αἷμα, κοινὰ τέκεα
τᾶς κερασφόρου πέφυκεν Ἰοῦς·
ὧν μέτεστί μοι πόνων.

ἀμφὶ δὲ πτόλιν νέφος ἀντ. β
ἀσπίδων πυκνὸν φλέγει
σχῆμα φοινίου μάχας,
ἃν Ἄρης τάχ' εἴσεται,
παισὶν Οἰδίπου φέρων
πημονὰν Ἐρινύων.
Ἄργος ὦ Πελασγικόν,
δειμαίνω τὰν σὰν ἀλκὰν
καὶ τὸ θεόθεν· οὐ γὰρ ἄδικον
εἰς ἀγῶνα τόνδ' ἔνοπλος ὁρμᾷ {παῖς}
ὃς μετέρχεται δόμους.

244–245 $\Sigma^{\text{Mosch.}}$ 629 et 768

242 τᾷδ' **M^{2}Crδ RfMtZT^{t}** τᾷδε **BV^{pc}GAbVrRwALZcZm** τάδ' **μZu** τάδε **V^{ac}CRγ** τῇδ' **Sa** τῇδε **χ Zb** om. **F** | τύχῃ **μSaMt^{ac}** τύχοι ποτὲ **LZ^{2γρ}ZbZm** (cf. 571) τύχῃ ποτὲ **CrZm^{s}** ‖ **244** πείσεται **φT^{t}** (πήσ- **Sa**) πείσετ' **V^{1}Cϰ** πείσεθ' **V^{2}A^{s}** rell. (πήσ- γ), $\Sigma^{\text{Mosch.}}$ 629, 768 [Π^{20}] ‖ **245** ἑπτάπυργος **V^{1}** (∼**V^{2}**) ἁπτά- **L** ἑπτάπυλος **ZT^{tg}** (∼Π^{20}, test.) | ἅδε **MB^{1}** (∼**B^{2}**) ἥδε **CrβSa^{s}AaRf^{1c}L** (om. **Rf^{ac}**) (∼Π^{20}, test.) | γᾷ **VFMt** γῇ **R^{s}ZZbZu^{s}** γαῖα **βSaAaL** γαία **Rf** (∼test.) [Π^{20}] ‖ **246** φοίνισσα χώρα **CrG^{1}γδ^{ac}ϰL** (∼**G^{2}δ^{pc}**), $^{γρ}\Sigma$ φοίνίσσα χώρα **Rw** φ]οι̣ν̣ι̣ssασα . .[Π^{20} (duae ultimae litt. fort. πτ) ‖ **247** τέκνα **CrSaMt^{g}Λ** (∼**L^{2}**) [Π^{20}] ‖ **248** κερασφόρους **γ** (∼**Mn^{pc}**) [Π^{20}] ‖ **249** μέστεστί **O** [Π^{20}] ‖ **250** δὲ γὰρ **Rf**, cf. Σ ὁ δὲ ἀντὶ τοῦ γὰρ [Π^{20}] | πτόλιν **Π^{20}MBR** (et lecythion vol. Tricl.), sicut coni. Heath πόλιν **T^{t}** rell. ‖ **251** ποκνὸν **V^{ac}** (∼**V^{1pc}**) ‖ **252** σῆμα **GAa^{γρ}** (∼**G^{γρ}**), cf. $^{p}\Sigma$ σχῆμα καὶ σημεῖον, **M^{g}** σύμβολον, unde σῆμα coniecerat Heimsoeth | φονίου **μGMn FMt^{ac}** (vel **Mt^{pc}**) **χ** | μάχας Blaydes μάχης **Ω** ‖ **253** οἴσεται **CrG^{1c}AbβRwχZ^{s}Zb** (∼**G^{ac}Rw^{s}**) et οἴσεται et εἴσ- expl. $\Sigma^{\text{Thom.}}$, εἴσ- (ab οἶδα vel ab εἶμι) expl. Σ ‖ **255** ἐρινύων **μBCSVr^{ac}Aaϰ** ἐριννύων **Vr^{pc}** rell. ‖ **257** τᾶν· σᾶν **M^{γρ}** τὴν σὴν **R^{s}γχ Zu^{s}** | ἀλκὴν **R^{s}Zu^{s}** ‖ **258** (καὶ om.) τὸ θεόθεν τ' **T^{t}** ‖ **259** τόνδε **μZb^{ac}** (∼**Zb^{1pc}**) | ἔνοπλον **B^{1γρ}VCα** (∼**R^{1pc}**) **ϰ** (∼**Mt^{pc}**) **L** ἐν ὅπλοις **ZbZcZuAd** | ὁρμᾶται **CrZZb** | παῖς del. Tricl., quem secutus ὁρμᾶθ' vel ὡρμᾶθ' Bothe, ὁρμᾷ γ' Schoene (sed hiatum iniuria susp. viri docti) retento παῖς **260** ὃς del. Battier (ὁρμᾷ nomen dat. ratus), quem secutus ὁρμῶν / παῖς μετ. vel potius ὁρμᾷ / καὶ μετ. Hartung

ΠΟΛΥΝΕΙΚΗΣ

τὰ μὲν πυλωρῶν κλῇθρά μ᾽ εἰσεδέξατο
δι᾽ εὐπετείας τειχέων ἔσω μολεῖν·
ὃ καὶ δέδοικα μή με δικτύων ἔσω
λαβόντες οὐκ ἐκφρῶσ᾽ ἀναίμακτον χρόα.
ὧν οὕνεκ᾽ ὄμμα πανταχῇ διοιστέον
κἀκεῖσε καὶ τὸ δεῦρο, μὴ δόλος τις ᾖ.
ὡπλισμένος δὲ χεῖρα τῷδε φασγάνῳ
τὰ πίστ᾽ ἐμαυτῷ τοῦ θράσους παρέξομαι.
  ὠή, τίς οὗτος; ἢ κτύπον φοβούμεθα;
ἅπαντα γὰρ τολμῶσι δεινὰ φαίνεται,
ὅταν δι᾽ ἐχθρᾶς πoὺς ἀμείβηται χθονός.
πέποιθα μέντοι μητρί, κοὐ πέποιθ᾽ ἅμα,
ἥτις μ᾽ ἔπεισε δεῦρ᾽ ὑπόσπονδον μολεῖν.
ἀλλ᾽ ἐγγὺς ἀλκή – βώμιοι γὰρ ἐσχάραι
πέλας πάρεισι –, κοὐκ ἔρημα δώματα·
φέρ᾽ ἐς σκοτεινὰς περιβολὰς μεθῶ ξίφος
καὶ τάσδ᾽ ἔρωμαι τίνες ἐφεστᾶσιν δόμοις.

Actio: **261** Polynices gladio destricto e rure per eisodum sinistram procedit, in omnes partes se vertens || **269** ad strepitum inanem expavescit || **274** frontem regiae, aram, chorum aspicit et gladium in vaginam recondit

261 Tzetz. carm. 21c, 139 (Prol. de com. I 1A, 106 Koster) || **262–263** cf. *Π*^{a} col. 6, 35 (Favor. de exilio 7) || **262** Apoll. Dysc. GrGr II 1, 205, 1 Schneider–Uhlig || **264** *οὐκ ἐκφρῶσ᾽*] Philoxen. fr. 16 Theodoridis (= *Σ* 264); (?) Phot. lex. II 36 Naber || **266** sch. rec. Ar. Aves 348 (218 II 50 Dübner) et 424 (220 I 35); cf. Sen. Phoen. 492 || **267–268** *Σ* 274 || **270–272** cf. Sen. Phoen. 477 || **270–271** cf. Greg. Niceph. hist. Byz. 13, 2 || **272** cf. Stat. Theb. 7, 511; TrGF adesp. F 665, 1–2

Codd.: ***Π***^{13} **(280–)**; **ω = MOAdBVC, CrG, *Θ* = AbRMnSVr, *φ* = FSa, *Ψ* = AaPRfRw, *Ξ* = AMtXXaXb, *Λ* = LZZbZcZmZuT**^{t}

261 *κλῇθρά* fere **MOBC*ε*** *κλεῖθρα* fere rell., Tzetz. | *εἰσεδέξαντο* **R**^{s}**F**^{cs}**SaAa** (~**Aa**^{1c}, Tzetz.) || **262** *εὐεπείας* fere ***γ*** (~*γ*^{s}, Apoll. Dysc.) | *ἔσω* ***μ*SRfZb**^{1} *εἴσω* **Zb**^{2} rell. (ante *τειχέων* transp. **SaP**^{ac}**Xa**), Apoll. Dysc. || **263** *μή με*] *μήτε* ***μ*** (~**M**^{γρ}) | *εἴσω* ***φ*Rw** || **264** *οὐκ ἐκφρῶσ᾽* Bergk, Dindorf *οὐκ ἐκφρῶσιν* ^{γρ}*Σ*^{BV} (= Philox.), (?) Phot. *οὐ μεθῶσ᾽* ***μ*T**^{t} *οὐ μεθῶσιν* rell. || **265** *πανταχοῦ* **B**^{2s}***ε*Mt**^{pc}***χ*T**^{t} *πανταχοῖ* van den Es | *διοικτέον* **Ab**^{1} (~**Ab**^{2γρ}) || **266** *τὸ* om. **R** (~test.) | *δόλιος* **S** (~test.) || **267** *τῷδε* om. **S** *τῶδε τῶ* **V** (~**gE**, *Σ* 274) || **268** *θάρσους* **B**^{3s}**Rw** *θάρρους* ***χ***^{g}, fort. **B**^{1s} (~**gE**, *Σ* 274) || **269** *ἤ* **MBCr*Θ*SaMtZZcZu**^{ac}, *Σ* *ἦ~* **Rw** om. **A** (~**gB**) | *φοβούμεσθα* **F** (~**gBgE**) || **270** *γὰρ τοῖς τολμ.* ***φ*Rw** (~***Γ***) || **271** *ἔχθρας* **OV**^{1}**CPA**^{pc} (~**V**^{2}**A**^{ac}, ***Γ***, Greg.) *ἐχθρὰς* **M** *ἔχθρᾶς* **Aa**^{ac} (~**Aa**^{1c}) | *πῶς* **P** (*ποὺς* plerique) *τις* **gE** (~**gVgB**, Greg.) | *ἀμείβεται* **Zb**^{ac}, **gBgE** (~**Zb**^{1pc}, **gV**, **gB**^{pc}, Greg.) | *χθονιός* **gV** || **272** *μὲν τῇ μητρὶ* **Rw** || **275** *πάρεισιν οὐκ* **Rf** *πάρεισιν κοὐκ* ***χ*** || **276** *εἰς* fere ***μ*Cr*γΨ*** || **277** *καὶ* om. **C**^{ac} | *ἔρομαι τίνες* **OV**^{2} (*ἔρρω-* **V**^{1})

ξέναι γυναῖκες, εἴπατ', ἐκ ποίας πάτρας
Ἑλληνικοῖσι δώμασιν πελάζετε;
ΧΟ. *Φοίνισσα μὲν γῆ πατρὶς ἡ θρέψασά με,*
Ἀγήνορος δὲ παῖδες ἐκ παίδων δορὸς
Φοίβῳ μ' ἔπεμψαν ἐνθάδ' ἀκροθίνιον.
μέλλων δὲ πέμπειν μ' Οἰδίπου κλεινὸς γόνος
μαντεῖα σεμνὰ Λοξίου τ' ἐπ' ἐσχάρας,
ἐν τῷδ' ἐπεστράτευσαν Ἀργεῖοι πόλιν.
σὺ δ' ἀντάμειψαί μ', ὅστις ὢν ἐλήλυθας
ἑπτάστομον πύργωμα Θηβαίας χθονός.
ΠΟ. *πατὴρ μὲν ἡμῖν Οἰδίπους ὁ Λαΐου,*
ἔτικτε δ' Ἰοκάστη με, παῖς Μενοικέως·
καλεῖ δὲ Πολυνείκη με Θηβαῖος λεώς.
ΧΟ. *ὦ συγγένεια τῶν Ἀγήνορος τέκνων,*
ἐμῶν τυράννων, ὧν ἀπεστάλην ὕπο·
— γονυπετεῖς ἕδρας προσπίτνω σ', ἄναξ,
τὸν οἴκοθεν νόμον σέβουσα·
ἔβας ὦ χρόνῳ γᾶν πατρῴαν.

Actio: **293** procumbunt virgines, deinde e regia Iocastam evocant

283–285 Andr. Lopad. lex. Vind. *ε* 141 || **283** et **285** sch. Od. 12, 181; Eust. 236, 36f.

ἔρωμ' αἵτινες fere **B**^{2}**FAa** *ἔρωμαι αἵτινες* **Zm** *ἔρωμαι καὶ τίνες* **G** *ἔρωμαι τὰς* **V**^{2s}**F**$^{c\gamma\varrho}$**SaP***ε***L**^{1}**ZbT**^{t} (~**L**^{2}) | *ἐφεστᾶσιν* ***μ*****BΞL**^{2} *-ᾶσι* **VCCrGΘFAa***ζ* *-ώσας* fere **V**^{2s}**P***ε***ZbT**^{tpc} *-άσας* **L**^{1}**T**^{tac} *ἐφεστίους* **Sa** | *δόμους* **G***χ***L**

278 *ξεῖναι* *χ***T**^{t} || **279** *ἐλληνικοῖσιν* **MAd** *-κοῖς* **A** | *δώμασιν* **AdBXT**^{t} *-ασι* rell. (*δόμοισι* **CrRwZm**) | *προσπελάζετε* **L** || **280** *γῆ* om. **V**^{1}, add. **V**^{2} [***Π***^{13}] || **281** *δὲ παῖς* **CL** [***Π***^{13}] | *δουρὸς* **Z** (~***Π***^{13}) || **282** *ἔπεμψεν* **V** [***Π***^{13}] | *ακροθειινιον* ***Π***^{13} || **283** *μέλλει* **Ab**^{1} (~**Ab**^{2s}, test.) [***Π***^{13}] | *πέμπει μ'* **M**^{ac} (~**M**^{1pc}) *πέμπειν* **CrMn** *με πέμπειν* transp. **Rf** (~***Π***^{13}, test.) | *οἰδίπους* ***Π***^{13}**Ab**, Andr. Lopad. (~sch. Od., Eust.) | *κλεινοῦ* **R**^{s}**Aa**^{1}**Mt**^{s}*χ*^{s}**Zb**^{cs} (~**Aa**^{3}***Π***^{13}, test.) | *γόνου* **B**^{2s}**R**^{s}**Aa**^{s}**Mt**^{s}*χ*^{s}**Zb**^{cs}, fort. **L**^{1} (~**L**^{2}***Π***^{13}, test.) || **284** *σεμνὰ* om. Andr. Lopad. et omittere coepit **Rw**^{ac} | *λοξ]ιο.* (fort. *]ιος*) ***Π***^{13} *λοξία* Andr. Lopad. | *ἐσχάραις* **CrAaRf**, Andr. Lopad. [***Π***^{13}] || **285** *ἐν τῇδ'* **Vr**$^{\gamma\varrho}$ (~test.) [***Π***^{13}] | *ἀργείων* **M**^{1} (~**M**^{2s}***Π***^{13uv}, test.) *ἀργεῖαν* **O** | *πόλει* **RVr**, Eust. (~**Vr**^{s} ***Π***^{13}, test. alia) || **286** *ἀντίμειψαί μ'* fere **MO** *ἀντάμειψον μ'* **P** *ἀντάμειψ'* **Rw**^{ac}**Z** (~**Rw**^{pc}**Z**^{2s}, **gB**) [***Π***^{13}] | *ἐλήλουθας* **MAdRw** (~***Π***^{13uv}, **gB**) || **288** Pol. notam om. **P**^{1}**Zb**^{1}, suppl. **P**^{2}**Zb**^{2} | *ἡμῖν* om. *γ* (~**Mn**^{2}***Π***^{13uv}) || **290** *πολυνείκην* ***Π***^{13}***Ω*** (cf. ad 72) | *θηβαῖοι* **Ab**^{1} (~**Ab**^{2}***Π***^{13}) | *λαὸς* **Cr**^{g}**Sa**^{s}**Aa**^{g}**RfZu**^{s}, fort. **Zb**^{1} (~**Zb**^{2}***Π***^{13}) || **291–292** om. ***Π***^{13}, spurios iud. Haslam || **291** *ξυγγένεια* **Mn**^{s}***Ψ*** **ZZu** || **292** *ὧν* om. **G** | *ὑπεστάλην* **CSa**^{ac}**P** || **293** paragraphum addidi, 291–292 coryphaeo, 293sqq. choro tribuens | *γονυπετεῖ σ'* **Ab***β***SaRw***ϰ* | *προσπίτνω σ'* Dindorf *-πιτνῶ σ'* fere ***Ω*** (*-πιτνεῖ σ'* **Rw**, corr. **Rw**^{s}) *προσπιπτω σ'* ***Π***^{13} (cf. 924, 1415, 1429, 1433, 1472) || **294** om., in marg. suppl. **Rf**^{1} | *σεβίζουσα* **F** *-άζουσα* **Sa** *σέβουσ'* (post Hartung et Dindorf) Murray (~***Π***^{13}, **gE**) || **295** *ἔβας* semel **M**$^{\gamma\varrho}$**BG**^{ac} **F**^{1}**LZbZm** et spatium huic convenit ***Π***^{13} bis **B**$^{\gamma\varrho\,marg}$**G**^{1pc}**F**^{c} rell. | *ὦ* Hermann *ὦ* codd. plerique (*ᾧ* **V**^{ac}, *ἐν* **F**^{1}, corr. **F**^{c}) om. *ϰ* *ὦ πολυνείκη* **CrLZ**^{2s}**ZbZmZu**^{2s} (~***Π***^{13}) | *γᾶν* om. **Ad** *γῆν* ***φ*** *γαῖαν* **L** [***Π***^{13}]

ἰὼ ἰώ· πότνια, μόλε πρόδομος,
ἀμπέτασον πύλας.
κλύεις, ὦ τεκοῦσα τόνδε μᾶτερ;
τί μέλλεις ὑπώροφα μέλαθρα περᾶν
θιγεῖν τ᾽ ὠλέναισ⟨ι⟩ τέκνου;

ΙΟ. *Φοίνισσαν βοὰν*
κλύουσ᾽, ὦ νεάνιδες, γηραιῷ
ποδὶ τρομερὰν ἕλκω {ποδὸς} βάσιν.
ἰὼ τέκνον, χρόνῳ σὸν ὄμ-
μα μυρίαις τ᾽ ἐν ἁμέραις
προσεῖδον· ἀμφίβαλλε μα-
στὸν ὠλέναισι ματέρος,
παρηίδων τ᾽ ὄρεγμα βο-
στρύχων τε κυανόχρωτα χαί-
τας πλόκαμον, σκιάζων δέραν ἁμάν.

Actio: **301** audito clamore lente egreditur Iocasta || **304** filium aspicit et amplectitur

297 Philostr. vit. soph. 573; Georg. Lacap. ep. 22 (143, 5–6 Lindstam) || **306–307** cf. (?) Ar. Ran. 1322 et Tzetz. ad loc. (IV 3, 1073 Koster)

Codd.: ***Π*^{8} (306–309), *Π*^{13} (–298); *ω* = MOAdBVC, CrG, *Θ* = AbRMnSVr, *φ* = FSa, *Ψ* = AaPRfRw, *Ξ* = AMtXXaXb, *Λ* = LZZbZcZmZuT^{t}**

296 Pol. notam praef. **Mn** | *ἰὼ* semel **BG^{ac}F*Ξ Λ*** (~**G^{1pc}**) [***Π*^{13}**] (spatium ca. 16 litt. ante]*λεπροδρομος* ***Π*^{13}**, quod *ιω* quater vel *ιωιω* cum *μολε* bis vel simili conveniat) | *μόλε μόλε* **G** | *πρόδρομος* ***Π*^{13}M^{1}CCrGSF^{1}*Ψ χ*** (cf. ***χ*^{g}** *ἔξω δραμοῦσα*) (~**M^{2}F^{c}Aa^{3}P^{1pc}X^{pc}Xa^{pc}**) || **297–298** inter *προδρομος* et *ματερ* textum breviorem quam codd. hab. ***Π*^{13}** (spatium ca. 18–20 litt.); 297 non habuisse ***Π*^{13}** coni. et spurium iud. Haslam || **297** *ἀμπέτασον* **V**, sicut coni. Hermann et Seidler *ἀναπ-* rell., test. [***Π*^{13}**] | *τὰς* ante *πύλας* add. test. || **298** *τῶνδε* **VCr** [***Π*^{13}**] | *μῆτερ* (compend.) **P** (~***Π*^{13}**) || **299** *μέλεις* **AdC** | *ὑπάρροφα* **V^{1}** (~**V^{2}**) || **300** *θιγεῖν* scr. Hermann (monente G. H. Schaefer ad Soph. OC 470) *θίγειν* ***Ω*** | *ὠλέναισι* (etiam *-αισιν*) Hermann (iam *ὠλέναισι ⟨σαῖσιν⟩* Seidler; cf. *ὠλέναισι τέκνου ⟨σέθεν⟩* Dindorf) *-ναις* ***Ω*** (quo recepto *τέκνου ⟨φιλτάτου⟩* Wecklein) *-νας* **Ab^{2s}** (sicut coni. Reiske) || **301–302** *φοίνισσαν βοᾶν κλύουσ᾽ ὦ νεάνιδες* fere ***μ*Cr** (*βοὰν* **Cr^{pc}**) (*φοίν. βοὰν κλ.* etiam ^{p}*Σ*^{MVC} [*βοᾶν Σ*^{V}]) *φοίνισσαν ὦ νεάνιδες βοὰν ἔσω δόμων κλύουσα τῶνδε* fere rell. (*βοᾶν* **V^{ac}AbAaMt^{ac}**; *τῷδε* **ZZb^{γρ}Zm** [~**Z^{γρ}Zm^{γρ}**]) (*φοίν. ὦ νεάν.* etiam ^{le}*Σ*^{MVC}) || **302–303** *γηρεῷ ποδὶ τρ. ἕ. ποδὸς β.* **M^{1}AdP^{2γρ}Rw^{pc}** *γηραιῷ τρ. ἕ. ποδὶ β.* **Rw^{ac}** (*γηρεῷ*) ***χ*** *γήρᾳ τῷ παιδὶ τρ. ἕ. ποδὸς β.* **O** *γήρᾳ τρ. ἕ. ποδὸς β.* **R^{γρ}*β δ*Zu^{γρ}, gE** | *ποδὸς* del. Kirchhoff; si dochmiacum in 303 requiras, fort. legendum *ποδὶ τρομὰν* (post Wecklein Jackson) *⟨ἐξ⟩έλκω* (Herwerden) *βάσιν* (cr + dochm) || **304** *ὦ* **VCG*φ*** (~**F^{c} Sa^{marg}**) **AaRw*Ξ*LZbZm** || **305** *ὄμμα* om. **S**, add. **S^{s}** | *μυριαῖσιν* **Zm** (~**gB**) | *τ᾽* om. **BVCG*φ*Rw*Ξ*LZb^{1uv}** (~**Zb^{2}**) **Zm** (~**gB**) || **306** *ἀμφίβαλε* **VCCr*φΨ*Mt^{ac}*χ Λ*** || **306–307** *μασθὸν* **ZZbZu** || **307** *ματρὸς* **Ab*β*AZcZu** (~***Π*^{8}**) *μρς* ***δ*Z** || **308** *παρηίδος* **Sa** [***Π*^{8}**] | *ἔρεγμα* **Ab** *ὄρυγμα* **Sa** (~***Π*^{8}**) || **308 bis** *βόστρυχον* **R^{s}** (sicut coni. Reiske) *δὸς τριχῶν* (inter alia) Camper (*βοστρυ*[***Π*^{8}**) | *τε* om. **Sa** et del. Hartung [***Π*^{8}**] |

ἰὼ ἰώ, μόλις φανεὶς
ἄελπτα κἀδόκητα ματρὸς ὠλέναις.
τί φῶ σε; πῶς ἁπάντᾳ
καὶ χερσὶ καὶ λόγοισι
πολυέλικτον ἁδονὰν
ἐκεῖσε καὶ τὸ δεῦρο
περιχορεύουσα τέρψιν παλαιᾶν λάβω χαρμονᾶν;
ἰὼ τέκος,
ἔρημον πατρῷον ἔλιπες δόμον
φυγὰς ἀποσταλεὶς ὁμαίμου λώβᾳ,
ἦ ποθεινὸς φίλοις,
ἦ ποθεινὸς Θήβαις.
ὅθεν ἐμάν τε λευκόχροα κείρομαι
δακρυόεσσ᾽ ἀνεῖσα πένθει κόμαν,

Actio: **312** amplexu laxato circum filium saltat et manibus permulcet

314 *πολυέλικτον*] Hsch. *π* 2848 ‖ **322** *Σ* 371

κυανόχρωτα **ωVr** *-οχρῶτα* fere **V**^{2} rell. ‖ **309** *χαίτης* **AaRfζ** *χαίταν* **Vr**^{s} *χαιταις* ***Π***^{8} (sicut coni. Brodaeus in ed. Hervag. tertia) [**R**] | *κυανόχρωτι χαίτας πλοκάμῳ* post Geel Hartung (deleto *τε*) et Fritzsche (retento *τε*) (]*ρωταχαιταιςπλοκ*[***Π***^{8}) | *σκιάζω* **C** *σκιάζονται* **Ad** (*σκιάζοντ᾽* coni. Pearson) [***Π***^{8}] | *δέρην* **χ**^{s} **ZZcT**^{t} (∼***Π***^{8}) | *ἁμὰν* scr. Wecklein (de spiritu vide Apoll. Dysc. pronom., Gr. Gr. II 1, 1, 112, 3–14, et sch. Il. 6, 414b, c Erbse) *ἀμὰν* **μ** *ἐμὰν* ***Π***^{8} rell. (*-ὴν* **Vrφχ**^{s} **Zc**) | *σκ. δ. ἀμ./ἐμ.* hoc ordine ***Π***^{8} ***Ω***, quam clausulam e cretico et spondeo confectam dubitanter retinui coll. Tro. 283, 286, Her. 899, 909; metri gratia *σκ. ἀμ. δ.* transp. Kirchhoff, *δ. σκ. ἀμ.* Fritzsche (cf. 334)

310 *ἰὼ* semel **CrγδRfχZZbZu** | *μόγις* **δZZcZuT**^{t} (∼**T**^{tg}) ‖ **311** *ἄελπα κἀδ-* **OαMnLZm** *ἄελπτα δ᾽ ἀδ-* **Rw** *ἄελπτ᾽ ἀδ-* **CrG** | *μρς* **SAZ** | *ὠλέναιν* **Ad** ‖ **312** *σε* del. Hartung | *ἁπάντᾳ* Wecklein *ἅπαντα* ***Ω*** ‖ **313** *λόγοισι⟨ν⟩* Fritzsche *κόμαισι* **Gχ** *-αισιν* **T**^{t} *-ησι* **L**^{2} *-οισι* **Aa**^{2} (cf. Hec. 837 *καὶ χερσὶ καὶ κόμαισι καὶ ποδῶν βάσει*) ‖ **314** *-έλικτόν θ᾽* **Rw** | *ἡδονὰν* **CrGMn**^{1} (∼**Mn**^{2s}) **φPκΛ** ‖ **316** *περιχωρ-* **Aa X**^{ac}**XaZb**^{1} (∼**Zb**^{2}) *παραχορ-* **RRw** | *τρέρψιν* **L** ‖ **316–317** *παλαιᾶν . . . χαρμονᾶν* **M**^{2}**B**^{3}**V**^{2}**CrGFAaRfχT**^{t} (cf. *-ῶν . . . -ῶν* **Sa**^{s}**Mt**^{s}**χ**^{s}) *-ᾶν . . . -ὰν* **Mt** *-ὰν . . . -ὰν* **ωαMnSaPAλT**^{ts} *-ὰν . . . -ὴν* **S** *-ᾶς . . . -ᾶς* **Vr** (*παλαιᾶς* etiam **Ab**^{1s}**Ab**^{2γρ}**R**^{s}) *-ῆς . . . -ῆς* **Rf**^{s} *παλαιὰν . . . ἡδονὰν* **Rw** (*-ᾶν . . . ἡδονᾶν* **Rw**^{s}) *Σ* conflatum et gen. et accus. spectat ‖ **317** post *τέκος* (*τέλος* **Rw**) add. *ἐμὸν τέκος* **RAaε** ‖ **319** *ὁμήμου* **O** ‖ **319–320** *ὁμαίμου . . . φίλοις* om. **A**, tantum *ἦ . . . φίλοις* suppl. **A**^{r} (*φίλοις ἦ ποθεινὸς* post *ποθεινὸς* 321 s. l. scr.) ‖ **320–321** *ἢ . . . ἢ* **VZc** *ἦ̀ . . . ἦ̀* **Aa** *ἦ . . . ἢ* **CA**^{r} | *φίλος* **C**^{ac} ‖ **322** *τε* om. **Zc** | *λευκρό-* **L** *-χροαν* *Σ*^{MC} 371 (∼*Σ*^{V}; *-χρο* *Σ*^{B}) *-χρωα* **ZZm**^{ac} | post *κείρομαι* add. *χαίταν* *Σ* 371 ‖ **323** om. **S** | *δακρυόεσσ᾽ ἀνεῖσα πένθει* post Valck. Hermann et Dindorf e *Σ*; sed valde dubium quo sensu *ἀνεῖσα* accipiendum sit *δακρυόεσσ᾽ ἀεὶ πενθήρη* Hartung (1837), cf. Tro. 141 *δακρυόεσσαν ἱεῖσα πενθήρη* fere codd. (*-εσαν* **MC**, *-εσσα* **FP** et inter alia *Σ*; *ἰεῖσα* **MAdBVCrMnRwZc**, *ἱείσαν* **C**; *πενθήρα* **Rw**) et *Σ* alter *-εσσαν εἰς σ᾽ ἀπένθη* et *-εσσαν εἰς σὰ πένθη* (inter alia) *Σ* | *κόμην* **VΘAaε**

ἄπεπλος φαρέων λευκῶν, τέκνον,
δυσόρφναια δ᾽ ἀμφὶ τρύχη τάδε
σκότι᾽ ἀμείβομαι.
ὁ δ᾽ ἐν δόμοισι πρέσβυς ὀμματοστερὴς
ἀπήνας ὁμοπτέρου τᾶς ἀπο-
ζυγείσας δόμων
πόθον ἀμφιδάκρυτον ἀεὶ κατέχων
ἀνῇξε μὲν ξίφους ἐπ᾽ αὐ-
τόχειρά τε σφαγὰν ὑπὲρ
τέραμνά τ᾽ ἀγχόνας, στενά-
ζων ἀρὰς τέκνοις.
σὺν ἀλαλαῖσι δ᾽ αἰὲν αἰαγμάτων
σκότια κρύπτεται.
σὲ δ᾽, ὦ τέκνον, καὶ γάμοισι δὴ κλύω

325–326 Georg. Lacap. ep. 24 (153, 16–17 Lindstam) ‖ **325** *δυσόρφναια*] Hsch. *δ* 2632; Phot. lex. *δ* 838 Theodoridis; Suda *δ* 1670; synag. lex. chr. Anec. Bachmann 203, 20 | *ἀμφὶ τρύχη*] Hsch. *α* 4131; Phot. lex. *α* 1372 Theodoridis; Suda *α* 1778; synag. lex. chr. XIII ii 6 Boysen; synag. lex. chr. Anec. Bachmann 81, 26 ‖ **332** Andr. Lopad. lex. Vind. *α* 80 ‖ **335** cf. Eust. 494, 15

Codd.: ***Π***^{8} (**337–342**), ***Π***^{13} (**337–351**); ***ω*** = **MOAdBVC, CrG**, ***Θ*** = **AbRMnSVr**, ***φ*** = **FSa**, ***Ψ*** = **AaPRfRw**, ***Ξ*** = **AMtXXaXb**, ***Λ*** = **LZ** (**–333**) **ZbZcZmZuT**^{t}

324 *ἄπεπλος δὲ* Fritzsche (una cum *τἀμφιτρυχῆ* 325) et Schoene (*ἄρ᾽ ἀμφὶ τρύχη* 325) | *τέκνων* **R**^{ac}**PZ**^{ac}**Zc**^{s} ⟨*ὦ*⟩ *τέκνον* Dindorf | *λευκῶν φαρέων ἄπεπλος, τέκνον* transp. Hermann ‖ **325** *δυσόρφνεα* **PT**^{t}, Hsch. (~ test. alia) | *τ᾽* **P**^{ac} (~**P**^{1pc}), sicut coni. Wakefield, alii | *ἀμφιτρύχη* **MOC*Θ*FRfL** (~*Σ*) *ἀμφιτρυχῆ* vel *-τρυγῆ* fere test. *ἀμφὶ τρίχη* **T**^{t} *ἀμφιτρίχη* **G*χ*** (***χ***^{g} *τὰ τρίχινα*) | *τὰ δὲ* **M**^{1} (~**M**^{2}) | post *ἀμφὶ τρύχητα δ᾽* (vel *ἀμφιτρύχημα*) add. *ἱμάτια* Georg. Lacap. ‖ **326** *σκότι᾽* **VrP RfT**^{t} et vol. **S**, Georg. Lacap. *σκότει᾽* **Aa**^{1}**ZZcZu** *σκότια* fere **Aa**^{3} rell. (*-τία* **C** et fort. **Rw**; *-τεια* **R**) ‖ **327** *ὧδ᾽* **V**^{ac} (~**V**^{1pc}) | *δώμασι* ***Θ*** (*δόμ-* **Ab**) | *ὀμματοστε-ρεῖς* **P** ‖ **328** *ἀπήνης* **Rw** | *τὰς* **MV**^{1} (~**V**^{2}) **C*αγ*AaRw**^{ac} ‖ **328–329** *ἀποζυγείσης* **P RwZZb**^{s}**Zu**^{s} *ἀπὸ ζυγίας* **C** (*ἀπὸ* etiam **FZu**) *ὑποζυγείσας* **Xa** ‖ **329** *δόμον* **Ab**^{ac}**S** (~**Ab**^{1c}**S**^{s}) ‖ **330** *-δάκρυτα* **L**^{1} (~**L**^{2}) *-δάκρυτος* **Mt**^{ac} | *ἀεὶ* **SaAa*εϰ*ZZcZu** *αἰεὶ* rell. ‖ **331** *ἀνῇιξε* **B** *ἀνήϊξε* ***Θ*Sa*Ψ*Zm**^{r} | *ξίφος* **O*φδ*** (~**Aa**^{s}), fort. **Mn**^{ac} ‖ **332** *σφαγά* Andr. Lopad. *σφαγὴν* **CrLZb**^{c} *σφάγαν᾽* **C** *φάσγανον* **P**^{1} (*φασγὰν* **P**^{2}, vol. *σφαγὰν*) ‖ **333** *τέραμνά* fere **MAdBC*δ*RwLZbZcZuT**^{t} *τέρεμνά* rell. | *γ᾽* **Sa** | *ἀγχόναν* **G** ‖ **334** *ἀρᾶς* ***γ*FRw** | *τέκνοις ἀρὰς* transp. ***α*** | metri gratia *τέκνοισιν* post Wilam. Stinton, BICS 22, 1975, 93 vel (aliter divisis 331–334) ⟨*ἀραίας*⟩ *τέκνοις* Hermann, ⟨*ἀτηρὰς*⟩ *τέκνοις* Weil; cf. 309 ‖ **335** *ἀλαλαῖσι* ***μ*B**^{1}**CG*α*Vr*χ*L**^{2} (*ἀλαλαῖς* in paraphr. Eust.) *ἀλαλαλαῖσι* **Rf**^{ac} *ἀλαλαγαῖσι* fere **B**^{3}**VCr**^{pc}**Mn*φ*AaP**^{1pc}**Rf**^{pc} **Rw*ϰ*X**^{pc}***ζ*** (*ἀλλαλαγ-* **ZbZc**^{pc}**Zm**) *ἀλλαλαγαῖς* **T**^{t} *ἀλλαγαῖσι* **Cr**^{ac}**SZe**^{ac} [**P**^{ac}**L**^{1}] ‖ **335–336** *δ᾽ αἰαγμάτων σκοτ.* (*αἰὲν* om.) **BVCGAb*βφϰ*** (~**Mt**^{pc}) *δ᾽ αἰαγ. σκοτ. αἰὲν* **CrL**^{1pc}**ZbZm** *δ᾽ αἰαγ. αἰὲν σκοτ.* **T**^{t} | *αἰάγμάτων* **Ab** *ἀγμάτων* **Mt**^{ac}**Rf**^{ac} (~**Rf**^{1c}) **Ad** *αἰγμάτων* **Mn** *αἰὲναγμ-* vel *αἰαιαγμ-* **L**^{ac} | *σκότια* **PZu** *σκοτίᾳ* ***μ*BVT**^{t} *σκοτία* rell. | *κρύπτηται* **S** ‖ **337** *σὺ* **P** (~***Π***^{13}) [***Π***^{8}] | *τέκνον γε* **T**^{t} | *καὶ* del. Hermann (habet ***Π***^{13}, habuisse vid. ***Π***^{8}) *καινοῖς* Pierson apud Valck. | *γαμοιςηδη* ***Π***^{13}]. . *ῃδη* ***Π***^{8} *γάμησι δὴ* **V**^{1} (~**V**^{2})

ζυγέντα παιδοποιὸν ἁδονὰν
ξένοισιν ἐν δόμοις ἔχειν
ξένον τε κῆδος ἀμφέπειν,
ἄλαστα ματρὶ τᾷδε Λα-
ΐου τε τοῦ πάλαι γένει
γάμων ἐπακτὸν ἄταν.
ἐγὼ δ' οὔτε σοι πυρὸς ἀνῆψα φῶς
νόμιμον ἐν γάμοις
ὡς πρέπει ματέρι μακαρίᾳ·
ἀνυμέναια δ' Ἰσμηνὸς ἐκηδεύθη
λουτροφόρου χλιδᾶς, ἀνὰ δὲ Θηβαίαν
πόλιν ἐσιγάθη σᾶς ἔσοδοι νύμφας.
ὄλοιτο, τάδ' εἴτε σίδαρος
εἴτ' ἔρις εἴτε πατὴρ ὁ σὸς αἴτιος,
εἴτε τὸ δαιμόνιον κατεκώμασε
δώμασιν Οἰδιπόδα·

344–348a Plut. mor. 606F || **344–346** sch. Ap. Rh. 4, 808–809; cf. Sen. Phoen. 505–508 || **344–345** sch.^{M} Aesch. Sept. 101e Smith || **344a** Et. gen. s. v. *δοχμιακός* (Et. magn. 285, 27) || **349** *ἐσιγάθη*] Hsch. *ε* 6214

338 *καὶ* ante *παιδοποιὸν* add. ***φ*** metri gratia ⟨*τὰν*⟩ *παιδ.* Fritzsche (~Π^{13}) [Π^{8}] | *ạδονην* Π^{8} (~Π^{13}) *ἡδονὰν* ***φ*PAζT**^{t} || **339** *δόμοις*] *]ẹις* Π^{8} (~Π^{13}) || **340** *ξένων* ***κ*Vr**^{s} (~Π^{13}) *ξένος* **Rw**^{ac} [Π^{8}] | *δε* Π^{13} [Π^{8}] || **341** *ἄμαστα* **O** (~Π^{13}) [Π^{8}] | *ματρὶ* Π^{13} (*μα[τρι)* **ZcZuT**^{t} *μητρὶ* vel *μρὶ* rell. [Π^{8}] | *τᾷδε* **T**^{t} (sicut coni. post Valck. Heath) *δε* **Mt**^{ac} *τάδε* **Mt**^{pc} rell., $^{i}\Sigma$ [$\Pi^{8}\Pi^{13}$] || **341–342** *Λαΐου τε τοῦ πάλαι γένει* Hermann *Λαΐῳ τε τῷ παλαιγενεῖ* fere $\Pi^{8}\Pi^{13}$ **Ω** (*τε* om. **P** et Π^{8pc}, fort. *ττω* Π^{8ac}; *σῶ* ***β***) || **343** *γάμον* **MOB**^{1}**C** (~Π^{13}, recentissima man. in **B**) *γάμοις* **Aa**^{1} (~**Aa**^{2s}) | *ἐπακτὸν* ***μ*B**^{1} *ἐπακτῶν* **Sa**, recentissima man. in **B** (et fort. **B**^{2}) *ἐπακτὰν* fere rell. (*-τὴν* ***εχ***; *ἐπὶ ἐπακτὰν* **Aa**; *ἐπαμίκταν* **Ab**) [Π^{13}] || **344** *ουδε σοι* Π^{6} (~Π^{13}) *οὔτε σὸς* **Aa**^{1} *οὔτι σοι* **GAa**^{3}***χ*** (***χ***^{g} *οὐδαμῶς*) *σοι οὔτε* Plut. (cum *δὲ* plene scr.) (~test. alia) | *πῦρ ἀνῆψα* (*φῶς* om.) Plut. (~Π^{13}, test. alia) || **345** *γόνιμον* Plut. (~Π^{13}, sch. Aesch., sch. Apoll. Rhod.) | *ἐν γάμοις* om. sch. Apoll. Rhod. (~Π^{13}, Plut., sch. Aesch.) *ἐγγάμοις* fere **MAd** *ἐν γάμοισιν* **G** || **346** *ὡς πρέπει* del. Nauck (hab. Π^{13}) | *ματέρι* Seidler *μ̣[.]τ̣ρ̣ι̣* Π^{13} *ματρὶ* **C*χ*ZbZu** *μητρὶ* vel *μρὶ* **Zu**^{s} rell., sch. Apoll. Rhod. (totum versum om. Plut.) | *μακαριαι⟦ς⟧* Π^{13} || **347** *ἀνυμέναιος* **Cr** (~Π^{13}) | *εκηδευθηισμηνος* transp. Π^{6} (~Π^{13}, Plut.) | *ἰσμ-* **Ω**, Plut. (cf. 57, 101) | *ἐκηδέσθη* **ZcZu** || **348** *λουτροτρόφου* **Zm** (~Π^{13}) | *χλιδῆς* **L** (~Π^{13}, Plut.) | *δὲ* om. **Mt**^{ac} | *θηβαίων* ***φ*Aa** *θηβαίοις* **Ab** (~Π^{13}) || **349** *ἐσιγάσθη* **Cr*γλ*** (~**Zu**^{s}, Hsch.) *εσιγαọς* Π^{13uv} *ἐσιγάθησαν* **B**^{γρ}, $^{γρ}\Sigma^{MVC}$ | *σῆς* **Mt**^{s}***χ*** (~Π^{13}) | *ẹσ̣οδοι̣* Π^{13} (sicut scr. Kirchhoff) *εἴσοδοι* fere ***μ*VC Zm**^{pc} *εἶδος* **L** *εἴσοδος* **V**^{2s}**Zm**^{ac} rell. *ἔσοδος* Hermann et Seidler | *νύμφης* **Mn**^{s}***φ*** **Mt**^{pc}**Xa**^{s}**Xb**^{s} (~Π^{13}) || **350** *ὄλλοιτο* **GSa** *ὄλλυτο* **F**^{1} (~**F**^{c}, **gE**) [Π^{13}] | *σίδηρος* **Θ Mt**^{pc}**XaXb**, **gE** (~Π^{13}) || **350–351** *τάδ' εἴτ' ἔρις εἴτε σίδαρος* transp. **ΨZcZu** (~Π^{13}, **gE**) || **351** *εἴτε* om. **O** (~Π^{13}) | *ὁ πὴρ ὁ* **Rw** (~Π^{13}) | *ὁ* om. **Aa** (~Π^{13}) || **352** *-κώμασεν* **P** || **353** *δώμας* **S** *δόμοισιν* **Aa*ε*** | *οἰδίποδα* **CMt** *οἰδιπόδαο* **GAb*βφ* P*εχ*LZb** (ultima litt. partim erasa) *οἰδιπόδα* (*ος* supra *α*) **Zm**

πρὸς ἐμὲ γὰρ κακῶν ἔμολε τῶνδ᾽ ἄχη.

ΧΟ. δεινὸν γυναιξὶν αἱ δι᾽ ὠδίνων γοναί,
καὶ φιλότεκνόν πως πᾶν γυναικεῖον γένος.
ΠΟ. μῆτερ, φρονῶν εὖ κοὐ φρονῶν ἀφικόμην
ἐχθροὺς ἐς ἄνδρας· ἀλλ᾽ ἀναγκαίως ἔχει
πατρίδος ἐρᾶν ἅπαντας· ὃς δ᾽ ἄλλως λέγει
λόγοισι χαίρει, τὸν δὲ νοῦν ἐκεῖσ᾽ ἔχει.
οὕτω δ᾽ ἐτάρβησ᾽ εἴς φόβον τ᾽ ἀφικόμην
μή τις δόλος με πρὸς κασιγνήτου κτάνῃ,
ὥστε ξιφήρη χεῖρ᾽ ἔχων δι᾽ ἄστεως
κυκλῶν πρόσωπον ἦλθον. ἓν δέ μ᾽ ὠφελεῖ,
σπονδαί τε καὶ σὴ πίστις, ἥ μ᾽ εἰσήγαγεν
τείχη πατρῷα. πολύδακρυς δ᾽ ἀφικόμην
χρόνιος ἰδὼν μέλαθρα καὶ βωμοὺς θεῶν
γυμνάσιά θ᾽ οἷσιν ἐνετράφην Δίρκης θ᾽ ὕδωρ·
ὧν οὐ δικαίως ἀπελαθεὶς ξένην πόλιν
ναίω, †δι᾽ ὄσσων ὄμμ᾽† ἔχων δακρυρροοῦν.

355 cf. Eust. Macremb. (Eumath.) 6, 15, 2 || **356** cf. Alexidem fr. 68 Kock || **357–360** Stob. 3, 39, 22 || **359–360** Lucian. 29, 21 || **360** Herm. Alex. sch. in Plat. Phdr. 227C; Thom. Mag. ecl. voc. att. 140, 13 Ritschl || **363** Π^{a} col. 6, 36 (Favor. de exilio 7) || **364–366** cf. Π^{e} (= TrGF adesp. F 665, 1–2) || **367–370** Π^{a} col. 6, 20–23 (Favor. de exilio 7) || **367** cf. Acc. Phoen. fr. 8 Ribbeck || **368** Plut. mor. 526F; cf. Π^{a} col. 6, 47 (Favor. de exilio 7); Arrian. Epict. diss. 2, 16, 29–31 || **370b** Eust. 432, 12

Codd.: Π^{13} (364–376, 378–); *ω* = **MOAdBVC**, **CrG**, *Θ* = **AbRMnSVr**, *φ* = **FSa**, *Ψ* = **AaPRfRw**, *Ξ* = **AMtXXaXb**, *Λ* = **LZ** (377–) **ZbZcZmZuT**^{t} (–384) **T**^{z} (385–)

354 *κακῶν* om. **S** || **357** *μήτηρ* Stob.* | *ἀφίκομαι* **O**^{ac} (~**O**^{1}) *ἀφικόμαν* *χ* (~Stob.) || **358** *ἐς* om., s. l. suppl. **Sa** *εἰς* **CFPMtLZbZm**, **gB** (~ Stob.) || **359–360** om., in ima pag. suppl. **Rw**; repet. **Cr**^{ac} || **359** post *πατρίδος* add. *δ᾽* **V** (~*Γ*, Stob.) | *πάντας* Stob. *ἅπαντα* **Zu** (~*Γ*) | *ὡς δ᾽* **SMt**^{ac} *ὅ δ᾽* **L**^{1} (~**L**^{2}, *Γ*, Stob.) | *ἄλλο* **F** (~*Γ*, Stob.) || **360** *λόγοισι μὲν* Thom. Mag. ecl.* (~*Γ*, test. alia) || **361** *δ᾽ ἐτάρβησ᾽* **Rw**, sicut coni. Hermann *δ᾽ ἐτάρβουν* Porson *δὲ τάρβος* **Aa**^{3}**Mt**^{ac}**T**^{t} (cf. Σ^{T} = III 129, 27–130, 3 Dindorf) *δὲ τάρβους* **Aa**^{3s}**Mt**^{pc} rell. (*τὲ* **A**) | *ἐς* scr. Matthiae | *τ᾽* fort. om. **C**^{ac}, del. **Aa**^{3} (cf. *Σ περισσὸς ὁ τὲ*) | *ἀμφικόμην* **Ab** || **362** *δόλῳ* **Zb**^{2} **Zu**^{s} | *με* om. *ε* | *θάνῃ* **Zc** || **363** *ξιφήρ᾽ ἔχων* **Sa** | *ἔχειν* Favor. *ἔχω* **Zc** | *ἄστεως* Favor., sicut scr. Dindorf *ἄστεος* *Ω*, **gE** (cf. 842) || **364** *κυκῶν* **R**^{ac} (~**R**^{1pc}) || **365** *σῇ* **MAd** | *εἰσήγαγεν* *μ***FAa***κ***T**^{t} *-ήγαγε* rell. *ἐσ-* Nauck [Π^{13}] || **366** *πολύδακρις* **SL** [Π^{13}] | *δ᾽* om. *γ* *τ᾽* **Aa***ε* [Π^{13}] | *ἀμφικόμην* **Ab** [Π^{13}] || **368** *θ᾽*^{1}] *δ᾽* Plut. (~Π^{13}) [Favor.] | *οἷς* *α* (~Favor.) | *ἀνετράφην* **CrAa**^{2}**Mt**^{pc} (~Favor.) *ἐτράφην* **LT**^{t} *ἐν-τράφην* **Zm**^{uv} *ἐνετράφη* Plut. | [ο]ι[. . .]ετ[ρα]φ[η]ν Π^{13} (i. e. aut *οἷς* aut *ἐτράφην* habebat) | *θ᾽*^{2} om. **G***φ* *δ᾽* **V** [Π^{13}, Favor.] || **369** *ὡς* **Ab**^{1} (~**Ab**^{2}) [Π^{13}, Favor.] | *ἀπελασθεὶς* **CMt** (απ]ελαθ[ει]ς Π^{13}) [Favor.] || **370** *ναι]ων* Π^{13} [Favor.] | *δι᾽ ὄσσων ὄμμ᾽* Π^{13} *Ω* (praeter **L** *δι᾽ ὄσσων αἷμ᾽*), Eust. [Favor.] *δι᾽*

ἀλλ' – ἐκ γὰρ ἄλγους ἄλγος αὖ – σὲ δέρκομαι
κάρα ξυρηκὲς καὶ πέπλους μελαγχίμους
ἔχουσαν· οἴμοι τῶν ἐμῶν ἐγὼ κακῶν·
ὡς δεινὸν ἔχθρα, μῆτερ, οἰκείων φίλων·
{καὶ δυσλύτους ἔχουσα τὰς διαλλαγάς}
τί γὰρ πατήρ μοι πρέσβυς ἐν δόμοισι δρᾷ,
σκότον δεδορκώς; τί δὲ κασίγνηται δύο;
ἦ που στένουσι τλήμονες φυγὰς ἐμάς;
ΙΟ. *κακῶς θεῶν τις Οἰδίπου φθείρει γένος·*
οὕτω γὰρ ἤρξατ', ἄνομα μὲν τεκεῖν ἐμέ,
κακῶς δὲ γῆμαι πατέρα σὸν φῦναί τε σέ.
ἀτὰρ τί ταῦτα; δεῖ φέρειν τὰ τῶν θεῶν.
ὅπως δ' ἔρωμαι, μή τι σὴν δάκω φρένα,
δέδοιχ', ἃ χρῄζω· διὰ πόθου δ' ἐλήλυθα.
ΠΟ. *ἀλλ' ἐξερώτα, μηδὲν ἐνδεὲς λίπῃς·*
ἃ γὰρ σὺ βούλῃ, ταὔτ' ἐμοί, μῆτερ, φίλα.

372b Eust. 1254, 25 || **377a** Thom. Mag. ecl. voc. att. 333, 11 Ritschl; cf. sch. Thom. Aesch. Sept. 769–771d Smith || **383b** Eust. 575, 7–8; sch. Il. 5, 493; An. Par. III 10 | *δάκω φρένα*] Hsch. δ 147

ὅσσων νᾶμ' (una cum *δακρύρροον*) post Hemsterhuys Musgrave, *δίοσσον ὄμμ'* Nauck, *δι' οἴκτων ὄμμ'* Schoene, *δι' αἰδοῦς ὄμμ'* M. Schmidt, *ναίων* (sicut **Π**^{13}) *ἀεί πως ὄμμ' ἔχω* post Valck. Heath (*ἔχων* **Π**^{13} **Ω**, Favor.; *ἔχω* Eust.) | *δακρυροοῦν* **μVC** *δακρύρροον* Hemsterhuys (~Eust.) [**Π**^{13}, Favor.]

371 *ἄλγους* om. **M**^{ac}**Ad** (~**M**^{1s}**Π**^{13}, **gB**) | *ἄλγος* om. **O** (~**Π**^{13}, **gB**) | *σὲ* **L** (sicut scr. Porson) *σε* rell. (om. **Rw**, *τε* **Ad**), **gB** || **372** *ξύρηκες* **M**^{2}**Ad**^{uv}**X** (~**Σ**) *ξυρηφὲς* **gB** (~**Π**^{13}), cf. Chandler, Gk. Acc. § 701; *ξυρηκὲς* El. 335 (**L**) (sed *ξυρήκει* Alc. 427, Tro. 141) | versum del. Kirchhoff collato Alc. 427 *κουρᾷ ξυρήκει καὶ μελαμπέπλῳ στολῇ* (LP; *μελαγχίμοις πέπλοις* OV, ex hoc Phoen. loco conflatum); sed uterque genuinus videtur || **374** *μήτηρ* compend. **gV** *μᾶτερ* **Zu** (~**Π**^{13}, **gBgE**) || **375** **Σ**^{MBVr} *ὁ στίχος οὗτος ἔν τισιν οὐ φέρεται*; del. (post Valck.) Usener | *ἔχουσι* **Π**^{13}**Zc** (~**Γ**) || **376–378** una cum 375 del. Usener; vide Contact and Discont. 121–124 || **376** om. **Ad** | *μοι* om. **C**, ante *πατὴρ* transp. **SaZb** *μου* **Zm** [**Π**^{13}] | *δώμασι* **VCβϰ Zb** *δώμοισι* **O** [**Π**^{13}] || **377** *σκότος* Thom. Mag. ecl. [**Π**^{13}] | *δεδρακὼς* **Rw** [**Π**^{13}] | *τί δαὶ* **S** [**Π**^{13}] | *κασίγνητοι* **V** [**Π**^{13}] || **378** *ἤ* **MMnχ** et (una cum *ἦ*) **Z** | *τλήμονος* **T**^{ts} (sicut coni. Markland) *τλήμονας* Brunck coll. Hipp. 1177, El. 233, 505 | *φυγᾶς ἐμᾶς* fere **V**^{1}**CCrRMnSaAaϰλ** (~**V**^{2}**Sa**^{s}**Mt**^{2}**L**^{2}**Zb**^{c}**ζ**^{s}) || **379** *κακῶν* **C** [**Π**^{13}] | *τίς* **μBCrRMtLZbZcZu** [**Π**^{13}] || **380** *οὕτως* **M**^{ac}**CrF**^{1} (~**F**^{c}) *οὗτος* **M**^{1pc}**O**^{ac} (~**O**^{1pc}) *οὕτω* vel *οὕτως* **M**^{1pcs} [**Π**^{13}] | *τεκεῖν μὲν* transp. **Ab** (~**Π**^{13}) || **381** *τε σὸν* **Aa** *τὸν σὸν* **ε** (~**Π**^{13}) | *φῦσαι* **F**^{c}**RwZu** (sicut coni. Hermann) [**Π**^{13}] | *σε* **OVCrφPRfAL Zm** || **382** *τάδε* **PLZ**^{γρ}**Zm** (~**Π**^{13}) | *δεῖ γὰρ φέρειν τὸ τοῦ θεοῦ* **PL** (~**Π**^{13}, **gB**) | *φέρει* **Mn** (~**Π**^{13}) | *τῶν* om. **R** (~**R**^{s}**Π**^{13}) || **383** *δάκνω* **Π**^{13}**G** (~test.) *μήτε* (Heimsoeth) *σὴν δάκῃ* (Holzner) Weil || **384** *πόνου* **B**^{1} (~**B**^{3}**Π**^{13}) | *ἐλήλυθε* **Ab**^{1} (~**Ab**^{2}) [**Π**^{13}] || **385** *ἐνδεὴς* **Aa** (~**Π**^{13}, **gB**) | *λείπης* **gB** (~**Π**^{13}) || **386** *σὺ* om. **Zb** (~**Π**^{13}, **gB**) | *βούλῃ* Murray *βούλει* **Π**^{13}**Ω**, **gVgB** | *ταὔτ'* scr. Bothe *τ' αὔτ'* **A** *ταὖτ'* **S** *ταῦτ'* rell., **gVgB** | *ταυτα μοὶ* **Sa** (~**Π**^{13}, **gVgB**) | *μᾶτερ* **β** (~**Π**^{13}, **gVgB**)

ΙΟ. καὶ δή σ' ἐρωτῶ πρῶτον ὧν χρῄζω τυχεῖν·
τί τὸ στέρεσθαι πατρίδος; ἦ κακὸν μέγα;
ΠΟ. μέγιστον· ἔργῳ δ' ἐστὶ μεῖζον ἢ λόγῳ.
ΙΟ. τίς ὁ τρόπος αὐτοῦ; τί φυγάσιν τὸ δυσχερές;
ΠΟ. ἓν μὲν μέγιστον· οὐκ ἔχει παρρησίαν.
ΙΟ. δούλου τόδ' εἶπας, μὴ λέγειν ἅ τις φρονεῖ.
ΠΟ. τὰς τῶν κρατούντων ἀμαθίας φέρειν χρεών.
ΙΟ. καὶ τοῦτο λυπρόν, συνασοφεῖν τοῖς μὴ σοφοῖς.
ΠΟ. ἀλλ' εἰς τὸ κέρδος παρὰ φύσιν δουλευτέον.
ΙΟ. αἱ δ' ἐλπίδες βόσκουσι φυγάδας, ὡς λόγος.
ΠΟ. καλοῖς βλέπουσαί γ' ὄμμασιν, μέλλουσι δέ.
ΙΟ. οὐδ' ὁ χρόνος αὐτὰς διεσάφησ' οὔσας κενάς;
ΠΟ. ἔχουσιν Ἀφροδίτην τιν' ἡδεῖαν κακῶν.

388–393 Plut. mor. 605F || **388–391** Stob. 3, 39, 17 || **388** et **390** cf. Greg. Naz. de vita sua 995 || **388–389** Plut. mor. 599E || **388** Apostol. cent. 16, 61b (Paroem. gr. II 667) || **389** cf. Arrian. Epict. diss. 4, 5, 29–30 || **391–392** Muson. apud Stob. 3, 40, 9 || **391b** cf. Men. sent. 517 Jaekel || **392** Stob. 3, 13, 11 (Ioann. Damasc. 717, 26 Gaisford) || **392a** Dio Chrys. 51, 1 || **393** Π^1 lin. 14; cf. Men. sent. 730 Jaekel; Dion. Cass. 58, 24, 4 (Xiph. epit. 154, 31) || **393a** Cic. ad Att. 2, 25, 1 || **394b** cf. Nic. Chon. or. 15 (165, 33 van Dieten) || **395** Plut. vit. 895A (Demetr. 14); Lucian. 65, 3 || **396–397** Plut. mor. 606D; cf. Liban. ep. 478, 2 || **396** cf. Men. sent. 51 Jaekel

Codd.: Π^{13} (–**392**); ω = **MOAd** (–**400**) **BVC**, **CrG**, Θ = **AbRMnSVr**, φ = **FSa**, Ψ = **AaPRfRw**, Ξ = **AMtXXaXb**, Λ = **LZZbZcZmZuT**^{z}

387 om. Π^{13}; spurium iud. Haslam | Ioc. notam om., ad 388 praef. **Sa** | ἐρῶ τὸ πρῶτον **S**^{ac}**Zc**^{ac} ἐρωτῶ τὸ πρῶτον **PL** (cf. **B**^{g} τὸ) | χρῄζων **AdAa**^{1} (~**Aa**^{3}) | μαθεῖν φ**Zb**^{cs} (~**Sa**^{s}) || **388** στερεῖσθαι **Sa** (~**Sa**$^{\gamma\varrho}$ Π^{13}, **gVgB**, test.) | ἢ **MOS**^{ac}**PZ**^{s} **Zb**, **gV** (~**gB**, test.) || **389** ἔργον **FZb**^{1} (~**Zb**^{2} Π^{13}, Γ, test.) | ἐστὶν **FRw** (~Γ, test.) [Π^{13}] | μείζω **Zu** μαλλο[ν Π^{13} μέγιστον **S** (~Γ, test.) | ἢ γ || **390** τίς δ' ὁ velut in Stob. codd. inventum accepit Valck., sed τίς ὁ hab. codd. Stob. (δ' per incuriam Gesnerii additum est) | φυγάσιν Π^{13} **μB**Ξ**T**^{z}, Stob. φυγάσι vel -ᾶσι rell., **gE**, Plut. | δυστυχές **M**$^{\gamma\varrho}$**AdC**$^{\gamma\varrho}$**GAa**^{1} **εAχZb**$^{r\gamma\varrho}$**ZcT**^{z}, **gE**, Plut. (~**Aa**^{3s}, Stob.) [Π^{13}] || **391** μὲν om. **Mt** et Stob. 3, 40, 9 cod. **L** (~Π^{13uv}, **gE**, test. alia) || **392** δούλου τό γ' **gV** μὺ δ' οὐ τάδ' Stob. 3, 13, 11 σὺ δ' οὐ τάδ' Ioann. Damasc. (~**gE**, Plut., Dio, Stob. 3, 40, 9) [Π^{13}] || **393** τὰς τῶν] καὶ τὰς Markland (~Γ, test.) | τὴν τ. κρ. ἀμαθίαν Plut. (~Γ, Π^{1}, Cic.) | κρατούντων] πολιτῶν $^{\gamma\varrho}\Sigma$ post κρ. add. δ' Paley | χρεὼν φέρειν transp. **gV** (~**gBgE**, Plut.) || **395** ἀλλ' εἰς] ὅπου Plut., Lucian. (~Γ) | ἐς Matthiae (~Γ, test.) | καὶ παρὰ ζ (~**Zb**^{c}) περὶ **L** (~Γ [πᾶσας **gB**], test.) || **396** βόσκουσιν **CrP**, **gV** (~**gBgE**, Plut.) | φυγάδας om. **Cr**^{1} (~**Cr**^{2s}) **P**, ἔχει (= **Aa**^{g} **χ**^{g}) add. ante λόγος **P**, post λόγος **Cr** τοὺς ante φυγάδας add. **L** φυγάδ' **Rw** (~Γ, Plut.) || **397–402** Ioc. et Pol. notas inter se permutavit **Rf** || **397** om., in ima pag. scr. **Sa** | καλοῖς δὲ **gV** (~**gE**, Plut.) | βλέπουσαί γ' Hermann (et participio utitur in paraphr. Σ alter) βλέπουσιν **P**, **gV** βλέπουσι post ὄμμασι transp. **gE** βλέπουσί γ' rell., Σ alter, Plut. | ὄμμασιν **MOBGχT**^{z} -ασι rell., **gVgE**, Plut. || **398** διεσάφησεν **GZc** || **399** ἔχουσι δ' **R** (-ουσι etiam **Mt**) | ἡδεῖαν] εὐδίαν Jackson | κακῶν] θεόν **Mn**$^{\gamma\varrho}$**S**$^{\gamma\varrho}$**VrSa**$^{\gamma\varrho}$ νόσον Musgrave

ΙΟ. πόθεν δ' ἐβόσκου, πρὶν γάμοις εὑρεῖν βίον;
ΠΟ. ποτὲ μὲν ἐπ' ἦμαρ εἶχον, εἶτ' οὐκ εἶχον ἄν.
ΙΟ. φίλοι δὲ πατρὸς καὶ ξένοι σ' οὐκ ὠφέλουν;
ΠΟ. εὖ πρᾶσσε· τὰ φίλων δ' οὐδέν, ἤν τις δυστυχῇ.
ΙΟ. οὐδ' ηὑγένειά σ' ἦρεν εἰς ὕψος μέγαν;
ΠΟ. κακὸν τὸ μὴ ἔχειν· τὸ γένος οὐκ ἔβοσκέ με.
ΙΟ. ἡ πατρίς, ὡς ἔοικε, φίλτατον βροτοῖς.
ΠΟ. οὐδ' ὀνομάσαι δύναι' ἂν ὡς ἔστιν φίλον.
ΙΟ. πῶς δ' ἦλθες Ἄργος; τίν' ἐπίνοιαν ἔσχεθες;
ΠΟ. ἔχρησ' Ἀδράστῳ Λοξίας χρησμόν τινα.
ΙΟ. ποῖον; τί τοῦτ' ἔλεξας; οὐκ ἔχω μαθεῖν.
ΠΟ. κάπρῳ λέοντί θ' ἁρμόσαι παίδων γάμους.
ΙΟ. καὶ σοὶ τί θηρῶν ὀνόματος μετῆν, τέκνον;
ΠΟ. οὐκ οἶδ'· ὁ δαίμων μ' ἐκάλεσεν πρὸς τὴν τύχην.
ΙΟ. σοφὸς γὰρ ὁ θεός· τίνι τρόπῳ δ' ἔσχες λέχος;
ΠΟ. νὺξ ἦν, Ἀδράστου δ' ἦλθον εἰς παραστάδας.

401 *Σ* 71 ‖ **402–405** Plut. mor. 606E ‖ **403** ***Π***^{a} col. 18, 35 (Favor. de exilio 18); Sext. Emp. adv. math. 1, 279; anon. in Hermog. Rhet. Gr. VII 2, 813 Walz; Max. Planud. in Hermog. Rhet. Gr. V 422, 11 Walz; Macar. cent. 4, 22 (Paroem. gr. II 169); cf. Tzetz. hist. chil. 8, 306–310 Leone ‖ **404–405** Galen. protrept. 7 (I 12 Kühn); cf. Aphthon. progymn. 4, Rhet. Gr. II 27 Spengel ‖ **406–407** Stob. 3, 39, 3; Apostol. cent. 8, 62b (Paroem. gr. II 448) ‖ **406** Men. sent. 301 Jaekel; cf. ***Π***^{a} col. 6, 38 (Favor. de exilio 7) ‖ **415b** Thom. Mag. ecl. voc. att. 313, 8 Ritschl | *παραστάδας*] Eust. 531, 19–20

401 om. **S** | *εἶτ'* **MCMn** *ἄλλοτ'* **Xa** | *ἂν* om. *Σ* 71 (~**gB**) *αὖ* Reiske et Valck. ‖ **402** *ξένοις οὐκ* **M**^{1}**V**^{ac}**C** (~**M**^{2}**V**^{1uv}) *ξένοι δ' οὐκ* **Aa**^{1}, fort. **Zb**^{1} (~**Aa**^{3}**Zb**^{2}, **gB**, Plut.) ‖ **403** *πρᾶττε* ***χ***, ***Π***^{a}, Planud., Macar. (~***Γ***, test. alia) | *τὰ τῶν φ.* **Ab**, **gE** (~**gVgB**, test.) | *δ'* om. **Ab**, ***Π***^{a} a. c. (delere voluerat Valck.) | *ἤν τι δυστυχῇς* Planud. (*τις* in lin., *τι* s. l.), anon. in Hermog., sicut coni. Elmsley, Edinb. Rev. 19, 1811, 79 *εἰ* vel *ἢν σὺ δυστυχῇς* Macar. (~***Γ***, ***Π***^{a}, test. alia); cf. ad 885 ‖ **404–405** om. **Cr** ‖ **404** *ηὑγ-* scr. Dindorf *ἡὑγ-* fere **GPA*χ*LZZmZuT**^{z}, **gB** *ἡ εὐγ-* **Aa*ε*Zb** *εὐγ-* ***ωΘφ*MtZc** (de codd. Plut. et Galen. non liquet) | *ἦρεν* **BMnRwALZmZu** (~**gB**, ?Plut., ?Galen.) | *μέγαν* Wecklein *μέγα* ***Ω***, **gB**, Plut., Galen. ‖ **405** *τὸ δὲ γένος* ***φ*Zb**, **gB** *τὸ γένος δ'* **MnAa*λ***, Plut. (~**gE**, Galen.) | *μοι* **Aa** ‖ **406** om. **O** | *ἔοικεν* **Mn** | *πολυφίλτατον* **Ab** ‖ **407** *δύναι' ἂν* Markland, cf. **M**^{g} *δύναιτό τις* *δύναμ' ἂν* **CVrRw**, **gV** *δύναμαι* **gE** *δυναίμαν* **Cr**^{pc}**ZmZu** *δυναίμην ἂν* Apost. *δύναιμ' ἂν* rell., **gB**, Stob., *Σ* alter | *ἔστιν* **MBLT**^{t}, Stob. *ἔστι* vel *ἐστὶ* **T**^{z} rell., ***Γ***, Apost. | *φίλον*] *μέγα* ***φ*** (~***Γ***, test.) ‖ **408** *δ'* om. **B*Θ*** | *Ἄργος* om. **Ab** *εἰς ἄργος* **G**^{ac} (~**G**^{1}) **Ab**^{2s}**Rw**^{ac}**Mt** (cf. ***χ***^{g} *εἰς*) | *ἔσχες* **OCCr*Θ*** (*ἔχες* **Ab**) **Sa**^{s}**Aa*εζ*** *ἔχων* **FAa**^{γρ} *ἔσχων* **Sa** ‖ **409** *Λοξίας* om. **S** ‖ **410** *ποῖόν τι* **BMt** | *τί* om. **F** | *ἔχων* **C** ‖ **412** *σὺ* **F Rf**^{2} | *θηρὸς* **Rw*χ*** (cf. ^{p}*Σ*) | *μεστὴν* **V**^{1} (~**V**^{2}) *μετεῖχες* **O** ‖ **413–414** ante 409 transp. Jacobs: vide Contact and Discont. 48–51 ‖ **413** *οἶδα δ'* **Sa** | *μ'* om. **G** *δ'* **V**^{1pc}**L** | *ἐκάλεσεν* **P** *-σε* rell. | *τὴν* om. ***Θ*** ‖ **414** *ὁ* om. **Zb**^{ac} *ἡ* **ZZu**^{ac} (vel **Zu**^{pc}) (*τύχη* **Z**^{s}) | *ἔχες* **O** ‖ **415** *ἐς* ***φ*ZbZcT**^{z} (~Thom. Mag. ecl.) | *παραστάδος* **V**^{1} (~**V**^{2}) *-στάτας* **Ab**

ΙΟ. κοίτας ματεύων, ἢ̃ φυγὰς πλανώμενος;
ΠΟ. ἦν ταῦτα· κᾆτά γ' ἦλθεν ἄλλος αὖ φυγάς.
ΙΟ. τίς οὗτος; ὡς ἄρ' ἄθλιος κἀκεῖνος ἦν.
ΠΟ. Τυδεύς, ὃν Οἰνέως φασὶν ἐκφῦναι πατρός.
ΙΟ. τί θηρσὶν ὑμᾶς δῆτ' Ἄδραστος ᾔκασεν;
ΠΟ. στρωμνῆς ἐς ἀλκὴν οὕνεκ' ἤλθομεν πέρι.
ΙΟ. ἐνταῦθα Ταλαοῦ παῖς συνῆκε θέσφατα;
ΠΟ. κἄδωκέ γ' ἡμῖν δύο δυοῖν νεάνιδας.
ΙΟ. ἆρ' εὐτυχεῖς οὖν τοῖς γάμοις ἢ δυστυχεῖς;
ΠΟ. οὐ μεμπτὸς ἡμῖν ὁ γάμος εἰς τόδ' ἡμέρας.
ΙΟ. πῶς δ' ἐξέπεισας δεῦρό σοι σπέσθαι στρατόν;
ΠΟ. δισσοῖς Ἄδραστος ὤμοσεν γαμβροῖς τόδε,
{Τυδεῖ τε κἀμοί· σύγγαμος γάρ ἐστ' ἐμός·}
ἄμφω κατάξειν εἰς πάτραν, πρόσθεν δ' ἐμέ.
πολλοὶ δὲ Δαναῶν καὶ Μυκηναίων ἄκροι
πάρεισι, λυπρὰν χάριν ἀναγκαίαν δέ μοι
διδόντες· ἐπὶ γὰρ τὴν ἐμὴν στρατεύομαι

422–423 cf. Eust. 485, 5 || **425** Andr. Lopad. lex. Vind. ε 142 || **427–429** cf. Eust. 485, 7–10 || **430–432 a** Plut. mor. 606 F

Codd.: **ω** = **MOBVC, CrG**, **Θ** = **AbRMnSVr**, **φ** = **FSa**, **Ψ** = **AaPRfRw**, **Ξ** = **AMtXXaXb**, **Λ** = **LZZbZcZmZuT^{z}**

416 Pol. trib. **A^{ac}** (~ **A^{1pc}**) | *ματεύων* **B^{2}PχLZm^{2}** *μαστ-* **B^{1}Zm^{1}Zm^{2s}** rell. | *ἢ̃* **Vr^{γρ}**, ed. Ald. (utrumque cur. Iohan. Gregoropulo) *ἢ* **Ω**, **Σ** | *φοιβὰς* **L^{1}** (~**L^{2}**) || **417** Ioc. trib. **A^{ac}** (~**A^{1pc}**) | *κᾆτα δ'* **Π^{6}ΨχZZb^{1}ZcT^{z}** (~**Zb^{2}**) *κᾆτά σ'* **Ab** | *ἄλλος* om. **Π^{6}** | *αὖ* om. **Zc** *ἂν* **V^{ac}** (~**V^{1pc}**) || **419** *φησὶν* **C** || **420** *θηρσὶν* **Cϰ**, sicut tentaverat Valck. *θηρσὶ δ'* rell. | *ἡμᾶς* **FP**, fort. **L^{1}** (*δ' ὑμᾶς δῆτ'* in ras. scr. **L^{2}**) | *εἶτ'* **O** | *ᾔκασεν* scr. Dindorf *ᾔκασε* **B^{γρ}CF** *εἴκασε(ν)* rell. (*-σε* **BGβSaε**) || **421** *εἰς* **φ** || **422–423** Pol. continuant **MOCF** || **422** *ἐνταῦθ' ἀλαοῦ* **Mn** *ἐνταῦθα τ' ἀλαοῦ* **S** | *ταλαιοῦ* **M^{2}**, **^{le}Σ^{S}** | *θεσφάτω* vel *-των* **O^{ac}** (~**O^{1pc}**) || **423–424** inverso ord. hab. **S** || **423** *κἄδωκέ γ'* Kirchhoff *κἄδωκεν* **Ω** | *ὑμῖν* **Sa** | *δυοῖν δύο* transp. **CCrϰ** | *διοῖν* **SaZ** *δοῖν* **R** || **424** *οὖν εὐτυχεῖς* transp. **ZZcT^{zac}** (~**T^{zpc}**, **gB**) || **425** *ἐς* Andr. Lopad. (sicut scr. Brunck) (~**gBgE**) || **426** *δεῦρ'* **ZZmZu** *δεῦρ* **Zb^{ac}** (~**Zb^{1pc}**) | *σοι* om. **Ad**, post *ἕπεσθαι* transp. **ZZb^{1pc}ZmZu** | *ἕπεσθαι* **M^{g}Vλ** (~**V^{2γρ}Zb^{ac}**) *ἐσπέσθαι* **Vr** || **427** Pol. notam om. **O** | *ὤμοσεν* **MOBAaXXbL^{2}Zb^{ac}T^{z}** *ὤμοσε* **L^{1}Zb^{1pc}** rell. (*-σσε* **γ**) | *τάδε* **AbAaεχζT^{z}** || **428** del. Jortin apud Musgrave (*περισσὸν* iud. **Σ**) | Ioc. notam praef. **Rf^{ac}**; paragraphos hic et 429, 430, 432, 434, 436 hab. **L^{ac}** | *σύγγαμβρος* fere **V^{ac}Cr^{s}GΘSa^{γρ}χ^{g}ζ^{g}T^{zg}** | *γὰρ ἔτ'* **C** | *ἐμοὶ* **γ** || **429** *ἐς* Brunck | *δέ με* **CFϰL** || **430** *δὲ* om. Plut. | *δαναοὶ . . . ἄκρων* **P** || **431** *πάρεισιν* **V** (~**gE**) | *ἀναγκαῖα* **M^{1}** (~**M^{2}**, **gE**) | *δέ μοι* Wecklein *δ' ἐμοὶ* **Ω** || **432** *γὰρ*] *γᾶν* **γ** (~**γ^{γρ}**, **gE**) | *στρατεύουσι* **Vr** | *πόλιν* et post *στρ.* et in initio versus sequentis hab. **O** || **432–433** *ἐπὶ γὰρ . . . πόλιν* om. **Zm^{ac}**, s. l. scr. **Zm^{pc}** (eadem verba del. F. W. Schmidt, scr. *δόντες*)

πόλιν. θεοὺς δ᾽ ἐπώμοσ᾽ ὡς ἀκουσίως
τοῖς φιλτάτοις ἑκοῦσιν ἠράμην δόρυ.
ἀλλ᾽ εἰς σὲ τείνει τῶνδε διάλυσις κακῶν,
μῆτερ, διαλλάξασαν ὁμογενεῖς φίλους
παῦσαι πόνων με καὶ σὲ καὶ πᾶσαν πόλιν.
πάλαι μὲν οὖν ὑμνηθέν, ἀλλ᾽ ὅμως ἐρῶ·
τὰ χρήματ᾽ ἀνθρώποισι τιμιώτατα
δύναμίν τε πλείστην τῶν ἐν ἀνθρώποις ἔχει.
ἁγὼ μεθήκω δεῦρο μυρίαν ἄγων
λόγχην· πένης γὰρ οὐδὲν εὐγενὴς ἀνήρ.

ΧΟ. *καὶ μὴν Ἐτεοκλῆς εἰς διαλλαγὰς ὅδε*
χωρεῖ· σὸν ἔργον, μῆτερ Ἰοκάστη, λέγειν
τοιούσδε μύθους οἷς διαλλάξεις τέκνα.

ΕΤΕΟΚΛΗΣ

μῆτερ, πάρειμι· τὴν χάριν δέ σοι διδοὺς
ἦλθον. τί χρὴ δρᾶν; ἀρχέτω δέ τις λόγου·
ὡς ἀμφὶ τείχη ⟨
⟩ καὶ ξυνωρίδας λόχων

Actio: **443** ab muris per eisodum (sinistram?) celeriter procedit Eteocles cum duobus (?) satellitibus. velut torvis oculis fratrem aspicit. Polynices a fratre oculos primo avertit, deinde (**457**) ad fratrem revertit

438–440 Stob. 4, 31 a, 2 || **438 b** cf. Greg. Naz. de vita sua 390 || **439–440** Strabo 9, 2, 40; Plut. mor. 497 B (cum Soph. fr. 88, 1 Radt conflavit)

433 *ὡς* om. **Sa** *οὓς* **P** || **434** *ἑκοῦσιν* ^{γρ}**Σ** *τοκεῦσιν* fere **Ω** (*τεκοῦσιν* **Vr**, *γονεῦσιν* **Ad**) | *ἠράμην* **BGRAaAZmZu** || **435** *ἐς* Matthiae (∼**gE**) | *τείνει* om., s. l. add. **Zm** *τείνειν* **Ab** || **436** *διαλλάξουσαν* **Mt** (∼**gE**) | *φίλους*] *λόγοις* Schoene | versum del. Nauck || **437** om. **S** | *πόνων*] *πολέμου* **Rf** (∼**gE**) | *με καὶ σὲ*] *σὲ κἀμὲ* Elmsley ad Soph. OT 376; sed vide K-G I 557 | *πόλιν πᾶσαν* transp. **Cr** (∼**gE**) || **438–442** del. olim Hartung et postea Leidloff || **438** *οὖν* om. **V G**^{ac}**P Zc**^{ac}**T**^{zac} (∼**T**^{zpc}), **gE** (∼**gV gB**, Stob.) || **439** *τὰ χρ. ἀνθρώποισιν εὑρίσκειν φίλους* (et *ἔχειν* 440) Plut., qui hunc locum cum Soph. fr. 88, 1 Radt conflavit (∼**Γ**, Strabo, Stob.) || **440** *πλείστην* om., s. l. add. **Zu** | *ἐν ἀνθ.*] *ἐνοῖς* **V Ab** | *ἀνθρώποισιν* **ZmZu** (∼**Γ**, test.) | *ἔχειν* **Ad**, Plut. *ἔχῃ* **V** || **441** *ἁγὼ* scr. Dindorf *ἃ 'γὼ* fere **Ω** (*δι᾽ ἃγὼ* **R**, cf. **Ab**^{g} **φ**^{g}), **gE** | *ἄγω* **A** || **443** chori notam om. **L**^{1} (∼**L**^{2}) | *ἐς* Matthiae | *ὧδε* fere **SaMt**^{ac} || **444** *ἥκει* **M**^{γρ}**C**^{γρ}**α**^{γρ}**γ**^{γρ}**Vr Ψ Z**^{s}**Zb**^{ac}**Zm**^{γρ}**Zu**^{γρ} (∼**Zb**^{1pc}) | *σὸν δ᾽* **ZZbZc** | *μῆτερ* ante *ἔργον* transp. **V** *ὦ μῆτερ* **G**^{ac} | *ἰοκάστη* **V** *-την* **Rw** | *λέγων* **Zb**^{1} (∼**Zb**^{r}) || **445** om., in marg. scr. **Mn** | *συναλλάξεις* **Mn** || **447** *χρῆ* **M Aa** *δεῖ* **G** | *ἀρχέτο* **O** | *δέ* om. **F** *δή* **CCrϰ** (∼**Mt**^{ac} vel **Mt**^{pc}) | *τι* **M**^{1}**O** (∼**M**^{2}) | *τοῦ λόγου* **SSa** *λόγος* **AbRw** (∼**Rw**^{s}) || **448** lacunam statuit Paley; suppleas e. g. ⟨*καὶ πύλας ἑπταστόμους / ἱππηλάτας τε*⟩; lacuna non statuta coni. *τὰς ξυνωρίδας* Markland (et una cum 449 *μόλις* olim Wecklein, cum 449 *πάλιν* Logothetos), *κεὶς ξυν.* Camper et Kirchhoff, *δὴ ξυν.* Rauchenstein (una cum 449 *μόλις*), *κατὰ συν.* Seyffert; *καὶ πύλας ξυν. / τάσσων λόχων ἐπέσχον* (*πόλιν* del.) post Herwerden Wecklein | *συνωρίδας* fere **Aa Rf**^{1pc}**RwZb** | *λοχῶν* **V**^{1} (∼**V**^{2}) *λόχῶν* **Z** | de paribus cohortium vide 1095–1096

τάσσων ἐπέσχον †πόλιν† ὅπως κλύοιμί σου
κοινὰς βραβείας, αἷς ὑπόσπονδον μολεῖν
τόνδ᾽ εἰσεδέξω τειχέων πείσασά με.
ΙΟ. ἐπίσχες· οὔτοι τὸ ταχὺ τὴν δίκην ἔχει,
βραδεῖς δὲ μῦθοι πλεῖστον ἀνύουσιν σοφόν.
σχάσον δὲ δεινὸν ὄμμα καὶ θυμοῦ πνοάς·
οὐ γὰρ τὸ λαιμότμητον εἰσορᾷς κάρα
Γοργόνος· ἀδελφὸν εἰσορᾷς ἥκοντα σόν.
σύ τ᾽ αὖ πρόσωπον πρὸς κασίγνητον στρέφε,
Πολύνεικες· εἰς γὰρ ταὐτὸν ὄμμασιν βλέπων
λέξεις τ᾽ ἄμεινον τοῦδέ τ᾽ ἐνδέξῃ λόγους.
παραινέσαι δὲ σφῷν τι βούλομαι σοφόν·
ὅταν φίλος τις ἀνδρὶ θυμωθεὶς φίλῳ
εἰς ἓν συνελθὼν ὄμματ᾽ ὄμμασιν διδῷ,
ἐφ᾽ οἷσιν ἥκει, ταῦτα χρὴ μόνον σκοπεῖν,
κακῶν δὲ τῶν πρὶν μηδενὸς μνείαν ἔχειν.
λόγος μὲν οὖν σὸς πρόσθε, Πολύνεικες τέκνον·
σὺ γὰρ στράτευμα Δαναϊδῶν ἥκεις ἄγων,
ἄδικα πεπονθώς, ὡς σὺ φῄς· κριτὴς δέ τις
θεῶν γένοιτο καὶ διαλλακτὴς κακῶν.

450 *βραβείας*] Hsch. *β* 1020 || **451a** sch. Thom. Eur. Or. 1472 || **453** Greg. Cor. Rhet. Gr. VII 2, 1268 Walz || **454** sch. Pind. Nem. 4, 101b || **454a** sch. (Aldin.) Ar. Nub. 107b Koster | *σχάσον*] Hsch. *σ* 2956; Phot. lex. II 194 Naber; Suda *σ* 1768 || **455–456** cf. Demetr. Cydon. ep. 338, 20 || **457** cf. Stat. Theb. 7, 508–510 || **460–461** cf. Stratt. Phoen. fr. 45 Kock

Codd.: ***ω*** = **MOBVC, CrG,** ***Θ*** = **AbRMnSVr,** ***φ*** = **FSa,** ***Ψ*** = **AaPRfRw,** ***Ξ*** = **AMtXXaXb,** ***Λ*** = **LZZbZcZmZuT**^{z}

449 *πόλιν* om. **LZZm** (~**Zm**^{s}) *πάλιν* Hartung, *μόλις* Badham, del. Wecklein (cf. ad 448) | *ὅπως* om. **S** | *λύοιμί* **Mt** || **450** *ὑπόσπονδος* **C** || **451** *εἴσ᾽ ἐδέξω* (i. e. vol. *εἴσω* elisum?) **Sa** *εἴς σ᾽ ἐδέξω* **Rf** | *σπείσασέ* **P** || **452** *ἐπέσχες* **M**^{ac} (~**M**^{1pc}) | *οὔτι* ***β*****P*****χ*** (cf. ^{p}*Σ οὐδαμῶς*) (~***Γ***) || **453** *βραβεῖς* **gB** (~**gVgE**) | *δὲ* om. Greg. (~***Γ***) | *πλεῖον* **gV** (~**gBgE**, Greg.) | *ἀνύουσιν* ***μ*****AZbT**^{z} *-ουσι* rell. (*-σουσι* **C**), ***Γ***, Greg. || **455** *λαιμότομον* ***φ*** (~**Sa**^{γρ}, **gE**) || **456** *γοργόνας* ***β*** (~**gE**) | *ἀδελφὸν εἰσ-* **BGRA, gE** *ἀδελφὸν δ᾽ εἰσ-* rell. | *ἥκοντά σοι* **gE** || **457** *εἰς* **Cr** | *στρέφει* **C** *τρέπε* **M**^{γρ}**B**^{γρ}**Mn**^{s} *τρέσ*(?) **C**^{γρ} || **458** *ἐς* Matthiae (~**gE**) | *ὄμμασιν* **B** *-ασι* rell., **gE** || **459** *τ᾽*^{1} om. ***δ*** **Rw*****χ*****ZbT**^{z}, **gE** | *τοῦδ᾽ ἐνδ-* **C**^{ac} | *ἐκδέξῃ* ***Θ*****SaRfZmZu** (~**gE**) | *λόγοις* **V** *λόγου* **P** || **460** *δὲ* om. **SaRw** (~**gE**) | *σφῷν* **ZmZu** *σφῶν* **B** (cf. fort. *Σ γενικὴ ἀντὶ δοτικῆς*) *σφῶ* **P** *σφὼ* **Vr** *σφῶϊν* **B**^{1s} rell., **gE** (de codd. Athen. [Stratt. fr.] non liquet) | *βούλομαι* ante *σφ. τι* transp. **Rw** || **461** *θυμωθῆς* **gV** (~**gBgE**) *-θῇ* **Rw** || **462** *ἐς* **L** (~***Γ***) | *ξυνελθὼν* ***Ψ*****ZZbZcT**^{z}, **gVgB** (~**gE**) *συνελθόντ᾽* **M**^{1}**O** (~**M**^{2}) | *ὄμμασιν* **MOBMtXXbLZbT**^{z} *-ασι* rell., ***Γ*** || **463** *οἷς συνήκει* fere **Mt*****χ*** (~***Γ***) | *ἥκειν* **V**^{ac} (~**V**^{2}?) | *τοῦτο* **Aa**^{γρ}**Mt** (~***Γ***) | *χρὴ ταῦτα* transp. **Rw** | *μόνω* **S** | *σκοπεῖν μόνον* transp. **gV** (~**gBgE**) || **464** *μηδαμῶς* **AbMnVrSa**^{s}**Aa*****ε Λ*** (~**L**^{2s}**T**^{γρ}, ***Γ***) || **465** *πρόσθεν* **Vr*****φ*****Aa**^{3}**P*****ε λ*** *πρόσθες* ***γ*** || **467–468** om., in marg. scr. **R** || **468** *διαλλαγῆς* **R**^{marg}

ΠΟ. ἁπλοῦς ὁ μῦθος τῆς ἀληθείας ἔφυ,
κοὐ ποικίλων δεῖ τἄνδιχ' ἑρμηνευμάτων·
ἔχει γὰρ αὐτὰ καιρόν· ὁ δ' ἄδικος λόγος
νοσῶν ἐν αὑτῷ φαρμάκων δεῖται σοφῶν.
ἐγὼ δὲ πατρὸς δωμάτων προὐσκεψάμην
τοὐμόν τε καὶ τοῦδ', ἐκφυγεῖν χρῄζων ἀρὰς
ἃς Οἰδίπους ἐφθέγξατ' εἰς ἡμᾶς ποτε·
ἐξῆλθον ἔξω τῆσδ' ἑκὼν αὐτὸς χθονός,
δοὺς τῷδ' ἀνάσσειν πατρίδος ἐνιαυτοῦ κύκλον,
ὥστ' αὐτὸς ἄρχειν αὖθις ἀνὰ μέρος λαβὼν
καὶ μὴ δι' ἔχθρας τῷδε καὶ φθόνου μολὼν
κακόν τι δρᾶσαι καὶ παθεῖν, ἃ γίγνεται.

469–472 Stob. 3, 11, 1; Ioh. Philop. de aetern. mundi 6, 1; cf. Plut. mor. 62C || **469–470** cf. Greg. Cor. Rhet. Gr. VII 2, 1271–1272 Walz; Eust. in Od. 2, 89sqq. (1436, 29–30) || **469** sch. Plat. resp. 576c; sch. Arist. met. 1090b 36 (827b 25 Brandis); Ammon. Comm. Ar. Gr. IV 3, 49, 14; Elias, Comm. Ar. Gr. XVIII 1, 54, 6; David, Comm. Ar. Gr. XVIII 2, 126, 13; Philop. Comm. Ar. Gr. XIII 1, 37, 15; Didym. de trin. 3, 1; Iulian. or. 7, 214b; sch. Aeschin. 3, 50; cf. (?) Xen. Anab. 5, 8, 18; Men. fr. 81 Körte; (?) Clem. Alex. strom. 2, 20, 110, 1; Chor. Gaz. or. in Iust. brum. 10; Eust. Macremb. (Eumath.) 6, 15, 3; Georg. Pisid. exped. Pers. 3, 38 || **470** cf. Liban. declam. 3, 4; Chor. Gaz. Lyd. 10; Eust. 103, 40; 342, 36 || **471b–472** Clem. Alex. strom. 1, 8, 40, 3; Theodoret. therap. 1, 87; anon. Anec. Oxon. IV 255, 7 || **476** cf. ***Π***^{a} col. 6, 29–30 (Favor. de exilio 7) || **478** *ἀνὰ μέρος*] Hsch. *α* 4439; Antiatt. An. Gr. I 80 Bekker; Phot. lex. *α* 1559 Theodoridis

469 *ἁπλοῦς δ'* sch. Plat. (∼***Γ***, test. alia) || **470** *ποικίλλων* **V**, **gB**^{ac} (∼**gVgE**, Stob.) *πολλῶν* Greg. | *δεῖ τἄνδιχ'* fere **SVrPRwAχLZZmZuT**^{z}, *Σ*, Stob. (cf. Liban., Eust. in Od.) *δεῖτ' ἄνδιχ'* (i. e. *δεῖται ἄνδιχα*) ^{γρ}*Σ*, Ioh. Philop. *δεῖται ἄνδιχ'* **Rw**^{s} ambigue *δεῖτ'ἄνδιχ'* fere **ωGMnφAaRfZbZc**, ***Γ*** *δεῖτ' ἔνδιχ'* **CrF**^{c}**Mt** *δεῖται τ' ἄνδιχ'* ***α*** || **472** *ἐν αὑτῷ* **B**^{2} **R**^{pc} **ΞL** (vel **L**^{1c}) **Zc**^{pc}**T**^{pc}, Plut., Stob., Ioh. Philop., Clem. *ἐν ἑαυτῷ* Theodoret., anon. Cramer *ἑαυτῷ* **Sa**, **gV** *ἐν αὐτῷ* **R**^{ac}**Zc**^{ac}**T**^{zac} rell. (sine spiritu **AaRw**), **gBgE** || **473–480** locus a criticis frustra vexatus: 473b *δωμάτων*– 474a *τοῦδ'* (olim) et 475 del. Nauck, 476 del. (olim Hartung) Paley, 474–476 susp. Wecklein, 480 susp. Nauck, del. Dindorf (scr. *μολεῖν* 479), 479–480 susp. Wecklein || **473** *πρὸς δωμάτων* ***γ*** (∼**Mn**^{pc}) variis modis emend. viri docti (*δ' ὑπὲρ τῶν δωμ.* Schenkl; *πάτωρ δωμ.* Munro; *δ' ἰατρὸς δωμ.* Weil; *πατρὸς δεῖμ' ἔχων* Moraïtes; *πρόσθεν δωμ.* Pearson; transp. *ἐγὼ δὲ πατρὸς ἐκφ. χρ. ἀρ.* / *τοὐμ. τε καὶ τὸ τοῦδ' ὁμῶς προὐσκ.* Nauck deleto 475); intelligo (cum Hermanno) 'paternae domus meo et illius iuri prospexi' | *προὐσκεψάμην*] *-μενους* **Ab**^{s} *-μενος* vel *μέρος* **R**^{s}, cf. *Σ* || **474** *τ' οὐμοῦ* **Ab** | *δὲ* ***φ*** | post *τοῦδ'* (non post *ποτε* 475) plene dist. Matthiae, Klotz; post *τοῦδ'* leviter dist. *Σ* unus, *τοὐμόν κτλ.* cum *ἐκφυγεῖν* arcte consociavit *Σ* alter | *χρῄζων* om. **Cr**^{1}, post *ἀρὰς* add. **Cr**^{2} | post *χρῄζων* add. *τ'* Musgrave (*δ'* Matthiae) || **475** *ἐφθέγγετ'* **S** | *ὑμᾶς* **C** | *τότε* Hilberg || **476** *κἀξῆλθον* Barnes | *αὐτῆς* **Z** || **477** *δὸς* **C** || **478** *ἀρχὴν . . . λαβεῖν* Wecklein (*ἀρχὴν* iam Scaliger) | *αὖθις* om. ***βφ***, post *μέρος* transp. **G** | *λαβὼν* om. **R** || **479** om., in marg. suppl. **Zu** | *φθόνου* **M**^{γρ}**C**^{s}**G**^{γρ} *φόνων* **A** *φόνω* **Aa** *φόνου* rell. (*φόβου* **Hn**) | *μολεῖν* Dindorf (deleto 480: vide supra) || **480** *γίγνεται* **FMtXXbT**^{z} *γίνεται* rell.

ὁ δ' αἰνέσας ταῦθ' ὁρκίους τε δοὺς θεοὺς
ἔδρασεν οὐδὲν ὧν ὑπέσχετ', ἀλλ' ἔχει
τυραννίδ' αὐτὸς καὶ δόμων ἐμὸν μέρος.
καὶ νῦν ἕτοιμός εἰμι τἀμαυτοῦ λαβὼν
στρατὸν μὲν ἔξω τῆσδ' ἀποστεῖλαι χθονός,
οἰκεῖν δὲ τὸν ἐμὸν οἶκον ἀνὰ μέρος λαβὼν
καὶ τῷδ' ἀφεῖναι τὸν ἴσον αὖθις ⟨εἰς⟩ χρόνον,
καὶ μήτε πορθεῖν πατρίδα μήτε προσφέρειν
πύργοισι πηκτῶν κλιμάκων προσαμβάσεις,
ἃ μὴ κυρήσας τῆς δίκης πειράσομαι
δρᾶν. μάρτυρας δὲ τῶνδε δαίμονας καλῶ,
ὡς πάντα πράσσων σὺν δίκῃ δίκης ἄτερ
ἀποστεροῦμαι πατρίδος ἀνοσιώτατα.
ταῦτ' αὔθ' ἕκαστα, μῆτερ, οὐχὶ περιπλοκὰς
λόγων ἀθροίσας εἶπον, ἀλλὰ καὶ σοφοῖς
καὶ τοῖσι φαύλοις ἔνδιχ', ὡς ἐμοὶ δοκεῖ.

ΧΟ. ἐμοὶ μέν, εἰ καὶ μὴ καθ' Ἑλλήνων χθόνα
τεθράμμεθ', ἀλλ' οὖν ξυνετά μοι δοκεῖς λέγειν.

484–485 *Σ* 601 ‖ **489** *πηκτῶν κλιμάκων*] Eust. 811, 25 (cf. 782, 28)

Codd.: ***Π***^{12} (**493–503, 505–512**); ***ω*** = **MOBVC, CrG,** ***Θ*** = **AbRMnSVr,** ***φ*** = **FSa,** ***Ψ*** = **AaPRfRw,** ***Ξ*** = **AMtXXaXb,** ***Λ*** = **LZZbZcZmZuT**^{z}

481 *ταῦθ'*] *τάδ'* **δRwZbZcT**^{z} *τόδ'* **Z** | *δοὺς*] *σοὺς* **Rf** ‖ **482** *οὐδὲν* om. **G**^{1}, post *ὧν* add. **G**^{2} | *ὧν* om. **Rf**^{1}, suppl. **Rf**^{2} | *ἔχειν* **MnRf** ‖ **483** *ἐμὸν* **Za** (restit. Grotius), et fort. sic legebat is qui scr. ^{γρ}*Σ*^{V} (s. l. ad *ἀποστεῖλαι χθονὸς* 485: *γρ. καὶ δόμων ἐμῶν μέρος*), nisi textum in quo *ἐμῶν* omissum erat vel aliter corruptum spectabat om. **S** *ἐμῶν* rell. (etiam **V** et Mosch. qui explicat *ἀντὶ τοῦ καὶ τὸ μέρος τὸ ἐμὸν τῶν δόμων ἤγουν τὸ ἀνῆκον ἐμοὶ μέρος τῶν δόμων*) ‖ **484** *καὶ νῦν μὲν* ***φ***, *Σ*^{MC} 601 (~*Σ*^{BV}) | *τἀμαυτοῦ*] *ταυτὸ* *Σ*^{VC} 601 (~*Σ*^{MB}) ‖ **486** *οἶκον*] *δόμον* **P** | *οἶκον ἀναλαβὼν* (*μέρος* om.) **Sa** ‖ **487** *ἴσον* **GP*Ξ* *Λ*** (~**Xa**) *ἶσον* rell. (utrumque **Aa**) | *αὖθις* ⟨*εἰς*⟩ Jackson *αὖθις αὖ* **ZbT**^{z} *αὖτις* **VC** ‖ **488** *μήτε*^{1}] *μήποτε* **Sa** | *μήτε*^{2} **Sa*Ψ*L**^{1} **ZbZcT**^{z} *μηκέτι* fere **MOR** *μήτε τι* **M**^{2}**L**^{2} rell. ‖ **489** *πύργοις* **CrAb** | *πρὸς ἀμβάσεις* fere **MB**^{ac}**CRβSaϰZ** *πρὸς ἀναβάσεις* **V**^{2γρ}**Mt**^{ac} *πρὸς ἐμβάσεις* **V**^{2} vel **V**^{3} *προσεμβάσεις* **G** *προσβάσεις* **V**^{1} *προβάσεις* **Cr**^{1} (~**Cr**^{2}) ‖ **490** *ἃ*] *οὓ* **M**^{2} ‖ **491** *δὲ* om. **SMt** | *τῶν*, **R** (compendio syllabae *δε* male intellecto) ‖ **492** *ὡς*] *καὶ* **M**^{1} (~**M**^{2}) **VCCr** (~**gE**) | *πράττων* ***Ψ*MtZZb, gE** ‖ **494** *ταῦτ' αὐθέκαστα* **FPRw*Λ*** *ταῦθ' αὖθ' ἕκαστα* **O** (*ταῦτ'* **O**^{s}) *ταῦθ' ἕκαστα* **γSa** *καιταυθ'εκ[αστα* ***Π***^{12} *ταῦτ' οὖν ἕκαστα* **gV** *ταῦτ' οὖν θ' ἕκαστα* **V** (~**gB**) | *οὐχὶ* om., s. l. add. **R** ‖ **495** *ἀθροίσας*] *ἀφύσας* **gV** (~***Π***^{12}, **gB**) ‖ **496** *καὶ*] *ἐν* **L**^{1} (~**L**^{2}***Π***^{12}, **gVgB**) | *τοις* ***Π***^{12} | *ἔνδικ' β* (~**Vr**^{s}) *ἔνδικος* **F** (~**gVgB**) [***Π***^{12}] | *δόκει* **V**^{1} (~**V**^{2}, **gVgB**) [***Π***^{12}] ‖ **497** *μέν* om. ***Π***^{12} (cf. *Σ* . . . *ἵνα πλεονάζῃ ὁ μὲν*) | *καὶ* om. **L**, post *μὴ* transp. **G** aut om. aut post *μὴ* transp. ***Π***^{12} ‖ **498** Et. notam hic praef., ad 499 om. **R**^{1} (~**R**^{2}) | *τεθράμεθ'* **MAdVC** (~***Π***^{12}) | *ἀλλ'* om., s. l. scr. **Rf** | *μοι* om. **AZmZu** (~**A**^{1s}; spatium vacuum rel. **Zm**), cf. *Σ* . . . *ἵνα πλεονάζῃ* . . . *ἡ μία ἀντωνυμία* [***Π***^{12}] | *δοκεῖ* **CrRSVrPT**^{z} [***Π***^{12}] | *λέγειν* om. **Rf**^{1}, in marg. add. **Rf**^{2}

ΕΤ. εἰ πᾶσι ταὐτὸ καλὸν ἔφυ σοφόν θ' ἅμα,
οὐκ ἦν ἂν ἀμφίλεκτος ἀνθρώποις ἔρις·
νῦν δ' οὔθ' ὅμοιον οὐδὲν οὔτ' ἴσον βροτοῖς
πλὴν ὀνομάσαι· τὸ δ' ἔργον οὐκ ἔστιν τόδε.
ἐγὼ γὰρ οὐδέν, μῆτερ, ἀποκρύψας ἐρῶ·
ἄστρων ἂν ἔλθοιμ' αἰθέρος πρὸς ἀντολὰς
καὶ γῆς ἔνερθε, δυνατὸς ὢν δρᾶσαι τάδε,
τὴν θεῶν μεγίστην ὥστ' ἔχειν Τυραννίδα.
τοῦτ' οὖν τὸ χρηστόν, μῆτερ, οὐχὶ βούλομαι
ἄλλῳ παρεῖναι μᾶλλον ἢ σῴζειν ἐμοί·
ἀνανδρία γάρ, τὸ πλέον ὅστις ἀπολέσας
τοὔλασσον ἔλαβε. πρὸς δὲ τοῖσδ' αἰσχύνομαι
ἐλθόντα σὺν ὅπλοις τόνδε καὶ πορθοῦντα γῆν
τυχεῖν ἃ χρῄζει· ταῖς γὰρ ἂν Θήβαις τόδε

499–500 Galen. VIII 636 Kühn || **500** Lucian. 58, 9; cf. Porph. in Ptol. harm. p. 190 Wallis | *ἀμφίλεκτος*] Hsch. *α* 4051 || **501 b** Eust. 569, 8 || **503–506** Stob. 4, 6, 3 || **504–506** Plut. mor. 481 A; cf. (?) Xen. Hier. 7, 1 || **505–506** cf. (?) Ezech. exag. TrGF 128 F 1, 78 || **506–508** Arrian. Epict. diss. 4, 5, 29–30 || **506** Cic. ad Att. 7, 11, 1; cf. Themist. Philad. 73 a; Iulian. or. 2, 85 c || **509–514** cf. ***Π***^{e} (TrGF adesp. 665, 8–9) || **510–516** cf. (?) Liban. or. 1, 194

499 *ταυτὸν* **Sa** (*ταὐτὸν* prob. Elmsley, Wecklein: vide praef. § 20) (∼ ***Γ***, Galen.) *ταὐτὸ* post *καλὸν* transp. **gE** [***Π***^{12}] || **500** *ἂν* om. **P**, Lucian. (∼***Π***^{12}, ***Γ***, Galen.) | *ἀναμφίλεκτος* fere **μVCCr**, Porphyr. (una cum *ἂν* ante *ἦν*) (∼***Γ***, Galen.) *ἂν ἀναμφίλεκτος* **S** *ἂν φίλεκτος* **Ab** || **501** *δ' οὔθ'*] *θ'* **A**, **gV** (∼**gB**) *οὖν οὔθ'* **gE** [***Π***^{12}] | *ἴσον* **BGPΞΛ**, **gV** *ἶσον* **VrAa** *ἶσον* rell., **gBgE** || **502** *ὀνόμασιν* Porson [***Π***^{12}] | *τῷ δ' ἔργῳ* **RSa**^{s} *τῶν δ' ἔργων* *γ* [***Π***^{12}] | *ἔστιν* fere **MBOGRfΞLT**^{z}, **gVgB** *ἔστι* rell. [***Π***^{12}] || **503** *ἐγὼ*] *οὐδὲ* **A** (∼***Π***^{12}, **gE**, Stob.) | *μῆτερ οὐδὲν* transp. **MtZb** (etiam *ὦ* ante *μ.* add. **Zb**) [***Π***^{12}] | *μητέρ'* **G** | *σ' ἐρῶ* **Rw**, cf. ^{p}*Σ* *ἀποκρύψας σε, τὴν μητέρα, ὦ μῆτερ* [***Π***^{12}] || **504** *ἄστρον* Plut.* | *ἂν ἔλθοιμ'* **GFΨΞLZT**^{z}, Stob., Plut.* *ἀνέλθοιμ'* **ωCrΘSa** *ζ*, ^{p}*Σ* (*ἀνελθεῖν*), **gE**, Plut.* | *αἰθέρος* Stob. *ἡλίου* ***Ω***, *Σ*, **gE**, Plut. | *ἀντολὰς* **BL** et post ras. **T**, Stob., Plut.* *ἀνατολὰς* **T**^{zac} rell., **gE**, Plut.* | locus vexatus; si sanus est, intelligas '(in caelum) ire velim ad siderum in aethere ortus' (*αἰθέρος* idem valente ac *αἰθερίων* vel *αἰθερίας*). alii alia proponunt: *ἄστρων* non mutandum censeo; *αἰθέριος ἐς* F. W. Schmidt; *ἡλίου τ' ἐπ'* Valck. (*τ' εἰς* Schoene, *τ' ὡς* Klotz); *ἀμπτυχὰς* post Schoene Zakas. etiam lacuna post *ἔλθοιμ'* statui potest, sed cave ne antithesis debilitetur || **505** *ἔνερθεν* **ΘφPχΛ**, **gE** (∼Plut., Stob.) [***Π***^{12}] | *τάδε δράσαι* transp. **gE** [***Π***^{12}] || **506** *τὴν*] *τῶν* **αLZmZu** (*τὴν* add. post *θεῶν* **Zm**^{s}**Zu**^{s}) *τὴν τῶν* **Vφ**, Plut.* (∼***Π***^{12}, **gE**, Cic., Stob.) | *ὥτ'* **M**^{1} (∼**M**^{2}) *ὡς* **RfA** (∼**gE**, test.) [***Π***^{12}] || **507** *τὸ* om. **V** (∼***Π***^{12}, **gVgE**) | *ὦ μῆτερ* **Zc** | *μῆτερ* post *βούλομαι* transp. **gE** (∼**gV**) [***Π***^{12}] | *οὐ* **O** (∼**gVgE**) [***Π***^{12}] || **509** *ἀνανδρίᾳ* **V** (∼***Π***^{12}, ***Γ***) | *τὸ πλεῖστον* **Aa** *ε* **A** *τὸ πλέον* post *ὅστις* transp. **L** (∼***Γ***) [***Π***^{12}] | *ἀπωλέσας* **MMt**^{pc} *ἀπώλεσας* **Mt**^{ac}**L** (∼***Γ***) [***Π***^{12}] || **510** *ἔλαβεν* **Aa**, **gBgE** (∼**gV**) [***Π***^{12}] | *τοῖς* **Cr** *τοῖς, δ'* **A** (∼**gV**) [***Π***^{12}] || **511** *τοῖσδε* **F**^{1} (∼**F**^{c}) *τήνδε* **Mt**^{pc} [***Π***^{12}] || **512** *χρήζειν* **Rf** [***Π***^{12}] | *ταῖς*] *ταῖσδε* **Z** *καὶ* Hermann, sed cf. Soph. OT 1380, OC 616 [***Π***^{12}] | *ἂν* om. **Vr** *αὖ* **C** [***Π***^{12}] | *τάδε* **Cr S** [***Π***^{12}]

γένοιτ᾽ ὄνειδος εἰ Μυκηναίου δορὸς
φόβῳ παρείην σκῆπτρα τἀμὰ τῷδ᾽ ἔχειν.
χρῆν δ᾽ αὐτὸν οὐχ ὅπλοισι τὰς διαλλαγάς,
μῆτερ, ποιεῖσθαι· πᾶν γὰρ ἐξαιρεῖ λόγος
ὃ καὶ σίδηρος πολεμίων δράσειεν ἄν.
ἀλλ᾽, εἰ μὲν ἄλλως τήνδε γῆν οἰκεῖν θέλει,
ἔξεστ᾽· ἐκεῖνο δ᾽ οὐχ ἑκὼν μεθήσομαι –
ἄρχειν παρόν μοι, τῷδε δουλεύσω ποτέ;
πρὸς ταῦτ᾽ ἴτω μὲν πῦρ, ἴτω δὲ φάσγανα,
ζεύγνυσθε δ᾽ ἵππους, πεδία πίμπλαθ᾽ ἁρμάτων,
ὡς οὐ παρήσω τῷδ᾽ ἐμὴν τυραννίδα.
εἴπερ γὰρ ἀδικεῖν χρή, τυραννίδος πέρι
κάλλιστον ἀδικεῖν, τἆλλα δ᾽ εὐσεβεῖν χρεών.
ΧΟ. *οὐκ εὖ λέγειν χρὴ μὴ ᾽πὶ τοῖς ἔργοις καλοῖς·*
οὐ γὰρ καλὸν τοῦτ᾽, ἀλλὰ τῇ δίκῃ πικρόν.

515–517 Orion anth. 1, 8 || **516b–517** Plut. vit. 391B (Pyrrh. 14); Themist. or. 2, 37b; or. 16, 207d; cf. Iulian. or. 2, 73c; Chor. Gaz. laud. Arat. et Steph. 16 || **521** Philo Alex. Ioseph. 78, 1–3 (cf. Eus. praep. evang. 6, 6, 2); cf. Philostr. vita Apoll. 7, 14 || **524–525** Stob. 4, 6, 4; Apost. cent. 6, 70h (Paroem. gr. II 385); interpol. in codd. Suet. Iul. 30; cf. Cic. de off. 3, 82 (cf. Suet. Iul. 30); Dion. Hal. ant. Rom. 4, 29, 7; Sen. Phoen. 664; Plut. mor. 814E || **524–525a** Plut. mor. 18D, 125D–E || **524a** Plut. vit. 567C (Crass. 37 = comp. Nic. et Crass. 4) || **526–527** Stob. 3, 13, 13 (cf. Ioh. Damasc. 717, 28–29 Gaisford) || **526** *Σ* 202

Codd.: ***Π***^{12} (**533–534**); ***ω*** = **MOBVC**, **CrG**, ***Θ*** = **AbRMnSVr**, *φ* = **FSa**, ***Ψ*** = **AaPRfRw**, ***Ξ*** = **AMtXXaXb**, *Λ* = **LZZbZcZmZuT**^{z}

513 *δουρὸς* **BZ** || **515** *ἐχρῆν* ***ε*** *χρὴ* Orion | *δ᾽* om. **Rw** *γὰρ* **ZZmZu** | *διαλογὰς* Orion || **516** *ποεῖσθαι* scr. Wecklein | *πᾶν δ᾽* **Ab**^{2} (nescio quid confuse scr. **Ab**^{1}) *πᾶν* (*γὰρ* om.) Plut. *πολλὰ* (*γὰρ* om.) Them. (utroque loco) (~**gBgE**, Orion) | *ἐξαιρεῖ* **B**^{1}**VAb**^{2}***ε***, Plut., Them. or. 2*, Orion, Iulian. (cf. *Σ χειροῦται καὶ κατορθοῖ*) *ἐξαίρει* **B**^{3} rell., **gBgE**, Them. or. 2*, or. 16 (fort. *κατορθοῖ* apud *Σ* reddit *ἐξαίρει*) | *ὁ λόγος* Them. or. 16 (~**gBgE**, test. alia) || **517** *ἃ* Them. or. 2 (~**gBgE**, test. alia) | *πολεμίω* **S** || **518** *τήνδ᾽ οἰκεῖν χθόνα* **Z** | *θέλῃ* **V** || **519** *ἔξεστι* **F**^{ac}**Aa** *-στιν* **F**^{1pc}**Sa** *ἔνεστ᾽* **Rw** | *ἐκεῖνου* **O** (*ἐκείνου* coni. Valck.) ad accus. cf. Arist. Vesp. 416 et fort. Eur. Med. 736 | *μαθήσομαι* Geel (accepto *δουλεῦσαι* 520) || **520** del. Kirchhoff | *τόνδε* **Aa**^{1} (~**Aa**^{2}) | *δουλεῦσαι* fere ***Ξ*** (et vol. **Aa**^{2s}) (~*Σ*) || **521** *τοῦτ᾽* **V**^{1} (~**V**^{2s}) *ταῦθ᾽* **AbF** | *μὲν*] *μοι* ***Θ*** *γε* Philo* | *τὸ πῦρ* **Mt** | *δὲ* om. **A** | *φάσγανον* **CrAb**^{ac}**PMt**^{ac}**LZmZu**, **gE**, Philo (~**gB**, Euseb.) || **522** *ζεύγνυσθ᾽ ἵππους* **MOA**, **gE** (~**gB**) | *πί(μ)πλασθ᾽* fere **CrG*β φ*Aa*ϰ ζ*T**^{zac}, **gE** (~**Sa**^{ac}**Zb**^{pc}, **T** post ras., **gB**) || **523** *ὥς* om. **C** | *οὐ* om., s. l. add. **MnVr** | *μεθήσω* ***Ψ*ZbZc**, **gB** (~**Aa**^{γρ}, **gE**) | *τῷδ᾽*] *τὴν* **gE** (~**gB**) || **524–525** *χρή . . . ἀδικεῖν*^{2} om. **Ab**^{1}, in marg. scr. **Ab**^{2} || **524** *ἀλλ᾽ εἴπερ γὰρ* **gB** (~**gE**, test.) || **525** om., in marg. scr. **R** | *ἀδίκημα* interpolator in codd. Suet. | *τὰ δ᾽ ἄλλ᾽* ***ϰ***, **gB**, interpolator in codd. Suet. (~**gE**, Stob., Apost.) | *χρή* **Mt** *καλὸν* **gB** (~**gE**, test.) || **526** *μὴ* om. **C** (~***Γ***, test.) | *ἄργοις* **Ab** (~***Γ***, test.) || **527** *τοῦτ᾽*] *τόδ᾽* ***Ψ ϰ***, **gBgE**, Stob., Ioh. Damasc. (~**gV**) | *πικρόν*] *βαρύ* Stob., Ioh. Damasc. (~***Γ***), cf. ***χ***^{g} ad *πικρόν*: *ἀλγεινὸν βαρὺ* et *Σ*$^{Mosch.}$ *τῇ δίκῃ βαρύ· τουτέστιν ἄδικον*

IO. ὦ τέκνον, οὐχ ἅπαντα τῷ γήρᾳ κακά,
Ἐτεόκλεες, πρόσεστιν· ἀλλ' ἡμπειρία
ἔχει τι λέξαι τῶν νέων σοφώτερον.
τί τῆς κακίστης δαιμόνων ἐφίεσαι
Φιλοτιμίας, παῖ; μὴ σύ γ'· ἄδικος ἡ θεός·
πολλοὺς δ' ἐς οἴκους καὶ πόλεις εὐδαίμονας
εἰσῆλθε κἀξῆλθ' ἐπ' ὀλέθρῳ τῶν χρωμένων·
ἐφ' ᾗ σὺ μαίνῃ. κεῖνο κάλλιον, τέκνον,
Ἰσότητα τιμᾶν, ἣ φίλους ἀεὶ φίλοις
πόλεις τε πόλεσι συμμάχους τε συμμάχοις
συνδεῖ· τὸ γὰρ ἴσον νόμιμον ἀνθρώποις ἔφυ,

528–530 Stob. 4, 50a, 1; Sext. Emp. adv. math. 1, 62; sch. Lucian. 5, 4 (p. 10 Rabe); proleg. Voss. GrGr I 3, 7, 1–3 Hilgard; sch. Dion. Thr. GrGr I 3, 166, 4–6 Hilgard; cf. Ovid. met. 6, 28–30 || **528–529** cf. Plut. mor. 73C || **529–530** inscr. Delphica, BCH 49, 1925, 88 no. 15 || **529b–534** ***Π***^{c} || **529b–530** Lucian. 49, 25; anon. Comm. Ar. Gr. XX 1, 122; [Theodos.] gramm. p. 31, 26–27 Goettling; sch. Dion. Thr. GrGr I 3, 448, 29 Hilgard; Eust. 1180, 46; Eust. in Od. 11, 506 (1696, 64); cf. Lucian. 5, 4; Greg. Naz. de vita sua 1621; Greg. Cor. Rhet. Gr. VII 2, 1268 Walz || **531–540** Dio Chrys. 17, 9 || **531–535a** ***Π***^{a} col. 18, 5–10 (Favor. de exilio 20) || **531–534** cf. Plut. vit. 453B (Sull. 4); (?) Iulian. or. 2, 85c || **531–532** cf. Greg. Naz. ep. 11, 3 || **536–538** Plut. mor. 481A; Doxopatr. Anec. Oxon. IV 162, 26–28 || **536** cf. Plut. mor. 814E; ***Π***^{J} lin. 9 (cf. Men. sent. 362 Jaekel); Phil. confus. ling. 108 || **536b–540** Clem. Alex. strom. 5, 5, 30, 2 || **536b** ***Π***^{a} col. 18, 39 (Favor. de exilio 18) || **537–538a** cf. Plut. mor. 643F || **538** cf. Plut. mor. 484B || **539–540** Arist. EE 1235a 22–23 || **535–540a** cf. Plut. mor. 484C

528 *οὐ πάντα* sch. Lucian. (~***Γ***, test. alia) | *τῷ βίῳ* proleg. Voss. (~***Γ***, test. alia) || **529** *ἐτέοκλες* fere **OCCrRγSaAa**^{2}**PRfXa**^{ac}**λ, gBgE**, Sext.* (~**L**^{2}**Zb**^{pc}**, gV**, test. alia) utrum *ΕΤΕΟΚΛΕΕΣ* an *ΕΤΕΟΚΛΕΟΥΣ* habuerit inscr. Delphica nunc non liquet | *πρόσεστι* **C** | *ἡ ἐμπ-* plene scr. **Sa, gE**, test. pleraque *ἐμπ-* (*ἡ* om.) **R**, Sext.*, proleg. Voss., anon. in Arist. EN (~**gVgB**, Stob.) *ἐμπειρίᾳ* ^{γρ}Σ [***Π***^{c}] || **530** *λέγειν* Eust. *δεῖξαι* Stob., Sext.* (~***Γ***, ***Π***^{c}, test. alia) || **532** *φιλοτιμίας*] *πλεονεξίας* Dio Chrys. (~**gB**, ***Π***^{a}***Π***^{c}, Plut.) | *σοί* **gB** (~***Π***^{a}***Π***^{c}, Dio Chrys.) || **534** *ἐσῆλθε* Brunck (~**gBgE**, ***Π***^{a}***Π***^{c}, Dio Chrys.) [***Π***^{12}] | *κἀξῆλθ'* om. ***Π***^{a}, Dio Chrys. *κἐξῆλθε(ν)* fere vol. ***Θ***, **gE** (~**gB**) *και εισηλθε* ***Π***^{c} [***Π***^{12}] | *κτωμένων* **O** (~**O**^{1s}) [***Π***^{12}] || **535** *σὺ μαίνει* **R**^{ac} (~**R**^{1pc}, ***Π***^{a}, **gB**) *σὺ μένῃ* **F**^{1}**Sa**^{s}**Xa**^{ac} (~**F**^{c}) *σὺ μένεις γ* (~**S**^{γρ}) *συμβαίνει* Dio Chrys. | *κεῖνο*] *τοῦτο* Dio Chrys. (~**gB**) | *κάλλιστον* **Mt**^{ac}**χ**, Dio Chrys. (~**gB**) || **536** *ἢ* **M**^{1}**V**^{ac}**CFRw**^{ac}**Zc**^{ac} *καὶ* ***Π***^{a}, Dio Chrys. (~**gBgE**) | *ἀεὶ*] *αιει* ***Π***^{a} *εἶναι* Plut. Mor. 481*, Dio Chrys. *ἀεὶ εἶναι* Plut. Mor. 481* (~**gBgE**, codd. rell. Plut. Mor. 481, Clem., Doxopatr.) | *φίλοις*] *φίλους* **Z**^{ac}**Ad**^{ac}, ***Π***^{a}, Dio Chrys. (~**gBgE**, test. alia) || **537** *τε*^{1}] *τε καὶ* **Ab** *δὲ* Doxopatr. (~**gBgE**, test. alia) | *πόλεσιν* **RAd** (~**gBgE**, test.) | *συμ- . . . συμ-* ***Ψ Λ***, **gBgE**, test. *ξυμ- . . . ξυμ-* rell. | *-μάχοις . . . -μάχους* Plut. Mor. 643, Dio Chrys. (~**gB gE**, Plut. Mor. 481, test. alia) || **538** *συνδεῖν* Dio Chrys. (~**gBgE**, test. alia) | *τί γὰρ* Doxopatr. (~***Γ***, test. alia) | *ἴσον* **VCCr*Θ* φε, gB** (~**gVgE**, test.) | *μόνιμον* Plut. Mor. 481* et in paraphr. Mor. 484, cf. fort. Σ *ἀσφαλὲς καὶ βέβαιον* (~***Γ***, rell. codd. Plut. Mor. 481, Dio Chrys., Clem., Doxopatr.; cf. Σ *δίκαιον καὶ ἀσφαλές*)

τῷ πλέονι δ' αἰεὶ πολέμιον καθίσταται
τοὔλασσον ἐχθρᾶς θ' ἡμέρας κατάρχεται.
καὶ γὰρ μέτρ' ἀνθρώποισι καὶ μέρη σταθμῶν
Ἰσότης ἔταξε κἀριθμὸν διώρισεν,
νυκτός τ' ἀφεγγὲς βλέφαρον ἡλίου τε φῶς
ἴσον βαδίζει τὸν ἐνιαύσιον κύκλον,
κοὐδέτερον αὐτῶν φθόνον ἔχει νικώμενον.
εἶθ' ἥλιος μὲν νύξ τε δουλεύει βροτοῖς,
σὺ δ' οὐκ ἀνέξῃ δωμάτων ἔχων ἴσον
καὶ †τῷδ' ἀπονεῖμαι†; κᾆτα ποῦ 'στιν ἡ δίκη;
τί τὴν τυραννίδ', ἀδικίαν εὐδαίμονα,
τιμᾷς ὑπέρφευ καὶ μέγ' ἥγησαι τόδε;
περιβλέπεσθαι τίμιον; κενὸν μὲν οὖν.
ἢ πολλὰ μοχθεῖν πόλλ' ἔχων ἐν δώμασιν

539 cf. Plut. mor. 643 F || **541–545** cf. Dionem Chrys. 17, 11 || **541–542** Doxopatr. Anec. Oxon. IV 162, 31–32 || **542** Prisc. instit. 1, 11 et 2, 12 || **543–545** Doxopatr. Anec. Oxon. IV 162, 34–163, 2 || **543–544** cf. Π^{f} lin. 1–2 (comm. in Dem. or. 23) || **544** *βαδίζει*] Hsch. β 34 || **546–548 a** Doxopatr. Anec. Oxon. IV 163, 4–6 || **546–547** Oenom. apud Euseb. praep. evang. 6, 7, 30; Theodoret. therap. 4, 40 || **546** Orig. Cels. 4, 30; Isidor. Pelus. ep. 4, 58 (PG 78, 1113); cf. Stratt. Phoen. fr. 46 Kock || **549–550 a** Plut. mor. 25 B || **549–550** cf. (?) Π^{e} (TrGF adesp. 665, 30) || **551** cf. Aelian. var. hist. 2, 12; (?) Xen. Hier. 7, 2

Codd.: Π^{12} (543–548, 565–), Π^{15} (552–); ω = **MOBVC**, **CrG**, Θ = **AbRMnSVr**, φ = **FSa**, Ψ = **AaPRfRw**, Ξ = **AMtXXaXb**, Λ = **LZZbZcZmZuT**^{z}

539 *πλείονι* **CrG**^{ac} α Ψ Λ, **gV** (~**R**^{s}, **gBgE**, test.) | *ἀεὶ* α Ψ **ZZb** et fort. **V**^{ac}, **gBgE**, Dio Chrys., Clem. (~**V**^{1} in ras., **gV**, Arist.) || **540** *ἐχθράς* **VRw**^{ac}, Clem.* *ἔχθρας* Arist.* (~**gVgE**, Dio Chrys.) | *θ'* om. **SaRf**, Dio Chrys.* *δ'* **BCr** Θ **PZZbZcT**^{z}, **gVgE** (~**T**^{s}, Arist., Dio Chrys.*, Clem.) | *ἡμέρα* Arist.* (~**gVgE**, test. alia) | *κατάρχεσθαι* **Sa** *-έρχεται* **A** || **541** *γὰρ* om. **L** | *μετ'* **CCrR**^{ac}**S** (~**gE**, Doxopatr.) | *μέτρη* γ **Rw** || **542** *ἰσότητ'* spectant codd. corrupti Prisc. (utroque loco) | *ἔταξεν* **Aa**, Prisc. (~**gE**, Doxopatr.) | *διώρισε* **VCCrG** α **VrSa** ε κ Λ, **gE** (~**T**^{t}, test.) || **543** *ἀφεγγὴς* **A** [Π^{12}] | *ἡλίου τε φῶς* om. Doxopatr. || **544** *ἶσον* **VCCr** Θ φ **Aa** ε | *βαδίζειν* Θ **XaZc** (~Hsch., Doxopatr.) [Π^{12}] || **545** *κοὐ δι' ἕτερον* **V** [Π^{12}] | *αὐτοῖν* **VrPRwZZbT**^{z} (~**Rw**^{s}, Doxopatr.) [Π^{12}] | *ἔχει φθόνον* transp. κ [Π^{12}] | *ἔχειν* γ **F** [Π^{12}] || **546** *εἶθ'*] *ὡς* Isid. Pel. (~test. alia) [Π^{12}] | *ἅλιος* β (~test.) [Π^{12}] | *δουλεύειν* **Zu** [Π^{12}] | *βροτοῖς*] *μέτροις* Weil (~test.) [Π^{12}] || **547** *σοὶ* Theodoret.*, Doxopatr. (~ Oenom.) [Π^{12}] | *ἀνέξει* **SZb**^{ac} (~**Zb**^{1pc}) *ἀνάξῃ* **F** (~test.) [Π^{12}] | *ἔχειν* **Rf** χ^{s}**T**^{s}, ^{γρ}Σ, test. [Π^{12}] | *ἶσον* **GP** Ξ Λ, test. *ἶ͂σον* **O** *ἴσον* rell. || **548** versum in plerisque codd. corruptum del. Schoene et Paley, fort. recte; tantum 546–547 citant Oenom. et Theodoret., sed 548 non erat ad horum sententias idoneus; versum hab. Π^{12} | *τῷδ' ἀπονεῖμαι* ω **CrG** Θ φ **Rw**^{uv} Λ, Doxopatr. *τῷδ' ἀπονέμειν* δ **RfMt** χ **Zb**^{rγρ}**T**^{tγρ}, ^{γρ}Σ *τῷδ' ἀπονέμων* **A**, ^{γρ}Σ (coni. Markland) [Π^{12}] (sed spatium verbo composito convenit) *τῷδε νεῖμαι* Salmasius apud C. H. Lange (testante Valck.) *τῷδ' ἀπονεμεῖς* Porson || **549** *εὐδαίμονα*] *ὡς δαίμονα* **Ab** (cf. **V**^{g} *ὡς*, Σ *λείπει . . . τὸ ὡς*) (~**gE**, Plut.) || **550** *μέγ' ἧσαι* **MtZc** || **551** *τίμιος* Hebold (virgula post *τόδε* 550 posita, sicut iam dist. Klotz) || **552** *ἢ* **RFRwZZu** | *μοχθῶν* **P** post

βούλῃ; τί δ' ἐστὶ τὸ πλέον; ὄνομ' ἔχει μόνον·
ἐπεὶ τά γ' ἀρκοῦνθ' ἱκανὰ τοῖς γε σώφροσιν.
οὔτοι τὰ χρήματ' ἴδια κέκτηνται βροτοί,
τὰ τῶν θεῶν δ' ἔχοντες ἐπιμελούμεθα·
ὅταν δὲ χρῄζωσ', αὔτ' ἀφαιροῦνται πάλιν.
{ὁ δ' ὄλβος οὐ βέβαιος, ἀλλ' ἐφήμερος.}
ἄγ', ἤν σ' ἔρωμαι δύο λόγω προθεῖσ' ἅμα,
πότερα τυραννεῖν ἢ πόλιν σῷσαι θέλεις,
ἐρεῖς τυραννεῖν; ἢν δὲ νικήσῃ σ' ὅδε
Ἀργεῖά τ' ἔγχη δόρυ τὸ Καδμείων ἕλῃ,
ὄψῃ δαμασθὲν ἄστυ Θηβαῖον τόδε,
ὄψῃ δὲ πολλὰς αἰχμαλωτίδας κόρας
βίᾳ πρὸς ἀνδρῶν πολεμίων πορθουμένας.

554 Clem. Alex. strom. 6, 2, 24, 7; Stob. 4, 32a, 4 || **555–557** Plut. mor. 116A; Stob. 4, 31d, 104; cf. Phil. de cherub. 118 || **558** Crantor apud Sext. Emp. adv. math. 11, 55 (ubi sequitur Eur. El. 944); Demetr. Phal. FrGrHist 228 F 24 (Plut. mor. 104A); cf. Philostr. vit. Apoll. 8, 7 || **559a** sch. Thom. Pind. Ol. 6, 82 || **564–565** cf. Sen. Phoen. 573–576; Liban. declam. 8, 23

μοχθεῖν add. *ἢ* **Cr** [Π^{15}] | *ἔχειν* **Cr**^{ac}**GMn**^{ac} [Π^{15}] | *δώμασιν* **MAbT** (fort. **T**^{t} potius quam **T**^{z}) *-ασι* rell. [Π^{15}]

553 *βούλῃ* scr. Murray *βούλει* Π^{15} **Ω** | *ἐστὶ* **MOBCΨχZ** (cf. K-B I 344) *ἐστι* **MtZbZcT**^{z} *ἔστι* rell., **gE** | *ἔχειν* **M**^{ac}**CrAbPεZb**^{s}, **gE** [Π^{15}] || **554** *γ'*] *τ'* **Rw**, **gE** (~**gB**, Clem.) | *τοῖς* (*γε* om.) **PL**, **gE**, Clem.* (~**gB**) *τοῖς δὲ* **Rf** *τοῖσι* **χZ ZbT**^{z} | *σώφροσι* **VCrRZc** (~**gBgE**, Clem.) || **555–558** del. Nauck, tantum 555–557 olim Wecklein (cf. ad 558); 555–557 sine fabulae nomine velut Euripideos citat Plut.; in Stob. codd. cohaerent cum Soph. fr. 88 Radt (cum lemmate *σοφοκλέους*) || **555** *οὔτι* **Cφ** (~Π^{15}, **Γ**, test.) | *τὰ* om. **gE** | *κτήμ-* **αγMn**^{γρ}**Sa**^{γρ}**L**^{1}**ZcZmZu** (~Π^{15}**L**^{2}, **Γ**, test.) *-μαθ'* **MAdCL** (~**Γ**, test.) [Π^{15}] | *κέκρηνται* **Sa** || **556** *δ'* om. **VrL**, **gE**, Plut.* (~Π^{15}, **gVgB**, Stob.) || **557** *χρηΐζωσ'* **AaRf** | *αὔτ'*] *ἀντ'* **C** *αὐτῶν* **Mn**^{s}, Stob. (~**Γ**, Plut.) [Π^{15}] | *ἀναφαιροῦνται* **Ab** *ἀπαιροῦνται* Stob. (~**Γ**, Plut.) [Π^{15}] | *πάλιν* om. **Mt** || **558** del. Valck.; hab. Π^{15}; ante 555 transp. Fritzsche; sine v. 558 citant 555–557 Plut. Mor. 116 et Stob.; sine fabulae nomine velut Euripideum citat 558 Demetr. apud Plut. Mor. 104; sine fabulae et sine poetae nomine citat Crant. apud Sext. (ubi sequitur El. 944 velut proximus versus) | *ὁ δ'*] *οὐ δ'* vel *ὁ γὰρ* codd. Sext. (~Π^{15}, **Γ**, Plut.) || **559** *δύω* **B**^{3}**OZc**^{ac}**Zm Zu** (~Thom.) [Π^{15}] | *λόγῳ* **OVMtXb** *λόγους* **ΘSaΨAT**^{s} (~**A**^{s}, Thom.) [Π^{15}] | post *λόγω* dist. Thom. sch. Pind. | *προσθεῖσ'* **VMnSaδRwκXaXb LZZbZcT**^{z} (~Mosch. glossema *προβαλομένη*) || **560** *σῶσαι πόλιν* transp. **CrχZ** [Π^{15}] | *σώσειν* **MO** || **561** om., in marg. scr. **Xb** | *νικήσαι σ'* **Rf**^{ac} (~**Rf**^{1c}) *νική-σῃς* **CZb** [Π^{15}] || **562** del. Murray, coll. Σ^{M} 561 *ἐὰν δὲ νικήσῃ σε οὗτος, τί; λείπει δὲ τὸ τί*; sed fort. *Σ* post 562 dist. et versus 561–562 interrogative proferendos putabat | *ἀργεία τ' ἔγχει* **μ** (~Π^{15}) *ἀργεία τ' ἔχῃ* **C** | *τὸ* om. **Rw** (*καὶ* post *δόρυ* add.) **L** (*τόδε* ante *δόρυ* add.) **Zm** (~**Zm**^{1c}) [Π^{15}] | *καδμεῖον* **GRSVrFAaRfζT** [Π^{15}] | *λάβῃ* fere **R**^{g}**P** [Π^{15}] || **563** *οψη* Π^{15} (sicut scr. Murray) *ὄψει* **Ω**, **gE** | *ἄστυ* om. **O** (~**O**^{1s}) | *θηβαῖον* **MB**^{2}**OCVrP**^{s}**Λ** *θηβαίων* **B**^{1}**VGαγSa**^{γρ}**ΨΞZc**^{s}**Zm**^{s}**Zu**^{s}, **gE** *καδμεῖον* **F** *καδμείων* **CrSa** [Π^{15}] || **564** *οψη* Π^{15} (sicut scr. Murray) *ὄψει* **Ω**, **gE** | *αἰχμαλώτιδας* **B**^{3}**CrRδRwΞλ**, **gE** (~**Mt**^{ac}) (cf. ad 185) *αἰχμαλώτους* **Zb**^{1} [Π^{15}] || **565** *περθουμένας* **Rw** *ὠθουμένας* **G** *λεληισμένας* **M**^{γρ}**B**^{γρ}**C**^{γρ} [Π^{12} Π^{15}, **gE**]

δαπανηρὸς ἆρ᾽ ὁ πλοῦτος ὃν ζητεῖς ἔχειν
γενήσεται Θήβαισι, φιλότιμος δὲ σύ.
σοὶ μὲν τάδ᾽ αὐδῶ, σοὶ δέ, Πολύνεικες, λέγω·
ἀμαθεῖς Ἄδραστος χάριτας εἴς σ᾽ ἀνήψατο,
ἀσύνετα δ᾽ ἦλθες καὶ σὺ πορθήσων πόλιν.
φέρ᾽, ἢν ἕλῃς γῆν τήνδ᾽ – ὃ μὴ τύχοι ποτέ –,
πρὸς θεῶν, τροπαῖα πῶς ἀναστήσεις Διί;
πῶς δ᾽ αὖ κατάρξῃ θυμάτων, ἑλὼν πάτραν,
καὶ σκῦλα γράψεις πῶς ἐπ᾽ Ἰνάχου ῥοαῖς;
Θήβας πυρώσας τάσδε Πολυνείκης θεοῖς
ἀσπίδας ἔθηκε; μήποτ᾽, ὦ τέκνον, κλέος
τοιόνδε σοι γένοιθ᾽ ὑφ᾽ Ἑλλήνων λαβεῖν.
ἢν δ᾽ αὖ κρατηθῇς καὶ τὰ τοῦδ᾽ ὑπερδράμῃ,
πῶς Ἄργος ἥξεις μυρίους λιπὼν νεκρούς;
ἐρεῖ δὲ δή τις· Ὦ κακὰ μνηστεύματα
Ἄδραστε προσθείς, διὰ μιᾶς νύμφης γάμον
ἀπωλόμεσθα. δύο κακὼ σπεύδεις, τέκνον,

570 Oenom. apud Euseb. praep. evang. 6, 7, 29 ‖ **572** cf. Liban. declam. 24, 4 ‖ **574** cf. Eust. 666, 34; 750, 34 ‖ **582** Prisc. instit. 1, 11 et 2, 12

Codd.: **Π^{12}** (**–569, 591–597**), **Π^{15}** (**–575**); **ω** = **MOBVC, CrG**, **Θ** = **AbRMn SVr**, **φ** = **FSa**, **Ψ** = **AaPRfRw**, **Ξ** = **AMtXXaXb**, **Λ** = **LZZbZcZmZuT^{z}**

566 *δαπανηρὸς* **Π^{15}Mn^{s}**, ^{γρ}**Σ^{B}** (cf. **Σ^{Sa}**), et hoc vol. **M^{γρ}C^{γρ}** (*πονηρὸς*) *ὀδυνηρὸς* **Ω**, **gE** [**Π^{12}**] | *ἆρ᾽* **RMn^{pc}φMtXXbLT^{z}**, **gE** *γ᾽ ἆρ* **Aa** *γὰρ* **CCr^{ac}** (~**Π^{15}**) *ἄρ᾽* fere rell. [**Π^{12}**] ‖ **567** del. Valck. (et una cum 566 Dindorf); hab. **Π^{12} Π^{15}**; consulto *φιλοτιμίας* 532 et *φιλότιμος* 567 ad initium et ad finem huius partis orationis posuit poeta ipse | *θήβασι* **M** *θήβησι* **O** ‖ **568** *ταδε* plene **Π^{15}** | *σοὶ^{2}*] *σὺ* **Π^{12}Sa** [**Π^{15}**] ‖ **569** *χάριτας ἄδραστος* transp. **Gφ** (~**Π^{12} Π^{15}**) | *εἴς σ᾽ ἀνήψατο* om. **S** | *ἔς σ᾽* Matthiae *εἷς* **M^{1}** (~**M^{2}**) *εἴ σ᾽* fere **OCAb^{1}MnRw^{ac}ZcZm^{ac}Zu**, **gE** (~**Ab^{2}Zm^{1c}**) [**Π^{12} Π^{15}**] | *ἀμείψατο* **κ** *ἠμείψατο* **GχZb^{c}T^{s}** (~**gE**) [**Π^{12} Π^{15}**] ‖ **570** *πόλιν*] *πάτραν* Oenom. (~**gE**) [**Π^{15}**] ‖ **571** *φερ*]*ε· αν ελης δ*[**Π^{15}** | *ἦν* **V^{1}** (~**V^{2}** vel **V^{3}**) | *γῆν*] *πόλιν* **B** | *τύχῃ* **M^{γρ}CαMn^{pc}φAa^{s}** [**Π^{15}**] ‖ **572** *πρὸς* om. **Zc** | *τροπαῖα* **M^{1}V^{2}P** (cf. **Σ**) *τρόπαῖα* **BT^{z}** *τρόπαια* **M^{2}** rell. | *διί* **Rw^{s}** (cf. **Σ^{MnS}** *ἤγουν πῶς διὶ ἀναθήματα θήσεις;*), sicut coni. Kirchhoff om. **S** *δή* **MVC** *δορός* **V^{2γρ}** rell. ‖ **573** *δ᾽ αὖ*] *δαι* **Π^{15}** *δ᾽ ἂν* **CZ** | *κατάρξεις* **Mn^{ac}PεΞZbZcT^{z}** -*ξῃς* **Z** [**Π^{15}**] | *ἑλεῖν* **γ** (~**Mn^{2s}**) [**Π^{15}**] | *πόλιν* **Mn^{γρ}VrPRwκZb^{rγρ}** (cf. 570) ‖ **573–574** *θυμάτων . . . γράψεις* om. **Rf** ‖ **574** *κἀς* post Valck. scr. Dindorf; sed cf. IT 585, IA 35 (~**Π^{15}**) | *γράφεις* **C** ‖ **575** *θήβαις* **Ab** (~**Π^{15}**) | *πυρσώσας* **MVCCrΘφAa^{1}Rwζ** *πυρρώσας* **F^{c}** (~**Π^{15}** **Aa^{3}**) | *θεοῖς* om. **L^{1}** (~**L^{2}**) ‖ **576** *ἔθηκεν* **Zc** *ἔθηκα* **F** | *μήτ᾽* **Rw^{ac}Xa** *μήπ᾽* **S** | post *κλέος* add. *γένοιτ᾽ ἂν* (ex 577) **Rw** ‖ **577** *σοι* om. **L** | *γένοιθ᾽* **PRfZZbT^{z}** *γ᾽ ἐνθ᾽* **Rw** (cf. ad 576) *γένοιτ᾽ ἂν* rell. | *λαβών* **O** ‖ **578** *κρατηθεῖς* vel -*εὶς* **Mn^{ac}Mt^{ac}** **Zb^{ac}Zu^{ac}** | *καὶ τὰ τοῦδ᾽*] *κατὰ τοῦδ᾽* **S** *καὶ τάδ᾽* **Ab** | *ὑπερδράμῃ* **δ**, cf. ^{p}**Σ** *ὑπέρτερα γένηται* (restit. vel coni. Canter) *ὑπεκ-* rell. (-*δράμοι* **V^{1}V^{2s}**, ~**V^{2}**) ‖ **580** *δή* om. **MO** | *τις σ᾽* **Rw** ‖ **581** *προθεὶς* **M^{2}αF** (~**gE**) | *νύμφας* **ZmZu** (~**gE**) ‖ **582** *ἀπολλόμεσθα* **V** *ἀπωλόμεθα* **CrAbR^{ac}SFRfMtζ**, **gE** (~Prisc.) | *δύο* **ωCrVrφ** **AaRwL** *δύω* **B^{3}** rell., Prisc.* | *κακὰ* **V^{1}Cr^{g}RSaAaMt^{ac}Mt^{s}L^{2}** (~**V^{2}Mt^{pc}**, Prisc.) | *σπεύδει* **O**

κείνων στέρεσθαι τῶνδέ τ᾽ ἐν μέσῳ πεσεῖν.
μέθετον τὸ λίαν, μέθετον· ἀμαθία δυοῖν,
εἰς ταὔθ᾽ ὅταν μόλητον, ἔχθιστον κακόν.
ΧΟ. ὦ θεοί, γένοισθε τῶνδ᾽ ἀπότροποι κακῶν
καὶ ξύμβασίν τιν᾽ Οἰδίπου τέκνοις δότε.
ΕΤ. μῆτερ, οὐ λόγων ἔθ᾽ ἀγών, ἀλλ᾽ ἀναλοῦται χρόνος
οὑν μέσῳ μάτην, περαίνει δ᾽ οὐδὲν ἡ προθυμία·
οὐ γὰρ ἂν ξυμβαῖμεν ἄλλως ἢ ᾽πὶ τοῖς εἰρημένοις,
ὥστ᾽ ἐμὲ σκήπτρων κρατοῦντα τῆσδ᾽ ἄνακτ᾽ εἶναι χθονός.
τῶν μακρῶν δ᾽ ἀπαλλαγεῖσα νουθετημάτων μ᾽ ἔα.
καὶ σὺ τῶνδ᾽ ἔξω κομίζου τειχέων, ἢ κατθανῇ.
ΠΟ. πρὸς τίνος; τίς ὧδ᾽ ἄτρωτος ὅστις εἰς ἡμᾶς ξίφος
φόνιον ἐμβαλὼν τὸν αὐτὸν οὐκ ἀποίσεται μόρον;
ΕΤ. ἐγγύς, οὐ πρόσω βέβηκεν· εἰς χέρας λεύσσεις ἐμάς;
ΠΟ. εἰσορῶ· δειλὸν δ᾽ ὁ πλοῦτος καὶ φιλόψυχον κακόν.

Actio: **596** Eteocles minitans manus ad capulum applicat

593 cf. Acc. Phoen. fr. 7 Ribbeck || **594** cf. Philostr. vit. Apoll. 7, 38 || **594b–595a** cf. (?) Heliod. Aethiop. 2, 16, 1 || **597** Stob. 4, 31c, 75 || **597b** Apost. cent. 5, 89a (Paroem. gr. II 357); Tzetz. in Ar. Plut. 203 et 202 Massa Positano; Eust. 515, 24; 587, 2; 624, 3; 1143, 40; cf. Carcin. TrGF 70 F 9; Eust. 1302, 6 || **597** *δειλὸν δ᾽ ὁ πλοῦτος*] Diogenian. 2, 33 (Paroem. gr. II 23); cf. (?) Ar. Plut. 202–203 | *φιλόψυχον*] Hsch. φ 540

583 *τῶνδέ τ᾽*] *τῶνδ᾽* **V** | *πεσών* Lloyd-Jones (post *τῶνδέ τ᾽* dist.) || **584** *τὸ* om. **A** | *λίαν δὴ* **T**^{z} (vel **T**^{pc}?) | *ἀμαθίαι* **M**^{2}**BV**^{2s}**φRwΞZT**^{z}, **gE** (~**F**^{c}), etiam $^{p}Σ$ (qui fort. *ἀμαθία* velut duale intellexit) | *δύο* **gE** (sicut coni. Conradt) || **585** *ἐς* Brunck (~**gE**) | *ταὔθ᾽* scr. Brunck *ταύθ᾽*, *ταῦθ᾽* vel simile (= *τὸ αὐτὸ*) **BV**^{2} **Cr**^{pc}**RMtχT**^{z}, *Σ* *ταῦθ᾽* **V**^{1}**Cr**^{ac}**Xa**^{pc} rell., $^{le}Σ^{B}$, $^{i}Σ^{Thom.}$ *ταυτὸν* **gE** | *μόληται* **Sa** (~**gE**) | *αἴσχιστον* **εκZZcT**^{z}, **gE** | *κακῶν* **Aa**^{3} (~**gE**) || **586** chori notam om. **L** | *γένησθε* **CZu** (~**Zu**^{s}) *γένεσθω* **S**^{ac} *γένεσθε* **S**^{pc}, **gE** (sicut coni. Naber) || **587** *δότε* om. **Zb** *τόδε* **κ** (~**Mt**^{pc}) || **588** *ὦ μῆτερ* **R** | *ἔθ᾽ ἀγών* post Canter Musgrave *ἐστ᾽ ἀγών* **Ω** (*ἔσται* **Xa**), **gE** *ἀγών ἐστ᾽* transp. Scaliger, Grotius | *ἀναλοῦται* Valck. *ἀνάλωται* **Ω**, **gE** *ἀνήλωται* Elmsley || **589** *οὑν* scr. Canter *ὁὐν* vel sim. **B**^{2s}**GVrF PAχLT**^{z} *ὁ οὐν* **RfMt** *ὁὐμ* vel sim. **ωCrαSSaRwζ** *οὐ* **MnAa** | *περανεῖ* fere **Cr Ab** (~**gE**) || **590–591** *οὐ γὰρ . . . κρατοῦντα* om. **S** || **590** *ἂν* om. **Zb** | *ξυμβαίημεν* **V** *ξυμβῶμεν* **GαPεκ** || **591** *ὥστ᾽ ἐμὲ* **MO** et fort. vol. **Mn** *ὥστε με* fere rell. | *σκῆπτρα* **GAa**^{2}**Ξ** *σκῆπτρον* **T**^{t} [**Π**^{12}] | *ἄνεκτ᾽ εἶναι* **O** *ἀνάκτειν* **Mt** [**Π**^{12}] || **592** *μ᾽ ἔα* om. **PRw** *μία* **O** (*μ᾽ ἴα* vel *μ᾽ ἔα* **Z**) [**Π**^{12}] || **593** *ἦ* **VRf** *ἢ* **S** [**Π**^{12}] | *καταθανῇ* **RAZc** *κατθανεῖν* **P** *θανῇ* **Sa**^{ac} [**Π**^{12}] || **594** *τίς δ᾽* **MBOCrβφλ** (~**gE**) [**Π**^{12}] | *ὅδ᾽* **VCrVr**^{γρ}**PRfZu**^{s} (~**gE**) [**Π**^{12}] | *ὅστ᾽ εἰς* **αSaRf** *ὅστις* (*εἰς* om.) **β** (~**Π**^{12}, **gE**) || **595** *φόνον* **C** *φοίνιον* **αVrRw** (~**gE**) [**Π**^{12}] | *τὸν αὐτὸν*] *ταυτὸν* **Π**^{12} **Rw** (~**gE**) | *οὐχ ὑποίσεται* **F**^{1} (~**F**^{c}**Π**^{12}, **gE**) *οὐκ ἀνταποίσεται* **Sa** || **596** *οὐ* **B**^{3γρmarg} **V**^{2}**CrGαS**^{γρ}**VrSaMtχZb**^{c}**T**^{zγρ}, $^{le}Σ^{C}$ *οὗ* **ωγVr**^{γρmarg}**FΨΑΛ** (utrumque *Σ*) | *πόρσω* **Cr** [**Π**^{12}] | *βέβηκεν* **Π**^{12}**R**^{s}, sicut coni. Heath et Brunck *βέβηκ᾽* **Mt** *βέβηκας* rell., *Σ* | *ἐς* Brunck (~**Π**^{12}) | *χέρας* King *χεῖρας* **Π**^{12} **Ω** | *λεύσσεις* **BGAχZu** *λεύσεις* rell. [**Π**^{12}] | *ἡμᾶς* **SZu** [**Π**^{12}] || **597** Pol. notam om. **Z** | *ἀλλ᾽ εἰσορῶ* **Aa**

ΕΤ. κᾆτα σὺν πολλοῖσιν ἦλθες πρὸς τὸν οὐδὲν ἐς μάχην;
ΠΟ. ἀσφαλὴς γάρ ἐστ' ἀμείνων ἢ θρασὺς στρατηλάτης.
ΕΤ. κομπὸς εἶ σπονδαῖς πεποιθώς, αἵ σε σῴζουσιν θανεῖν.
ΠΟ. καὶ σέ· δεύτερον δ' ἀπαιτῶ σκῆπτρα καὶ μέρη χθονός.
ΕΤ. οὐκ ἀπαιτούμεσθ'· ἐγὼ γὰρ τὸν ἐμὸν οἰκήσω δόμον.
ΠΟ. τοῦ μέρους ἔχων τὰ πλείω; *ΕΤ.* φήμ'· ἀπαλλάσσου δὲ γῆς.
ΠΟ. ὦ θεῶν βωμοὶ πατρῴων, *ΕΤ.* οὓς σὺ πορθήσων πάρει.
ΠΟ. κλύετέ μου, *ΕΤ.* τίς δ' ἂν κλύοι σου πατρίδ' ἐπεστρατευμένου;
ΠΟ. καὶ θεῶν τῶν λευκοπώλων δώματ', *ΕΤ.* οἵ στυγοῦσί σε.
ΠΟ. ἐξελαυνόμεσθα πατρίδος, *ΕΤ.* καὶ γὰρ ἦλθες ἐξελῶν.

598a Apoll. Dysc. GrGr II 1, 230, 4 Schneider – Uhlig ‖ **599** Suet. Aug. 25, 5; Polyaen. strateg. 8, 24, 4; Stob. 4, 13, 19; Apost. cent. 4, 14a (Paroem. gr. II 313); cf. Georg. Pisid. exped. Pers. 3, 52 – 53 ‖ **600** *κομπὸς εἶ*] Et. magn. 527, 48 ‖ **606** *λευκοπώλων* ***Π***^{b} (sch. Pind. Py. 1)

Codd.: ***Π***^{12} (**601 – 604, 615 – 618**); ***ω*** = **MBOVC, CrG,** ***Θ*** = **AbRMnSVr,** ***φ*** = **FSa,** ***Ψ*** = **AaPRfRw,** ***Ξ*** = **AMtXXaXb,** ***Λ*** = **LZZbZcZmZuT**^{z}

δρῶ **Ab** (∼***Π***^{12}, Stob.) | *δεινὸν* **MBOCSaRfRw**^{pc}, **gVgE**, Tzetz.*, Carcin. (∼**M**^{2} **B**^{1s}**B**^{3s}**Rw**^{ac}, **gB**, test. alia) (]*λον* ***Π***^{12} sec. edd.;].*ον* tantum mihi apparet) | *δ'* om. **Mt, gE**, Diogen., Eust. 575 et 587 et 624 *γὰρ* Eust. 1143 (∼***Π***^{12}, **gVgB**, test. alia)

598 *κᾶτα γε* **Aa** *ἦτα* **Mt** (∼**gBgE**, Apoll. Dysc.) | *σὺμ* **F** | *πολλοῖς* ***β*****Z**, **gB** *ὅπλοις* **V**^{2γρ} (∼**gE**, Apoll. Dysc.) | *τὸν* om. **Ab** | *ἐς* **MBVC**(*ἐ*)**CrG*φ*AaLZbZcT**^{z} *εἰς* **Zb**^{s} rell., **gBgE** (add. man. sec. in cod. Apoll. Dysc.) ‖ **599** *ἀσφαλῶς* ***γ*** (∼**Mn**^{γρ}) *ὡς ἀσφαλὴς* **Aa** *ὁ ἀσφαλὴς* **G**^{1pc} (∼**gBgE**, test.) | *γάρ ἐστ'* Ald. *γὰρ ἔστ'* fere ***Ω*** (*γὰρ* om. **G**, Apost.; *ἐστ'* om. **gB**) | *ἄμεινον* fere **Vr**^{ac}, **gE** (∼**gB**, test.) | *θρασὴς* **MnZ** ‖ **600** *κόμπὸς* **B**^{1}**Mn** *κόμπος* **B**^{3}**V**^{1}**CrG**^{ac}***φ*****Rf*κ*X**^{pc}**Xa**^{ac}**LZbZcT**^{z}, Et. magn. *κομψὸς* ^{γρ}*Σ*^{V} *ὡς κομψὸς* **Aa**^{1} (*ὡς κόμπος* **Aa**^{s}) (∼**B**^{2}**V**^{2}**G**^{1pc}, *Σ*, **gE**) | *ἦ* **CSa** (∼**gE**, Et. magn.) | *σπονδαῖσι* **Cr** | *πεπονθῶς* **M**^{ac} (∼**M**^{1pc}) | *αἳ* **M** | *σε* om. **Aa** (*αἳ* scr.) | *σώζουσιν* **MRAXXbLZbT**^{z} -*ουσι* fere rell., **gE** | *μὴ θανεῖν* **AaRfMt** (etiam *μὴ* ***χ***^{s}**T**^{s}) *ἀεὶ* ***α*****Mn**^{ac} (*μὴ θανεῖν ἀεὶ* **Mn**^{g}) *ἄστει* **Vr**^{γρ} (∼**gE**) ‖ **601** om., in marg. add. **C** | *καὶ σέ* **M** (punctum add. Wilam.) *καὶ σὲ* **RPZb** *καί σε* rell. | *δ'* Wilam. *γ'* ***Ω*** (om. **C**^{marg}) [***Π***^{12}] ‖ **602** *οὐκ*] *ἥκισθ'* **Aa** | *ἀπαιτούμεθ'* fere **VCrG*Θ*Sa*Ψ*Mt ZZmZu** [***Π***^{12}] | *γὰρ* om. **VSaZb**^{ac} (∼**Zb**^{1s}) *δὲ* **Cr** (∼***Π***^{12}) ‖ **603** *μέρος* **CA**^{ac} (∼**A**^{1pc}) [***Π***^{12}] | *τὰ πλείω* post Maehler scripsi *ταπλ*[in fine lineae ***Π***^{12} *τὸ πλεῖστον* ***β*****Sa**^{γρ}**X** *τὸ πλεῖον* rell. (vide praef. § 10) | *φήμ'* fere **G*Ξ*LT**^{t} *φημί* fere **T**^{z} rell. [***Π***^{12}] | *δὲ*] *τῆσδε* **L** (∼***Π***^{12}) ‖ **604** *θεῶν βωμοὶ*] *θεοὶ* **A** *βωμῶν* **Rw** (]*μοι* ***Π***^{12}) | *πατρῴων* **T**^{z} *πατρῷοι* rell. [***Π***^{12}] ‖ **605** *οὐ κλύετε* **B**^{2} | *τί* **C**^{ac} *τίς θεῶν* **gE** | *αὖ* **V** (∼**gE**) | *κλύη* **RwMtZbT**^{z}, **gE** *κλύει* **CrZc** | *σοῦ* scr. Bothe | *ἐπιστρατευμένου* **CRfZb** *ἐστρατευμένου* **Cr** *ἐπεστρατευμένος* **O** *ἐπεστραμμένου* **M**^{ac} (∼**M**^{1s}**M**^{2}, **gE**) ‖ **606** *τῶν* om. **Cr** *αὖ τῶν* **F**^{1} (∼**F**^{c}) | *λευκοκώπων* **Ab** | *δώματ'* scripsi *δώμαθ'* ***Ξ***, **T**^{t} in ras. *δωμάτων* **V**^{1} (∼**V**^{2} vel **V**^{3}) *δώματα* rell. ‖ **607** *ἐξελαυνόμεθα* **GAaRfAXaXbZbZc** -*όμεθα ἀπὸ* ***β*** *ἐξελαύνομαι* **CrSaPZc**^{s} **ZmZu** | *ἦλθες καὶ γὰρ* transp. ***χ*** | *ἐξελῶν* **B*α*SVrAaRwMt*χ*Zm**, *Σ* *ἐξελὼν* rell. (utrumque **P**)

ΠΟ. ἀδικίᾳ γ᾽, ὦ θεοί. ΕΤ. Μυκήναις, μὴ 'νθάδ᾽ ἀνακάλει θεούς.
ΠΟ. ἀνόσιος πέφυκας ΕΤ. ἀλλ᾽ οὐ πατρίδος, ὡς σύ, πολέμιος.
ΠΟ. ὅς μ᾽ ἄμοιρον ἐξελαύνεις. ΕΤ. καὶ κατακτενῶ γε πρός.
ΠΟ. ὦ πάτερ, κλύεις ἃ πάσχω; ΕΤ. καὶ γὰρ οἷα δρᾷς κλύει.
ΠΟ. καὶ σύ, μῆτερ; ΕΤ. ἀθέμιτόν σοι μητρὸς ὀνομάζειν κάρα.
ΠΟ. ὦ πόλις. ΕΤ. μολὼν ἐς Ἄργος ἀνακάλει Λέρνης ὕδωρ.
ΠΟ. εἶμι, μὴ πόνει· σὲ δ᾽ αἰνῶ, μῆτερ. ΕΤ. ἔξιθι χθονός.
ΠΟ. ἔξιμεν· πατέρα δέ μοι δὸς εἰσιδεῖν. ΕΤ. οὐκ ἂν τύχοις.
ΠΟ. ἀλλὰ παρθένους ἀδελφάς. ΕΤ. οὐδὲ τάσδ᾽ ὄψῃ ποτέ.
ΠΟ. ὦ κασίγνηται. ΕΤ. τί ταύτας ἀνακαλεῖς ἔχθιστος ὤν;
ΠΟ. μῆτερ, ἀλλά μοι σὺ χαῖρε. ΙΟ. χαρτὰ γοῦν πάσχω, τέκνον.
ΠΟ. οὐκέτ᾽ εἰμὶ παῖς σός. ΙΟ. εἰς πόλλ᾽ ἀθλία πέφυκ᾽ ἐγώ.
ΠΟ. ὅδε γὰρ εἰς ἡμᾶς ὑβρίζει. ΕΤ. καὶ γὰρ ἀνθυβρίζομαι.
ΠΟ. ποῦ ποτε στήσῃ πρὸ πύργων; ΕΤ. ὡς τί μ᾽ ἱστορεῖς τόδε;
ΠΟ. ἀντιτάξομαι κτενῶν σε. ΕΤ. κἀμὲ τοῦδ᾽ ἔρως ἔχει.
ΙΟ. ὦ τάλαιν᾽ ἐγώ· τί δράσετ᾽, ὦ τέκν᾽; ΠΟ. αὐτὸ σημανεῖ.
ΙΟ. πατρὸς οὐ φεύξεσθ᾽ Ἐρινῦς; ΕΤ. ἐρρέτω πρόπας δόμος.

612b Σ 619 || **613** ὦ πόλις] cf. Tzetz. in Ar. Plut. 601 Massa Positano || **613b** **Π**^{a} col. 6, 47 (Favor. de exilio 7) || **618** cf. Eust. Macremb. (Eumath.) 6, 18, 2 || **621–622** Arrian. Epict. diss. 2, 22, 14

608 γ᾽ ὦ **Mtχ**T^{z} σῇ ὦ **Aa** δὲ σῇ ὦ **Rw** γε σῇ ὦ **Aa**^{s} rell. | θεά γ (~**Mn**^{pc}**S**^{s}) | μυκήνας **Mt**^{ac} | μ᾽ ἐνθάδ᾽ **Rw** | κάλει **Mt** || **609** ἀνόσιον **Mn** || **610** κατακτενῶ fere **MOVCγFAa**^{3}**A** κατακανῶ **R** κτανῶ **G**^{ac}**χL**^{1}**Zb** κατακτανῶ **G**^{1pc}**Aa**^{1}**L**^{2} rell. | σε **αSaAaAZmZu** (~**Zm**^{s}) || **611** κλύοις **C**^{pc} | κλύει] κλύεις **Sa** || **612** καὶ σῇ **Zu** | ἀθέμιτόν Bothe οὐ θεμιτόν **Ω**, Σ 619 οὐ θέμις Grotius | ὀνομάζει **G**^{ac}**S** (~**G**^{1pc}, Σ 619) || **613** γὰρ post μολὼν add. **αAa**^{1} (~**Aa**^{3}) | εἰς **ΘAaεA** || **615** ἔξιμεν Musgrave ἔξειμι **Ω** (om. **Rw**) | δέ γε **χT**^{s} | ἐσιδεῖν **C** ἰδεῖν **BβRfχ**^{s} | τύχης **M**^{ac}**Sa** **PMt** (~**M**^{1pc}**Π**^{12}) || **616** ἀλλὰ κἂν **Aa** (κἂν **χ**^{g}) | παρθένας **Rw** (~**Π**^{12}) | οὐ τάσδ᾽ **Mn** (~**Π**^{12}) | οψη **Π**^{12}, sicut scr. Murray ὄψει **Ω** || **617** ante 613 transp. Schoene | κασίγνητε **C** (~**Π**^{12}) | ἀνκαλεῖς **R** (~**Π**^{12}) || **618** μῆτερ post χαῖρε transp. **V** (rectum ord. indic. **V**^{r}) (~**Π**^{12}) | σύ μοι transp. **ΘRw** συ με **Π**^{12} | 618b Et. trib. **XXa**^{ac} | γ᾽ οὐ **G** (δ᾽ οὐ coni. Kirchhoff) || **619** εἶμι **V** | σὸς παῖς transp. **Aa** | 619b Et. trib. **CrX**^{ac}**Xa**^{ac} | ἐς Matthiae | πόλλ᾽ **ΞT**^{z} πολλά γ᾽ rell. (πολλὰ δ᾽ **Zb**^{1pc}) | ἄθλια **CrVr** || **620** 620a Et., 620b Pol. trib. **Rw** | εἰς om. **RL** | ὑμᾶς **MOG**^{ac}**A**^{ac} **Xb**^{ac} (~**G**^{1pc}**A**^{1c}**Xb**^{1c}) | ἐγὼ ante ἀνθυβ. add. **Mt** ἀνυβρίζομαι **Rf**^{ac} || **621** πρὸ om. **L**^{1} (~**L**^{2}) πορ **V**^{1} (~**V**^{2}) | μ᾽ ἐρωτᾷς τῷδε Arrian. | τάδε **αAaMt**^{pc} (~**R**^{γρ}) || **622** -τάξωμαι Arrian. | κτενών **V**^{1}**GRfL**^{2s} (~**V**^{2}) κτένων Arrian. κτενῶ **M** κτανῶν **AbSAa**^{1}**RwZc** (~**Aa**^{2}) κτανών **CrRMnSaMtL**^{1}**ZZb** κτανῶν **ZmZu**, cf. Σ$^{Thom.}$ || **623** 623a choro trib. **Sa**, Pol. **X**^{ac}, pers. notam om. **Rw** | ὢ **CrRMn**^{pc} **VrZZm**^{s}**Zu** | τέκν᾽ **ΞZT**^{t} τέκνα **A**^{ac}**T**^{z} rell. | post τέκνα versum 622b repet. **S** | 623b Et. trib. **B**^{1}**CCrMnVrSaAaMtXXa** (~**B**^{3marg}) pers. notam om. **Rw** et Pol. et Et. notas praef. **F** | αὐτὸς **V**^{ac} ταυτὸ **Zu** (~**gE**) || **624** 624a Pol. trib. **SaX**^{ac} | ἐρινῦς **SVrMt** ἐρινύς **ωAb** ἐριννύς **F**^{1}**RwZcZu** ἐριννῦς **F**^{c} rell. | 624b Et. trib. **C** et fort. **X**^{ac} pers. notam om. **M**^{ac}**SaX**^{pc} et Et. et Pol. notas praef. **M**^{1pc}, deinde Et. notam erasit et eandem notam post δόμος add. **M**^{1pc} Pol. trib. rell.

ΠΟ. ὡς τάχ᾿ οὐκέθ᾿ αἱματηρὸν τοὐμὸν ἀργήσει ξίφος.
τὴν δὲ θρέψασάν με γαῖαν καὶ θεοὺς μαρτύρομαι
ὡς ἄτιμος οἰκτρὰ πάσχων ἐξελαύνομαι χθονός,
δοῦλος ὥς, ἀλλ᾿ οὐχὶ ταὐτοῦ πατρὸς Οἰδίπου γεγώς·
κἄν τι σοι, πόλις, γένηται, μὴ ᾿μέ, τόνδε δ᾿ αἰτιῶ·
οὐχ ἑκὼν γὰρ ἦλθον, ἄκων δ᾿ †ἐξελαύνομαι χθονός.†
καὶ σύ, Φοῖβ᾿ ἄναξ Ἀγυιεῦ, καὶ μέλαθρα, χαίρετε,
ἥλικές θ᾿ οὑμοί, θεῶν τε δεξίμηλ᾿ ἀγάλματα·
οὐ γὰρ οἶδ᾿ εἴ μοι προσειπεῖν αὖθις ἔσθ᾿ ὑμᾶς ποτε·
ἐλπίδες δ᾿ οὔπω καθεύδουσ᾿, αἷς πέποιθα σὺν θεοῖς
τόνδ᾿ ἀποκτείνας κρατήσειν τῆσδε Θηβαίας χθονός.

Actio: **630–635** aram Apollinis et regiam allocutus per sinistram eisodum abit Polynices. in regiam redit Iocasta

625 cf. Heliod. Aethiop. 1, 2, 4; 4, 6, 7 || **631** cf. Acc. Phoen. fr. 8 Ribbeck || **632** *θεῶν τε δεξίμηλ᾿*] cf. (?) Et. gen. s. v. *δεξιμήλων θεῶν* (Et. magn. 256, 20)

Codd.: ***Π***^{4} (625–635), ***Π***^{2} (646–); *ω* = **MBOVC, CrG,** ***Θ*** = **AbRMnSVr,** *φ* = **FSa,** ***Ψ*** = **AaPRfRw,** ***Ξ*** = **AMtXXaXb,** ***Λ*** = **LZZbZcZmZuT**^{z} (–637) **T**^{t} (638–)

625 Pol. notam praef. **M**^{1pc}**C** (sed in M nota deinde erasa est) Et. notam praef. **B**^{ac}**V**^{2}**AbR**^{2}**Vr** nullam notam hab. (Pol. continuant) **M**^{ac} (et **M** post ras.) **B**^{pc} rell. (cf. 626) [***Π***^{4}] | *οὐκέτ᾿* **MBOF** *οὐκ* **C**, fort. **V**^{1} (∼**V**^{2}) [***Π***^{4}] || **626** Pol. notam add. **BV**^{2}**AbR**^{2}**Vr** [***Π***^{4}] | *με* om. **Ab** [***Π***^{4}] | *γαῖαν*] *πάτραν* **M**^{γρ}**B**^{γρ} *πέτραν* **C**^{γρ} [***Π***^{4}] | *καὶ* om. **Mt** [***Π***^{4}] || **627** *ἄτιμα* *β* [**Sa** ***Π***^{4}] | *οἰκτρὰ*] *ἐχθρ*ὰ* **Rw** *αἰσχρὰ* **gE** [***Π***^{4}] || **628** *πατρὸς*] *πρὸς* **Vr** [***Π***^{4}] | *Οἰδίπου* om. *φ***P** *οιδιπ]ους* ***Π***^{4} | *γεγώς* om. **Mt** *μολών* **MBOV**^{2γρ}**CRw** (∼**B**^{1s}***Π***^{4}) || **629** bis hab. **S** (in duabus pag.) | *σοι* om., s. l. add. **Mt** | *γένηται πόλις* transp. **Rw** [***Π***^{4}] | *γένοιτο* **Z** [***Π***^{4}] | *μὴ ᾿μέ* Porson *μή με* codd. praeter **Aa** (*μὴ δή με*) et **S** (*μήτε* priore loco), **gB** [***Π***^{4}] | *τόνδε δ᾿* **BFRf AT**^{z}, *Σ*^{T} *τῶνδε δ᾿* **Sa** *χ* *τῶνδ᾿* **GAa**^{3}**MtXa**^{ac}**ZZb**^{r}**Zb**^{c}**Zc**^{s}**Zm**^{s}**Zu**^{s} *τόνδ᾿* **MOV**^{1pc} **CCr** ***Θ*** ***δ*** **Rw** ***λ***, **gB** *τόδ᾿* **V**^{ac} (*τόνδ᾿* et *τῶνδ᾿* *Σ*$^{Thom.}$) [***Π***^{4}] | *αιτιωι* ***Π***^{4} || **630** *ἄκον* **M**^{1}**Mn** (∼**M**^{2s}) [***Π***^{4}] | *ἐξελαύνομαι χθονός* (*]αι χθονος* etiam ***Π***^{4}) e 627 repetitum vidit Schoene (praeeunte Geel); totum versum deleverat Valck. *πατρίδ᾿ ἐπιστρατεύομαι* (*δ᾿* om.) Wecklein, *ἔριν ἐπαίρομαι χθονί* Schoene, *ἀντιτάξομαι φίλοις* Wilam.; conicias etiam e. g. *ἀντιτάσσομαι* (vel *-άξομαι*) *πάτρᾳ* | *ἐλαύνομαι* ***α*** **Rf** [***Π***^{4}] || **631** *σοὶ* ***γ*** **Zc**^{ac} [***Π***^{4}] | *ἀγ(γ)υεῦ* **M** post ras., **Sa Aa** *γυιεῦ* **S** [***Π***^{4}] | *μέλαθα* **O**^{ac} (∼**O**^{1pc}) *μέλεθρα* **Ab** [***Π***^{4}] || **632** *θ᾿ οἱμοὶ* fere **OT**^{z} *τοὐμοὶ* fere ***γ*** ***κ*** (∼**A**^{ac}) *οὑμοὶ* *φ* [***Π***^{4}] | *τε* om. **P** [***Π***^{4}] | *δεξιμήλων* Et. gen. (nisi alium locum spectat) [***Π***^{4}] || **633** *γὰρ* om. **Rw** [***Π***^{4}] | *εἴ μοι*] *εἰμι* fere **Ab**^{1}**S** (∼**Ab**^{2}) [***Π***^{4}] | *αὖθις* om. **OG**^{ac}***Ψ*** **ZZc**^{ac} (∼**G**^{1s}**Aa**^{2}**Zc**^{pc}) *αὖθ᾿* **MtZb** [***Π***^{4}] | *ἔσθ᾿ ὑμᾶς*] *ἔξεσταί* Paley | *ἔσθ᾿* fort. om. ***Π***^{4} (*]ςυμαςποτ[*, i. e. *αυθιςυμας* vel *αυθιςειςυμας*?) *ἔστ᾿* **FAa** | *ἡμᾶς* **F** (∼***Π***^{4}) || **634** *δ᾿* om. **AbF** (∼**gBgE**) [***Π***^{4}] | *καθεύδουσιν* ***α***, **gE** (∼**gB**) [***Π***^{4}] | *αἳ* **M**^{ac} (∼**M**^{1pc}, **gBgE**) [***Π***^{4}] | *σὺν θεοῖς πέποιθα* transp. **S** (*σὺν* om. a. c.) (∼***Π***^{4}) | *θεαῖς* **C**^{ac} (∼***Π***^{4}, **gBgE**) || **635** *κρατήσεις* **Ab**^{1} (∼**Ab**^{2}, **gB**) [***Π***^{4}] | *τῆσδε*] *τῆς* **Mt** (∼**gB**) [***Π***^{4}] | *θηβαίων* **Mt**^{s} ***χ*** (∼***Π***^{4}, **gB**) | *χθονός*] *γῆς* **Rf** (∼***Π***^{4}, **gB**)

ET. *ἔξιθ' ἐκ χώρας· ἀληθῶς δ' ὄνομα Πολυνείκη πατὴρ*
ἔθετό σοι θείᾳ προνοίᾳ νεικέων ἐπώνυμον.

XO. *Κάδμος ἔμολε τάνδε γᾶν* στρ.
Τύριος, ᾧ τετρασκελὴς
μόσχος ἀδάματον πέσημα
δίκε τελεσφόρον διδοῦσα
χρησμόν, οὗ κατοικίσαι
πεδία νιν τὸ θέσφατον
πυρόφορα δόμων ἔχρη,
καλλιπόταμος ὕδατος ἵνα τε
νοτὶς ἐπέρχεται †γύας†
Δίρκας χλοηφόρους
καὶ βαθυσπόρους γύας·

Actio: **637** (?) in regiam abit Eteocles cum satellitibus

636–637 cf. Eust. 776, 53; Quintil. instit. 5, 10, 31 || **638–675** cf. [Apollodor.] bibl. 3, 4, 1 || **638 a** sch. Thom. Eur. Or. 1492

636 om. **S** | Et. notam om. **R**^{1}, add. **R**^{2} una cum Pol. nota ante *ἀληθῶς* posita | *ἔξιθ' ἐκ* ***Θ*** **SaRw*χ*ZZbT**^{z} *ἔξιθι* rell. | *ἀλληθῶς* fere **MXa** | *πολυνείκη* **Aa**^{1} (cf. ad 72) *-νείκης* **M**^{ac} *-νείκου(ς)* **MtZm**^{ac} *-νείκην* **M**^{1pc}**Aa**^{2}**Zm**^{pc} rell. || **637** *φερώνυμον* ^{p}*Σ*^{B} (quod perperam praetulit Kirchhoff) || **638** *τήνδε* **OCrR**^{s} | *γῆν* **CrGRf** || **639** *τύριος ὢν* **Mt** | *τετρασκελὲς* (una cum *ἀδάματος* 640) Bergk (*ἀδάμαστος* iam vol. King) || **640** *μόσχον* **CrMn**^{ac} | *ἀδάματον* Elmsley ad Soph. OT 196 *ἀδάμαστον* ***Π***^{6} (bis citat) ***Ω*** || **641** *δῖκε* ***λ*** || **642** *κατοικίσαι* ^{γρ}*Σ*^{MBC} (*κατοικῆσαι* ^{γρ}*Σ*^{V}**S**^{g}) *κατῴκισε(ν)* ***ω*** **CrGVr**^{ac}***δ*** **Rf*Ξ*LZZb**^{1pc}**ZcT**^{z} *κατῴκησε(ν)* ***Θ*** (**Vr**^{pc}) ***φ*** **Zb**^{ac}**ZmZu** om. **Rw** (in marg. add. *κατίκησε*) (*-σεν* **MOV*α*Aa*χ*T**^{t}) || **643** *πεδίων* **B**^{2s} | *νιν* Dindorf (*μιν* iam Morus [apud Schütz] et Musgrave) *μὲν* ***Ω***, *Σ* | *τὸ* om. **Rw** *τὰ* **Mn** *κατὰ* **Vr** (~**Vr**^{γρ}) *κατὰ τὸ* **S** || **644** *πυροφόρων* et *δόμοις* **B**^{2s} | *δόμων* suspectum (gen. ab *κατοικίσαι* tamquam ab *πλήρη θέσθαι* pendet?) *δόμους* Geel, *δόμον τ'* olim Nauck, *μολόντ'* Wilam.; *χρῆσε πυροφόρ' Ἀόνων* Valck. (accepto 663 *ὤλεσε*), unde *πυροφόρα νιν Ἀόνων / πεδί' ἔχρη τὸ θέσφατον* trochaice Hermann, transp. alii alia; sine transpositione *πυροφόρ' Ἀόνων ἔχρη* Kirchhoff, *ᾰ* statuens (semper alibi *ᾱ*, etiam in iambicis Lycophr. 1209); sed numquam ante Callimachum *Ἀον-* usurpant poetae Graeci (vide Pfeiffer ad Call. fr. 572) | *ἔχρη* Bergk et Hermann *ἔχρησεν* **MOV*α*Mt*χ*LT**^{t} *ἔχρησε* rell. || **645** *ἢ* add. ante *καλλι-* **SaMt** | *ἵνα γε* Valck. || **646** *γύας* scr. Valck. *γυίας* ***ω***, **Mn** infra lin. om. **S** *γ*ας* **F** *γέας* **Sa** *γᾶς* fere **M**^{marg}**C**^{s}**G*Ξ*** *γαίας* **B**^{2}**Cr*α*MnVr*Ψ Λ*** *ῥυτᾶς* Hermann *γύας* hic tuetur Tricl., 648 *γύας* deleto; possis etiam tentare *γάνος* vel sim. [***Π***^{2}] || **647** *δέρκας* ***β*** (~**Vr**^{pc}) *δίρκης* **Rf** (~***Π***^{2}) | *χλοηφόρος* **Ab**^{ac} (~**Ab**^{1pc}) (*-ους* in ras. scr. **L**^{2}; [**L**^{1}], sed fort. *-φόρου* habebat, sicut coni. Grotius) (*χ̣*[***Π***^{2}) || **648** *καὶ* del. Burges et Hermann; totum versum spurium (e 669 confectum) iud. Geel lacunam statuens (tantum *βαθ. γύας* seclusit Paley lac. stat.) (*καιβαθυ̣*[***Π***^{2}) | *βαθυσπόρου* **SLZu** *βαθυσπορ* sine casus signo **Cr** | *γύας* scr. Barnes om. **T**^{t} (cf. ad 646) *χώρας* **OC**^{2}**Mn**^{s} (cf. 646 **Mn**^{g} *χώρας*) *γέας* **Sa** *γυίας* rell. [***Π***^{2}]

Βρόμιον ἔνθα τέκετο μά-
τηρ Διὸς γάμοισιν,
κισσὸς ὃν περιστεφὴς
ἑλικτὸς εὐθὺς ἔτι βρέφος
χλοηφόροισιν ἔρνεσιν
κατασκίοισιν ὀλβίσας ἐνώτισεν,
Βάκχιον χόρευμα παρθέ-
νοισι Θηβαΐαισι
καὶ γυναιξὶν εὐίοις.

ἀντ. *ἔνθα φόνιος ἦν δράκων*
Ἄρεος ὠμόφρων φύλαξ
νάματ᾽ ἔνυδρα καὶ ῥέεθρα
χλοερὰ δεργμάτων κόραισι
πολυπλάνοις ἐπισκοπῶν·
ὃν ἐπὶ χέρνιβας μολὼν

651–654 cf. sch. Thom. Eur. Or. 1492 ‖ **654** *ἐνώτισεν*] Hsch. ε 3483 ‖ **660** *δεργμάτων*] Hsch. δ 667

Codd.: **Π^2** (–656); **ω** = **MBOVC, CrG, Θ** = **AbRMnSVr, φ** = **FSa, Ψ** = **AaP RfRw, Ξ** = **AMtXXaXb, Λ** = **LZZbZcZmZuT^{t}**

649 *ἔνθα δὴ τέκεν ποθ᾽ ἁ μάτηρ* **T^{t}** | *τέκετο τέκετο* **O α** *τέκε* **Vr** *τέτοκε* **L** [**Π^2**] ‖ **649–650** *μᾶτερ* **Z** *μήτηρ* **M^{2s}RwLZmZu** (∼**Π^2**) | *ματηρδιο*[etiam **Π^2**; lacunam post *μάτηρ* stat. Musgrave, alii, versibus divisis *μάτηρ* / ⟨. . .⟩, ut hi versus respondeant 668–669 (ubi vide app. crit.): ⟨*τέκετο δὴ*⟩ Musgrave (*γάμοις* accepto), ⟨*ἀστραπᾷ*⟩ post Schoene Wecklein, ⟨*εὐκλεὴς*⟩ J. H. H. Schmidt, ⟨*ἐν*⟩ *Δ. γάμοις* ⟨*θεόν*⟩ post Battier Geel | *γάμοισιν* **OF** *γάμοις* **AaRwT^{t}** *γάμοισι* rell. [**Π^2**] ‖ **651** *κισσον* **Π^2** (∼**Π^6**) | *ὧν* **F^{1}** (∼**F^{c} Π^2 Π^6**) ‖ **652** *ἑλικτὸς* **μ Ab** *ἕλικος* Bergk et Hermann (∼**Π^2**, ubi spir. nullus aut ob scissuram amissus) | *ἔτι βρέφος εὐθὺς* transp. **α Ψ Λ** *ἔτι εὐθ. βρ.* **Z** (∼**Π^2**) ‖ **653** *-φόροισι* **Aa** *-φόροις* **Cr ϰ** [**Π^2**] | *ἔρνεσιν* **AbγFPXXaZbT^{t}** *ἔρνεσι* fere rell. [**Π^2**] | post *ἔρνεσι* add. *φύλλοις* **L^{2}** (cf. **V^{2g}Cr^{g}**), *φύλοιο* **C** ‖ **654** *κατασκίοις* **Cr** *κατακίοισιν* **O** *καικατασκ*[**Π^2** | *ὀλβιάσας* fere **SaXa** [**Π^2**] | *ἐνώτισεν* **α δ Rw χ T^{t}** *-ισε* rell., Hsch. [**Π^2**] *ἐνῴκισεν* Morus *ἐπῴπασεν* Wecklein ‖ **655** *Βάκχιον* Valck. *βακχεῖον* **Π^2 Ω** (*Σ πρὸς τὴν γραφὴν ὁ τόνος* var. lect. *βάκχιον*/*βακχεῖον* spectare vid.) | *χόρευμα*] *χλίδημα* Wecklein *φόρημα* Polak (*χ*[**Π^2**) | *παρθένοισιν* **Mn** *παρθενείοισι* **OMt** [**Π^2**] | *Θηβᾱΐαισι* post Hermann Conradt (cf. Soph. Ant. 1135 *Θηβᾱΐας*) *θηβαί-* **Ω** (*-αις* **Rw**, sicut coni. Hermann; *-αισιν* **T^{t}**, *-οισι* **α Λ**, *-οισιν* **Z**) [**Π^2**] si diaeresin perraram non accipias, legas 674 *εὐείλοισι* ‖ **656** *εὐίαις* **ZZmZu** *εὐβοίαις* **Sa** *εὐβοίοις* **Vr** [**Π^2**] ‖ **657–658** om. **Ab** ‖ **657** *φοίνιος* **M^{1pc}CrR**, fort. **Zb^{ac}** | *ἦν* om. **A** *ὧν* **Mt** ‖ **658** *ἄρεως* **MBCF** *ἄρες* **O** (∼**Π^6**) | post *αρε*]*ος* add. *υιος* **Π^6** (*υἱός* **ζ^{g}**) | *ὁμόφρων* **V^{1} γ Zu^{ac}**, fort. **Cr^{ac}** (∼**V^{2}**) ‖ **659** *νάματά τ᾽* vol. Tricl. (hab. **Ta** et apogr. alia) (∼**T^{t}**) | *εὔυδρα* **Mt χ** *ἄνυδρα* **Zb** ‖ **660** *χλοερὰ* om. **S** | *δερμάτων* **α Mn^{ac}** (∼**R^{2}**) | *κόραισιν* **T^{t}** *φοραῖσι* Musgrave ‖ **661** *πολυπλάνων* **B^{2s}** (iam **B^{1s}**?) ‖ **662** *ὅς* **R^{ac}** (∼**R^{1pc}**) | *χερνίβας* **MOV CCrG^{1} α Vr φ δ ZbZc** (∼**G^{2} Aa^{3}**) de accentu vide Athen. 409a–c et Herodian. Gr. Gr. III 1, 246

Κάδμος ὄλεσε μαρμάρῳ
κρᾶτα φόνιον ὀλεσίθηρος
ὠλένας δικὼν βολαῖς, 665
δίας ⟨δ'⟩ ἀμάτορος
Παλλάδος ⟨δίκεν⟩ φραδαῖς 667
εἰς βαθυσπόρους γύας 669
γαπετεῖς {δικὼν} ὀδόντας. 668
ἔνθεν ἐξανῆκε Γᾶ 670
πάνοπλον ὄψιν ὑπὲρ ἄκρων
ὅρων χθονός· σιδαρόφρων
δέ νιν φόνος πάλιν συνῆψε Γᾷ φίλᾳ.
αἵματος δ' ἔδευσε Γαῖαν, 674
ἅ νιν εὐαλίοισι bis
δεῖξεν αἰθέρος πνοαῖς. 675

καὶ σέ, τὸν προμάτορος *ἐπῳδ.*
Ἰοῦς ποτ' ἔκγονον
Ἔπαφον, ὦ Διὸς γένεθλον, ἐκάλεσ' ἐκάλεσα 678–679
βαρβάρῳ βοᾷ, 679 bis
ἰώ, 680
βαρβάροις λιταῖς· 680 bis

666 *ἀμάτορος*] Hsch. *α* 3480 ‖ **667** *Σ* 1062 | *φραδαῖσιν*] Hsch. *φ* 822 ‖ **668–672** cf. Paus. 9, 10, 1; sch. Pind. Is. 7, 13

663 *ὄλεσε* **S** (sicut coni. Bergk et Hermann) *ὤλεσεν* **MBT**^{t} *ὤλεσε* rell. ‖ **664** *κράτα* **OVCCrAbβφPζ** ‖ **665** *ὠλένας* **FPRwZZbZcT**^{t}, $^{i}Σ^{M}$ *ὠλένης* **AaLZm Zu** *ὠλενῶν* **B**^{1s}**Rf**^{2s}**Rw**^{s}**Ẋ**^{s}**Xb**^{s}, $^{i}Σ^{BV}$ *ὠλέναις* rell. | *δικὼν*] *θένων* Geel *κιχὼν* Kock (cf. 668) | *βουλαῖς* **γ** (~**Mn**^{s}**S**^{γρ}) ‖ **666** ⟨*δ'*⟩ Brunck ⟨*τ'*⟩ Rauchenstein | *ἀμήτορος* **L** *ἀμάτερος* **XZc** (~Hsch.) ‖ **667** ⟨*δίκεν*⟩ addidi post Wilam. (*Π. φραδαῖς* ⟨*δίκεν*⟩; cf. Conradt, qui 669–668 transp. ⟨*δίκε*⟩ {*εἰς*} *βαθ. γύας / γαπ. ὀδ. /*) et Wecklein (*Π.* ⟨*θεᾶς*⟩ *φραδαῖς*) | *φραδαῖς* **T**^{t} *φραδαῖσιν* **MBMtχLZmZu**, $Σ^{M}$ 1062 -*αῖσι* rell., $Σ^{VC}$ 1062, Hsch. ‖ **669** ante 668 transposui post Conradt (669, 668, 667 transp. Murray); 669 (una cum 648) del. Wilam. | *ἐς* **P** (sicut scr. Matthiae) | *βαθυσπόρου* **Zu** | *γύας* scr. Valck. *γαίας* **SaRfA**^{s} *γυίας* rell. ‖ **668** *δικὼν* seclus. Conradt et Wilam. (vide ad 667) *δίκ'* Heath *δίκεν δ'* olim Hermann *ἔδικεν* Rauchenstein ‖ **670** *ἔνθα* **Cr** *ἔνθ'* **Rw** | *δ'* post *ἔνθ.* add. **MCCrϰ** | *γῆ* **Cr** ‖ **672** *ὅρων* **V**^{2s}**γAa** et (una cum *ὅρων*) **A** *ὁρων* **L**^{1}**Mt**^{ac} (~**L**^{2}) *ορῶν* **M** *ὁρῶν* **B**^{1}**F**^{1}**G** (~**B**^{2}**F**^{c}) *ὀρῶν* **OV**^{2}**α** | *ὁ* ante *σιδ.* add. **Cr** | *σιδηρόφρων* **CrGγZu**^{s} ‖ **673** *πάλιν* om. **PRw** | *συνῆψε(ν)* **γ** *ἀξυνῆψαι* **Ab** *ξυνῆκε* **Mtχ** | *γᾷ φίλᾳ* transp. **T**^{t} *φίλα/φύλα ξ. γᾶ* transp. **PRw** *φίλα γᾷ* fere rell. (*φίλᾳ* **B**^{2}**OV**^{2}**G**, *φῦλα* **B**^{1}) ‖ **674** *δ'* om. **α** *τ'* **P** | *ἔδευσεν* **AbT**^{t} | *ἅ νιν* om. **S** | *εὐαλί-* Hermann *εὐηλί-* **Ω** (*ἐνευηλί-* **α**) -*ίοισιν* **Rf** -*ίοις* **T**^{t} -*ίῃσι* **Rβ** *εὐείλοισι* Musgrave (vide ad 655) ‖ **675** *πνοιαῖς* **P** ‖ **677** *ἔκγονον* post *ἔπαφον* transp. **Rf** *ἔγγονον* **B**^{3}**αPZb**^{1}**Zc** (~**Zb**^{r}) ‖ **678–679** *γενέθλιον* **L**^{1} (~**L**^{2}) | *ἐκάλεσ'* del. Bothe | *ἐκάλεσε* **O** ‖ **680** *βαρβάροισι* **αAaε** -*οισιν* ἢ -*αις* **Mn**^{γρ} | *βοαῖς* **M**^{γρmarg}**C**^{γρmarg} *βοαῖς λιταῖς* **αAaRw**

βᾶθι βᾶθι τάνδε γᾶν·
σοί νιν ἔκγονοι κτίσαν,
χαὶ διώνυμοι θεαί,
Περσέφασσα καὶ φίλα
Δαμάτηρ θεά,
686 *πάντων ἄνασσα,*
686 bis *πάντων δὲ Γᾶ τροφός,*
κτήσαντο· πέμπε πυρφόρους θεάς,
ἄμυνε τᾷδε γαίᾳ.
πάντα δ' εὐπετῆ θεοῖς.

ET. *χώρει σὺ καὶ κόμιζε τὸν Μενοικέως*
Κρέοντ', ἀδελφὸν μητρὸς Ἰοκάστης ἐμῆς,
λέγων τάδ', ὡς οἰκεῖα καὶ κοινὰ χθονὸς
θέλω πρὸς αὐτὸν συμβαλεῖν βουλεύματα
πρὶν εἰς μάχην τε καὶ δορὸς τάξιν μολεῖν.
καίτοι ποδῶν σῶν μόχθον ἐκλύει παρών·
ὁρῶ γὰρ αὐτὸν πρὸς δόμους στείχοντ' ἐμούς.

Actio: **690** (?) e regia egrediens Eteocles uni satellitum mandatum dicit || **695** Creontem per sinistram eisodum solum procedentem aspicit, mandatum rescindit

689 cf. sch. rec. Ar. Ran. 399 (287 II 25–26 Dübner) || **692b–693** Andr. Lopad. lex. Vind. *ξ* 2

Codd.: ***Π***^{12} (**684, 690–703**); ***ω*** = **MBOVC, CrG,** ***Θ*** = **Ab** (**–702**) **RMnSVr,** ***φ*** = **FSa,** ***Ψ*** = **AaPRfRw,** ***Ξ*** = **AMtXXaXb,** ***Λ*** = **LZZbZcZmZuT**^{t}

681 *τήνδε* **CrA*χ*** | *γῆν* **Cr** || **682** *σῷ νιν ἐκγόνῳ* $^{γρ}Σ$ *σοί νιν ἔκγονος* $^{1e}Σ^{M}$ | *ἔγγονοι* **B**^{3}**ZZb**^{1}**Zc** (~**Zb**^{2}) || **683** *χαὶ* scripsi (*καὶ* Major et olim Hartung) *ἂν* Scholefield et Hermann *ἅι* vel *ᾇ* vel *ἅ* codd. praeter *ὧ* **SaL**^{2} (*L^{1}), *ἧ* **Aa,** *ἃ* **Ab** *ᾇ* et *αἳ Σ* (*αἳ* **At** et fort. **V** ante ras.) || **684** *περσέφασα* **MVGRSFP*ελ*** (~***Π***^{6}) | *φίλη* ***φ*** || **685** *δαμήτηρ* **MV** *δαμάτερ* **Rw** || **686** *πάντων*^{1}] *ἁπάντων* **R*β*** *ἡ πάντων* **Zu** | *ἄνασσ' ἁπάντων* **Vr** | *δὲ*] *τε* (post Battier) Wilam.; vide Denniston GP^{2} 163, 502 | *γᾶι* **M** || **687** *κτήσαντο* Porson *ἐκτήσαντο* **CrGAa**^{2}***Ξ*ZZb**^{c}**T**^{ts}, $Σ^{Mosch.}$ *ἐκτίσαντο* **Mt**^{pc}**Sa**^{s} rell. (*-ατο* **SaRw**), *Σ* | *πέμπε* post *πυρ.* transp. **O** *πέμπου* **Sa** in ras. | *πυροφόρους* **MM**^{γρ}**V**^{r} (*πυρρ-* **V**^{1}) **C**^{γρ}**G*γ*Aa*χ*L**^{2}**Zb**^{c} || **688** *ἄμυνε* Hermann (mero errore scr. $Σ^{C}$ *ἄμυνε* pro *ἀμῦναι* [. . . *ἀντὶ τοῦ ἀμύνετε*]), cf. $^{γρ}Σ$ *ἀμύνεται δὲ γᾶ* *ἀμύναι* **Cr*δ*Rw** *ἀμῦναι* **ZmZu** *ἀμῦναι* rell. (quod si malis, legas *γᾷ*) | *τάδε* **Aa**^{1}**Zc** *τῇδε* **CrAa**^{2s}**A** | *γαίᾳ* **M*δ*ZZb** *γᾷ* rell., $^{1e}Σ^{M}$ || **689** *εὐπιθῆ* ***α*** *εὐπειθῆ* **S**^{γρ}**Vr** | *θεοῖσιν* **MOAbAaALZ, gB** *-σι* **GRMnP*ε*ZmZu** || **690** Et. notam om. **SaRw** | *καὶ* ante *σὺ* add. **Cr** (~***Π***^{12}) || **691** *μητρὸς* om. **F**^{1}**S** (~**F**^{cs}) *ματέρος* **Cr** (~***Π***^{12}) | *ἰοκάσταν* **A**^{ac} || **692** *λέγον* **Cr**^{uv}**AZu**^{ac} (~***Π***^{12}) || **693** *θέλω*] *ἔχω* vel *ἔχων* codd. Andr. Lop. (~***Π***^{12}, **gE**) | *πρὸς αὐτὸν* post *συμβ.* transp. **Cr,** Andr. Lop.* (post *βούλομαι* transp. rell. codd. Andr. Lop.) (~***Π***^{12}, **gE**) | *ξυμβαλεῖν* **RwZ,** Andr. Lop. (~***Π***^{12}) *ἐκβαλεῖν* **gE** (etiam **At**) | *βούλευμα* **V**^{1} (~**V**^{2}, **gE**) [***Π***^{12}] || **694** *ἐς* Brunck (~***Π***^{12}) | *τε* om. **Rf** (~***Π***^{12}) | *μολεῖν με* **Sa** [***Π***^{12}] || **695** *τόνδε* post *καίτοι* add. **Rf** (~***Π***^{12}) | *σὸν* **P** [***Π***^{12}] | *μόχθων* **CSAa**^{ac}**L**^{ac} (~**Aa**^{1c}**L**^{1pc}) [***Π***^{12}] | *παριών* **Aa**^{2} || **696** *πρὸ* **CA** *εἰς* **G** (~***Π***^{12})

ΚΡΕΩΝ

ἦ πόλλ' †ἐπῆλθον† εἰσιδεῖν χρῄζων σ', ἄναξ
Ἐτεόκλεες, πέριξ δὲ Καδμείων πύλας
φυλακάς τ' ἐπῆλθον σὸν δέμας θηρώμενος.

ΕΤ. *καὶ μὴν ἐγώ σ' ἔχρῃζον εἰσιδεῖν, Κρέον·*
πολλῷ γὰρ ηὗρον ἐνδεεῖς διαλλαγὰς
ὡς εἰς λόγους συνῆψα Πολυνείκει μολών.

ΚΡ. *ἤκουσα μεῖζον αὐτὸν εἰς Θήβας φρονεῖν,*
κήδει τ' Ἀδράστου καὶ στρατῷ πεποιθότα.
ἀλλ' εἰς θεοὺς χρὴ ταῦτ' ἀναρτήσαντ' ἔχειν·
ἃ δ' ἐμποδὼν μάλιστα, ταῦθ' ἥκω φράσων.

ΕΤ. *τὰ ποῖα ταῦτα; τὸν λόγον γὰρ ἀγνοῶ.*

ΚΡ. *ἥκει τις αἰχμάλωτος Ἀργείων πάρα.*

ΕΤ. *λέγει δὲ δή τι τῶν ἐκεῖ νεώτερον;*

ΚΡ. *μέλλειν πέριξ †πύργοισι† Καδμείων πόλιν*
ὅπλοις ἑλίξειν αὐτίκ' Ἀργείων στρατόν.

705 cf. Liban. ep. 1547 || **706** Thom. Mag. ecl. voc. att. 110, 1 Ritschl

697 *ἢ* **MZb** (~Σ^{M} *περισπαστέον τὸ ἦ*) | *ε]πηλθο[ν* etiam **Π^{12}** *ἐμόχθουν* Valck. (*ἐμόχθησ'* Geel) *ἐπλήρουν* Schoene *ἀπήντλουν* anon. (CJ 1813) cf. ad 699 | *χρῄζω* **Mt** *χρήσων* **Xa** [**Π^{12}**] | *σ'* om. **Rw**^{ac}**AXb**^{ac} (~**Rw**^{s}) [**Π^{12}**] || **698** *ἐτέοκλες* fere **OCrSaPRwXa**^{ac}**LZc** (~**Π^{12}**) | *δὲ*] *γὰρ* **G** [**Π^{12}**] | *πύλας*] *πόλις* **C** [**Π^{12}**] || **699** *φύλακάς τ'* fere **MCrG*β*SaRfA*χ*LZZbZcT**^{t} | *ἐπῆλθον* hic, non 697, corruptum iud. Burges, Nauck *ἐπλῆθον* **MnZb**^{ac} (~**Zb**^{1pc}) (*ἔπληθον* coni. Burges) [. . . .]*θον* **Π^{12}** || **700** *ἐγώ σ'*] *ἔγωγ'* **Sa** | *κρέων* **M**^{1}**Zb**^{ac} (~**M**^{2}**Zb**^{1pc}) *ὦ κρέον* **F**^{ac} (~**F**^{1pc}) [**Π^{12}**] || **701** *πολλῶν* **Ad, J** (sicut coni. Burges) [**Π^{12}**] | *ηὗρον* scr. Dindorf *εὗρον* **Ω** [**Π^{12}**] | *ἐνδεὴς* **Sa** [**Π^{12}**] || **702** *ὡς* om., in marg. add. **Zu** *ὥστ* **V**^{2} | *ες* **Π^{12}** (sicut scr. Matthiae) | *πολυνείκηι* **O** *-κη* **CrFMt** [**Π^{12}**] || **703** Cr. notam om. **Cr**^{ac}**Mn** | *μείζον'* ***χ*** (~**gB**) | *αὐτὸν* ante *μεῖζον* transp. **Cr** (*ἤκουσ'* scr.) (~**Π^{12}**, **gB**) | *εἰς* olim Wecklein *ἢ* **Ω**, **Σ**, **gB** (quo retento *ἢ θέμις* Nauck) [**Π^{12}**] || **704** *κήδη* **O** | *ἀδράστω* **Rw**^{s} | *στρατοῦ* **Zb**^{ac} (~**Zb**^{1pc}) *θεῷ* **S** | *πεποιθέναι* ***β*** || **705** Et. notam praef. **Rw** | *ἐς* Brunck || **706** Cr. notam praef. **Rw** | *δ'*] *μ'* **A** (~Thom.) | *ταῦτ'* **VC**, fort. **P** ante ras. *ταῦταθ'* **Zb** (~Thom.) | *φράσον* **P**^{1} in ras. *φράσαι* **Rw** (~**Rw**^{s}) *φέρων* **Aa**^{γρ} (~Thom.) || **707** eandem formulam tantum non eisdem verbis hab. Soph. Trach. 78 || **708** *τις* Ald. *τίς* fere **Ω** || **709** *δὲ* om. **F**^{1} (~**F**^{cs}) | *δή τι* ***ω*** **ΘSaAaRf*ϰ*** || **710–711** in unum versum conflant viri docti (lacunam autem stat. Fritzsche): e. g. 710 del. Burges (711 *ὅπ. περιστίξαι τάχ' Ἀργ. στρ.* scr.) et Dindorf (vel 711 immutato vel scr. *Ἀργείους πόλιν* pro *Ἀργείων στρατόν*), Rauchenstein (scr. 711 *Θήβας* pro *ὅπλοις* [*πύργους* pro *ὅπλοις* Herwerden]), Schenkl (scr. *ἄστυ τὸν* pro *Ἀργείων*); 711 del. Kirchhoff (scr. 710 *προσβαλεῖν λόχους* pro *Καδμείων πόλιν*). fortasse melius accipias inaequalitatem in stichomythia nondum omnino stabilita || **710** Cr. notam om. **Rw** | *μέλλει* **Mn** | *πύργοισι*] dativus nec alibi cum *πέριξ* coniungitur nec hoc loco sensui aptus sive ab *πέριξ* pendet sive solus ponitur sensu locativo *πυκνοῖσι* Reiske etiam tentare possis *πύργωμα Καδμείων πυλῶν* | *πόλιν* **Mn**^{ac} (*πόλει* **P**^{1} in ras.) || **711** om. **S** (sed paraphr. versuum 710–711 hab. s. l. ad

ET. ἐξοιστέον τἄρ᾽ ὅπλα Καδμείων πόλει.
KP. ποῖ; μῶν νεάζων οὐχ ὁρᾷς ἃ χρή σ᾽ ὁρᾶν;
ET. ἐκτὸς τάφρων τῶνδ᾽, ὡς μαχουμένους τάχα.
KP. σμικρὸν τὸ πλῆθος τῆσδε γῆς, οἱ δ᾽ ἄφθονοι.
ET. ἐγᾦδα κείνους τοῖς λόγοις ὄντας θρασεῖς.
KP. ἔχει τιν᾽ ὄγκον τἄργος Ἑλλήνων πάρα.
ET. θάρσει· τάχ᾽ αὐτῶν πεδίον ἐμπλήσω φόνου.
KP. θέλοιμ᾽ ἄν· ἀλλὰ τοῦθ᾽ ὁρῶ πολλοῦ πόνου.
ET. ὡς οὐ καθέξω τειχέων εἴσω στρατόν.
KP. καὶ μὴν τὸ νικᾶν ἐστι πᾶν εὐβουλία.
ET. βούλῃ τράπωμαι δῆθ᾽ ὁδοὺς ἄλλας τινάς;
KP. πάσας γε, πρὶν κίνδυνον εἰς ἅπαξ μολεῖν.
ET. εἰ νυκτὸς αὐτοῖς προσβάλοιμεν ἐκ λόχου;
KP. εἴπερ σφαλείς γε δεῦρο σωθήσῃ πάλιν.
ET. ἴσον φέρει νύξ, τοῖς δὲ τολμῶσιν πλέον.
KP. ἐνδυστυχῆσαι δεινὸν εὐφρόνης κνέφας.
ET. ἀλλ᾽ ἀμφὶ δεῖπνον οὖσι προσβάλω δόρυ;

726 Polyb. 31, 13, 12 ‖ **727** *ἐνδυστυχῆσαι*] sch. vet. Ar. Vesp. 1120a Koster | *εὐφρόνης κνέφας*] cf. Chr. Pat. 1905

Codd.: ***Π***^{12} (719–720, 722–739); ***ω*** = **MBOVC, CrG, *Θ*** = **RMnSVr, *φ*** = **FSa, *Ψ*** = **AaPRfRw, *Ξ*** = **AMtXXaXb, *Λ*** = **LZZbZcZmZuT**^{t} (–712) **T**^{z} (713–)

710); 711–712 om., in marg. add. **Aa** | paragraphum praef. **L**, Et. notam **SaRf**^{ac} (qui inde omnes notas 712–748 [–746 **Rf**] erratas habent) (~**Rf**^{1c}) | *ἐλίξειν* **MMt** (cf. ad 234) | *ἀργεῖον* **CRf**^{s}

712 *τἄρ᾽* scr. Matthiae (*τ᾽ ἄρ᾽*, *τ᾽ ἂρ* vel sim. codd.) *γ᾽ ἄρ᾽* **T**^{t} | *πόλιν* **Mn**^{ac}**S**^{pc} **Zb** ‖ **713** *πῆ* **LZ**^{s}**ZbZcT**^{z} (~**T**^{s}) | *χρῆν* **F**^{1}, **gB gE** (~**F**^{c}) ‖ **714** *τάφων* **O** | *μαχομένους* **CCr *Θ* SaRf**^{ac}**XaZZb** *μαχουμένοις* **O Aa**^{1} **Rf**^{1c} **Rw**, sicut coni. Porson (~**Aa**^{3}, *Σ*) *μαχομένοις* **Mn**^{2s} *μαχούμενος* **X** (~*Σ*$^{Mosch.}$) | *τάχα* om. **R** *τάδε* **Rw**^{ac} ‖ **715** *οἵ σ᾽* **C** *οἵδ᾽* **V**^{1} (~**V**^{2}) ‖ **716** *ἐγὼ οὐδὲ κείνους τοὺς* testare vid. *Σ* | *ἐγῷδ᾽ ἐκείνους* **Cr *γ* SaRw** | *ὄντα* **A** ‖ **717** *ἔχειν* **MnF** | *ἄργος* **BOV *β φ* Mt *χ* L**, ^{le}*Σ* (~^{p}*Σ*; *τὸ* add. **V**^{2s}) | *Ἑλλήνων* om. **S** *ἑλλάνων* **Mt** | *πάρρα* **M** ‖ **718** *πεδίων* **SZb**^{ac} (~**Zb**^{1pc}) | *φόνων* **G** ‖ **719** om., inter lin. add. **Mn** | *τοῦθ᾽*] *τόδ᾽* **P** [***Π***^{12}] ‖ **720** *ὡς*] *ὦ* **M**^{ac} (~**M**^{1pc}) *πως* **A**^{ac} (~**A**^{1pc}) [***Π***^{12}] | *οὐ* om. **R**^{1}**Zc** (~**R**^{2s}) [***Π***^{12}] | *ἔσω* **OCLZcZm ZuT**^{z} (~**T**^{t}) [***Π***^{12}] ‖ **721** *ἔστιν* **F** (~***Γ***) | *εὐβουλίᾳ* **BCX**, ^{p}*Σ*, cf. **S**^{g} *ἐν* (~***Γ***) ‖ **722–731** pers. notas om. **C** ‖ **722** *βούλῃ* scr. Murray *βούλει* ***Ω***, **gE** [***Π***^{12}] | *δῆθ᾽* om. **gE** [***Π***^{12}] | *ἄλλας ὁδούς* transp. **R** (~**gE**) [***Π***^{12}] ‖ **723** *εἰς ἅπαξ* **MBOV**^{2}**C *Θ*** *εἰσάπαξ* **V**^{1}**Mn**^{pc} rell., **gE** ‖ **724** *ἤ* **Sa *λ*** [***Π***^{12}] | *προβ-* **MCF**^{1}**T**^{z} (~**F**^{c}**T**^{t}) *ἐκβ-* **Zu** *-βάλλ-* **BAaLZm**^{ac} *-βάλοιμ᾽ ἂν* **V**^{2s}**G *χ* T**^{t} [***Π***^{12}] ‖ **725** *εἴπερ γε* **V** [***Π***^{12}] | *σφαλεῖς* **CGVr *ζ* T**^{t} (~**T**^{z}**Zm**^{s}) *σφαλῇς* **MV**^{2} ***φ*** **Z**^{s}**ZbZu**^{s} et *σφαλείς* et *-ῇς* *Σ*$^{Thom.}$ [***Π***^{12}] | *δεύρω* **Ṁ**^{1} (~**M**^{2}) | *πόλιν* **M**^{1} (~**M**^{2} ***Π***^{12}) ‖ **725b** *πάλιν* ... **726a** *τολμῶσι* om. **Mt**^{ac} (Et. nota 726 om. et Cr. nota 727 vel om. vel erasa) ‖ **726** *ἴσον* **BGP *Ξ Λ*** *ἶσον* rell., **gE** *εἰς ὅ* Polyb. [***Π***^{12}] | *φέρ᾽ ἥ* **Mt** [***Π***^{12}] | *τολμῶσιν* Porson *-σι* ***Π***^{12} ***Ω***, **gE**, Polyb. | *πλέον*] *τι* Polyb. (~***Π***^{12}) ‖ **727** *εἰ δυστυχῆσαι* **Rw**, **gE** (~sch. Arist.) [***Π***^{12}] | *ἐφρόνης* **VF** *εὐφροσύνης* **Zc**^{ac} (~**gE**) [***Π***^{12}] ‖ **728** *προσβαλῶ* **O** *-βάλλω* ***Π***^{12}**BF**^{c}**Aa *ε* Mt *ζ̣***

ΚΡ. ἔκπληξις ἂν γένοιτο· νικῆσαι δὲ δεῖ.
ΕΤ. βαθύς γέ τοι Διρκαῖος ἀναχωρεῖν πόρος.
ΚΡ. ἅπαν κάκιον τοῦ φυλάσσεσθαι καλῶς.
ΕΤ. τί δ', εἰ καθιππεύσαιμεν Ἀργείων στρατόν;
ΚΡ. κἀκεῖ πέφαρκται λαὸς ἅρμασιν πέριξ.
ΕΤ. τί δῆτα δράσω; πολεμίοισι δῶ πόλιν;
ΚΡ. μὴ δῆτα· βουλεύου δ', ἐπείπερ εἶ σοφός.
ΕΤ. τίς οὖν πρόνοια γίγνεται σοφωτέρα;
ΚΡ. ἕπτ' ἄνδρας αὐτοῖς φασιν, ὡς ἤκουσ' ἐγώ,
ΕΤ. τί προστετάχθαι δρᾶν; τὸ γὰρ σθένος βραχύ.
ΚΡ. † λόχων ἀνάσσειν † ἑπτὰ προσκεῖσθαι πύλαις.
ΕΤ. τί δῆτα δρῶμεν; ἀπορίαν γὰρ οὐ μενῶ.
ΚΡ. ἕπτ' ἄνδρας αὐτοῖς καὶ σὺ πρὸς πύλαις ἑλοῦ.
ΕΤ. λόχων ἀνάσσειν ἢ μονοστόλου δορός;
ΚΡ. λόχων, προκρίνας οἵπερ ἀλκιμώτατοι.
ΕΤ. ξυνῆκ'· ἀμύνειν τειχέων προσαμβάσεις.
ΚΡ. καὶ ξυστρατήγους ⟨γ'⟩· εἷς δ' ἀνὴρ οὐ πάνθ' ὁρᾷ.
ΕΤ. θάρσει προκρίνας ἢ φρενῶν εὐβουλίᾳ;
ΚΡ. ἀμφότερον· ἀπολειφθὲν γὰρ οὐδὲν θάτερον.

746–747 cf. anon. Anec. Par. IV 343, 31–344, 1

729 ἔκπληξιν Sa (∼gE) [Π^{12}] | δ' ἂν gE [Π^{12}] | νικῆσε O (∼Π^{12}, gE) | εδει (δ' om.) Π^{12} (∼gE) ‖ 730 γέ] δέ CrGβSa [Π^{12}] | τοι om. Rw τι Cr [Π^{12}] | πόρον F^{ac} (∼F^{1pc}F^{cs}) [Π^{12}] ‖ 731 ἅπαν] ἅπαξ Aa (∼gVgE) [Π^{12}] | τοῦ] τὸ gE (∼gV) [Π^{12}] ‖ 732 καθίππευσα μεν vel καθιππεύσαμεν R^{ac} (cf. -σαι μὲν OS) -ιπευ- VS [Π^{12}] | ἀργεῖον ORFϰ (∼Π^{12}R^{s}) ἀργείου F^{s} | στρατῶν R^{s}S^{s}Vr στρατοῦ F^{s} (∼Π^{12}) ‖ 733 πέφαρκται Dindorf πέφρακται Ω [Π^{12}] vide Barrett ad Hipp. 657 | λαὸς] στρατὸς R [Π^{12}] | ἅρμασιν Π^{12}MBOGΞZbT^{t} -σι T^{z} rell. (-τι φRw) ‖ 734 -ίοισιν δῶ L -ίοισι δώσω β -ίοις δώσω MORPRwΞZZb^{ac}T^{t}, ^{le}Σ^{M}, ^{p}Σ^{M} (∼T^{z}, ^{le}Σ^{C}) -ίοις δῶ Zb^{1pc} [Π^{12}] ‖ 735 οὐ δῆτα P [Π^{12}] | δεῖτα M^{1} (∼M^{2}) [Π^{12}] | δ' om. R [Π^{12}] ‖ 736–737 om. Cr (in ima pag. suppl. altera man.) ‖ 736 γίγνεται L γένοιτο φ γίνεται rell. [Π^{12}] ‖ 737–740 om., in marg. suppl. Vr ‖ 737 ἕπτ'] ἐπ' S | αὐτοῖς om. LZm^{1} (∼Zm^{2s} Π^{12}), post φασιν transp. Rw [Π^{12}] ‖ 738 προστέτακται V^{3}RwLZZm^{γρ}, (una cum -τάχθαι) Σ$^{Thom.}$ [Π^{12}] | δρᾶν om. R (∼Π^{12}) ‖ 739 λόχων ἀνάσσειν e 742 irrepsisse vidit Matthiae, qui λόχων ἄνακτας coni. λοχαγετοῦντας Wecklein [Π^{12}] | χἀπτὰ Meineke (retento λόχων ἀνάσσειν), cf. Σ (λείπει ὁ καὶ) αὐτὰ O | προκεῖσθαι Zm^{1} (∼Zm^{2}) προσκ**εῖσθαι F πρ]ọσκ̣ειν[Π^{12} | πύλας ZbT^{t} [Π^{12}] ‖ 740 μένω V^{1}S (∼V^{2}) sine acc. Mn ‖ 741 αὐτὸς Grotius εὐθὺς Zakas | καὶ om. F^{1} (∼F^{cs}) | πρὸ Zc | πύλας VCrSa ‖ 742 μονοστόλους O | δουρός BAa^{1}Zc (∼Aa^{3}) ‖ 743–748 pers. notas rescr. in ras. P^{1} ‖ 743 οἵπερ γ' L ‖ 744 προσαμβάσεις PRfζT^{z}, ^{i}Σ, Σ$^{Thom.}$ προσεμβάσεις O, etiam glossema vel var. lect. in Σ^{VC} πρὸς ἀναβάσεις F^{1} πρὸς ἀμβάσεις F^{c} rell. (προς sine acc. MCL), ^{i}Σ alter, Σ$^{Mosch.}$ ‖ 745 ξυνστρ- MOVCCrΘφδϰZbZc -τηγοὺς CCrΘSaPRwMt^{ac}LZc | γ' add. Lenting (ad Andr. 79) | δ' del. Polle (∼gE) ‖ 746 θράσει M^{γρ}C^{γρ}φAa (∼gE) ‖ 747 ἀμφότερα SAaZc, gE ἀμφότερ'· ἓν Burges, Wecklein | γὰρ om. R | οὐδὲν hoc versus loco non suspiciendum (vide West, Gk. Metre 85) οὐδ' ἓν maluit Porson

ET. ἔσται τάδ᾽· ἐλθὼν ἑπτάπυργον ἐς στόμα
τάξω λοχαγοὺς πρὸς πύλαισιν, ὡς λέγεις,
ἴσους ἴσοισι πολεμίοισιν ἀντιθείς.
ὄνομα δ᾽ ἑκάστου διατριβὴ πολλὴ λέγειν,
ἐχθρῶν ὑπ᾽ αὐτοῖς τείχεσιν καθημένων.
ἀλλ᾽ εἶμ᾽, ὅπως ἂν μὴ καταργῶμεν χέρα.
καί μοι γένοιτ᾽ ἀδελφὸν ἀντήρη λαβεῖν
καὶ ξυσταθέντα διὰ μάχης ἑλεῖν δορί.
{κτανεῖν θ᾽ ὃς ἦλθε πατρίδα πορθήσων ἐμήν}
γάμους δ᾽ ἀδελφῆς Ἀντιγόνης παιδός τε σοῦ
Αἵμονος, ἐάν τι τῆς τύχης ἐγὼ σφαλῶ,
σοὶ χρὴ μέλεσθαι· τὴν δόσιν δ᾽ ἐχέγγυον
τὴν πρόσθε ποιῶ νῦν ἐπ᾽ ἐξόδοις ἐμαῖς.
μητρὸς δ᾽ ἀδελφὸς εἶ· τί δεῖ μακρηγορεῖν;
τρέφ᾽ ἀξίως νιν σοῦ τε τήν τ᾽ ἐμὴν χάριν.
πατὴρ δ᾽ ἐς αὑτὸν ἀμαθίαν ὀφλισκάνει,

750 Draco Straton. de metr. p. 50 Hermann; Et. magn. 477, 15; Et. Gud. 283, 13

Codd.: **Π^{10}** (768–); **ω** = **MBOVC, CrG**, **Θ** = **RMnSVr**, **φ** = **FSa**, **Ψ** = **Aa PRfRw**, **Ξ** = **AMtXXaXb**, **Λ** = **LZZbZcZmZuT^{z}**

748 *ἐλθὼν* om. et *μολὼν* post *πόλιν* add. **OG** (post ras.) **ΞT^{t}** (~**T^{z}**) | *δ᾽* ante *ἑπτ.* add. **VΘRw^{s}ZZc**, *γὰρ* ante *ἑπτ.* **Rw**, *δ᾽* post *ἑπτ.* **Oϰ** | *ἑπτάπυλον* **ΘRwϰXa** (**χ^{g}**) | *ἐς* om. **Zm^{1}** (~**Zm^{2s}**) *εἰς* **SPXZu** | *στόμα* Jackson *πόλιν* **Ω** *πόλον* Geel, *κύκλον* Musgrave ‖ **749** *πρὸ* **Cr** | *πύλαισι καθὼς* **φ** ‖ **750** om. **Sa** | Cr. notam hic et Et. notam 751 praef. **R** | *ἴσους*] *ἴσοις* Draco, Et. magn.* [Et. Gud.] | *ἴσοισιν* **OG** | *πολεμίησιν* **S** *-ίοις* Draco (~Et. magn., Et. Gud.) *-ίους* **G** | *ἀντιτιθείς* **MOGZm^{ac}** (~test.) ‖ **751** del. Purgold (752 post 753 transp.), 751–753 del. Trendelenburg, Friedrich; cf. ad 753 | *ἑκάστω* **gE** | *διατριβὴν πολλὴν ἔχει* **M^{1}** (*πολλὴ λέγειν* **M^{2}**) *διατριβὴ πολλὴ ἔχει* fere **Θ** (*-τριβῆ* **Mn^{ac}**, sicut **Zb^{ac}**; *ἔχειν* **Mn**) (~**β^{γρ}**, **gE**) ‖ **752** *ἐπ᾽* **φ** | *τείχεσιν* **BOMtXXb** *-σι* rell. ‖ **753** versus suspectus, praecipue ob formulam *ἀλλ᾽ εἶμι* sic nude positam (cf. 1009); dubitanter retinui; 753–756 del. Paley, Fraenkel (756 iam Valck.), 753–755 inter 773 et 779 transp. Walter (774–778 deletis) ‖ **754** *γένοιτό τ᾽* **Θ** | *ἀδελφὸν* post *λαβεῖν* transp. **Rw** ‖ **755** *ξυνστ-* **OCrMnPZ** *-θέντας* **C** | *ἐλθεῖν δορί* **M^{γρ}BOCCr^{ac}FζT^{z}** (~**C^{γρ}Zb^{ac}T^{t}**) *μολεῖν δορί* **Aa^{γρ}** *ἐλθεῖν δορός* **G** (*ἑλεῖν* **G^{γρ}**) *ἔχειν δόρυ* **B^{γρ}** et fort. vol. **Cr^{pc}** ‖ **756** del. Valck. (cf. 1376) | *καὶ* ante *κτανεῖν* add. **Zb^{ac}** | *δ᾽* **Mn^{ac}ϰ** | *πορθήσας* **C** *-θήσειν* **Zu** (*πορθήσει νεμῶν* coni. Musgrave) *προθήσων* **R** *θήσων* **O** *πέρσων* **Xa** | *ἐμοί* **B** *φίλην* **B^{γρ}** ‖ **757** *τ᾽* **MOΘRwϰ** | *τε* om. **SaXa^{ac}** ‖ **758** *τῆς* om. **Rw** ‖ **759** *δ᾽* om. **A Rw** *τ᾽* **MBΘφAaRf** | *ἐγχέγγυον* **MST^{z}** ‖ **760** *πρόσθεν* **CrγSaRwλ** | *ποιῶν* **μSa** et (sequente *ἦν*) **Mt^{ac}** | *νῦν* om. **L** *νῦν δ᾽* **Rw** | *ἐπ᾽* om. **M^{1}** (~**M^{2s}**) | *ἐμοῖς* **R** ‖ **761** *τ᾽* **ϰ** | *ἀδελφῆς* **F** | post *εἶ* add. *σύ* **G^{2s}Ξ** | *δὴ* **F^{1}L^{ac}Zm^{1}Zu** (~**F^{c}L^{1pc}Zm^{2}**) ‖ **762** *νιν*] *νῦν* **S** | *τε* om. **Zc^{ac}** | *τήνδ᾽ ἐμὴν* fere **MOVCCrφRw** ‖ **763–765** del. Fraenkel (iam superfluos iud. Paley), tantum 764 del. Friedrich ‖ **763** *εἰς* **G** *ἐπ᾽* **Rw** (~**gE**) | *αυτὸν* **MS** *αὐτὸν* **B^{1}V^{1}CCrRMnFεAZb^{ac}Zu^{ac}** (~**B^{2}B^{3}V^{2}Zb^{1pc}**, **gE**) | *ἁμαρτίαν* **MC^{γρ}Mt^{ac}** (~**M^{γρ}**, **gE**) | *ὀφλισκάνει*] optativum reddit ^{p}Σ

ὄψιν τυφλώσας· οὐκ ἄγαν σφ᾽ ἐπῄνεσα·
ἡμᾶς δ᾽ ἀραῖσιν, ἢν τύχῃ, κατακτενεῖ.
ἓν δ᾽ ἐστὶν ἡμῖν ἀργόν, εἴ τι θέσφατον
οἰωνόμαντις Τειρεσίας ἔχει φράσαι,
τοῦδ᾽ ἐκπυθέσθαι ταῦτ᾽· ἐγὼ δὲ παῖδα σὸν
Μενοικέα, σοῦ πατρὸς αὐτεπώνυμον,
λαβόντα πέμψω δεῦρο Τειρεσίαν, Κρέον·
σοὶ μὲν γὰρ ἡδὺς ἐς λόγους ἀφίξεται,
ἐγὼ δὲ τέχνην μαντικὴν ἐμεμψάμην
ἤδη πρὸς αὐτόν, ὥστε μοι μομφὰς ἔχειν.
πόλει δὲ καὶ σοὶ ταῦτ᾽ ἐπισκήπτω, Κρέον·
ἤνπερ κρατήσῃ τἀμά, Πολυνείκους νέκυν
μήποτε ταφῆναι τῇδε Θηβαίᾳ χθονί,
θνῄσκειν δὲ τὸν θάψαντα, κἂν φίλων τις ᾖ.
{σοὶ μὲν τάδ᾽ εἶπον· προσπόλοις δ᾽ ἐμοῖς λέγω·}
ἐκφέρετε τεύχη πάνοπλά τ᾽ ἀμφιβλήματα,
ὡς εἰς ἀγῶνα τὸν προκείμενον δορὸς
ὁρμώμεθ᾽ ἤδη ξὺν δίκῃ νικηφόρῳ.

Actio: **779–783** satellites in regiam mittuntur, arma Eteoclis efferunt et cum illo abeunt per sinistram eisodum. manet Creon solus

771 Σ^{B} 865 || **772** Σ 865 || **774** Andr. Lopad. lex. Vind. *ε* 143

764 om. **Ad** (vide ad 763–765) (~**gE**) || **765** *τ᾽* **O Θ Rw ϰ** (~**Mt**^{pc}), quo accepto 763 *αὐτόν τ᾽* coni. Wecklein | *ἀραῖσι* **R** *ἀραῖσι νῦν* **C** | *τύχοι* **M**^{2}**GRγ** (~**M**^{1} *γ*^{s}) | *κατακτενεῖ* **BVCCrGFAa** *-κτανεῖ* fere rell. (*-εῖν* **R**) || **766** *δ᾽* om. **Z** | *ἐστὶν* post *ἀργὸν* transp. **MΘA** (*ἥμιν* vel *ἧμιν* scr. debuerunt, sed hanc formam non usurpat Eur.), post *ἡμῖν* **ZZb**^{ac} (sicut coni. Scaliger, Kirchhoff) (~**Zb**^{1pc}) | *ἐστι* **R** | *εἴ*] *ἢ* **C** || **767** *οἰωνομάντις* **VΘSa** | *ἔχ*** **M** ante ras. (~**M**^{1}) || **768** *δὲ* om. **CCr**^{ac}**G**^{1} **β Aa Mt** (~**G**^{2s}) *δὴ* **P** [Π^{10}] | *τὲ* post *παῖδα* add. **O** [Π^{10}] || **769** *μενοικέως* **X** [Π^{10}] | *αὐτ᾽ ἐπώνυμον* fere **M**^{1}**BVCGMt** *ἀντεπώνυμον* fere **M**^{2}**ΘSaPRwZ** [Π^{10}] || **770** *λαβόντα*] *ἄξοντα* Markland et Valck. *καλοῦντα* Burton [Π^{10}] | *τειρεσία* **C** [Π^{10}] || **771–774** om., in marg. suppl. **Zu** || **771** *σοὶ*] *οἱ* Σ^{B} 865 (~**gE**) [Π^{10}] | *ἐς* **MΘAa RfA** *εἰς* rell., **gE**, Σ^{B} 865 [Π^{10}] || **772** *ἐψευσάμην* **Z** (~Π^{10}, **gV**, Σ 865 [*ἐμεμψάμην* Σ^{B}]) || **773** *αὐτὸν* **G** *αὐτὴν* **Zb**^{ac} [Π^{10}] | *ἔχειν*] ⟦. .⟧*σ* Π^{10uv} || **774–777** del. Walter, Wecklein, alii; hab. Π^{10} || **774** *καὶ* om. Andr. Lopad. [Π^{10}] | *σοὶ*] *σὺ* **M** [Π^{10}] | *κρέων* **Mt**^{ac} (~Π^{10}) || **775** *πολυνικους* Π^{10} *πολυνείκης* **V**^{1}**Mt** (~**V**^{2}) sine casus signo **Sa** || **776** *μήπω* **Rw** (~Π^{10}) | *τῇδε* post *χθονί* transp. **Z** (~Π^{10}) || **777** *τε* **C** | *ᾖ τις φίλων* transp. **L** (~Π^{10}) | *φιλοις* Π^{10} *φίλος* **Zm**^{s}**Zu**^{s} | *εἶ* **CrMn**^{ac} **Vr** (~Π^{10}) || **778** del. Kirchhoff, om. Π^{10} | *μὲν* om. **G**^{ac}**L** (~**G**^{1s}) | *εἶπον*] *αὐδῶ* **MΘ**, cf. 568 (*εἶπον* Su. 1213) | *προσπόλεις* **V**^{1} (~**V**^{2s}) *πρὸς πόλει* **S**^{ac} *προπόλοις* **Rw** | *δ᾽* om. **RVr** || **779** *ἐκφέρεται* **RAa** (~Π^{10}) | ad *πάν. ἀμφιβλ.* inter alia notat *οἱ δὲ γράφουσι τὰ σάγματα* (*ἀγάλματα* **Mn**) Σ corruptum (*γράφουσι* secl. Schwartz; ad 790 sch. rettulit olim Wecklein, coni. *σάγμασι* pro *αἵματι*) || **780** *εἰς* om. **Rf** || **781** om. Π^{10}, spurium iud. Haslam | *ὁρμῶμεν* **Θ** | *σὺν* **MΘΨL** | *ξυνδίκην* **C**

τῇ δ' Εὐλαβείᾳ, χρησιμωτάτῃ θεῶν,
προσευχόμεσθα τήνδε διασῷσαι πόλιν.

στρ. ΧΟ. *ὦ πολύμοχθος Ἄρης, τί ποθ' αἵματι*
καὶ θανάτῳ κατέχῃ Βρομίου παράμουσος ἑορταῖς;
οὐκ ἐπὶ καλλιχόροις στεφάνοισι νεάνιδος ὥρας
βόστρυχον ἀμπετάσας λωτοῦ κατὰ πνεύματα μέλπῃ
μοῦσαν ἐν ᾇ χάριτες χοροποιοί,
ἀλλὰ σὺν ὁπλοφόροις στρατὸν Ἀργείων ἐπιπνεύσας
αἵματι Θήβας
κῶμον ἀναυλότατον προχορεύεις.
οὐδ' ὑπὸ θυρσομανεῖ νεβρίδων μέτα δίνᾳ,
† ἅρμασι καὶ † ψαλίοις τετραβάμοσι μώνυχα πῶλον

784 *πολύμοχθος Ἄρης*] sch. Eur. Or. 256 ‖ **787 b** Eust. 905, 19; 344, 35 sq. ‖ **792 b** sch. rec. Aesch. Pers. 28; Thom. Mag. ecl. voc. att. 403, 1 Ritschl

Codd.: Π^{10} (−789, 792−); **ω** = **MBOVC, CrG**, **Θ** = **RMnSVr**, **φ** = **FSa**, **Ψ** = **AaPRfRw**, **Ξ** = **AMtXXaXb**, **Λ** = **LZZbZcZmZuT**^{z} (−783) **T**^{t} (784−)

782−783 om., in ima pag. suppl. **G** | Creonti trib. Pohlenz ‖ **782** *θεωι* Π^{10} ‖ **783** *προσευχ-* Π^{10}**MAa** *προσευξ-* rell. *-όμεσθα* Π^{10uv}**BOGVrF**^{1}**κXLT**^{z} *-ώμεσθα* **F**^{c}**AaRwMt**^{pc}**Z** *-όμεθα* **MVCR**^{ac}**γPXbZbZmZu** *-ώμεθα* **CrR**^{pc}**SaRfXa Zb**^{s}**Zc** | *διασώζειν* **MOGΘP** (∼Π^{10}) ‖ **784** *ὁ* ante *ἄρης* add. sch.^{V} Or. 256 (∼sch.^{MBC}, Π^{10}) ‖ **785** *μετέχῃ* **Aa**^{ac} (∼**Aa**^{1c}Π^{10}) | *Βρομίου* om. **Zb**^{ac} (∼**Zb**^{1pc}) *βρομίαις* **R** (∼Π^{10}) ‖ **786** *οὐκ ἐπὶ*] *οὐκέτι* **Rw**^{ac} (sicut coni. Paley) [Π^{10}] | *καλλιχώροις* **LRw**^{ac} *-χωρίοις* **A** *-φοροις* Π^{10} | *στεφάνοις* **A** (∼Π^{10}) | *ὥρας* Π^{10}, $^{i}\Sigma^{M}$, $^{i}\Sigma$ 787 et Σ^{B} 787 (e Σ restit. King) *ὥραις* **Ω**, $^{le}\Sigma$ alter, $^{i}\Sigma$ alter, Σ^{MVC} 787, $^{i}\Sigma$ alter 787 ‖ **787** *βοστρύχων* **MnMt**^{ac} (∼Π^{10}) | *ἀναπετάσας* **Rw** (∼Π^{10}) | *λοτοῦ* **OV**^{2s}**F**^{1}**P**, Eust. 344 (cf. Eust. 905, Σ) (∼**F**^{c} vel **F**^{2}, Π^{10}, Eust. 905) | *πνευμάτων* **Rw** *πνεῦμα* **S** (∼Π^{10}) | *μέλπει* **Zb**^{ac}, Eust. 905 et 344 *πέμπῃ* **MSa** *μεͅ[* Π^{10} ‖ **788** *ᾇ*] *ᾗ* **CrZcZu**^{s} *ὧ* **Mn** *αις* Π^{10} | *χοροποιοί* **M**^{pc}**O ε**^{s}, $^{i}\Sigma$, cf. **V**^{g} *χορῶν ποιητικαὶ μελοποιοί* **M**^{γρ}**B**^{γρ}**VC**^{γρ} *χαροποιοί* **M**^{ac} rell. (]π̣[οιο]ι̣ fort. Π^{10}) ‖ **789** *ὁπλοφόροις* una cum *αἵματι* 790 frustra sollicitant viri docti | *ἀργεῖον* **OR** (∼**R**^{s}) [Π^{10}] ‖ **790** *αἵματι Θήβας* om. **Mt**^{ac} | *θήβαις* **V**^{2s} et $^{p}\Sigma$ (∼Σ alter) *θήβασις* **S** *θηβῶν* **Rw**^{s} ‖ **790 bis** *προσχορ-* **L**^{2} ‖ **791−792** locus vexatissimus; omnia dubia ‖ **791** *οὐ πόδα θυρσομανῆ* Musgrave (retento *δινεύεις*) | *-μανεῖν* **MnMt** | *νευρίδων* **VSφPεκZ** (post *-μανεῖν*) *εὐρίδων* **Mn** | *δίνᾳ* Hermann *δινεῖς* Geel *δινεύεις* **Ω**, quo retento *ἀλλ'* / *ἅρμασι* vel *δινεύεις, ἐν δ'* / *ἅρμασι* (vide infra) ad hexametrum efficiendum acceperunt plerique, sed spondeus ille et elisio in fine hexametri non arrident ‖ **792** *ἅρμασι . . . τετραβάμοσι* om., in ima pag. suppl. **Cr** | *ἅρμασι καὶ* ortum ab glossemate ad *ψαλίοις τετραβ.* pertinente puto; conicias e. g. ⟨*ἀλλὰ κροτῶν*⟩; alia alii | *ἅρμασι*] *ἅρμασι δὲ* **B**^{1s}**B**^{2s}**V**^{2s}**R** *ἀλλ' ἅρμασι* **GF**^{cs}**SaΨ** (*-ατι* **P**) ζ, **T**^{t} in ras. (∼**F**^{1}**Rw**^{ac}), cf. **M**^{s} *λείπει τὸ ἀλλὰ*, **S**^{s} *ἀλλὰ ἐν* [Π^{10}] | *ψαλλ-* **GS**^{ac}**φPεAζ**, Thom. Mag. ecl. *-ίοις* **B**^{1s} **B**^{2s}**V**^{2s}**CrGMn**^{pc}**F**^{2}**SaAaRf**^{2s}**Rw**^{s}**χζT**^{t}, sch. Aesch., cf. $^{p}\Sigma$ *-ίοισι* **Z** *-ίων* **ωΘF**^{1} **Sa**^{s}**PεκL**, Σ [Π^{10}] | *τετραβάμων* fere **Rf**^{2s}**Rw**, fort. **F**^{1}, $^{p}\Sigma$ *-βάμονος* **R** *-βάωνμοσι* **S** *-βάμμοσι* **G** *-βάμοισι* **C** (∼**F**^{c} vel **F**^{2}, **Rw**^{s}, Σ) *-βάμονα* Hartung [Π^{10}] | *μώνυχα πῶλον* fere **OV**^{2}**RPRwT**^{t} *μώνυχον πῶλον* **Rf**^{ac} *μώνυχα πώλων* fere **MB V**^{s}**CβSaMtLZc** *μωνύχων πώλων* fere **B**^{2s}**V**^{1}**CrGF**^{2}**Sa**^{s}**AaRf**^{1c}**Rw**^{s}**Aχζ**, sch. Aesch., Thom. Mag. ecl. (*πώλων* Σ alter; *πῶλον* $^{p}\Sigma^{V}$) [**F**^{1}Π^{10}]

Ἰσμηνοῦ τ' ἐπὶ χεύμασι βαίνων
ἱππείαισι θοάζεις, Ἀργείοις ἐπιπνεύσας
Σπαρτῶν γένναν,
ἀσπιδοφέρμονα † θίασον ἔνοπλον †,
ἀντίπαλον κατὰ λάινα τείχεα 797
χαλκῷ κοσμήσας. 797 bis
ἦ δεινά τις Ἔρις θεός, ἃ τάδε
μήσατο πήματα γᾶς βασιλεῦσιν,
Λαβδακίδαις πολυμόχθοις.

ὦ ζαθέων πετάλων πολυθηρότα- ἀντ.
τον νάπος, Ἀρτέμιδος χιονοτρόφον ὄμμα Κιθαιρών,
μήποτε τὸν θανάτῳ προτεθέντα, λόχευμ' Ἰοκάστας,
ὤφελες Οἰδιπόδαν θρέψαι, βρέφος ἔκβολον οἴκων,
χρυσοδέτοις περόναις ἐπίσαμον,

802 *νάπος*] Eust. 668, 33 || **805** Eust. 650, 49 | *χρυσοδέτοις περόναις*] sch.^{A} Il. 2, 45 | *ἐπίσαμον*] Hsch. ε 5147

793 *ἱσμην-* scripsi (cf. 101) [Π^{10}] | *τ'* om. β *δ'* **Cr** [Π^{10}] si 791–793 sic restituas ut *τ'* non quadret, legas *Ἰσμηνοῖ' ἐπὶ* (Pearson; *'Ισμηνοῦ ἐπὶ* cum hiatu recep. Bothe, Schoene; *ἱππείαις ἐπὶ . . . Ἰσμηνοῖο θοάζεις* transp. Murray) || **794** *ἱππείαις* fere **BVCGφAλ** [Π^{10}] | *ἀργείοις* **M** (cf. $^{i}Σ$) *ἀργείους* **M**^{2} rell., $^{i}Σ^{V}$ 795 [Π^{10}] | *ἀργ. ἐπιπν.* (ut e 789 repet.) del. Seidler, Hermann, alii (aliis verbis transp. vel emendatis) || **795** *γένναν* **M**^{1}**OΘSaRwMt**, $^{i}Σ$ *γέννᾳ* **BV**^{2}**CAXXbT**^{t}, fort. **M**^{2}, Σ alter *γέννα* **V**^{1} rell., fere $^{1e}Σ$ (*γένναν* **M**^{ac}) [Π^{10}] || **796** *θίασσον* β [Π^{10}] *θῐασον* metitur Tricl., edd. nonnulli (sc. licentia epica); *θείασον* scr. Pearson (sic etiam Hsch. et Suda mero errore, ut mihi videtur) | *ε]νοπλον* etiam Π^{10} *εὔοπλον* **T**^{t} *εἴνοπλον* Grotius *ἐνόπλιον* post Schoene Murray neque dactylos 'leves' (cf. Dale, Lyric Metres^{2} 66) neque dactylum solutum facile accipias || **797** *λαΐνεα* **δ** (~**Aa**^{2}) *λαινέων* **Mn** [Π^{10}] || **797** bis versum del. **T**^{t} (ad responsionem efficiendam), hab. Π^{10} | *χαλκῷ* om. **Sa**^{ac} [Π^{10}] || **798** *ἢ* **OR** | *δεινή* **RRw**^{s}**Z**^{s}**Zc**^{s} [Π^{10}] | *θεῶν* **R** [Π^{10}] || **798–799** *τάδ' ἐμήσατο* **CrRSaRfZZbZu** (~Π^{10}) post *ἐμήσατο* add. *μήσατο* **Cr** || **799** *πήματα . . . βασιλεῦσιν* del. Nauck (olim tantum *γᾶς βασ.* del.) | *πήματα* om. **M** (~Π^{10}) | *γῆς* **SaP**^{ac}**Zb**^{s} (~**P**^{1pc}) [Π^{10}] | *βασιλεῦσιν* Π^{10} **χT**^{t} *-εῦσι* rell. || **800** versum cui nihil in antistropha respondeat (vide ad 815 sqq.) om. Π^{10}, spurium iam habuerunt Nauck et Wecklein; sed clausulam aliquam desideres post tetrametros 798–799 et repetitio vocis *πολύμοχθος* (784 ~ 800) stilo tragico apta est | *λανδακίδαις* φ *λαβδακίδαισι* Cant. Mm. 1. 11 (teste Porson), *-σιν* scr. post Brunck Porson | *πολυμόχθοισιν* **T**^{t} || **801** *πο]λυθηρατα/[τον* Π^{10} *-θυρότατον* **O** || **802** *χιονότροφον* **βSaδRwκλ** | *ὄμμα Κιθαιρών* om. **O** | *κιθαιρῶνος* **R**^{ac} || **803** *μήποτε* bis **MC**^{pc}**RδRf** (~Π^{10}) | *προστεθέντα* **G** *προταθέντα* **Sa** *προδοθεντα* **Rw** *προθέντα* **Z** (~Π^{10}) | *λόχευμα* om., in marg. suppl. Π^{10} | *ἰοκάστης* **VGΘφΨMt**^{ac}**LZb**^{s}**Zc** [Π^{10}] post *ἰοκ.* add. *γέννημα* **R** (= $^{g}Σζ^{g}$) || **804** *οἰδιπόδαν θρέψαι* fere **BOCGκ** *οἰδίποδ' ἀνθρέψαι* **V** et **F**^{c} vel **F**^{2} *οἰδίποδα θρέψαι* fere rell. [Π^{10}] || **805** *χρυσοδέταις* **R**^{2s}**FP** (~Eust., sch. Il.) [Π^{10}] | *ἐπίσημον* **V**^{2s}**MnPRwZb**^{s}**Zc**^{s}, Eust. (~Π^{10}, Hsch.)

μηδὲ τὸ παρθένιον πτερόν, οὔρειον τέρας, ἐλθεῖν
807 πένθεα γαίας
807 bis Σφιγγὸς ἀμουσοτάταισι σὺν ᾠδαῖς,
ἅ ποτε Καδμογενῆ τετραβάμοσι χαλαῖς
τείχεσι χριμπτομένα φέρεν αἰθέρος εἰς ἄβατον φῶς
γένναν, τὰν δ ὁ κατὰ χθονὸς Ἅιδας
Καδμείοις ἐπιπέμπει· δυσδαίμων δ' ἔρις ἄλλα
θάλλει παίδων
Οἰδιπόδα κατὰ δώματα καὶ πόλιν.
οὐ γὰρ ὃ μὴ καλὸν οὔποτ' ἔφυ καλόν,
οὐδ' οἳ μὴ νόμιμοι
†παῖδες ματρὶ λόχευμα, μίασμα πατρός·
817 ἡ δὲ συναίμονος εἰς λέχος ἦλθεν†
817 bis ⟨ ⟩

ἐπῳδ. ἔτεκες, ὦ Γαῖ', ἔτεκές ποτε,
βάρβαρον ὡς ἀκοὰν ἐδάην ἐδάην ποτ' ἐν οἴκοις,

806 cf. sch. Lycophr. Alex. 1465 || **809** cf. Anaxil. fr. 22, 22 et 30 Kock

Codd.: $Π^{10}$ (–806), $Π^{12}$ (829–833); ω = **MH** (811–) **BOVC, CrG, Θ** = **RMn SVr**, φ = **FSa**, Ψ = **AaPRfRw**, Ξ = **AMtXXaXb**, Λ = **LZZbZcZmZuT**^{t}

806 om., inter lin. scr. **Rf** | παρθένειον **CrL** παρθένεί **Rw** [$Π^{10}$] | post παρθ. add. τε **G** [$Π^{10}$] | πτερόν om. **Mn** πτερ **Rw** (~$Π^{10}$) | οὔρεια **M** (~$M^{γρ}$) οὔριον **FZb**^{1pc}**Zu** ὄρειον **Cr** ουδει/[ον $Π^{10}$ || **807** post γαίας add. τετραδακτύλοις ποσί **L**^{1}, del. **L**^{2} vel **L**^{t} || **807 bis** ἀμουσοτάταισιν (σὺν om.) **Cr**ϰ | ᾠδαῖς om. **Rf** || **808** τετραβάμοσιν ἐν χηλαῖσιν **T**^{t} (ad hexametrum efficiendum), cf. 791; lacunam ⟨⏑⏑ –⟩ ante vel post τετραβ. stat. Reiske, alii | χαλαῖς Hermann χηλαῖς **Θ** χαλαῖσι **M BOVG**φ**Aa**εχ χηλαῖσι **M**^{γρ}**V**^{s}**CCrP**ϰλ || **809** τειχέεσι **Sa**^{s} | χριπτομένα **CrFXa ZZc** ῥιπτομένη **Sa** | ἔφερεν **ORw** | ἐς β | ἀμετάβατον **Rw** || **810** γέναν **O** | τὰν **T**^{t} (γέννα nusquam alibi sine dubio ᾱ habet) θ' ἂν **Sa** ἂν rell. | καταχθόνιος β**Sa RwMt** | ᾄδας Grotius (συνίζησις **T**^{ts}) ἄϊδας **Zu** ᾅδης **G** αἴδους **S**^{uv} ἀΐδας rell. || **811** καδμείοισιν **L** καδμίοις **V** καδμεῖος **A** | δ' **F**^{1}**PRw** (~**F**^{c}) | ἀλλὰ **OA** ἄλλη **V**^{2s}**ZZu**^{s} ἄλλῳ **V**^{ac} (~**V**^{1s}) || **813** οἰδίποδα **VCCrSa**ϰ**ZbZu** οἰδίποδος β**Sa**^{s}**Rw** οἰδιπόδαος **R** | post κατὰ add. τὰ **Rw** || **814** οὐ] ὃ **H**^{pc}**Cr** (etiam ὃ post γὰρ om. **Cr**), cf. Σ τὸ πρῶτον οὐ περιττόν (~**gB**) || **815** μὴ om. **L**^{1} (~**L**^{2s}) μὴν **Mt**^{pc} | νόμιμοί τοι **T**^{t} || **816–817** locus desperatus, etiam lacunosus (nisi vel 800 vel 797 bis delendus est: vide supra): variis locis lacunam stat. Klotz, Kirchhoff, Eichler; παῖδες del. Kirchhoff; epitheton desiderat λόχευμα, e. g. ⟨καλὸν⟩ (νόμιμοι in νόμιμον mut. Markland); μιάσματα Hermann, -ατος Weidgen, -ατι Pearson; sed non procedit apta sententia || **816** μητρὶ **Rw** ματρὸς **B**^{2s}**F**^{1} (~**F**^{c}) μητρὸς **Rw**^{s} | μίασμά τε **T**^{t} || **817** ἥδε **BCrSaP**ϰ ἡ δὲ **VT**^{t} (fort. in ἡ δὲ mut.) et Σ ἡ δὴ **G**χ ἥτε Hermann οἱ δὲ fort. Σ alter etiam textum sine ἡ testatur Σ | συναίμονος **MBVCCrSa**, Σ σύναιμον fere **M**$^{γρ marg}$ rell. (σύναιμος **O**, σύναιμόν γ' **T**^{t}) | εἰς om. **T**^{t} ἐς scr. Paley | ἦλθον **Zc**, Σ (~Σ alter) ἦλθε ante λέχος transp. **T**^{t} || **818** γαῖ' Murray γᾶι **MH**, $^{le}Σ^{M}$ γᾶ rell., $^{le}Σ^{C}$ (om. $Σ^{BV}$) || **819** βάρβαρος **C** | ὡς] εἰς **F** ἐς **Sa**

τὰν ἀπὸ θηροτρόφου φοινικολόφοιο δράκοντος
γένναν ὀδοντοφυῆ, Θήβαις κάλλιστον ὄνειδος·
Ἁρμονίας δέ ποτ᾽ εἰς ὑμεναίους
ἤλυθον οὐρανίδαι, φόρμιγγί τε τείχεα Θήβας
τᾶς Ἀμφιονίας τε λύρας ὕπο πύργος ἀνέσταν
διδύμων ποταμῶν πόρον ἀμφὶ μέσον,
Δίρκα χλοεροτρόφον ᾇ πεδίον
πρόπαρ Ἰσμηνοῦ καταδεύει·
Ἰώ θ᾽, ἁ κερόεσσα προμάτωρ,
Καδμείων βασιλῆας ἐγείνατο,
μυριάδας δ᾽ ἀγαθῶν ἑτέροις ἑτέ-
ρας μεταμειβομένα
πόλις ἅδ᾽ ἐπ᾽ ἄκροις ἕστακ᾽ Ἀρη-
ΐοις στεφάνοισιν.

820–821 cf. sch. Pind. Is. 7, 13 || **820** *φοινικολόφοιο*] Hsch. *φ* 700; cf. s. v. *φοινικολόφου* Phot. lex. II 267 Naber; Et. gen. (Et. magn. 797, 39) || **821b** Eust. 88, 17 | *ὄνειδος*] Et. magn. 626, 38; Eust. 647, 36 || **823–824** cf. Sen. Phoen. 566–570

820 *θηρότροφον* **V**^{2s}, *Σ* (∼*Σ* alter) *-τρόφον* an *-τρόφου* ambiguum **Sa** | *φοινικολόφοιος* **F**^{1} (∼**F**^{c}) *-λόφοι* **Xa** *-λάφου* **Sa** (*-οιο* **Sa**^{s}), cf. Phot., Et. (si huc pertinent) (∼Hsch.) || **821** *γέναν* **Zb** | *θήβαισι* **Sa** | *ὄνειδος*] *κλέος* **Rw** (= **M**^{g}**V**^{g} **χ**^{g} etc., ^{g}*Σ*) || **822** *δέ ποτ᾽*] *δ᾽ ἔπειτ᾽* **Rf** | *εἰ** **F**^{1} (∼**F**^{c}) *ἐς* **L** | *ὑμεναίη* **S** || **823** *ἦλθον* **H Θ Aa Rf χ** | *θήβαισι* **Aa**^{2} **Rw** *θηβῶν* **Aa**^{2s} || **824** *ὑπὸ πύργους* **Rw** | *πύρ* **C** *πύργοι* **A** | *ἀνέσταν* **M** ante ras., **VCΘPRwϰ**, *Σ*^{V} *ἀνέστα* **M** post ras., **Vr**^{γρ} rell., *Σ*^{B}, ^{g}*Σ*^{MBV} *ᾠκοδομήθη* (*ἀνέστη* **RfZb**^{s}) || **825** *πόρος* **V**^{2s} || **826** *Δίρκα* Burges *δίρκας* fere **Ω** (*-ης* **Cr β**) | *χλοερότροφον* **MPL**^{1}**Zc** (∼**L**^{2}) *-τρόφων* **Zu** | *ᾇ πεδίον* Burges *ἃ πεδίον* **M**^{1pc}**B**^{2}**CrGΘF**^{c}**ΨΞZb**^{ac}**T**^{t} *ἣ πεδίον* **H**^{s} *πεδίον* **φ** *ἀμπεδίον* **M**^{ac}**M**^{2}**HB**^{1}**B**^{3}**OCL**^{2} (vel **L**^{t}), cf. ^{i}*Σ* *ἀμπεδίον ἃ* **V ζ** (**L**^{1} incertum) || **827** *πρόπαρ᾽* **RwMt** *πρόπαν* **RL**^{1}**ZmZu** (∼**L**^{2}) | **καταδεύει* **L** (*ἃ* ante ras.?) *καταρδεύει* **B**^{3}**GR**^{2s}**MnF**^{c} (vel **F**^{2}) **Aa** et fort. **Mt**^{pc} [**Sa**] || **828** *ἰνώ θ᾽* **O** [**Π**^{12}] | *δ᾽* Wecklein et Blaydes | *ἁ κερόεσσα*] *ἀκερόεσσα* **M**^{1}**HOCLZb**^{ac} (∼**M**^{2}**Zb**^{1pc}) *ἃ κερόεσσα* **ΘSaϰ** *ἡ κερ.* **Sa**^{s}**Rw** | *κεράεσσα* **Z** [**Π**^{12}] || **829** *βασιλείας* **GMt**^{ac}**Zb**^{ac} (∼**Zb**^{1pc}) *-εῖας* **L**^{ac} (∼**L**^{1pc}) *-έας* **Rw** [**Π**^{12}] || **830** *δ᾽* om. **SaL** *τ᾽* Wecklein || **830–831** *ἑτέρας ἑτέροις* transp. **MRSVrφΨ** (*-οισιν* **Aa**, *-οισι* **Rf**) *ἑτέρας ἑτέραις* **GχT**^{t} *ἑτέρας ἑτέρας* **Mn**^{uv} [**Π**^{12}] || **831** *μεταμειβομένη* **MnSaRfZmZu** (∼**Π**^{12}) *-μένους* **S** *μεταμειμ-* **H** *μεταβειβ-* **C** *ἀμειβ-* **RAaL**^{1} (∼**L**^{2} vel **L**^{t}) || **832** *πόλις* om. **Rf** [**Π**^{12}] | *ἐπ᾽ ἄκρας* **Mn** [**Π**^{12}] | *ἕστακ᾽* fere **CGΘSaΞZbZmZu** *ἕστακεν* **T**^{t} (sicut scr. Hermann) *ἔστακ᾽* fere **MHVF**^{1}**Aaε A**^{ac}**ZZc** (∼**A**^{1pc}) *ἕστηκ᾽* fere **F**^{c}**P Zu** *ἔστηκ᾽* **B**^{3}**Cr** *ἕστηκ᾽* vel *-ακ᾽* **B**^{2} *ἕστ᾽* **B**^{1}**OL** [**Π**^{12}] || **833** *ἀρηίοισι* **Z** *ἀρήοις* **Rf**^{ac}, fort. **F**^{1} (∼**Rf**^{1pc}**F**^{c}) *ἀρηίους* **S** *Ἄρεως* olim Hermann (versibus divisis *ἄκροις / ἕστακ᾽*) *Ἄρεος* Porson [**Π**^{12}] | *στεφάνοισι* **Π**^{12} **OCCrFRwMtXa** *στεφάνοις* **VZT**^{t} *στέφασιν* **Sa**

ΤΕΙΡΕΣΙΑΣ

ἡγοῦ πάροιθε, θύγατερ· ὡς τυφλῷ ποδὶ
ὀφθαλμὸς εἶ σύ, ναυβάταισιν ἄστρον ὥς·
δεῦρ᾽ εἰς τὸ λευρὸν πέδον ἴχνος τιθεῖσ᾽ ἐμόν,
πρόβαινε, μὴ σφαλῶμεν· ἀσθενὴς πατήρ·
κλήρους τέ μοι φύλασσε παρθένῳ χερί,
οὓς ἔλαβον οἰωνίσματ᾽ ὀρνίθων μαθὼν
θάκοισιν ἐν ἱεροῖσιν οὗ μαντεύομαι.
τέκνον Μενοικεῦ, παῖ Κρέοντος, εἰπέ μοι
πόση τις ἡπίλοιπος ἄστεως ὁδὸς
πρὸς πατέρα τὸν σόν· ὡς ἐμὸν κάμνει γόνυ,
πυκνὴν δὲ βαίνων ἤλυσιν μόλις περῶ.

ΚΡ. θάρσει· πέλας γάρ, Τειρεσία, φίλοισι σοῖς
εἰσώρμισαι σὸν πόδα. λαβοῦ δ᾽ αὐτοῦ, τέκνον·

Actio: **834** filia ducente et sortes ferente per sinistram eisodum procedit Tiresias una cum Menoeceo || **846** senem defessum sustentat Menoeceus

834–840 cf. (?) Clem. Alex. strom. 1, 21, 134, 1 || **839–840** cf. Eust. 419, 5–7

Codd.: ***Π***^{12} (**846–851, 861–**); *ω* = **MHBOVC, CrG,** ***Θ*** = **RMnSVr,** *φ* = **FSa,** ***Ψ*** = **AaPRfRw,** ***Ξ*** = **AMtXXaXb,** ***Λ*** = **LZZbZcZmZuT**^{t} (**–850**) **T**^{z} (**851–**)

834–1018 episodion retractatum iud. Leidloff: vide ad 869, 886, 915, 1013 || **834** *πάροιθεν* **RSaRw***ζ***T**^{t} *προπάροιθε* **OVCr***β* | *τυφλῶν* **C** || **835** *ὀφθαλμοῖς* **S** | *σύ*] *σὺν* **Rw** | *ναββάτ-* **C** *ναβάτ-* **VAa**^{3}**Mt**^{ac} *ναυάτ-* **Aa**^{1} *ναύτ-* **MCrGRP***εζ* (~**Zu**^{s}) (cf. *ναύταις* **M**^{g}**V**^{g}**Sa**^{s}) *ναυτίλοισιν* **L**^{2} (vel **L**^{t}?) **ZZb**^{ac}**T**^{t} || **836** *ἐς* Brunck | *λευκὸν* **CP** | *πέδον* Barnes *πεδίον* ***Ω*** | *στιθεῖσ᾽* **V** fort. *θεῖσ᾽* **L**^{1} (~**L**^{2}) || **837** *πατήρ* om. **L**^{1} (~**L**^{2}) *ὁ* ante *πατήρ* add. **Sa** || **838** *τε μοι* **MCr*Θ*Rw,** ^{1e}*Σ*^{M} *τ᾽ ἐμοὶ* rell., ^{1e}*Σ*^{VC} | *χερὶ ἐν* **Mn** || **839** *μαθὼν*] *λαβών* **VS**^{ac} (~**V**^{2γρ}) || **840** *θώκοισιν* fere **MnSaZc**^{s} | *ἐν* om. **Z** et ^{1e}*Σ* | *οὐ* **Mn** || **842** om. **Cr**^{ac} | *πόση*] *πρόσω* **LT**^{t} | *τίς γ᾽* **Z** | *ἄστεως* **B**^{3}**GF**^{c}**P**^{ac}*χ* *ἄστεος γ᾽* **ZZb** *ἄστεος* **P**^{1c} rell. | *ὁδὸς τοῦ ἄστεος* transp. **T**^{t} || **843** *τὸν* om. **L** | *ὥστ᾽ ἐμὸν* **HO** *ὡς τοὐμὸν* *β* | *κάμνοι* **MP**^{ac} (~**P**^{1pc}) || **844** *δὲ* om. **O**^{ac} (~**O**^{1pc}) | *ἤλυσις* **O** | *περῶ μόλις* transp. **O** || **845** Menoec. trib. **Cr**, notam *μικρὸς κρέων* praef. **Sa** (cf. 850) | *πέρας* **Sa** | *φίλων σῶν* **Mn**^{s} (cf. *χ*^{g} *φ. τῶν σῶν*) *φίλωνσι σοῖς* **Cr** | *σοῖσι* **HRw** || **846** *εἰσώρμισαι* scripsi (*ἐσορμίσαι* Nauck), idem coni. West *ἐξώρμισαι* ***Θ*SaAaRf**^{2} ***Λ*** *ἐξόρμισαι* fere **B**^{2}**V**^{1}**CrGRw**^{s}*κχ* *ἐξορμίσαι* **M**^{1}**B**^{1}**HOV**^{2}**CFPRf**^{1} *ἐξορμήσαι* **M**^{2} *ἐξόρμησαι* **Rw** *ΕΞΟΡΜΙΣΑΙ* legebant *Σ* qui tamquam indicativum perfecti vel infinitivum aoristi (subaudito *ἔστι*) vel imperativum aoristi explicant *ἔσθ᾽ ὁρμίσαι* Kvíčala [***Π***^{12}] | *λαβοῦσα* **Cr** (cf. ad 845) [***Π***^{12}] | *δ᾽* om. **H** [***Π***^{12}] | *τε* ante *τέκνον* add. **Mt** (~***Π***^{12})

ὡς πᾶσ᾽ ἀπήνη πούς τε πρεσβύτου φιλεῖ
χειρὸς θυραίας ἀναμένειν κουφίσματα.
ΤΕ. εἶέν, πάρεσμεν· τί με καλεῖς σπουδῇ, Κρέον;
ΚΡ. οὔπω λελήσμεθ᾽· ἀλλὰ σύλλεξαι σθένος
καὶ πνεῦμ᾽ ἄθροισον, αἶπος ἐκβαλὼν ὁδοῦ.
ΤΕ. κόπῳ παρεῖμαι γοῦν Ἐρεχθειδῶν ἄπο
δεῦρ᾽ ἐκκομισθεὶς τῆς πάροιθεν ἡμέρας·
κἀκεῖ γὰρ ἦν τις πόλεμος Εὐμόλπου δορός,
οὗ καλλινίκους Κεκροπίδας ἔθηκ᾽ ἐγώ·
καὶ τόνδε χρυσοῦν στέφανον, ὡς ὁρᾷς, ἔχω
λαβὼν ἀπαρχὰς πολεμίων σκυλευμάτων.
ΚΡ. οἰωνὸν ἐθέμην καλλίνικα σὰ στέφη·
ἐν γὰρ κλύδωνι κείμεθ᾽, ὥσπερ οἶσθα σύ,
δορὸς Δαναϊδῶν, καὶ μέγας Θήβαις ἀγών.
βασιλεὺς μὲν οὖν βέβηκε κοσμηθεὶς ὅπλοις
ἤδη πρὸς ἀλκὴν Ἐτεοκλῆς Μυκηνίδα·
ἐμοὶ δ᾽ ἐπέσταλκ᾽ ἐκμαθεῖν σέθεν πάρα
τί δρῶντες ἂν μάλιστα σῴσαιμεν πόλιν.

851 *αἶπος*] Hsch. α 2054; Eust. 381, 19 || **852** *παρεῖμαι*] Hsch. π 772 || **854–855** sch. Aristid. Panath. 118, 10 || **856–859** cf. [Plat.] Alcib. II 151 b || **858 a** cf. Iohan. Chort. ep. 6 (156, 9 Hunger)

847 locus vexatus; eundem textum praebet **gB** [Π^{12}]: *πᾶσ᾽ ἀπήνη* intelligo de plaustro feminas vehente (ut mos erat); comparatio paratactica sic intelligenda: 'sicut feminae in plaustro ad descendendum, sic senex debilis ad gradum stabiliendum post iter' *στᾶσ᾽ ἀπήνη* Munro, *παῖς ἔτ᾽ ἄπτην* Hermann, *παῖς τιθήνης* Pierson apud Valck. || **848** *ἀναμένει* **Cr** (~**gB**) [Π^{12}] || **849** *εἶέν* scr. Murray (cf. Apoll. Dysc. synt. 319, 26; Plut. Mor. 393 B) *εἶεν* **Ω** | *με*] *μὴ* fort. **Sa**^{ac} [Π^{12}] | *σπουδῇ* om. **ϰLZm**^{ac} (~**Mt**^{pc} Π^{12}) *σπουδῆς* **Sa** *ἐν σπουδῇ* **HMn**^{s} || **850** notam *μέγας κρέων* praef. **Sa** (cf. ad 845) | *συλλέξαι* **ϰ** *σύλλεξον* **P** (~Π^{12}) || **851** *πνᾶμ᾽* **Sa** | *ἄθρησον* **Vr** | *αἶπος* **HVγRw**, $^{le}\Sigma^{V}$, Hsch. *ἆπος* **MBOR**, $^{le}\Sigma^{MB}$, Σ^{MB} *ἄπος* **V**^{2s}**Rf**, Σ^{V}, Eust. *ἄπο σ᾽* **C** *κᾶπος* **CrGMn**^{pc}**F**^{c}**Pχ T**^{t} *κάπος* fere **VrφAaRw**^{s} **ϰΛ**(**T**^{z}) [Π^{12}] | *ἐκβαλὸν* **R** *ἐμβαλὼν* **Vr** (~**Vr**$^{\gamma\varrho marg}$) (]*βαλων* Π^{12}) || **852** *παρεῖμαι* **M**$^{\gamma\varrho marg}$**B**$^{\gamma\varrho marg}$**CrGF**^{1}**F**^{2}**AaχZb**^{pc}, Hsch. (cf. *ἐκλέλυμαι* [e Σ] **Mn**$^{\gamma\varrho}$**S**^{g}**Sa**$^{\gamma\varrho}$) *πάρειμι* fere **F**^{c}**Aa**^{s} rell. | *γοῦν*] *γᾶς* ζ (~**Zb**$^{r\gamma\varrho}$) *γῆς* **Aa**^{3}**PZc** *γᾶν* ed. Hervag. alt. (Brodaeus?) *γόνατ᾽* post Porson Matthiae (cf. $^{p}\Sigma$ *τὰ γόνατα*) | *εἰς* add. ante *ἐρεχθ.* **Sa** *ἐρεχθιδῶν* **MVP**^{ac} (~**P**^{1pc})**MtZZbZcT**^{z} || **853** *εἰσκομισθεὶς* Herwerden || **854** *δουρὸς* **Aa** (~sch. Aristid.) || **855** *καλλινίκας* **P** (~sch. Aristid.) | *κεκροπίδαις* **R** (~sch. Aristid.) || **856** bis scr. **S**, omisso 857, deinde 857 inter lin. add. **S**^{pc} || **857** *ἀπαρχὴν* **O** | *σκυλεύματα* **P**^{ac} (~**P**^{1pc}) *στρατευμάτων* **Vr**$^{\gamma\varrho}$**Sa**$^{\gamma\varrho}$ || **858** *οἰωνὸς* **Sa** (~test.) | *καλλίνικον* Io. Chort. | *σὰ* om. [Plat.] Alcib. || **859** *ἐν*] *οὐ* **Sa** (~[Plat.] Alcib.) | *γὰρ* om. **FRf** post *κλύδωνι* transp. **ΘδRw** (~[Plat.] Alcib.) | *κείμεσθ᾽* **Rf** *διακείμεθ᾽* [Plat.] Alcib.* || **863** *ἀπέσταλκ᾽* **F** *ἐπέσταλκεν* **βRwMt** [Π^{12}] || **864** om., inter lin. add. **Zb** | *μάλιστα* om. **O** *μάλλιστα* **MnMt**^{ac} *κάλλιστα* **V**^{1pc}**CAL**^{2} *κάλιστα* **V**^{ac}**Rw**^{ac} (~**V**^{s}) [Π^{12}]

ΤΕ. *Ἐτεοκλέους μὲν οὕνεκ᾽ ἂν κλήσας στόμα*
χρησμοὺς ἐπέσχον· σοὶ δ᾽, ἐπεὶ χρῄζεις μαθεῖν,
λέξω· νοσεῖ γὰρ ἥδε γῆ πάλαι, Κρέον,
ἐξ οὗ ᾽τεκνώθη Λάιος βίᾳ θεῶν
πόσιν τ᾽ ἔφυσε μητρὶ μέλεον Οἰδίπουν·
αἵ θ᾽ αἱματωποὶ δεργμάτων διαφθοραὶ
θεῶν σόφισμα κἀπίδειξις Ἑλλάδι.
ἃ συγκαλύψαι παῖδες Οἰδίπου χρόνῳ
χρῄζοντες, ὡς δὴ θεοὺς ὑπεκδραμούμενοι,
ἥμαρτον ἀμαθῶς· οὔτε γὰρ γέρα πατρὶ
οὔτ᾽ ἔξοδον διδόντες, ἄνδρα δυστυχῆ
ἐξηγρίωσαν· ἐκ δ᾽ ἔπνευσ᾽ αὐτοῖς ἀρὰς
δεινάς, νοσῶν τε καὶ πρὸς ἠτιμασμένος.
ἁγὼ τί οὐ δρῶν, ποῖα δ᾽ οὐ λέγων ἔπη

868 *Σ* 4 | *᾽τεκνώθη*] Hsch. *ε* 6529 || **870** cf. Soph. OC 552 || **875–876** cf. Acc. Phoen. fr. 9 Ribbeck

Codd.: **Π**^{12} (**–867**); **ω** = **MH BOVC, CrG, Θ** = **RMnS** (**–871**) **Vr, Φ** = **FPr** (**879–**) **Sa, Ψ** = **AaPRfRw, Ξ** = **AMtXXaXb, Λ** = **LZZbZcZmZuT**^{z}

865 Tir. notam om. **R**^{1} (~**R**^{2}) | *οὕνεκ᾽ ἂν* in ras. **T** *οὕνεκα* **B** *οὖν οὕνεκ᾽* **F**^{1} (*ἂν* add. **F**^{2}) *οὖν εἵνεκ᾽ ἂν* **Rw** (vel **Rw**^{ac}?) [**Π**^{12}] | *κλήσας* **G**^{s} (sicut scr. Barnes), cf. **T**^{ts} *συνίζησις* *κληΐσας* **MHBVCMn**^{pc}**F**^{c}**SaΞLZc**^{ac}**ZmZuT**^{z} *κλ*σσας* **F**^{1} *κλεί-σας* **OCrGΘSa**^{s}**ΨZZbZc**^{pc} [**Π**^{12}] || **866** *σὺ δ᾽* **BVCCrGγPεκLZb**^{1pc}**Zc**^{pc} (~**Rw**^{s}, *Σ*) [**Π**^{12}] || **867** *γᾶ* **GR** [**SaΠ**^{12}] *γῆ* post *πάλαι* transp. **L** [**Π**^{12}] | *κρέον πάλαι* transp. **φ** [**Π**^{12}] || **868** om. **S** | *᾽τεκνώθη* **ZmZu** (sicut scr. Brunck) *τεκνώθη* rell., ^{le}*Σ* *ἐτεκνώθη* **Mn**^{s}, *Σ* 4, Hsch. || **869–880** spurios iud. Fraenkel (iam 869 Paley, 870–871 et 878 Harberton, 874 *οὔτε–876 ἐξηγρίωσαι* Leidloff; etiam 868 del. Reeve) || **869** *τ᾽* om. **XaXb** *δ᾽* **Crλ** || **870** *αἵ δ᾽* **P** (*αἱ δ᾽* post Valck. Paley) *ἔνθ᾽* **V**^{1} (~**V**^{2s}) | rasura quinque litt. post *αἱματωποὶ* in **M** *αἱματωπαὶ* **S** *-τοποὶ* **Mn** *-τοποιοὶ* **V**^{1} (~**V**^{2γρ}) *ἁματωποὶ* **O** | *δερμάτων* **CMn** | *διαφοραὶ* **G**^{ac} (~**G**^{1pc}) || **871** *κἀπόδειξις* **MBF**^{c}**SaδRwZb**^{1pc} | *ἑλλάδος* **HOF**^{2}**Mt**^{pc}**χ** || **872** *χρό-νῳ*] *σκότῳ* Wakefield || **873** *ὑπερδραμούμενοι* **RAa** (sicut coni. Zakas) || **874** 874–879 Creonti, 880sqq. Tiresiae trib. **R**^{2} (sed notae postmodo deletae sunt) | *γέρα* **VCCrφκΛ** *γέρας* **Mt**^{pc}**Zb**^{1}**Zb**^{c} (~**Zb**^{2})**T**^{s} rell. || **875** *ἀνδρὶ* **M**^{2s} (~**gE**) || **876** *ἐκ* om. **R**^{1} (~**R**^{2s}, **gE**) | *ἔπνευσεν* **Rw, gE** *ἔπνευσασ᾽* **Mn** || **877** *τε*] *γε* **ZbZc** | *προσ-ητιμασμένος* **BOV**^{1}**CCrGF**^{1}**AaLZZmZu, gE** (~**V**^{2uv}**F**^{c}) || **878** *ἁγὼ* scr. Dindorf *ἃ ᾽γὼ* fere codd. (*δι᾽ ἃ ᾽γὼ* **Zc**, cf. **χ**^{g}) *κἀγὼ* King, quam lectionem falso ^{γρ}*Σ* tribuit Schwartz: ibi *καὶ* (*Σ*^{MB}, om. *Σ*^{C}) referendum ad praecedens *γράφεται*, non ad sequens *ἃ ᾽γὼ*; nihilominus *κἀγὼ* coniecturam non spernendam existimes, nam crasis inter vocabula saepe fuit corruptelae origo; cf. Andr. 660 *ἃ ᾽γὼ* codd., *κἀ-γὼ* Kirchhoff (hic autem lacunam unius versus post 878 stat. Kirchhoff) | *τί οὐ* **H**^{1marg}**G**^{1cs}**βAa**^{2s}**χ**^{s}**Zb**^{cs} (cf. **B**^{1g} *οὐκ ἐποίησα*) *τί μὴ* **V**^{2γρ}**Rw**, ^{γρ}*Σ* *τί* rell., **gE** *τίν᾽ οὐ* Porson *τί δρῶν οὐ* transp. Reisig (sic etiam **J**) ad hiatum *τί οὐ* cf. *τί οὖν* Hec. 820, Soph. Phil. 100, Aesch. Pers. 787, al., *τί εἶπας* Soph. Trach. 1203 | *᾽δρων* **Cr** (*ἐποίουν* **Cr**^{g}) (~**gE**) | *ποῖα* **H**^{1marg}**P**, ^{γρ}*Σ* ^{le}*Σ*^{M} *ὁποῖα* rell., **gE** | *λέγω* **G** (~**gE**)

εἰς ἔχθος ἦλθον παισὶ τοῖσιν Οἰδίπου;
ἐγγὺς δὲ θάνατος αὐτόχειρ αὐτοῖς, Κρέον·
πολλοὶ δὲ νεκροὶ περὶ νεκροῖς πεπτωκότες
Ἀργεῖα καὶ Καδμεῖα μείξαντες βέλη
πικροὺς γόους δώσουσι Θηβαίᾳ χθονί,
σύ τ' ὦ τάλαινα συγκατασκάπτῃ πόλις,
εἰ μὴ λόγοισι τοῖς ἐμοῖς τις πείσεται.
ἐκεῖνο μὲν γὰρ πρῶτον ἦν, τῶν Οἰδίπου
μηδένα πολίτην μηδ' ἄνακτ' εἶναι χθονός,
ὡς δαιμονῶντας κἀνατρέψοντας πόλιν.
ἐπεὶ δὲ κρεῖσσον τὸ κακόν ἐστι τἀγαθοῦ,
μί' ἐστὶν ἄλλη μηχανὴ σωτηρίας.
ἀλλ' – οὐ γὰρ εἰπεῖν οὔτ' ἐμοὶ τόδ' ἀσφαλὲς
πικρόν τε τοῖσι τὴν τύχην κεκτημένοις
πόλει παρασχεῖν φάρμακον σωτηρίας –
ἄπειμι. χαίρεθ'· εἷς γὰρ ὢν πολλῶν μέτα
τὸ μέλλον, εἰ χρή, πείσομαι· τί γὰρ πάθω;
ΚΡ. *ἐπίσχες αὐτοῦ, πρέσβυ.* *ΤΕ.* *μὴ 'πιλαμβάνου.*
ΚΡ. *μεῖνον, τί φεύγεις;* *ΤΕ.* *ἡ τύχη σ', ἀλλ' οὐκ ἐγώ.*

Actio: **893–896** abire incipit Tiresias, a Creonte retinetur manu iniecta

889 Eust. 55, 18; 154, 33 || **893b** Clem. Alex. strom. 7, 11, 61, 5

879 *ἐς* Matthiae (~**gE**) | *ἄχθος* **F**^{1uv} (~**F**^{c}, **gE**) *ὄχλον* **H**^{γρmarg}**B**^{γρmarg}, ^{γρ}*Σ* || **880** Tir. trib. **R**^{2} (cf. ad 874) || **881** *παρὰ* **B**^{3} **β Sa χ**^{s} **ζ T**^{z}, **gE** (~**Zb**^{r}**T**^{tγρ}) | *νεκροὺς* **HOGRF**^{c}**Pr δ Rf χ**^{s}**T**^{ts} (~**gE**) || **882** *καὶ* om. **Pr** | *μείξ-* scr. Murray (cf. ad 138) *μίξ-* **Ω** | *μέλη* Markland et Earle || **884** *δ'* **VCrGZb**^{pc}**Zc** | *-σκάπτει* **Zb**^{ac} (~**Zb**^{1pc}, **gE**) *-σκάψῃ* Herwerden (cf. *διαφθαρήσῃ* **M**^{g}**V**^{g}), sed praesens propheticum non minus aptum | *πόλις* **GF**^{c}**Pr Aa ε A**^{s}**Mt χ Λ**, **gE** *πόλι* **M**^{1pc}**BOVCrRVrPAZm** *πόλει* **M**^{ac}**HCSaT**^{pc} *πόλιν* **Mn** (vel **Mn**^{ac}?) **F**^{1} **Sa**^{s} cf. Andr. 1: veri simile est *πόλι* usurpare poetas Atticos non nisi metro coactos (cf. Tro. 45, Hipp. 884, Soph. OC 833) || **885** *λόγοισι* **M Φ** | *τις* **PRw**^{ac} **χ** *τίς* rell. (*τί* **C**), **gE**, cf. praef. § 21 | *λόγοις τις τοῖς ἐμοῖσι* Porson, sed ad monosyllabum encliticum ante creticum finalem positum cf. 403, El. 275, Tro. 1182, al. || **886–890** spurios iud. Fraenkel (cf. ad 869) || **886** *μὲν* om., s. l. add. **R** || **887** *μήτ'* **Aa**^{3} || **888** *κἀνατρέ-* **BCRVrPrSa δ RfXXbZuT**^{z} *κἀναστρέ-* rell., **Sa**^{γρ} *-ψοντας* **MRF**^{c}**PRfRw**^{s} **χ Λ** *-φοντας* **Aa**^{3s}**Rw** *-ψαντας* **F**^{1} rell. (ambiguum *-ψαντας* an *-ψοντας* **H**) || **889** *κρεῖσσον ἐστὶ τὸ κακὸν* transp. **P** *τὸ κρεῖσσον κακόν ἐστι* **Rw** (~**gB**, Eust.) | *ἐστιν* **M**^{ac}**Cr** (~**gB**, Eust.) | *τοῦ 'γαθοῦ* fere **CRwT**^{z} (plene scr. Eust.) (~**gB**) || **890** post 893 transp. **FPr** (rectum ord. numeris indic. **F**) | *ἔστι* fere **VR** (~**gB**) | *μηχανὴ σωτηρίας*] *τοῦ κακοῦ σωτηρία* **Rw** (~**gB**) || **891** *ἀλλ'* om. **Rf**^{1} (~**Rf**^{2}) | *οὔτ'* om. **Aa** *οὐδ'* **β** || **892** *δὲ* **LZcZmZu** (sicut coni. anon. apud Burton, Pentalog.^{2}) | *σοῖσι* **M**^{ac} (~**M**^{1pc}) || **894** *ἄπαιμι* **O** (~**gE**) | *χαῖρε θ'* **MC**^{ac}**G**^{ac}**Rf**^{ac}**Zb** (~**Rf**^{1c}**G**^{1pc}, **gE**) | *γὰρ* om. **A** (~**gE**) || **895** fort. *πειράσομαι* **L**^{1} (~**L**^{2}, **gE**) | *τί γὰρ πάθω* om. **C** || **896** *αὐτοῦ* **H** | *πρέσβυν* **M**^{ac} *πρεσβῦτα* **A** | *μή τι λαμβάνου* **H**^{ac} || **897** 897a Tir. notam praef. **A**^{ac} | post *φεύγεις* add. *μ'* **ZZbZcT**^{z} | *σ'* fort. om. **Mn**^{pc} *δ'* **HVCRw** *γ'* **CrZc** | *ἐγώγε* **Rw**

ΚΡ. φράσον πολίταις καὶ πόλει σωτηρίαν.
ΤΕ. βούλῃ σὺ μέντοι κοὐχὶ βουλήσῃ τάχα.
ΚΡ. καὶ πῶς πατρῴαν γαῖαν οὐ σῷσαι θέλω;
ΤΕ. θέλεις ἀκοῦσαι δῆτα καὶ σπουδὴν ἔχεις;
ΚΡ. εἰς γὰρ τί μᾶλλον δεῖ προθυμίαν ἔχειν;
ΤΕ. κλύοις ἂν ἤδη τῶν ἐμῶν θεσπισμάτων· –
πρῶτον δ᾽ ἐκεῖνο βούλομαι σαφῶς μαθεῖν,
ποῦ 'στιν Μενοικεύς, ὅς με δεῦρ᾽ ἐπήγαγεν;
ΚΡ. ὅδ᾽ οὐ μακρὰν ἄπεστι, πλησίον δὲ σοῦ.
ΤΕ. ἀπελθέτω νυν θεσφάτων ἐμῶν ἑκάς.
ΚΡ. ἐμὸς πεφυκὼς παῖς ἃ δεῖ σιγήσεται.
ΤΕ. βούλῃ παρόντος δῆτά σοι τούτου φράσω;
ΚΡ. κλύων γὰρ ἂν τέρποιτο τῆς σωτηρίας.
ΤΕ. ἄκουε δή νυν θεσφάτων ἐμῶν ὁδόν·
{ἃ δρῶντες ἂν μάλιστα σῴσαιμεν πόλιν}
σφάξαι Μενοικέα τόνδε δεῖ σ᾽ ὑπὲρ πάτρας,
σὸν παῖδ᾽, ἐπειδὴ τὴν τύχην αὐτὸς καλεῖς.
ΚΡ. τί φής; τίν᾽ εἶπας τόνδε μῦθον, ὦ γέρον;
ΤΕ. ἅπερ πέφυκε, ταῦτα· κἀνάγκη σε δρᾶν.

Codd.: **Π^{12}** (898–900, 931–); **ω** = **MH** (–899) **BOVC**, **CrG**, **Θ** = **RMnS** (921–) **Vr**, **Φ** = **FPrSa**, **Ψ** = **AaPRfRw**, **Ξ** = **AMtXXaXb**, **Λ** = **LZZbZcZmZuT^{z}**

898 *πολίτας* **CrMn** [**Π^{12}**] || **899** *βούλῃ* scr. Murray *βούλει* **Ω**, **gE** (cf. 118) [**Π^{12}**] | *βουλήσει* **O** (~**Π^{12}**, **gE**) | *τάχα*] *τάδε* **V^{1suv}AL^{1}** (~**L^{2} Π^{12}**, **gE**) || **900** *θέλων* **Sa AZ^{ac}** (~**Π^{12}**) || **901** Tir. notam om. **Vr** || **902** *ἐς* Matthiae | *γάρ τι* **OV^{1}CP** (~**V^{2}**) | *μ᾽ ἄλλο* **V^{1}GRVrSaAaRfχT^{tγρ}**, fort. Σ alter (~**V^{2} χ^{g}**) | *δεῖ* om. **Mn^{ac}**, ante *μᾶλλον* transp. **Rw** | *μ᾽* ante *ἔχειν* add. Lenting || **903–904** del. Zipperer (904 susp. olim Nauck) || **903** *κλύεις* **MnAaRwZb^{ac}Zb^{s}** (~**Zb^{1pc}**) *κλῦθι* **Sa^{γρ}** (~**gE**) || **904** Cr. notam praef. **Rw^{ac}** | *σάφα* **ZcZmZu** | *μαθεῖν σαφῶς* transp. **OΦ** || **905** *'στιν* **MBO AaχLZbT^{t}** *'στι* **T^{z}** rell. | *ὥς* **Xa^{ac}** | *ἀπήγαγεν* **OV^{1}CφRwLZmZu** (~**V^{2s}**) *ἤγαγεν* **PAχ^{g}** || **906** *ὧδ᾽* **B** | *οὐκ ἔστι μακρὰν* **Rw** | *ἄπεστιν* **L** | *δέ που* **B^{ac}OV^{1}** (~**V^{2s}**) || **907** *νυν* **ZbT^{z}** (sicut scr. Porson) *δὴ* **V^{1}CrRwAZ** (cf. IA 872, Aesch. Pers. 412) *νῦν* **V^{2s}** rell. | *ἐμῶν* om. **Rw** || **909** *βούλῃ* scr. Murray *βούλει* **Ω** (cf. 118) | *παρόντος* (*δῆτά* om.) **O^{ac}** *παρόνδῆτα* **O^{1pc}** | *σοι τοῦτο* **O** (*σου* a. c.) **V^{1}C CrG^{1}ΘΨA** (~**V^{2s}G^{2}Mn^{pc}**) *τοῦτό σοι* transp. **B** || **910** *ἂν γὰρ* transp. **Cr** || **911–914**: 911–912 et 914 del. Nauck; 912 (≈864) del. Kirchhoff, alii; 914 del. Paley (912 emendato et Creonti tributo), emend. et ante 911 transp. Usener, ante 913 Prinz || **911** *δή νυν* scr. Brodaeus apud Barnes (ad Hcld. 237) *δὴ οὖν* **R** *νῦν δὴ* **G** *δὴ νῦν* rell. | *ἐμὸν* **Mn^{ac}** *ἐμῶν ἐμὸν* (*ὁδὸν* om.) **Rw^{ac}** | *ὁδοὺς* **P** || **912** om. **Sa** (sed 911 est ultimus f. 168, 913 primus f. 168^{v}): vide ad 911–914 | *μάλιστα σώσαιμεν πόλιν* **δRf** *μάλ. σώσαιμεν πόλ. καδμείων* **M** *μάλ. σώσαιτε πόλ.* **R** (*μάλ. σώσαιτε πτόλιν* Baumert) *σώσαιτε καδμείων πόλιν* fere rell. (*σώσοιτε* **Zb**, *σώσετε* **CrFPr**) || **913** *τόνδε*] *τόν* **V^{1}** (~**V^{2}**) || **914** *τύχην γ᾽* **G** || **915** *τίν᾽ εἶπας . . . γέρον*] *ἐμὸν παῖδ᾽ ἕνεκα γῆς σφάξαι θέλεις* **Mn^{γρ}**, ^{γρ}Σ (et corrupte **Sa^{s}**) || **916** locus vexatus: post *ταῦτα* dist. Hermann (qui etiam *ἅπερ πέφυκ᾽, ἔγωγε·* tentavit), dubitan-

KP. ὦ πολλὰ λέξας ἐν βραχεῖ χρόνῳ κακά.
TE. σοί γ', ἀλλὰ πατρίδι μεγάλα καὶ σωτήρια.
KP. οὐκ ἔκλυον, οὐκ ἤκουσα· χαιρέτω πόλις.
TE. ἁνὴρ ὅδ' οὐκέθ' αὑτός· ἐκνεύει πάλιν.
KP. χαίρων ἴθ'· οὐ γὰρ σῶν με δεῖ μαντευμάτων.
TE. ἀπόλωλεν ἡ ἀλήθει', ἐπεὶ σὺ δυστυχεῖς;
KP. ὦ πρός σε γονάτων καὶ γερασμίου τριχός,
TE. τί προσπίτνεις με; δυσφύλακτ' †αἰτῇ† κακά.
KP. σίγα· πόλει δὲ τούσδε μὴ λέξῃς λόγους.
TE. ἀδικεῖν κελεύεις μ'· οὐ σιωπήσαιμεν ἄν.
KP. τί δή με δράσεις; παῖδά μου κατακτενεῖς;
TE. ἄλλοις μελήσει ταῦτ', ἐμοὶ δ' εἰρήσεται.
KP. ἐκ τοῦ δ' ἐμοὶ τόδ' ἦλθε καὶ τέκνῳ κακόν;
TE. ὀρθῶς μ' ἐρωτᾷς κἀς ἀγῶν' ἔρχῃ λόγων·
δεῖ τόνδε θαλάμαις, οὗ δράκων ὁ γηγενὴς
ἐγένετο Δίρκης ναμάτων ἐπίσκοπος,

Actio: **923–924** procumbit Creon

920 anon. Anec. Oxon. III 196, 19; Nicephor. Basilac. adv. Bagoam declam. 14 (101, 14 Garzya) || **931–951** cf. Liban. eth. 22, 1; Philostr. imag. 1, 4 || **931–933** Σ^{B} 1011

ter *πέφυκε* retinui; *ἅπερ γ' ἄφυκτα, ταῦτα κἀν.* Jacobs (*ἅπερ πέφυκ' ἄφυκτα* Herwerden), *πέφηνε* Camper, *πέπηγε* Valck., alii alia | *ταῦτ' ἀνάγκη* **L**^{1uv}**XaZmZu** (~**L**^{2}) *τάδ' ἀνάγκη* **Rw**^{ac} (*τά κ' ἀν.* **Rw**^{pc}) | *σὲ* scr. Murray fort. *γε* tentes

917 *χρόνων* **Rf** *λόγῳ* Nauck (~*Γ*) || **918** *καὶ μεγάλα* transp. **G** (~*Γ*) | *σωτηρία* **MVRw**^{ac}**Zm**^{ac} (sine acc. **Sa**) (~**gE**) || **919** *χαιρέτω*] *ἐρρέτω* **CrMn**^{g}**Sa**^{g}**Zc** (~**gE**) || **920** *ἁνὴρ* Hermann (*ὁ ἀνὴρ* **P**^{ac}) *ἀνὴρ* **P**^{1pc} rell., **gB**, test. | *δ'* ante *ὅδ'* add. **MO Cr**^{pc} *δ'* (*ὅδ'* om.) **Cr**^{ac} (~**gB**, test.) | *οὐκέθ' αὑτός* Valck. *οὐκέτ' αὐτός* ***Ω*** (transp. **Rw**), **gB**, test. (***χ***^{g} ad *αὐτός*] *ὁ*; $\Sigma^{Mosch.}$ *λείπει τὸ ἄρθρον ποιητικῶς*) || **921** *χαίρου* **C** (~**gE**) | *σῶν* post *δεῖ* transp. **G** (~**gE**) | *μοι* **Sa** (~**gE**) | *θεσπισμάτων* **G*ΘΨ*ZZbT**^{z}, **gE** (cf. 903) || **922** *ἀπόλωλ'* **Cr** *ἀπώλεθ'* **gE** (~**gB**) | *ἡ ἀληθί'* **M** (et plene scr. **Mn**^{uv}), cf. fort. *Σ οὕτως δὲ ἡ γραφὴ διὰ τὸ μέτρον* *ἀλήθει'* scr. Dindorf (~**gBgE**) | *σὺ* om. **Xa** (~**gBgE**) || **923** *σε* om. **AaZc** *σῶν* **G** | *τριχὸς γερασμίου* transp. **O** || **924** *προσπίτνεις* scr. Dindorf *-πίπτεις* **T**^{z} *-πιτνεῖς* **T**^{t} rell. (cf. ad 293) | *με* om. ***Φ*** (~**F**^{2s}) | *αἰτῇ* (*αἰτεῖς* ***Φ***) idem atque *παραιτῇ* valere non probabile: *αἴνει* anon. Cantabrigiensis et Schneidewin et Hermann, *ἐστὶν* Heath, *ἀρκεῖς* Porson, *δυσφύλακτά τοι* Halm et Blaydes, *δυσφύλακτά πῃ* Harry || **925** *πόλει δὲ*] *πόλει* ***Φ*** *πολίταις* **G*ΘΨ*Zb**$^{r\gamma\rho}$, fort. **Mt**^{c} | *τοῖσδε* **PZb**$^{\gamma\rho}$ | *λέξῃ* **Sa** *λέξεις* ***β*****RwMt**^{ac}**Zb**^{1pc}**Zc** || **926** *μ'* om. **G*ϰ*** (~**A**^{c}) | *σιωπήσαμεν ἂν* **Zm**^{ac} *σιωπήσωμεν ἂν* **CrZ** *σιωπήσαιμ' ἂν* ***Θ*****Aa** || **927** *δή με*] *δῆτα* **ZbZc** (sicut coni. Wecklein) (~**Zb**^{rs}) *δεῖ με* **Zu**^{ac} | *μου* om. **Sa** | *κατακτανεῖς* **Cr*Θ*SaAaRw*Λ*** || **928** *ταῦτ'*] *τάδ'* **Z** || **929** *δέ μοι* fere **RFPrRw** | *τόδ'* om. **Rw** *τῶδ'* **Z** *καὶ* ante *τόδ'* add. **Pr** | *καὶ τέκνῳ* om., s. l. add. **Pr** || **930** post *ἐρωτᾷς* add. *σύ* **Rw** | *κἀς* scripsi *κεἰς* ***Ω*** || **931** *θαλάμοις* fere ***Θ*****Sa*Λ***, fort. **Mt** in ras. (~**Zb**^{rs}**T**^{t}, *Σ* 1011) [***Π***^{12}] | ante *δράκων* add. *ὁ* **Sa** (~*Σ* 1011) [***Π***^{12}] || **932** *δικ[ης* ***Π***^{12ac}

σφαγέντα φόνιον αἷμα γῇ δοῦναι χοάς,
Κάδμου παλαιῶν Ἄρεος ἐκ μηνιμάτων,
ὃς γηγενεῖ δράκοντι τιμωρεῖ φόνον.
καὶ ταῦτα δρῶντες σύμμαχον κτήσεσθ᾽ Ἄρη·
χθὼν δ᾽ ἀντὶ καρποῦ καρπὸν ἀντί θ᾽ αἵματος
αἷμ᾽ ἢν λάβῃ βρότειον, ἕξετ᾽ εὐμενῆ
Γῆν, ἥ ποθ᾽ ἡμῖν χρυσοπήληκα στάχυν
Σπαρτῶν ἀνῆκεν· ἐκ γένους δὲ δεῖ θανεῖν
τοῦδ᾽, ὃς δράκοντος γέννος ἐκπέφυκε παῖς.
σὺ δ᾽ ἐνθάδ᾽ ἡμῖν λοιπὸς εἶ Σπαρτῶν γένους
ἀκέραιος ἔκ τε μητρὸς ἀρσένων τ᾽ ἄπο,
οἵ σοί τε παῖδες· Αἵμονος μὲν οὖν γάμοι
σφαγὰς ἀπείργουσ᾽· οὐ γάρ ἐστιν ἤθεος·
κεἰ μὴ γὰρ εὐνῆς ἥψατ᾽, ἀλλ᾽ ἔχει λέχος·
οὗτος δὲ πῶλος τῇδ᾽ ἀνειμένος πόλει
θανὼν πατρῴαν γαῖαν ἐκσῴσειεν ἄν.
πικρὸν δ᾽ Ἀδράστῳ νόστον Ἀργείοισί τε
θήσει, μέλαιναν κῆρ᾽ ἐπ᾽ ὄμμασιν βαλών,
κλεινάς τε Θήβας. τοῖνδ᾽ ἑλοῦ δυοῖν πότμοιν
τὸν ἕτερον· ἢ γὰρ παῖδα σῷσον ἢ πόλιν.

934b cf. Plat. Phdr. 244d6 || **939–941** cf. sch. Pind. Is. 7, 13 || **939b** Tzetz. epist. 71; cf. (?) Nonn. Dionys. 25, 350 || **940a** cf. Georg. Lacap. ep. 20 (131, 18–19 Lindstam) || **942–943** Andr. Lopad. lex. Vind. α 134; cf. Acc. Phoen. fr. 10 Ribbeck || **944b–945** Eust. 500, 34

Codd.: **Π**^{12} (**–934**); **ω = MBOVC, CrG, Θ = RMnSVr, Φ = FPrSa, Ψ = AaPRfRw, Ξ = AMtXXaXb, Λ = LZZbZcZmZuT**^{z}

933 *σφαντα* **Π**^{12ac} | *φοίνιον* **OGSaχZbT**^{t} (~**T**^{z} **Π**^{12}, **Σ** 1011) | *χοός* **S** *χρ̊οὸς* **O** [**Π**^{12}] || **934** post *Κάδμου* dist. **Π**^{12}, sicut suaserunt Reiske et Geel (~**Σ**) | *Κάδμῳ* Valck. *κάδμον* **Rf**^{1pc} | *ἄρεως* **MOCCrΘFPr** [**Π**^{12}] | *μηνυμάτων* **CrFP ZZb** *μηνισμάτων* **Rw** *μηνιγμάτων* **γZu** [**Π**^{12}] || **935** *γηγενῆ δράκοντα* **Rw** (~**Rw**^{s}) (*γηγενῆ* etiam **F**^{1}, corr. **F**^{c}) *γηγένους δράκοντος* **Mt**^{pc} | *τιμωρεῖν* **A** | *φόνου* **MnRf** *φόνῳ* **S** || **936** *ξύμμαχον* **Z** | *κτήσασθ᾽* **VCΘAaRwAZc** *κτησόμεθ᾽* **Rf** | *ἄρη* **MBOCCrϰZm** *ἄρην* rell. (cf. 134) || **937** *δ᾽*] *τ᾽* **Pr** | *τ᾽* post *καρπόν* add. **Mt** | *ἀνθ᾽ αἵματος* **RfZc** || **939** *ὑμῖν* **OGPεMt**^{pc}**χZT**^{t} (~**T**^{z}) | *χρυσεο-* **AaζT**^{z} *-πηλικα* **MγPrRw**^{ac}**Z** (~Tzetz.) | *στάσιν* **Rf** || **940** *σπαρτὸν* **R**^{γρ} | *ἀνῆκε* **M** | *ἐκ γένους*] *ἐγγόνους* **O** | *θανεῖν δεῖ* transp. **Rw** || **941** *ἐκ* ante *γέννος* add. **O** | *ἀμπέφυκε* **Sa** || **942** *σπαρτὸς* **Mn**^{ac} (~Andr. Lopad.) | *γένος* **Mt**^{ac} (~Andr. Lopad.) || **944** *μὲν* om. **S** | *οἱ* ante *γάμοι* add. **Cr** | *γάμοι* post *ἀπείργουσι* (945) transp. Eust. || **945** *ἐστ᾽* **OPZZbT**^{z} (~**T**^{t}) | *ἤθεος* scr. Barnes (cf. **T**^{ts} *συνίζησις*) *ἠΐθεος* fere **Ω**, Eust. || **946** del. Valck.; om., in marg. suppl. **Mt** | *μὴ*] *μὲν* **Sa** (et *οὐχ* add. ante *ἥψατ᾽*) | *γὰρ τῆς* **Zc** et fort. **L** ante ras. || **947** *τῇδ᾽*] *δ᾽* **R** | post *πόλει* add. *κείμενος* **Mn** (cf. **R**^{g} *ἀνακείμενος*) || **948** *ἐκσώσει* **C** *σώσειεν* **Rf** || **950** *μάλαιναν* **O** *μέλεαν* **Θ** | *ὄμμασιν* **BOGϰXLZm**^{2}**T**^{t} *-σι* **Zm**^{1}**T**^{z} rell. || **951** *κείνας* **Sa** | *τῶνδ᾽* **P Rw** | *πότμων* **Aa** *πότμον* **Zb**^{1} (~**Zb**^{r}) || **952** *ἢ*^{1} om. **S**^{ac} | *γὰρ* om. **PrZ**

τὰ μὲν παρ᾽ ἡμῶν πάντ᾽ ἔχεις· ἡγοῦ, τέκνον,
πρὸς οἶκον. ὅστις δ᾽ ἐμπύρῳ χρῆται τέχνῃ,
μάταιος· ἢν μὲν ἐχθρὰ σημήνας τύχῃ,
πικρὸς καθέστηχ᾽ οἷς ἂν οἰωνοσκοπῇ·
ψευδῆ δ᾽ ὑπ᾽ οἴκτου τοῖσι χρωμένοις λέγων
ἀδικεῖ τὰ τῶν θεῶν. Φοῖβον ἀνθρώποις μόνον
χρῆν θεσπιῳδεῖν, ὃς δέδοικεν οὐδένα.
ΧΟ. *Κρέον, τί σιγᾷς γῆρυν ἄφθογγον σχάσας;*
κἀμοὶ γὰρ οὐδὲν ἧσσον ἔκπληξις πάρα.
ΚΡ. *τί δ᾽ ἄν τις εἴποι; δῆλον οἵ γ᾽ ἐμοὶ λόγοι·*
ἐγὼ γὰρ οὔποτ᾽ εἰς τόδ᾽ εἶμι συμφορᾶς
ὥστε σφαγέντα παῖδα προσθεῖναι πόλει.
πᾶσιν γὰρ ἀνθρώποισι φιλότεκνος βίος,
οὐδ᾽ ἂν τὸν αὑτοῦ παῖδά τις δοίη κτανεῖν.
μή μ᾽ εὐλογείτω τἀμά τις κτείνων τέκνα.
αὐτὸς δ᾽ – ἐν ὡραίῳ γὰρ ἕσταμεν βίου –
θνῄσκειν ἕτοιμος πατρίδος ἐκλυτήριον.
ἀλλ᾽ εἶα, τέκνον, πρὶν μαθεῖν πᾶσαν πόλιν,
ἀκόλαστ᾽ ἐάσας μάντεων θεσπίσματα,

Actio: **959** per eisodum sinistram abit Tiresias filia ducente

954 b Eust. 48, 42; cf. Andr. Lopad. lex. Vind. *ε* 137 || **958 b – 959 a** Plut. mor. 407 D || **960 b** Eust. 441, 5 || **962 – 976** cf. Liban. eth. 22, 1 || **970 a** Eust. 107, 26

953 *ἡμῖν* **PRw** | *πάντ᾽*] *ταῦτ᾽* **ZmZu** et fort. **L**^{1} (~**L**^{2}) || **954** *ὅστις*] *ὃς* **Sa**, Eust. (~**gE**) | *δ᾽* om. Eust., fort. delendum iud. Fraenkel (~**gE**) | *χρῆται* om. **Cr**^{ac} *χρᾶται* **β** (~**gE**) || **955** post 956 transp. **Sa** | post *μὲν* add. *γὰρ* **β** (*γὰρ* **Rw**^{s}; *Σ ὁ μὲν ἀντὶ τοῦ γάρ*) (~**gE**) | *ἐχθρᾷ* **O** (~**gE**) | *τύχοι* **RwZ**^{pc} (~**gE**) || **956** *ἐχθρὸς* **M**^{g}**V**^{g}**Cr**^{g}**Mn**^{s}**Sa**^{s} **Λ** (quo accepto 955 *πικρὰ σημήνας* Valck.) (~**L**^{2}**T**^{tγρ}, **gE**) | *-σκοπεῖ* **CrRFPr** [**Sa**] (~**gE**) || **957** *θ᾽* **O** | *τοῖς* **PrSa** | *χρωμεμένοις* **B**^{ac} (~**B**^{1pc}) || **958** post *φοῖβον* add. *δ᾽* **A** (~**gE**, Plut.) || **959** *ἐχρῆν* **γ** *χρὴ* **SaZmZu**, Plut. (~**gE**) || **960** *ἄφθονον* **SZb**^{1} (~**Zb**^{c}, Eust.) || **961** *γὰρ*] *μὲν* **O** | *ἧσσον* Brunck *ἧττον* **Ω** (om. **S**) || **962** *εἴπῃ* **CrRwχ** (~**Rw**^{s}) || **963** *γὰρ* om. **R** | *οὐδέποτ᾽* **Rw** | *ἐς* **G**^{1} (sicut scr. Brunck) (~**G**^{2}) | *εἰμὶ* fere **MVCSSaMt** *εἶμι* **Mn** || **964** om. **S** | *παῖδα*] *τόνδε* **R Aaε** | *προθ-* **M**^{pc}**B**^{pc} (vel **B**^{2}?) **F**^{1}**PRfZc** (~**F**^{c}) *πρoσθ-* **GT**^{z} *-θῆναι* **ZcT**^{z} (~**T**^{t}) || **965** *πᾶσιν* **MBOGPRfΞ** (~**A**^{ac}) **ZbZm**^{2}**T**^{z} *πᾶσι* rell., **gVgB** | ras. quinque litt. post *γὰρ* in **A** | *ἀνθρώποισιν* **O** *-ποις* **GL**^{1}, **gV** (~**L**^{2}, **gB**) | *ὁ* ante *βίος* add. **Pr** (~**gVgB**) || **966** *αὑτοῦ* **Mt**^{pc}**XXb** *αὐτὸν* **Rw** *αὐτοῦ* **Mt**^{ac} rell., **gB**, ^{le}**Σ** | *τις* om. **Rf**, post *δοίη* transp. **Cr Λ** (~**gB**) || **967** Cr. notam praef. **R**^{ac} | *κτείνοντα* **Pr** (~**gB gE**) || **968** *αὐτὸς* **F** | *ὡραίων* **S** | *γὰρ* om. **β AaRw** *μὲν* **P** | *ἕσταμεν* (vel *ἕστ-*) **ωCrSaALZb**^{1pc}**Zc** *ἵσταμαι* **M**^{1pc}**B**^{γρmarg}**G Θ PRwχZZb**^{ac}**T**^{z} *ἵσταμεν* fere **FPrMt** *ἕσταμαι* **AaRfZmZu** | *βίου* Reiske *βίῳ* **Ω** || **969** post *ἕτοιμός* add. *εἰμι* **βL** (cf. **χ**^{g} *εἰμὶ*) || **970** *εἶα* **BOCRfMtχLZbT**^{z} *εἶα* rell., Eust. | *παθεῖν* **C** | *πᾶσαν* om. **M**^{ac} (~**M**^{1s}) **S** || **971** *μάντεων* **ωG**^{1}**Vr Φ Aa**^{s}**P ϰ** *μάντεως* **G**^{2}**F**^{2s}**Sa**^{s}**Mt**^{pc} rell.

φεῦγ' ὡς τάχιστα τῆσδ' ἀπαλλαχθεὶς χθονός·
λέξει γὰρ ἀρχαῖς καὶ στρατηλάταις τάδε,
πύλας ἐφ' ἑπτὰ καὶ λοχαγέτας μολών·
κἂν μὲν φθάσωμεν, ἔστι σοι σωτηρία·
ἢν δ' ὑστερήσῃς, οἰχόμεσθα, κατθανῇ.

ΜΕΝΟΙΚΕΥΣ

ποῖ δῆτα φεύγω; τίνα πόλιν; τίνα ξένων;
ΚΡ. ὅπου χθονὸς τῆσδ' ἐκποδὼν μάλιστ' ἔσῃ.
ΜΕ. οὔκουν σὲ φράζειν εἰκός, ἐκπονεῖν δ' ἐμέ;
ΚΡ. Δελφοὺς περάσας *ΜΕ.* ποῖ με χρή, πάτερ, μολεῖν;
ΚΡ. Αἰτωλίδ' εἰς γῆν. *ΜΕ.* ἐκ δὲ τῆσδε ποῖ περῶ;
ΚΡ. Θεσπρωτὸν οὖδας. *ΜΕ.* σεμνὰ Δωδώνης βάθρα;
ΚΡ. ἔγνως. *ΜΕ.* τί δὴ τόδ' ἔρυμά μοι γενήσεται;
ΚΡ. πόμπιμος ὁ δαίμων. *ΜΕ.* χρημάτων δὲ τίς πόρος;
ΚΡ. ἐγὼ πορεύσω χρυσόν. *ΜΕ.* εὖ λέγεις, πάτερ.
ΚΡ. χώρει νυν. *ΜΕ.* ὡς σὴν πρὸς κασιγνήτην μολών,

Actio: **986–990** portas regiae adpropinquat Menoeceus velut initurus; postquam Creon per eisodum dexteram abiit, a portis ad chorum se vertit Menoeceus

983 sch.^{T} Il. 16, 233 || **984 a** Thom. Mag. ecl. voc. att. 283, 17 Ritschl

Codd.: *ω* = **MBOVC, CrG,** *Θ* = **RMnSVr,** *Φ* = **FPrSa,** *Ψ* = **AaPRfRv** (**1001–**) **Rw,** *Ξ* = **AMtXXaXb,** *Λ* = **LZZbZcZmZuT**^{z} (**–993**) **T**^{t} (**994–**)

972 = Hel. 780 | *ἀπαλλαχθῇς* **V**^{2}**Cr**^{pc} *ἀπαλλαγεὶς* **B**^{1uv} *Θ* **AaRfALZ**^{s}**ZmZu** (~**B**^{2}, cod. L Hel. 780) *ἀπαλλαγῇς* *φ* et *-αγῇς* et *-αγεὶς* **Rw** (de formis aoristi vide O. Lautensach, Die Aoriste 261–263) || **973** *ἀχαῖς* **M**^{ac} (~**M**^{1pc}) || **974** *περιττὸν* iud. *Σ*, unde susp. Valck., del. Wecklein | *πύλαις* **VX**^{ac} post *πύλας* add. *δ'* **Aa Rw** || **975** *ἔσται* **O** | *σωτήρια* *γ*^{ac} || **976** cf. app. ad 1282 | *ὑστερήσεις* **V**^{1} (~**V**^{2}) **Cr**^{ac} | *οἰχόμεθα* *γ* **RwZb** || **977** Menoec. notam om. **R**^{ac}**XXa**^{ac} | *ποῦ* *Θ* **AaRf** *πῆ* *λ* | *ξένον* **VCrAa**^{s}**PRw**^{ac} *κ λ* (~**Zb**^{c}**Zm**^{s}**Zu**^{s}) || **978** om., in marg. scr. **B** || **979** Menoec. notam om. **F**^{ac} | *οὔκουν* cum signo interrogationis scr. Wecklein (cf. IT 810) *οὐκοῦν* sine interrog. *Ω* | *σὲ* om. **Vr** | *σφάζειν* **O**^{ac} (*σφράζειν* **O**^{1pc}) | *δ' ἐμοί* *γ* **Sa**^{s} || **980–983a** *δῆτ'* rescr. in ras. **T**^{t} (fort. *ἔγνως* 983 om. **T**^{z}) 980b–981 rescr. in ras. **Zm**^{2} (sic ut 981b bis habeat **Zm**) || **980** *εἰς* ante *δελφοὺς* add. **Vr** (~**Vr**^{γρmarg}) | *περάσας* **MB**^{1}**CZbZm**^{2} *περάσας φεῦγε* **B**^{2} rell. (*φεύγειν* **A**) (cf. ^{p}*Σ*) | Menoec. notam om. **Zm**^{2} | *πῆ* **MnS**^{s}**LZc** (~**Mn**^{s}) | *με* om. **AP** | *χρή* om. **G**^{ac} *χρῆν* **G**^{1pc}**Zm** | *πάτερ* om. *χ* **LT**^{t}, ut delendum notavit **V**^{2} *περῶν* **Sa** *μᾶτερ* **Pr** || **981** *ἐς* **B**^{2}**OCrG***Θ* *Φ* *Ψ* **AZm** | *δὲ* om. **Mn** | *τοῦδε* **Z** *τῆς* **GZm**^{2} (~**Zm**^{1}) | *ποι* in ras. **V**^{1} *ποῦ* **Rw** *πῆ* **S**^{s}**LZc** || **982** *θεσπρωτὸν* **MBV**^{2s}**CAa**^{3}**PLZb**^{1pc}**Zm**^{2}**T**^{tpc} *θεσπρωτῶν* **B**^{s}**T**^{tac} rell. | *ἐς οὖδας* **ZZm**^{1}**Zu** (~**Zm**^{2}) *εἰς οὖδας* **Zb** | *σεμνὰ*] *σάμενας* sch. Il. || **983** *δὴ τόδ'* Musgrave *δῆτ'* *Ω* (*δῆτα ῥῦμα* Valck.) | *ἔρῦμά* **T**^{t} (quam mensuram suadebat etiam Wilam.) *ἔρυγμά* **V** || **984** *πομπος* **Sa** *πόμπιος* **FPr** (~Thom. Mag. ecl.) || **985** *πορεύσομαι* **Rf**^{ac} *πορέσω* **F**^{1} *παρέξω* *Φ*^{c} **Aa**^{γρ}**PT**^{tγρ} (~**Sa**^{γρ}) | *ὦ* ante *πάτερ* add. **Mt** || **986** Menoeceo continuat Musgrave pers. notis deletis (cf.

ἧς πρῶτα μαστὸν εἵλκυσ', Ἰοκάστην λέγω,
μητρὸς στερηθεὶς ὀρφανός τ' ἀποζυγείς,
προσηγορήσας εἶμι καὶ σῴσω βίον.
ΚΡ. *ἀλλ' εἶα, χώρει· μὴ τὸ σὸν κωλυέτω.*

ΜΕ. *γυναῖκες, ὡς εὖ πατρὸς ἐξεῖλον φόβον,*
κλέψας λόγοισιν ὥσθ' ἃ βούλομαι τυχεῖν·
ὅς μ' ἐκκομίζει, πόλιν ἀποστερῶν τύχης,
καὶ δειλίᾳ δίδωσι. καὶ συγγνωστὰ μὲν
γέροντι, τοὐμὸν δ' οὐχὶ συγγνώμην ἔχει,
προδότην γενέσθαι πατρίδος ἥ μ' ἐγείνατο.
ὡς οὖν ἂν εἰδῆτ', εἶμι καὶ σῴσω πόλιν
ψυχήν τε δώσω τῆσδ' ὑπερθανεῖν χθονός.
αἰσχρὸν γάρ· οἱ μὲν θεσφάτων ἐλεύθεροι
κοὐκ εἰς ἀνάγκην δαιμόνων ἀφιγμένοι
στάντες παρ' ἀσπίδ' οὐκ ὀκνήσουσιν θανεῖν,
πύργων πάροιθε μαχόμενοι πάτρας ὕπερ,
ἐγὼ δὲ πατέρα καὶ κασίγνητον προδοὺς
πόλιν τ' ἐμαυτοῦ δειλὸς ὡς ἔξω χθονὸς

988 *ὀρφανός* Hsch. *ο* 1355 || **990a** Eust. 107, 26 || **991**sqq. cf. Liban. eth. 22; [Aeschin. Socr.] epist. 14, 3 (p. 619 Hercher) || **996** cf. Liban. eth. 22, 2

990–991); Cr. notam om. **CX** et **Zm**^{2}, Menoec. notam om. **OCSP**, sed spatium rel. **OS**, *ὡς κτλ.* in sua lin. scr. **CP** | *νυν* **XXbLZZu**^{pc}**T**^{t} *νῦν* **T**^{z} rell. | *τὴν* ante *σὴν* add. **Pr** (cf. $^{p}Σ$) | *πρὸς* om. **Cr** *β* (~**Mn**^{s}) (et *ὡς* et *πρὸς* praepositiones esse putat *Σ*) | *κασιγνῆτιν* **V** | *μολεῖν* **Cr**

987 Cr. notam praef. **Cr**^{ac} | *πρῶτον* *Λ* (~**Zm**^{2}) | *μαστὸν* om. **M**^{ac} (~**M**^{1s}) | *ἰοκάσταν* **G** *ἰοκάστης* **S**^{ac} (vel **S**^{pc}?) **Vr** || **989** Cr. notam praef. **Cr**^{pc} | *προσηγορήσας* Hartung (et aor. *συνταξάμενος* $^{p}Σ^{Mosch.}$ in **XT**) *-ρήσων* *Ω*, *Σ*, $Σ^{Thom.}$ (et fut. *συνταξόμενος* $^{p}Σ^{Mosch.}$ in **XaXb**) | *εἶσι* **Cr** | *σώσω* **GXbT**^{z} (indic. fut. $Σ^{Mosch.}$ et $Σ^{Thom.}$ in **ZaZm**^{ac}**T**) *σώζων* **A**^{ac} *σῶσον* **MnMn**^{γρ}**RRfMtXXaZb** *σώσων* **A**^{1pc} rell., *Σ* (et $Σ^{Thom.}$ in **ZZm**^{pc}) | *σ. βίον*] *πόλιν σ.* transp. **Mn**^{γρ}**Vr** (*πόλιν* e *Σ* altero) || **990** Menoeceo continuat Musgrave notis 990 et 991 deletis; Cr. notam hic del. **Cr**^{pc} (cf. ad 989), om. **P** (qui tamen 991 Menoec. trib.) | *εἶα* **B**^{1}**OCG**^{1pc}**MtXXbLZbT**^{z} *εἴα* **B**^{3}**G**^{ac} rell., Eust. || **991** *ἐξῆλθον* **V** || **992** *ὥστ'* **FPrZb**^{ac} (~**Zb**^{1pc}) || **993** *ἐκκομίζειν* **PrA** *-ζεις* **Mn** | *πόλεως* *Θ* **Aa**, cf. $^{p}Σ^{B}$ || **995** *συγγώμην* **O** (~**gE**) | *ἔχοι* **gE** (*ἔχειν* s. l. **gE**) || **996** *προδόταν* **Rw** ras. quattuor litt. post *προδότην* **Zb** (~**gE**) || **997–998** del. Herwerden: aut hi versus aut 1013–1018 delendi videntur (vide ad 1013–1018) || **997** *εἰδῆθ'* **Sa** | *εἰμὶ* **Cr** | *σώσων* **P** (cf. 989) || **998** *τε*] *δὲ* *β* **Aa** *ε* | *δώσων* **Z** *σώσω* *γ ε* (~**Rw**^{s}) || **999** *οἱ*] *εἰ* **Vr**^{ac}**Aa**^{1}**Rf**^{1c}**Rw**^{s}**Xa**^{s}**ZmZu**, cf. $^{p}Σ$, $Σ^{BV^{2}}$ *λείπει τὸ εἰ* (~**Aa**^{2s}) || **1001** *στάντες*] *πάντες* **Sa** | *ὀκνήσουσιν* **BG** *χ* **ZbT**^{t} *-ουσι* rell., **gE** || **1002** *πάροιθεν* **ORSaA** *χ* **ZZcT**^{t} *προπάροιθε* **C** | *πάτρης* *λ* || **1003** *δὲ* om. **Sa** | *καὶ πατέρα* transp. **RRfRv**^{uv} *καὶ πατέρα καὶ* *β* **Aa** *καὶ πατρίδα καὶ* **Rw** || **1004** *ἐμαυτοῦ*] *ἐμοῦ* *γ* | *ὡς* **MOV**^{1}**CrPrSa** *κ* (~**V**^{2})

ἄπειμ᾽, ὅπου δ᾽ ἂν ζῶ κακὸς φανήσομαι;
μὰ τὸν μετ᾽ ἄστρων Ζῆν᾽ Ἄρη τε φοίνιον,
ὃς τοὺς ὑπερτείλαντας ἐκ γαίας ποτὲ
Σπαρτοὺς ἄνακτας τῆσδε γῆς ἱδρύσατο·
ἀλλ᾽ εἶμι καὶ στὰς ἐξ ἐπάλξεων ἄκρων
σφάξας ἐμαυτὸν σηκὸν εἰς μελαμβαθῆ
δράκοντος, ἔνθ᾽ ὁ μάντις ἐξηγήσατο,
ἐλευθερώσω γαῖαν· εἴρηται λόγος.
{στείχω δέ, θανάτου δῶρον οὐκ αἰσχρὸν πόλει
δώσων, νόσου δὲ τήνδ᾽ ἀπαλλάξω χθόνα.
εἰ γὰρ λαβὼν ἕκαστος ὅ τι δύναιτό τις
χρηστὸν διέλθοι τοῦτο κἀς κοινὸν φέροι
πατρίδι, κακῶν ἂν αἱ πόλεις ἐλασσόνων
πειρώμεναι τὸ λοιπὸν εὐτυχοῖεν ἄν.}

Actio: 1012 per eisodum sinistram abit Menoeceus; vel si 1013–1018 genuini sunt, abire incipit post 1012, deinde adsistit (vel paulo lentius procedit) ut 1013–1018 proferat, tandem post 1018 citius abit

1006 Plut. mor. 23B || 1009 sqq. cf. Olympiodor. in Alcib. I 4, 1–2; Eliam, Comm. Ar. Gr. XVIII 1, 14, 28–29; pseudo-El. in Porph. Isag. 15, 25 || 1009 *ἐξ ἐπάλξεων*] Hsch. ε 3718 || 1012 b cf. Greg. Naz. de vita sua 1679 || 1015–1018 Stob. 4, 1, 1

Codd.: Π^{2} (1017–), Π^{7} (1027–); ω = MBOVC, CrG, Θ = RMnSVr, Φ = FPrSa, Ψ = AaPRfRvRw, Ξ = AMtXXaXb, Λ = LZZbZcZmZuT^{t}

1005 *ζῶ* om. Mn *ζῶν* G | *κακῶς* P | signum interrogationis add. Pearson || 1006 *οὐ μὰ* V^{marg} Θ Φ Aa^{1} Rv^{g}Mt^{pc}LZZm^{ac}Zu^{marg} (cf. *οὐ* B^{g} χ^{g}), quo accepto *ἐν* pro *μετ᾽* Reiske (~Aa^{2}, Plut.) *οὐ* Zb Zc T^{t} (*μὰ* Zc^{g} T^{tg}) | *μετ᾽*] *μέγ᾽* Zc | *ἄρη* MB^{1}C Zm^{pc}Zu^{ac}, Plut. (?) *ἄρην* B^{2} rell. | *φόνιον* Cr β Sa AaA^{ac} ζ (~A^{1pc}, Plut.) || 1007 *ὑπερτείλοντες* Vr | *ἐκ* om. Zb | *γαίαν* Zb^{ac} (~Zb^{1pc}) *γαίης* Vr ϰ || 1009 *εἰμι* Rv | *ἐξ* om. ε et fort. L^{1} (~L^{2}) || 1010 *ἑαυτὸν* Pr | *ἐς* β P ε Z Zc | *μελαμβ-* V Cr R ε χ *μελανβ-* MBOCMnVrF ϰ L, fort. R^{γρmarg} *μελεμβ-* GSPrSa δ Rw^{pc} ζ T^{t} *-βαθῆ* BV CCrR^{γρmarg}MnS^{pc}VrFPrRfRvLZc *-βαφῆ* Rv^{s} rell. || 1012 *ἐλευθερῶσαι* X *ἐλευθερῶ* Cr | *γαῖας* A *λαῖαν* O^{1c} vel O^{2} || 1013–1018 del. Scheurleer, Paley, Schenkl, alii (1013–1014 del. Markland, Polle; 1015–1018 del. Leidloff): 1013–1014 ob repetitiones et ob formulam *εἴρηται λόγος* obnoxii, quibus deletis 1015–1018 non bene cum praecedentibus cohaerent (vide etiam ad 997–998) || 1013 *θανάτῳ* G χ (~Σ, gE) || 1014 *δώσω* CRv^{pc} (~Rv^{ac}Rv^{r}, gE) | *δὲ* om. R | *ἀπαλλάξων* Rf (sicut coni. Scaliger; quod si accipias, legendum *τε* [*γε* Lenting] pro *δὲ*) *ἀπαλλάξαι* ϰ || 1016 *διέλθη* Zu (~gB, Stob.) *διέλοι καὶ διαχωρίσει* V^{2γρ} | *κἀς* scr. Dindorf *κεὶς* Ω, gB, Stob. | *κοινωνὸν* Sa (~gB, Stob.) | *φέρει* OCrRS φ AaXa^{ac}LZZbZc, Stob. (~gB) [Rw] || 1017 om. X, in ima pag. suppl. X^{c} | *ἂν* om. Stob. (~gB, Π^{2}) | *πολις* Π^{2} || 1018 *πειράμεναι* V^{ac}RwZ (~V^{1pc}, gB, Stob.) [Π^{2}] | *καὶ* ante *τὸ* add. A | *εὐτυχεῖεν* RPRf (~R^{s}, gB, Stob.) [Π^{2}]

ΧΟ. ἔβας ἔβας, στρ.
ὦ πτεροῦσσα, γᾶς λόχευ-
μα νερτέρου τ᾽ Ἐχίδνας,
Καδμείων ἁρπαγά,
πολύφθορος πολύστονος
μειξοπάρθενος,
δάιον τέρας,
φοιτάσι πτεροῖς
χαλαῖσί τ᾽ ὠμοσίτοις·
Διρκαίων ἅ ποτ᾽ ἐκ
τόπων νέους πεδαίρουσ᾽
ἄλυρον ἀμφὶ μοῦσαν
ὀλομέναν τ᾽ Ἐρινὺν
ἔφερες ἔφερες ἄχεα πατρίδι
φόνια· φόνιος ἐκ θεῶν
ὃς τάδ᾽ ἦν ὁ πράξας.
ἰάλεμοι δὲ ματέρων,
ἰάλεμοι δὲ παρθένων
ἐστέναζον οἴκοις·

1023 *μειξοπάρθενος*] cf. Orig. Cels. 1, 42 | *δάιον τέρας*] Hsch. *δ* 92; Suda *δ* 121 || **1023–1025** cf. sch. Lycophr. Alex. 1465 || **1025** Herodian. GrGr III 2, 1, 362, 9 Lentz et GrGr III 2, 2, 688, 43 Lentz; Georg. Choer. GrGr IV 1, 169, 34 Hilgard | *χαλαῖσι*] Hsch. *χ* 48

1019 chori notam om. **L**^{1} (~**L**^{2}) | *ἔβας* semel **Rf** (~**Π**^{2}**Π**^{6}) || **1019** bis *πτεροῦσσα* **Π**^{2}**BA**, sicut scr. Barnes *πτερόεσσα* **Aa*ε*, *χ***^{g} *πτεροῦσα* **Π**^{6} rell., ^{le}*Σ* | *γῆς* **Cr** (~**Π**^{2} **Π**^{6}) || **1020** *τ᾽*] *δ᾽* **Π**^{6}**Sa** (~**Π**^{2}) | *ἐχίδνης* **Π**^{6} ***β*** **Aa *ε*** (~**Π**^{2}) || **1021** *ἁρπαγά* **Cr** et (sine acc.) **Π**^{2} (qui alibi iota adscripto utitur) (sicut coni. Tyrwhitt et Musgrave) *ἁρπαγᾶς* **Pr** *-γᾶσι* **R** *-γαῖσι* **R**^{s} *-γᾶ* vel *-γᾷ* rell., *Σ* || **1022** *π*]*ολυφορος πολυστονος* **Π**^{2} *πολύστονος πολύφθορος* transp. ***β*** **Aa**^{2s} ***ε*** (*-φθονος* **Rf**^{ac}) *πολύστονος πολύμοχθος* **δ *χ***, *Σ*$^{Mosch.}$ *πολύμοχθος πολύστονος* **Mt**^{pc} (~*Σ*$^{Thom.}$) || **1023** *μειξο-* Murray (cf. ad 138)]*ιξο-* **Π**^{6} *μιξο-* **Π**^{2} **Ω**, Orig. *-πάρθενον* **Aa**^{1} (sicut coni. Valck.) (~**Aa**^{2s} **Π**^{2} **Π**^{6}) || **1024** *φοιτάσι* **CrRvRw *χ* L**^{2} (vel **L**^{t}?) **ZbZmZuT**^{t} *φοιτασιν* **Π**^{2} *φοιτῶσι* **Z** *φοιτᾶσι* **Z**^{s} rell., *Σ* | *περοῖς* **A** (~**Π**^{2}) || **1025** *σχαλαῖσι* **Sa** *χαλέσιν* Hsch. (~**Π**^{2}, test. alia) || **1026** *διρκέων* **CZZu** (~**Π**^{2}) | *ἄπο τε* **M**^{1}**B**^{1}**C CrA** (~**M**^{2}**B**^{2}, *Σ*) *ἥ ποτε* **SaZu**^{s} [**Π**^{2}] || **1027** *τῶν* ante *τόπων* add. **R** (~**Π**^{2}) [**Π**^{7}] | *νέους* om. **P** (~**Π**^{2}) [**Π**^{7}] | *ποδ᾽ αἴρουσ᾽* **L** (~**Π**^{2}) [**Π**^{7}] || **1028** *ἄλυθρον* **S** (~**Π**^{2} **Π**^{6} **Π**^{7}) || **1029** om. **Pr** | *οὐλομέναν* **MG** (~**Π**^{2} **Π**^{7}) | *τ᾽* del. Hartung (hab. **Π**^{2}, ^{p}*Σ* 1024; incertum an habuerit ^{p}*Σ* 1030) [**Π**^{7}] | *ἐριν-* **ω Θ Mt** (et huic spatium convenit **Π**^{2}) *ἐρινν-* rell. *-ὺν* **OVCrGFAaRvRw *χ* T**^{t} *-ῦν* rell. (sine acc. **Π**^{2}**R**) [**Π**^{7}] || **1031** *φ*όνια φ*όνιος* **Mn** (~**Π**^{7}) [**Π**^{2}] || **1033** om. **SVr** | *ἰάλεμοι*] *ιαλεδεμοι* **Π**^{2} (~**Π**^{7}, sch. **Π**^{6}) | *δὲ* om. **R** (~**Π**^{2} **Π**^{7}) [**Π**^{6}] | *μρῶν* **Rf** *πατέρων* **P** (cf. ^{p}*Σ*^{V}) (~**Π**^{2} **Π**^{7}) [**Π**^{6}] || **1034** *ἰάλεμοι*] *ιαλεδεμοι* **Π**^{2} (~**Π**^{7}) | *δὲ* om. **R** (~**Π**^{2} **Π**^{7}) || **1035** *εστεναξαν* **Π**^{2} **Π**^{7} | *ἐν* ante *οἴκοις* add. **R *λ*** (~**L**^{1pc} vel **L**^{2}, **Π**^{2} **Π**^{7})

ἰηιήιον βοάν,
  ἰηιήιον μέλος
1038 ἄλλος ἄλλ' ἐπωτότυζε
1038 bis   διαδοχαῖς ἀνὰ πτόλιν.
βροντᾷ δὲ στεναγμὸς
1040   ἀχά τ' ἦν ὅμοιος
  ὁπότε πόλεος ἀφανίσειεν
  ἁ πτεροῦσσα παρθένος τιν' ἀνδρῶν.

ἀντ. 1043 χρόνῳ δ' ἔβα
1043 bis   Πυθίαις ἀποστολαῖ-
  σιν Οἰδίπους ὁ τλάμων
1045 Θηβαίαν τάνδε γᾶν
  τότ' ἀσμένοις, πάλιν δ' ἄχη·
1047 ματρὶ γὰρ γάμους
1047 bis   δυσγάμους τάλας

1036–1037 cf. Eust. 500, 41–43

Codd.: **Π^{2}** (–**1043** bis, **1064**–), **Π^{7}** (–**1047** bis); **ω** = **MBOVC**, **Cr** (–**1065**) **G**, **Θ** = **RMnSVr**, **Φ** = **FPrSa**, **Ψ** = **AaPRfRvRw**, **Ξ** = **AMtXXaXb**, **Λ** = **LZZbZcZmZuT^{t}**

1036 om. **X** | *ιηιηιον* **Π^{7}** et **Π^{2pc}** *ιηιηιηιον* **Π^{2ac}** (cf. Σ^{V}) *ἤιον* **β** *ἴηον* fere **CrRv** (**Cr^{g}** *ἔπεμπον*) *ἰήιον* fere **Vr^{γρ}** rell., Eust. | *βοᾶν* **MMt** *βοὰν βοὰν* **T^{t}** || **1037** *ιηιηιον* **Π^{2pc}** *ιηιηιηιον* **Π^{2ac}** *ιηιη* **Π^{7}** *ἤιον* **β** *ἴηον* **Cr** *ἰήιον* **Vr^{γρ}** rell., Eust. | *μέλος μέλος* **T^{t}** || **1038** om. **Xa^{ac}** | post *ἄλλος* add. *δὲ* **Rv** | *ἄλλ'* Battier *ἄλλων* **Sa** *ἄλλον* **Π^{2} Π^{7}** rell., quo retento *ἐποτότυζε* Brunck (cf. **Π^{7}**) | *ἐπωτότυζε* fere **BGΘSaAaMt^{ac}χ**, vol. **V^{2s}** (*-ωττό-* **χ**; *-ζεν* **Aa^{1}**, *-ζ' ἐν* **Aa^{3}**) *επωτοτυξε* **Π^{2}** *εποτο*[**Π^{7}** (cf. supra) *ἐπετότυζε* fere **B^{1s}Mt^{pc}** rell. (*-εττότ-* **LZm**, *-ετήτ-* **Cr**; *-ζεν* **LT^{t}**) *ὠλόλυζε* **Sa^{γρ}** || **1038** bis *πόλιν* **GSPrSaεϰXaZbZc** (~**Π^{7}**; [*πτ*]*ο-λιν* **Π^{2}**) || **1039** *βροντὰ* **Cr^{pc}Aa** (sine acc. **S**) *βρονται* **Π^{2}** et **Π^{7uv}** (*βροντα*[.]) | *δὲ* om. **MR**, fort. **L^{1}** (~**L^{2}Π^{2} Π^{7}**) *δὲ καὶ* **O** | *στεναγμοῖς* **S** (~**Π^{2}**) [**Π^{7}**] || **1040** *ἀχά* Musgrave et fort. **Π^{7}** (incertum utrum *αχα* . [*ην*]*ομ*[an *αχα* . [. *ην*]*ομ*[) *αχαί* **Π^{2}** *ἰαχᾶ* **MV^{2}R^{ac}FPL** *ἰαχά* fere rell. | *ὁμοῖος* **T^{t}** (*ὅμοῖος* **B**) || **1041** *ὁπότε*] *αποτε* **Π^{7}** (~**Π^{2}**) *ὅτε* **L^{2}** vel **L^{t}**, **T^{t}** | *πολεος* **Π^{2}** (sicut coni. Musgrave) *πόλιος* **Rw** *πόλεως* **Π^{7}** rell. (**T^{ts}** *συνίζησις*) | *ἀφανίσει'* Musgrave (retento 1065 *γᾶν*) (~**Π^{2}**) [**Π^{7}**] || **1042** *ἡ* **ΦZZu^{s}** (~**Π^{2} Π^{7}**) | *πτεροῦσσα* **Π^{2} Π^{7}M^{1s}B^{1s}** (sicut scr. Barnes) *πτεροῦσα* rell. (*περ-* **Rw**) || **1043** *δ'* om. **Cr** (~**Π^{2} Π^{7}**) [**Π^{6}**] || **1043** bis *πυθίοις* **Z** (sicut coni. Wecklein) (~**Z^{s} Π^{6} Π^{7}**) [**Π^{2}**] | *αποστολαις* **Π^{6}** [**Π^{2} Π^{7}**] *-αῖσι* **V^{1}CrL** (~**V^{2}**) *ἀποσταλαῖσιν* **MRv^{pc}** || **1044** *τλάμων*] *τάλας* **M^{γρmarg}** (~**Π^{7}**) || **1045** *θηβαίων* **X** (~**Π^{7}**) | *τῆνδε* **A** (~**Π^{7}**) | *γῆν* **ORw** (~**Π^{7}**) || **1046** *τότ'*] *τοτε μεν* **Π^{6}** (~**Π^{7}**) *ποτ'* **G** | *ἄσμενος* **GAa^{2}PRwχZb^{r}T^{ts}**, etiam a. c. ^{le}Σ^{C} (**χ^{g}** *ἡδύς*) *ἀσμένως* **Rf** *ἄσμενοι* **Rv^{r}** (~**Π^{6} Π^{7}Rw^{s}Rv^{1}** in ras., ^{i}Σ) [**Rv^{ac}**] | *πάλιν . . . τάλας* (1047) om. **L^{1}**, in marg. scr. **L^{2}** (*ἴσχη* pro *ἄχη*) || **1047** *ματρὶ* **Π^{7}OCrRVrRfRvT^{t}** *πρὶ* (with overline) **Rw^{ac}** *μητρὶ* vel *μρὶ* (with overline) rell. (*μητρὸς* **Pr^{s}**) | *γὰρ*] *δὲ* **ZmZu** *τε* **V^{2}** (~**Π^{7}**) || **1047** bis *δυσγά-*

καλλίνικος ὢν
αἰνιγμάτων συνάπτει,
μιαίνει δὲ πτόλιν·
δι᾽ αἱμάτων δ᾽ ἀμείβει
μυσαρὸν εἰς ἀγῶνα
καταβαλὼν ἀραῖσι
τέκεα μέλεος. ἀγάμεθ᾽ ἀγάμεθ᾽
ὃς ἐπὶ θάνατον οἴχεται
γᾶς ὑπὲρ πατρῴας,
Κρέοντι μὲν λιπὼν γόους,
τὰ δ᾽ ἑπτάπυργα κλῇθρα γᾶς
καλλίνικα θήσων.
γενοίμεθ᾽ ὧδε ματέρες,
γενοίμεθ᾽ εὔτεκνοι, φίλα
Παλλάς, ἃ δράκοντος αἷμα 1062
λιθόβολον κατηργάσω, 1062 bis
Καδμείαν μέριμναν
ὁρμήσασ᾽ ἐπ᾽ ἔργον,
ὅθεν ἐπέσυτο τάνδε γαῖαν
ἁρπαγαῖσι δαιμόνων τις ἄτα.

1062 cf. Herodian. GrGr III 1, 232, 8–9 Lentz et GrGr III 2, 1, 41, 32 Lentz; sch.^{A} Il. 3, 354

μους om. **R** (∼***Π***^{7}) | *τάλας* **T**^{t} et fort. **Pr** (*ὁ* suspenso ante *τάλας*, quod glossema potius quam lectio in linea esse videtur) *ὁ τάλας* rell. [***Π***^{7}]
1050 *μιαίνοι* **Zc** *μιάσει* **A** | *πτόλιν* **T**^{t} *πόλιν* **L**^{1pc} rell. [**L**^{ac}] || **1051** *δ᾽ ἀμείβει* om. **Rw** | *δ᾽*] *τῶνδ᾽* **Z** || **1053** *καταβαλὼν* om. **B**^{ac} (∼**B**^{1pc}) *καταβαλαῖσιν* **S** *καταλαβὼν* **Xa** | *ἀραῖσιν* **T**^{t} fort. *ἀρᾶσι* **A**^{1} (*ἀρ*σι* **Mt**^{ac}), rescr. *ἀρ*$\overset{α}{ῶ}$*σι* **A**^{2} || **1054** *τὰ* ante *τέκεα* add. **R** *τέκνα* **ZmZu** (cf. **M**^{g}) *τέκνεα* **Zb** || **1055** *θανάτω* **R** || **1056** *γῆς* **Rw** | *πάτρας γ* (∼**Mn**^{γρ}) || **1057** *γόους*] *γένος* **O** (∼**O**^{1s}) || **1058** *ἑπτάπυλα λ* *ἑπτὰ* **AaRv** | *κλῇθρα* **BO**^{1c}**CR**^{s}**MnPrAa** *κλεῖθρα* **O**^{ac} rell. | *γῆς* **RPRw** (∼**R**^{s}) || **1059–1060** post 1061 transp. **Mt**, sed rectum ord. numeris indic. || **1060** *γενοίμεσθ᾽* **M**^{ac} (∼**M**^{1pc}) *γενήμεθ᾽* **ZmZu** *γενοίμεθα δ᾽ β* | *μητέρες* **A** $\overline{μρες}$ *γε* **Rf** *μάτερος* **Mn** *ματέρας* **L**^{1} (∼**L**^{2}) || **1061** *γενοίμεθα δ᾽ β* (et plene scr. *-μεθα* sine *δ᾽* **R**) | *ἄτεκνοι* **P** *εὔτεκνον* **MnMt**^{ac} | *φίλη* **V**^{2s}**GRf**^{s}**Rw** *φίλοι* **Mt**^{pc} *φίλαι* **MOV**^{1}**CR**^{s}*β* **PrSaRf***ϰ* (∼**M**^{γρ}**C**^{γρ}**A**^{cγρ}) || **1062** *πολλὰς* **CP** | *αἷμα*] *εἷμα* (post *λιθ.* transp.) test. || **1062 bis** *λιθοβόλον* **V** ***Φ*** ***Λ*** (∼**F**^{ac}, test.) *-βολὸν* **R**^{1} (∼**R**^{2}) *βαθύβολον* **Rw** (∼**Rw**^{s}) | *κατηργάσω* scripsi (vide praef. § 20) *-ειργ-* ***Ω***, test. (*-ειργάσαι* **G***χ*) || **1063** *καδμίαν* **CrA**^{2} *καδμείων* **B**^{1}**PrSaRf**^{ac}**Rw** (∼**B**^{2} et fort. **B**^{1pc}) || **1064** *ὁρμήσας* **MOV**^{1}**CCr RSFPMt**^{1}**ZbZc** (∼**V**^{2}**Mt**^{2}) || **1065** *ὅθεν* om. **S** (∼***Π***^{2}) | *ἐπέσυτο* **MtZmZu** (sicut scr. Musgrave) *ἐπάσσυτο* **Mn** *ἐπέσσυτο* **Mt**^{s} rell. [***Π***^{2}] | *γαῖαν* Battier *γᾶν* ***Ω*** [***Π***^{2}] vide ad 1041 || **1066** *ἁρπαγαῖς* **Aa**^{2s} *-γῇσι* **RAaRfRv** (∼**Rv**^{r}) [***Π***^{2}] | *ἄτη* **Pr**^{s}**SaRw** [***Π***^{2}]

ΑΓΓΕΛΟΣ Α'

ὠή, τίς ἐν πύλαισι δωμάτων κυρεῖ;
ἀνοίγετ', ἐκπορεύετ' Ἰοκάστην δόμων.
ὠὴ μάλ' αὖθις· διὰ μακροῦ μέν, ἀλλ' ὅμως
ἔξελθ', ἄκουσον, Οἰδίπου κλεινὴ δάμαρ,
λήξασ' ὀδυρμῶν πενθίμων τε δακρύων.

ΙΟ. ὦ φίλτατ', οὔ που ξυμφορὰν ἥκεις φέρων
Ἐτεοκλέους θανόντος, οὗ παρ' ἀσπίδα
βέβηκας αἰεὶ πολεμίων εἴργων βέλη;
{τί μοι ποθ' ἥκεις καινὸν ἀγγελῶν ἔπος;}
τέθνηκεν ἢ ζῇ παῖς ἐμός; σήμαινέ μοι.

ΑΓ.$^{\alpha}$ ζῇ, μὴ τρέσῃς τόδ', ὥς σ' ἀπαλλάξω φόβου.

ΙΟ. τί δ'; ἑπτάπυργοι πῶς ἔχουσι περιβολαί;

ΑΓ.$^{\alpha}$ ἑστᾶσ' ἄθραυστοι, κοὐκ ἀνήρπασται πόλις.

Actio: **1067–1072** per eisodum sinistram procedit Eteoclis satelles et e regia Iocastam evocat

1067 Et. gen. *α* 593; Eust. 174, 4–5

Codd.: ***Π***^{2} (**–1071**), ***Π***^{9} (**1079–1095**), ***Π***^{12} (**1079–1095**); ***ω*** = **MBOVC**, **G**, ***Θ*** = **RMnSVr**, ***Φ*** = **FPrSa**, ***Ψ*** = **AaPRfRvRw**, ***Ξ*** = **AMtXXaXb**, ***Λ*** = **LZZbZcZmZuT**^{t} (**–1081**) **T**^{z} (**1082–**)

1067 *ΑΓ*$^{\alpha}$ scripsi ad nuntios distinguendos (cf. dram. pers. indicem); *θεράπων* mavult Wecklein | nuntii notam om. *γ***A**; omnes notas 1067–1090 om. **L**^{1}, suppl. **L**^{2} | *ἐμ* **R** (~test.) [***Π***^{2}] | *πύλῃσι* **RRv** *πύλαις* **Ad**, Et. gen. (~Eust.) [***Π***^{2}] | *κυροῖ* **Pr** (~test.) [***Π***^{2}] || **1069–1073** scholion *ἐν τοῖς πολλοῖς ἀντιγράφοις οὐ φέρεται ὁ στίχος οὗτος*, quod sine lemmate et sine signo in codd. **BV** traditur, aut ad unum horum versuum pertinet (vide infra) aut primitus ad 1075 pertinebat et nunc transpositum est ante *Σ* 1073 || **1069** del. Zipperer | *ὠή*] *ἰὼ* **Rw** (~**Rw**^{s} ***Π***^{2}) || **1070** del. Bruhn (scr. *λήξεις* 1071); 1070–1071 del. Reeve (utrumque hab. ***Π***^{2}) | *κλεινή*] *κυδρὴ* **M**$^{\gamma\rho}$ **Aa**^{1} **RfRw**^{marg} (~**Aa**^{2}) [**Rv** ***Π***^{2}] || **1071** del. Harberton | *λήξουσ'* **Z** *εἴξασ'* **Mt**^{ac} et vol. **C** [***Π***^{2}] | *ὀρδυρμῶν* **X**^{ac}**ZZc** *ὀδυρμάτων* **Sa** | *πανθύμων* **Mn** || **1072** *φίλταθ'* **RwZc** | *οὔ που* Kirchhoff *οπου* **F**^{ac} *ἔπου* **Rw** *ἦ που* fere **F**^{1pc} rell. (*ἥ* **MC**), ^{g}*Σ* | *συμ-* **AaRwL** *-φορὰς* **RSaAaRvRw** (~**R**^{s}) || **1073** *οὗ παρ'*] *οὕπερ* **OAd** | *παρὰ τὴν ἀσπ.* **Rw** || **1074** *ἀεὶ* **MOVCFPrP***κ λ* | *εἴργων* **M**^{1}**BMn**^{pc} **Vr** (~**M**^{1pc} vel **M**^{2}) *ἔργων* **C** *ἕργων* **R** | *βέλη*] *δόρυ* **B**^{1} (~**B**^{2s}) || **1075** susp. Valck., ante 1072 transp. Geel, del. Hartung (cf. ad 1069–1073; sch. huc rettulit Valck.) | *ἧκες* **RVr** (~**R**^{s}) | post *καινὸν* add. *ἔπος* **Sa** | *ἀγγελῶν* **MPrRv**^{pc}***Ξ*****Zb**^{r}, vol. **B**^{3} *ἀγγέλων* **VCR** *γ φ* **Rv**^{ac} *ζ* *ἀγγέλλῶν* **Aa** *ἀγγέλλων* **B**^{1}**OGVrPRfRwA**$^{c\gamma\rho}$ **LZZm**^{1c}**Zu**^{pc}**T**^{z} || **1076** *ζῆν* **Mn** | *οὑμὸς* fere **RwZ** | *σήμηναί* fere **RwZc** || **1077** *τοῦδ'* **Rf** (sicut coni. Markland, Porson) *τί δ'* **S** | *ὥς σ'* **B**^{3}**SaAaRf**^{s}**Rw**^{pc} **Rv***χ ζ***T**^{z}, ^{p}*Σ* et **V**^{2g} *ὡς* ***ω*****G*Θ*FPrPRfRw**^{ac}*κ***L**, ^{1e}*Σ* | *ἀπαλλάξαι* **MnRw**^{ac} | *φόνου* **Vr** (~**Vr**$^{\gamma\rho}$) *φόρου* **Zb** || **1078** *τί δ' ἑπτ. –πῶς ἔχουσι; –περιβολαί;* dist. Apitz coll. Hel. 873 | *δ'* om. **C** | *ἑπτάπυλοι* **V**^{2s}**RwL** | *ἔχουσιν* **OMn** || **1079** om., inter lin. add. **Zb** | *ἄνθραυστοι* **O** *αὔθρ.* **Xa** (~**gE**) [***Π***^{9} ***Π***^{12}] | *καιουκανηρραστα*[***Π***^{9} (~**gE**) [***Π***^{12}]

ΙΟ. ἦλθον δὲ πρὸς κίνδυνον Ἀργείου δορός;
ΑΓ.$^{\alpha}$ ἀκμήν γ᾽ ἐπ᾽ αὐτήν· ἀλλ᾽ ὁ Καδμείων Ἄρης
κρείσσων κατέστη τοῦ Μυκηναίου δορός.
ΙΟ. ἓν εἰπὲ πρὸς θεῶν, εἴ τι Πολυνείκους πέρι
οἶσθ᾽· ὡς μέλει μοι καὶ τόδ᾽, εἰ λεύσσει φάος.
ΑΓ.$^{\alpha}$ ζῇ σοι ξυνωρὶς εἰς τόδ᾽ ἡμέρας τέκνων.
ΙΟ. εὐδαιμονοίης. πῶς γὰρ Ἀργείων δόρυ
πυλῶν ἀπεστήσασθε πυργηρούμενοι;
λέξον, γέροντα τυφλὸν ὡς κατὰ στέγας
ἐλθοῦσα τέρψω, τῆσδε γῆς σεσωμένης.
ΑΓ.$^{\alpha}$ ἐπεὶ Κρέοντος παῖς ὁ γῆς ὑπερθανὼν
πύργων ἐπ᾽ ἄκρων στὰς μελάνδετον ξίφος
λαιμῶν διῆκε τῇδε γῇ σωτήριον,
λόχους ἔνειμεν ἑπτὰ καὶ λοχαγέτας
πύλας ἐφ᾽ ἑπτά, φύλακας Ἀργείου δορός,
σὸς παῖς, ἐφέδρους ⟨θ᾽⟩ ἱππότας μὲν ἱππόταις

1087 *πυργηρούμενοι*] Phot. lex. II 123 Naber || **1091–1092** cf. Philostr. imag. 1, 4

1080 *ἤλθεν* F^{c}P *ἤλθες* Pr [Π^{9} Π^{12}] | *δουρός* R^{s} [Π^{9} Π^{12}] || **1081–1082** om., in ima pag. scr. Rv || **1081** *γ᾽* om. Φ Zm^{pc} Zu *δ᾽* G^{ac} Rw [Π^{9} Π^{12}] | *ἐς αὐτήν* B [Π^{9} Π^{12}] | *αλο* Π^{9} *ἀλλ᾽ ὦ* Mt [Π^{12}] | *κακαδμε*[Π^{9} [Π^{12}] || **1082** om., inter lin. add. Mn | *κρεῖσσον* M^{ac} F^{1} (~F^{c}) *κρείσσον* M^{1pc} *κρείσθων* Aa^{1} (~Aa^{3}) *κεισ*[Π^{9} [Π^{12}] | *κατέστη* om. S (~Π^{12}) *μετέστι* Rw]*π*[*ε*]*στη* Π^{9} | *δουρός* R^{s} [Π^{9} Π^{12}] || **1083** *εἴ τι* om. Rw *ετι* Π^{9} [Π^{12}] || **1084** om. P Xb Ad (~Xb^{marg}) | *οἶσθα* plene scr. Π^{9} Φ Zb^{ac} [Π^{12}] | *μέλοι* A (~Π^{9}) *μέλλει* V Θ F Rw (~Vr^{pc}) [Π^{9} Π^{12}] | *μοι* om. Rw *μου* V (~Π^{9}) [Π^{12}] | *τάδ᾽* Rv^{uv} *τοῦδ᾽* B^{3} V R γ φ Aa^{3} Rf Λ (~Zm^{2} Π^{9}) [Π^{12}] | *λεύσει* M V C R γ Φ Rf L Z Zb Zc (~R^{s} Mn^{pc}) *λευσ.*[Π^{9} *λ*]*υεσει* Π^{12} || **1085** om. Aa^{1} (~Aa^{2marg}) | nuntii notam om. R^{1} Mt (~R^{2}) | *σοι*] *σ᾽ ἥ* G (~Π^{9}) [Π^{12}] | *ἐς* Matthiae (~Π^{9}) [Π^{12}] || **1086** Ioc. notam om. Aa^{1} Mt (~Aa^{2}) | *εὐδαιμονείας* Rw (~Π^{9}) [Π^{12}] | *γὰρ* om. Zu (~Π^{9}) [Π^{12}] | *αργειον* Π^{9} (quod coniecisse Fix dicitur) [Π^{12}] || **1087** *ἀποστήσασθε* R *ἐπεστ.* L *απεστησαθε* Π^{9} [Π^{12}] | *πυργυρ-* G S F^{1} Rf Z T^{z} (~F^{c} Π^{9}, Phot.) [Π^{12}] || **1088** *γειροντα* Π^{9} [Π^{12}] || **1089** *ελθωσα* Π^{9} [Π^{12}] | *σεσωμενης* Π^{9}, sicut scr. Wecklein (vide praef. § 20) *σεσωσμ-* Ω (*σεσωσμ.* – 1090 *γῆς* om. S) [Π^{12}] || **1090** sqq. nuntii rhesin retractatam iud. Naber, Walter, Balsamo, Dihle, partim ob Menoecei mortem tam breviter commemoratam, partim ob ducum catalogum 1104–1140; vide Phoenix 32, 1978, 105–128 et infra ad 1100–1103 et 1104–1140 || **1090** *ὁ* om. Mn Vr, ante *παῖς* transp. Sa (~Π^{9}) [Π^{12}] | *ὕπερ θανὼν* O V Rv Rw A *ὑπερβαλὼν* Z^{γρ} Zm^{1} Zu^{ac}, Σ$^{Thom.}$ (~Zm^{2} Π^{9}) [Π^{12}] || **1091** *στὰς*] *τας* Π^{9} [Π^{12}] || **1092** *λαιμὸν* B^{3s} O β Pr Sa δ Rw L (~Rw^{s}) (cf. 1397 sq. *στέρνα . . . διῆκε λόγχην* [sed locus vix sanus]) *λαιμόνων* R (~R^{s}) *λαιμοῦ* Aa^{3} *λαιμωι* Π^{9} *πλοιῶν* A [Π^{12}] | *διῆκεν* Vr^{ac} [Π^{9} Π^{12}] | *τῆσδε γῆς* O Θ F Pr δ Rf χ^{s} Z (~Π^{9}) [Π^{12}] | *σωτηρον* Π^{9} [Π^{12}] || **1093** *λωχους ενιμαν* (ε supra ι) Π^{9} [Π^{12}] || **1094** *ἁπτὰ* Zb (cf. 245) (~Π^{9}) [Π^{12}] | *φύλακὰς* R | *ἀργείον* Rv (vol. *ἀργείων*?) (~Rv^{r} Π^{9}) [Π^{12}] || **1095** om. ϰ (inter lin. scr. Mt^{pc}) | *σὸς παῖς* om. V^{1} (in fine v. 1094 add. V^{3}) [Π^{9} Π^{12}] | *ὁ* ante *σὸς* add. Mt^{pc} [Π^{9} Π^{12}] |

ἔταξ', ὁπλίτας δ' ἀσπιδηφόροις ἔπι,
ὡς τῷ νοσοῦντι τειχέων εἴη δορὸς
ἀλκὴ δι' ὀλίγου. περγάμων δ' ἀπ' ὀρθίων
λεύκασπιν εἰσορῶμεν Ἀργείων στρατὸν
Τευμησὸν ἐκλιπόντα, καὶ τάφρου πέλας
† δρόμῳ ξυνῆψαν † ἄστυ Καδμείας χθονός.
παιὰν δὲ καὶ σάλπιγγες ἐκελάδουν ὁμοῦ
ἐκεῖθεν ἔκ τε τειχέων ἡμῶν πάρα.
καὶ πρῶτα μὲν προσῆγε Νήισταις πύλαις
λόχον πυκναῖσιν ἀσπίσιν πεφρικότα

1096 *ἀσπιδηφόροις*] cf. (?) Georg. Pisid. exped. Pers. 3, 402 || **1098a–1099b** Σ 1095 || **1099** sch. vet. Soph. Ant. 106; Σ 111; Σ 1130; cf. sch. vet. Soph. Ant. 114 || **1102** Σ^{Gu} 1377 || **1104** *Νήισταις πύλαις*] Hsch. *ν* 458 || **1105b** Eust. 473, 4

Codd.: Π^{1} (1097–1107), Π^{12} (1113–); *ω* = **MBOVC**, **G**, *Θ* = **RMnSVr**, *Φ* = **FPrSa**, *Ψ* = **AaPRfRvRw**, *Ξ* = **AMtXXaXb**, *Λ* = **LZZbZcZm ZuT**^{z}

ἐ

ιφέδρους om. **O** [Π^{9} Π^{12}] | ⟨*ϑ'*⟩ Valck. et Reiske ⟨*δ'*⟩ Grotius (~ Π^{9}) [Π^{12}] | *ππιωτας* Π^{9uv} [Π^{12}] | *ἱππόταις μὲν ἱππότας* **G** (~ Π^{9} Π^{12})

1096 *τάξας* Hermann (1095 *ϑ'* non addito) | *δ'* om. **δ RfRv** | *ἀσπιδιφ-* **Vr** *ἀσπιδοφ-* **F**^{1}**Rw** (~ **F**^{c}**Rw**^{s}) *-φόρους* **M**^{ac}**B**^{1}**CG**^{ac}**F**^{c}**Pr δ ϰ Zb**^{s}**T**^{zs} (~ **M**^{pc}**B**^{3}**Mt**^{pc}) *-φήρους* **O** || **1097** *τῷ*] *το* Π^{1} (~ Π^{1s}) || **1098** post *ὀλίγου* dist. **B**^{3}**GAa χ ζ T**^{z} nullum punctum hab. **OV**^{1}**Rw** (Π^{1}) post *ἀλκή* dist. **V**^{2} rell., Σ 1095 | *δι' ὀλίγων* **P** (~ Π^{1}, Σ 1095) | *δ'* om. **C**, Σ 1095 *τ'* *Θ* **AaRvRw** *Ξ* (~ Π^{1}) | *απορθων* Π^{1} || **1099** *λεύκασπιν* om. Σ 1095 (~ Π^{1}, Σ 111, Σ 1130, sch. Soph.) | *εἰσωρῶμεν* **Rv**^{s} (~ Π^{1}) | *ἀργεῖοι* Σ^{MC} 111 (~ Π^{1}, test. alia) || **1100–1103** spurios iud. Dihle (vide ad 1104–1140); tantum 1101 del. Kirchhoff, 1100–1101 susp. Wecklein, sed melius post impetus mentionem quam sine illius mentione commemoratur tubarum sonus (omnes hab. Π^{1}) || **1100** *τευμ-* Π^{1} *ω* **GF**^{1}**P**^{γρ}**RfRwALZm** *τελμ-* **M**^{2}**F**^{c}**Rf**^{s}**Rv**^{pc} rell. (*τεκμ-* **RMt**, fort. *τωμ-* **Rv**^{ac}) *-ησσὸν* Π^{1}**MBCRwZm**^{1c}**Zu** *-ησὸν* fere **P**^{γρ} rell. (*-ισὸν* **PZ**) | *ἐκλείποντα* **VCRv**^{s}**LZ**^{s}**ZmZuT**^{zac}**T**^{s} (~ Π^{1}**T**^{pc}) *ἐκλίπ-* **Mt** || **1101** versum aut graviter corruptum aut spurium iud. Kirchhoff | *ξυν-* Π^{1} *Θ* **Aa RfRv** *συν-* rell. *-ῆψαν* Π^{1}**R**^{s}, cf. $^{g}\Sigma$ *-ῆψεν* *Ω* | *συνῆψεν ἄστυ* explicari non potest: *δρόμῳ ξυνῆψ' ἐς* Harberton (iam *ξυνῆλθ' εἰς* Blaydes), *δρόμῳ παρῆν* (vel *παρόντ'*) *ἐπ'* Rauchenstein, *δρόμοισιν ἦλθεν* Carstens; tentabam *δρόμοις ἐνῆψαν* (vel *ἀνῆψαν*?) coll. $^{g}\Sigma$ *περιέλαβον περιεκύκλωσαν*, vel *δρόμοις ἐπῆξαν* vel, retento *δρ. ξυνῆψαν* (sc. *μάχην*), *Καδμείων ἔπι* | *καδμειων* Π^{1} (~ Π^{1s}) || **1102** *σάλπιγγος* **XaXb** (~ Π^{1}, Σ^{Gu} 1377) | *ἐκκελάδουν* **ϰ** (~ Π^{1}, Σ^{Gu} 1377) || **1103** *τε* om. **C** (~ Π^{1}) *δε* fort. vol. Π^{1s} | *τειγεων* Π^{1} | *ἐμῶν* **Xa** (~ Π^{1}) || **1104–1140** incertum an Euripidi tribui debeant, unde etiam dubites an locos difficiles separatim emendare vel secludere deceat: cf. Phoenix 32, 1978, 105–128 et A. Dihle, Der Prolog der 'Bacchen' 73–84; catalogum primus susp. Morus, del. (post Walter et Wecklein) Powell, Fraenkel (cf. ad 1090 sqq.) || **1104** *μὲν* om. **R** (~ Π^{1}) | *νηίσταις* Π^{1}**C** (sicut coni. Unger), cf. Hsch. *νηι*ταις* *νηίταις* rell. (*νη ταις* [spatium duarum litt.] **R**^{1}, *νηι ταις* **R**^{2}) utra forma vera sit decerni non potest || **1105** *πυκναῖσι* **Mn** *-αῖς* **Z**, Eust. (~ Π^{1}) | *ἀσπίσιν* Π^{1}**MBORSAa** *Ξ* **ZbT**^{z} *-σι* rell., Eust.

ὁ τῆς κυναγοῦ Παρθενοπαῖος ἔκγονος,
ἐπίσημ᾽ ἔχων οἰκεῖον ἐν μέσῳ σάκει,
ἑκηβόλοις τόξοισιν Ἀταλάντην κάπρον
χειρουμένην Αἰτωλόν. εἰς δὲ Προιτίδας
πύλας ἐχώρει σφάγι᾽ ἔχων ἐφ᾽ ἅρματι
ὁ μάντις Ἀμφιάραος, οὐ σημεῖ᾽ ἔχων
ὑβρισμέν᾽ ἀλλὰ σωφρόνως ἄσημ᾽ ὅπλα.
Ὠγύγια δ᾽ εἰς πυλώμαθ᾽ Ἱππομέδων ἄναξ
ἔστειχ᾽ ἔχων σημεῖον ἐν μέσῳ σάκει
στικτοῖς Πανόπτην ὄμμασιν δεδορκότα,
τὰ μὲν σὺν ἄστρων ἐπιτολαῖσιν ὄμματα
βλέποντα, τὰ δὲ κρύπτοντα δυνόντων μέτα,
ὡς ὕστερον θανόντος εἰσορᾶν παρῆν.
Ὁμολωίσιν δὲ τάξιν εἶχε πρὸς πύλαις
Τυδεύς, λέοντος δέρος ἔχων ἐπ᾽ ἀσπίδος
χαίτῃ πεφρικός· δεξιᾷ δὲ λαμπάδα

1109 b – 1111 a $\Sigma^{\mathrm{Mosch.}}$ 174 || **1112** cf. Iulian. ep. 303D; Philostr. heroic. 19, 4 || **1115** *Πανόπτην*] (?) Phot. lex. s. v. *πανόπτης* (II 51 Naber) || **1116 – 1117** cf. Eust. 182, 29 – 30 (cf. pseudo-Eudoc. Aug. violar. p. 272 Flach) || **1120 b – 1121 a** cf. Eust. 473, 5; 485, 3; 935, 61

1106 *κυνηγοῦ* **AaRw**^{s}**Zc**^{s}**Zu**^{s} ($\sim$***Π***^{1}) | *παρθενοπαιον* ***Π***^{1} *-παῖς* **Zb** | *ἔγγονος* **VrRf** *εγγονου* ***Π***^{1} *γόνος* **Mn**^{pc}**PrSaP** || **1108** *ἑκηβόλοισι* **O** ($\sim$***Π***^{6}) | *τόξοισι* **RZc**^{ac} *-οις* **ZmZu** ($\sim$***Π***^{6}) || **1109** *ἐς* **L** (sicut scr. Brunck) ($\sim\Sigma^{\mathrm{Mosch.}}$ 174) || **1110** *σφάγισφάγι᾽* **S** | *ἅρμασι* **Aa** *-σιν* **V**^{2s}**F**^{c} (vel **F**^{2}) **P*χ***, $\Sigma^{\mathrm{Mosch.}}$ 174 || **1111** *ὁ μάντις* om. $\Sigma^{\mathrm{Mosch.}}$ 174 | *ἀμφιάρεος* **O** ($\sim\Sigma^{\mathrm{Mosch.}}$ 174) || **1112** *συμφρόνως* **Rw** *σώφρονα* **Pr** || **1113** *ὠγίγυα* **ZmZu** ($\sim$***Π***^{12}) | *θ᾽* **B** [***Π***^{12}] | *ἐς* Matthiae [***Π***^{12}] | *πυλώμεθ᾽* **ORX**^{ac} [***Π***^{12}] || **1114** *ἔστηχ᾽* **MV**^{1} (in ras.) **F**^{1} **AaRv**^{ac}**RwZZu** ($\sim$**Rv**^{r}) *εστιχ[* ***Π***^{12} *ἔστηκ᾽* fere ***β Φ***^{c} | post *σάκει* add. *δράκοντα* **R** [***Π***^{12}] || **1115** *ὄμμασιν* **BO*Ξ*** ($\sim$**Xa**) **ZbT**^{t} *-σι* **T**^{z} rell. [***Π***^{12}] || **1116 – 1118** locus conclamatus: 1118 pro spurio hab. Valck., etiam 1116 – 1117 susp.; 1116 – 1118 del. Bergk et olim Hartung (hab. ***Π***^{12}); ante hos versus lacunam stat. Hermann, et scholio Thomano nimis fidens et falso ratus non intelligi posse *πανόπτην* sine nomine addito; vide Phoenix 32, 1978, 118 – 121: dubites utrum insolitas locutiones horum versuum (anacoluthon, intransitivum *κρύπτω*) tribuas Eur. ipsi an interpolatori an corruptelae || **1116** *σὺν* om. **B**^{ac} ($\sim$**B**^{1s}) *ξὺν* **R*ΦΨ*ZZbT**^{z}, Eust. ($\sim$ps.-Eud.) [***Π***^{12}] | *ὀμμάτων* **B**^{2}**Sa**^{s} [**Rw*Π***^{12}] *ὄμματ᾽ ἦν* Valck., *ὄμμασι* (una cum *τοῖς μὲν*) Paley (*ταμ[* ***Π***^{12}) || **1117** *βλέποντα* etiam ***Π***^{12uv} *κλῄοντα* post Seidler Blaydes, *οἴγοντα* Geel | *κρύπτοντα*] *κύπτοντα* Markland (etiam cod. Laur. 31, 18 teste Matthiae), *μύοντα* Geel, *τὰ δ᾽ ἀγρυπνοῦντα* Kirchhoff [***Π***^{12}] | *δυόντων* **Pr** [***Π***^{12}] | *μέτα* om. **R**^{1} ($\sim$**R**^{2}) [***Π***^{12}] || **1119** *ὁμολωίσι* fere **V*β Φ*RfRw*λ*** *μολωίσι* **P** *ομ[ο]λογω[* ***Π***^{12} | *δὲ* om. **Mn**^{ac} [***Π***^{12}] | *πύλας* **B**^{1} ($\sim$**B**^{2}) [***Π***^{12}] || **1120** *τυδεὺς* in ras. scr. **L**^{2} | *δέρας* **Mn**^{pc}**PrSaRf ZZb**^{2}**Zc** *δέμας* Lenting, *τέρας* E. O. Schmidt [***Π***^{12}] | *ἀσπίδος* **OGR*γ* Aa**^{s}**Rw**^{pc}***χ*** **ZZbT**^{ts} et fort. **T**^{z} *ἀσπίδι* **T**^{tuv} rell. *αὐχένι* (una cum 1121 *ἐν σάκει* pro *δεξιᾷ*) Pearson [***Π***^{12}] || **1121 – 1124** om., in imo marg. suppl. **Rv** || **1121** *πεφρικὼς* **MV**^{ac}**PRw** [***Π***^{12}] | *δεξιὰ* **MCMtZb** | *τε* **Rw** [***Π***^{12}]

Τιτὰν Προμηθεὺς ἔφερεν ὡς πρήσων πόλιν.
ὁ σὸς δὲ Κρηναίαισι Πολυνείκης πύλαις
Ἄρη προσῆγε· Ποτνιάδες δ' ἐπ' ἀσπίδι
ἐπίσημα πῶλοι δρομάδες ἐσκίρτων φόβῳ,
εὖ πως στρόφιγξιν ἔνδοθεν κυκλούμεναι
πόρπαχ' ὑπ' αὐτόν, ὥστε μαίνεσθαι δοκεῖν.
ὁ δ' οὐκ ἔλασσον Ἄρεος εἰς μάχην φρονῶν
Καπανεὺς προσῆγε λόχον ἐπ' Ἠλέκτραις πύλαις·
σιδηρονώτοις δ' ἀσπίδος τύποις ἐπῆν
γίγας ἐπ' ὤμοις γηγενὴς ὅλην πόλιν
φέρων μοχλοῖσιν ἐξανασπάσας βάθρων,
ὑπόνοιαν ἡμῖν οἷα πείσεται πόλις.
ταῖς δ' ἑβδόμαις Ἄδραστος ἐν πύλαισιν ἦν,
ἑκατὸν ἐχίδναις ἀσπίδ' ἐκπληρῶν γραφῇ,
{ὕδρας ἔχων λαιοῖσιν ἐν βραχίοσιν}
Ἀργεῖον αὔχημ'· ἐκ δὲ τειχέων μέσων

1124–1125 cf. Eust. 269, 35 ‖ **1129** cf. Paus. 9, 8, 7 ‖ **1130** cf. Eust. 678, 24 ‖ **1135–1136a** sch. Lucian. 1, 8 (p. 5, 24–25 Rabe); cf. Verg. Aen. 7, 657–658

Codd.: Π^1 (1126–1137), Π^{12} (–1129); ω = **MBOVC, G,** Θ = **RMnSVr W** (1150–), Φ = **FPrSa**, Ψ = **AaPRfRvRw**, Ξ = **AMtXXaXb**, Λ = **LZZbZc ZmZu**T^z

1122 *ὡς τιτὰν* **Pr** ($\sim \Pi^{12}$) | *ἔφερ'* **Pr** [Π^{12}] | *ὧς* **Mn**, sicut suadet Σ et scr. Musgrave (∼ Σ alter) ‖ **1123** *κρηναίαισιν* **O** [Π^{12}] ‖ **1124** *ἄρη* **M**B^1**VC**F^1**P**A^c**ZZb**^{1} **Zu**T^z *ἄρηι* **O** *ἄρην* B^2F^c**Zb**$^2T^t$ rell. [Π^{12}] | *προσῆγεν* **Mn** [Π^{12}] | *πότνια* **Rw** [Π^{12}] | *θ'* **Zu** [Π^{12}] | *ἐς* R^s [Π^{12}] | *ἀσπίσι* **Aa**^{1} (∼ **Aa**^{2}) [**Rv** Π^{12}] ‖ **1125** *ἐπίσημοι* L^1 (∼ L^2) [Π^{12}] | *πῶλοι* om. R^1 (∼ R^{2s}) [Π^{12}] ‖ **1126** *στρόφιξιν* **P** *στρόφιγξ'* **AaMt** *στρόφιγξι γ'* fere Θ *ε* ($\sim \Pi^1$) [Π^{12}] ‖ **1127** *πρόπαχ'* **PrZc**^{ac} ($\sim \Pi^1$ Π^{12}) | *ὑπ' αὐτὴν* **O** ($\sim \Pi^1$) [Π^{12}] | *ὥστε*] *ωστονωστε* Π^1 ‖ **1128** *ἄρεως* **C** *γ* ($\sim \Pi^1$, **gE**) [Π^{12}] | *ες* Π^1 (sicut scr. Brunck) (∼ **gE**) [Π^{12}] ‖ **1129** *καππανεὺς* **O** *ζ* ($\sim \Pi^1$) [Π^{12}] (cf. 180, 1172) | *προσῆγεν* **Mn** *προσηκε* Π^{1ac} [Π^{12}] | *ἠλέκτρῆς* **O** *ἠλέκτρας* **Mt** ($\sim \Pi^1$) [Π^{12}] ‖ **1130** *σιδηρονώτου* Π^1, sicut coni. Valck. | *δ'* om. **C**F^1 (∼ F^c), post *τύποις* transp. **G** ($\sim \Pi^1$) | *τύποις*] *κυκλοις* Π^1 ‖ **1131** *ὅλην* om. **S** ($\sim \Pi^1$) ‖ **1132** *ἐξαναρπάσας* **P** ($\sim \Pi^1$) | *βάθρων* fere Π^1 (fort. ex corr.) $M^{γρ}C^{γρ}$ Θ **Sa**^{γρ} **Aa** *ε* *βίᾳ* **Mn**^{γρ} **Vr**^{γρ} **Aa**^{γρ} rell. (et fort. Π^{1ac}) ‖ **1133** del. Valck. | *υπονοιαϋμιν* Π^1 | post *πόλις* add. *διδοὺς* **Rw** (= $B^{2g}V^{2g}$**Mn**^{g}**Pr**^{g}) ($\sim \Pi^1$) ‖ **1134** *δ'* om. **MA** ($\sim \Pi^1$) | *ἑβδόμοις* **PRw** ($\sim \Pi^1$) | *ἄδραστον* *γ* ($\sim \Pi^1$) | *πύλαις* **Mn** ($\sim \Pi^1$) ‖ **1135** post *ἑκατὸν* add. *δ'* **O Aa** *ε* ($\sim \Pi^1$, sch. Luc.) | *ἐχίδνας* **Sa**^{s} | *ἀσπίδι* **Sa** ($\sim \Pi^1$, sch. Luc.) | *γραφὴν* **J** (teste Porson), sicut coni. Valck. (dist. post *ἐκπληρῶν*) [Π^1] ‖ **1136** del. Murray (iam del. Wecklein, scr. 1135 *ὕδρας* pro *γραφῇ*) (hab. Π^1 et ut vid. Verg.) | *υδραν* Π^1, fort. recte, si versus ab explicatione ortus est (∼ sch. Luc.) *ἕδρας* F^1 (∼ F^c) *ὕδραις* *ζ* *οὖδας* R^1 (∼ R^2) | *λαοῖσιν* **C** *λαίαισιν* **Z** *λαινοῖσιν* R^{ac} ($\sim \Pi^1$) | *βραχειοισιν* Π^1 *-ίοισιν* **A** *-ίοσι* **V** ‖ **1137** *ἀργείων* **VMn**^{ac}**PrRfRwMt**L^1**ZbZu**^{ac} (∼ **Rw**$^s L^2$ Π^1) | *μέσον* **Sa** [Π^1]

δράκοντες ἔφερον τέκνα Καδμείων γνάθοις.
παρῆν δ' ἑκάστου τῶνδέ μοι θεάματα
ξύνθημα παρφέροντι ποιμέσιν λόχων.
καὶ πρῶτα μὲν τόξοισιν καὶ μεσαγκύλοις
ἐμαρνάμεσθα σφενδόναις θ' ἑκηβόλοις
πέτρων τ' ἀραγμοῖς· ὡς δ' ἐνικῶμεν μάχῃ,
ἔκλαγξε Τυδεὺς καὶ σὸς ἐξαίφνης γόνος·
Ὦ τέκνα Δαναῶν, πρὶν κατεξάνθαι βολαῖς,
τί μέλλετ' ἄρδην πάντες ἐμπίπτειν πύλαις,
γυμνῆτες ἱππῆς ἁρμάτων τ' ἐπιστάται;
ἠχῆς δ' ὅπως ἤκουσαν, οὔτις ἀργὸς ἦν·
πολλοὶ δ' ἔπιπτον κρᾶτας αἱματούμενοι,
ἡμῶν τ' ἐς οὖδας εἶδες ἂν πρὸ τειχέων
πυκνοὺς κυβιστητῆρας ἐκπεπνευκότας·
ξηρὰν δ' ἔδευον γαῖαν αἵματος ῥοαῖς.
ὁ δ' Ἀρκάς, οὐκ Ἀργεῖος, Ἀταλάντης γόνος
τυφὼς πύλαισιν ὥς τις ἐμπεσὼν βοᾷ
πῦρ καὶ δικέλλας, ὡς κατασκάψων πόλιν·
ἀλλ' ἔσχε μαργῶντ' αὐτὸν ἐναλίου θεοῦ

1141–1142 cf. Eust. 344, 15 || **1150–1152** cf. Lycophr. Alex. 296–297 || **1151** *κυβιστητῆρας*] Hsch. *κ* 4378 || **1155** cf. Philostr. imag. 2, 22 || **1156–1157** cf. [Apollodor.] bibl. 3, 6, 7

1138 *φέρον* **Rf** || **1139** *ἑκάστῳ* ***Θ*** (~**Mn**^{s}) | *τῶνδ' ἐμοὶ* **CGRSaAaRfRv*κ*** || **1140** *σύνθημα* ***ΘΨ*** (~**Vr**^{pc}) *ξυνθήματα* **G**^{ac} (= ***χ***^{g}) | *παρφ-* **BV**^{1}**G**^{pc}***Θ*****SaP*ε*LZ ZmZu**^{ac} *παραφ-* **MOV**^{2s}**CG**^{ac}**F**^{1}**PrAa*Ξ*** *προσφ-* **T**^{t} in ras. (etiam **Yf**) *προφ-* **Zb**^{1pc}**ZcZu**^{pc} [**Zb**^{ac}] | post *-φέροντι* add. *μοι* **Aa** | *ποιμέσιν* **MBOGRA*χ*ZbT**^{z} *-έσι* rell. || **1141** *καὶ*^{1} om. ***γ*** | *τόξοις* **F**^{1} (~**F**^{2}) | *μεσαγγύλοις* **RfRwMt** || **1142** *ἐμαρνάμεσθ'* **M** *-άμεθα* **CRPrSaPRfRwZZu** (~**R**^{s}) | *σφενδόνοις* ***κ*** | *θ'* om. **SaRw** *τ'* ***ω*****RFPr*κ*** (~**V**^{2}) *δ'* **Mn** | *ἐκηβόλοις* **MV**^{1} (~**V**^{2}) || **1143** *πέτρων* scr. Wecklein, praeeunte Lobeck ad Soph. Ai. 727–728 (cf. IT 327, Aesch. Pers. 460, al.) *πετρῶν* ***Ω*, *Σ*** | *ταραγμοῖς* **GSSaZ** *τ' ἀργμοῖς* **Rv**^{1} (~**Rv**^{r}) *ἀραγαῖς* **V**^{γρ}**R**^{γρ}**Vr**^{γρ} || **1144** *καὶ ὁ σὸς* **M** *χ' ᾡ σὸς* **ZZmZu** *ὁ σὸς δ'* ***Φ*** *καὶ σὸς δ'* **F**^{2} || **1145** om. **S** || **1146** *μέλετ'* **VMnPrRf**^{ac} (~**Rf**^{1pc}) | *ἐκπίπτειν* **X** || **1147** *γυμνῆται* **G** *γυμνῆτ'* **Aa** | *ἱππῆς* **MB** *ἱππεῖς* **B**^{2s} (fort. **B**^{1s}) rell. | *τ'* om. **VGJ** (sicut coni. Valck.; sed vide Ba. 694 et Denniston, GP^{2} 501) || **1149** *κρᾶτας* **MBOGRvAXXbLZbT**^{z} *κάρας* **Rw** *κράτας* rell. | post *κρᾶτας* add. *θ'* **Rv**, *δ'* **VRf** || **1150** *δ'* ***Θ*****Rw** (~**Rw**^{s}) | *ᾔδες* **BV**^{2s}**C** | *τ' ἂν* **Mn** | *πρὸς* **R** || **1151** *κυβιστηστῆρας* **M**^{ac} *κυβηστητῆρας* **OG RwA**^{1pc} *κυβιστῆρας* fere **CPrSaRfA**^{ac}**X*ζ***, Hsch. (*κυβη-* **CA**^{ac}, Hsch.) [**W**] || **1152** *οἱ* ante *ξηρὰν* add. **Rw** (*δ'* om.) | *τ'* **W** || **1153** *ὁ δ'*] *οὐδ'* **Mn** | *ἀργείους* **Mn** [**W**] | *ἀτλάντης* **C** | *ὁ* ante *γόνος* add. **Rw** || **1154** *τυφὼν* **Rw**^{s} | *ὅς τις* fere **Rf Rv**^{pc}**L**^{2} (in ras.) **Zb** | post *βοᾷ* add. *φέρετε* **G** || **1155** *καὶ* om. **C** | *δικέλλας* **MBV CF**^{1}***Λ*, *Σ*** *δίκελλαν* **F**^{c} (vel **F**^{2}) **L**^{2} rell. post *δίκελλαν* add. *φέρων* **Aa**^{1} (del. **Aa**^{2} vel **Aa**^{3}) | *κατασκάψω* **GF**^{2}**Mt*χ***, cf. ***χ***^{g} *καταβάλω καταστρέψω* [**W**] | *πόλιν* om. **Mt**^{ac} || **1156** *μαργῶτ'* **L** | *ἐνναλίου* **ZZmZu**

Περικλύμενος παῖς λᾶαν ἐμβαλὼν κάρᾳ
ἁμαξοπληθῆ, γεῖσ᾽ ἐπάλξεων ἄπο·
ξανθὸν δὲ κρᾶτα διεπάλυνε καὶ ῥαφὰς
ἔρρηξεν ὀστέων, ἄρτι δ᾽ οἰνωπὸν γένυν
καθῃμάτωσεν· οὐδ᾽ ἀποίσεται βίον
τῇ καλλιτόξῳ μητρὶ Μαινάλου κόρῃ.
ἐπεὶ δὲ τάσδ᾽ εἰσεῖδεν εὐτυχεῖς πύλας,
ἄλλας ἐπῄει παῖς σός, εἰπόμην δ᾽ ἐγώ.
ὁρῶ δὲ Τυδέα καὶ παρασπιστὰς πυκνοὺς
Αἰτωλίσιν λόγχαισιν εἰς ἄκρον στόμα
πύργων ἀκοντίζοντας, ὥστ᾽ ἐπάλξεων
λιπεῖν ἐρίπνας φυγάδας· ἀλλά νιν πάλιν
κυναγὸς ὡσεὶ παῖς σὸς ἐξαθροίζεται,
πύργοις δ᾽ ἐπέστησ᾽ αὖθις. εἰς δ᾽ ἄλλας πύλας
ἠπειγόμεσθα, τοῦτο παύσαντες νοσοῦν.
Καπανεὺς δὲ πῶς εἴποιμ᾽ ἂν ὡς ἐμαίνετο;
μακραύχενος γὰρ κλίμακος προσαμβάσεις

1157–1158 cf. Nicephor. Basilac. or. 3, 10 (57, 14–15 Garzya) ‖ **1159 a** Eust. 786, 22 | *διεπάλυνε*] Hsch. *δ* 1611 ‖ **1162** cf. [Apollodor.] bibl. 3, 9, 2 ‖ **1163–1164 a** *Σ* 1095 ‖ **1172–1182 a** sch. Tzetz. Lycophr. Alex. 436 ‖ **1172–1179** cf. sch. rec. Aesch. Sept. 87–92 Smith

Codd.: *ω* = **MBOVC** (–1164), **G**, *Θ* = **RMnSVrW**, *Φ* = **FPrSa**, *Ψ* = **AaPRf RvRw**, *Ξ* = **AMtXXaXb**, *Λ* = **LZZbZcZmZuT**^{z}

1157 *περικλήμενος* *γ* **Sa** | *λᾶαν* **MOGA***χ***LZbT**^{z} *λάαν* rell. [**W**] ‖ **1158** om. **M**^{1}, in marg. scr. **M**^{2} (unde versum susp. Wecklein) | *γεῖσ᾽* **MBOVR***Ξ* (~**X**) *γῆς* **C** *γῆσσ᾽* **Rv**^{1} *γεῖσσ᾽* **Rv**^{r} rell. (cf. 1180) ‖ **1159** *ξανθὴν* **Mn**^{s}**Sa** (~**Sa**^{s}, Eust.) | *δὲ* om. **Rf**, Eust. | *κράτα* **VC***Θ***SaP***ζ* *κάρα* **Rw** (~Eust.) | *διαπάλλυνε* **SA**^{1pc}**ZZm Zu** *διεπάλυνεν* **OCRRv**, cf. Hsch. *διέπλυνεν* (~Eust.) ‖ **1160** *καὶ ῥαφὰς* e versu praecedente rep. **L**, deinde del. ‖ **1162** *καὶ* ante *μαινάλου* add. **Mt**^{uv} | *κόρῃ*] *χθόνα* ^{γρ}*Σ* [**W**] ‖ **1163** *ἐπειδὴ τάσδ᾽* *Σ*^{MBC} 1095 (tantum *τάσδ᾽* *Σ*^{V}) | *ἐσεῖδεν* **G***ϑ* **AaRfRv** *εἶδεν* *Σ*^{V} 1095 (~*Σ*^{MBC}) | *πύλας* om. *Σ*^{V} 1095 (~*Σ*^{MBC}) ‖ **1164** post *ἄλλας* add. *δ᾽* **R** (~*Σ* 1095) | *ἄλλας ἐπ.* post *σὸς παῖς* transp. *Σ*^{V} 1095 (~*Σ*^{MBC}) | *ἐπῄει*] *ἐπήϊξε(ν)* *Σ*^{VC} 1095 *ἱππήϊς* *Σ*^{B} (~*Σ*^{M}) | *σὸς παῖς* transp. **VCGPRw**, *Σ*^{BVC} 1095 (~*Σ*^{M}) ‖ **1165** *καὶ* om. **M** ‖ **1166** *αἰτωλίσιν* **MBOGPMt**^{pc}*χ***LZbT**^{t} *-ίσι* **W***Φζ***T**^{z} *-οῖσιν* **RAaRv***ϰ* *-οῖσι* **V***β***RfRw** | *εἰς* om. **Rf** | *ἄκρων* **F**^{1} (~**F**^{c}) ‖ **1167** *ὡς* **RfRv** [**W**] ‖ **1168** *ἐρίπνας* **B**^{2}**Mt***χ* *ἐριπνὰς* fere rell., *Σ* (utrumque acc. **Rw**) paroxytonum hab. cod. L El. 210, Hsch., Et. gen. s. vv. *ἐρίπνη*/*-αι*, al. | *ἀλλά νιν πάλιν* om. **Mt**^{ac} | *μιν* **WRw** (~**Rw**^{s}) ‖ **1169** *κυνηγὸς* fere *Θ***SaZ**^{s} (*-ηγοὺς* **Mn**) | *ὁ* ante *σὸς* add. **O** | *συναθροίζεται* **Rw**^{s}**Mt** ‖ **1170** om. **Z** | *δ᾽*^{1}] *τ᾽* **F**^{1pc}, sicut coni. Lenting | *ἐπέστησεν* **W** | *ἐς* Brunck [**W**] | *δ᾽*^{2} om. **RMn**^{ac} ‖ **1171** *ἠπειγόμεθα* **VSRf Rv** *ἐπειγόμεσθα* **ZbZmZu** | *παύσαντας* **L**^{1} (~**L**^{2}) *-σοντες* **ZZbZc** | *τὸ* ante *νοσοῦν* add. **Rw** ‖ **1172** *καππανεὺς* **OZZmZu** (cf. 180, 1129) (~Tzetz.) | *δ᾽ ὅπῶς* **A** (~Tzetz.) ‖ **1173** *πρὸς ἀμβ.* **BSVrAa**^{1} *εϰ* (~**Aa**^{3}**Rv**^{r}) *πρὸς ἀναβ.* **G** (~Tzetz.)

ἔχων ἐχώρει, καὶ τοσόνδ᾽ ἐκόμπασεν,
μηδ᾽ ἂν τὸ σεμνὸν πῦρ νιν εἰργαθεῖν Διὸς
τὸ μὴ οὐ κατ᾽ ἄκρων περγάμων ἑλεῖν πόλιν.
καὶ ταῦθ᾽ ἅμ᾽ ἠγόρευε καὶ πετρούμενος
ἀνεῖρφ᾽ ὑπ᾽ αὐτὴν ἀσπίδ᾽ εἰλίξας δέμας,
κλίμακος ἀμείβων ξέστ᾽ ἐνηλάτων βάθρα.
ἤδη δ᾽ ὑπερβαίνοντα γεῖσα τειχέων
βάλλει κεραυνῷ Ζεύς νιν· ἐκτύπησε δὲ
χθών, ὥστε δεῖσαι πάντας· ἐκ δὲ κλιμάκων
ἐσφενδονᾶτο χωρὶς †ἀλλήλων† μέλη,
{κόμαι μὲν εἰς Ὄλυμπον, αἷμα δ᾽ εἰς χθόνα}
χεῖρες δὲ καὶ κῶλ᾽ ὡς κύκλωμ᾽ Ἰξίονος
εἰλίσσετ᾽· εἰς γῆν δ᾽ ἔμπυρος πίπτει νεκρός.
ὡς δ᾽ εἶδ᾽ Ἄδραστος Ζῆνα πολέμιον στρατῷ,
ἔξω τάφρου καθεῖσεν Ἀργείων στρατόν.

1174–1181 cf. sch. Lycophr. Alex. 433 || **1175** *Π*^{aa} 127 (Philodem. de pietate) || **1178–1186** cf. Quint. Smyrn. 11, 450–465 || **1178** *ἀνεῖρφ᾽ ὑπ᾽*] Hsch. α 4838 || **1179** cf. Eust. 598, 32 || **1185b** Eust. 683, 60 || **1186** cf. Philostr. imag. 2, 29

1174 *τόσον* (om. *δ᾽*) **V** (~Tzetz.) [**W**] | *ἐκόμπασε* **BVGβW**^{uv}**PrRwZbZmZuT**^{z}, Tzetz.* (~**T**^{t}) *ἐκόμπαζε* **Sa**, Tzetz.* || **1175** *εἰργαθεῖν* scr. Elmsley ad Med. 186 *εἰργάθειν* fere **Ω** (sine acc. **RZc**; *εἰργ-* **β**; *-σθην* **Rw**, *-σθειν* **Zu**) (Tzetz.?) cf. Soph. El. 1271 || **1176** *οὐ* om. **PA**^{ac} **λ** (~**A**^{cs}**L**^{2s}**Zb**^{ac} et **Zb**^{r}, Tzetz.) cf. *Σ τὸ οὐ πλεονάζει* || **1177** *ἠγόρευσε* **Rw** *ἀγόρευε* **Sa** (~**gE**, Tzetz.) | *πτερούμενος* **MV**^{2s} (~**gE**, Tzetz.) || **1178** *εἰλίξας* **MBVGMt** (cf. ad 234) *ἑλίξας* **Rw**^{s} (~**gE**, Tzetz.) [**W**] || **1179** om. Tzetz.* | *ξεστῶν* **B**^{2s} || **1180** *γεῖσα* **ωRVrF**^{1}**Prϰ** *γεῖσσα* **F**^{c} rell. (~Tzetz.) (cf. 1158) || **1181** *ζεύ* **O** *ζεῦ* **F** | *νιν ζεὺς* transp. **Rw** (~Tzetz.) || **1183–1185** del. Nauck (qui etiam 1181 *ἐκτύπησε* . . . 1182 *πάντας* del.), 1183 *χωρὶς* . . . 1186 *νεκρός* del. Altenberg (lacunam stat.), 1183–1184 del. Schenkl (1185 *χεῖράς τε* scr.); tantum 1184 del. Geel (ad 1184 nihil adnotat *Σ*); equidem vix crediderim Eur. insignem Capanei mortem tam breviter tractasse quam stat. Nauck, necnon *ἐσφενδονᾶτο* et *ὡς κύκλωμ᾽* . . . *εἰλίσσετο* Euripideo nuntio maxime idonea iudico; medelam leniorem praetuli (vide infra) || **1183** om., in marg. suppl. **A** | *καὶ σφενδονεῖτο* **R** | *ἀλλήλων* in locum participii nominativi irrepsisse suspicor (e. g. *ἐκβάλλων*, *ἀντείνων*, *ἐκτείνων*), deinde versum 1184 confectum | *μέλη*] *βέλει* vel *βέλη* Geel coll. Stat. Theb. 10, 928 sq. *μεθεὶς* (emendato 1184) Hartung || **1184** *κόμαι*] *κόρυς* (una cum *αἰχμὴ* pro *αἷμα*) Geel (nisi versus deletur) *πνοαὶ* Naber | *πνεῦμ᾽ εἰς Ὄλυμπον, σῶμα δ᾽ εἰς χθονὸς πέδον* Hartung coll. Su. 533 sq. | *αἷμα δ᾽ εἰς χθόνα*] *αἱματοσταγεῖς* Harry | *εἰς*^{2}] *ἐς* **Zc**^{ac} (sicut scr. Brunck) [**WRv**] || **1185** *καὶ* om. **Vr** | *κῶλ᾽ ὡς*] *κῶλ᾽ ἐς* **R** *κῶλες ἐς* **Mn** *κῶλα* **Rv**^{1} (~**Rv**^{r}) *κῶλ᾽* **Zb** *κῶλωμ᾽* (*κύκλωμ᾽* om.) **S** | *ἰξίωνος* **β** || **1186** *εἰλίσσετ᾽* **Z** (sicut coni. Heath) *ἑλίσετ᾽* **M** *ἐλίσσ-* **Gϰ** *ἑλίσσ-* **A**^{s} rell. cf. ad 234 | *ἐς* Brunck [**Rv**] | *γῆν δ᾽*] *τήνδ᾽* **Vr** | *πιτνεῖ* **RMn**^{g}**Sa**^{g}**AaRf** *πιτνεῖν* **Rw** [**Rv**] || **1187** *εἶδεν* **Rw** | *ἄστρα(σ)τος* **RfZb**^{ac} (~**Zb**^{1pc}) *ἄστος* **Vr**^{ac} | *ζῆν᾽ ἀπολέμιον* vol. **Mt** | *πολεμίων* **S** || **1188** om., in ima pag. scr. **Pr** | *ἔξ* **Mt** | *καθεῖκεν* **P** *καθῆσεν* **T**^{ts} *καθῖσεν* L. Dindorf (sed cf. Barrett ad Hipp. 29–32) | *ἀργεῖον* **O** | *στρατῶν* vol. **S**^{pc}

οἱ δ᾽ αὖ παρ᾽ ἡμῶν δεξιὸν Διὸς τέρας
ἰδόντες ἐξήλαυνον ἁρμάτων ὄχοι
ἱππῆς ὁπλῖται, κἀς μέσ᾽ Ἀργείων ὅπλα
συνῆψαν ἔγχη· πάντα δ᾽ ἦν ὁμοῦ κακά·
ἔθνῃσκον ἐξέπιπτον ἀντύγων ἄπο,
τροχοί τ᾽ ἐπήδων ἄξονές τ᾽ ἐπ᾽ ἄξοσιν,
νεκροὶ δὲ νεκροῖς ἐξεσωρεύονθ᾽ ὁμοῦ.
πύργων μὲν οὖν γῆς ἔσχομεν κατασκαφὰς
εἰς τὴν παροῦσαν ἡμέραν· εἰ δ᾽ εὐτυχὴς
ἔσται τὸ λοιπὸν ἥδε γῆ, θεοῖς μέλει·
καὶ νῦν γὰρ αὐτὴν δαιμόνων ἔσῳσέ τις.
ΧΟ. *καλὸν τὸ νικᾶν· εἰ δ᾽ ἀμείνον᾽ οἱ θεοὶ*
γνώμην ἔχουσιν, εὐτυχὴς εἴην ἐγώ.
ΙΟ. *καλῶς τὰ τῶν θεῶν καὶ τὰ τῆς τύχης ἔχει·*
παῖδές τε γάρ μοι ζῶσι κἀκπέφευγε γῆ.
Κρέων δ᾽ ἔοικε τῶν ἐμῶν νυμφευμάτων
τῶν τ᾽ Οἰδίπου δύστηνος ἀπολαῦσαι κακῶν,

1200 a Theodor. Prodr. katomyomach. 218

Codd.: ***ω*** = **MBOV**, **G**, ***Θ*** = **RMnSVrW**, ***Φ*** = **FPrSa**, ***Ψ*** = **AaPRfRvRw**, ***Ξ*** = **AMtXXaXb**, ***Λ*** = **LZZbZcZmZuT**^{z}

1189 *τέρας διός* transp. **V** || **1190** post *ἰδόντες* add. *τ᾽* **V** (~**gE**) | *ὄχοι* Musgrave *ὄχας* **L**^{1} (~**L**^{2s}) *ὄχλους* **R** *ὄχ*ς* **Mn**^{ac} *ὄχους* rell., **gE** (quo retento lacunam post hunc versum stat. Wecklein) mihi etiam in mentem venit **ὀχοὶ* (= *ἐπεμβάται*) || **1191** *ἱππεῖς ⟨δ᾽⟩ ὁπλῖταί τ᾽ εἰς* Paley (*τ᾽ εἰς* iam Scaliger), sed ad asyndeton cf. Men. Asp. 61 | *ἱππῆς* **BV**^{2s} (sicut scr. post Brunck Dindorf) *ἱππεῖς* **B**^{1s} rell., **gE** | post *ἱππ.* add. *ϑ᾽* **A** | *ὁπλῖται* **MBGPr*ϰ*XXbLZbT**^{z} *ὁπλίτας* **W** *ὁπλίσαι* **V**^{1} *ὁπλίται* **V**^{2} rell., **gE** | *κἀς* scr. Wecklein *κεἰς* ***Ω***, **gE** | *μέσον* **gE** | *ὅπλων* **V**^{1} (~**V**^{2s}, **gE**) || **1192** *ξυν-* **O *Θ Ψ* ZmZu**, **gE** *-ῆψεν* **SaZu**^{ac} | *ἔγχη*] *ἄχη* **Pr**^{γρ} || **1194** *τ᾽*^{1}] *δ᾽* **SaZ**, sicut coni. Blaydes (~ **gE**) | *ἐπῆδον* **F**^{1}**Pr**, **gE** (~**F**^{2s}) | *ἄξονός* **Zb** *ἄξον᾽* **A** (~**gE**) | *τ᾽*^{2} om. **A** *δ᾽* ***β***, quo accepto 1195 *τε* pro *δὲ* Fritzsche coll. Aesch. fr. 38 Radt (~**gE**) | *ἄξοσιν* **MOLT**^{t} *ἄξοσι* fere **T**^{z} rell., $^{le}Σ^{V}$, **gE** [**W**, $^{le}Σ^{M}$; lemma om. **B**] || **1195** *ἐξεσώρευόν ϑ᾽* fere **MMnA** (~**gE**) || **1196** *οὖν* om. ***β*** (~**Mn**^{s}) | *ἔχομεν* **W**^{ac} || **1197** *ἐς* Matthiae || **1198** *ἦ γε δὴ* **O** | *μέλλει* **VRw** || **1199** versus multis suspectus: hab. **M**, add. in marg. **L**^{2}, om. rell. (versum in codd. primus invenit Scaliger, primus in textu ed. Matthiae, sed uncis seclusit) || **1200–1201** versus subobscuros varie et frustra tentaverunt viri docti || **1200** pers. notas 1200–1217 om. **L**^{1}, suppl. **L**^{2} | *εἰ*] *οἱ* **RwZu** | *ἄμεινον* vol. **M**^{ac}**MnMtZb**^{ac} (~**M**^{1pc}**Zb**^{1pc}, **gB**) *ἀμείνον᾽* **S** *ἀμείνων* **O** *ἄμεινον* et *ἀμείνον᾽ Σ* || **1201** *γνώμαν* **Pr** (~**Pr**^{s}, **gB**) | *ἔχοιεν* **M**^{γρ}**OV *Θ* Aa*ε***, **gB** *ἔχειεν* **Sa** || **1202** Ioc. notam om. **Rw**, nuntio trib. **Mt**, qui etiam ad 1209 nuntii notam hab. | *ϑεῶν* om. **Xa**^{ac} (~**gB**) | *τὰ*^{2} om. **Rw** (~**gB**) | *τῆς* om. **GWRf** (~**gB**) | *ἔχοι* **M** (~**gB**) || **1203** *κἀκπέφευγε* **VRfRv *Λ*** *κἀπέφευγε* **M *ϑ ϰ* ZZc**^{ac} *καὶ πέφευγε* **T**^{ac} rell. || **1204** *κρέον* **Mt** (~**gE**) || **1205** *τ᾽* om. **G** *δ᾽* **P**^{ac} (~**P**^{1pc}, **gE**) | *κακῶν*] *πικρῶν* **Zb**^{cs} (~**gE**)

παιδὸς στερηθείς, τῇ πόλει μὲν εὐτυχῶς,
ἰδίᾳ δὲ λυπρῶς. ἀλλ᾽ ἄνελθέ μοι πάλιν,
τί τἀπὶ τούτοις παῖδ᾽ ἐμὼ δρασείετον.
ΑΓ.$^{\alpha}$ *ἔα τὰ λοιπά· δεῦρ᾽ ἀεὶ γὰρ εὐτυχεῖς.*
ΙΟ. *τοῦτ᾽ εἰς ὕποπτον εἶπας· οὐκ ἐατέον.*
ΑΓ.$^{\alpha}$ *μεῖζον τί χρῄζεις παῖδας ἢ σεσωμένους;*
ΙΟ. *καὶ τἀπίλοιπά γ᾽ εἰ καλῶς πράσσω κλύειν.*
ΑΓ.$^{\alpha}$ *μέθες μ᾽· ἔρημος παῖς ὑπασπιστοῦ σέθεν.*
ΙΟ. *κακόν τι κεύθεις καὶ στέγεις ὑπὸ σκότῳ.*
ΑΓ.$^{\alpha}$ *κοὐκ ἄν γε λέξαιμ᾽ ἐπ᾽ ἀγαθοῖσι σοῖς κακά.*
ΙΟ. *ἢν μή γε φεύγων ἐκφύγῃς πρὸς αἰθέρα.*
ΑΓ.$^{\alpha}$ *αἰαῖ· τί μ᾽ οὐκ εἴασας ἐξ εὐαγγέλου*
φήμης ἀπελθεῖν, ἀλλὰ μηνῦσαι κακά;
τὼ παῖδε τὼ σὼ μέλλετον, τολμήματα
αἴσχιστα, χωρὶς μονομαχεῖν παντὸς στρατοῦ,
λέξαντες Ἀργείοισι Καδμείοισί τε
εἰς κοινὸν οἷον μήποτ᾽ ὤφελον λόγον.
Ἐτεοκλέης δ᾽ ὑπῆρξ᾽ ἀπ᾽ ὀρθίου σταθεὶς
πύργου, κελεύσας σῖγα κηρῦξαι στρατῷ·

Actio: **1210–1216** satellitem retinet Iocasta, fortasse iniecta manu

1209 sch. Eur. Or. 1663 ‖ **1223** *ἀπ᾽ ὀρθίου*] Hsch. *α* 6577

1206 *παίδων* **L**^{2} (∼**gE**) ‖ **1207** *λυπρὸς* **O** *λυπηρῶς* **Z** (∼**gE**) ‖ **1208** *τούτους* **Mn** | *ἐμὸν* **Sa**^{ac}**PA** *ἐμὸς* **Zb**^{ac} (∼**Zb**^{c}) | *φρασείετον* **O** (∼**O**^{s}) ‖ **1209** nuntii notam om. **Rw** | *τὸ λοιπὸν* sch. Or. 1663 ‖ **1210** Ioc. notam om. **Rw** | *κοὐκ* **L** ‖ **1211** nuntii notam om. **Rw** | *μεῖζόν τι* fere **VRΨZb** | *ἢ παῖδας* transp. ***β*** | *σεσωμένους* **Aa** (sicut scr. Wecklein) *σεσωσμένους* rell. ‖ **1212** Ioc. notam om. **V**^{1} **R**^{1} **Rw**^{ac} (suppl. **V**^{2} **R**^{2}) | *καὶ* om. **F** *κεὶ* **A** | *τἀλοιπά* **P** | *γ᾽*] *δ᾽* *γ* **Pr** | *πράσσων* **Aa**^{1} (∼**Aa**^{3}) *πράξω* **Mn**^{γρ} (cf. **M**^{g} *ἀντὶ τοῦ πράξω*) | post *κλύειν* add. *χρὴ* **Rw** (cf. *χρήζω* **Mn**^{g} *ζ*^{g}, $^{p}Σ^{Mosch.}$) ‖ **1213** nuntii notam om. **V**^{1} (∼**V**^{2}) | *μ᾽* om. **Rw** (∼**Rw**^{γρ}) ‖ **1214** *κακὸν τί* **R** (∼**gV gE**) ‖ **1215–1216** inverso ord. hab. **O** (pers. not. om. ad 1216 et ad 1217) ‖ **1215** *οὐκ* **FPrχZZmZu, gVgB** (∼**gE**) | *γε*] *τε* **B**^{1} (∼**B**^{2s}, ***Γ***) *τι* **Aa** *σε* **Z** | *ἀγαθοῖς* **gB** (∼**gVgE**) | *σοῖσι* **Zc, gB** (∼**gVgE**) ‖ **1216** *ἢν*] *εἰ* ***Θ*** **AaRfRv, gB,** $^{p}Σ$ (∼**gVgE**) | *γε*] *με* **BG*κ* *λ*, gB,** cf. $^{p}Σ$ (∼**gVgE**) | *ἐκφύγεις* **Aa** (∼***Γ***) | *αἰθέραν* **V**^{1} (∼**V**^{2}, ***Γ***) ‖ **1217** *αἰαῖ* scr. Dindorf *αἶ αἶ* **MBOGFPrδRvRw**^{s}**MtχL**^{1} **Zb**^{c}**T**^{z} *αἲ αἲ* **V*Θ*SaRf Rv**^{s}**RwAL**^{2} *ζ*, **gB** utrumque **Zb**^{1} *ε ε* **R**^{s} om. **gE** ‖ **1218** *μηνῦσαι*] *σημᾶναι* fere **SaPZbZmZu** *σημῆναι* **Z** (∼**gBgE**) ‖ **1219** *μέλετον* **W**^{ac}**FT**^{z} (∼**T**^{t}) ‖ **1221–1258** spurios iud. Paley, Powell (1221–1263 Page) debilibus (me iudice) argumentis freti: vide ad 1233–1235, 1242–1258, 1262–1263, 1264–1283, 1265–1269 ‖ **1221** *ἀργείοισιν* **M** *ἀργείοι* **Mt** ‖ **1222** *ἐς* Brunck | *μήποτ᾽*] *μήτ᾽* **OW**^{ac}**Xa** | *ὄφελον* **V** ‖ **1223** *ἐτεοκλῆς* **V*ϑ*RfRvL** (∼**Mn**^{pc}) | *προὐπῆρξ᾽* (*δ᾽* om.) **VRSRfRv** (*δ᾽* om. etiam **Vr**; *δὲ* add. **Rf**^{1s}) | *δ᾽* del. Fraenkel, sed cf. Denniston, GP^{2} 170–171 | *ἀπ᾽*] *ἐπ᾽* **B**^{2}**GχT**^{pc} (∼Hsch.) ‖ **1224** *σῖγα* **OPAχLZb**^{1}**T**^{pc} *σιγᾶν* *ζ***T**^{ac} (cf. ***χ***^{g}) *σίγᾶν* **Rw** *σιγὰν* **Rf**^{1c} *σιγὴν* **Mn**^{s}**Rv**^{g} *σίγα* **Rf**^{ac} rell. | *στρατόν* **RwZZbZcT**^{z}

{ἔλεξε δ᾽· Ὦ γῆς Ἑλλάδος στρατηλάται}
Δαναῶν ἀριστῆς, οἵπερ ἤλθετ᾽ ἐνθάδε,
Κάδμου τε λαός, μήτε Πολυνείκους χάριν
ψυχὰς ἀπεμπολᾶτε μήθ᾽ ἡμῶν ὕπερ.
ἐγὼ γὰρ αὐτὸς τόνδε κίνδυνον μεθεὶς
μόνος συνάψω συγγόνῳ τὠμῷ μάχην·
κἂν μὲν κτάνω τόνδ᾽, οἶκον οἰκήσω μόνος,
ἡσσώμενος δὲ τῷδε παραδώσω πόλιν.
ὑμεῖς δ᾽ ἀγῶν᾽ ἀφέντες, Ἀργεῖοι, χθόνα
νίσεσθε, βίοτον μὴ λιπόντες ἐνθάδε,
Σπαρτῶν τε λαὸς ἅλις ὅσος κεῖται νεκρός.
τοσαῦτ᾽ ἔλεξε· σὸς δὲ Πολυνείκης γόνος
ἐκ τάξεων ὤρουσε κἀπῄνει λόγους.
πάντες δ᾽ ἐπερρόθησαν Ἀργεῖοι τάδε
Κάδμου τε λαὸς ὡς δίκαι᾽ ἡγούμενοι.
ἐπὶ τοῖσδε δ᾽ ἐσπείσαντο, κἂν μεταιχμίοις
ὅρκους συνῆψαν ἐμμενεῖν στρατηλάται.
ἤδη δ᾽ ἔκρυπτον σῶμα παγχάλκοις ὅπλοις

Codd.: ***ω*** = **MBOV, Cr** (1231–) **G**, ***Θ*** = **RMnSVrW**, ***Φ*** = **FPrSa**, ***Ψ*** = **AaPRf RvRw**, ***Ξ*** = **AMtXXaXb**, ***Λ*** = **LZZbZcZmZuT**^{z} (–1226) **T**^{t} (1227–)

1225 seclus. (post Geel) Hartung coll. *Σ οὗτος δὲ οὐ φέρεται ἐν τοῖς πολλοῖς ἀντιγράφοις* (*Σ* alter hunc versum non habuit: *ἀπὸ τοῦ διηγηματικοῦ ἐπὶ τὸ μιμητικὸν μετέβη. λείπει οὖν τῷ λόγῳ τὸ ταῦτα λέγων*) || **1226** post *δαναῶν* add. *τ᾽* ***χ*** **LZm Zu** | *ἀριστῆς* **Mt** (sicut scr. post Brunck Dindorf) *-ῇς* **A** *-εῖς* **A**^{s} rell. [**Rv**] || **1227** *μήτε*] *μήποτε* **RVr** ***Φ*** **ZZc** || **1228** *ἀπεμπολεῖτε* *ζ̣* *-ῆτε* **Rw**^{s} | *μήθ᾽*] *μεθ᾽* **O**, Ald. | *ὑμῶν* **MSW**^{ac}**F** ***ϰ*** (~**Mt**^{pc}) || **1229** *αὐτὸν* **Rw** | *τόν τε κίνδ.* **A** || **1230** *μόνω* **Rw**^{s} | *μάχην* in ras. scr. **G**^{1} || **1231** *κτανῶ* **GPrSaZ** *κτείνω* **Cr** | *οἰκήσας* **P** || **1232** *πόλιν* **OG** ***Θ*** **F**$^{c\gamma\varrho}$**Pr**$^{\gamma\varrho}$**Sa Aa** ***ε χ*** **ZZmZuT**^{t}, ^{p}*Σ* *μόνος* **MB**^{1uv}**Cr** *μόνος πόλιν* **V**^{1} *μόνῳ* **B**^{2uv}**V**^{2s}**FPrP** ***ϰ*** **L**^{2}**ZbZc** *δόμον* **V**$^{2\gamma\varrho}$**L**^{1} *πάλιν* Reiske, *θρόνους* Nauck, *λαβεῖν* Paley, omnes rati *πόλιν* ex correctione insertum esse || **1233–1235** del. Fraenkel, tantum 1235 del. Valck., alii (mihi quidem trunca oratio videtur deleto tantum 1235) || **1233** *ἡμεῖς* **VSaZcZu**^{ac} | *ἀργεῖοι* **MBVCrFPrLA** *ἀργείων* **G Rw**^{uv}**ZZbZc** *ἀργείαν* fere **G**$^{\gamma\varrho}$ rell. || **1234** *νίσσεσθε* **OVPrSaPRfRwALZbZcT**^{t} *νείσσεσθε* ***χ*** *νύσ(σ)εσθε* **ZZmZu** *νήσεσθε* **W** (~**W**^{s}) | *βίον* **PZZb**^{1} (~**Zb**^{r}) || **1235** *τε* om. **Cr** *δὲ* ***Θ*** **Aa** [**Rv**] | *ἅλις* om. **Cr** *ἅλιος* **Pr** | *ὅσος* **W**^{ac}**AaMt**^{pc} ***χ*** **T**^{t} *ὅς* **W**^{pc}**Mt**^{ac} rell., ^{le}*Σ* | *νεκρός*] *θανών* **G**$^{\gamma\varrho}$ ***Θ δ χ ζ̣*** **T**^{t}, cf. ^{p}*Σ ἀποθανών* || **1236** *ἔλ(λ)εγξε* **ZZmZu** *ἔλεξ᾽ ὁ* fere **G** ***Θ*** **Aa** || **1237** *τάξεως* **CrR**^{s} ***γ ϰ*** | *ὄρουσε* **MORMn VrA**^{ac} (~**A**^{1pc}) | *λόγους*] *τάδε* **O** || **1238–1239** del. Fraenkel (1238 susp. Wecklein, 1239 susp. Nauck) || **1238** *ὑπερρόθησαν* **Sa** || **1240** *τοῖσδε δ᾽* **MBGZZbT**^{t}, ^{le}*Σ*^{M} *τοῖσι δ᾽* **OV** ***Θ*** *τοῖσδ᾽* rell. (lemma om. *Σ*^{BV}) | *ἐπείσαντο* **RP** | *κἂν* om. **Rw** *καὶ* **MOVCrG** ***Φ ϰ*** **LZc**, fort. **Rw**^{s}, ^{le}*Σ*^{M} (lemma om. *Σ*^{V}) || **1241** *ἐμμενεῖν* Markland et Elmsley ad Med. 753 *ἐμμένειν* fere ***Ω***, ^{p}*Σ* (sine acc. **S**, *ἐκμέν-* **Rw**) | *στρατηλάται* **V**^{2s}**RS**^{uv}**PLZb**^{1}**ZcT**^{t}, *Σ* *-λάταις* **V**^{1}**W**, $^{\gamma\varrho}$*Σ* *-λάτας* **Zb**^{c} rell. || **1242–1258** del. Fraenkel

δισσοὶ γέροντος Οἰδίπου νεανίαι·
φίλοι δ' ἐκόσμουν, τῆσδε μὲν πρόμον χθονὸς
Σπαρτῶν ἀριστῆς, τὸν δὲ Δαναϊδῶν ἄκροι.
ἔσταν δὲ λαμπρὼ χρῶμά τ' οὐκ ἠλλαξάτην
μαργῶντ' ἐπ' ἀλλήλοισιν ἱέναι δόρυ.
παρεξιόντες δ' ἄλλος ἄλλοθεν φίλων
λόγοις ἐθάρσυνόν τε κἀξηύδων τάδε·
Πολύνεικες, ἐν σοὶ Ζηνὸς ὀρθῶσαι βρέτας
τροπαῖον Ἄργει τ' εὐκλεᾶ δοῦναι λόγον·
Ἐτεοκλέα δ' αὖ· Νῦν πόλεως ὑπερμαχεῖς,
νῦν καλλίνικος γενόμενος σκήπτρων κρατεῖς.
τάδ' ἠγόρευον παρακαλοῦντες εἰς μάχην.
μάντεις δὲ μῆλ' ἔσφαζον, ἐμπύρου τ' ἀκμῆς
ῥήξεις {τ'} ἐνώμων, ὑγρότητ' ἐναντίαν,
ἄκραν τε λαμπάδ', ἣ δυοῖν ὅρους ἔχει,
νίκης τε σῆμα καὶ τὸ τῶν ἡσσωμένων.
ἀλλ' εἴ τιν' ἀλκὴν ἢ σοφοὺς ἔχεις λόγους
ἢ φίλτρ' ἐπῳδῶν, στεῖχ', ἐρήτυσον τέκνα

1259–1261 cf. Sen. Phoen. 401–402

1243 *δισσὼ* **G**^{2} *οἵ τοι* **B**$^{\gamma\rho marg}$ *οἱ τοῦ* **ORW**^{1} (∼**W**^{2}) (cf. 1360) | *γέροντες* **L** || **1244–1245** del. Mueller-Goldingen || **1244** *πρόμον* in spatio vacuo relicto scr. **L**^{2}, post *χθονὸς* transp. **O** *πρόμαχον* **RW**^{ac} (vel **W**^{pc}) **Aa** ***ε*** (ante *μὲν* transp. **Rw**), etiam **M**^{g}**V**^{2g}**Mn**^{g}**Sa**^{g}**Zb**^{g} etc. || **1245** post *σπαρτῶν* add. *δ'* **R** | *ἀριστῆς* fere **B**^{1}**V**^{s} (sicut scr. post Brunck Dindorf) *-ῆς* **A** *-εῖς* **B**^{2} **A**^{s} rell. | *τῶν δ'* **Mn**^{ac}**Rf**^{pc}**AZu**^{ac} || **1246** de forma *ἔσταν* cf. Barrett ad Hipp. 1247 | *λαμπρὰ* **Sa** infra lin. | *χρῶμά τ'* fere **BOAa**^{3}**PRf**^{ac}**RwMt**^{ac}***χ*****LZZmZu** *χρώματ'* **Rf**^{pc}**Mt**^{pc} rell. | *ἀλλαξάτην* **W** *ἠλλαλαξάτην* **R** || **1247** *ἰέναι* **BOCrGMnW*Φ*AaRvRwZb** (∼**F**^{c}**Aa**^{3}) || **1248** *παρεξιόντε* **Z** *παρδεξιόντες* **Rf** | *δ'* om. **L**^{1} (∼**L**^{2}) | *ἄλλος* post *ἄλλοθεν* transp. **O** *ἄλλοι* ***ϑ*** | *ἄλοθεν* **V** || **1249** *λόγοις ἐθ-* **MBCrF**^{1}**PrRw*ϰ*LZcZmZu**, vol. **W**^{s} *λόγοισι θ-* **B**$^{\gamma\rho marg}$**F**^{c} rell. (*λόγοι* **S**) | *ἐθάρσυνόν τε* **MBCrRwALZcZmZu**, vol. **W**^{s} *ἐθράσυνόν τε* **F**^{1}**PrMt** *θαρσύνοντε* **V**^{2s}**XXbZb**^{pc} *θάρσυνόν τε* **G** *θαρσύνοντες* **B**$^{\gamma\rho marg}$**F**^{c}**X**^{s}**Xb**^{s}**Zb**^{ac} rell. (*θρασ-* **Rv**) | *κἀξηύδων*] *ἐξηύδων* **O *Θ* Sa**^{s} **Aa**^{3} **ZZbT**^{t} (*καὶ* add. **W**^{s}) *κἄλεγον* **B**$^{\gamma\rho marg}$ (cf. **Cr**^{g}**Mn**^{g}**Zb**^{g}) *προσηύδων* **SaP*χ*** || **1250** *ἐν σοὶ* om. **Rv** post *σοὶ* add. *μὲν* **Cr** || **1251** *τροπαῖον* **GWPA** *τρόπαῖον* **B**^{1}**ZmZu** *τρόπαιον* **B**^{2} rell. (cf. 572, 1473) | *δ'* ***Φ*****LZcZmZu** | *εὐκλεῆ* **W** || **1252** *νιν* **Rf**^{1} (∼**Rf**^{2s}) *ὅστις* **R** | post *πόλεως* add. *θ'* **L** || **1253** *σκῆπτρον* ***β*** (∼**Mn**^{s}) | *κρατ* compend. **V**^{1} (*εῖς* add. **V**^{2}) *κρατήσεις* ***Φ χ***^{g}**Zb**^{g}, cf. *Σ*$^{Thom.}$ *κρατήσεις ἔδει λέγειν* || **1254** *παραλαλ-* **Mt** *προκαλοῦντες* **F**^{1} (∼**F**^{c}) | *ἐς* Matthiae || **1255–1258** locus difficilis explicatu, sed non ideo spurius habendus || **1255** *μάντις . . . ἔσφαζε* **Sa** (∼**Sa**^{s}) | *δὲ*] *τε* **O *ϑ* P*χ*ZmZu** (∼**Mn**^{pc}) | *ἐμπύρου τ' ἀκμῆς* Geel (praeeunte Burges) *ἐμπύρους τ' ἀκμὰς* fere ***Ω*** (*ἐμπείρους* **Mn**; *δ'* ***β***) || **1256** *τὰς* ante *ῥήξεις* add. **RfRv** | *τ'* del. Burges, Geel | *ἐναντίων* ***χ***, cf. ^{p}*Σ* || **1257** *ἢ* **M** | *δυεῖν* **CrRw** | *ὅρους* **B**^{1}**SFPrAaXaL**^{ac}**Zc**^{ac} (∼**B**^{2}**L**^{1pc}) | *εἶχε* **RfRv** || **1258** *τὸ*] *τὰ* **ORWPrSa*δ*Rw**^{ac}***χ*** || **1250** *ἢ* **ZmZu** | *ἔχει* **S*φ*** || **1260** *φίλτρα τ'* **Sa** *φίλτατ'* **F**^{1} (∼**F**^{c})

δεινῆς ἁμίλλης· ὡς ὁ κίνδυνος μέγας
καὶ τἆθλα δεινά· δάκρυά σοι γενήσεται
δισσοῖν στερείσῃ τῇδ᾽ ἐν ἡμέρᾳ τέκνοιν.
ΙΟ. ὦ τέκνον ἔξελθ᾽ Ἀντιγόνη δόμων πάρος·
οὐκ ἐν χορείαις οὐδὲ παρθενεύμασιν
νῦν σοι προχωρεῖ δαιμόνων κατάστασις,
ἀλλ᾽ ἄνδρ᾽ ἀρίστω καὶ κασιγνήτω σέθεν
εἰς θάνατον ἐκνεύοντε κωλῦσαί σε δεῖ
ξὺν μητρὶ τῇ σῇ μὴ πρὸς ἀλλήλοιν θανεῖν.
ΑΝ. τίν᾽, ὦ τεκοῦσα μῆτερ, ἔκπληξιν νέαν
φίλοις ἀυτεῖς τῶνδε δωμάτων πάρος;
ΙΟ. ὦ θύγατερ, ἔρρει σῶν κασιγνήτων βίος.
ΑΝ. πῶς εἶπας; ΙΟ. αἰχμὴν ἐς μίαν καθέστατον.
ΑΝ. οἲ ἐγώ, τί λέξεις, μῆτερ; ΙΟ. οὐ φίλ᾽, ἀλλ᾽ ἕπου.
ΑΝ. ποῖ, παρθενῶνας ἐκλιποῦσ᾽; ΙΟ. ἀνὰ στρατόν.
ΑΝ. αἰδούμεθ᾽ ὄχλον. ΙΟ. οὐκ ἐν αἰσχύνῃ τὰ σά.
ΑΝ. δράσω δὲ δὴ τί; ΙΟ. συγγόνων λύσεις ἔριν.
ΑΝ. τί δρῶσα, μῆτερ; ΙΟ. προσπίτνουσ᾽ ἐμοῦ μέτα.
— ἡγοῦ σὺ πρὸς μεταίχμι᾽· οὐ μελλητέον. —

Actio: **1264–1270** e regia Antigonam evocat Iocasta || **1279–1283** satellite ducente abeunt per eisodum sinistram Iocasta et Antigona

Codd.: **ω = MBOV, CrG, Θ = RMnSVrW, Φ = FPrSa, Ψ = AaPRfRv Rw (–1271), Ξ = AMtXXaXb, Λ = LZZbZcZmZuT**^{t}

1261 *ὁ* om. **M**^{1} (~**M**^{2s}) *σ᾽ ὁ* **Rv** (~**gE**) || **1262–1263** del. Valck. (tantum 1263 Kirchhoff) || **1262** *καὶ τἆθλα* fere **Ω** (*καὶ τῶν ἄθλων* **gE**) *κἄπαθλα* Porson, falso ratus hoc legisse Σ | distinctionem post *δεινά* sustulit Valck. || **1263** *δυσσοῖν* **SaAZb** *δυσιν* **Rv** *δυοῖν* **Rv**^{s} | *στερείσῃ* Reiske *στερήσῃ* **Ω** (*στερήσεται δ᾽ ἐν* **R**^{1}, corr. **R**^{2}), Σ || **1264–1283** del. Verrall, Norwood (1268 sqq. iam susp. Paley) || **1264** pers. notas 1264–1274a om. **L**^{1}, suppl. **L**^{2} | *πάρος δόμων* transp. **L** || **1265–1269** del. Fraenkel; vide Contact and Discont. 28–30 || **1265** *χρείαις* **O** | *οὐδὲ* **FRwχT**^{t} *οὐδ᾽ ἐν* rell. (*ἐν* **χ**^{s}**T**^{s}) | *παρθενεύμασιν* **MCrMn**^{ac}**RwXaXbT**^{t} *-ασι* rell. || **1266** *σοι*] *σε* **O** | *προσχωρεῖ* **Rv** | *δαίμονος* Markland et Hermann, *δωμάτων* Zakas, *πραγμάτων* Blaydes, *μαινάδων* Fraenkel || **1267** *ἄνδρα* **Pr** *ἄνδρας* **Mn** || **1268** *ἐς* **VΦRwϰζ** (sicut scr. Brunck) | *ἐκνεύονται* **S** *ἐκνεύοντας* **MnVrAa**^{2s}**Rv**^{s} (~**Vr**^{s}) | *ἐκνεύοντ᾽ ἐκκωλῦσαι* **RfRv** | *σε* om. **M** *δὲ* **γ** (~**Mn**^{γρ}) || **1269** del. Wecklein | *μὴ* om. **S** | *ἀλλήλοις* **MnVrRv**^{ac}**X** (~**Rv**^{1pc}) *-λων* **B**^{2s}**Mn**^{s}**WAaRv**^{s}**Mt**^{pc} (~**W**^{s}) *-λου* **S** || **1270** *μήτηρ* **SZbZc** || **1271** *ἀυτοῖς* **SPrZ**, fort. **R** || **1272** *σῶν* om. **R** || **1273** *εἰς* **ΘδRvMt**^{pc}**χZmZu** | *καθέστατον*] *καθ᾽ ἕκαστον* fere **SVr** (~**Vr**^{γρ}) || **1274** *οἶ* **MBGRAχ** | *᾽γώ* **G**^{pc}**VrP** | *μῆρ* **MtZb** *μᾶτερ* **VβWP** || **1275** *πῇ* **L** | *ἐκλιποῦσ᾽* **OPχZT**^{t} *-οῦσα* rell. || **1276** *αἰδούμεσθ᾽* **W** | *τὰ σά*] *τάδε* **χ**^{γρ} || **1277** *δὴ* om. **ϑ** | *δή τι* **BOGPrSaϰZ** | *συγγόνω* **Z** | *λύσης* **CrA**^{1pc} || **1278** *δράσσω* **Mt** in ras. *δρᾶς* vel *δρᾶσα* **A**^{ac} | *μῆρ* **SZb** *μᾶτερ* **Z** | *προσπίτνουσ᾽* **OMn** *-πίπτουσ᾽* **R** *-πιτνοῦσ᾽* rell. || **1279** Ioc. continuant Kassel, Jackson (cf. actionem); iam Ioc. notam ante

ἔπειγ᾽ ἔπειγε, θύγατερ· ὡς ἢν μὲν φθάσω 1280
παῖδας πρὸ λόγχης, οὑμὸς ἐν φάει βίος· 1281
θανοῦσι δ᾽ αὐτοῖς συνθανοῦσα κείσομαι. 1283

ΧΟ. *αἰαῖ αἰαῖ, τρομερὰν φρίκᾳ* στρ.
τρομερὰν φρέν᾽ ἔχω· διὰ σάρκα δ᾽ ἐμὰν 1285—1286
ἔλεος ἔλεος ἔμολε ματέρος δειλαίας.
δίδυμα τέκεα πότερος ἄρα πότερον αἱμάξει –
ἰώ μοι πόνων,
ἰὼ Ζεῦ, ἰὼ γᾶ – 1290
ὁμογενῆ δέραν, ὁμογενῆ ψυχὰν
δι᾽ ἀσπίδων, δι᾽ αἱμάτων;
τάλαιν᾽ ἐγὼ τάλαινα,
πότερον ἄρα νέκυν ὀλόμενον ἰαχήσω; 1294—1295

1289 cf. Theodor. Prodr. katomyomach. 193

οὐ μελλ. add. Valck. et post 1278 Ioc. continuat *ἔπειγ᾽ ἔπειγε θύγ. οὐ μελλ.* Harberton ceteris deletis Ant. notam 1279, Ioc. notam 1280 praef. ***Ω*** (Ant. notam om. **Z**) | *μεταίχμ᾽* **M** *μεταίχμιον* **Mt** | *μελλητέον* **MBVrAa** (ante ras.) **ΞL**^{2}***ζ*****T**^{t} *μελητέον* fere rell. (*-ητόν* **RS**) | post *μελητέον* add. *μοι* **Rf** [**Rv**]

1280 Ant. notam praef. Ald. (cf. ad 1284) | *ἢν*] *εἰ* ***Φ*****Rf** [**Rv**] | *μὲν*] *γε* **Cr*ϰ*** | *φράσω* **Z** || **1281** *πρὸς* **B**^{ac}**S** | *βίος ἐν φάει* transp. **Zb** (rectum ord. numeris indic. **Zb**^{1}) || **1282** versum 976 *ἢν δ᾽ ὑστερήσῃς, οἰχόμεσθα, κατθανῇ* post 1281 falso repet. codd. praeter **OW**^{ac}**PZb**^{1}**ZmZuT**^{t}, cf. Σ^{Bmarg} *ἐν πολλοῖς οὐ φέρεται*; primus del. Grotius Triclinium secutus | totum versum Ant. trib. **AaZc**, *ἢν δ᾽ ὑστ.* et *κατθ.* Ant., *οἰχ.* Ioc. trib. **G** | *ὑστερήσω* **Cr*ε*** | *οἰχόμεθα* **CrRMnAaRv** | *κατθανεῖν* **Pr**^{γρ} || **1283** Ioc. notam add. **GAaZc** | *σὺν θανοῦσι* **XaXb** || **1284–1307** inter coryphaeum et duo duces hemichoriorum dividit Arnoldt paragraphis add. ad 1284, 1288, 1293, 1296, 1300, 1305 || **1284** chori notam hic om., ad 1286 add. **Vr**, Ald. (cf. infra) | *αἰαῖ αἰαῖ* scr. Dindorf *αἴ* quater **MBGFPrRvMtLT**^{t} et (cum *ἒ ἒ* addito) **O**, octies **V**, bis **Aa*χ*** *αἴ* quater **SVrRfRv**^{s}**AZc**, ter **MnSa**, bis **RZu** et (praeposita lineola) **Zm** et (cum *ἰὼ ἰὼ* addito) **Cr** *αἶ αἶ* **Zb**^{c} *ἒ ἒ* **R**^{s}**WP** *ἒ ἒ* **ZZb**^{1} | *φρῖκα* **B** *φρίκαν* **CrG*γ*** (accus. *φρίκα* agnosc. $\Sigma^{\mathrm{Mosch.}}$, dat. $\Sigma^{\mathrm{Thom.}}$, utrumque *Σ*) || **1284–1286** *τρομερὰν*^{1} ... *ἔχω* om. **R** || **1285–1286** post *ἔχω* interpolatam exclamationem hab. codd. praeter ***ϰ*****T**^{t} (etiam hab. exemplar de quo **R** descriptus est): *αἴ* quater **MBOGFPrRvL**, decies **V**, bis **Aa*χ*Zb**^{c} *αἴ* quater **CrSaRv**^{s}**ZcZmZu**, ter **Rf**, bis **Mn** *αἴ ἒ* **SVr** *ἒ ἒ* **WP** *ἒ ἒ* **ZZb**^{1} | chori notam ante exclam. add. **Mn Vr**, Ald. | *σαρκὸς δ᾽ ἐμῆς* **B**^{s}**Pr**^{s}**Rv**^{g}***χ***^{s} (cf. $^{p}\Sigma$) | *ἐμὴν* ***Φ*****Aa** || **1287** *ἔλεος*^{1} om. **X**^{ac} | *ἔμολεν* **T**^{t} | *ματέρος* **T**^{t} *μητρὸς* **CrR*ϰ*** *ματρὸς* rell. || **1288** *δίδυμα τέκνα* **RMn**^{s}**Vr*ε*** **Zm**^{1} (~**Zm**^{2}) *διδύμων τέκνων* ***γ*****Vr**^{s}, cf. *Σ ... σολοικισμὸν ... ἔδει γὰρ εἰπεῖν διδύμων τέκνων* | *πότερος*] *πότερον* **L**^{1} (~**L**^{2}) | *ᾆρα* **MOV**^{pc}***γ*****PrZ**, Σ^{M} (~Σ^{BV}) | *πότερον*] *πότερ* **S** || **1289** *μοι* om. **G**, bis hab. **Z** || **1290** *ἰὼ*^{1}] *ὦ* **XaXb** | *ζεὺς* **Mn** | *ἰὼ*^{2}] metri gratia *ὦ* (una cum *ἀχὰν* 1302) Wecklein || **1291** *ὁμογενῆ*^{1}] *-γενᾶ* ***β*** (~**Mn**^{s}) | *ὁμογενῆ*^{2}] *-γενᾶ* **Vr** | *ψυχᾶν* **BS** (sine acc. **Aa**) || **1292** *αἱμάτων* frustra sollicitant viri docti || **1293** *τάλαν᾽* **R** || **1294–1295** *πότερα* **R** | *ᾆρα* **OV**^{2}**MnVrRf**^{s}**Z** post *ᾆρα* repet. *πότερον* **O** | *ὀλλύμενον* **R** (*ὀλλόμ-* **CrRv**) | *ἀχήσω* quod Elmsley ipse ad Held. 752 non necessarium iud. recep. Dindorf; sed *γόους, ὕμνους* vel sim. *ἠχεῖν* dici potest, non potest *νέκυν ἠχεῖν*

ἀντ. φεῦ δᾶ φεῦ δᾶ, δίδυμοι θῆρες,
φόνιαι ψυχαὶ δορὶ παλλόμεναι
πέσεα πέσεα δάι᾽ αὐτίχ᾽ αἱμάξετον.
τάλανες, ὅ τι ποτὲ μονομάχον ἐπὶ φρέν᾽ ἠλθέτην,
βοᾷ βαρβάρῳ
ἰαχὰν στενακτὰν
μελομέναν νεκροῖς δάκρυσι θρηνήσω.
σχεδὸν τύχα, πέλας φόνος·
κρινεῖ ξίφος τὸ μέλλον.
ἄποτμος ἄποτμος ὁ φόνος ἕνεκ᾽ Ἐρινύων.

— ἀλλὰ γὰρ Κρέοντα λεύσσω τόνδε δεῦρο συννεφῆ
πρὸς δόμους στείχοντα, παύσω τοὺς παρεστῶτας γόους.

KP. οἴμοι, τί δράσω; πότερ᾽ ἐμαυτὸν ἢ πόλιν

Actio: **1308** per eisodum dexteram (a domo sua) procedit Creon aut solus aut cum duobus (?) satellitibus (cadaver filii non adfert)

1300 Eust. 1021, 42 || **1310–1312** cf. Heliod. Aethiop. 9, 5, 10

Codd.: **ω = MBOV, CrG, Θ = RMnSVrW, Φ = FPrSa, Ψ = AaPRfRv, Ξ = AMtXXaXb, Λ = LZZbZcZmZuT^{t}**

1296 *δά . . . δά* **BV^{2s}RSVrW** *φ*^{ac} **Rv^{1} ΞZmZu** (∼**V^{2}** *φ*^{pc} **Rv^{r}Zm^{s}Zu^{s}**) sine acc. **V^{1}** cf. *Σ ἔνιοι δὲ ἀντὶ τοῦ φεῦ δή* | *δίδυμαι* **gE** || **1299** *πέσσεα πέσσεα* **GRχ** | *δάϊδ᾽* fere **MFL^{1uv}** (*δάϊα* plene scr. **CrSVrRfϰL^{2}T^{t}**) *δάιαδ᾽* **Sa** | *αὐτίκ᾽* **Mϰ** et (cum *αἰμ-*) **V^{ac}** (∼**V^{1pc}**) *αὐχέν᾽* **Sa** (∼**Sa^{γρ}**) | *αἱμάξητον* **γ** (*ξετον* rescr. **L^{2}** sed idem habuisse vid. **L^{1}**) || **1300** *τάλαινες* **ωCrWAaRvA^{ac}Zm^{1}** (∼**B^{3}A^{1pc}Zm^{2}**) | *ὅ τι*] *τί* **GRWPrδRfMt^{pc}χZZmZu** | *ποτὶ* **F** | *μονομάχων* **OG** (∼Eust.) | *ἐπὶ* om. **Cr** *εἰς* **O** ante *ἐπὶ* add. *στενακτὰν* **L** (quod in 1302 om.) (∼Eust.) | *ἠλθέτον* **Sa** *ἠλυθέτην* **Rf** *ἐπηλθέτην* **OWZZb** *ἐπηλυθέτην* **βAa** (∼Eust.) || **1301** *βαρβάρων* **P** || **1302** *ἰαχὰν στενακτὰν* fere **OGRΦ^{c}Pχ**ζ**T^{t}** (*ἰαχὴν* **R**, *στενακτὴν* **RZc^{pc}**) *στενακτὰν ἰαχὰν* transp. **βWAa** *ἰαχὰν* **MBVCrF^{1}εϰZc^{ac}**, etiam **L** (cf. ad 1300) (∼^{i}*Σ*) || **1303** *μελλ-* **ΘΦRfL^{2}** [**L^{1}**] *-μένοις* **γ** *-μένα* testari vid. *Σ* (∼*Σ* alter) | *νεκρῶν* **ORWPrSaδχZZbT^{t}**, ^{i}*Σ*, *Σ*$^{Mosch.}$ (∼**R^{s}W^{s}Sa^{s}T^{ts}**, *Σ*$^{Thom.}$) || **1304** *τύχη* **MnZu^{s}**, fort. **W^{ac}** *τάχα* **S** | *φόνος* Scaliger *φόνου* **Ω** || **1305** *κρίνει* **B^{1}OV^{1}ϑL**, ^{1e}*Σ*^{V} (∼**B^{3}V^{2}**, ^{1e}*Σ*^{M}, ^{p}*Σ διδάξει*; ^{p}*Σ* alter *διακρίνει* [*-κρινεῖ* Schwartz]) | *ξίφος* Hermann *φάος* **Ω**, *Σ* || **1306–1307** *ἄποτμος*^{1}] *πότμος* Dindorf (sed vide ad 1294–1295) | *ἄποτμος*^{2}] *ἄποπτος* **B** | *ἕνεκεν* **Vβ** | *ἐρινύων* **ωRSMt** *ἐριννῦ-* rell. || **1308** sqq. spurios iud. Leidloff, in Euripideo dramate Creontem non hic praesentem ratus; item 1308–1334 et 1338–1349 del. Fraenkel (etiam 1352–1353 dubitanter susp.) || **1308** *λεύσσω* **BOV^{2}GRδϰXXbZmZuT^{t}** *λεύσω* rell. | *δεῦρο* om. **CrPL**, ante *τόνδε* transp. **ε** | *συνεφῆ* **MVRVr^{ac}FεMtLZZbZc** (∼**Rf^{s}**) || **1309** *πρὸ* **Mt** | *λόγους* **VR^{γρ}βWSa^{s}Aa^{γρmarg}** (∼**Mn^{γρ}**) || **1310** Cr. notam om. **L^{1}**, suppl. **L^{2}** | *πότερον* **Z** | *τὴν* ante *πόλιν* add. **S**

στένω δακρύσας, ἣν πέριξ ἔχει νέφος
τοιοῦτον ὥστε δι᾽ Ἀχέροντος ἰέναι;
ἐμός τε γὰρ παῖς γῆς ὄλωλ᾽ ὑπερθανών,
τοὔνομα λαβὼν γενναῖον, ἀνιαρὸν δ᾽ ἐμοί·
ὃν ἄρτι κρημνῶν ἐκ δρακοντείων ἑλὼν
αὐτοσφαγῆ δύστηνος ἐκόμισ᾽ ἐν χεροῖν,
βοᾷ δὲ δῶμα πᾶν· ἐγὼ δ᾽ ἥκω μέτα
γέρων ἀδελφὴν γραῖαν Ἰοκάστην, ὅπως
λούσῃ προθῆταί τ᾽ οὐκέτ᾽ ὄντα παῖδ᾽ ἐμόν.
τοῖς γὰρ θανοῦσι χρὴ τὸν οὐ τεθνηκότα
τιμὰς διδόντα χθόνιον εὐσεβεῖν θεόν.

ΧΟ. βέβηκ᾽ ἀδελφὴ σὴ δόμων ἔξω, Κρέον,
κόρη τε μητρὸς Ἀντιγόνη κοινῷ ποδί.

ΚΡ. ποῖ; κἀπὶ ποίαν συμφοράν; σήμαινέ μοι.

ΧΟ. ἤκουσε τέκνα μονομάχῳ μέλλειν δορὶ
εἰς ἀσπίδ᾽ ἥξειν βασιλικῶν δόμων ὕπερ.

ΚΡ. πῶς φῄς; νέκυν τοι παιδὸς ἀγαπάζων ἐμοῦ
οὐκ εἰς τόδ᾽ ἦλθον ὥστε καὶ τάδ᾽ εἰδέναι.

ΧΟ. ἀλλ᾽ οἴχεται μὲν σὴ κασιγνήτη πάλαι·
δοκῶ δ᾽ ἀγῶνα τὸν περὶ ψυχῆς, Κρέον,
ἤδη πεπρᾶχθαι παισὶ τοῖσιν Οἰδίπου.

1320–1321 Stob. 4, 57, 9 || **1330** cf. Heliod. Aethiop. 7, 6, 34; 10, 10, 9

1311 *ἔχειν* **MnAa** || **1312** del. Kirchhoff | *τοσοῦτον* **CrΛ** | *ὥστε*] *ὅσον* **Cr** | *ἱέναι* **δRfMtχLZc**, $^{i}Σ$ *ἰέναι* rell., $Σ^{Mosch.}$, fort. $^{i}Σ$ alter || **1313** *ἐμός τε γὰρ* anacoluthon praebet (*πόλις τε πολλοὺς ἀπώλεσε* vel sim. additurus erat Creon) *ἐμός τε παῖς γῆς τῆσδ᾽* post Heimsoeth Pearson | *γῆς* om. **OAa**^{1}**L**^{1} (∼**Aa**^{3s}**L**^{2s}) || **1315** *κρημνὸν* **L** | post *ἐκ* add. *δὲ* **P** || **1316** *αὐτοφαγῆ* **Mn** | *δύστηνον* **OR**^{s}**βF**^{s}**Pr Saδ**, fort. **W**^{ac} | *ἐκόμισ᾽ ἐν*] *ἐκόμισεν* **MnRv**^{1}**Mt** (∼**Rv**^{r}) || **1317** *σῶμα* **Vr**^{γρ} | *μετὰ* **RMnZc** || **1317–1318** *μέτα / γέρων*] *μεταστέλλων* fere **βRfLZZmZu** (*-λλω* **Rf**) *μεταστέλλων γέρων* **R**^{γρ}**Sa** || **1318** *ἀδελφὰν* **V** | *γραῖαν* om. **OΘ** *γηραιὰν* fere **ε** (∼**Rv**^{pc}) || **1319** *λούσῃ*] *κλαύσῃ* **M**^{γρ}**βWAaL** *λουτρὰ* **R** | *πρόσθηταί* fere **B**^{3s}**V**^{ac} (∼**V**^{1pc}) *προὐθηταί* **Pr** *πρόθῃ* **O** | *ἐόντα* **OCr** || **1320** *τοῖς*] *τὸν* **O** (∼**gB**, Stob.) | *θανοῦσι*] *τεθνεῶσιν* vel *τεθνηκόσιν* codd. Stob. (∼**gB**) | *χρὴ*] *ἆρ᾽ ἦν* Stob. (∼**gB**) | *τεθνακότα* Stob.* (∼**gB**) || **1321** *χθόνιον*] *χρόνιον* Stob.* (∼**gB**) | *εὖ σέβειν* Reiske et Valck., sed cf. Fraenkel ad Agam. 338 || **1322** *σὴ* om. **Aa**, post *ἔξω* transp. **Z** post *σὴ* add. *πρὸ* **Xa** | *δόμων ἔξω κρέον* **OΘδχζT**^{t} (*κρέων* **Zb**^{ac}) *κρέων ἔξω δόμων* **G** (sicut coni. Brunck) *κρέον ἔξω δόμων* fere rell. (*δόμους* **Rv**, *δωμάτων* **Zc**) vide Text. Trad. 53 || **1323** del. Kvíčala symmetriae causa; eadem de causa lacunam post 1324 stat. Kirchhoff || **1324** *πῆ* **L** | *σήμανέ* **V** || **1325** *ἤκουσα* **MtVr** | *μονομάχων* **Aa**^{1} (∼**Aa**^{3}) || **1326** *ἐς* Matthiae | *ἥξει* **S** || **1327** *τοι*] *σοι* **Sa** *τε* **OG** | *παιδὸς* in ras. **L**^{2} [**L**^{1}] bis hab. **S** | *ἐμοὶ* **S** *ἐμὸν* **MnZc**^{ac} (∼**Mn**^{s}) || **1328** chori notam add. **CrPr**^{1}**XXa** (del. **Pr**^{2}); cf. 1329 | *ἐς* **gB** (sicut scr. Matthiae) | *καὶ* om. **Φ** (∼**F**^{2}, **gB**) | *τόδ᾽* **ΘAaRfZbZmZu** *ταῦτ᾽* **gB** || **1329** chori notam om. **CrXXa**; cf. 1328 || **1331** *παισὶν* **CrMtZb** | *τοῖσιν* om. **Cr** (hab. **Cr**^{g})

ΚΡ. οἴμοι, τὸ μὲν σημεῖον εἰσορῶ τόδε,
σκυθρωπὸν ὄμμα καὶ πρόσωπον ἀγγέλου
στείχοντος, ὃς πᾶν ἀγγελεῖ τὸ δρώμενον.

ΑΓΓΕΛΟΣ Β′

ὦ τάλας ἐγώ, τίν᾿ εἴπω μῦθον ἢ τίνας γόους;
ΚΡ. οἰχόμεσθ᾿· οὐκ εὐπροσώποις φροιμίοις ἄρχῃ λόγου.
ΑΓ.^{β} ὦ τάλας, δισσῶς ἀυτῶ· μεγάλα γὰρ φέρω κακά.
ΚΡ. πρὸς πεπραγμένοισιν ἄλλοις πήμασιν. λέγεις δὲ τί;
ΑΓ.^{β} οὐκέτ᾿ εἰσὶ σῆς ἀδελφῆς παῖδες ἐν φάει, Κρέον.
ΧΟ. αἰαῖ·
μεγάλα μοι θροεῖς πάθεα καὶ πόλει.
ΚΡ. ὦ δώματ᾿ εἰσήκουσατ᾿ Οἰδίπου τάδε,
παίδων ὁμοίαις συμφοραῖς ὀλωλότων;
ΧΟ. ὥστ᾿ ἐκδακρῦσαί γ᾿, εἰ φρονοῦντ᾿ ἐτύγχανεν.

Actio: **1332–1335** per eisodum sinistram procedit nuntius miles

1334 cf. Christ. Pat. 147

Codd.: **ω = MBOV, CrG, Θ = RMnSVrW, Φ = FPrSa, Ψ = AaPRfRv, Ξ = AMtXXaXb, Λ = LZZbZcZmZuT^{t}**

1332 Cr. notam om. **R**^{1}, suppl. **R**^{2} || **1333** *πρόσωπον*] *πρόσοψιν* **Xa**, quod praetulerunt Porson, alii ut parechesin evitarent (∼**gB**) || **1334** *πᾶν* om. **gB** *ἡμῖν* **ΘPr**^{s} **Sa**^{γρ}**δZc**^{ac} (et *πᾶν* post *ἀγγελεῖ* add. **Aa**) (∼**Mn**^{γρ}, Chr. Pat.) | *ἀναγγελεῖ* **S** *ἀπαγγελεῖ* **gB** (∼Chr. Pat.) || **1335** *ὦ* (hic et 1337) **MBOMnW**^{ac}**SaΨϰ** *ὢ* (hic et 1337) **A**^{s}**W**^{pc} rell. | *μῦθον*] *λόγον* **ε**, etiam **V**^{2g}**Cr**^{g}**F**^{g}**χ**^{g} | *ἢ* om. **ε** | *τίνας γόους* **Bε** *τίνα λόγον* **Θ** *τίνας λόγους* **Mn**^{s} rell. || **1336** *οἰχόμεθ᾿* **CrGWAaεZmZu** | *εὐπρόσωπος* **F**^{1}**L** (∼**F**^{c}, **gE**) | *φορμίοις* **O** *φρομίοις* **S** *φροιμίου* **Sa** (∼**gE**) | *ἄρχῃ* **Mn**^{γρ}**Vr** **W**^{ac}**δ** *ἀρχὴ(ι)* **B**^{1}**Zm** sine acc. **R** *ἀρχὴ* fere **B**^{2}**W**^{pc}**F**^{c} rell. (om. **Cr**; *ἀρχὴν* **F**^{1}), **gE** | *λόγων* **W** (∼**gE**) || **1337** *ὦ*] cf. ad 1335 (*ὢ* **gE**) | *διττῶς* **ZmZu** (∼**gE**) | *γὰρ* om. **SAaϰ** (∼**gE**) || **1338** Cr. notam inter *πήμασι* et *λέγεις* colloc. **W**^{ac}, sicut suasit Hermann | *πρὸς* om. **A**^{1} (∼**A**^{cs}) post *πρὸς* add. *ἐν* **Rf** | *πεπραγμένοισι* **P** *-οις* **ΘAa**, ^{p}Σ^{B} | *ἄλλοις* om. **P** *-οισι* **OR** *ἄλλο* **Sa** et **B**^{3} vel **B**^{4} *ἄλλα* **Sa**^{s} | *πήμασιν* **MBPΞLZbT**^{t} *-σι* rell., ^{1e}Σ^{V} (*πήματα* **Sa**^{s}) | *λέγεις δὲ τί* om. **Xa**^{1} (∼**Xa**^{c}) | *λέγει* **MnSa** | *δέ τι* **O** *δὲ τίς* **Mn** || **1339** *οὐκέτι* (*εἰσι* om.) **Zc** | post *ἀδελφῆς* repet. *σῆς* **Rf**^{ac} (∼**Rf**^{1pc}) | *ἐν*] *ἐμ* **M** || **1340** Creonti trib. **CrGΘSaRvA**^{ac}**LZc**, edd. plerique | *αἰαῖ* scr. Dindorf *αἴ αἴ* **CrRRfRv**^{s}**AZcZmZu** *αἶ αἶ* **ωGΦAaRvMtχLZb**^{c}**T**^{t} *ἒ ἒ* **M**^{s}**PZZb**^{1} *ἓ ἓ* **W** *ἒ αἴ* fere **β** || **1341** *γὰρ* ante *μοι* add. **ε** | *πένθεα* **Aa**^{2s}**LZc** || **1342** nuntio trib. **VGRVrWSaAaRv** *ΑΓ. ἢ ΧΟ.* praef. **Mt**^{ac} (choro trib. anon. CJ 2, 1810, 611 et Hermann) pers. notam om. (choro contin.) **Z** et (Creonti contin.) **CrMnLZc** (sicut edd. plerique) | *τάδε* in ras. scr. **F**^{c} [**F**^{1}] || **1343** aut delendum aut post 1341 transponendum iud. Valck. | chori notam praef. **G**^{ac}, del. **G**^{c} || **1344** *ὥστ᾿ ἐκδακρῦσαί* fere **OGΘ** (*ἐδακ.* **S**) **Φ**^{c}**δRfXXbZm**^{2}**T**^{t} *ὥστε δακρῦσαί* fere **MBVCrF**^{1}**RvϰXaλ**, ^{1e}Σ *ὥστ᾿ ἂν δακρῦσαί* Hartung (et fort. *ὥστ᾿ ἂν* vol. **Sa**^{s}; cf. *ἂν* in ^{p}Σ) cf. Or. 1122 | *φρονοῦν* **Sa** | *ἐτύγχανεν* **MB**^{1}**OγVr**^{s}**WZZbZcT**^{t} *-νον* **B**^{3}**Mn**^{s}**W**^{marg} rell.

ΚΡ. οἴμοι ξυμφορᾶς βαρυποτμωτάτας.
{οἴμοι κακῶν δύστηνος· ὦ τάλας ἐγώ.}
ΑΓ.^{β} εἰ καὶ τὰ πρὸς τούτοισί γ᾽ εἰδείης κακά.
ΚΡ. καὶ πῶς γένοιτ᾽ ἂν τῶνδε δυσποτμώτερα;
ΑΓ.^{β} τέθνηκ᾽ ἀδελφὴ σὴ δυοῖν παίδοιν μέτα.
ΧΟ. ἀνάγετ᾽ ἄγετε κωκυτὸν ἐπὶ
κρᾶτά τε λευκοπήχεις κτύπους χεροῖν.
ΚΡ. ὦ τλῆμον, οἷον τέρμον᾽, Ἰοκάστη, βίου
γάμων τε τῶν σῶν Σφιγγὸς αἰνιγμοὺς ἔτλης.
πῶς καὶ πέπρακται διπτύχων παίδων φόνος
ἀρᾶς τ᾽ ἀγώνισμ᾽ Οἰδίπου; σήμαινέ μοι.
ΑΓ.^{β} τὰ μὲν πρὸ πύργων εὐτυχήματα χθονὸς
οἶσθ᾽· οὐ μακρὰν γὰρ τειχέων περιπτυχαί.
{ὥστ᾽ οὐχ ἅπαντά σ᾽ εἰδέναι τὰ δρώμενα}

1354 *διπτύχων παίδων* et **1363**] cf. Arist. Phoen. fr. 570 Kassel-Austin (558 Kock)

1345 om., in marg. scr. **Aa** | Cr. notam om. **LRv** | ⟨*οἴμοι*⟩/ *οἴμοι* Hartung et Hermann, ut 1340–1341 respondeat hic versus | post *οἴμοι* add. *γε* **A** | *συμφ-* **CrRPrSa***ε***AZ** *-φορὰς* **MV**^{1}**Zc** (~**V**^{2}) | *-ποτμωτάτας* **MGMt***χ***ZcT**^{t} *-ποτμοτάτας* fere rell. (*-της* **Mn**^{s}**PrSaAa***ε***Mt**^{pc}) | post *βαρυπ.* add. *γε* **Zc** || **1346** om. **M**^{ac}**B**^{ac}**V**^{1}**RvL**, in marg. scr. **M**^{1}**B**^{1}, inter lin. **V**^{2}; del. Murray (praeeunte Burges); si retinere malis, 1345 choro continuare et 1346 Creonti tribuere possis | *ὤμοι* **OGSaPA**^{2s}*ζ* | *ὦ* **BOW**^{ac}**F**^{2}*δ***MtLZb** *ὁ* **MV**^{2}**F**^{1}**Rf** *ὡ* **W**^{pc} rell. | *τάλαιν᾽* **Aa**^{1} (~**Aa**^{2}) || **1347** choro trib. **O**^{1c} | *τὰ* om. *β* | *τούτοισι δ᾽* **W** *τούτοισιν* (*γ᾽* om.) **O***ϑ* *Φ* *δ***ZmZu** | *εἰδείη* **V**^{ac} || **1348** *ἂν γένοιτο* transp. **Cr** | *-ποτμώτερα* **M**^{1}**BOCrG***Ξ***ZbZcT**^{t} (*-ωτέρα* **GMt**) *-ότερα* **M**^{2} vel **M**^{3} rell. (*-ότερον* **Mn**, *-ότατα* **Z**) || **1349** *ἀδελφῆ σῇ* **M** | *δυεῖν παίδων* **Cr** *δυῶν παίδων* **V**^{2s}**R**^{s}*γ*^{s}**Mt**^{s} || **1350–1351** lectio ob numeros incerta; exempli gratia emendavi || **1350** Creonti trib. **O**^{1c}**CrRv** | *ἀνάγετ᾽ ἄγετε* scripsi (*ἄγετ᾽ ἀνάγετ᾽* Hartung; *ἀνάγετ᾽ ἄγετ᾽ ἄγετε* tentaverat Hermann), cf. Hec. 167, Or. 181, 1465, al. *ἀνάγετ᾽ ἀνάγετε* fere ***Ω*** (*ἀναγάγετ᾽ ἀναγάγετε* **Cr**), **gE** *ἀνάγετ᾽ ἀνάγετ᾽ ἒ ἒ* Hermann, *ἀνάγετ᾽ ἀνάγετ᾽ ὦ* Nauck | *καὶ* ante *κωκυτὸν* add. **S** (~**gE**) post *κωκυτὸν* transp. *χεροῖν* e 1351 Hermann, add. *μέγαν* Powell (*χεροῖν* del.) || **1351** *κρᾶτα* vel *κράτα* **M**^{γρ}**G***β***Pr**^{pc}**Sa***δχζ***T**^{t} *κατάρα* **OCr** *κᾶρα* **B** *κάρα* **MVRWFPr**^{ac}*εϰ***L**, **gE** | *τε* om. **GXaZ** (~**gE**) | *λευκοπήχων* **B**^{3s}**R**^{s}**Mn**^{s}**Sa**^{s} (~*Σ*, **gE**) | *κτύποις* **Mt** *τύπους* **Cr** (~**gE**) | *χεροῖν* del. Burges (transp. Hermann) *χερῶν* **B**^{3s}**RMn**^{s}**Sa**^{s}**L** (~**gE**) || **1352** Cr. notam om. **CrRvL** | *ὦ* **V**^{2}**SaZc** | *τλήμων* **Zc** | *τέρμον᾽* **ω Cr**^{ac}**Zm**^{1} *τέρμα* ***Φ*** *χ* *τέρμ᾽ ἄρ᾽* **G** *τέρμ᾽* **B**^{2}**Cr**^{pc}**Zm**^{2} rell. | *τοῦ* ante *βίου* add. **T**^{t} in ras. || **1353** *σφιγκὸς* **Zc**, fort. **L**^{1} (~**L**^{2} in ras.) | ante *αἰνιγμ.* add. *τ᾽* **Cr***χζ*, post *αἰνιγμ.* **ORT**^{t} | *αἰνιγμένους* **R** *αἴνιγμα* **Rv** *αἰνιγμῶν* *ζ* *αἰνιγμάτων* **Aa** *αἰνιγμοῖς* Geel, *αἰνιγμοῦ τ᾽* Valck. (~*Σ*) || **1354** *καὶ πῶς* transp. *β***T**^{t} | *διπτύχων*] *διδύμων* *β* (~Arist.) || **1356** *καὶ* ante *τὰ* add. *γ* || **1357** ante 1354 transp. **G**, sed rectum ord. numeris indic. | post *οὐ* perperam dist. nonnullos testatur *Σ* | *παραπτυχαί* **F**^{1} (~**F**^{c}) || **1358** del. Wecklein | *ὥστ᾽*] *Σ*^{M} *τὸ ὡς ἀντὶ τῆς πρὸς* lectionem *ὡς* testari vid. (i. e. *ὡς τὸ οὐχ*?) | *οὐχ*] s. l. add. *μὴ* **B**^{2}, cf. **M**^{g} *λείπει ἡ μὴ* (*ὡς μὴ οὐχ* coni. Donaldson, *τὸ μὴ οὐχ* Shilleto) | *ἅπαντά σ᾽*] *ἅπαντας* **MR***δ***Rf** *ἅπαντ᾽* **Xa** *ἅπαντα* **SaAa**^{3}**Mt** | *τὰ*] *κατὰ* **R**^{1} (~**R**^{2}) | *δρώμεναι* **M**^{1} (~**M**^{2})

ἐπεὶ δὲ χαλκέοις σῶμ᾽ ἐκοσμήσανθ᾽ ὅπλοις
οἱ τοῦ γέροντος Οἰδίπου νεανίαι,
ἔστησαν ἐλθόντ᾽ εἰς μέσον μεταίχμιον
{δισσὼ στρατηγὼ καὶ διπλὼ στρατηλάτα}
ὡς εἰς ἀγῶνα μονομάχου τ᾽ ἀλκὴν δορός.
βλέψας δ᾽ ἐπ᾽ Ἄργος ἧκε Πολυνείκης ἀράς·
Ὦ πότνι᾽ Ἥρα — σὸς γάρ εἰμ᾽, ἐπεὶ γάμοις
ἔζευξ᾽ Ἀδράστου παῖδα καὶ ναίω χθόνα —
δός μοι κτανεῖν ἀδελφὸν, ἀντήρη δ᾽ ἐμὴν
καθαιματῶσαι δεξιὰν νικηφόρον· —
αἴσχιστον αἰτῶν στέφανον, ὁμογενῆ κτανεῖν.
πολλοῖς δ᾽ ἐπῄει δάκρυα τῆς τύχης ὅση,
κἄβλεψαν ἀλλήλοισι διαδόντες κόρας.
Ἐτεοκλέης δὲ Παλλάδος χρυσάσπιδος
βλέψας πρὸς οἶκον ηὔξατ᾽· Ὦ Διὸς κόρη,
δὸς ἔγχος ἡμῖν καλλίνικον †ἐκ χερὸς†
εἰς στέρν᾽ ἀδελφοῦ τῆσδ᾽ ἀπ᾽ ὠλένης βαλεῖν.

1364–1375 cf. Diod. Sic. 10, 9, 8

Codd.: **Π^{18}** (1383–1387); **ω** = **MBOV**, **CrG**, **Θ** = **RMnSVrW**, **Φ** = **FPrSa**, **Ψ** = **AaPRfRv**, **Ξ** = **AMtXXaXb**, **Λ** = **LZZbZcZmZuT^{t}** (–1375) **T^{z}** (1376–)

1359 *ἐπεὶ*] *ἐπὶ* **Zb** | *δὲ* om. **Rv** | *χαλκοῖς* **OPΞ** *χαλκείοις* **ΘPrSaAa** | *σῶμ᾽* del. **Zc^{pc}** (*χαλκέοις* trisyllabum ratus) | *ἐκόσμησαν θ᾽* **MMtXXa** *ἐκόσμησαν* **OCrΘP** || **1360** simillimus est versui 1243, unde del. Kirchhoff (iam susp. Valck., lacunam, si deleatur, statuens) || **1361** *ἐλθόντες* **Xa** | *ἐς* fort. **Cr^{ac}** (sicut scr. Brunck) (~**gE**) || **1362** del. Valck. (inanem tautologiam iam notaverat Barnes); versus fort. confectus e var. lect. *δισσοὶ* ad 1360 adnotata (e 1243) et in trimetrum suppleta | *στρατηγοὶ* **Cr^{g}χ^{g}XaL** (etiam *δισσοὶ* **Cr^{g}Aa^{s}**) *ξυναίμω* repud. Valck., *γ᾽ ἀδελφὼ* post King Heath (~**gE**) | *διπλὼ*] *δισσὼ* **Cr** *δισσοὶ* **Cr^{g}L** (~**gE**) | *στρατηλάτω* fort. **P^{ac}** (~**P^{1}**) *-λάται* **Cr^{g}Mtχ^{g}** *-λάτη* **Mn** (~**gE**) || **1363** *μονομάχου τ᾽* ^{γρ}Σ^{Rf} (etiam fort. ^{γρ}Σ^{Rv}), sicut coni. Pierson et Valck.; cf. ^{i}Σ et **V^{2γρ}** *μονομάχου τὴν* et *μονομάχου πάλης ἀγῶνα* Arist. *μονομάχον τ᾽* **Rv^{2}χZb^{c}**, ^{γρ}Σ^{T} *μονομαχοῦντες* **RfRv^{g}** *μονομαχεῖν* **M** *μονομαχοῦντ᾽* rell. | *ἀλκῇ* **ZmZu**, sicut coni. Battier | *δουρός* **R** || **1364** *δ᾽* om. Diod. | *ἐπ᾽* **M** *ἐς* **BGΦPεXaXbZZbZcT^{t}**, Diod. *εἰς* rell., ^{le}Σ^{MV} (lemma om. Σ^{B}) || **1365** *ὦ* **W** | *γάρ* om. **ΦA^{1}** (~**A^{cs}**) | *εἶμ᾽* **VCrϑΦAaϰZmZu** | *ἐπεὶ*] *ἐπὶ* **CrP^{ac}Zb^{1}** (~**Zb^{c}**) || **1366** *ἔζευξ᾽ εὖξ* **O** | *ἀδράστω* **Aa^{1}** (~**Aa^{2s}**) || **1367** *ἀντήθη* **Mn** | *δ᾽*] *γ᾽* **Sa** *τ᾽* Blaydes | *ἐμὰν* **ZmZu** (~**Zm^{s}Zu^{s}**) || **1369–1371** del. Valck., tantum 1369 Porson, tantum 1370–1371 Kirchhoff || **1369** *αἰτῶν* **ZcZu^{pc}** (sicut coni. Canter) *αἰτῶ* rell., **gE** *αἰτεῖ* Firnhaber || **1370** *ἐπόει* **Cr^{uv}Mt^{ac}** (~**gE**) | *τῆς τύχης δάκρυα* transp. **R** (~**gE**) | *τύχης*] *εὐχῆς* Hermann | *ὅση* **M** *ὅσα* **ZZmZuT^{t}** (~**T^{ts}**) *ὅσοι* **W^{pc}Sa^{s}** (~**gE**) || **1371** *ἀλλήλοισιν* **OT^{t}** | *διαδόντες* **MOMn^{γρ}VrAa^{2s}PMtχZb^{c}Zm^{2}** (cf. Or. 1261, fort. Or. 1268) *ἐνδόντες* **T^{t}** *διδόντες* rell. || **1372** *ἐτεοκλῆς* **Crεϰ** | *δὲ* om. **Zu** || **1373** *ἦξατ᾽* vel *ἤιξατ᾽* **M^{1}** (~**M^{2}**) *ηὔχετο* fere **β** || **1374** *ἐκ χειρὸς* **Rv** (~**gE**) *εὐστόχως* Wecklein, *εὐθύ νιν* Heimsoeth || **1375** *ἐς* **L** (sicut scr. Matthiae) *εἰ* **MO^{ac}S** (~**gE**, Diod.) | *βαλὼν* **Cr** (~**gE**)

{*κτανεῖν θ᾽ ὃς ἦλθε πατρίδα πορθήσων ἐμήν*}
ἐπεὶ δ᾽ ἀνήφθη πυρσὸς ὣς Τυρσηνικῆς
σάλπιγγος ἠχὴ σῆμα φοινίου μάχης,
ἦξαν δράμημα δεινὸν ἀλλήλοις ἔπι·
κάπροι δ᾽ ὅπως θήγοντες ἀγρίαν γένυν
ξυνῆψαν, ἀφρῷ διάβροχοι γενειάδας·
ἦσσον δὲ λόγχαις· ἀλλ᾽ ὑφίζανον κύκλοις
ὅπως σίδηρος ἐξολισθάνοι μάτην.
εἰ δ᾽ ὄμμ᾽ ὑπερσχὸν ἴτυος ἅτερος μάθοι,
λόγχην ἐνώμα, στόματι προφθῆναι θέλων.
ἀλλ᾽ εὖ προσῆγον ἀσπίδων κεγχρώμασιν
ὀφθαλμόν, ἀργὸν ὥστε γίγνεσθαι δόρυ.
πλείων δὲ τοῖς ὁρῶσιν ἐστάλασσ᾽ ἱδρὼς
ἢ τοῖσι δρῶσι διὰ φίλων ὀρρωδίαν.

1377–1378 Ammon. Comm. Ar. Gr. IV 5, 20, 11–12; Eust. 669, 45–47; cf. Eust. 1242, 43 ‖ **1377 a** Eust. 700, 14 | *πυρσὸς*] (?) Hsch. *π* 4472 ‖ **1380** Greg. Naz. de vita sua 1804 | *θήγοντες*] Phot. lex. I 280 Naber ‖ **1381** cf. (?) Georg. Lacap. ep. 10 (83, 9–10 Lindstam) | *ξυνῆψαν*] cf. Greg. Naz. de vita sua 1807 ‖ **1386** *κεγχρώμασιν*] Hsch. *κ* 1972 (cf. *κ* 2371 *κερχνώμασι*)

1376 (= 756) non legisse vid. Diod., del. Valck. | *κτεῖναί* **M**^{γρmarg}**R**^{γρ}**γWAa** *καταθανεῖν* **O** | *θ᾽* om. **M** (~**M**^{γρmarg}) *δ᾽* **βWAa** | *ὡς* **Mt**^{ac} | *ἦλθεν* **Mn**^{ac} | *πορθῆσ᾽* **ε** (~**Rv**^{r}) ‖ **1377** *ἀνήφθη* Diggle, PCPS 195, 1969, 41 n. 1 *ἀφείθη* **Ω**, *Σ*, Ammon., Eust. | *ὣς* scr. (et sic dist.) Musgrave *ὡς* (dist. ante *ὡς*) **Ω**, *Σ*, Eust. (et codd. Ammon.?: *ὣς* ed. Ammon.) | post *τυρσηνικῆς* add. *χθονὸς* **S**^{ac} ‖ **1378** *ἠχῇ* **MO** (~Eust.) *ἦχος* vel *ἠχώ* Ammon.* | *σχῆμα* fort. **F**^{ac} | *φονίου* **MOVG**^{ac}**RγWSa AaRvϰXaλ** (~**G**^{1pc}**Mn**^{s}**A**^{1pc}, test.) ‖ **1379** om. **M**^{1}, in marg. add. **M**^{2} | *ἤϊξαν* **CrΘ ΦAaZZc** | *δράμημα* scr. Cobet (cf. Med. 1180 [pap.], Or. 1005 [MBA]) *δρόμημα* **Ω** | *ἀλλήλοισιν* **O** *ἀλλήλους* **ζ** ‖ **1380** *κάπρω* **gB** (~Greg.) | *δ᾽*] *θ᾽* **Zb** (~**gB**, Greg.) | coll. Stat. Theb. 11, 532 post hunc versum edd. quidam perperam inser. 1380 A (= Greg. Naz. de vita sua 1806) *λοξὸν βλέποντες* (*τ᾽* add. Burges) *ἐμπύροισιν* (Valck., *ἐμπύροις τοῖς* Greg.) *ὄμμασιν*; post 1381 inser. Geel ‖ **1381** *συνῆψαν* **G** post *ξυνῆψαν* add. *ἔγχη* **β**, ^{le}*Σ*^{Vr}, cf. **V**^{2g}, *Σ*^{M} *λείπει μάχην*, et supra 1192 (~**gB**) | *γενειάδος* **P** *γενναδας* **gE** (~**gB**) ‖ **1382** *ἦσσον* **MGPΞZm**^{s}**T**^{z} *ἤϊσσον* **B**^{1} *ἤισσον* fere **B**^{2}**OCrΘΦAaRfMt**^{pc}**LZ**, **gE** *ἤισον* **VRvζ** ‖ **1383** *σίδαρος* **Z** (~**gE**) | *ἐξολισθάνοι* **ϑ Aa** (sicut scr. Porson) *-θαίνη* **VPεŻ** *-θαίνει* **CrSa** *-θαίνοι* rell., **gE** [**Π**^{18}] ‖ **1384** *ὑπερσχὼν* **CrSWPRfZ**^{ac}, ^{p}*Σ*^{B} (~^{le}*Σ*) *-σχόντ᾽* **F** *-σχόνθ᾽* **R**^{γρmarg} *-σχών τ᾽* **Pr** [**Π**^{18}**Rv**] | *ἅτερος μάθοι ἴτυος* transp. **R**^{γρmarg} (~**Π**^{18}) | *ἅτερος ἴτυος* transp. **GP** [**Π**^{18}] | *ἄτερος* **MAaA** *ἕτερος* **Sa** [**Π**^{18}] | *μάθῃ* **B**^{2}**P** (~**Π**^{18}) ‖ **1385** ante *στόματι* dist. Geel et ^{i}*Σ* unus, post *στόματι* ^{i}*Σ* alter ‖ **1386–1387** om., in marg. scr. **A** ‖ **1386** *κεγχρώμασι* fere **VRAa**, Hsch. *κ* 1972 *κερχνώμασι* Hsch. *κ* 2371, quam formam praetulit Valck. (sed utra forma genuina sit omnino incertum)]*μ̣α̣σι* **Π**^{18} ‖ **1387** *γίγνεσθαι* **BOVGΞT**^{z} *γενέσθαι* **Sa**^{s} *γίνεσθαι* **A**^{ac} rell. [**Π**^{18}] ‖ **1388–1389** del. Wecklein, tantum 1389 del. Nauck ‖ **1388** *πλείω* **RZm**^{ac} *πλεῖον* **VrSa** *πλέον* **W** (~**gE**) | *ὁρῶσι* **Rv** *ὁρῶσ᾽* **Zc**, **gE** | *ἐστάλασ᾽* fere **V**^{ac}**φPMtXa**, fort. **L**^{1} (~**L**^{2} in ras.) *ἐστάλασεν* **Rf** *ἐστάλαζ᾽* **RWZ** (sicut coni. Bothe) *ἐστάλαξ᾽* **βAaZmZu** (~**gE**) ‖ **1389** *τοῖς* **Mn**^{pc}**εZb**^{pc}**ZmZu**, **gE** | *δρῶσιν* **BO** (~**gE**)

Ἐτεοκλέης δὲ ποδὶ μεταψαίρων πέτρον
ἴχνους ὑπόδρομον κῶλον ἐκτὸς ἀσπίδος
τίθησι· Πολυνείκης δ᾽ ἀπήντησεν δορί,
πληγὴν σιδήρῳ παραδοθεῖσαν εἰσιδών,
κνήμην τε διεπέρασεν Ἀργεῖον δόρυ·
στρατὸς δ᾽ ἀνηλάλαξε Δαναϊδῶν ἅπας.
κἀν τῷδε μόχθῳ γυμνὸν ὦμον εἰσιδὼν
ὁ πρόσθε τρωθεὶς †στέρνα Πολυνείκους βίᾳ†
διῆκε λόγχην κἀπέδωκεν ἡδονὰς
Κάδμου πολίταις, ἀπὸ δ᾽ ἔθραυσ᾽ ἄκρον δόρυ.
εἰς δ᾽ ἄπορον ἥκων δορὸς ἐπὶ σκέλος πάλιν
χωρεῖ, λαβὼν δ᾽ ἀφῆκε μάρμαρον πέτρον
μέσον τ᾽ ἄκοντ᾽ ἔθραυσεν· ἐξ ἴσου δ᾽ Ἄρης
ἦν, κάμακος ἀμφοῖν χεῖρ᾽ ἀπεστερημένοιν.
ἔνθεν δὲ κώπας ἁρπάσαντε φασγάνων
εἰς ταὐτὸν ἧκον, συμβαλόντε δ᾽ ἀσπίδας
πολὺν ταραγμὸν ἀμφιβάντ᾽ εἶχον μάχης.

1390 *μεταψαίρων*] Hsch. *μ* 1050 || **1405 b** cf. Liban. declam. 21, 6 || **1406** Eust. 647, 9

Codd.: ***Π***^{18} (**1415–1418**); ***ω*** = **MBOV**, **CrG**, ***Θ*** = **RMnSVrW**, ***Φ*** = **FPrSa**, ***Ψ*** = **AaPRfRv**, ***Ξ*** = **AMtXXaXb**, ***Λ*** = **LZZbZcZmZuT**^{z}

1390 *ἐτεοκλῆς* fere ***ε κ*** (~**Mt**^{pc}) || **1391** *ἴχνος* **B**^{1}**MnF**^{1} (~**B**^{2}**F**^{2}), ^{le}*Σ*^{B}, fort. ^{i}*Σ* | *ἱππόδρομον* **V**^{1uv}**PXa** (~**V**^{2}) || **1392** *πολυνείκους* **S** (~**gE**) | *ἀπήντησεν* **MB**^{1}**O Aa *χ*** **LZbT**^{z} *-ησε* **B**^{2} rell., **gE** || **1393** *ἐσιδὼν* **VCr *κ***, fort. **Mn**^{ac} (~**gE**) || **1394** *κνήμην* **O G *ΘΦ***^{c}**A *χ* T**^{z} *κνήμης* rell. | *δὲ* ***Θ*** | *διεσπάρασσεν* **OW** et vol. **B**^{γϱ} (*διεπ-*) (~**W**^{s}) | *ἀργείων* **CrMn**^{pcuv}**W**^{s}**Xa** || **1395** *ἀνήλαξε* **M** *ἀνηλάλαξεν* **O** *ἀνκλάλαξε* **Rv**^{1} (~**Rv**^{r}) *ἀνηλάλαζε* **RMnXb**^{ac} | *δαναῶν* **V** || **1396** *κἀν*] *καὶ* **WL**^{2} | *ἐσιδὼν* **V *ϑ κ*** || **1397** *πρόσθεν* **CrSa *ε*** (*πρόσωθεν* **Rv**^{ac}) **LZZmZu** | post *τρωθεὶς* add. *εἰς* **Aa *ζ***, spatium vacuum 2 vel 3 litt. rel. **L** cf. *Σ*^{MV} *λείπει ἡ εἰς, ἵν᾽ ᾖ· εἰς στέρνα* | *βίᾳ* om. **M** | *στέρνα . . . διῆκε* falsum sensum praebet, nisi hyperbolen ridiculam accipimus: *στέρνα Πολ. ἔπι* Paley, *σάρκα Πολ. β.* Stadtmueller, *στεγνὰ Πολ. β.* (una cum 1398 *λόγχῃ* post Porson) Pearson; latiorem corruptelam susp. nonnulli || **1398** *κἀπέδωκαν* **Sa** *κἀντέδωκεν* Herwerden || **1399** *κάδμον* **Sa** | *κάπο δ᾽* **Z** *ὕπο δ᾽* **GZb**^{1pc} (~**Zb**^{ac} **Zb**^{c}) | *ἔθραυσεν* **V *κ*** || **1400** *εἰς*] *ὡς* ***ϑ*** *ἐς* Matthiae | *ἄπορος* **R** || **1402** ***τ᾽*** **W** (sicut coni. Valck.) *δ᾽* rell. | *ἔθραυσ᾽* **MCrGLZc**, et vol. **R**^{suv} | *ἐξ ἴσου* **BOVVrLZbZc** *ἐξίσου* rell., ^{le}*Σ* || **1403** om. **S** | *χέρ᾽* **Z** | *ἀποστερ-* **Cr *ϑ* Z**, *Σ*^{B} (Schwartz 391, 27 app. crit.) *ἐστερ-* **Zc**^{ac}**T**^{zac} *-ημένοιν* **G**^{1pc} ***χ*** **T**^{pc} et (una cum *-ημένον*) **Cr** *-ημένην* **Pr**^{pc} (*-ον* **Pr**^{ac}) *-ημένων* **OG**^{ac}**RMnW *χ***^{g}, cf. *Σ* *-ημένοις* **R**^{s}**Mn**^{s} rell., *Σ*^{B} (Schwartz ibidem) || **1404** *ἔνθενδε* **Mt**, **gE** *ἐνθένδε* **GR *Φ* Aa *ε χ*** | *ἁρπάσαντε* **OG**^{pc}**F**^{c}**PrAa *χ*** **ZbT**^{pc} *-αντες* **G**^{ac}**T**^{zac} rell., **gE** || **1405** *ἐς* Barnes (~**gE**) | *συμβάλλοντε* fere **MRv** *-βαλόντες* **BVGF**^{1} **ALZc**, fort. **Cr**^{pc}, **gE** (~**F**^{c}) || **1406** *τ᾽ ἀραγμὸν* **Aa**^{3}**Mt** (~Eust.) | *εἶχον ἀμφιβάντ-* transp. ***Θ ε*** (*-τε* **RSVrW**, *-τα* **Mn**, *-τες* ***ε***), etiam *τ᾽* ante *εἶχον* add. ***ϑ*** (~Eust.) | *ἔχον* **G** (~Eust.)

καί πως νοήσας Ἐτεοκλῆς τὸ Θεσσαλὸν
εἰσήγαγεν σόφισμ᾽ ὁμιλίᾳ χθονός.
ἐξαλλαγεὶς γὰρ τοῦ παρεστῶτος πόνου
λαιὸν μὲν εἰς τοὔπισθεν ἀμφέρει πόδα,
πρόσω τὰ κοῖλα γαστρὸς εὐλαβούμενος,
προβὰς δὲ κῶλον δεξιὸν δι᾽ ὀμφαλοῦ
καθῆκεν ἔγχος σφονδύλοις τ᾽ ἐνήρμοσεν.
ὁμοῦ δὲ κάμψας πλευρὰ καὶ νηδὺν τάλας
σὺν αἱματηραῖς σταγόσι Πολυνείκης πίτνει.
ὁ δ᾽, ὡς κρατῶν δὴ καὶ νενικηκὼς μάχῃ,
ξίφος δικὼν εἰς γαῖαν ἐσκύλευέ νιν,
τὸν νοῦν πρὸς αὑτὸν οὐκ ἔχων, ἐκεῖσε δέ.
ὃ καί νιν ἔσφηλ᾽· ἔτι γὰρ ἐμπνέων βραχύ,
σῴζων σίδηρον ἐν λυγρῷ πεσήματι,
μόλις μέν, ἐξέτεινε δ᾽ εἰς ἧπαρ ξίφος
Ἐτεοκλέους ὁ πρόσθε Πολυνείκης πεσών.
γαῖαν δ᾽ ὀδὰξ ἑλόντες ἀλλήλων πέλας
πίπτουσιν ἄμφω κοὐ διώρισαν κράτος.

1407b–1408a *Θεσσαλὸν σόφισμ᾽*] Pausan. att. *ϑ* 12 Erbse; Hsch. *ϑ* 425; Phot. lex. I 277 Naber; Eust. 331, 18 et 34–36; Zenob. epit. p. 354 Miller ‖ **1408** *ὁμιλίᾳ χθονός*] sch. Eur. Or. 1082; Hsch. *ο* 729 ‖ **1410** Andr. Lopad. lex. Vind. *α* 62 ‖ **1418** Thom. Mag. ecl. voc. att. 140, 16 Ritschl ‖ **1419b** cf. Georg. Lacap. ep. 14 (107, 7–8 Lindstam)

1407 *καίπερ* **G** (~**G**$^{\gamma\varrho}$) | *ἐτεοκλέης* **GSa** | *ϑετταλὸν* **PZbZmZu**, Hsch., Eust. (~**Zb**^{s}, Phot.) *Θετταλῶν* Paus. *Θεσσαλῶν* Zen. ‖ **1408** *ἐσ-* Wecklein *-ήγαγεν* **MB**^{1}**ORδϰZbT**^{z} *-ήγαγε* **B**^{2} rell. | *ὁμιλίας* sch.^{MBC}Or. (~sch.^{V}, Hsch.) ‖ **1409** *ἀπαλλαγεὶς* **OCrRWε** (~**R**$^{\gamma\varrho}$) | *τοῦ* om. **R**^{1} (~**R**^{2s}) ‖ **1410** *λαιὸν*] *λεὼς* Andr. Lopad. | *ἐς* Matthiae (~Andr. Lopad.) | *ἀμφέρει* fere **V**^{1}**CrGΦχT**^{s} *μεταφέρει* **ζT**^{z} *ἀναφέρει* **F**^{2s} rell., Andr. Lopad., et fort. vol. **V**^{2} (*α* s. l. addito) ‖ **1411** *τὰ πρόσω* explic. *Σ* (~^{le}*Σ*) ‖ **1412** *προσβὰς* **B**^{1}**V** (~**B**^{3}) | *δι᾽* in ras. scr. **A**^{1} ‖ **1413** *σπονδύλοις* **CrMn**^{pc}**FPrΨζT**^{z} | *δ᾽* **P** | *ἐνάρμοσεν* **W** ‖ **1414** *πλευρὰ* **BOVGRSVrAa**^{1}**ϰL**^{2}**T**^{z} *πλευρὰν* **Aa**^{2} rell. (*-ᾶν* **M**) ‖ **1415** *αἱματηραῖσι* **V**^{1} (~**V**^{2}) *-τηρᾶ* **CrR** *-τηρῶ* **W** [*Π*^{18}] | *σταγόσιν* **O** *σταγόνι* **RW** [*Π*^{18}] | *πίτνει* Dindorf (cf. ad 293) *πιτνεῖ* **Ω** (*πιπτνεῖ* **A**, cf. *πίπτει* **B**^{2g} vel **B**^{3g}**Cr**^{g}**Mt**^{g}**Rv**^{g}**χ**^{g}) [*Π*^{18}] ‖ **1416** *νενικὼς* **VAaRf** [*Π*^{18}] | *μάχην* **WZZc** *τύχῃ* **G** (~**G**^{s}) [*Π*^{18}] ‖ **1417** *διώκων* **A**^{acuv} (~**A**^{1pc}) | *εἰς* **ωFPrχL** *ἐς* rell. [*Π*^{18}] ‖ **1418** *οὐκέτι* ante *πρὸς* add. Thom. (*οὐκ* om. ante *ἔχων*) (~*Π*^{18}) | *αὐτὸν* **VrWF**^{c}**RvχZZm**^{2}**T**^{z} *αὑτὸν* rell., ^{le}*Σ*, Thom., utrumque *Σ* [*Π*^{18}] | *δέ* om. **S** ‖ **1419** *βραχύν* **Aa** ‖ **1422** *πρόσθεν* **MOWPrSaεZZmZu** ‖ **1423** om. **M**^{1}, in marg. add. **M**^{2} | *ἑλόντες*] *λαβόντες* **R**$^{\gamma\varrho}$**Z** | *ἀλλήλοιν* **ORSWPrδ** (~**Pr**^{s}) ‖ **1424** *πίπτουσι* **R** (~**gE**) | *καὶ διώρισαν μάχης* (*κράτος* suprascr.) **gE** (*καὶ* coni. Denniston)

ΧΟ. φεῦ φεῦ, κακῶν σῶν, Οἰδίπου, σ᾽ ὅσον στένω·
τὰς σὰς δ᾽ ἀρὰς ἔοικεν ἐκπλῆσαι θεός.
ΑΓ.^{β} ἄκουε δή νυν καὶ τὰ πρὸς τούτοις κακά·
ἐπεὶ τέκνω πεσόντ᾽ ἐλειπέτην βίον,
ἐν τῷδε μήτηρ ἡ τάλαινα προσπίτνει,
{σὺν παρθένῳ τε καὶ προθυμίᾳ ποδός}
τετρωμένους δ᾽ ἰδοῦσα καιρίους σφαγὰς
ᾤμωξεν· Ὦ τέκν᾽, ὑστέρα βοηδρόμος
πάρειμι. προσπίτνουσα δ᾽ ἐν μέρει τέκνα
ἔκλαι᾽, ἐθρήνει, τὸν πολὺν μαστῶν πόνον
στένουσ᾽, ἀδελφή θ᾽ ἡ παρασπίζουσ᾽ ὁμοῦ·
Ὦ γηροβοσκὼ μητρός, ὦ γάμους ἐμοὺς
προδόντ᾽ ἀδελφὼ φιλτάτω. στέρνων δ᾽ ἄπο
φύσημ᾽ ἀνεὶς δύσθνητον Ἐτεοκλῆς ἄναξ
ἤκουσε μητρός, κἀπιθεὶς ὑγρὰν χέρα
φωνὴν μὲν οὐκ ἀφῆκεν, ὀμμάτων δ᾽ ἄπο
προσεῖπε δακρύοις, ὥστε σημῆναι φίλα.
ὁ δ᾽ ἦν ἔτ᾽ ἔμπνους, πρὸς κασιγνήτην δ᾽ ἰδὼν
γραῖάν τε μητέρ᾽ εἶπε Πολυνείκης τάδε·

1435 *παρασπίζουσ᾽*] Hsch. *π* 671 ‖ **1441** Eust. 650, 58

Codd.: ***ω*** = **MBOV**, **CrG**, ***Θ*** = **RMnVrW**, ***Φ*** = **FPrSa**, ***Ψ*** = **AaPRfRv**, ***Ξ*** = **AMtXXaXb**, ***Λ*** = **LZZbZcZmZuT**^{z}

1425 chori notam om. **L**; Cr. trib. **Rv** (cf. *Σ τινὲς Κρέων*) | *σῶν κακῶν* transp. **Mn** | *οἰδίπου σ᾽ ὅσον* **B**^{2}, sicut scr. post Elmsley Hermann *οἰδίπους ὅσον* **W**^{ac}**Mt** **Zb**^{ac}**T** (in ras.), fort. **B**^{1pc}, **gB** *οἰδίπου σὸς ὢν* **MB**^{ac}**V*ϑ*AaRfA** *οἰδίπου ὅσον* **M**^{γρ} **V**^{2γρ}**CrGMn**^{pc}**W**^{pc}***Φ*P*λ*** *οἰδίπου ὅσον σε* **Aa**^{γρ} *οἰδίπου γ᾽ ὅσον* ***χ*Z** *οἰδίπου ὡς ὢν σὸς* **Rv** *οἰδίπου* (*σ᾽ ὅσον* om.) **O** | *σθένω* **O** (~**O**^{s}, **gB**) ‖ **1426** *ἀρὰς δ᾽* transp. **Aa, gB** (~**gE**) | *ἐκπλήσ(σ)ειν* **O*Θ*P*ε*** *ἐμπλήσειν* **gB** (~**gE**) | *θεῶν* **Mt**^{ac} (~**gBgE**) ‖ **1427** *δή νυν* scr. post Barnes Valck. *δὴ νῦν* ***Ω*** (*δή νῦν* **P**) ‖ **1428** *ἐπεὶ*] *ὡς γὰρ* **M**^{γρmarg} **B**^{γρmarg}**ORW*Ψ*** | *πεσόντε τέκν᾽* transp. **O** *πεσόντε παῖδ᾽* fere **M**^{γρmarg}**RW*Ψ*** | *ἐκλειπέτην* **G** *ἐλιπέτην* **MCr*Θ*Aa*εΛ*** (~**Mn**^{s}**T**^{pc}) *λιπέτην* **Sa** et (post *παῖδε*) **M**^{γρmarg} et (post *πεσόντε*) **B**^{γρmarg} ‖ **1429** *προσπίτνει* scr. Dindorf (cf. ad 293) *προσπίπτοι* **M** *προσπιτνεῖ* rell. | ob *προσπίτνουσα* 1433 coni. *προσκυρεῖ* Hartung, *τάλαιν᾽ ἐπεσπίτνει* Harberton ‖ **1430** del. Valck. | *τε* om. **O*β*** | *τε καὶ*] *τέκει* Musgrave, *τέκνοις* (interpolatori trib.) Hermann, *κοινῇ* von Sybel ‖ **1431** *τετρωμένω* **ZmZuT**^{zac} | *καιρίας* **CrGPRv**^{1pc} (vel **Rv**^{2}?) ***λ*** (~^{g}*Σ*) *-ίοις* **Pr** *-ίαις* **R**^{s} | *σφαγαῖς* **R**^{s}**Pr** ‖ **1432** *ὤμοξεν* **MV**^{1}**CrRZ** (~**V**^{2}) ‖ **1433** *προσπίτνουσα* scr. Dindorf *-πιτνοῦσα* ***Ω*** (*-ῶσα* **Rv**) (cf. ad 293) | *μέρη* **MZb**^{ac} (~**Zb**^{1pc}) | *τέκνων* **L** ‖ **1434** *ἔκλαιεν* **Cr** (~**gE**) | *τὸν* om. **R** (~**gE**) ‖ **1435** *στένουσ᾽* om. **gE** *στενάζουσ᾽* ***ε*** | *ἀδεφή* **M**^{1} (~**M**^{2}) | *δ᾽* **V*ϰ*** (~**gE**) ‖ **1436** *γηροβοσκοὶ* **B**^{3s}**R**^{s}**Mn** *γηρωβοσκὼ* **W*Φ*RfZ** | *ὦ*^{2}] *ὢ* **Sa** ‖ **1437** *προδόντες* ***β*** | *ἀδελφοὶ φίλτατοι* **B**^{3s}**Mn** | *φιλτάτων* **P** | *δ᾽*] *τ᾽* **A** ‖ **1438** *δύσθνητον* **M**, cf. ^{g}*Σ δυσέκπνευστον* *δυσθνῇσκον* Hermann coll. El. 843, Rhes. 791 *δύστλητον* rell. | *ἐτεοκλέης* **O*Θ*Sa*Ψ*** ‖ **1439** *λυγρὰν* **M**^{2}**O *Θ*SaAa**^{s}**P*ε*ZmZu** | *χεῖρα* **A**^{ac} (~**A**^{1pc}) ‖ **1440** *δ᾽* om. **M** (~**gB**) ‖ **1441** *φίλους* **Sa** (~**gB**, Eust.) ‖ **1442** *δ᾽*^{2} om. **Sa** ‖ **1443** *τε* om. **W**^{pc}**Rf** | *εἶπεν* **O**

Ἀπωλόμεσθα, μῆτερ· οἰκτίρω δὲ σὲ
καὶ τήνδ᾽ ἀδελφὴν καὶ κασίγνητον νεκρόν·
φίλος γὰρ ἐχθρὸς ἐγένετ᾽, ἀλλ᾽ ὅμως φίλος.
θάψον δέ μ᾽, ὦ τεκοῦσα, καὶ σύ, σύγγονε,
ἐν γῇ πατρῴᾳ, καὶ πόλιν θυμουμένην
παρηγορεῖτον, ὡς τοσόνδε γοῦν τύχω
χθονὸς πατρῴας, κεἰ δόμους ἀπώλεσα.
ξυνάρμοσον δὲ βλέφαρά μου τῇ σῇ χερί,
μῆτερ — τίθησι δ᾽ αὐτὸς ὀμμάτων ἔπι —
καὶ χαίρετ᾽· ἤδη γάρ με περιβάλλει σκότος.
ἄμφω δ᾽ ἅμ᾽ ἐξέπνευσαν ἄθλιον βίον.
μήτηρ δ᾽, ὅπως ἐσεῖδε τήνδε συμφοράν,
ὑπερπαθήσασ᾽, ἥρπασ᾽ ἐκ νεκρῶν ξίφος
κἄπραξε δεινά· διὰ μέσου γὰρ αὐχένος
ὠθεῖ σίδηρον, ἐν δὲ τοῖσι φιλτάτοις
θανοῦσα κεῖται περιβαλοῦσ᾽ ἀμφοῖν χέρας.
ἀνῇξε δ᾽ ὀρθὸς λαὸς εἰς ἔριν λόγων,
ἡμεῖς μὲν ὡς νικῶντα δεσπότην ἐμόν,
οἱ δ᾽ ὡς ἐκεῖνον. ἦν δ᾽ ἔρις στρατηλάταις,

1446 Greg. Naz. ep. 11, 9; cf. Liban. ep. 315, 3 || **1447–1450** et **1451–1452a** Teles apud Stob. 3, 60, 8 || **1453** Lucian. 64, 2 || **1454–1459** cf. sch. Thom. Soph. OT 1235^{b} Longo || **1456** *ὑπερπαθήσασ᾽*] Hsch. *υ* 458 || **1462b–1464** cf. Eust. 236, 35

1444 *ἀπολώμεσθα* fere **CrZZb**^{ac} (~**Z**^{s}**Zb**^{1pc}) *ἀπωλόμεθα* **MnAaRf** | *οἰκτίρω* scr. Murray (cf. Meisterhans 179 n. 1483) *οἰκτείρω* **Ω** | *δὲ σὲ* scr. Valck. *δέ σε* **Ω** || **1445** *τήνδ᾽*] *τὴν* **G** | *καὶ*^{2} om. **Mn** || **1446** post *γὰρ* add. *ὢν* Greg.* (~**gVgB**) | *ἐχθρὸς* post *ἀλλ᾽* transp. **W** *ε* (~**gVgB**, Greg.) | *φίλος*^{2}] fort. *φίλης* **O**^{ac} *φίλως* **Mn** (~**gVgB**, Greg.) || **1447** *δέ* om. Teles* | *σύ* om. **BSaZb** | *καὶ τὸ σύγγονον* (*σύ* om.) Teles* || **1448** *ἐν* om. **W**^{ac} | *γῇ*] *τῇ* **X** | *πόλει θυμουμένη* **V**^{1} *ε* (~**V**^{2}, $^{le}Σ^{M}$; lemma om. $Σ^{B}$, diversum hab. $Σ^{V}$) || **1449** *παρηγόρησον* **Cr** *παρηγορεῖ* **W** (~Teles) | *τοσοῦδε* Teles* (~**gE**) | *γοῦν*] *δὴ* **B**^{γρmarg}*β*, $^{γρ}Σ^{M}$ (~**gE**, Teles) || **1450** *κεἰ*] *κἂν* **O** (~**gE**, Teles) || **1450A** edd. quidam credunt versum proxime inter Teletis verba a Stobaeo citatum interpolatum fuisse in antiquis Phoenissarum libris: *καὶ* (*ἐν* Diog. Laert. 4, 25) *γῆς φίλης ὄχθοισι* (*μυχοῖσι* nonnulli codd. Diog.) *κρυφθῆναι* (Diog.; *κρυφθῇ καὶ* fere Stob. codd.) *τάφῳ* (*καλόν* Diog.); cf. TrGF adesp. 281 || **1451** *συνάρμοσον* **Cr**, Teles (~**gBgE**) | *μου* ante *βλέφαρα* transp. **gBgE**, Teles *μοι* **FPr** | *χειρί* **V** (vel **V**^{pc}?) **CrMt**, **gE**, Teles* (~**gB**) || **1453** *με*] *μοι* **R** (~**gB**, Luc.) || **1455** *ἐπεῖδε* **B** *εἶδ᾽ εἶδε* **O** *εἰσεῖδε* **ΘPRvXaΛ** (~**gB**) || **1456** *δεινοπαθήσασ᾽* **M**^{s}**B**^{marg}**V**^{s}**L**^{s}**Zb**^{g} (~**gB**, Hsch.) | *ἥρπασ᾽ ἐκ νεκρῶν ξίφος* **OVCrGΘΨΞZZbT**^{z}, **gB** (*νεκροῦ* **ΘP**) *ἥρπασεν ν. ξ.* **M** *ἐκ ν. ξ. ἥρπασε* **LZcZmZu** *ἐκ ν. λάβε ξ.* **B** *ἐκ ν. εἷλε ξ.* **Φ** || **1457** *κἄπραξα* **Sa** (~**gB**) | *μέσου γὰρ δι᾽* transp. **Zc** (~**gB**) | *γὰρ*] *καὶ* **R** (~**gB**) || **1458** *σὺν τέκνοις δὲ φιλτάτοις* **B**^{γρmarg} (cf. **Mn**^{g}) (~**gB**) | *τοῖς* **A** | *φιλτάτοισι* **Mt** (~**gB**) || **1459** *περιβαλλοῦσ᾽* **R**^{ac}**FPrZb** (~**gB**) | *ἄμφω τέκνα* **B**^{γρmarg} (~**gB**) | *χεῖρας* **Mn** (~**gB**) || **1460** *ἀνήϊξε* **ϑSa** *ε* *ἀνῆρξε* **Z** | *ὀρθῶς* **V**^{ac}**VrW**^{ac}**F** *ε* (~**V**^{1pc}**Vr**^{γρ}**Rv**^{1pc} vel **Rv**^{2}) | *ὁ* ante *λαὸς* add. **L** | *λόγων* om. **F**^{1} (~**F**^{2})

οἱ μὲν πατάξαι πρόσθε Πολυνείκη δορί,
οἱ δ' ὡς θανόντων οὐδαμοῦ νίκη πέλοι.
κἀν τῷδ' ὑπεξῆλθ' Ἀντιγόνη στρατοῦ δίχα.
οἱ δ' εἰς ὅπλ' ἧσσον· εὖ δέ πως προμηθίᾳ
καθῆστο Κάδμου λαὸς ἀσπίδων ἔπι·
κἄφθημεν οὔπω τεύχεσιν πεφαργμένον
Ἀργεῖον εἰσπεσόντες ἐξαίφνης στρατόν.
κοὐδεὶς ὑπέστη, πεδία δ' ἐξεπίμπλασαν
φεύγοντες, ἔρρει δ' αἷμα μυρίων νεκρῶν
λόγχαις πιτνόντων. ὡς δ' ἐνικῶμεν μάχῃ,
οἱ μὲν Διὸς τροπαῖον ἵστασαν βρέτας,
οἱ δ' ἀσπίδας συλῶντες Ἀργείων νεκρῶν
σκυλεύματ' εἴσω τειχέων ἐπέμπομεν.
ἄλλοι δὲ τοὺς θανόντας Ἀντιγόνης μέτα
νεκροὺς φέρουσιν ἐνθάδ' οἰκτίσαι φίλοις.
πόλει δ' ἀγῶνες οἱ μὲν εὐτυχέστατοι
τῇδ' ἐξέβησαν, οἱ δὲ δυστυχέστατοι.

ΧΟ. οὐκ εἰς ἀκοὰς ἔτι δυστυχία
δώματος ἥκει· πάρα γὰρ λεύσσειν

Actio: **1479** abit nuntius per eisodum dexteram || **1480–1485** per eisodum sinistram procedit Antigona crinibus solutis, sinu vestis deducto; sequuntur nescioquot milites tria cadavera ferentes. paulum e media scena recedit Creon, ut mediam teneat Antigona cum cadaveribus

1471b Andr. Lopad. lex. Vind. ε 140 || **1476–1477** cf. (?) Acc. Phoen. fr. 11 Ribbeck

Codd.: **ω** = **MBOV**, **CrG**, **Θ** = **RMnS** (1487–) **VrW**, **Φ** = **FPrSa**, **Ψ** = **AaP RfRv**, **Ξ** = **AMtXXaXb**, **Λ** = **LZZbZcZmZuT**[z] (–1483) **T**[t] (1484–)

1463 πράξαι **Aa**[γρ] | πρόσθε om. **M** (~**M**[1s]) πρόσθεν **OCrGWSaεMtLZcZmZu** | πολυνείκη **B** -νείκην rell. (cf. ad 72) | δουρὶ **W** || **1464** πέλει **BVCrGΦAa**[s]**PRvζT**[t] (~**V**[2s]**Sa**[s]**T**[z]**T**[ts]) || **1465** del. Valck., in locum genuini versus interpolatum ratus; del., lacuna non statuta, perperam Hartung, alii | διχῶς **Vr** || **1466** οἱ δ'] ὧδ' Zipperer (1465 deleto) | εἰς] ὡς **Mn**[ac]**F**[1]**Mt**[ac] (vel **Mt**[pc]) (~**F**[2]) | ἧσσον **GPΞZb**[r] ἤϊσσον rell. | προμηθεία **CrRVrZc** προμυθ(ε)ίᾳ **XaZmZu** προθυμία **Z** || **1467** κάδμος **Rf** | ἔπι] ἔτι **Mt** || **1468** τεύχεσιν **MBOGMtχT**[z] -σι rell. | πεφαργμένον scr. Dindorf (cf. ad 733) πεφραγμ- **Ω** (-μένοι **G**) || **1469** ἐσπεσόντες Matthiae | εἰς στρατὸν ἐξαίφνης transp. **Cr** || **1470** ἐξεπίπλασαν **OCr** || **1471** μυρίον **GAaΞZb**[c], fort. **W**[marg] (~Andr. Lopad.) || **1472** πιτνώντων **V**[2s]**Cr** πιτνούντων **Aa**[2] (cf. ad 293) πιπτόντων **B**[s]**ORMnWSaPεZZmZu** | μάχην **Mt**[ac]**Zu** || **1473** τροπαῖον **B**[2]**Mn**[ac]**PrSa** τρόπαῖον **A** τρόπαιον rell. (cf. ad 572) | ἔστησαν **Rf** (ἔ-) **Xa** || **1474** νεκρῶν] στρατῶν **Mn**[γρ]**VrW** στρατοῦ **Cr** || **1477** φίλοις **MBVFPrRvϰ** φίλους **Mt**[s] rell. [**W**] || **1478–1479** τῇ μὲν ... / οἵδ' ... τῇ δὲ Kock coll. [p]Σ (~[i]Σ alter) || **1479** post hunc versum τῇδ' ἐξέβησαν repet. **O** || **1480** Cr. trib. **Rv** omnes pers. notas usque ad finem fabulae om. **Sa** || **1481** δωμάτων **OΘΨZZmZu** | λεύσειν **VCrRMn**[ac]**WΦΨ ZZbZc**[1] (~**Aa**[2]**Zc**[2])

πτώματα νεκρῶν τρισσῶν ἤδη
τάδε πρὸς μελάθροις κοινῷ θανάτῳ
σκοτίαν αἰῶνα λαχόντων.

AN. *οὐ προκαλυπτομένα βοτρυχώδεος ἁβρὰ παρῇδος* 1485–1486
οὐδ' ὑπὸ παρθενίας τὸν ὑπὸ βλεφά-
ροις φοίνικ', ἐρύθημα προσώπου,
αἰδομένα φέρομαι βάκχα νεκύ-
ων, κράδεμνα δικοῦσα κόμας ἀπ' ἐ- 1490
μᾶς, στολίδος κροκόεσσαν ἀνεῖσα τρυφάν,
ἁγεμόνευμα νεκροῖσι πολύστονον. αἰαῖ, ἰώ μοι. 1492–1493
ὦ Πολύνεικες, ἔφυς ἄρ' ἐπώνυμος· ὤμοι, Θῆβαι·
σὰ δ' ἔρις – οὐκ ἔρις, ἀλλὰ φόνῳ φόνος – 1495
Οἰδιπόδα δόμον ὤλεσε κρανθεῖσ'
αἵματι δεινῷ, 1497
αἵματι λυγρῷ. 1497 bis

1482 a Phrynich. ecl. 352 Fischer || **1484 a** Eust. 501, 26 || **1485–1486 a** Eust. in Od. 1, 329 (1420, 65) || **1485** Athen. 1, 4 b || **1488** *ἐρύθημα*] cf. (?) Chaeremon. TrGF 71 F 1, 4; (?) Chor. Gaz. or. fun. in Mar. 4

1482 *σωμάτων πτώματα* **R** *σώματα* **V**$^{2\gamma\rho}$**W** ***ε*** (∼Phryn.) | *ἤδη τρισσῶν* transp. **Z** || **1483** *πρόσθε* **O** || **1484** *σκοτίναν* **W** (∼Eust.) || **1485–1766** retractatos vel spurios iud. Dihle (iam 1480–1766 Norwood); me iudice 1485–1581 sine dubio Euripideos esse censendum; vide ad 1582–1766 || **1485–1486** *προσκαλ-* ***ϑ*** **Sa** (∼test.) *-ομένη* **Sa**, Eust. (∼Athen.) | *βοτρυχώδεος* **Z**^{pc}**Za Ad** et *βοστρ-* velut breve metitur metricus codicis **Tp** (vide Text. Trad. 139) (*βοτρ-* restit. e cod. **Za** post Porson Dindorf) *βοστρυχώδεος* rell., *Σ*, test. (*-ώδεα* Athen.) | *ἁβρᾷ* **O Cr** | *παρῇδος* scr. Hartung *παρηίδος* ***Ω***, Eust. || **1487–1488** *βλεφάρων* **W**^{1} (∼**W**^{2}) || **1489** *αἰδομένη* **Rf** *ἀδομένα* ***ϑ*** (∼**R**^{s}**Mn**^{s}) *αἰδουμένα* **G Sa Aa Mt**^{pc}***χ***, ^{p}*Σ*, ^{le}*Σ*^{Vr} (*-μένη*) (∼**Aa**^{s}) | *φέρομαι* om. ***γ*** | *νεκρῶν* **M** || **1490** *κρήδεμνα* **L Zc Zu**^{s} | *κόμας*] *κάρας* **Mn**^{pc}**Pr** | *ἐπ'* **W**^{pr} || **1491** *στολίδος . . . τρυφάν* Porson *στολίδα . . . τρυφᾶς* fere ***Ω*** (*τρυφάς* **V Mn Zb**^{ac}, *τρυφῆς* **W L**), *Σ* | *κροκόεσαν* **M P Zb** || **1492** *ἁγαμόνευμα* fere **Cr**^{ac}**S**^{ac} *ἡγεμ-* **Aa** | *αἰαῖ* scr. Dindorf *αἶ αἶ* **M B O G Mn F Pr Aa Rv Mt T**^{t} *αἶ* quater **P *χ* Z Zb** *αἲ αἲ* rell. || **1493–1494** *ἰώ μοι ὦ* **M B V Cr *Φ* P A *Λ*** *ἰώ μοι ἰὼ* **O G R *γ* W *ε* Mt** *ἰώ μοι ἰώ μοι* **Aa** *ἰώ μοι μοι ὦ* **Vr Z** *ἰὼ* ***χ*** || **1494** *ἆρ'* **R Mt** | *ὤμοι* **O *ϰ* Zm Zu** *ὦ* **Aa Rv** *ὤμοιμοι* fere rell. (*ἰώμοιμοι* **Cr**) | *Θήβαις* Hermann; etiam *Θήβᾳ* coni. possis (cf. *θήβαι*, quod pro *θῆβαι* mero errore, ut vid., legitur in **S Aa**); sed ad exclamationem cf. 1290 et Andr. 1176 || **1495** *σὰ*] *σὺ* **A** | *ἔρις*^{2}] *ἔρισι* **Zb** | *φόνω φόνους* **Mn**^{ac} *φόνος φόνος* (vel *φόνω*?) **Mn**^{pc} || **1496** *οἰδίποδα* **O Cr *ϑ* Sa Zb** *οἰδιπόδαο* **Pr *χ*** *οἰδίποδος* **W**^{ac}**Sa**^{s} | *δόμων* **Mt** | *ὤλεσεν* **R *δ* Z** | *κρανθεῖσ'* **V**^{2} **Rf**^{ac} *κρανθείς / σ'* **V**^{1} *κρανθείσ'* fere **O Rv** *κραθεὶς* **G F**^{1} ***χ*** (et falsa lectio in *Σ*^{MV}) *κρανθεὶς* **F**^{c}**Rf**^{pc} rell. (*-εῖσ'* et *-εὶς* explic. *Σ*) || **1497–1497** bis locus a multis frustra sollicitatus ob repetitionem et ob hiatum: 1497 del. Dindorf, 1497 bis om. **W**^{1} **Aa**^{ac}**Rv** (∼**W**^{2} **Aa**^{1c})

τίνα προσῳδὸν
ἢ τίνα μουσοπόλον στοναχὰν ἐπὶ
δάκρυσι δάκρυσιν, ὦ δόμος, ὦ δόμος,
ἀγκαλέσωμαι,
τρισσὰ φέρουσα τάδ᾽ αἵματα σύγγονα,
ματέρα καὶ τέκνα, χάρματ᾽ Ἐρινύος;
ἃ δόμον Οἰδιπόδα πρόπαν ὤλεσε,
τᾶς ἀγρίας ὅτε
δυσξυνέτου ξυνετὸν μέλος ἔγνω
Σφιγγὸς ἀοιδοῦ σῶμα φονεύσας.
ἰώ μοι μοι, {πάτερ,}
τίς Ἑλλὰς ἢ βάρβαρος ἢ
τῶν προπάροιθ᾽ εὐγενετᾶν

Codd.: **Π^5** (**1499–**); **ω = MBOV, CrG, Θ = RMnSVrW, Φ = FPrSa, Ψ = AaP RfRv, Ξ = AMtXXaXb, Λ = LZZbZcZmZuT^t**

1498 del. Paley | post *τίνα* add. *δὲ* **OG^{2s}Mn^{s}PrAa^{s}PχZZb**, add. *δὴ* **F^{cs}Sa** | *πρὸς ᾠδὸν* **B^1** (~**B^3**), cf. *Σ τὸ δὲ τίνα πρός ἀναστρεπτέον κτλ.* (~ *Σ* alter) || **1499** post *τίνα* add. *δὴ* **F^{cs}** [**Π^5**] | *μουσήπολον* **Z** *μουσοπόλην* **Aa** *μουσοπόλων* Valck. (*-πόλου* Burges) [**Π^5**] | *στεναχὰν* **AaMt^{ac}ZbZc** [**Π^5**] | *ἔπι* possis tentare || **1500** *δάκρυσι* om. **Zc** [**Π^5**] | post *δάκρυσιν* add. *λάβω* **Z** *δακρύσω* **Mn^{γρ}Vr** (~**Π^5**) | *ὦ^1*] *ω* vel *ιω* **Π^5** *ὢ* **Sa** | *ὦ^2* om. **CrϑP** (~**R^{2}Mn^{pc}**) *ὢ* **Sa** *ιω* **Π^5** || **1501** *ἀγκαλ-* metricus codicis **Tp**, sicut scr. post Paley Murray *ἀνακαλ-* **Π^5Ω** *-καλέσωμαι* **Π^5BV^{2s}W^{ac}Aa** *-καλέσομαι* rell. || **1502** inter *-καλέσωμαι* et *σύγγονα* aliquid om. **Π^5** | *τάδ᾽ αἵματα* **W^{pc}** (sicut coni. Musgrave) *τάδ᾽ *ματι* **W^{ac}** *τάδ᾽ αἱμακτὰ* **ϑ** *σώματα* **PA^{1}Zb^{ac}** *σώματα τάδε* **Mn^{γρ}** *γε σώματα* **T^t** *τάδε σώματα* **A^{c}Zb^{1pc}** rell. (**B^{1uv}**, *σω* rescr. **B^3**, fort. in ras.) tantum]ạ exstat **Π^5** *πεσήματα* Kirchhoff || **1503** *μητέρα* **LZZbZcT^t** (~**Π^5**) | *χάρμα τ᾽* ut vid. *Σ λείπει τὸ ἔφυς· χάρμα ἔφυς ἐρινύος* | *ἐρινύος* **Π^5ωRSaMtZ** *-ννύων* **L^1** *-ννύος* **Sa^{s}L^{2}Z^s** rell. || **1504** *αἳ* **L^1** (~**L^{2s}Π^5**) | *δόμον* rescr. in **O** *δόμων* **W^{ac}** *δώμαθ᾽* **Cr** *δῶμ᾽* Jackson (ne *πρόπαν* adverbialiter usurpetur) (~**Π^5**) | *οἰδιπόδα* **M^{pc}OWFPrΨΛ** *οἰδίποδα* **M^{ac}VCrγSaP^{ac}ϰ** sine acc. **Π^5R** *οἰδιπόδαο* **Gχ** *οἰδίποδος* **BMn^{s}Vr** | *πρόπαντ᾽* **Z** *πρόπαρ* **CrAaZ** [**Π^5**] | *ὤλεσεν* **BORVrRvZZbT^t** *ὤλεσαν* **P^{ac}L** [**Π^5**] || **1505** *τὰς* **MV^{ac}CrγW^{ac}ϰ** (~**V^{1pc}A^{1pc}**) | *ἀγρίας*] *ἀερίας* **W^{ac}** (~**Π^5**) | *ἐξ* ante *ὅτε* add. **F^{cs}** (e *Σ*) (~**Π^5**) || **1506** *δυσξύνετον* **Rf**, cf. ^{p}*Σ* (unde hoc recep. Valck.) utrum *-ετον* an *-ετου* habuerit **Π^5** non constat | *ξυνετὸς* **GχZb^{c}T^{ts}** (~**Π^5**) | *μέλεος* **XXa** (~**X^{γρ}**, *Σ*$^{Mosch.}$, **Π^5**) | *ἔγνως* **MtχZb^{c}T^{ts}**, *Σ*$^{Mosch.}$ (~**X** post ras., **Π^5**) || **1507** *σῶμα φονεύσας* del. Nauck, habuisse vid. **Π^5** (*σωμα/*[ ]) | *φόνευσε* **B^{2s}** || **1508** *μοι* semel **OCrϑFPrδΞZb^{ac}Zc** (~**Zb^{1pc}**) [**Π^5**] | *πάτερ* non hab. **Π^5**, iam del. Hermann *μᾶτερ* **PrZb^{ac}T^t**, fort. **Mn^2** *μῆτερ* **Fζ** (*πάτερ* **Z^{γρ}Zb^{1pc}**) || **1509** *ἕλλην* **Mn^{γρ}Zb** (*Ἕλλαν* coni. Murray) (~**Π^5**) | *ἢ^1*] *τίς* **A** (~**Π^5**) || **1510** *προπάροιθε* plene scr. **Π^5M** (*-οιθ᾽* scr. Hermann) *πάροιθεν* **CrAaLZbZcZuT^t**, cf. ^{p}*Σ*^{B} *προπάροιθεν* rell. | *εὐγενετῶν* **CrGR^{s}WFPrAaL ZcZmZu** (~**Π^5**)

ἕτερος ἔτλα κακῶν τοσῶνδ᾽
αἵματος ἁμερίου
τοιάδ᾽ ἄχεα φανερά;
τάλαιν᾽, ὡς ἐλελίζω·
τίς ἄρ᾽ ὄρνις δρυὸς ἢ
ἐλάτας ἀκροκόμοις ἐν πετάλοις {ἑζομένα}
† μονομάτερος ὀδυρμοῖς †
ἐμοῖς ἄχεσι συνῳδός;
αἴλινον αἰάγμασιν ἃ
τούσδε προκλαίω μονάδ᾽ αἰ-
ῶνα διάξουσα τὸν αἰεὶ χρόνον ἐν
λειβομένοισιν δάκρυσιν.
{ἰαχήσω}

1514 *ἐλελίζει* et **1515** *αἴλινον*] Eust. 125, 28

1511–1512 praeeuntibus Heath et Nauck *αἵμ. ἁμ.* post *ἕτερος* transp. Wecklein, ante *ἕτερος* Paley; *τοσῶνδ᾽ ἔτλα κακῶν* transp. Nauck, *κακ. τοσ. ἔτλα* Wecklein (~ ***Π***^{5}) ‖ **1511** *ἔτλαν* **V**^{1} **Cr**^{ac} (~**V**^{2} ***Π***^{5}) | inter *ετλα* et *]ντοσωνδε* spatium ca. 16 litt. hab. ***Π***^{5} | *τόσων δι᾽* fere **B**^{1} **G**^{ac} **RVrF**^{1} **PrA** *τοσῶνδε δι᾽* **SaMt** (~ ***Π***^{5}) ‖ **1512** *ἡμερίου* **Sa** *ἀμετρίου* **Cr** *ενθαμεριον* ***Π***^{5} *ἁμετέρου* Kirchhoff ‖ **1513** *φανεραφανερα* ***Π***^{5} ‖ **1514** *ἐλελίζω* fere **G**^{1pc} **F**^{c} **Aa**^{s} **Mt**^{ac} **Mt**^{s} ***χ*** **Zb**^{c} **T**^{t} (cf. **B**^{3g} **Rf**^{g} *θρηνῶ*) *-λίξω* **W**^{pc} *-λίζει* ***ω*** **Cr** ***Θ*** **Pr** ***δ*** **Rf**^{2} **Rv** ***κ*** **L**, *Σ*, Eust. *-λίξει* **G**^{ac} **Rf**^{1} *-λίζῃ* ***Π***^{5uv} **Pr**^{s} **SaZc** *-λίξῃ* ***ζ*** *ὀλολίζει* **R**^{1pc} *ἐλεΐζει* fere **V**^{ac} **F**^{1} ‖ **1515** *ἆρ᾽* ***β*** **W**^{pc} **RvZ** (~**Vr**^{s}) *τ᾽ ἄρ᾽* fere **B** ***χ*** (~ ***Π***^{5}) | *δρυὸς ἢ* ***Π***^{5} ***β*** **W** ***ε*** *ἢ δρυὸς ἢ* rell. ‖ **1516** *ἀκρηκόμοις* **Zb** (~ ***Π***^{5}) | *εμπεταλοις* ***Π***^{5} (cf. *δρυὸς πετάλοις* ^{p}*Σ*, *πετάλοις* **Aa**^{g} supra *ἐλάτας*) *κλάδοις* **M**, fort. **F**^{1} *ἀμφὶ κλάδοις* **F**^{c} rell. | *ἀμφὶ κλάδοις μονομάτερος ὀδυρμοῖς ἀμφὶ κλάδοις ἑζομένα μονομάτρος ὀδυρμοῖς* **A** (i. e. verba repet. vel var. lect. conflavit) | *ἑζομένα* om. ***Π***^{5} **B**^{1} et **A** (priore loco), add. **B**^{3} *ἑζομένη* **FPrL** *ἁζομένα* **Vr** (~**Vr**$^{\gamma\varrho marg}$) ‖ **1517** *μονομάτορος* (quae forma recte composita esset) **ZZm**^{r} **Zu** *μονομάτρος* **Pr** et **A** (altero loco) *μουνα/[ ]* ***Π***^{5} *μονομάτωρ* Canter *μονομάτορσιν* Wilam. (praeeunte Nauck: *μονομάτορ᾽ ὀδυρμὸν ⟨ἵησιν⟩*) nominativum reddit ^{p}*Σ* | *ὀδυρμοῖς*] *]ρημα* ***Π***^{5} (spatium ca. 14–15 litt. inter *μουνα/* et *]ρημα*) *ὀδ.* del. Seidler, *ἐμοῖς ἄχεσι* del. olim Hartung ‖ **1518–1525** *ἄχεσι . . . σπαραγμοῖς* om. **R**^{1}, in ima pag. scr. **R**^{2} ‖ **1518** *ἄχαισι* ***χ*** (~*Σ*$^{Mosch.}$, ***Π***^{5}) | *συνωιδο[* ***Π***^{5} *συνῳδοῖς* **Zu**^{ac} ‖ **1519** *αλινον* ***Π***^{5uv} *αἰλίνων* **B**^{3} **V**^{2} (~Eust.) | *αἰάγμασι* **VR**^{2} **MnZc** (~ ***Π***^{5}) *αἰάσμασιν* **Cr** ‖ **1520** *τουσδε* ***Π***^{5} *τοῖσδε* ***Ω*** (*τοῖσδεσι* **O**), *Σ* | *προσκλαίω* **B**^{1} **OCrW**^{s} **F**^{c} **Pr** ***δ χ ζ*** **T**^{t} (~**B**^{3} ***Π***^{5}) | *μονάδ᾽* **B**^{2} **VCrW**^{pc} **F**^{1} **Pr** ***Ψ*** **Mt** ***Λ*** *μόνα δ᾽* **MB**^{1} **OG** ***β*** **W**^{ac} **F**^{c} **SaA** ***χ*** **Zb**^{c} *μονὰ δ᾽* **R**^{2} [***Π***^{5}] | **1521** *διέξουσα* **Aa**^{2} *δι]αζωουσα* ***Π***^{5} (*διαζῶσα* coni. Paley) | *αἰεὶ* **Cr** (sicut scr. Seidler) *ἀεὶ* ***Π***^{5} rell. ‖ **1522** *λειβομένοισιν* ***Π***^{5} **Aa**, fort. **S** (sic e codice nescioquo scr. Seidler) *-μένοις* **T**^{t} *-μένοισι* rell. | *δακρυοις* ***Π***^{5} (quod metro aeque bene quadrat) *δακρύοισιν* **G**^{2} **VrWSa** ***ε χ*** ‖ **1523** *ἰαχήσω* non hab. ***Π***^{5}, del. Burges et Dindorf (verbum ob falsam lect. *μόνα δ᾽* suppletum)

τίν᾽ ἐπὶ πρῶτον ἀπὸ χαί-
τας σπαραγμοῖς ἀπαρχὰς βάλω;
ματρὸς ἐμᾶς ἢ διδύμοισι γάλακ-
τος παρὰ μαστοῖς
ἢ πρὸς ἀδελφῶν
οὐλόμεν᾽ αἰκίσματα νεκρῶν;

ὀτοττοτοῖ· λεῖπε σοὺς
δόμους, ἀλαὸν ὄμμα φέρων,
πάτερ γεραιέ, δεῖξον,
Οἰδιπόδα, σὸν αἰῶνα μέλεον, ὃς ἔτι
δώμασιν ἀέριον σκότον ὄμμασι
σοῖσι βαλὼν ἕλκεις μακρόπνουν ζοάν.
1536 *κλύεις, ὦ κατ᾽ αὐλὰν*
1536 bis *ἀλαίνων γεραιὸν*

Actio: **1524** crines lacerat Antigona et in cadavera inicit || **1530** Oedipum e regia evocat

1529 *οὐλόμεν᾽ αἰκίσματα*] cf. Hsch. *ο* 1750

Codd.: **Π**^{5}; **ω** = **MBOV, CrG**, **Θ** = **RMnSVrW**, **Φ** = **FPrSa**, **Ψ** = **AaPRfRv**, **Ξ** = **AMtXXaXb**, **Λ** = **LZZbZcZmZuT**^{t}

1524 *τίν᾽ ἐπὶ*] *ετινα* **Π**^{5} | *ἀπὸ*] *ἐπὶ* **OCrMn**^{γρ}**VrW Φ**^{c} **δ ϰ** (~**Aa**^{γρ} **Π**^{5}) || **1524–1525** *ἀπὸ χαίτας σπαραγμοῖς ἀπαρχὰς*] [ca. 14]*γμοναποχαιτας* **Π**^{5} || **1525** *σπαρ. ἀπαρχὰς* om. **ϰ** (~**Mt**^{pc}) | *σπαραγμοῖς* **VrWZ**, fort. **Mn** *σπαραγμοῖσιν* fere **Mt**^{pc} rell. (-*οῖσι* **Rv** et fort. **Mt**^{pc})]*γμον* **Π**^{5} *σπαραγμῶν* **M**^{suv} [**R**^{2}] | *ἀπαρχὰς* om. vel ante *σπαρ.* transp. **Π**^{5} | *βαλῶ* **O β SaZZmZu** *κάλω* **P** *λάβω* **W**^{ac} *βάλλω* **F**^{c}**PrRfZbT**^{t} (~**Π**^{5}) || **1526** *ματέρος* **O Θ Φ**^{c} **Ψ ZmZu** (~**Π**^{5}) | *ἐμᾶς* om. **Pr** *ἐμῆς* **CrR**^{s} (~**Π**^{5}) | *ἦ* King *ἐν* fere **Π**^{5} **Ω** (sed om. **Rf**, del. **W**^{pc}**Rv**^{r} et **Rv**^{pc}: Σ$^{Mosch.}$ *περισσὴ ἡ ἐν*) | *διδύμοις* **Π**^{5} **ϑ ε** (quod metrum non vetat) -*οισιν* **F** || **1527** *γάλακτος*] *ταλαίνας* vel *τάλανος* Nauck (~**Π**^{5}) | *ἐν διδύμοισιν ἀγαλάκτοις ἄρα μαστοῖς* Headlam | *μαστοῖς* **T**^{t} *μαϲ̣[τ]ο̣ι̣ϲ̣[* **Π**^{5} -*οῖσιν* rell. *παγαῖς* post Reiske Schenkl || **1529**]*λομεναaπεισματα* **Π**^{5} | *νεκρῶν* **ωCrGϑ Φ Aa**^{γρ} **ϰ LZc** *δισσῶν* **Π**^{5}**M**^{γρ}**WF**^{cγρ}**Pr**^{γρ}**Ψ χ ζ T**^{t} || **1530** quamnam formam exclamationis scr. Eur. incertum *ὀτοττοτοί* **M** (*ὀτοτοτοῖ* cretice Kirchhoff) *ὀττοττοττοῖ* **B** *οτοτοτοτοτοι* **Π**^{5} *ὀτοτοῖ* bis **T**^{t}, ter **Rv** *ὀττοτοῖ* semel **RSVrPrMt**^{ac}**LZc**, bis **VCrGR**^{2s}**WSa δ Mt**^{pc} **χ ZZb**, ter **Rf** *ὀτοττοῖ* semel **MnFZmZu** *ὀττοιτοῖ ὀττοττοττοῖ* **O** *ὀττοτοὶ ὀττοττοτοῖ* **A** | *λίπε* **Π**^{5}**W**^{ac}**Ψ A χ ZbZmZu** (~**A**^{s}) *λι**πε* **F** post ras. || **1532** *ὦ* ante *πάτερ* add. **Z** [**Π**^{5}] | *γηραιέ* **Zb** [**Π**^{5}] || **1533** *οἰδίποδα* **OVWSaPMtXaXb** *οἰδίπου* **ϑ F**^{2γρ}**Sa**^{s} (~**Mn**^{pc}**Π**^{5}) | *σὸν*] *οσον* **Π**^{5} | *μέλεον ὃς*] *μελεα μελεοσον* **Π**^{5} *μέλεος ὃς* **W**^{acuv} *ὃς* om. **R** | *ετι* **Π**^{5} *ἐπὶ* **Ω** *ἐνὶ* Scholefield, QuRev 3, 1810, 183 || **1534** *δώμασι* **MnFAaMt** [**Π**^{5}] | *ἀεριοσκότον* **V**^{ac} (~**V**^{1pc}) [**Π**^{5}] || **1534–1535** *ἀέριον . . . βαλὼν* om., in marg. add. **O** || **1535** *μακρόπουν* **Π**^{5}**G**^{1pc}**F**^{pc}**χ T**^{ts}, Σ$^{Mosch.}$ *μακρόνπνουν* **M** *μακρόπνοον* Murray | *ζοάν* **Π**^{5}**V** (sic acc.) *ζωάν* rell.

πόδ' ἢ δεμνίοις
δύστανος ἰαύων;

ΟΙΔΙΠΟΥΣ

τί μ', ὦ παρθένε, βακτρεύμασι τυφλοῦ
ποδὸς ἐξάγαγες εἰς φῶς
λεχήρη σκοτίων ἐκ θαλάμων οἰκ-
τροτάτοισιν δακρύοισιν,
πολιὸν αἰθέρος ἀφανὲς εἴδωλον ἢ
νέκυν ἔνερθεν ἢ
πτανὸν ὄνειρον;

ΑΝ. δυστυχὲς ἀγγελίας ἔπος οἴσῃ,
πάτερ· οὐκέτι σοι τέκνα λεύσσει
φάος οὐδ' ἄλοχος, παραβάκτροις
ἃ πόδα σὸν τυφλόπουν θεραπεύμασιν αἰὲν ἐμόχθει,
⟨ὦ⟩ πάτερ, ὤμοι.

ΟΙ. ὤμοι ἐμῶν παθέων· πάρα γὰρ στενάχειν τάδ', ἀυτεῖν.

Actio: **1539** egreditur Oedipus baculo nixus

1539 *βακτρεύμασι*] Hsch. β 115 || **1543** cf. sch. Thom. Aesch. Sept. 976e Smith

1537 *πόδ' ἢ* Schoene (praeeuntibus Bothe et Schaefer) *πόδα* **Ω** [**W** **Π**^{5}] || **1537–1538** *δεμνίοις δύστανος* **L** (sicut coni. Valck.) *δεμν. δύστανον* fere rell. (transp. **δ χ ζ̣**; *δύστηνον* **Z**) *δυστηνοισιδεμνιοις* **Π**^{5} (*δυστάνοις* coni. Paley) || **1539** *τί δ'* **χ**, **p**Σ$^{Mosch.}$ *τιμ̣[* (ε supra) **Π**^{5} | *βακτρεύμασιν* **T**^{t}, Hsch. [**Π**^{5}] || **1540** *ἐξήγαγες* **B**^{2}**CrSa δ κ Zm**^{s}**Zu**^{s} [**Π**^{5}] | *ἐς* **CrG** (sicut scr. Dindorf) [**Π**^{5}] || **1541** *λεχήρει* **B**^{1} (∼**B**^{2}**Π**^{5}) || **1542** *οἰκτροτάτοισιν* **χ** *-τοις* **δ ZZbT**^{t} *-τοισι* rell. [**Π**^{5}] | *δακρύοισιν* **MRF δ χ** *-ύοις* **ZT**^{t} *-υσι* **VW ε Zc** *-ύοισι* **W**^{s} rell. [**Π**^{5}] || **1543** *αἰθέρος ἀφανὲς*] *αἰθεροφανὲς* Weil, *αἰθέριον ἀφανὲς* e cod. **J** recep. Dindorf, *αἰθέρ' ὡς ἀφ.* Hermann; *ἀφανὲς* del. Hartung (∼**gB**) [**Π**^{5}] | *ἢ* om. **gB** *ἢ̄* **Rf** [**Π**^{5}] || **1544** *νέκυς* **gB** (∼**Π**^{5}) | *ἢ*] *καὶ* **gB** (∼**Π**^{5}) || **1545** *ποτανὸν* Seidler (∼**Π**^{5}, **gB**) | *ὄνειρον*] ⊖[.]÷[ca. 10] . [.]– **Π**^{5} post *ὄνειρον* add. *ταὐτὰ* **gB** || **1546** *οἴσει* **GRf**^{1c}, fort. **Z**^{ac} *εἴσῃ* Battier [**Π**^{5}] || **1547** *πατὴρ* **Cr** *ὦ* ante *πάτερ* add. **T**^{t} [**Π**^{5}] | *σοι* om. **Xa** *σῷ* **A** *σὰ* **Mt**^{ac} | *λεύσει* **VCrRSWF**^{1}**PrAa ε MtLZZc** (∼**R**^{s}**F**^{c}, **Zc** infra lin., **Π**^{5}) || **1548–1549** *παραβ. ἃ* **BW**^{1} **Φ**^{c} **Ψ Zb**^{1}**ZcT**^{t} *ἃ παραβ.* **Cr ϑ F**^{1} **κ** *ἃ παραβ. ἃ* fere **MOVGW**^{2s} **χ λ** (*ἢ παραβ. ἃ* **L**) *παραβ.* **Π**^{5} | *παραβάκτροις* **O γ SaRf**^{uv}**MtZc** *παρὰ βάκτροις* rell. (*βάκτοις* **B**^{1} [∼**B**^{2} **Π**^{5}], *-οισιν* **T**^{t}) || **1549** *ποδὸς σοῦ τυφλόπου* **R**^{s}**Vr** | *τυφλόπουν*] *τυφλὸν* **B**^{γρ}**WSa δ χ ζ** [**Π**^{5}] | *θεραπεύμασι* **MMn** [**Π**^{5}] | *αἰὲν* om. **B**^{γρ} *αεν* **Π**^{5} | *ἐμόχθη* **ZbZc** (∼**Π̣**^{5}) || **1550** ⟨ὦ⟩ Hermann et Seidler (∼**Π**^{5}) | *ᾤμοι* fere **MBOA** . *μ̣ο̣ι̣* **Π**^{5} *ὤμοιμοι* **Aa** || **1551–1552** Oed. notam ante *ὤμοι* 1550 transp. **Cr**^{2}**G δ L ZZb**, ante 1553 **XXa**, om. **Cr**^{1} (∼**Π**^{5}) | *ὤμοι* **M**^{γρmarg} **γ WPA χ ZZbT**^{t} *ᾤμοι* **O** . . . *ο̣ι̣* **Π**^{5} *ὤμοι ὤμοι* **Sa** *ᾤμοιμοι* **BR** *ὤμοιμοι* rell. | *ἐμῶν*] *τῶν ἐμῶν* **V** *ἐγὼ* **M**^{γρmarg}**W** | *στενάκειν* **Pr** *στενάζειν* **XaZZb**^{c} *στοναχαῖς* Geel [**Π**^{5}] | *τάδ'*] *καὶ τάδ'* **T**^{t} *πάρ'* post Canter Portus apud Barnes (cf. Σ^{B}) | *ἀυτὴν* **S** *ἀυταῖς* **Sa** *ἀυτῇ* Wecklein (debuit *ἀυτᾷ*), *ἀΰτει* Jackson (dist. ante *τάδ'*) [**Π**^{5}]

τρισσαὶ ψυχαὶ ποίᾳ μοίρᾳ
πῶς ἔλιπον φάος; ὦ τέκνον, αὖδα.
AN. οὐκ ἐπ' ὀνείδεσιν οὐδ' ἐπιχάρμασιν,
ἀλλ' ὀδύναισι λέγω· σὸς ἀλάστωρ
ξίφεσιν βρίθων
καὶ πυρὶ καὶ σχετλίαισι μάχαις ἐπὶ παῖδας ἔβα σούς,
ὦ πάτερ, ὤμοι.
OI. αἰαῖ· *AN.* τί τόδε καταστένεις;
OI. τέκνα. *AN.* δι' ὀδύνας ἔβας·
εἰ δὲ τέθριππά γ' ἔθ' ἅρματα λεύσσων
ἀελίου τάδε σώματα νεκρῶν
ὄμματος αὐγαῖς σαῖς ἐπενώμας;
OI. τῶν μὲν ἐμῶν τεκέων φανερὸν κακόν·
ἃ δὲ τάλαιν' ἄλοχος τίνι μοι, τέκνον, ὤλετο μοίρᾳ;

Codd.: **Π**^{5} (–1581); **ω** = **MBOV, CrG, Θ** = **RMnSVrW, Φ** = **FPrSa, Ψ** = **Aa PRfRv, Ξ** = **AMtXXaXb, Λ** = **LZZbZcZmZuT**^{t}

1553 ποία μοῖρα **MOGMnRfMt**^{ac}**L**^{ac}**Zb**^{ac} (~**Zb**^{1pc}**Π**^{5}) μιᾷ μοίρᾳ **B**^{γρ}**V**^{2s} ‖ **1554** πῶς ἔλιπον φάος ὦ] φως ελιπον ταδε μοι **Π**^{5} | ἔλειπον **O** | φάος om. **Mn** | ὦ om. **Zc**^{ac}, del. Valck. (φῶς scr.), ut paroemiacus eveniat ‖ **1555** ὀνείδεσσιν **BL** ὀνειδίσεσιν **κ** [**Π**^{5}] | ἐπιχάρμασιν **MV**γ**LXa**, ^{le}Σ^V (lemma om. Σ^{MB}), **gB** ἐπὶ χάρμασιν rell. ‖ **1556** σὸς **Π**^{5}**T**^{t} ὁ σὸς rell. ‖ **1557** ξίφεσιν **M** -εσι **Π**^{5} rell. | metri gratia post βρίθων lacunam stat. Seidler et Hermann, ante βρίθων Kirchhoff (~**Π**^{5}) ‖ **1558** σχετλίαισιν **B** -ίαις **R** (~**Π**^{5uv}) φονίαισι **B**^{γρ}**εZb** -ίαις **W δ** φοινίαις **Zm**^{γρ} φονίαις σχετλίαισι **Z** | μάχαισι **Sa** -αισιν **T**^{t} [**Π**^{5}] | ἔβας **Mn** [**Π**^{5}] | τοὺς ante σοὺς add. **T**^{t} [**Π**^{5}] ‖ **1559–1560** Oed. notam inter ὤμοι et αἰαῖ posuit Seidler; lineam divisionis post οι[μοι] vel ομ[οι] hab. **Π**^{5} Oed. notam post πάτερ **Ω** | ὤμοι **T**^{t} οι[μοι] vel ομ[οι] **Π**^{5} ὤμοι ἐγὼ **M**^{γρ}**W** ὤμοιμοι **F ε** ἰώμοι **ωCrϑ δMtL** ἰώμοιμοι **GPrSa ζ** ἰώμοι ἰώμοι **A χ** | αἰαῖ scr. Dindorf om. **GW ε** αἲ αἲ **VCrϑSaAaA λ** αἶ αἶ **MBOMn**^{s}**PA**^{s}**Mt χ ZbT**^{t} αἶ quater **G**^{s} **FPr** ε **Π**^{5} ‖ **1560** τοδε **Π**^{5} τάδε **Ω** | στενάχεις **T**^{t} ‖ **1561** ὤμοι ante τέκνα add. **T**^{t} (~**Π**^{5}) | δ]ιαιρ . . .[**Π**^{5} | ἔβας] ἄρα ἔβας **Sa** ἂν ἔβας **T**^{t} ἔβας ἂν **R**^{2s}**W**^{s} (sicut coni. Hartung), cf. Σ^{VS} λείπει ἡ ἀνὰ (leg. ἂν), ^{p}Σ [**Π**^{5}] ‖ **1562** εἰ δὲ Wilam. εἰ τὰ **Ω** [**Π**^{5}] | τέρθριππά **M** τέθριπτει γ τέθριπά **V** [**Π**^{5}] | γ'] δ' **Rf** τ' **Sa** [**Π**^{5}] | ἔθ' Hermann et Seidler εἰς **CrFPrZ** ἐς rell. [**Π**^{5}] | λεύσων **VCr MnWPrSaRvMtLZZb** [**Π**^{5}] ‖ **1563** post ἀελίου add. φαος et τάδε σώματα νεκρῶν aut om. aut transp. (aliis verbis om.) **Π**^{5} | ad τάδε σώματα **M**^{g} ὅ τε παρέλκει, **V**^{g} ὁ δὲ παρέλκει (etiam Σ^V, scholio ad 1561 subiectum, ὅ τε παρέλκει): incertum ad quamnam lectionem hoc pertineat ‖ **1563–1564** τοῖσδε σώμασι . . . αὐγὰς σὰς **B**^{2s}, cf. Σ^V ἀντίπτωσις ‖ **1564** ὄμμασιν **Sa** ὀμμάτων **V**^{2s} (~**Π**^{5}) | αὐγαῖσι **Sa** [**Π**^{5}] ‖ **1565** Oed. notam om. **R**^{ac} | μὲν om. **γAaXaXbZb** (~**Xa**^{cs}**Xb**^{s}), post ἐμῶν transp. **Cr** [**Π**^{5}] | τοκέων **Cr** τέκνων **RfCr**^{g}**F**^{g}**Rv**^{g}**χ**^{g} [**Π**^{5}] ‖ **1566** ἡ δὲ **Rv** ἃ δ' ἃ **Cr** (~**Π**^{5}) | τάλαν' **Sa** (~**Π**^{5}) | μοι om. **RfA**, del. Markland ad Su. 649 [**Π**^{5}] | τέκνων **V** [**Π**^{5}] | μοῖρα **MOMnW**^{ac}

AN. δάκρυα γοερὰ φανερὰ πᾶσι τιθεμένα
τέκεσι μαστὸν ἔφερεν ἔφερεν
ἱκέτις ἱκέτιν ὀρομένα.
ηὗρε δ' ἐν Ἠλέκτραισι πύλαις τέκνα
λωτοτρόφον κατὰ λείμακα λόγχαις
κοινὸν ἐνυάλιον
μάτηρ, ὥστε λέοντας ἐναύλους,
μαρναμένους ἐπὶ τραύμασιν, αἵματος
ἤδη ψυχρὰν λοιβὰν φόνιον,
ἂν ἔλαχ' Ἅιδας, ὤπασε δ' Ἄρης.
χαλκόκροτον δὲ λαβοῦσα νεκρῶν πάρα φάσγανον εἴσω
σαρκὸς ἔβαψεν, ἄχει δὲ τέκνων ἔπεσ' ἀμφὶ τέκνοισι.
πάντα δ' ἐν ἄματι τῷδε συνάγαγεν,
ὦ πάτερ, ἁμετέροισιν ἄχη μελάθροις θεὸς
ὃς τάδ' ἐκτελευτᾷ.

1571 *λωτοτρόφον*] Nicephor. Basilac. ep. 1 (112, 10 Garzya) || **1572** Eust. 612, 21 || **1579–1580** cf. (?) Liban. or. 62, 40

1567 Ant. notam om. **R**^{ac}**XXa**^{ac}**Zb**^{1} (~**Zb**^{r}) | *δάκρυα φανερὰ γοερὰ* transp. **GWΨZ** *φαν. δακρ. γ.* transp. **Zb** *φαν.* om. **T**^{t} [***Π***^{5}] | *παισὶ* **OW**^{ac}**ϰT**^{t} (~**Mt**^{pc}) [***Π***^{5}] | *τιθέμενα* **Mt**^{ac}**Zc**^{ac} et (una cum *-μένα*) **B** *-μένη* **Rv**^{s}**ZmZu** *τεθειμένα* **ϑ** [***Π***^{5}] || **1569** *ἱκέτης* **Mt**^{ac} vel **Mt**^{pc} [***Π***^{5}] | *ἱκέτιν* fere **MCrPζT**^{t} *]σ̣ιν* ***Π***^{5} *ἱκέταν* **VGϑ** *ἱκέτην* **R**^{s}**Zc**^{pc} rell. | *ὀρομένα* ^{γρ}*Σ*^{Pr}, ^{g}*Σ* *ορο[* ***Π***^{5} *δρομένα* **M** *δρωμένα* fere **B**^{1uv}**V**^{2s}**Mn**^{γρ}, ^{γρ}*Σ*^{MBV} (sed vol. *δρομένα*) *δρωμένη* fere **R**^{γρ}, ^{γρ}*Σ*^{SVr} *αἰρομένα* fere **M**^{s}**M**^{γρmarg}**B**^{γρ}**OCrRφδLZbZc** *αἰρομένα* **B**^{3}**VGβWF**^{c}**PrεMt**^{pc}**χZZmZuT**^{t}, ^{i}*Σ* || **1570–1571** transp. **Pr** || **1570** *ηὗρε* scr. Dindorf *εὗρε* ***Ω*** [***Π***^{5}] | *ἐνὶ λέκτραισι* **O** *ἐν ἠλέκτρῃσι* **ε** *-τροισι* **Cr** *ἐπ' Ἠλ-* Herwerden, sed cf. 1134, Aesch. Sept. 451 [***Π***^{5}] || **1572** *ἐνυάλιαν* **M** post *ἐνυάλιον* add. *πόλεμον* **Xa** (cf. **B**^{3g}**X**^{g}**Xb**^{g}) (~***Π***^{5}, Eust.) || **1573** bis scr. (in duabus pag.) **V**^{1}, priorem del. **V**^{2} | *μήτηρ* **ϑδLZc** [***Π***^{5}] | *ἐλλαύνους* **O**^{acuv} (~**O**^{1c}) [***Π***^{5}] post *ἐναύλους* add. *μαχόμενα* **G** (cf. **χ**^{g}) || **1574** *μαρνάμενα* **Vr** (~***Π***^{5}) | *ἐπὶ*] *ἐν* **Aa** [***Π***^{5}] | *τραύμασι* **A** *τραύμασι τ'* **O**, unde *τρ. ϑ'* Paley (*δ'* Musgrave) (~*Σ*) [***Π***^{5}] || **1575** *ψυχρὰν*] *τύχην* ^{1e}*Σ*^{S}, *Σ*^{VS} (~*Σ* alter) *]αν* ***Π***^{5} | *λοιβαὶ* **R**^{acuv} *λοιβὸς* **R**^{1pc} (~***Π***^{5}) | *φονιον* ***Π***^{5} *φονίος* **R** *φοινίαν* **MBOV**^{2}**GPrϰZm** *φονίαν* rell. || **1576** *ἣν* **P** (~***Π***^{5}) | *Ἅιδας* scr. Porson *ἅδας* **Wε** *αρης* ***Π***^{5} *ἀΐδας* **F**^{c}**Zb** *ἀΐδας* rell. | *ὤπασεν* **O** [***Π***^{5}] || **1577** *νεκρὸν* **O** [***Π***^{5}] | (*παρὰ* om.) *σφάγανον* **Sa** [***Π***^{5}] || **1578** *ἔβαψεν* **B**^{γρ}**V**^{γρ}**WΨχZZmZu** *ἔβαλεν* **MMt**^{g} (cf. **χ**^{g} *ἐνέβαλεν*) *επεμψε* ***Π***^{5} *ἔπεμψεν* **W**^{s} rell. | *ἄχη* **M**^{1}**VMn** *ἄχι* **M**^{2} vel **M**^{3} *ἀρχὴ* **S** *ἄγχι* fere **B**^{2}**V**^{2γρ}**CrG**^{2}**R**^{s}**Sa**^{s}**Aaχζ̣T**^{t} (~***Π***^{5}**Zm**^{γρmarg}, ^{i}*Σ*) | *ἔπεσσ'* **VG** *ἔπαισ'* **R**^{1} (~**R**^{2}) *ἔπαυσ'* **γ** (~**Mn**^{γρ}) *ἔπεσε δ'* **Z** (~***Π***^{5}) | *τέκνοισιν* **SZ** *-οις* **T**^{t} *τε]κνα̣* ***Π***^{5} || **1579** *ἄματι* (vel *ἅμ-*) **MVWFPrMtXb**^{ac}**LZ**^{uv}**ZbZcT**^{t} *ἤματι* (vel *ἦμ-*) **B**^{2}**OGϑSaAa**^{3}**εAχZmZu** *αἵματι* **CrδZb**^{γρ} et vel hoc vel *ἅμ-* **B**^{1} [***Π***^{5}] | *τῷδε* om. **S** *πάντα* **Pr** (~***Π***^{5}) | *συνάγαγεν* **GWRvZZbZcT**^{t} *-άγαγε* **P** *-ήγαγεν* ***Π***^{5}**Z**^{s} rell. (*-ήγαγον* **Vr**) || **1580** *ὦ πάτερ* post *θεὸς* transp. **T**^{t} | *αμετεροισιν αχη μελαθροις* ***Π***^{5} *ἁμετέροισι δόμοισιν ἄχη* fere ***Ω*** (*ἁματ-* **ZmZu**, *ἡμετ-* **Wε**; *-τέροισιν* **F**, *-οις* **εZ**; *δόμοισι* **R**, *-οις* **W**^{ac}, *δώμασιν* **V**^{1}**ΞLZZc** [~**V**^{2s}]; *ἄχθη* **XaXb**) | *θεὸς* om. ***Π***^{5} || **1581** *ὅς γε τάδε* **T**^{t} | *τάδ' ἐκτελευτᾷ* Haslam (per litteras) et Diggle,

ΧΟ. πολλῶν κακῶν κατῆρξεν Οἰδίπου δόμοις
τόδ' ἦμαρ· εἴη δ' εὐτυχέστερος βίος.
ΚΡ. οἴκτων μὲν ἤδη λήγεθ', ὡς ὥρα τάφου
μνήμην τίθεσθαι· τῶνδε δ', Οἰδίπου, λόγων
ἄκουσον· ἀρχὰς τῆσδε γῆς ἔδωκέ μοι
Ἐτεοκλέης παῖς σός, γάμων φερνὰς διδοὺς
Αἵμονι κόρης τε λέκτρον Ἀντιγόνης σέθεν.
οὔκουν σ' ἐάσω τήνδε γῆν οἰκεῖν ἔτι·
σαφῶς γὰρ εἶπε Τειρεσίας οὐ μή ποτε
σοῦ τήνδε γῆν οἰκοῦντος εὖ πράξειν πόλιν.
ἀλλ' ἐκκομίζου· καὶ τάδ' οὐχ ὕβρει λέγω
οὐδ' ἐχθρὸς ὢν σός, διὰ δὲ τοὺς ἀλάστορας
τοὺς σοὺς δεδοικὼς μή τι γῆ πάθῃ κακόν.

Actio: **1584** Creon, qui silens adstabat dum Antigona canebat, in mediam scenam redit imperium suscepturus

1587b–1588a Eust. 743, 4 || **1590–1591** cf. Acc. Phoen. fr. 12 Ribbeck

Codd.: *ω* = **MH** (**1601–**) **BOV**, **Cr** (**–1586**) **G**, *Θ* = **RMn** (**–1586**) **SVrW**, *Φ* = **FPrSa**, *Ψ* = **AaPRfRv**, *Ξ* = **AMtXXaXb**, *Λ* = **LZZbZcZmZu** (**–1593**) **T**^{t} (**–1602**) **T**^{z} (**1603–**)

CR 34, 1984, 68 *τάδ' ἐπιτελευτᾷ* **WSa** *τάδε τελευτᾷ* rell. (quod miros numeros praebet) *ταδε̣[ ]ε̣λευ̣[ται* ***Π***^{5} (utrum una an duae litt. amissae sint non ausim decernere)

1582–1766 vel omnino vel maxima ex parte Euripidi abiudicant Leidloff, Wecklein, Verrall, Powell (cf. ad 1485–1766); versus Euripideos ab histrionum additamentis secerni posse credunt multi alii (cf. ad 1582–1583, 1584–1614, 1586b–1590a, 1595–1626, 1596, 1604–1607, 1611, 1612–1614, 1621, 1625–1645, 1628, 1634, 1635–1636, 1637–1638, 1639–1682, 1644, 1646–1682, 1653, 1675–1678, 1688–1689, 1703–1707, 1710–1766, 1737–1766, 1758–1763, 1764–1766); equidem 1582–1736 maxima ex parte Euripideos censeo, quamquam unus alterve versus suspicionem movet et 1595–1607 nescio quo modo corrupti vel retractati esse videntur || **1582–1583** del. Geel; si spurii sunt, duo versus chori amissi esse vid. || **1582** chori notam om. **Rv** | *κακῶν* om. **G**^{ac}**S**^{ac}, post *οἰδίπου* transp. **OCrP**, post *-ῆρξε* transp. **WAa*ε*** | *ὑπῆρξ-* ***Ψ χ*T**^{t}, fort. recte (cf. Andr. 274 et supra 1223 *ὑπῆρξ-* mutatum in nonnullis codd.) | *οἰδιπόδου* **M** | *δόμος* **V**^{1}**L** (~**V**^{2}) *τέκνοις* **W*ε*** (~**W**^{s}) *ἢ τέκνοις ἢ γένει* **B**^{γρ}**V**^{s} *δόμῳ* Schenkl una cum 1583 *εἴη δ' αὖθις εὐτυχέστερος* (Hartung) || **1583** *εὐτυχὴς ἐμοὶ βίος* Geel (qui delere maluit), *εὐτυχέστερον τέλος* Gebauer || **1584–1614** spurios vel retractatos iud. Pearson; 1584–1591 del. Balsamo || **1584** Cr. notam om. **Zb**^{1} (~**Zb**^{r}) | *οἴκτω* **S** | *λήγεσθ'* **Cr*β*Z** | *ὥσθ'* fere **WPrSaAa**^{1} (~**Aa**^{3}) || **1585** *τῶνδ' οἰδίπου λόγων* **V*ϑ* FPr*δ*Rf** *τόνδε δ' οἰδ. λόγον* **L** || **1586b** *ἀρχὰς* **–1590a** *σαφῶς γὰρ* del. Fraenkel (iam 1587–1588 vel tantum 1588 del. Walter) || **1586** *δέδωκέ* **Sa** || **1587** *ἐτεοκλῆς* ***εκ*Z** | *σὸς παῖς* transp. ***Θ*** | post *γάμων* add. *δὲ* **F** (~Eust.) | *φρενὰς* **OAd** (~Eust.) | *διδοῦσ'* **M**^{1} (~**M**^{2}, Eust.) || **1588** *λέκτρων* **VMt**^{ac} || **1589** *οὐκ οὖν* **V**^{1} (~**V**^{2}) || **1590** *τειρευσίας* **S** || **1592** *ἐκκομι**** **Rf**^{ac} (~**Rf**^{1c}) | *τόδ'* **G** (~**gE**) || **1593** *σός*] *σοὶ* **OWP*χ*Zb**^{s} (~**gE**) || **1594** *πάθοι* **Sa, gE**

ΟΙ. *ὦ μοῖρ', ἀπ' ἀρχῆς ὥς μ' ἔφυσας ἄθλιον·*
{καὶ τλήμον', εἴ τις ἄλλος ἀνθρώπων ἔφυ}
ὃν καὶ πρὶν εἰς φῶς μητρὸς ἐκ γονῆς μολεῖν,
ἄγονον Ἀπόλλων Λαΐῳ μ' ἐθέσπισεν
φονέα γενέσθαι πατρός· ὦ τάλας ἐγώ.
ἐπεὶ δ' ἐγενόμην, αὖθις ὁ σπείρας πατὴρ
κτείνει με νομίσας πολέμιον πεφυκέναι·
χρῆν γὰρ θανεῖν νιν ἐξ ἐμοῦ· πέμπει δέ με
μαστὸν ποθοῦντα θηρσὶν ἄθλιον βοράν·
οὗ σωζόμεσθα – Ταρτάρου γὰρ ὤφελεν
ἐλθεῖν Κιθαιρὼν εἰς ἄβυσσα χάσματα,
ὅς μ' οὐ διώλεσ', ἀλλὰ δουλεῦσαί †τε μοι
δαίμων ἔδωκε Πόλυβον ἀμφὶ δεσπότην.†

1595–1599 cf. Arist. Ran. 1182–1185; (?) Chariton. 2, 8, 7 || **1600–1603** cf. (?) Arist. Ran. 1189–1191

1595–1626 del. Paley, 1595–1614 Kitto et Fraenkel; cf. ad 1596 || **1595** Oed. notam om. **X** | *ἀπαρχῆς* **MSRfϰXaZ, gVgE** (~**gB**) || **1596** del. L. Dindorf (et iam Valck. in marg. libri sui teste Geel); sermonis proprietati consulentes *εἴ τιν' ἄλλον ἀνθρ. ποτέ* Matthiae, *{καὶ} τλήμων ⟨γὰρ⟩ . . . ἔφυν* Hermann (qui delere maluit), *εἰ ⟨τλή-μων⟩ τις {ἄλλος}* Polle | *τλήμων* **ORv**^{1} (~**Rv**^{2}), etiam *ἔφυν* **O** (~**Γ**) | *ἄλλος* om. **Pr** (~**Γ**) || **1597** *ὃν καὶ*] *οὐ καὶ* (cum signo interrog. 1599) Porson, *ὡς καὶ* Hartung, *καὶ γὰρ* Heimsoeth | *ἐς* Brunck | *μητρὸς* om. **Pελ** (~**L**^{2s}) | post *μολεῖν* add. *ποτε* **P Zm**^{2}, *ἔτι* **ZZb** || **1598–1599** in unum versum conflavit Hartung; del. Friedrich, genuina amissa esse ratus; tantum 1599 del. Faust || **1598** *ἀπόλ(λ)ω* **F**^{1}**Zb**^{1} (~**F**^{2}**Zb**^{c}) | *λαΐ* **O** | *μ'*] *γ'* Burges *μ'* del., *'τεθεσπίκει* scr. Kirchhoff (*τεθέσπικε* iam Wakefield) | *ἐθέσπισε* **GβWPrSaAaRfϰζ** [**Rv**] || **1599** *πατρὸς ὅς μ' ἐγείνατο* ^{γρ}**Σ**^{B} 1597 (cf. 996, Soph. Ai. 1172) *μητρί τ' ἀναβῆναι λέχος* **B**^{γρmarg} | *ὢ* **GϑPrSaAaRvAXbζT**^{t} || **1600** *αὖθις*] *αὐτίκ'* repud. Geel, *εὐθὺς* coni. Seyffert, *αὐτὸς* Nauck || **1601** *πεφυκέναι*] *δυσδαίμονα* **MHBVGϑFMtLZbZc** (~**M**^{γρ}**V**^{γρ}) || **1601b** *πεφυκέναι*–**1602a** *ἐμοῦ* del. Nauck || **1602** *γὰρ* om. **G** | *θανεῖν* (*νιν* om.) **MBR**^{1}**MtXa** (~**R**^{2}) *θανεῖνιν* **H** *θανεῖν ν'* **Rv** || **1603** *πορθοῦντα* **Aa**^{1} (~**Aa**^{3}) | *ἀθλίαν* **Aa**^{2}**χT**^{t} (~**T**^{z}) (*ἄθλιον* nusquam alibi fem., sed cf. *ἀθλίους* Alc. 1038, Her. 100, Tro. 1309, Hel. 797; *ἄθλιον* ad *με* rettulit Arsenius, ante et post *ἄθλιον* dist. Valck.) || **1604–1607** del. Hartung, 1606–1607 iam Apitz; si spurii sunt, genuina amissa sunt || **1604** *σωζόμεθα* fere **ORVrRvALZcZm** | *ταρτάρω* **B**^{1} (~**B**^{3s}) | *δ' ἄρ'* Heimsoeth, Denniston, GP^{2} 95; sed cf. Hel. 1201 | *ὤφελον* **XZ** || **1605–1606** *κιθαίρων εἰς ἄβυσσα χάσματα* post 1606 transp. **Rf**; eadem verba (vel totum 1605) om. **Rv**, deinde *εἰς ἄβ. χ. κιθ.* in marg. add. post 1604 || **1605** *ἄβυσσα*] *ἄδυτα* **RVr** (~**R**^{γρ}) || **1606–1607** locus desperatus (vide ad 1604–1607); si superiora Euripidea sunt, fort. censendum versum 1607 male confectum ad lacunam supplendam; sensum exspectarem 'qui non me perdidit, sed effecit ut servirem fato infausto, a Polybi pastoribus e periculo ereptus' || **1606** *ὥς μ'* **M** *ὅς τ'* et 1607 *δμώων* pro *δαίμων* Jackson (accepta Porsoni coniectura) | *οὐ διώλεσεν* **HG**^{ac}**SaAaLZcZm** *οὐκ ὤλεσ'* **ε** | lacunam post *ἀλλὰ* stat. Murray | *δουλεῦσαί τ' ἐμοὶ* **AaZ** *δουλ. τε με* **Oϰ** *δουλεύσοντά με* post Valck. Porson, *δουλεῦσαί γε μοι* Klotz (*γ' ἐμὲ* iam Wakefield), *δουλεῦσαί με τοι* Musgrave, *δούλοισιν φέρειν* Caesar || **1607** *δαίμων ἔδωκε Πόλυβον*] *δ. πόλ. ἔδωκεν*

κτανὼν δ᾽ ἐμαυτοῦ πατέρ᾽ ὁ δυσδαίμων ἐγὼ
εἰς μητρὸς ἦλθον τῆς ταλαιπώρου λέχος,
παῖδάς τ᾽ ἀδελφοὺς ἔτεκον, οὓς ἀπώλεσα,
ἀρὰς παραλαβὼν Λαΐου καὶ παισὶ δούς·
οὐ γὰρ τοσοῦτον ἀσύνετος πέφυκ᾽ ἐγὼ
ὥστ᾽ εἰς ἔμ᾽ ὄμματ᾽ εἴς τ᾽ ἐμῶν παίδων βίον
ἄνευ θεῶν του ταῦτ᾽ ἐμηχανησάμην.
εἶέν· τί δράσω δῆτ᾽ ὁ δυσδαίμων ἐγώ;
τίς ἡγεμών μοι ποδὸς ὁμαρτήσει τυφλοῦ;
ἥδ᾽ ἡ θανοῦσα; ζῶσά γ᾽ ἂν σάφ᾽ οἶδ᾽ ὅτι.
ἀλλ᾽ εὔτεκνος ξυνωρίς; ἀλλ᾽ οὐκ ἔστι μοι.
ἀλλ᾽ ἔτι νεάζων αὐτὸς εὕροιμ᾽ ἂν βίον;
πόθεν; τί μ᾽ ἄρδην ὧδ᾽ ἀποκτείνεις, Κρέον;
ἀποκτενεῖς γάρ, εἴ με γῆς ἔξω βαλεῖς.
οὐ μὴν ἑλίξας γ᾽ ἀμφὶ σὸν χεῖρας γόνυ
κακὸς φανοῦμαι· τὸ γὰρ ἐμόν ποτ᾽ εὐγενὲς
οὐκ ἂν προδοίην, οὐδέ περ πράσσων κακῶς.
ΚΡ. *σοί τ᾽ εὖ λέλεκται γόνατα μὴ χρῴζειν ἐμά,*
ἐγὼ δὲ ναίειν σ᾽ οὐκ ἐάσαιμ᾽ ἂν χθόνα.

1625 b Eust. 467, 24

Codd.: ***ω*** = **MHBOV**, **G**, ***Θ*** = **RMn** (1632–) **SVrW**, ***Φ*** = **FPrSa**, ***Ψ*** = **Aa PRfRv**, ***Ξ*** = **AMtXXaXb**, ***Λ*** = **LZZbZcZmT**^{z}

transp. **AaZb** *δ. ἐξέδωκε πολ.* **Yf** *πολ. ἐξέδωκεν* ***χ*** *πρὸς πόλ. ἐξέδωκεν* **T**^{z} | *ἔδωκεν* etiam **O** (sine transpositione) *δέδωκεν* **A** *ἔθηκε* Lenting, *ἔσῳζε* Wecklein | *πούλυβον* **P** *πολύβιον* **Zc**^{ac} | *τὸν* ante *ἀμφὶ* add. **Sa**

1608 *δ᾽* om. **G** *θ᾽* **B** *τ᾽* ***ε***, sicut coni. Elmsley | *ἐμαυτῶ* **O**^{ac} (~**O**^{1pc}) | *δ᾽* ante *ἐγὼ* add. **Aa** || **1609** *ἐς* Brunck || **1610** *τ᾽*] *δ᾽* **Pr*ϰ*** || **1611** del. Dindorf | bis hab. **S** scholiis interpositis | *διδοὺς* **Aa*ε*** || **1612–1614** del. Schenkl || **1613** *ὅστ᾽* **G**^{ac} (~**G**^{1pc}) *ὅστις* **Z** | *εἰς*^{1} om. **Rf**^{ac} *ἐς* **G**^{ac} (~**G**^{1pc}) | *ἔμ᾽* (= *ἐμὰ*) non alibi exstat *τάδ᾽* Reeve, qui versum spurium censere maluit | *ὄμματα τ᾽* **Pr** | *ἔς* Brunck *εἴ* **S** | *τ᾽*] *τε τῶν* **W** | *ἐμὸν* **M** | *βίοις* **S** || **1614** *του ταῦτ᾽*] *του ταῦθ᾽* **L** *τοσαῦτ᾽* **O** *τοῦτ᾽ αὖτ᾽* ***ϰ*** || **1615** *εἶέν* scr. Murray *εἶεν* ***Ω*** (cf. ad 849) || **1616** *ποδὸς* post *τυφλοῦ* transp. **Aa** | *ὁμαρτήσοι* **Rf** | *τυφλοῦ*] *φίλου* **H** (~**H**^{marg}) || **1617** *ζῶ* **F**^{1} *σῶσα* **W**^{ac} (~**F**^{c}**W**^{pc}) | *γ᾽ ἂν*] *γὰρ* **BF**^{1pc}**Pr*εΞ*** (~**B**^{γρmarg}, fort. **F**^{ac}) || **1618** *ἔστι μοι*] *ἔστ᾽ ἔτι* Kirchhoff || **1619** *ἔτι*] *εἴ τι* **R** | *αὐτὸς* om. **V** || **1620** *τί* om. **F**^{1} (~**F**^{2}) | *ἀποκτενεῖς* ***ω*GR*φ*RvA** || **1621** del. Kirchhoff | *βάλῃς* ***ϰ*** (~**A**^{s}) *βαλοις* **W**^{s} || **1622** *οὐ μὴν*] *οὔκουν* **gV** (~**gB**) | *ἑλίξας* **MHRRv** *ἔλεξας* **gV** *ἐλέξας* **S**^{ac} (~**gB**) cf. ad 234 | *γ᾽* om. **HG*θϰ***, **gV**, ante *ἑλίξας* transp. **OV** (~**gB**) || **1624** *οὐδ᾽ εἴπερ* **gV** *οὐδέπω* ***ε*** *καίπερ* **LZc** (~**gB**) || **1625–1645** spurios vel retractatos iud. Pearson; 1627–1634 del. Balsamo, Friedrich, Fraenkel, 1631–1638 del. Walter || **1625** chori notam praef. **A**^{1} (~**A**^{2}); Cr. notam ad 1626 transp. **R**^{ac} | *σοί γ᾽* **Mt** (sicut coni. Valck.) | *μὴ* ante *γόνατα* transp. **Aa** (~Eust.) | *χρήζειν* **WLZb**^{1}**Zc** (~**Zb**^{c}, Eust.) || **1626** *δὲ* om. **Sa**^{ac} *τὲ* **Zc**, sicut coni. Markland et Valck. | *σ᾽* om. ***βζ*T**^{z} | *ἐάσομ᾽* **Mt**

νεκρῶν δὲ τῶνδε τὸν μὲν εἰς δόμους χρεὼν
ἤδη κομίζειν, τόνδε δ', ὃς πέρσων πόλιν
πατρίδα σὺν ἄλλοις ἦλθε, Πολυνείκους νέκυν
ἐκβάλετ' ἄθαπτον τῆσδ' ὅρων ἔξω χθονός.
κηρύξεται δὲ πᾶσι Καδμείοις τάδε·
ὃς ἂν νεκρὸν τόνδ' ἢ καταστέφων ἁλῷ
ἢ γῇ καλύπτων, θάνατον ἀνταλλάξεται.
{ἐᾶν δ' ἄκλαυτον, ἄταφον, οἰωνοῖς βοράν}
σὺ δ' ἐκλιποῦσα τριπτύχους θρήνους νεκρῶν
κόμιζε σαυτήν, Ἀντιγόνη, δόμων ἔσω.
{καὶ παρθενεύου τὴν ἐπιοῦσαν ἡμέραν
μένουσ', ἐν ᾗ σε λέκτρον Αἵμονος μένει.}
AN. *ὦ πάτερ, ἐν οἵοις κείμεθ' ἄθλιοι κακοῖς·*
ὡς σὲ στενάζω τῶν τεθνηκότων πλέον·
οὐ γὰρ τὸ μέν σοι βαρὺ κακῶν, τὸ δ' οὐ βαρύ,
ἀλλ' εἰς ἅπαντα δυστυχὴς ἔφυς, πάτερ.

Actio: **1627** milites nondum mandata exsequuntur, sed immoti exspectant dum Antigona a cadaveribus recedat et in regiam redeat; at non recedit illa

1627 *δὲ* om. **L** | *τῶνδε* om. **W** | *ἐς* Matthiae | *μόμους* **H**^{ac} || **1628** *ἤδη* om. **Rv** *δμῶας* **M**^{γρ}**V**^{2γρ}**W Rf** | *τόνδε δ' ὃς*] *τόνδ' ὅς* **O**^{ac} **Aa** (~**O**^{1c}) *τὸν δὲ*, deletis *δ' ὃς* . . . 1629 *ἦλθε*, Porson | *δ'*] *σ'* **Pr** | *ὡς* **Aa**^{1} (~**Aa**^{3}) | *πέσων* **M**^{1} (~**M**^{2}) || **1629** *σὺν ὅπλοις* King *σὺν ἀλλήλοις* **Rv** | *πολυνείκου* **H** *-κη* **V**^{1} (~**V**^{2γρ}) *-κην* **G**^{ac} fort. *-κη(ν)* **P**^{ac} (*-ους* in ras. scr. **P**^{1}) | *νέκυν*] *χθόνα* **V**^{1} (~**V**^{2γρ}) || **1630** *ἐκβάλλετ'* **O G R Vr Φ**^{c}**P Λ** || **1631** *κηρύξεται* **M B**^{1pc}**V**^{2s}**G W Aa**^{2s}**Mt χ T**^{z} *-ετε* **H V**^{1} **R**^{s}**F Aa**^{1} **Rv A L**^{2} *-ατε* **O ϑ Pr Sa P Rf λ** fort. *-άτω* **B**^{ac} | *δὲ* om. **S** *δὲ δὴ* **Z Zb** || **1632** *νεκρῶν* **L** (~**gE**) | *ἢ*] *ἢν* **gE** | *ἀλῶ* **B V**^{1} (~**V**^{2}, **gE**) || **1633** *ἀντιλλάξεται* **F** *ἀνταναλλ-* **Pr** (~**gE**) || **1634** del. Valck. (cf. Soph. Ant. 29–30 *ἐᾶν δ' ἄκλαυτον, ἄταφον, οἰωνοῖς* . . ./. . . *βορᾶς*) | *ἄκλαυτον* **B**^{1} **O L** *ἄκλαυστον* **B**^{3} rell. | *ἄταφον ἄκλαυστον* transp. **W** | *ἄταφον*] *ἄθαπτον* **G**^{cs} **δ ϰ** | *οἰωνοῖσι* **ϑ** || **1635–1636** susp. Paley, del. Stadtmueller || **1635** *τριπτύχων νεκρῶν γόους* **M**^{γρ}**B**^{γρ}**R Mn Vr** *τριπτύχους νεκρῶν γόους* **Mn**^{s}**S** et vol. **R**^{s} (*νεκροὺς*) *τριπτύχους τύπους νεκρῶν* **A** (vol. *κτύπους*?) *τριπτύχους θρήνων νεκρῶν* **W**^{s} **Rf** || **1636** *κόμισε* **O**^{ac} (~**O**^{1pc}) | *ἔσω*] *σέθεν* **Pr**^{ac}**Mn**^{s}, fort. **F**^{1} *ἔσω σέθεν* **F**^{2} in ras. et fort. vol. **Pr**^{pc} (*ἔσω* s. l. addito) || **1637–1638** del. Dindorf; tantum 1637 del. Paley, tantum 1638 del. Marchant apud Powell (*ἐπιοῦσαν* illicitum anapaestum praebet, necnon coniectura *ἰοῦσαν* ineptum sensum praebet) || **1637** post *τὴν* add. *δ'* **Z** | *εἰσιοῦσαν* **M H O V G**^{1} **ϑ F Pr ϰ Zc** (~**G**^{2}**Mt**^{pc}) vel hoc vel *ἐπιοῦσαν* **W**^{ac}**L**^{1} *ἰοῦσαν* **W**^{pc}**L**^{2} (~**W**^{g}, ^{i}*Σ τὴν ἑξῆς ἡμέραν*) *τελοῦσαν* Geel, *ἔτ' οὖσαν* Marchant apud Powell || **1638** *αἵμονα* **Vr** | *μένει* **M V**^{1} **β W**^{pc} **A λ** *μένεῖ* **B R P** *μενεῖ* **O V**^{2}**G W**^{ac}**Φ Ψ Mt χ T**^{z} et fort. **H** || **1639–1682** del. Fraenkel, 1639–1672 Balsamo, Friedrich (iam 1639–1660 Bakhuyzen, 1643–1757 Conradt) || **1639** Ant. notam om. **X Xa**^{ac} | *οἷσοις* **Rv** *οἷς* **Sa** | *κείμεσθ'* **V** | *ἄθλιοι* Barnes *ἀθλίοις* **Ω** || **1640** *ὡς σὲ* **M O W Φ Aa** *ὥστε* **Rf** *ὥς σε* rell., **gE** || **1641** *σοι*] *συ* **S** (~**gE**) | *κακὸν* **B**^{ac}**O ε L Zm**, **gE** (~**B**^{1pc}) || **1642** *δυστυχῶς* **P** (~**gE**) | *ὦ* ante *πάτερ* add. **G** *πατήρ* **T**^{z} (~**gE**)

	ἀτὰρ σ᾽ ἐρωτῶ τὸν νεωστὶ κοίρανον·
	τί τόνδ᾽ ὑβρίζεις πατέρ᾽ ἀποστέλλων χθονός;
	τί θεσμοποιεῖς ἐπὶ ταλαιπώρῳ νεκρῷ;
ΚΡ.	*Ἐτεοκλέους βουλεύματ᾽, οὐχ ἡμῶν τάδε.*
ΑΝ.	*ἄφρονά γε, καὶ σὺ μῶρος ὃς ἐπίθου τάδε.*
ΚΡ.	*πῶς; τἀντεταλμέν᾽ οὐ δίκαιον ἐκπονεῖν;*
ΑΝ.	*οὔκ, ἢν πονηρά γ᾽ ᾖ κακῶς τ᾽ εἰρημένα.*
ΚΡ.	*τί δ᾽; οὐ δικαίως ὅδε κυσὶν δοθήσεται;*
ΑΝ.	*οὐκ ἔννομον γὰρ τὴν δίκην πράσσεσθέ νιν.*
ΚΡ.	*εἴπερ γε πόλεως ἐχθρὸς ἦν οὐκ ἐχθρὸς ὤν.*
ΑΝ.	*οὔκουν ἔδωκε † τῇ τύχῃ τὸν δαίμονα †;*
ΚΡ.	*καὶ τῷ τάφῳ νυν τὴν δίκην παρασχέτω.*
ΑΝ.	*τί πλημμελήσας, τὸ μέρος εἰ μετῆλθε γῆς;*
ΚΡ.	*ἄταφος ὅδ᾽ ἁνήρ, ὡς μάθῃς, γενήσεται.*
ΑΝ.	*ἐγώ σφε θάψω, κἂν ἀπεννέπῃ πόλις.*
ΚΡ.	*σαυτὴν ἄρ᾽ ἐγγὺς τῷδε συνθάψεις νεκρῷ.*

1645 *θεσμοποιεῖς*] Hsch. *ϑ* 381 || **1657 a** Σ^{B} 1710 || **1657** *ἀπεννέπῃ*] Hsch. *α* 5979

Codd.: ***ω*** = **MHBOV**, **G**, ***Θ*** = **RMnSVrW**, ***Φ*** = **FPrSa**, ***Ψ*** = **Aa** (–**1650**) **P RfRv**, ***Ξ*** = **AMtXXaXb**, ***Λ*** = **LZZbZc** (–**1658**) **ZmT**^{z}

1643 *αὐτάρ* fere **MRW** | *σ᾽* om. **G**^{ac} | *κοίραννον* **MV**^{2s} *κύραννον* **V**^{1}**W**^{ac} *τύραννον* **HV**^{2}**Sa** *κύρ-* vel *τύρ-* **G**^{ac}**L**^{1} (~**L**^{2}) || **1644** del. Valck.: vide Contact and Discont. 120–121 | Ant. notam hic, Cr. notam ad 1645 add. **Zc**^{c} | *τί*] *εἰ* Siebelis apud Hermann || **1646–1682** (et praesertim 1671–1682) retractatos iud. Pearson; 1646–1663 Euripideos, sed e priore forma huius dramatis male cum posteriore forma conflatos iud. Balsamo; cf. ad 1639–1682 || **1646** *ἐτεοκλέα* **Zb** || **1647** om., in marg. add. **Aa**^{1} | *γε*] *τε* **Sa** ***χ*** | *μῶρος* **HFPr** ***δ Λ*** *μῶρὸς* **B** *μωρὸς* rell., **gB** (cf. Herodian. Gr. Gr. III 1, 192) | *ἐπίθου* **V**^{1}**W**^{pc}**L** *ἐπείθου* **V**^{2} rell., **gB** || **1648** *τ᾽ ἐντεταλμέν᾽* **Rf**^{1c} [**Rv**] (~**gE**) | *οὐχὶ* **L** (~**gE**) | *ἐκπονεῖν*] *ἐκτελεῖν* **OGWP** ***χ*** **ZbT**^{z} (~**gE**) || **1649** Ant. notam om. **V**^{1}, suppl. **V**^{2} | *οὔ· κ᾽* **O** *οὔ* **SaL** (~**gE**) | *γ᾽*] *τ᾽* ***β*** (~**gE**) | *ᾖ*] *ἢ* **OR** ***φ***, **gE** *ἢ* (with asterisk) **V**^{1} *ἦ* **V**^{2} | *τ᾽* om. **OAa**, **gE** | *εἰργασμένα* **Aa**^{1} (~**Aa**^{2}, **gE**) || **1650** *ὅδε*] *ὅ γε* **B** | *κυσὶν* **MBOG** ***χ*** **L**^{1pc}**ZbT**^{t} *κυσὶ* **L**^{ac}**T**^{z} rell. || **1651** *δίκην*] *κρίσιν* ***γ*** | *πράσσεσθαι* **PRv**^{2} || **1652** *εἴπερ*] falsam lect. *εἰ μὴ* testari vid. ***Σ*** | *γε* om. **H** ***ε*** | *πόλει* **RRf**^{uv} (~**R**^{s}) | *ἦν* om. **H**, add. **H**^{1s} || **1653** *οὔκουν* **V**^{1} **A** *οὐκοῦν* **B** *οὐκ οὖν* **HO** *οὔκοῦν* **V**^{2} rell., **gE** | *ἔδωκε*] *ἔτισε* Hartung, *ὅδ᾽ εἶκε* (una cum *τῶν δαιμόνων*) F. W. Schmidt | *τῇ τύχῃ τὸν δαίμονα*] locus desperatus, neque enim vel interpolatorem sic usurpare *τὸν δαίμονα* veri simile; *τὴν δίκην τῷ δαίμονι* coni. Purgold, *τὴν δίκην θανὼν πόλει* Nauck; 1653–1654 del. Harberton et Tarrant apud Mastronarde, Studies Eur. Phoin. || **1654** *νυν* scr. Dindorf *νῦν* ***Ω*** (praeter *γε* **Z**) | *δίκην*] *τύχην* **W** (fort. corr. **W**^{s}) || **1655** *πλημελήσας* **P**^{ac} ***Λ*** (~**P**^{1pc}) || **1656** om., in marg. scr. **V** | *ἄθαπτος* **G**^{γρ} | *ὧδ᾽* fere **SXa** | *ἁνήρ* Porson *ἀνὴρ* ***Ω*** (ante *ὅδ᾽* transp. **T**^{t} metri gratia) (cf. 588, 920) | *μανθάνῃς* **A** || **1657** *θάψαι* **Mt**, fort. **Zb**^{ac} (~Σ^{B} 1710) || **1658** *ἄρ᾽*] *ἂν* **RSVr** | *συνθάψει* **Sa** (~**Sa**^{s}) *-θάψῃς* **WMtZbZc** *συνάψεις* ***γ*** **Z**

AN. ἀλλ᾽ εὐκλεές τοι δύο φίλω κεῖσθαι πέλας.
KP. λάζυσθε τήνδε κἀς δόμους κομίζετε.
AN. οὐ δῆτ᾽, ἐπεὶ τοῦδ᾽ οὐ μεθήσομαι νεκροῦ.
KP. ἔκριν᾽ ὁ δαίμων, παρθέν᾽, οὐχ ἃ σοὶ δοκεῖ.
AN. κἀκεῖνο κέκριται, μὴ ἐφυβρίζεσθαι νεκρούς.
KP. ὡς οὔτις ἀμφὶ τῷδ᾽ ὑγρὰν θήσει κόνιν.
AN. ναὶ πρός σε τῆσδε μητρὸς Ἰοκάστης, Κρέον.
KP. μάταια μοχθεῖς· οὐ γὰρ ἂν τύχοις τάδε.
AN. σὺ δ᾽ ἀλλὰ νεκρῷ λουτρὰ περιβαλεῖν μ᾽ ἔα.
KP. ἓν τοῦτ᾽ ἂν εἴη τῶν ἀπορρήτων πόλει.
AN. ἀλλ᾽ ἀμφὶ τραύματ᾽ ἄγρια τελαμῶνας βαλεῖν.
KP. οὐκ ἔσθ᾽ ὅπως σὺ τόνδε τιμήσεις νέκυν.
AN. ὦ φίλτατ᾽, ἀλλὰ στόμα γε σὸν προσπτύξομαι.
KP. οὐ μὴ εἰς γάμους σοὺς συμφορὰν κτήσῃ γόοις;
AN. ἦ γὰρ γαμοῦμαι ζῶσα παιδὶ σῷ ποτε;
KP. πολλή σ᾽ ἀνάγκη· ποῖ γὰρ ἐκφεύξῃ λέχος;
AN. νὺξ ἆρ᾽ ἐκείνη Δαναΐδων μ᾽ ἕξει μίαν.
KP. εἶδες τὸ τόλμημ᾽ οἷον ἐξωνείδισεν;

Actio: **1660–1661** haesitant milites Antigona in genua prolapsa et cadaveri Polynicis manus inserente || **1671** Polynici osculum dat Antigona

1659 *τοι*] *τι* **φΨLZZb**^{s}**Zm** (∼**F**^{c}) | *δύο* **HBMnFΞT**^{z} *δύω* rell. || **1660** *λάζοισθε* **MVA**^{ac}**A**^{2s} (∼**A**^{1pc}) *λάζεσθε* fere **Mn**^{s}**Mn**^{pc}**FPr** fort. vel hoc vel illud **L**^{1} (∼**L**^{2} in ras.) | *κἀς* scr. Dindorf *κεἰς* **Ω** (*κ᾽ εἰ* **M**) || **1661** *ἐπειδὴ δ᾽ οὐ* **O** | *μεθήσω* **ORv** *μεθήσωμαι* vel fort. *μεθήσω* in *-ήσομαι* correctum **Rf** || **1662** *ἔκρινε δαίμων* **γ** (∼**Mn**^{s}) | *οὐχ ἃ σοὶ παρθένε* transp. **Oγ** | *ἃ*] *ὡς* **L** || **1663** om., in marg. scr. **Mn** | *κέκρικε* **MnFPr** *νῦν* ante *κέκριται* add. **O** | *᾽φυβρίζεσθαι* **PχZZbT**^{z} *ὑβρίζεσθαι* **Sa** || **1664** *τῷδ᾽*] *τῶ* **H** *σῶμ᾽* **ZbZmT**^{z} | *θήσῃ* **L** || **1665** *πρός σε* scr. Dindorf *πρὸς σὲ* fere **Ω** | *καὶ* ante *τῆσδε* add. **ε**, cf. *Σ*^{BV} *λείπει ὁ καί*, ^{p}*Σ*^{M} || **1666** om. **S** | *τύχῃς* **HOR**^{s}**SaRfζT**^{z} (∼**Z**^{s}**T**^{s}) || **1667** *νεκρῶν* **Mn**^{ac} | *λουτρὰ* om. **Pr**^{ac}, ante *νεκρῷ* transp. **Vϰ** | *περιβαλλεῖν* **Vr**, Ald. || **1668** *ἓν ἂν τοῦτ᾽ ἂν* **A** || **1669** *τελεμῶνα* **χZb** (cf. **χ**^{g} *δεσμὸν*) || **1670** *ὅπου* **Vr**^{s} | *τιμήσῃς* **BOVrSa** (∼**Vr**^{s}) | *νεκρόν* **PrPRv**^{g} (∼**Pr**^{s}) || **1671** *ὢ* **R** | *φίλτ᾽* **Pr** | *στόμα*] *σῶμα* Valck. (et sic deperditus cod. Thessalonicensis), sed vide Med. 1399–1400 | *γε* om. **V** | *περιπτύξομαι* **Rv** || **1672** *οὐ μὴ* Kirchhoff *οὐκ* **Ω**, *Σ* (*τὸ οὐ . . . ἀντὶ τοῦ μή*) *ἀλλ᾽* Rauchenstein, *οὐδ᾽* (sine signo interrog.) Heath | *ἐς* Matthiae | *γόου* **SVrP** *γόων* **R**^{s} *γόους* **RMnSaZb**^{s} (∼**Mn**^{s}**Sa**^{s}) || **1673** *ἢ* **MV**^{1} (∼**V**^{2}) *οὐ* **Rf** | *σῷ* om. **A** (add. **A**^{s}), ante *παιδὶ* transp. **P** || **1674** *πολλῇ* **GW**^{ac} *πολλῆς* **H** | *σ᾽* **MBVϑPrPAL** *σ᾽* vel *γ᾽* **H** *τ᾽* **O**^{1c}**W**^{ac} *γ᾽* **O**^{ac}**W**^{pc} rell. | *πῆ* **Z** *ποῦ* **Rf** | *ποῖ φεύξῃ γὰρ ο λέχος* **H** | *λέχος*] *λόγος* **Pr**^{γρ} || **1675–1678** del. Harberton (iam praecipue hos damnaverat Leidloff), susp. Friedrich || **1675** post *νύξ* add. *γ᾽* **Sa** | *ἆρ᾽* **MnS**^{pc}**W**^{pc}**F**^{1}**X**^{pc}**XbLT**^{z} *ἆ̃ρ᾽* **Zb** *ἄρ᾽* fere **F**^{c} rell. | *δαναΐδων* **MHB**^{2}**ORfL** *δαναιδῶν* rell. | *μ᾽* om. **ϰ** | *ἕξει μίαν*] *ἔσται μία* **H**^{s}**Vr**^{γρ} (*μία* etiam **MHV**^{1}**F** [∼**V**^{2}]) || **1676** *εἴδετε* **W**^{ac} | *τὸ* om. **Rf** | post *οἷον* add. *μ᾽* **W**

AN. ἴστω σίδηρος ὅρκιόν τε μοι ξίφος.
KP. τί δ' ἐκπροθυμῇ τῶνδ' ἀπηλλάχθαι γάμων;
AN. συμφεύξομαι τῷδ' ἀθλιωτάτῳ πατρί.
KP. γενναιότης σοι, μωρία δ' ἔνεστί τις.
AN. καὶ συνθανοῦμαί γ', ὡς μάθῃς περαιτέρω.
KP. ἴθ'· οὐ φονεύσεις παῖδ' ἐμόν· λεῖπε χθόνα.

OI. ὦ θύγατερ, αἰνῶ μέν σε τῆς προθυμίας.
AN. ἀλλ' εἰ γαμοίμην, σὺ δὲ μόνος φεύγοις, πάτερ;
OI. μέν' εὐτυχοῦσα· τἄμ' ἐγὼ στέρξω κακά.
AN. καὶ τίς σε τυφλὸν ὄντα θεραπεύσει, πάτερ;
OI. πεσὼν ὅπου μοι μοῖρα κείσομαι πέδῳ.
AN. ὁ δ' Οἰδίπους ποῦ καὶ τὰ κλείν' αἰνίγματα;
OI. ὄλωλ'· ἓν ἦμάρ μ' ὤλβισ', ἓν δ' ἀπώλεσεν.
AN. οὔκουν μετασχεῖν κἀμὲ δεῖ τῶν σῶν κακῶν;
OI. αἰσχρὰ φυγὴ θυγατρὶ σὺν τυφλῷ πατρί.
AN. οὔ, σωφρονούσῃ γ', ἀλλὰ γενναία, πάτερ.

Actio: **1677** fortasse gladium cum cadavere in scenam allatum tangit Antigona || **1682** aut in regiam (vel ad domum suam per eisodum dexteram?) abit Creon aut paulum recedit et tacitus adstat

1677 Eust. 92, 12; 809, 15 || **1688** Plut. mor. 72C; 784A; Theodor. Metoch. cap. 63 (p. 391 Müller)

Codd.: *ω* = **MH** (–**1700**) **BOV**, **G**, *Θ* = **RMnSVrW**, *Φ* = **FPrSa**, *Ψ* = **PRfRv**, *Ξ* = **AMt** (–**1708**) **XXaXb** (–**1687**), *Λ* = **LZZbZmT**^{z}

1677 σίδηρος] Ζεὺς Eust. 809 (~Eust. 92) | τε] δὲ Eust. (utroque loco) | τ' ἐμοὶ **G** (sicut scr. Brunck) || **1678** ἀπαλλάχθαι **PrSa***Ψ***Zb** || **1679** συνφ- **RvL** || **1681** γ' om. **Rv** || **1682** φονεύεις **R** | λεῖπε **OV** (sicut coni. Valck. ad Hipp. 34) λίπε rell. || **1683** Ant. trib. **R**^{ac}**P**^{ac} || **1684** Cr. trib. **R**^{ac}**P** | εἰ] ἤ **H**^{pc}**B**^{2} ἦ **Rf**^{pc}**Zm** | δὲ om. **P** | φεύγοις **MW** et fort. **H**, ^{i}*Σ* -γης **Zm** -γεις rell., ^{p}*Σ* || **1685–1686** om., in marg. scr. **V** || **1685** τἀμὰ δ' (ἐγὼ om.) **GPr**^{γρ}**SaP**, fort. **W**^{ac} τὰ 'μὰ δ' ἐγὼ **ZbT**^{z} (~**gE**) || **1687** πεσὼν] θανὼν **H**^{γρ}**Mn**^{suv} | ὅπα **M**, ^{le}*Σ*^{M}, fort. **W**^{ac} | μοι om. **O** | πέδῳ] θανών **OV**^{2s}**R**^{γρ}**WPr**^{γρ}**PA***χ*^{γρ} τέκνον Hermann || **1688–1689** pers. notas om. **P** | del. Müller, Robert || **1688** *οὗ **M**^{ac} (~**M**^{1pc}) | καὶ (τὰ om.) **W** κατα **S** (~**gE**, test.) || **1689** ὄλωμ' ἓν **M** fort. ὤλωλ' ἓν **L**^{1} ὤλωλεν **W**^{ac} ὄλωλεν ἓν fere **W**^{pc}**MnRv***ζ* (~**gB gE**) | μ' om. **HVW***φ***P**^{pc}*ϰ*, ante ἦμαρ transp. **G** (~**gB gE**) | ὤλβισ' ἓν] ὤλβισεν **G** ὤλβισεν ἓν fere **WPrPRv***Λ*, **gE** (~**T** post ras., **gB**) | ἓν δ'] ἠδ' ^{γρ}*Σ* (~**gB gE**) | ἀπώλεσε **M** (~**gB gE**) || **1690** οὔκουν Porson οὐκ οὖν **MBO**, fort. **H** οὐκοῦν rell. | δεῖ κἀμὲ μετασχεῖν transp. **Z** | κἀμὲ δεῖ **G**^{1pc}**W***χ***ZbT**^{z} δεῖ κἀμὲ transp. rell. (κἀμὲ om. **G**^{ac}) | κακῶν] πόνων **H***φ* || **1691** αἰσχρὸν (et γενναῖον 1692) Valck. | πατρὶ τυφλῷ transp. **VPLZm** (~**gB**) || **1692** σωφρονήσῃ **SX** | γ' om. **S** et fort. **L**^{1} (~**L**^{2}) σ' **Vr** | γενναίᾳ **MGRVr** (~*Σ*)

ΟΙ. προσάγαγέ νυν με, μητρὸς ὡς ψαύσω σέθεν.
ΑΝ. ἰδού, παρειᾶς φιλτάτης ψαῦσον χερί.
ΟΙ. ὦ μῆτερ, ὦ ξυνάορ᾽ ἀθλιωτάτη.
ΑΝ. οἰκτρὰ πρόκειται, πάντ᾽ ἔχουσ᾽ ὁμοῦ κακά.
ΟΙ. Ἐτεοκλέους δὲ πτῶμα Πολυνείκους τε ποῦ;
ΑΝ. τώδ᾽ ἐκτάδην σοι κεῖσθον ἀλλήλοιν πέλας.
ΟΙ. πρόσθες τυφλὴν χεῖρ᾽ ἐπὶ πρόσωπα δυστυχῆ.
ΑΝ. ἰδού, θανόντων σῶν τέκνων ἅπτου χερί.
ΟΙ. ὦ φίλα πεσήματ᾽ ἄθλι᾽ ἀθλίου πατρός.
ΑΝ. ὦ φίλτατον δῆτ᾽ ὄμμα Πολυνείκους ἐμοί.
ΟΙ. νῦν χρησμός, ὦ παῖ, Λοξίου περαίνεται.
ΑΝ. ὁ ποῖος; ἀλλ᾽ ἦ πρὸς κακοῖς ἐρεῖς κακά;
ΟΙ. ἐν ταῖς Ἀθήναις κατθανεῖν μ᾽ ἀλώμενον.
ΑΝ. ποῦ; τίς σε πύργος Ἀτθίδος προσδέξεται;
ΟΙ. ἱερὸς Κολωνός, δώμαθ᾽ ἱππίου θεοῦ.
ἀλλ᾽ εἶα, τυφλῷ τῷδ᾽ ὑπηρέτει πατρί,
ἐπεὶ προθυμῇ τῆσδε κοινοῦσθαι φυγῆς.

Actio: **1694–1701** Antigona ducente cadavera manu permulcet Oedipus

1705 Ioh. Philop. de mundi creat. 4, 6

1693 *πρόσαγε* fere **HOVrW^{ac}P** | *νύν* scr. Dindorf *νῦν* ***Ω*** | *με νῦν* transp. **Rf** | *μητρὸς*] *μὴρ* **O** et (cum *μρς* conflatum) **Mn** | *ψαύσω*] *θάψω* **R^{γρ}** || **1694** *παρειᾶς* F. W. Schmidt (cf. 1671, 1699) *γεραιαῖς* **S** *γεραιᾶ* **Rf^{uv}** (*γεραιᾷ* coni. Valck.) *γεραιᾶς* rell. (*γεραιά* idem valet ac *γραῖα* nonnisi casu vocativo) | *φιλτάτῃ* **F^{s}** (vel **F^{cs}**) **Mt^{pc}χ** | *ψαύσων* **FRf** *ψαύω* **Mn** | *χερός* **W^{ac}** || **1695** *ξυνάορ* **B^{1}V^{1}PXaλ** (~**B^{2}V^{2}**) *-ᾶορ* **OL^{2}** (vel **L^{t}**) || **1696** *πρόσκειται* **Mn** | *ἁμοῦ* **Mn^{uv}Zm** || **1697** *δὲ*] *τε* **HSaRv** | *πτῶμα*] *σῶμα* **B^{2s}V^{1s}** | *τε*] *δὲ* **HRf** || **1698** *κείσθων* **V^{1}P^{ac}** (~**V^{2s}P^{1pc}**, **gE**) | *ἀλλήλων* **HMnϰχ^{s}T^{s}** *ἀλλήλοις* **G^{1}** (~**G^{2}**, **gE**) || **1699** *πρόσθε* **B^{1}** (~**B^{2}**) *πρόσθεν* **F^{1uv}PrZb** (~**F^{c}**) | *χέρ᾽* **HRvϰLZ** *χειρῶν* **O** || **1700** *ἰδού* om. **Z** | *χειρί* **G^{ac}** || **1701** *ἄθλι᾽* om. **Ad**, *ἄθλι᾽* om. et post *πατρὸς* add. *τέκνα* **WPζ**, fort. **T^{zac}** (~**T** post ras.) *ἄθλια ἀθλίου πατρὸς τέκνα* **W^{s}Pr** || **1702** *δῆτ᾽* om. **T^{zac}** | *ὄμμα* Purgold et Hartung *ὄνομα* ***Ω*** (cf. IT 905, Or. 1082, IA 354) | *ἐμόν* **Sa** || **1703–1707** del. Leidloff, Walter, alii; sed huiusmodi vaticinium exspectandum in fine fabulae Euripideae || **1704** *ἦ*] *ἢ* **MOV^{1}A** (~**V^{2}**) | *κακοῖς* om. **Rf** || **1705** *καταθανεῖν* (in *-εῖς* mut. vel vice versa) **W** *κτανεῖν* **Sa** (~Philop.) | *μ᾽* om. **L** (~Philop.) | *ἁλώμενον* **MOW^{ac}FPRvL^{1c}Z** (~Philop.) || **1706** *ποῦ* om. *β* (~**Mn^{pc}**) || **1707** *δῶμα θ᾽* fere **MnWPϰζT^{pc}**, cf. *Σ διχῶς* [sc. *λαμβάνεται*] . . . *πληθυντικῶς καὶ ἑνικῶς* *δώματ᾽* **R** | *ἱππίου* **GPAχζT^{z}** *ἱππείου* rell., *Σ* || **1708** *εἶα* **MBGW^{pc}MtXλ** *εἴα* **W^{ac}** rell. | *τῷδ᾽*] *τῷ* **M** | *πατρί*] *ποδί* **L** (cf. 1616, 1539–1540) || **1709** *προθυμεῖς* **Rf** (~**Rf^{s}**) | *φυγῆς*] *χθονός* *γ* (~**Mn^{γρ}**)

AN. ἴθ' εἰς φυγὰν τάλαιναν· ὄρεγε χέρα φίλαν,
πάτερ γεραιέ, πομπίμαν
ἔχων ἔμ' ὥστε ναυσιπομπὸν αὔραν.
OI. ἰδού,
πορεύομαι, τέκνον· σύ μοι
ποδαγὸς ἀθλία γενοῦ.
AN. γενόμεθα γενόμεθ', ἄθλιοί
γε δῆτα Θηβαιᾶν μάλιστα παρθένων.
OI. πόθι γεραιὸν ἴχνος τίθημι;
βάκτρα πόθι φέρω, τέκνον;
AN. τᾷδε τᾷδε βᾶθί μοι,
τᾷδε τᾷδε πόδα τίθει,
ὥστ' ὄνειρον ἰσχύν {ἔχων}.

Actio: **1710** manibus coniunctis lente abeunt per eisodum sinistram Antigona et Oedipus. fortasse cadavera et milites (et Creon?) immoti manent (sicut chorus) usque ad finem dramatis (1736)

Codd.: **Π**^{5} (**1710–1736**); **ω = MBOV, G, Θ = RMnSVrW, Φ = FPrSa, Ψ = P Rf** (**–1726**) **Rv, Ξ = AXXa, Λ = LZZbZmT**^{t}

1710–1766 del. Balsamo (una cum 1708–1709); 1710–1727, 1732–1746, 1758–1766 del. Wecklein (iam 1726–1736, 1743–1746, 1751–1757 Müller); vide ad 1737–1766 || **1710–1711** Ant. notam om. **OVr**, Ald. | *ἐς* Matthiae *εἰ* **S** [**Π**^{5}] | *φυγὴν* **Pr χ** [**Π**^{5}] | *τάλαιν'* **Sa** *τάλαινα* **WZb**^{s} [**Π**^{5}] | *χέρα* **WT**^{t} om. **S** *χεῖρα* **Π**^{5} rell. (fort. *χεῖραν* **B**^{ac}) | *φίλαν χέρα* transp. **W** (~**Π**^{5}) | *φίλην* **Mn** (~**Π**^{5}) || **1712** Ant. notam praef. **Vr**, Ald. (cf. ad 1710) | *ὦ* ante *πάτερ* add. **γ** (~**Π**^{5}) | *γηραιὲ* **RS VrSa** *γεραιὰν* **Rv**^{2} [**Rv**^{1}**Π**^{5}] | *πομπίμανον αὔραν* **R** (~**Π**^{5}) || **1713** *ἔχε* **PRf** (quae lectio cum *τάλαινα* 1710 et Ant. nota ad 1712 posita cohaerere vid.) (~**Π**^{5}) | *εμε* **Π**^{5} *μ'* **OG**^{ac}**PRf** | *ναυσιπομπὸν* scripsi, sicut recte suadet Chandler, Gk. Accent. § 458 *ναυσὶ πομπὸν* **W**^{ac} *ναυσιπόμπον* **χ** *ναυσίπομπον* rell. (sine acc. **Rv**) | *αὔραν* **MVΦRvL**^{ac}**ZmT**^{t} *αὖραν* rell. || **1713–1715** nescioquid omisisse vid. **Π**^{5} (fort. *αὔραν* vel *ἰδού* vel *τέκνον*) || **1714** *ἰδοὺ* ⟨*ἰδού*⟩ metri gratia Hermann, Murray *ἰδού* fort. spurium iud. Haslam [**Π**^{5}] || **1714 bis** *πορεύσομαι* **W** [**Π**^{5}] | *τέκον* **V**^{1} (~**V**^{2}) [**Π**^{5}] | *μοι* om. **LT**^{t} *μου* **Mϑ** [**Π**^{5}] || **1715** *ποδηγὸς* **B**^{2s}**AZZb** *ποδαγωγὸς* fere **SW**^{ac}**P**^{1s}**Rv χ** (~**Π**^{5}) | *ἀθλίᾳ* **Xa** *ἀθλίῳ* **Gχ**^{s}**Zm**^{1} (~**Zm**^{2s}) *ἀθλίου* **Mn Φ**^{c}**L** (~**Pr**^{s}**L**^{s}) *αθλι[α]* potius quam *αθλι[ου]* vel *αθλι[ωι]* **Π**^{5} || **1716** *γενόμεσθα γενόμεσθ'* fere **VWΦ**^{c}**PΞZZb** (-*μεσθ' ἐγεν-* **A**), ^{le}Σ^{MV}, et hoc vel -*μεσθα* . . . -*μεθ'* **O** cf. Σ *ἀττικῶς μετὰ τοῦ σ̄* (~**Π**^{5} [plene scr.], ^{γρ}Σ^{B}) | *ἄθλιοί* Porson *αθλι.[* **Π**^{5} *ἄθλιαί* **Ω** || **1717** *γε* om. **T**^{t} [**Π**^{5}] | *δῆτα* om. **WPZb** [**Π**^{5}] | *θηβαιᾶν* **GMnVrW**^{ac}**F**^{1} **χZZbT**^{t} *θηβαίαν* fere **MB**^{1}**RS** *θηβαιῶν* **B**^{2}**V**^{2}**R**^{s}**Mn**^{s}**PT**^{ts} *θηβαίων* **OV**^{1}**W**^{pc}**Φ**^{c}**εALZm** [**Π**^{5}] || **1718** *πουθυ[. .] . . . τιθημιιχνος* **Π**^{5} (cf. *ποῦ* **χ**^{g}**Zb**^{cg}) | *γηραιὸν* **GRPrSaLZb** || **1719** *λυθιφερω* (vel *ποσιφερω*?) **Π**^{5} *προσφέρω* **R** *πρόσφερ' ὦ* rell. *προσφέρων* Irigoin apud Jouanna || **1720** *τᾷδε*^{1}] *τᾷ* **O** [**Π**^{5}] || **1721** *τᾷδε*^{1}] *τᾷ* **O** [**Π**^{5}] | *τᾶδε* semel **W**^{ac}**P** [**Π**^{5}] | *πόδα τίθει* **Π**^{5}**MVϑSaRf** *τίθει πόδα* transp. **T**^{t} *πόδα τίθει πάτερ* **Mn**^{s} rell. (etiam *καὶ* ante *πόδα* et *μοι* inter *τίθει* et *πάτερ* add. **W**^{ac}) || **1722** om. **Xa** | Oed. notam hic hab. (ad 1723 om.) **V**^{1} (~**V**^{2}) | *ὥσπερ τ' ὄνειρον* **Mn** (cf. ^{p}Σ^V) *ἀντόνειρον* Wecklein [**Π**^{5}] | *ἰσχύν* **Π**^{5}, sicut coni.

OI. ἰὼ ἰώ, δυστυχεστάτας φυγὰς
ἀλαίνειν τὸν γέροντα μ' ἐκ πάτρας.
ἰὼ ἰώ, δεινὰ δείν' ἐγὼ τλάς.
AN. τί τλάς; τί τλάς; οὐχ ὁρᾷ Δίκα κακούς,
οὐδ' ἀμείβεται βροτῶν ἀσυνεσίας.
OI. ὅδ' εἰμὶ μοῦσαν ὃς ἐπὶ καλ-
λίνικον οὐράνιον ἔβαν
⟨μειξο⟩παρθένου κόρας
αἴνιγμ' ἀσύνετον εὑρών.
AN. Σφιγγὸς ἀναφέρεις ὄνειδος;
ἄπαγε τὰ πάρος εὐτυχήματ' αὐδῶν·
τάδε σ' ἐπέμενε μέλεα πάθεα
φυγάδα πατρίδος ἄπο γενόμενον,
ὦ πάτερ, θανεῖν που.

{ποθεινὰ δάκρυα παρὰ φίλαισι παρθένοις

1732 ὄνειδος] cf. ad 821 || **1733** ἄπαγε] (?) Hsch. α 5699; cf. Phot. lex. α 2200 Theodoridis

Hermann (cf. ^{p}Σ κατὰ τὴν ἰσχύν) ἰσχὺν ἔχων fere **Ω** (ἔχω **Mn**^{pc}, ^{i}Σ^{V}, et fort. **V**^{ac} [cf. falsam Oed. notam]; ἔχειν vol. **Mn**^{s}, ἔχον **Mn** infra lin.; ἔχων ἰσχύν **A**, sed rectum ord. numeris indic.)

1723 δεινᾶς ante δυστυχ. add. **OW**^{ac}**P** (∼**Π**^{5}) | -εστάτης **Rv** [**Π**^{5}] | φυγὰς **Rζ**, sicut scr. olim Hermann φυγῆς **Rv** φυγᾶς rell. [**Π**^{5}] || **1724** ἀλαίνειν Musgrave ἐλαύνων **Ω** ⟨Κρέων⟩ ἐλαύνει Nauck, cf. **Σ**^{BV} (s. l. ad πάτρας) λείπει (τὸ) ὦ Κρέων ⟨δαίμων⟩ ἐλαύνει Wilam. [**Π**^{5}] || **1725** δεινὰ δείν' fere **ΘF**^{c}**Pr**^{s}**PZZb** et spatium huic convenit **Π**^{5} δεινὰ semel et plene **MBVGφεχZm** ('γὼ **Rv**) et post ἐγὼ transp. **AL** δείν' **OPrT**^{t} | ὁ τλάς **V**^{2s}**Rfχ** τάλας **OW**^{ac} (∼**Π**^{5}) || **1726** τιτλας semel **Π**^{5}, **gB** | δίκη **B**^{2s}**GMnRv** (∼**gB**) [**Π**^{5}] || **1727** om. **P** [**Π**^{5}] | ἀμείβετ' **W** (∼**gB**) [**Π**^{5}] | βροτῶν] ἀνδρῶν **OW** (∼**gB**) [**Π**^{5}] | ἀξυνεσίας **W** (∼**gB**) [**Π**^{5}] || **1728** οὐδ' εἰμὶ **Xa** [**Π**^{5}] | εἶμι **ORv** | ὃς om. **SaZb** ὅς γ' **T**^{t} | ὃς ἐπὶ om. vel ante μοῦσαν transp. **Π**^{5} || **1729** οὐράνιον **OWPΞZm** οὐρανιόν τ' **MBVGRFPr RvA**^{s}**ZZbT**^{t} τ' οὐράνιόν τ' **β** οὐρανόν τ' **Sa** ουρανον[**Π**^{5} οὐράνιος Burges | ἔβην **φ** [**Π**^{5}] || **1730–1732** nescioquot verba om. **Π**^{5} || **1730** ⟨μειξο⟩παρθένου Wilam. [**Π**^{5}] παρθένου omisisse **Π**^{5} et spurium esse coni. Haslam (παρθ. κόρας del. Hartung) | κόρης **AZ** [**Π**^{5}] || **1731** αἴνιγμα συνετὸν fere **RMnP** ἀσύνετον αἴνιγμ' transp. **Rv** [**Π**^{5}] || **1732** omisisse **Π**^{5} et spurium esse coni. Haslam || **1733** αὐδῶν] ἀοιδῶν **Vr**^{γρ}, ^{γρ}**Σ**^{Mn} α.δω **Π**^{5} (∼**gE**) || **1734** τὰ δὲ σ' **MOV**^{1} (∼**V**^{2}) τάδ' **gE** | ἀπέμενε **Sa** (∼**Π**^{5}, **gE**) | πάθη **Rv** (∼**gE**) [**Π**^{5}] || **1735–1736** γεν. ὦ πάτερ post θανεῖν που transp. **S**, sed rectum ord. numeris indic. [**Π**^{5}] || **1736–1739** om., in marg. partim suppl. **Mn** (που ποθεινὰ δάκρυα et πατρίδα om.; παρὰ φίλ. . . . ἄπειμι post ἀλωμένα transp.) || **1737–1766** spurios iud. Kampfhenkel (monente Kirchhoff) et Wilam.; nihil post 1736 scripsisse vid. **Π**^{5}; 1740–1766 del. olim Hartung, 1743–1766 Pohlenz (–1757 W. Schmid), 1744–1766 Robert (iam 1744–1757 Bakhuyzen); 1747–1766 del. Hartung, Altenburg || **1737** φίλαις **T**^{t}

λιποῦσ᾽ ἄπειμι πατρίδος ἀποπρὸ γαίας
ἀπαρθένευτ᾽ ἀλωμένα.
OI. φεῦ τὸ χρήσιμον φρενῶν.
AN. εἰς πατρός γε συμφορὰς
εὐκλεᾶ με θήσει.
τάλαιν᾽ ἐγὼ ⟨σῶν⟩ συγγόνου θ᾽ ὑβρισμάτων
ὃς ἐκ δόμων νέκυς ἄθαπτος οἴχεται
μέλεος, ὅν, εἴ με καὶ θανεῖν, πάτερ, χρεών,
σκότια γᾷ καλύψω.
1747 *OI.* πρὸς ἥλικας φάνηθι σάς.
1750 *AN.* κόρον ἔχουσ᾽ ἐμῶν κακῶν.
1749 *OI.* σὺ δ᾽ ἀμφὶ βωμίους λιτὰς –
1748 *AN.* ἄλις ὀδυρμάτων ἐμῶν.
1751 *OI.* ἴθ᾽ ἀλλὰ Βρόμιος ἵνα τε ση-
κὸς ἄβατος ὄρεσι μαινάδων.
AN. Καδμείαν ᾧ

1742 cf. Plut. mor. 70 A || **1748** Eust. 554, 34

Codd.: ***ω*** = **MBOV**, **G**, ***Θ*** = **RMn** (–**1742**) **SVrW**, ***Φ*** = **FPrSa**, ***Ψ*** = **PRv**, ***Ξ*** = **AXXa**, ***Λ*** = **LZZbZmT**^{t} (–**1760**) **Ta** (**1761**–**1766**)

1738 *ἀποπρὸ* scr. Matthiae *ἄποπρο* vel *ἀπόπρο* vel *ἄπο πρὸ* ***Ω*** (tantum *ἀπὸ* **W**^{ac}**A**^{ac}), cf. Schwyzer II 428 | *γαίης* ***φ*** *γαῖαν* **Mn** || **1739** om. **Zb** | *ἀπαρθένευτος* **G** *ἀπαρθενεύματ᾽* **Xa** | *ἀλω-* **Mn** *-μένη* **B**^{2s}**Zm** || **1740** Ant. continuat **Z** notis hic et 1741 omissis; cf. **B**^{marg}**V**^{marg} *τινὲς καὶ τοῦτο τῆς ἀντιγόνης*: si hic versus recte Oed. tribuitur, exspectares fort. gen. exclamationis, non nomin. (sed cf. Med. 1393, Hipp. 242, fr. 439, 1); paene mallem sermonem interruptum indicare | *φεῦ φεῦ* **LT**^{t}, **Yf** (~**gB**) || **1741–1742** Oed. continuat Wilam., scr. *σε θήσει* 1742 || **1741** *ἐς* Dindorf *εἰ* **A**^{pc} | *γε* om. **Zb**^{ac} (~**Zb**^{1pc}) *με* **PrSa** | *συμφορᾶς* **MOMn**^{s} **W**^{ac}**Xa**^{ac} || **1742** *εὐκλεῆ* **R** (~**R**^{s}) | *με* om. **Zb** | *θήση* **L** *θήσειν* **P** *θήσοι* **R**^{s}**MnVr** || **1743** *ἔγωγε* **T**^{t} *ἐμῶν* post Brunck Nauck | ⟨*σῶν*⟩ Matthiae, cf. $^{p}Σ$ ⟨*σοῦ*⟩ Musgrave | *συγγόνων* **Vr** | *συγγόνου ᾽φυβρισμάτων* (non add. ⟨*σῶν*⟩) F. W. Schmidt || **1744** *δόμους* **O** | *νέκυς* post *ἄθαπτος* transp. **WSaPZb**, post *οἴχεται* **LZT**^{t} || **1745** *μέλεος* om. **L**^{ac} (~**L**^{1c}) | *με* om. **O** | *καὶ θανεῖν*] *κατθανεῖν* **W**^{ac}**PrSaP*Λ*** (~*Σ*) | *χρεὼ* **MV**^{2γρ}, fort. **Sa** || **1746** *σκότια* **F**^{cuv}, sicut coni. Hermann *σκοτίᾳ* **MBOGRW*Ξ*T**^{t} *σκοτία* **V *β Φ Ψ λ*** | *γᾷ* om. **G**^{ac} (~**G**^{1c}) *γῆ* **PrRvLZm** || **1747–1750**: 1750 et 1748 inter se transposui, quoniam 1748 melius ad 1749, 1750 melius ad 1747 respondere videtur; simili de causa 1749 et 1747 inter se transp. (post Burges) Murray || **1750** om. **R**^{1}, in marg. post 1747 suppl. **R**^{2} | Ant. notam om. **Vr**, erasam vel evanidam hab. **M** | *κόρους* ***β*** | *ἔχουσιν* **Pr** || **1749** Oed. notam om. **RVr**, erasam vel evanidam hab. **M** (rescr. **M**^{2}) | *ἀμφιβωμίους λιτὰς* Elmsley, CJ 8, 1813, 214, unde *-ίοις λιταῖς* Wecklein || **1748** om., in marg. scr. **O** | Ant. notam om. **RVr** | post *ἄλις* add. *ἔχουσα* ***ϑ***, Ald. (~Eust.) | *ὀδυρμῶν* Eust. | *ἀμῶν* **G**^{ac} *ἐμοὶ* ***χ***, $^{p}Σ'$ || **1751** Oed. notam om. **RVrZb**^{1} (~**Zb**^{c}), notam erasam hab. **MP** | *Βρομίου* Musgrave | *ἵνα γε* ***χ*** || **1752** Ant. notam praef. **P** ante ras. | *μαινάδος* **B**^{1} ***β*** **Rv** (~**B**^{2}**Rv**^{s}) || **1753** Ant. notam om. **PLZb**^{1} (~**Zb**^{c}) | *καδμείων* **W**^{ac}**F**^{1}**Rv**, fort. **B**^{ac} (~**B**^{1pc}**F**^{c}) | *ᾧ*] *ἐν ᾧ* **G** *ὠὴ* **M**^{1} ***Θ*** **Sa *Λ*** (~**M**^{2}**W**^{pc}) *ἰωὴ* **O** *νῶϊν* **B**^{acuv} (~**B**^{1pc})

νεβρίδα στολιδωσαμένα ποτ᾽ ἐγὼ
Σεμέλας θίασον
ἱερὸν ὄρεσιν ἀνεχόρευσα
χάριν ἀχάριτον εἰς θεοὺς διδοῦσα;

ΟΙ. *ὦ πάτρας κλεινῆς πολῖται, λεύσσετ᾽, Οἰδίπους ὅδε,*
ὃς τὰ κλείν᾽ αἰνίγματ᾽ ἔγνω καὶ μέγιστος ἦν ἀνήρ,
ὃς μόνος Σφιγγὸς κατέσχον τῆς μιαιφόνου κράτη,
νῦν ἄτιμος αὐτὸς οἰκτρὸς ἐξελαύνομαι χθονός.
ἀλλὰ γὰρ τί ταῦτα θρηνῶ καὶ μάτην ὀδύρομαι;
τὰς γὰρ ἐκ θεῶν ἀνάγκας θνητὸν ὄντα δεῖ φέρειν.

ΧΟ. *ὦ μέγα σεμνὴ Νίκη, τὸν ἐμὸν*
βίοτον κατέχοις
καὶ μὴ λήγοις στεφανοῦσα.}

1758–1759 cf. Soph. OT 1524–1525 || **1759** *ἔγνω* et *μέγιστος*] sch. vet. Soph. OT 1525 || **1762** cf. Xen. Eph. 5, 7, 2; (?) Plat. Tim. 47b4–5 || **1764–1766** Lucian. 28, 39; Eust. 476, 32 (cf. app. crit. infra)
testimonia varia: Arist. EN 1167a33 (cf. Mich. Comm. Ar. Gr. XX 490, 21–23); Diod. Sic. 13, 97, 6; sch. Arist. Ach. 443 Wilson; argumentum fabulae imitatus est Heliod. Aethiop. lib. 7 || testimonia falsa: Et. gen. s. v. *φοίνιξ* [Eur. fr. 860 Snell, suppl. ad Nauck p. 13]; Ioh. Philop. in Porph. sch. Aristot. 11b44–45 Brandis [Eur. fr. 15 N^{2}]

1754 *νεβράδα* **B** *νευρίδα* **VZZb** | *στολιδωσαμένη* **RPr^{s}Rv** *στολισαμένα* **V^{2}WF^{1} PAλ** *-ισαμένη* **SaRv^{r}**, ^{P}*Σ* || **1755** *σεμέλης* **R^{s}Rvλ** | *θίασσον* **S^{s}Vr** | metri gratia *θίασον* ante *Σεμέλας* transp. Porson, post *ἱερὸν* Hermann || **1756** *ὄρεσσιν* **R** *οὔρεσιν* **OWPZ** *ὄρεσ᾽* **T^{t}** | *ἀντεχόρευσα* **R** || **1757** versum erasum hab. **P** | *ἀχάριτον* Hermann et Elmsley, Mus. Crit. 2, ca. 1820, 290 *ἄχαριν* **T^{t}** *ἀχάριστον* rell. | *ἐς* Brunck [**Rv**] | *δοῦσα* **ZbT^{t}** || **1758–1763** del. Boeckh, 1758–1759 iam del. Valck. (lacuna non statuta; del. et lacunam stat. Kirchhoff), tantum 1759 Porson: cf. Soph. OT 1524–1525 *ὦ πάτρας Θήβης ἔνοικοι, λεύσσετ᾽, Οἰδίπους ὅδε,/ ὃς τὰ κλείν᾽ αἰνίγματ᾽ ᾔδει καὶ κράτιστος ἦν ἀνήρ* (et ipsos spurios a multis existimatos) || **1758** Oed. notam om. **L** | *κλεινῆς* **WRvχZb^{s}**, **P^{uv}** (nunc erasum), cf. *Θήβης* Soph. *κλεινὴ* **Sa** *κλεινοὶ* rell. | *λεύσσετ᾽* **BOGPΞZbZmT^{t}** *λεύσετ᾽* fere rell. | *ὅδε*] *τάδε* **R^{γρ}Vr^{γρ}** || **1759** om., inter lin. scr. **W** | *ἔγνων* **VGSa**, sicut coni. Musgrave (~sch. Soph.) | *καὶ* om. **Pr** || **1760** *κατέσχε* **P** (~*Σ*) | *Σ*^{B} corrupte *κάρα γὰρ καὶ κράτη τὰ σοφίσματα* (unde *γράφεται καὶ κάρα. κράτη κτλ.* coni. Schwartz) || **1761** post *νῦν* add. *δ᾽* **OWSaPRvZZb** | *αὐτὸς οἰκτρὸς*] *οἰκτρὸς* **O** *αὐτὸς* **Pr** *οἰκτρὸς οἰκτρὸς* **β** *αὐτὸς αὐτὸς* **F** *αὐτὸς οἰκτρῶς* post Hermann Nauck (*οἰκτρῶς* cod. rec. apud Matthiae) || **1762** *ἀλλὰ γὰρ* **G^{2}WPRvχZbTa** om. **gV** (iamb. trimetro facto) *ἀλλὰ* **B^{2s}** *ἀτὰρ* **ωG^{1}ϑΦΑλ, gE** | *καὶ* om. **gE** (~**gV**) || **1763** *ἐκ θεῶν* om. (iamb. trimetro facto) **OWPRv, gV** (~**gE**) || **1764–1766** (= IT 1497–1499, Or. 1691–1693; cf. codd. **V^{2}A** in fine Hipp.) del. (cum aliis versibus) Hartung, separatim del. Wesener || **1764** chori notam om. **M^{1}L^{1}** (~**M^{2}L^{t}**) | *σεμνὸν* **R^{1}** *σεμνὰ* **GR^{2s} Rv, gB**, Lucian.* (~Eust.) | *νίκα* **R^{s}Rv**, Lucian.* (~**gB**, Eust.) || **1765** *βίον* **R** (~**gB**, test.) || **1766** *καὶ* erasum hab. **P** | *λόγοις* **B^{1}S^{uv}** (~**B^{2}**, test.) *λήγης* **gB** || subscr. om. **VVrWPrSaZb** *φοινισσαι ευριπιδου* **Π^{21}** *εὐριπίδου φοίνισσαι* **M** *εὐρ. τέλος φοίνισσαι* **O** *τέλος εὐρ. φοίνισσαι* **GTa** *τέλος (τῶν) φοινισσῶν* **RvXaZm** *τέλος εὐρ. φοινισσῶν* **FA** *τέλος (τῶν) φοιν. εὐρ.* **BP** *τέλος τοῦ τῶν φοιν. δράματος εὐρ.* **L** *τέλος τοῦ δράματος (τῶν) φοιν.* **RS** *τέλος εὐρ.* **X** *εὐρ. δράματος οἰδίπους τέλος* **Z**

APPENDIX CONIECTVRARVM

Continet haec appendix coniecturas in textum Phoenissarum a viris doctis propositas (1) quae post editionem maiorem N. Weckleinii (1901) editae sint necnon (2) quae ante illam editionem factae nec in illius apparatu critico nec in illius appendice coniecturas minus probabiles continente inveniantur. si coniecturas paene omnes in hanc fabulam adhuc factas cognoscere vis, lector benevole, ad quattuor locos adeundum est: (1) Weckleinii apparatum; (2) Weckleinii appendicem; (3) meum apparatum; (4) hanc appendicem. si vis cognoscere ubi quaevis coniectura primo edita sit, adeundum est ad conspectum librorum in hac editione (nisi locus accurate definitur in apparatu meo vel in hac appendice). asterisco (*) notavi coniecturas quae ubi editae sint ipse non invenire potui. omisi (1) coniecturas vel potius errorum in editione Aldina et aliis editionibus saec. xvi vulgatorum correctiones quas fecerunt J. J. Scaliger, J. Milton, alii si verae lectiones in codicibus melioribus postea inspectis exstant (vide autem praef. § 15); (2) paene omnes coniecturas anapaestos illicitos vel alios errores metricos continentes quas fecerunt Battier, Reiske, Zakas, alii; (3) plerasque mutationes quas fecit Burges ut carmina astropha antistrophica evenirent; (4) omnes coniecturas quas incaute et inscite fecit Apostolides 1893.

14 *ἦν οὗτος ἔνδον χρόνια λέκτρα τἄμ' ἔχων* Harberton 1903; *ἔτ' ἦν χρόνια τἄμ' ἐν δόμοισι λέκτρ' ἔχων* Harberton 1910 || **21** etiam *'κδοὺς* Markland 1822 || **22–25** *κἄπειτα βρέφος . . . ἐκθεῖναι φέρων* Lakon 1906 || **22** *σπείρας ἄφνω* vel *ἄφαρ* anon. apud Murray || **32** *πυρρὸς* *Heimsoeth (testante Blaydes 1901) || **35** *ὁμῶς πόσις* anon. apud Burton, Pental.² || **38** *ἄμφω* suspectum Nauck² 1857 || **43** *τί τἄπευκτα* (metro vetante) Reiske 1754 || **49–50** *τούτῳ ξυνάψειν· ἔμαθε δ' οὖν τύχῃ τινὶ / αἴνιγμ' ἐμὸς παῖς Σφ. Οἰδ. μολών* Harberton 1903; *τ. ξ.· τυγχάνει Σφιγγὸς δέ πως / αἰνίγματος παῖς ἁμὸς Οἰδ. μολών* Harberton 1910

52 *σκῆπτρ' ἔπαρχα* Tucker 1887 || **59** *τάλανα λέκτρα* Weil 1901 || **60** *πάντ' ἂν ἀνατλὰς* Zakas 1891 || **65** *δεόμενοι* Zakas 1891 || **66** (nisi deletur versus) *ζέων δὲ θυμῷ πρός τε . . .* Herwerden 1903 || **68** *διαλακεῖν* anon. apud Burton, Pental.² || **71–76** in quattuor versus conflavit Harberton 1910 || **74** *ἐπεὶ δ' ὅδε ζυγοῖς* Harberton 1903 || **78** lacunam post hunc versum stat. Leutsch 1877 || **88** *ὦ καλὸν ἐν οἴκοις* Wakefield 1801 | *πάρει* anon. Misc. Lipsiensia 1717 || **94** *φλαῦρος* Blaydes 1906 || **96** *πέρι* Markland 1822

101–102 post 108 transp. Zakas 1891 || **103–192** multa transp. et emendavit Burges 1807 || **114** *πύλαι, κλήθροις χαλκόδετ' ἔμβολα* D. N. Bernardakis; *πύλαις κλήθρων χαλκόδετ' ἔμβολα* Pearson; *χαλκόδετ' ἆρ' ἔμβολα* Murray || **115** *λαΐνοισιν* Blaydes 1906 || **120** *ὅστις* Seidler 1811 | *στρατοῦ* del. Conradt 1895 || **120–121** vix sanos iud. R. Ebeling 1903 || **123–124** post 118 transp. Burges 1807 et 1809, scr. *λοχαγόν* || **123** *λοχαγὸς τίνων; τίς πόθεν; {γεγώς}* Hartung 1848 (deletis pers. notis) || **127** non sanum iud. R. Ebeling 1903 || **128** *γηγενέθλᾳ* Blass 1906 || **129** *Ἀστὴρ ὅπως* Crusius 1904; *οἷος Στερόπης ⟨πρέπει⟩* vel *ὡς Ἀστερόπης ⟨πρέπει⟩* Wecklein 1872 | *ἀστερωπὸν ⟨ἔχων ἀσπίδ'⟩ {ἐν γραφαῖσιν}* Terzaghi, SIFC 14, 1906, 481 sqq. || **132** *ἄλλος γὰρ ἄλλου τοῦδ' ὁ τευχέων τρόπος* Burges 1807 et 1809 || **132–133** */τρόπος τίς οὗτος;* vel */τρόπος τίς ἐστιν;* Blass 1906 || **136** *νύμφας* del. etiam Hamelbeck 1895 || **140** *δ'* Marcovich 1984, 119 || **142** *ἰδὼν τάδ'* Hartung 1848 || **146** *⟨ὡς⟩ καταβοστρύχοις* Seidler 1811 | *ὄμμασι⟨ν⟩* Schroeder 1910 (sicut Triclinius)

155 δι' ὃ ... μὴ ἐγκοτῶσ' Zakas 1891 || **163** ποσσίν γ' Heath 1762 || **165–166** ὠλέναις δέραν φιλτάταν Wecklein 1921 || **168** χρυσέοισιν ὡς ὅπλοισιν εὐπρεπής, γέρον Bothe 1800 | ὅπλοις χρυσέοισιν Hermann 1810 | ⟨ὦ⟩ γέρον Seidler 1811 || **169** ὅμοι' ἑῴοις ἡλίου φλεγέθων βολαῖς Bothe 1800 || **173** Ἀμφιάρεως ⟨μέν⟩ Harberton 1903 || **175–176** θυγατρὸς Ἁλίου σελαναίας Zakas 1891 || **176** Σελάνα Burges 1807 | ⟨πότνα⟩ Paley (qui quo loco inserendum esset non dixit) || **177–178** κέντρα {καὶ} σώφρονα πώλοις μεταφέρων θύνει Hermann 1810; σώφρον' ἐς / μετάφρενον φέρων πώλοις ἰθύνει Headlam 1901; σώφρον' ἐς / πώλοιν μετάφρενον φέρων ἰθύνει Chapouthier 1950 || **178** πώλοισι μετάφρενον Seidler 1811; μεταφέρων πώλοις transp. Bothe 1823; πώλοις ⟨χειρὶ⟩ Geel; πώλων μεταφρένοις φέρων ἰθύνει Wecklein 1872; καταφέρων Tucker 1887; πώλοισιν μετ' ἀφρόνων D. N. Bernardakis; πώλων μεταφρένοις Pearson; πώλους Dihle 1981 || **180** Καπανεύς del. Barnes, Elmsley 1826; lacunam post Καπανεύς stat. Seidler 1811 || **183** κεραύνιόν τε πῦρ αἰθαλόεν φάος vel πῦρ τε κεραύνιον αἰθαλόεν φάος Seidler 1811; σύ τᾶν Blaydes 1906 (scr. 184 κομίζοις) || **184** ὑπερανορίαν ὑπέροπλον Zakas 1891 || **186** Μυκήνης ⟨φησίν⟩ Powell || **186–189** Μυκηνηΐσιν / δώσειν Λερναί-/ᾳ τε τριαίνᾳ ⟨καὶ⟩/Ποσειδωνίοις / Ἀμυμωνείοις / ὕδασι δουλείαν / περιβαλεῖν ⟨αὐχεῖ⟩ Conradt 1895 || **187** falso Kingii coniecturam δώσων codici Harleiano 522 (**K**) trib. Porson, quem alii secuti sunt || **188** Ποσειδωνίοις del., θ' post Ἀμυμ. add. Burges 1807 || **190** μὴ μήποτε Seidler 1811 || **190–192** τάνδε γε πότνια / χρυσεοβόστρυχε παῖ Διὸς {ἔρνος} Ἄρτεμι vel potius τάνδε γ' ὦ πότνια / χρυσεοβόστρυχ' ὦ παῖ Διὸς {ἔρνος} Ἄρτεμι Paley || **191–192** non sanos iud. R. Ebeling 1903 || **192** δουλοσύναν del. Bothe 1823 || **193–195** in duos versus confl. Harberton 1903 || **194** ποθοῦσ' Markland apud Burton, Pental.[2] || **196** etiam ἑτερογενὴς γὰρ ὄχλος ὃς εἰσῆλθεν πόλιν Burges 1809 | ὡς κεραυνὸς εἰσελθὼν πόλιν Reiske apud Geel || **198** λῆμα Kinkel 1871 | θηλειῶν γένος {ἔφυ} Reiske 1754

202 ὄδμα S. Petit 1635 || **208** κατὰ πόντιον ⟨ἄλσος⟩ {ἐλάτᾳ} J. H. H. Schmidt 1871; Αὐσόνιον κατὰ πόντον Zakas 1891 || **209** περιρρύτου Stinton per litteras || **211** Σικελικαῖς (quam coniecturam falso Pollio trib. Wecklein) Herwerden 1884 | πνοαῖς del. Scaliger || **212** ἱππεύοντος iam tacite Wilamowitz ad Her. 59; ἀπύσαντος Lakon 1900 | ὃς (pro ἐν) G. N. Bernardakis 1914 || **214** πόλεως ⟨δ'⟩ Barnes || **226–238** sic rescr. ut versus 226–231 versibus 232–238 responderent (post Hermann 1800) Burges 1809 || **227–228** ὑπεράκρων Βακχείων Wecklein 1882 || **233** θεοῦ legisse alterum scholiastarum iud. Wilamowitz apud Murray (cf. Gr. Verskunst 279 n. 1); θεοῦ recep. Mueller-Goldingen 1985 | οὔρειαί τε θεῶν σκοπιαὶ Bothe 1800 || **234** ἱρὸν Dindorf 1869 (cf. Diggle, PCPS 20, 1974, 26 n. 5) || **235** etiam εἱλίσσουσ' ἀθανάτους θεοῦ χοροῖς Paley || **239** δ' ἐμοὶ Brunck || **241** etiam ᾆσμα δάιον φθογγεῖ Reiske 1754 | ἅρμα Wakefield 1789 || **250** γὰρ πόλιν Markland apud Burton, Pental.[2]

254 φλέγων Blaydes 1901 || **259** εἰς ἀγῶνα παῖς ἔνοπλος ὁρμᾷ Burges 1810 | ἔντολος ὁρμᾶθ' / ὃς μετ. δόμ. J. H. H. Schmidt 1871 | {εἰς} παῖς ἀγῶνα τόνδ' ἔνοπλος ὁρμᾷ / Zakas 1891 || **266** μὴ λόχος τις Wecklein 1921 || **274–275** ἀλλ' ἐγγὺς ἀθρῶ (ἐγγὺς δὲ λεύσσω 1910) κοὐκ ἔρημα δώματα (ceteris deletis) Harberton 1903 || **275** ἐρυμνὰ Apelt 1904 || **276** fort. ἐσφρῶ ξίφος Wecklein 1921 || **281–282** ἐκ παίδων δόμοις / Φοίβου Robert 1915 || **293–354** rescr. plerisque transpositis et emendatis Burges 1807 et 1809 || **293** γονυπετὴς Lohmann 1905 || **294–295** σέβουσ' ἔβας / ἔβας Hartung 1849 || **295** πατρῴαν del. Battier 1751 || **296** ἰὼ ἰὼ ⟨πότνια⟩ πότνια ex. gr. (deleto 297) Haslam 1976 || **298–299** μᾶτερ post μέλλεις transp. Battier 1751 || **300** etiam θιγεῖν τ' ὠλέναις ⟨σοῦ⟩ τέκνου Paley; ὠλέναισι ⟨μᾶτερ⟩ τέκνου Fritzsche 1869

302–303 ⟨τὰν ἐμὰν⟩ γήρᾳ τρομερὰν vel ⟨χαλεπῷ⟩ γήρᾳ τρ. Battier apud Valck.; ἕλκω μόλις βάσιν Musgrave 1778 (μόγις Zakas 1891); γήρᾳ τρ. ἕλκω παιδὶ ποδὸς βάσιν Seidler 1811 (alia eius coni. ad Tro. 3 anno 1812 edita est); γηραιῷ τρ. ἕλκω ποδὶ ποδὸς βάσιν Busch 1826; γή-/ρᾳ τρομερὰν ἕλκω πόδα ποδὸς βάσιν Fritzsche 1842 (cf. ⟨× ◡⟩ ποδὸς βάσιν Dindorf 1869); γηραιῷ / ποδὶ ποδὸς ⟨τὰν⟩ τρομερὰν ἕλκω *βάσιν* Conradt 1895; *γηραιὸν πόδ' ἕλκω, τρομερὰν βάσιν* Murray; *γηραιῷ ποδὶ τρομὰν ἕλκω {ποδὸς} βάσιν* Jackson 1955 || **308–309** etiam *ὄρεγμα δός, τριχῶν τε κυανόχρωτα, χαίτᾳ, πλόκαμον, σκιάζειν δέραν ἐμάν* Camper 1831; *βοστρύχων τε χαίτας κυανόχρωτα πλόκαμον σκιάζων δέραν τὰν ἐμάν* Hermann 1810; vel *κυανόχρωτι χαίταισι* (sic, contra Wecklein) *πλοκάμῳ σκιάζων δέραν χρίμπτ' ἐμάν* vel potius ... *σκιάζων λάβε δέραν ἐμάν* Geel; *βοστρύχων κυανόχρωτι χαίτας πλοκάμῳ* Hartung 1848 et 1849 || **308** *τ'* del. Ferrari 1981 | *παρηΐδας τ' ὄρεγνυ* Papabasileios 1915 || **309** *σκιάζων δείραν ἐμάν* Fritzsche 1842 (praeeunte Matthiae) || **312–313** *τί φῶ; τί φῶ / σε; πῶς ἄπανθ' / ἁπᾶσα χερσὶ* ... Geel | *πῶς ἀπαντῶ*; Murray et Pearson | *ἀπαντᾷ* etiam Renehan 1969, qui tamen *ἅπαντα* defendit || **312** {*καὶ*} *χερσὶ* Seidler 1811; *χερσὶ καὶ ποδοῖν* (sic contra Wecklein) *ἀκμαῖσι* Schoene 1854 || **314** *ἁδονάν* ⟨*τ'*⟩ Paley || **315** del. Murray || **317** *ὦ τέκος* Seidler 1811 || **318** *πάτριον* Seidler 1811 || **321** tantum alterum *ἢ* del. Blass apud Lohmann 1905 || **322–324** *λευκόχροα κείρομαι κόμαν, ἄπεπλος φαρέων λευκῶν, τέκνον, δακρυόεσσαν ἱεῖσ' ὄπα πενθήρη* Hermann 1810; *δάκρυ' ὅσσ'* (*ἄσσ'* 1814) *ἀνιεῖσα, πενθήρη κόμαν* Burges 1807 et 1809; *δακρυόεσσ' ἱεῖσά σοι πενθήρη κόμαν* Seidler 1811; *πενθήρη κόμαν δακρυόεσσ' ἀνεῖσ'* vel *ἀνεῖσα δακρυόεσσα πενθήρη κόμαν* Geel || **324** *λευκῶν φαρέων* transp. Seidler 1811; *φαρέων, τέκνον, λευκῶν* Burges 1814; ⟨*παλ*⟩*λεύκων* Murray || **325** *δυσόρφνια* Bothe 1823 || **326** *σκότι'* del. Bothe 1800 et Burges 1814 || **327** *ὅ τ' ἐν* Scholefield 1810 || **328** *ὑπήνας* Moraïtes 1905 | *τᾶσ*⟨*δ'*⟩ Valck. || **330** *πόθον* post *κατέχων* transp. Seidler 1811 || **331–332** {*μὲν*} ⟨*ἐπὶ*⟩ *ξίφους* {*ἐπ'*} Seidler 1811 || **333** *ὑπέρ τ' ἀγχόνας τέρεμνα* Seidler 1811; *ὑπὲρ τέρεινά τ' ἀγχόνας* Weston 1814; *ὑπό τε τέραμν' ἐπ'* Herwerden 1903 || **334** *τέκνοισ*⟨*ι*⟩ Wilam. 1921 || **335–336** *ἐναλλαγαῖς* (sic, contra Wecklein) *δ' αἰαγμάτων* Valck.; *ξὺν ἀλαλαγαῖς δ' ἰαγμάτων / αἰενοσκοτίαν κόπτεται* Musgrave 1788; *δ' αἰαγμάτων αἰεὶ σκοτίᾳ* Hermann 1805 || **336** *σκότια* iam scripserant Seidler 1811 et Hermann 1816 || **337** ⟨*τε*⟩ *καὶ* King; ⟨*σὺν*⟩ *καὶ* Battier 1751; {*καὶ*} iam proponebat Brunck, qui *καινοῖς* praetulit; ⟨*σὲ*⟩ *καὶ* Wakefield 1801 | *τέκνον, πάλαι γάμοισι* Apitz 1835 || **341** {*ματρὶ*} Bothe 1823 || **342** *Λαβδάκου* Zakas 1891 | *σῷ πάλαι γονεῖ* repud. Valck.; *τ' ἐμῷ παλαιγενεῖ* Musgrave 1778 || **345** *γαμηλίοις* Burges 1814 || **347** *τ'* Wakefield 1801 | *ἐχηρεύθη* Tucker 1887 || **348** *λουτροφόρον χοαῖς* Burges 1814 || **349** *εἰσόδῳ* Wölfflin 1862 || **350** etiam *ὄλοιθ' ὃς τάδ'* Valck. | *ἄλαστα τάδ' ἐστί· σίδαρος αἵμασιν Οἰδιπόδα / εἴτ' ἔρις* ... Burges 1814

355 *οἱ δι' ὠδίνων πόνοι* Markland 1822 || **356** *φιλοτεκνότατον πᾶν* Zakas 1891 || **361** *δὲ τάρβους εἰς φόβου τ'* Zakas 1891 || **361–363** / *τάρβει δὲ μή τις μ' ἐκ κασιγνήτου κτάνῃ / δόλος, ξιφήρη* ... (ceteris deletis) Harberton 1903 || **362** *φθάνῃ* Markland 1822 || **365** *ἐπήγαγες* Apitz 1835 (iam *εἰσήγαγες* e codice rec. receperat Valck.) | *ἦ μ' εἰσήγαγες* Hartung 1849 || **367** *χρόνῳ γ' ἰδὼν* Harberton 1903; *χρόνῳ δεδορκὼς* Harberton 1910 || **370** *νᾶμα χέων δακρύρροον* Hemsterhuys apud Musgrave 1762 | *διόσσων* (= *διαβλέπων*) anon. apud Burton, Pental.[2] | *ναίω δι' ὅσσον, ὄμμ' ἔχω δακρυρροοῦν* Matthiae 1789 | *μετοικῶν, ὄμμ'* (sic, contra Wecklein) Paley; *δυσωπὸν ὄμμ'* Moraïtes 1906 || **371–373** *ἀλλ' ἐκ γὰρ ἄλγους ἄλγος αὖ 'χουσάν σ' ὁρῶ* (ceteris deletis) Harberton 1903 || **373** etiam *οἴ 'γὼ* (pro *οἴμοι*) Porson || **375** *δυσλύτως ἔχουσα ταῖς διαλλαγαῖς* Zakas 1891 || **380** *οὗτος γὰρ ἦρξε τἄνομα* vel *οὗτος γὰρ ἐξῆρ' ἄνομα* Markland 1822; etiam *ὅτῳ γ' ἀρέσκοντ'* Musgrave 1778 | *ἄνομα τέκνα τεκεῖν* (sic) Blaydes 1901 | *ὅτῳ γ' ἄρ' ἤρεσ'* Herwerden 1903 || **381** *αἰσχρῶς δὲ* Brunck || **384** *ἐλήλυθας* ed. alt. Hervagiana (= Brodaeus?) || **391** *οὐκ ἔχειν παρρησίαν* G. Arnaldus 1735 || **394** *ἄσοφα σὺν ἀσόφοις φρονεῖν* Burges 1809 || **398–399** emend. et inter se traiecit anonymus Cantabrigiensis || **399** *θεαί* (pro *κακῶν*) Scaliger

407 *ἔσθ' ἡ φίλος* Battier 1751 || **408** *ἔσχες αὖ* Scaliger; *ἔσχες ἂν* Barnes | *ἐπινοίαν ἔχων* (quod Battieri ⟨*ἢ*⟩ *τίν'* requirere videtur) Reiske 1754 (cf. **F**) | *ὡς δ' ἦλθες Ἄργος, τίνι τρόπῳ 'σχεθες λέχος*; Harberton 1903 || **412** *ὄμματος* anonymus apud Valck. || **421** *εἵνεκα* Blaydes 1901 (praepositionem esse ratus) || **434** *τοκεῦσί γ'* Musgrave 1778; *στυγοῦσί μ'* Harberton 1903 || **438** *ὑμνούμενόν γ' ὅμως δ' ἐρῶ*

Valck. | ὑμνηθέν susp. etiam Nauck[3] || **448** ἀμφιτειχῆ κἀκ [= κατὰ] D. N. Bernardakis | λοχῶν (participium) e codice **V** recepit Pearson | καὶ ξυνωρίδων ὄχους Harry 1914 || **449** (447–448 deletis) τάσσων λόχους ἐπέσχον ὡς Harberton 1903 || **450–451** ἐφ' οἷς ἔπεισας τόνδ' ὑπόσπονδον μολεῖν (ceteris deletis) Harberton 1903

453 ἀνύτουσιν Hermann (non Matthiae) | σοφοῖς Markland apud Burton, Pental. (idem West 1981) || **470** δεῖτ' ἄνδιχ' tamquam δεῖται ἔνδικα interpretatus est iam Reiske 1754 (cf. Blaydes 1901) || **473** ἔγωγε (et προὐκηδόμην repud.) Valck.; ἐγῶδε [= ἐγὼ ὧδε] D. N. Bernardakis; ἐγὼ πάρος δὲ δωμάτων Harry 1914; ἐγὼ δὲ δωμάτων πάρος (caesura neglecta) Mueller-Goldingen 1985 || **474** τοὐμοῦ (sicut **Ab**) Scaliger, Arnaldus 1735 | τοὐμόν γε, καὶ τοῦδ' . . . Reiske 1754 | καὶ τόνδ' legisse videri scholiastam iud. Markland 1822 | τὸ τοῦδε τοὐμόν τ' repud. Geel || **486** ἀνὰ μέρος λαβὼν in locum textus genuini irrepsisse iud. Gebauer 1888 || **487** ἀφιέναι Barnes | ἀφεῖναι δ' ἴσον Battier 1751 || **488** προσφέρειν corruptum iud. Kirchhoff || **495** ἀλλὰ τοῖς σοφοῖς Blaydes 1902 || **497–498** ἐμόν γε νοῦν, κεἰ μὴ . . . ἀλλ' εὖ ξυνετά Burges 1809 || **498** ξυνετά τοι Markland 1822 || **500** οὐκ ἦν ποτ' Battier 1751

502 ὀνόματος vel ὀνόμασιν Markland 1822 || **504** ἡλίου τ' ἄνω βολῶν repud. Geel | ᾄσσων ἂν Schumacher 1883 (deinde Busche 1901, Meurig-Davies 1944) | αἰθέρος πρὸς ἀμπτυχὰς Zakas 1891 | αἰθέρα τ' ἂν ἔλθοιμ' ἀστέρων τ' εἰς (πρός τ' 1910) ἀντολάς Harberton 1903 | σπάσων vel σύρων ἂν Harry 1914 || **509** ἀνανδρίᾳ (sicut **V**) Burges 1809 | γὰρ ὅστις ἀπολέσας πλέον Hermann 1800 || **516** πᾶν ἔρεξεν γὰρ λόγος Burges 1809 || **517** ὅ τ' οὐ σίδηρος Battier 1751 || **519** ἑκουσίως μεθείς Harberton 1903 || **520** ἄρχειν παρόν μοι, τῷδε δουλεύσων ποτέ Reiske 1754 | μοι, οὐ τῷδε Zakas 1891 || **522** ἵπποις et πέπλησθ' Scaliger | ἵπποι Zakas 1891 ||

524 εἰ χρὴ γὰρ ἀδικεῖν, τῆς τυρ. Bentley ad Lucan. 1, 146 (1760) || **526** χρῆν τιν' ἐπὶ τοῖς ἔργοις κακοῖς F. W. Schmidt 1886 | χρὴ εἰ μὴ Zakas 1891 || **538** κοινὸν

(pro νόμιμον) Fonteneius; δόκιμον Musgrave 1778 || **542** post κἀριθμόν dist. Valck. (accepto 544 βαδίζειν et :r. 545 ἔχειν) || **546** δουλεύει τροχοῖς Zakas 1891 (deinde τροχοῖς vel τρόχοις Marc ant apud Powell); δουλεύει 'ν μέρει Pohlenz 1930 || **548** καὶ τῷδε νείμας Valck. 'non Battier); καὶ τόδ' ἀπονεῖμαι Harberton 1903

550–551 τὸ δὲ scr. (post ἥγησαι dist., sicut iam Valck.) Porson; τόδε, περιβλέπεσθαι; τίμιον, . . . Wakefield 1801 et Dobree 1874 || **551** κενόν· μέν' οὖν. Burges 1809 || **560–562** πότερα τυρ. καὶ πόλιν σῶσαι θέλεις, / ἐρεῖς· Δαναϊδῶν ἢν δὲ νικήσῃ δόρυ, (ceteris deletis) Harberton 1903 || **567** φιλοτίμῳ δὲ σοί (post Schoene) Zakas 1891 | Θήβαισ' ὁ φιλότιμός τε σύ (post Schoene) Herwerden 1903 || **571–572** τύχοις . . . πρὸς θεῶν (distinctione post ποτέ sublato, sicut iam Stiblinus et Barnes) Lenting 1821 || **572** πῶς σὺ δὴ στήσεις ἄνω; Harberton 1903 || **574–577** in tres versus confl. Harberton 1903 || **574** σκῦλα γράψει (i. e. γράψῃ); τὰς ἐπ' Ἰνάχου . . . Reiske 1754 || **577** γένοιτ' ἂν ἀφ' vel γένοιτ' ἂν {ὑφ'} Reiske 1754, γένοιτ' ἀφ' Dobree apud Dindorf 1839 || **585** μόλῃ, πανέχθιστον Reiske 1754 || **588** ἔτ' ἀγών Canter 1571; ἀγὼν ἔτ' Burges 1821 || **589** τ' Burges 1821 || **590** ἐπὶ τοῖσδ' Burges 1821 || **591** ὥστε νιν σκῆπτρ' οὐ κρατοῦντα τόνδ' ἄνακτ' ἐᾶν χθονός Burges 1821 || **594–595** τίς ὢν . . . ἐμβάλῃ Burges 1821 || **596** βεβηκὼς Reiske 1754 (deinde etiam Markland [apud Burton 1758] et Musgrave 1778) | χεῖρας εἰσορᾷς ἐμάς Paley | βεβηκότ' . . . λεύσσεις ἐμέ Burges 1821 | ὡς χέρας λεύσσειν ἐμάς Harberton 1903 || **597** εὖ σ' ὁρῶ, δειλόν γ' ὁ πλοῦτος καὶ φιλόψυχον, κακόν. Burges 1821 || **598** πολλοῖς σύ γ' Burges 1821 | οὐδέν' var. lect. (vel anonymi coniectura?) apud Barnes; etiam coni. anonymus apud Burton, Pental.[2] || **599–600** ΠΟ. ἀσφαλὴς γὰρ – ΕΤ. ἧσθ' ἀμείνων . . . / ΠΟ. κομπὸς εἶ. ΕΤ. σπονδαῖς πέποιθας κτλ. Burges 1821

601 αἷς σε, δεύτερ' οὐκ, ἀπαιτῶ Burges 1821 || **603** post ἔχων Et. notam transp. Burges 1821 | ⟨σὺ⟩ vel ⟨γε⟩ τὸ πλέον Herwerden 1894 || **605** κλύετ' ἐμοῦ Burges 1821 || **606** ἃ στυγεῖς σύ γε Burges 1821 || **607–608** ΠΟ. ἐξελαύνομαι γὰρ – ΕΤ. ὅν γε καὶ κτενῶ πρός. ΠΟ. ὦ θεοί, / ἀδικίας γε σῆς. ΕΤ. Μυκήναις κτλ. Burges 1821 (una cum καὶ γὰρ ἦλθες ἔκ μ' ἐλῶν 610b) || **608** lacunam stat. retento γε σῇ Kirchhoff | ἀδικίᾳ, θεοί, σῇ γε – μὴ τοὺς ἐνθάδ' Harberton 1903 || **609** πέφηνας

Burges 1821 | σύ, δυσμενής Harberton 1903 || **612** ποῦ θέμις σοι . . . ὀνομάσαι Burges 1821; θεμιτὸν οὔ σοι Zakas 1891 || **614–615** εἶμι, μὴ πόνει, πατέρα δὲ δὸς ἰδεῖν. – οὐκ ἂν τύχοις (ceteris deletis) Harberton 1903 || **614** ΠΟ. εἶμι, μή μ' αἴνει – ΕΤ. σὲ δ' αἰνῶ μὴ ἕτερ' ἢ ἔξιθι χθονός Burges 1821 || **615** ἔξειμι ⟨χθονός⟩ (una cum ἰδεῖν) Barnes; εἶμι· τὸν πατέρα King; ἔξιμι (sic) Salmasius apud Lange | πατέρα δ' ἐν ὅσσοις εἰσιδών Burges 1821 || **616** ὄψει σύ γε Burges 1821 || **617** ἀνακαλεῖς γ' ed. Aldina || **618** γ' οὐ (sicut G) Blomfield apud Burges 1821; χαρτὰ γὰρ Blaydes 1901 || **619** ἦ πόλλ' ἀθλία σ' ἔφυσ' ἐγώ Burges 1821 | οὐκέτι σός εἰμ' – ἐς τὰ πολλά γ' Harberton 1903 || **621** πόδα στήσεις Burges 1821 || **623b–625** rescr. Burges 1821 || **626** μ' ἐγὼ γῆν Burges 1821 || **627–628** et **630** in duos versus conflavit Burges 1809 sic: ὡς ἄτιμ', ὃς σκῆπτρ' ἀπαιτῶν ἦλθον, ἐξελαύνομαι / δοῦλος ὣς ἥκων δόμων του κοὔτ' ἀπ' Οἰδίπου πατρός (aliter 1821: οὐκ ἔχων, ἃ σκῆπτρ' ἀπαιτῶν ἦλθον, ἐξελαύνομαι / δοῦλος ὥς, ἄτιμα πολλὰ κοὐ τὰ τοῦ πατρὸς λαβών, versu 629 post 635 transp.) || **627** ὡς ἄτιμ', ὡς οἰκτρὰ Wakefield 1801 || **628** οὐχὶ ταὐτοῦ οἱ πρὸς Οἰδίπου γεγώς Battier apud Valck. || **629** μή με σύ γε· τὸ δ' αἰτιῶ Grotius; μή με σύ γε, τόνδ' αἰτιῶ Piers || **632** ἀνάκτορα Burges 1821 || **636** ἔξελθ' ed. Aldina | ἔξιθι πόλεως Harberton 1903 || **639–640** οὗ . . . ἀδάμαστος πεσήματί γε Morus apud Schütz || **639** Λύσιος (pro Τύριος) Musgrave 1778 || **640** γε σῶμα (pro πέσημα) Heath 1762 || **642** κατοικίσαι (optativum) King || **643–645** πεδί' ἀνὲν τὸ θέσφατον / πυροφόρ', Ἀόνων σ' ἔχραε / καλλιπόταμον ἔδαφος Musgrave 1788 || **645** καλλιπόταμος ὑαλόεσσ' Burges 1809 | ἵνα δὲ Hartung 1833 || **646** ἐπέρχετ' ἀγλαᾶς Geel || **647–648** accepto γαίας (646) Δίρκας χλοηφόρου καὶ βαθυρρόου {γύας} Grotius; omisso γύας (646) Δίρκας χλοηφόρου βαθυσπόρους γύας Burges 1809 || **648** {καὶ} γᾶς βαθυσπόρου Hermann 1805; {καὶ} βαθυστέρνους γύας Schroeder 1910 || **650** ⟨ἐν⟩ Διὸς γάμ. Battier 1751; Διὶ (vel Δὶ) γάμοισι ⟨δυσγάμοις⟩ Powell

654 ἐλώπισεν in mentem Valckenaerio venisse suspicatus est Porson (cf. Dobree apud Porson 1815, 202) || **654–656** ἐνώτισεν, λίβασεν Βάκχιόν τε χεῦμα παρθ. . . . εὐιάς Burges 1809 || **663** ῥάδιος εἷλες ὦ μαρμάρῳ Musgrave 1788 || **664** ὀλεσίθηρ' vel ὀλεσιθὴρ Burges 1809 || **664–665** κρᾶτα φοίνιον (sic contra Wecklein) δάκεος ἐν / αὐτοβλῆσιν ὠλέσι Schwerdt 1886 || **665** ὠλέναιν Barnes; λαΐναις anonymus apud Valck. | θενὼν Hartung 1849 (post θένων Geel) || **666–669** δίας ἀμάτορος ⟨δ'⟩ / ἐς βαθυσπόρους γύας / γαπετεῖς δικὼν ὀδόν- / τας {Παλλάδος} ⟨κόρας⟩ (vel ⟨θεᾶς⟩) φραδαῖσιν Murray || **666** δίαις Burges 1809 || **667–668** θεᾶς φραδαῖσιν ἐπίθετο / γαπετεῖς δικὼν (vel δικεῖν) ὀδόντας Powell || **667** φραδαῖσι Παλλάδος transp. Burges 1809 || **668** γαγενοῦς Valck. | γαπ. σκέδασεν ὀδ. Pearson; γαπετεῖς {δικὼν} ⟨ὄφεος⟩ ὀδόντας Mueller-Goldingen 1985 (una cum Wilam. 667 Παλλ. φρ. ⟨δίκεν⟩ necnon 650 ⟨—∪—⟩ Διὸς γάμοις) || **673–674** πάλιν ἐξάμησε, φίλαν αἵματός τ' ἔδευσεν γαῖαν ἅ γ' εὐηλίοις νιν Burges 1809 || **673** φθόνος Markland 1822 || **674–675** αἵματος δὲ δεῦσεν, πρῶτον ἅ νιν εὐαλίοισι δεῖξεν αἰθέρος βολαῖς Schwerdt 1886 || **674** εὐἀλίῃσι Heath 1762 || **676–689** in stropham et antistropham redegit Burges 1809 || **677–680** /ποτε γένεθλον ὦ Διὸς / Ἰοῦς τ' ἔκγονον / ἐκάλεσ' ἐκάλεσ' ἰὼ βαρβ. βοᾷ, / ἰὼ βαρβάροισιν ἐν λιταῖς Hermann 1816 || **677** Ἰοῦς ποτ' ἔκγονον del. Paley || **680** ἰὼ ἰὼ βαρβάροις λιταῖσι Paley || **683** ᾇ γ' ὁμοβώμιοι θεοί Burges 1809 (errat Wecklein: ὁμωχέται e Thucydide et Hesychio citat, non in Phoen. legi voluit Burges) || **684** φίλα ⟨μοι⟩ Paley || **685** Δαμάτηρ θεά del. Paley, tantum θεά Zipperer 1875 || **686** ⟨ἁ μὲν⟩ πάντων ἄνασσα Musgrave 1788; πάντων δὲ del. Heimsoeth 1865 (etiam ἄνασσα del. Lohmann 1905); ἄνασσα ⟨γᾶ⟩ Wilam. 1921; γᾶ del. Zipperer 1875 || **687** ἐστήσαντο Zakas 1891 || **688** βολάς (pro θεάς) Polak 1908 || **689** πάντα γὰρ Burges 1809 || **690–691** in unum versum confl. Harberton 1903 || **697–699** ἄναξ, ἐπῆλθον σὸν δέμας θηρώμενος – (ceteris deletis) Harberton 1903 || **697** ἐφοίτων Stadtmüller 1895 (BBG); ἐπῆσσον Polak 1908 | etiam ζητῶν pro χρῄζων scr. Schoene 1855, sed merus error esse videtur || **699** τ' del. Herwerden 1903; ἐπέστην Paley

702 ὧν Markland 1822 || **709–711** aut pers. notas 709 et 710 del. (scr. δή τι sine interrogatione 709, μέλλειν περιφράκτοισι 710) aut pers. notis retentis scr. 709 μέλλει λέγειν τι τῶν . . ., 710 del., 711 emend. (vide app. crit.) Burges 1809 || 710 μέλλων Grotius; μέλειν Fritzsche 1855 lacuna inter 710 et 711 statuta | lacunam unius versus post πύργοισι stat. Conradt 1895; λόχοισι pro πύργοισι Markland 1822 || 710–711 ὅπλοις σφ' ἑλίξειν (ὅπλοις ἑλίξειν 1910) φησὶ Καδμείων πόλιν ceteris deletis Harberton 1903 || 712 ἐξοιστέ' οὖν ἀντίπαλα Καδμείων ὅπλα Burges 1809 || 717 γ' Ἄργος Burges 1809 || 720 vide ad 730 || 723 βαλεῖν Herwerden 1903 || 725–727 traiecit Burges 1809 in hunc ordinem: 727–726–725, scr. 725 σφαλείς τι δεῦρό γ' ὠθήσει || 725 σ' ὠθήσῃ ed. alt. Hervagiana (= Brodaeus?) || 727 ἐνδυστυχοῦσι anonymus apud Burton, Pental.[2] || 730 hunc versum, non 720 (sicut per errorem prodit Wecklein), Creonti continuat Reiske 1754 | βλαφθεῖσί γ' ἄν τοι ῥάδι' ἀναχωρεῖν πόρος vel βλαφθείς γε, καί τοι ῥάδι' Burges 1809 || 732 καθιππεύσαιμ' ἂν King; καθιππάζοιμεν Hartung 1849 || 734 πολεμίοις ἐκδῶ F. W. Schmidt 1886 || 737 φησιν (deletis 710–736) Jessen 1901 || 739 post ἑπτά dist. Reiske 1754 || 743–745 λόχων· ἀμύνειν τειχέων προσαμβάσεις ceteris deletis Harberton 1903 || 747 ἀμφοῖν· ἓν ἀπολειφθὲν Lakon 1900 || 748–750 ἔσται τάδ'· ἑπτὰ πρὸς πύλαισιν, ὡς λέγεις, / τάξω λοχαγοὺς πολεμίοισιν ἀντιθείς (ceteris deletis) Harberton 1903 || 748 {ἐλθὼν} ἑπτάπυργον ἐς πόλισμ' ἰὼν Hermann 1840 (cui etiam ἐς τεῖχος μολὼν in mentem venit)

753 μηκέτ' ἀργῶμεν Burges 1821 || 757–759 γάμων . . . σε χρὴ Paley || 766 etiam ἔργον coni. Scaliger || 768–770 ταῦτα. λέγω δὲ . . . πέμψαι Reiske 1754 || 770 λαβόντ' ἔπεμψα Matthiae | λαβών, ἄξοντα δεῦρό νιν (ἵν' αὐτὸν δεῦρ' ἄγῃ 1910) πέμψω, Κρέον Harberton 1903 || 773 ἔχει West 1981 || 774 τάδ' ἔτ' ἐπισκήπτω Polle 1890 || 778 τάδ'· ὑμῖν ἄλλα, (ἀλλά, 1910) πρόσπολοι, λέγω Harberton 1903 || 785 Βρομίου γὰρ ἄμουσος Burges 1809 | κατέχεις . . . ἑορτάς Jackson 1955 || 786 οὔτ' Musgrave 1788; οὐκ ἔτι Paley || 787 μέλπων (si 786 οὐκ retinetur) Hermann 1840 (sed 786 οὐδ' legere maluit) || 789–790 post ἐπιπνεύσας dist. ed. Aldina, post αἵματι King et Valck. || 790 δείματι Θήβας Busche 1901 || 791 οὐ ποδὶ θυρσομανεῖ Zakas 1891 | etiam μέτα κώμῳ Schwerdt 1862 || 792 ἄμπυγι pro ἅρμασι Wecklein 1921 | μώνυχα tamquam epitheton indeclinabile (gen. pl. cum πώλων) explicat Parmentier REG 36, 1923, 54sq. || 794–797 θοάζεις {Ἀργ. ἐπιπν.} / εἰς Σπαρτῶν γενεάν, χαλκῷ κοσμήσας, / ἀσπιδοφέρμονα . . . Seidler 1811 || 794–795 Ἀργείους . . . γένναν Lange 1743 || 796 ἀσπιδοφέρμονα εὔοπλον ἀντίπαλον θίασον κατὰ λάινα τείχεα Hermann 1796 || 797 κοσμῆσαι Barnes || 800 Λαβδακίδαισιν per errorem Cantero trib. Wecklein

808 ἐν χαλαῖσι post Triclinium Schoene 1855 || 810 γενεάν Seidler 1811 || 811–812 ἄλλα θαλεῖ παίσ' Grotius || 815–817 οὐδ' εὐώδινον παιδὸς ματρὶ λόχευμα, μίασμα δὲ πατρὸς συναίμονος ἐς λέχος ἦλθεν olim Wecklein (1881); . . . νόμιμοι πατρὸς / παῖδες ματρὶ λόχευμα, μιάσματα. / ἣ δὲ . . . ἦλθεν / ⟨Οἰδίποδος γενέτειρα⟩ Eichler 1886; οὐδ' οὐ μὴ παῖδες / οὐδ' οὐ μὴ νόμιμόν ποτε / ματρὶ λόχευμα μίασμα πατρὸς ἢ συναίμονος εἰς λέχος ἦλθεν Zakas 1891 || 815–816 νόμιμοι ⟨νόμιμόν ποτε⟩ {παῖδες} Headlam 1901 || 815 (οὐδ' οἳ μὴ νόμιμοι) Schenk 1879 || 816–817 παῖδες. ματρὶ λόχευμα ⟨κατάρατον⟩. / ἣ δὲ μίασμα πατρὸς Ἰοκάστη / εἰς λέχος ἦλθε συναίμον Battier 1751; {παῖδες} ⟨τόκοι εὐκλεὲς⟩ ματρὶ Paley; ⟨νόμιμόν ποτε⟩ {παῖδες} ματρὶ λόχευμα μιάσματι πατρός Pearson; παῖδες ματρὶ λόχευμά ⟨ποτ' ἔννομον / ἔνθ' ὁ μὲν ἐκ⟩ πατρὸς ⟨εἶχε⟩ μίασμ', ἡ δ' / ἐς λέχος ἦλθε σύναιμον Powell; μιάσματος (ceteris non mutatis) post Weidgen 1888 Ferrari 1981 || 817 ἃ δὲ Blaydes 1901 || 817 bis etiam ⟨Λαϊάδας πατροφόντας⟩ Weidgen 1888 || 818 ἔτεκές γ' ὦ γᾶ γᾶ ἔτεκές ποτε repud. Heath 1762; ἔτεκες ἔτεκες ὦ γᾶ γᾶ ποτε R. Ebeling 1903; ἔτεκες ὦ γᾶ γᾶ ἔτεκές ποτε Blass apud Ebeling 1903 || 820 κηροτρόφου Herwerden 1903 || 825–826 πόλον ἀμφὶ μέσον Δίρκας χλ. ἂμ πεδίον Keramopoullos 1917 || 827 πρόπαν Ἰσμηνοῦ μέτα δευεῖ Zakas 1891 || 836 {πεδίον} ἴχνος ἐντιθεῖσ' ἐμόν Harberton 1903; πεδίον ἴχνος ἐμὸν τίθει repud. Porson || 840 θάκοις ἐν ἱροῖς, ἔνθαπερ μαντεύομαι Harberton 1903 || 842 ἄστεος ἔθ' ὁδός Scaliger; {ἄστεως} ⟨ἐστι νῷν⟩ (sic, contra Wecklein) Nauck 1859 || 843 κάμνει τοὐμὸν transp. (nisi legitur ἐμόν) Reiske 1754;

τοὐμὸν ὡς κάμνει γόνυ Wakefield 1801 || **846** ἐξορμίσας (subaudito εἶ 845) Kvíčala 1872; ἐξ οὐρίας Zakas 1891; ἐξορμίσαις ἂν πόδα Harry 1914; etiam ἐφ- vel ἐνώρμισαι in mentem venit West 1981 || **847** ὡς πᾶν ἀπήνη Scholefield 1810; ὡς πᾶς, ἀπήνης ὥστε, πρεσβύτης anon. Cantabrigiensis 1810; ὡς πᾶσ' ἀνάγκη· πούς γε anonymus A. C. 1821; ὡς πᾶσα κνήμη Major 1830; ὡς βᾶσ' ἀπήνη Apitz 1835; ὡς παῖς τ' ἀβληχρὸς (sic, contra Wecklein) Rauchenstein 1871; πεσοῦσ' ἀπήνη Zakas 1891; ὡς βὰς ἀπήντα Apelt 1904; ὡς στὰς ἀναπνέῃ Broadhead 1968 || **850** συλλέξας Harberton 1903

851 αἶπος ἐκπερῶν Paley | τὸ πνεῦμ' ἄθροισον κἀποκάπν' ὁδοῦ κόπον Harberton 1903; κάπος τ' ἄθροισον, κάματον ἐκβαλὼν ὁδοῦ dubitanter Powell || **852** πάρειμι γῇ Battier 1751 || **865** εἵνεκα Blaydes 1901 || **869** lacunam complurium versuum post hunc versum stat. Kirchhoff (lac. unius tantum versus iam Valck.) || **870** διαστροφαὶ Scaliger et Wakefield 1789 || **873** ὑπερδραμούμενοι etiam C. W. Müller apud Mueller-Goldingen 1985 || **878** κἀγὼ τί δρῶν, ὁποῖα δ' αὖ λέγων ἔπη Morus 1771; τί ⟨τ'⟩ οὐ δρῶν, ποῖά τ' οὐ Marchant apud Powell; ἁγὼ τί δρῶν ⟨ἀπεῖπον ἐξιώμενος / σπουδῇ ματαίᾳ (vel / ὀργάς τ' ἀφαιρῶν 1955)⟩; ποῖα δ' Jackson 1941 || **880** κείνοις (1903) vel τοῖσιν (1910) pro αὐτοῖς Harberton || **881** περὶ νεκρῶν Markland 1822 || **896** αὐτόν anonymus apud Burton, Pental.[2] || **897** σ' εἶλ' οὐκ Zakas 1891

904 Creonti tribuendum (nisi spurius esset) iud. olim Nauck (1854) || **912** τί δρῶν γὰρ ἂν σῴσαιμι Καδμείων πόλιν Paley (deleto 914) || **916** etiam εἴπερ πέφυκε (si scholiastae var. lect. in versu 915 praefertur) Valck.; γ' ἔφησα Harberton 1903; πιφαύσκει Apelt 1904; πέπυσθε Harry 1914; πέφυκα, πάντα Geel; πέφυκε τακτὰ Zakas 1891; etiam φέρειν pro σε δρᾶν (una cum πέφηνε Camper) F. W. Schmidt 1886 || **918** παῦρα pro μεγάλα Wecklein 1921 || **924** τί προσπίτνεις ἕδρας μ'; ἄφυκτ' ἔσται κακά Burges 1807 (non Blaydes) | δυσφύλακτ' ἄστει Apitz 1835 | αἰνεῖ falso Elmsleio trib. Wecklein || **926** σιωπήσαιμι δ' ἂν Scaliger; σιωπήσαιμ' ἐγώ Milton || **944** οἱ σοὶ δὲ παῖδες· (sc. nomin. pend.) tentat Valck. || **946** κεἰ μή περ εὐνῆς vel κεἰ μὴ παρεύνης . . . ἕξει Bothe 1825 || **950** τάλαιναν χεῖρ' ἐν ὄμμασιν Burges 1809 (non Blaydes) | λαβών iam Scaliger

952 ἤτοι παῖδα Porson || **955** ἦν γὰρ Markland 1822 || **960** τί θαμβεῖς Herwerden 1903 || **962** οἷοί μοι Reiske 1754 || **966** θανεῖν olim Burges (1807) || **967** τέκνα τις κτείνοντ' ἐμά etiam Harry 1914; κτείνειν iam Markland 1822 || **968** βίου etiam Lobeck ad Soph. Ai. 1144 (1809) || **969** θνήσκειν del. Scaliger et Milton (εἰμι retento) || **971** ἀτέλεστ' Harberton 1903 (versum del. 1910) || **975** κἢν scr. Blaydes 1901 || **976** ὑστερηθῇς anonymus apud Burton, Pental.[2] | καὶ θανεῖ Burges 1809 || **978** ὅποι Apitz 1835 || **983** δῆτά γ' ἔρυμά Klotz; τί δὴ τοῦδ' ἔρυμά vel τί δ' ἐς τόδ' ἔρυμά Paley; τί δὴ 'πειτ' ἔρυμά (1903) vel τί δὴ εἶτ', εἶπ', ἔρυμά (1910) Harberton || **994** δειλίᾳ 'νδίδωσι Blaydes 1901 | δίδωσιν· ᾗ συγγ. Brunck || **998** ὑπερθανὼν Markland 1822 || **999** εἰ μὲν . . . οὑλεύθεροι Harberton 1903

1004 πόλιν τ' ἄνατος Burges 1809 | anonymi coniectura δοῦλος apud Valck. edita est || **1006** κατ' ἄστρα etiam Blaydes 1901 || **1013** θάνατον Valck. || **1016** διδοίη Blaydes 1902 || **1021** ἁρπαγᾶν (subaudito ἕνεκα) Burges 1809 || **1023** et μιξοπάρθενον et μιξοπαρθένου coni. Valck., sed illud praetulit || **1037** μέλος ⟨δ'⟩ (dist. post βοάν 1036) Wilam. 1900

1065–1066 γᾶν ξυναλλαγαῖσι Wecklein 1921 (iam συναλλ- 1894) || **1069** post ὅμως plene dist. Jackson 1941 || **1070** ἐξῆλθ' Doorenbos 1844 || **1073–1076** ἢ ζῇ παῖς ἐμός post θανόντος 1073 transp. ceteris deletis Harberton 1903 || **1078** περίβολοι Valck. || **1081–1082** ἀκμήν γ' ἐπ' αὐτήν· οὗ τὸ Καδμείων κρατεῖ (deleto 1082) Harberton 1903 || **1083–1084** πρὸς θεῶν λέγ' εἴ τί γ' οἶσθα Πολυνείκους πέρι (ceteris deletis) Harberton 1903 || **1084** μέλον legit Brunck, falso ratus sic in codice **A** legi || **1086** πῶς δὲ πολεμίων δόρυ (1903) vel πῶς δὲ τἀργείων δόρυ (1910) Harberton || **1091** ἀπ' Earle 1898 || **1092** λαιμοῦ Battier 1751 (sicut **Aa**[3]) || **1098** τ' [var. lect. pro δ'] del. Battier 1751

1100–1101 τάφους [neut. gen. sing.] πέρα / . . . συνῆψεν ἄγχι Zakas 1891 || **1101** etiam ἄστει χθονὸς ξυνῆψε Καδμείας δρόμῳ Harberton 1910 || **1115–1117** . . . ὄμμασιν βοὸς κύνα, / . . . ἐπιτολαῖς δεδορκότα / ἔχοντα, τὰ δὲ βλέποντα . . . (sic, contra Wecklein) Heimsoeth 1865 || **1115** φρικτοῖς Jacobs 1790 || **1116–1117** τὰ μὲν ξὺν ἄστρων ἐντολαῖσιν ὄμματα / βλέποντα, τὰ δὲ πίπτοντα δυν. μ. olim Hartung (1844) || **1117** οἰγνύντα (pro βλέποντα) Rauchenstein 1871; etiam λεύσσοντα vel σκοποῦντα (pro κρύπτοντα) Kron 1872 || **1120** ὑπ' ἀσπίδος Zakas 1891 || **1124** ἐπ' ἀσπίδος Brunck || **1135** ἐχίδνας ἀσπίδ' ἐγγεγλυμμένην Zakas 1891; ἑκατὸν καρήνοις ἀσπίδ' ἐκπληρῶν (-οῦν 1910) ὕδρας Harberton 1903 || **1136** (pro ἔχων) δράκων (accepto 1135 ἑκατὸν δ' et subaudito ἦν) E. O. Schmidt 1870 || **1139** ἑκὰς τὰ iam Scaliger || **1149** κράατ' Blaydes 1906

1153 οὐχ Ἀργεῖος Geel || **1158** {γεῖσ'} 'πάλξεων ἱεὶς ἄπο Harberton 1903 (iam ἱεὶς pro γεῖσ' cum hiatu Reiske 1754); τέρθρ' Wecklein 1921 || **1163** εὐτευχεῖς (sic, contra Wecklein) Reiske 1754 || **1166** Αἰτωλίοις λόγχαισιν ed. Brubachiana; λόγχαισιν Αἰτωλοῖσιν transp. Canter 1571 || **1179** κλίμακας Markland 1822 || **1184** etiam ἀσπὶς (pro αἷμα) Geel || **1186** ἐς γῆν ἑλιχθεὶς ἔμπυρος . . . Harberton 1903 || **1187** στόλῳ Bothe 1825 || **1188** Ἀργείων ὅπλα Brunck || **1190** si lacunam statuas, ex. gr. ⟨πάντες τ' ἐφωρμήθησαν ἐξ ἑνὸς ῥόθου⟩ Wecklein 1874 || **1191** ὁπλῖται δ' εἰς Blaydes 1901 || **1194** τροχοὶ δ' Blaydes 1901 || **1195** δὲ περὶ νεκροῖς ἐσωρεύονθ' Blaydes 1901 || **1200** εἰ (sic, contra Wecklein) δ' ἀμείνον', ὦ θεοί, Weil 1901; τὴν δ' ἀμείνον' εἰ θεοὶ Harberton 1903

1210 τοῦθ' ὡς Herwerden 1903 || **1215–1216** Iocastae continuat Ahrens, versu 1215 corrupto existimato || **1215** οὐκ ἄν τε Hartung 1849 || **1216** οὐ κἂν πτερωτὸς ἐκφύγῃς πρὸς αἰθέρα (deletis 1214–1215) Harberton 1903 || **1223** ὁ δ' Ἐτεοκλῆς προυπῆρξ' ed. Brubachiana || **1229** γὰρ οὔ τῳ τόνδε Harberton 1903; γὰρ οὐ τοσόνδε Pearson | τόνδε κινδύνῳ μεθεὶς vel τῶνδε κίνδυνον μεθεὶς tentat Valck. || **1230** συγγόνῳ μάχην μόνῳ Burges 1807 || **1231** post κτάνω, non post τόνδ', dist. Hermann et Geel (sed deinde hoc repud. Hermann 1840, xxv) | οἰκήσω πάλιν (sic, contra Wecklein) Burges 1807 || **1235** ὅσον κεῖται νεκρῶν Murray || **1240** τοισίδ' ἔπι δ' ἐσπείσαντο, καὶ τούτῳ φίλοι (deletis 1241–1243) Harberton 1910 || **1244** ἤδη σφ' (vel ὅπλοις 1910) ἐκόσμουν Harberton 1903 || **1249** λόγοισι θάρσυνόν τε πρός τ' ηὔδων τάδε Barnes || **1249–1254** αὐτὼ 'θράσυνον παρακαλοῦντες ἐς μάχην (ceteris deletis) Harberton 1903

1255–1257 ἐμπύρου τ' ἀκμᾶς / ῥήξεις {τ'} ἐνώμων {ὑγρότητ' . . . λαμπάδ'} Burges 1809 || **1256–1257** ῥῆξίν τ' ἐνώμων, {ὑγρότητ' . . . λαμπάδ'} Morus 1771 || **1256** ῥήξει Harry 1914 | εἴ ποτ' ἦν ἐναντίαι Jacobs 1790; ὑγρότητ' (dat.) ἐνωπίων Musgrave 1788; ὑγρότητ' (dat.) ἐναντίας Bothe 1800 || **1257** ᾗ δυοῖν (dat.), deleta distinctione post ἔχει, Stahl 1856 || **1259** ἀλκὴν susp. Valck.; εἴ τ' ἀνάγκην Markland 1822 | ἢ τομοὺς ἔχεις Wakefield 1789 || **1262** κἄεθλα (1263 deleto) Apitz 1835 | καὶ τἆθλα· δεινὰ δ' ἄκρα Harry 1914 || **1263** τῇδε θατέρου τέκνοιν Polle 1890 || **1266** σοὶ scr. Pearson | σὸν προχωρεῖν δαιμόνων κατάστασιν Mastronarde 1979 (30 n. 45) || **1267** ἄνδρε δισσὼ Markland 1822 || **1273** ἐς μόνην Herwerden 1903 || **1287** alterum ἔλεος del. Bothe 1823 || **1288** αἱματιεῖ (~1300 ἠλυθέτην) Musgrave 1778 || **1291** ψυχὰν corruptum iud. Herwerden 1903 || **1292** δι' ἁμάτων Northmore apud Wakefield 1789; etiam δι' ἀσπίδων μιαιφονῶν (participium) Hannemüller 1864 || **1294** ἄρα del. Bothe 1825 || **1295** ἰαγχήσω Matthiae || **1296** οὐ δᾶν οὐ δᾶν anonymi apud Stiblinum; φεῦ ζᾶ φεῦ ζᾶ Wakefield 1789 || **1297–1298** παλλόμενοι Apitz 1835 (idem legendum esse si φονίᾳ ψυχᾷ post Kirchhoff legatur iud. Paley); interiectiones hic addendas esse (nisi in 1285–1286 deleantur) iud. Kirchhoff || **1299** alterum πέσεα del. Bothe 1823

1304–1305 σχεδὸν τύχας ⟨ἐπὶ ξυροῦ⟩ κρινεῖ φόνος τὸ μέλλον Wecklein 1872 || **1306** alterum ἄποτμος del. Bothe 1823 || **1311–1314** in duos versus confl. Harberton 1903 || **1317** ἥκω στελῶν / Hermann (non Heimsoeth) || **1322** Κρέον δόμων ἄτερ Harberton 1903 || **1323** post 1329 transp. anonymus (R.) 1810 || **1326** εἰς ἀλκίδ' ἥξειν Wakefield 1789 || **1327** αἰάζων Jacobs 1790 | νέκυν πᾶς ἠγάπων παιδός γ' *ἐμόν* Burges 1809 || **1328** *κοὐδ᾽ . . . ὡς τά γ᾽ οἰκάδ᾽ εἰδέναι* Burges 1809 || **1332** *κακὸν σημεῖον* vel *τὸ γὰρ σημεῖον* Paley || **1334** *στείχοντος, ἡμῖν δ᾽ ἀγγελεῖ* Duport || **1335** *ἤ τίν᾽ αὖ λόγον* Scaliger || **1338** *ἄλλο* (retento *λέγεις δὲ*) post Valck. Apitz 1835 (cf. **Sa**) || **1343** *ὁμοίας συμφορὰς* Bothe 1800 || **1344** *ὥστ᾽ ἐνδακρῦσαί* Bothe 1825; *ὡς καὶ δακρῦσαί σφ᾽* (*γ᾽* 1910) Harberton 1903; *ὥστ᾽ ἀνδακρῦσαί* Kapsomenos 1975

1351 *λευκοπήχεων* Battier 1751 (cf. **R**ˢ etc.) | *κόπους* Wecklein 1921 || **1353** *αἰνιγμοῦ τ᾽* etiam Markland 1822 || **1359** *σῶμα κοσμήσανθ᾽* Arnaldus 1735 || **1362** *δισσώ τ᾽ ἀδελφὼ* Wecklein 1881; *διπλὼ στρατὼ κάτα* Harry 1914 || **1366** *ζεύξας Ἀδράστου παῖδα σὴν ναίω χθόνα* Paley || **1367** *ἐν δέρῃ δ᾽ ἐμὴν* Wakefield 1789 || **1370** versum emendatum (*πολλοῖς δὲ τήκει δάκρυα τῆς τύχης ὅσα*) una cum versu 1465 post 1459 inseruit Burges 1809 (i. e. 1459 – 1465 – 1370 – 1460) || **1371** cum versu 1387 conflavit Burges 1809 sic: *ὀφθαλμὸν ἀλλήλοις τε διαδόντες κόρας / ἔβλεψαν, ἀργὸν ὥστε . . .* || **1378** *ἠχεῖ* Zakas 1891 || **1385** *τύμματι φθῆναι* Zakas 1891; *᾽ς τοῦτο προφθῆναι* Herwerden 1903 || **1388** (non 1383) *πλέων* Porson, *πᾶσιν* Nauck (deleto 1389 [non 1384]) || **1390** *μεταψαύων* Grotius || **1397** *τρωθεὶς τέρενα Πολ. χρόα* repud. Geel | *δόρατι* (pro *στέρνα*) Zakas 1891 || **1398** *ἀφῆκε* Paley || **1400** *ὃς δ᾽* Reiske 1754

1405 *ἧσσον* West 1981 || **1412** inter *δεξιὸν* et *δι᾽* lacunam unius versus stat. Walter 1888 || **1425** *Οἰδίπου, τὸ σὸν στένω* Valck.; *Οἰδίπους, σ᾽ ὅσον* (quam coni. Lentingo [locum non inveni] trib. Wecklein) Elmsley 1826 | *ὅσα* Markland 1822 || **1426** versum Creonti trib. ed. Aldina (etiam Arnoldt 1876) || **1430** *τέκνοιν* Zakas 1891 | *δορὸς* (deleto *δ᾽* 1431) Firnhaber 1840 || **1438** *δύσλῦτον* Markland 1822 || **1439** *ψυχρὰν χέρα* tentat Valck. || **1442** *δ᾽*² del. Musgrave 1778 (accepto Valck. *ὅς δ᾽*) (cf. **Sa**) || **1449** *λάχω* Blaydes 1906

1450 A *κρυφθῶ καὶ* (pro Stobaei codicum lect. *κρυφθῆ καὶ*) Valck. || **1456 – 1457** *ἐξαρπάσασ᾽ ἐκ θατέρου νεκρῶν ξίφος / ἔπραξε* Harberton 1903 || **1460** *θοῦρος δ᾽ ἀνῆξε* Burges 1809 || **1464** *οὐδαμῇ* Battier 1751 || **1465** *ὑπεξῆλθ᾽ αὖτ᾽ ἀγὼν στρατοῦ δίχα* Apitz 1835 || **1482** *νεκρῶν ἤδη τρισσῶν* Lenting 1821 | *πτώματα τρισσῶν ἤδη νεκύων* Kiehl 1850/51 || **1484** *σκότιον Αἰδῶνα* Wakefield 1789; *σκότιον διὰ δῶμα* Burges 1809 || **1485 – 1581** rescr. Burges 1807 multis transpositis et emendatis || **1487** *οὐδ᾽ ἀπὸ* Bothe 1825 | *βλεφάροισιν* Geel || **1488** *προσώπου* ⟨*τ᾽*⟩ Seidler 1811; etiam fortasse *πρόσωπον* vel *προσώποις* Kock 1872 || **1489** *φέρομαι* ⟨*φθιμένων*⟩ Geel || **1491** *χλιδᾶς* (pro *τρυφᾶς*) e *Σ*, ut putabat, restit. Valck., sed scholion *χλιδᾶς· τρυφᾶς* ex Arsenii errore ortum esse videtur; *δρυφαῖς* Musgrave 1778; *στολίδ᾽* post *τρυφᾶς* transp. Hermann 1810 || **1493** *αἰαῖ ὤμοι* / Diggle (per litteras) || **1496 – 1497** *Οἰδιπόδα δόμον αἵματι δεινῷ κρανθεῖσ᾽ ὤλεσεν, αἵματι λυγρῷ* transp. Dale 1983 || **1497 – 1497** bis *λήματι . . . λήματι* Schwerdt 1886 || **1498** *τίν᾽ ἀοιδὸν* {*προσῳδὸν*} Paley 1879 (sic, contra Wecklein); *τίν᾽ ὦ* Musgrave 1778; *τίνα γε* Burges 1807 || **1500** tantum alterum *ὦ* del. Bothe 1823, 1825 (sicut codd. nonnulli et ed. Aldina) (contra Wecklein)

1501 *ἀνακαλοῦμαι* Wilam. 1903 || **1502** *τάδ᾽ αἵματα* etiam Markland 1822 | *φέρουσα τὰ σύγγονα σώματα* Paley; *φέρουσα τὰ σώματα* Buchholtz 1865; *φέρω τάδε σώματα* Wilam. 1903 || **1504** *Οἰδιπόδα δόμον ἃ πρόπαν ὤλεσε* Buchholtz 1865 | *πρὶν ἀπώλεσε* Zakas 1891 || **1506** *δυσξύνετα ξυνετὸν* Zakas 1891 || **1507** *σῶμα φονεύσας* del. Wecklein 1921 || **1509** *Ἑλλάδος* iam Paley; *Ἕλλαν* etiam Schroeder 1910 (incertum an suo Marte) || **1513 – 1514** *φανερά, τάλαινα / ὡς . . .* divisit Seidler 1811 || **1514 – 1515** *τάλαινα, / πῶς ἐλελιζομένα τίς ἄρ᾽ ὄρνις* Paley || **1514** *τάλας* Wilam. 1903; ⟨*ὦ*⟩ *τάλαιν᾽* Lewis 1936 | etiam *οἷ᾽ ἐλελίζει* Paley 1860, *πῶς ἐλελιζομένα* Paley 1880 || **1515** *τίς ἄτ᾽ ὄρνις* King || **1516** *δρυὸς ἢ κλάδοις ἀκροκόμοις ἀμφ᾽ ἐλάτας* Murray | *ἁβροκόμοι᾽* coni. Blaydes 1901 (*ἁβροκόμοις* Blomfield ad Aesch. Pers. 547); *ἀκροκόμοισιν* Bothe 1825 || **1517** deleto *ὀδυρμοῖς* lacunam stat. (ex. gr. ⟨*ἥξει*⟩, ⟨*ἔσται*⟩) Dindorf | *μονομάτωρ ἰαχοῦσ᾽ ἔρημα* {*ὀδυρμοῖς*} Mueller-Goldingen 1985 coll. ***Π***⁵ || **1518** *ξυνῳδός* scr. Porson (recepto *ἀχήσει*) || **1520** *μούνα δ᾽* Bothe 1800 (cf. ***Π***⁵) || **1526** *ἐμᾶς* del. Bothe 1800 | *ἣν* Maas apud Crönert, NGG 1922, 21 || **1530** *ὀτοτοῖ* semel Wilam. 1903 || **1531** ἀλαὸν ⟨δ'⟩ Wilam. 1903 || **1532–1533** . . . πάτερ / δεῖξον ὦ γηραιὲ {Οἰδιπόδα} σὸν αἰῶνα μέλεον, ὅς γ' ἐπὶ Seidler 1811 || **1533–1534** δώμασιν ὃς ἔπ' (vel ἐπ' in tmesi) Geel || **1534–1535** ὄμμασιν / σοῖς Seidler 1811 || **1534** δόμοισιν Bothe 1800 | σκότον ⟨ἐπ'⟩ ὄμμασι σοῖς Hartung 1849 (-ασιν Murray); (deleto δώμασι) ὄμμασι ⟨– × –⟩ ἀέριον σκότον Wilam. 1903; ὄμμασι del. Wecklein 1925 || **1535** etiam ζόαν ⟨μοῦνος ἄλλων⟩ Schoene 1855 || **1536** γηραιὸν Porson || **1537** post πόδα dist. Schaefer (in Porsoni ed. recusa) | aut ἤ aut εἴτε alicubi supplendum iud. Wecklein 1872 || **1538** δεμνίοισιν ἴσχων Blaydes 1906 || **1539** ⟨ × –⟩ τί δ' Stahl 1856 || **1540** εἰς φῶς ⟨με⟩ iam Seidler 1811 | εἰς φῶς ἄγεις Burges 1809 || **1541** λεχήρη ⟨με⟩ Stahl 1856 || **1542** lacunam post δακρύοισιν stat. Stahl 1856 || **1544** νέκυν ἄναρθρον Valck.; ἔνερθεν del. Conradt 1895 || **1545** πτανὸν ⟨ὄντ'⟩ Hermann 1810; πτανὸν ὄνειρον ⟨ὡς⟩ Paley || **1547** σοι τέκνα ⟨σὰ⟩ Musgrave 1778 || **1549** θεραπεύμασί τ' (post Valck.) Musgrave 1778

1551 ἐμῶν del. King | αἴ, αἴ, ὤμοι μοι, ἐμῶν παθέων Heath 1762 || **1552** etiam πάρα γὰρ στοναχῇ τάδ' ἀντεῖν vel πάρα γὰρ νῦν τάδ' ἀντεῖν Paley; στενάχειν καὶ ἀντεῖν Blaydes 1901 || **1557** βρίθων ⟨φονίοισιν⟩ Seidler 1811; ξίφεσιν ⟨περὶ τείχεσι⟩ βρίθων Geel || **1558** σχετλίαισι φοναῖς Wecklein 1894 || **1559–1560** πάτερ, ⟨ὤμοι⟩. ΟΙ. ὤμοι αἰαῖ Hermann 1810 || **1561** ⟨ὦ⟩ τέκνα et ⟨τᾶν⟩ ἔβας Paley; τέκν' ΑΝ. ⟨ὡς ἂν⟩ δι' ὀδ. Pearson; ⟨οἶδα·⟩ δι' ὀδ. Jackson 1955 || **1565** ἐμῶν del. Musgrave 1778 || **1566** δὲ del. King || **1567–1569** δάκρυα γοερ' ἐν φανερῷ πᾶσι τιθεμένα τέκεσιν μαστὸν ἔφερεν ἐξέφερέν γ' ἱκέτης ἱκέταν ἠρμένα Musgrave 1778 || **1567** δάκρυα γοερὰ ⟨δάκρυα γοερὰ⟩ Schroeder 1910 || **1568** μαστόν ⟨τ'⟩ Reiske 1754 | μαστόν ⟨γ'⟩ ἔφερεν {ἔφερεν} Valck. (alterum ἔφερεν om. iam Piers, quem codicem quendam secutum esse coni. Valck.); {ἔφερεν} ἔφερ' Bothe 1825 || **1569** ἱκέτις μ' ἱκέτιν γ' ἀνόρουσα Valck. || **1571** etiam λόγχαισιν Musgrave 1778 || **1572** ἐνυάλιον ⟨διδυμάνορα⟩ Hamelbeck 1895 || **1574–1575** φονίαν ante ἐπὶ τρ. transp. Wilam. 1903 || **1574** ἐπὶ τρ. αἵματος post 1573 μάτηρ transp. Seidler 1811; τραύμασιν αἷμα τύχαν Hermann 1818 (sed error typothetae esse videtur); etiam ἐπὶ σώμασιν Paley || **1575** ἤδη Burges 1809 | ψυχᾶν . . . φονιᾶν Pearson | φοινάν West 1981 (cf. Greek Metre, Oxonii 1982, 130 n. 133) || **1576** ὤπασσε scr. Bothe 1825 | lacunam post hunc versum (ex gr. ⟨ἀποχευομένους⟩) Paley || **1578** ἔπεμψέν ⟨γ'⟩ / Heath 1762 | ἄχεϊ . . . τέκνοις Bothe 1800 | ἀμφὶ νεκροῖς (sic, contra Wecklein) Markland 1822 || **1581** ὃς τάδε ⟨τᾷδε⟩ τελευτᾷ etiam Seidler 1811 | ὅστε Grotius | ὅς γε τάδ' ἔτι τευτᾷ (sic, contra Wecklein) Musgrave 1788 || **1582** Οἰδίπῳ non Οἰδίπου in sua coniectura legi vol. Hartung 1849 (cf. eius commentarium) || **1586–1588** in duos versus confl. Harberton 1903 et (aliter) 1910 || **1589** οὐκ οὖν scr. King (cf. V[1]) || **1591** πρᾶξαι Elmsley ad Soph. OC 177 || **1596** εἴ τις ἄθλιος βροτῶν ἔφυ repud. Hense 1868; ἤ τίς ἄλλος ἀθλιώτερος; Zakas 1891; εἴ τιν' ἄλλον ἀνθρώπων λέγεις in mentem venit van der Valk 1985, 33 n. 77 || **1597–1599** καὶ Λαΐῳ γάρ, πρὶν μολεῖν ἐς φῶς, πατρὸς / φονέα μ' ἔσεσθαι Λοξίας ἐθέσπισε (ceteris deletis) Harberton 1903 || **1597** ὃ καὶ Wakefield 1801 (nisi proximus versus emendatur) | ὅντινα πρὶν . . . ἐκ νηδύος μολεῖν Blaydes 1901 || **1599** γονέα γενέσθαι (inf. exclam.), πατρὸς ὦ τάλας ἐγώ Faust 1881

1601 νομίσας ἐχθρόν οἱ Polle 1890 | κτείνει μὲν οὔ με πολέμιον πεφυκότα Zakas 1891 || **1606–1607** δουλεύσαντά με / κάμνειν ἔδωκε Bothe 1800; δουλεῦσαί γ' ἐμὲ / πρὸς Π. ἐξέδωκεν ἀμφὶ δ. Wakefield 1801; etiam κλεινὸν (pro δαίμων), retento ὅς, Purgold 1802; δουλεύσοντά με / ἔκβολον ἐδέξατ' οἶκον ἀμφὶ δ. Burges 1809; δουλεῦσαί μέ τοι / παῖδ' ἐξέδωκε anonymus Cantabrigiensis 1810; δουλεῦσαί με τοι / δαίμων ἔθηκε Lenting 1821; δουλεύσαντί τῳ / ζῶντ' ἐξέδωκε vel / σώσας μ' ἔδωκε Major 1830 || **1607** / πως ἐξέδωκε Heath 1762 (cf. Soph. OT 1085) || **1628** φίλην (pro πόλιν) Zakas 1891 || **1637–1638** κἀπιοῦσαν ἡμέραν / μεῖνόν γ' Markland 1822 | post ἡμέραν, non post μένουσ', dist. Geel (si ἰοῦσαν retinetur) | deleto 1637 μένουσ' ἐπεί σε Paley || **1638** ἐν ᾗ λέκτρ' Αἵμονός σε δέξεται Lakon 1900 || **1640** ὦ πάτερ, ἐγώ σε τῶνδε καὶ στένω πλέον (1903) vel ἐγὼ στενάζω τῶνδέ σ', ὦ πάτερ, πλέον (1910) Harberton || **1644** οὐ φῄς ὑβρίζειν Geel (qui delere maluit) | πατρίας στερῶν χθονός Gebauer 1888; νεκρὸν ἀποστερῶν χθονός Zakas 1891 || **1645** καί (pro τί) Paley || **1649–1650** in fine utriusque versus virgula dist. Geel

1652 ἐχθρὸς ὢν οὐκ ἐχθρὸς ἦν Burges 1809 || **1662** in fine versus virgula dist. anon. apud Burton, Pental.[2] || **1663** κἀκεῖνα apud Matthiae editum est (per typothetae errorem ut vid.), unde repet. Dindorf, Hermann, alii || **1667** λουτρὰ τῷδε Harberton 1903 || **1671** γε σῷ Verrall apud Murray || **1672** post οὔκ dist. King (qui etiam signum interrogationis sustulit) et Powell | σύ γ᾽ εἰς iam repud. Valck.; etiam σὺ κεἰς F. W. Schmidt 1886 || **1674** πολλή ᾽στ᾽ iam Dindorf 1830 || **1676** ἴδεσθε τόλμημα Harberton 1903 || **1683** αἰνοῦμέν σε Burges 1809 | προμηθίας Blaydes 1907 || **1684** σύ γε Burges 1809 || **1692** σωφρονοῦσί Lakon 1900 | οὐδὲ γενναίᾳ repud. King || **1694** etiam ἰδού, φίλη σὺ τῆς φίλης ψαῦσον χερί F. W. Schmidt 1886

1702–1703 Oedipo continuat Bothe 1825 || **1704** ἄλλα {ᾗ} King || **1707** ἱρὸς Dindorf || **1710–1757** rescr. Burges 1807 multis emendatis et transpositis || **1712** πομπίμαν del. Bothe 1800 || **1715** σύ μοι del. Lohmann 1904 | γενοῦ del. Wilam. 1903 | ἀθλία ⟨πρόθυμος ἀθλίῳ⟩ γενοῦ Schroeder 1910 (cf. Dale 1983) || **1716** ἀθλία Apitz 1835 || **1718** ποδὶ γεραιὸν Wakefield 1789; lacunam vel ante vel post πόθι γεραιὸν stat. Dindorf 1869 (lacunam post haec verba iam 1830) || **1719** βάκτρα ποσὶ repud. Lewis 1936 || **1721** alterum τᾷδε del. Bothe 1825 et L. Dindorf 1825 | τιθείς Burges 1807 et Murray || **1722** ἰσχύων Zakas 1891 || **1723** δυστυχεστάταις φυγαῖς Markland 1822 || **1724** τὸν γέροντά μ᾽ ἐκ πάτρας ἐλαύνειν (exclam.) Bothe 1800 | ἰώ, ἐλαύνων {τὸν} Hermann 1816 | ἔλαυν᾽, ὤ, Langhoff 1977 || **1726** τετλὰς τετλάς vel τετλᾶς τετλᾶς Morus 1771 || **1729** ἐπουράνιόν τ᾽ Reiske 1754 || **1730–1731** αἴνιγμα παρθένου κόρας ἀσύνετον εὑρών Bothe 1800 || **1732–1733** ἄπαγε· τὰ πάρος εὐτυχήματα Σφιγγὸς αὐδῶν ὄνειδος ἀναφέρεις Burges 1807 || **1736–1738** . . . θανεῖν. ποῦ (vel potius ποῖ) . . . ἄπειμι tentat Valck. || **1742** Antigonae trib. Musgrave (1741 Oedipodi continuat) || **1743** ἐγὼ σύγγονός θ᾽ (sic, contra Wecklein) Reiske 1754; ἐγὼ ξυγγόνου δ᾽ Bothe 1825; ἐγὼ ⟨σῶν παθέων⟩ Lohmann 1905 || **1746** σκοτίας (sc. νυκτὸς) Battier 1751 | γᾷ del. Canter 1571 || **1747–1752** Oedipodis versus choro trib. Hartung 1837, Gebauer 1888 || **1748** ἅλις ἔχουσι Canter 1571 || **1750** ἔχουσ᾽ tamquam ἔχουσα interpretatur Erbse 1966 (addito signo interrogationis) | ἐμῶν γόων Herwerden 1894

1753 etiam ⟨ἐν⟩ ᾧ Scaliger || **1757** ἀχάριτον iam Hermann 1816; ἄχαριν χάριν Bothe 1823 (cf. T[t]) || **1761** αὐτῆς Grotius; αὖος repud. Valck. | si 1759 genuinus esset, exspectaret ἐξελαύνεται (una cum 1760 κατέσχεν) Geel

Coniecturae apud Wecklein recensitae quae ubi editae sint invenire non potui hae sunt: anonymus ad 847 (ὡς παῖς ἀπήνης); Battier ad 1425; Bellios ad 30; Bothe ad 747 (etiam 1500?: vide supra); Burges 683 (ἂν ὁμωχέται θεοί: si quis alius hanc coniecturam fecerit nescio; vide supra ad 683); Camper ad 448, 1058, 1606sq.; J. Czwalina ad 745, 871, 930 (fortasse in Czwalina 1872 editae sunt); Elmsley ad 426 (σοὔπεσθαι = σοι ἕπεσθαι: ex annot. ad Med. 56 citat Blaydes 1901, sed nescioquem errorem latere suspicor, nam hoc nec in ed. anni 1818 nec in ed. anni 1822 invenitur); T. Fix ad 1086; F. V. Fritzsche ad 114sq. (ἔμβολα χαλκόδετα λαϊνέοις ἐν); Halm ad 924 (apud Wecklein 1894; eandem coniecturam Blaydesio [1901] trib. Wecklein 1901); J. A. Hartung ad 1072, 1336 (εὐπροῳδοῖς); R. Haupt ad 1110; F. Heimsoeth ad 526, 1425 (cf. supra ad 32); van Heusde ad 967 (nisi apud Herwerden 1894 primum edita est); Klotz ad 241, 504; R. Köpke ad 847; J. Lenting ad 721; S. A. Naber ad 586; (G. W.?) Nitzsch ad 129 (fortasse in Nitzsch 1838 edita est); Paley ad 1247 (ʽμαιμῶντ᾽ Pal.᾽ apud Blaydes 1901); J. Pierson ad 1653 (sed errare videtur Wecklein, nam hanc coniecturam fecit Purgold); R. Prinz ad 18, 54, 375, 408, 914 (fortasse in Prinz 1878 editae sunt); M. Schmidt ad 127sq., 178, 1286; Schroeder ad 1229sqq.; R. Unger ad 1184; Valckenaer ad 939; Wassenbergh ad 394.

CONSPECTVS VERSVVM SVSPECTORVM

Continet haec appendix conspectum omnium versuum a quolibet viro docto suspectorum, quamlibet debilibus (vel nullis) aut fortibus argumentis allatis. recensetur semper ille qui primus locum suspectum habuerit vel deleverit, nonnumquam etiam nonnulli eorum qui illius iudicium confirmaverint vel secuti sint. monendum autem est ne quis e silentio pro certo habeat non alios ac quos recensuerim locum damnasse.

1–87 prologum hic illic retractatum esse (sic ut singuli versus non possent facile deleri) iud. Schenkl 1872 || **1–2** del. Haslam 1975 || **10–13** susp. Norwood 1954 || **11** susp. Geel, del. Paley 1860, Steinberg 1866, Zipperer 1875, al. || **21–23** retractatos iud. Klinkenberg 1881 || **23** del. Zipperer 1875 || **26–27** del. Paley 1860, Zipperer 1875, Klinkenberg 1881, al. || **27** del. Valck., al. || **33** del. Conradt 1895, Harberton 1903 || **51–52** del. Leutsch 1870, Fraenkel 1963, Mueller-Goldingen 1985 || **51** del. Valck., Porson, Hartung, al. || **52** del. Bergk 1835, Dindorf, Klinkenberg 1881, al. || **54** del. Prinz (apud Wecklein 1901) || **60** del. Valck., Porson, Hartung 1837, al. || **62** del. Fraenkel 1963 || **66** del. Herwerden 1903 (nisi emendatur) || **71–76**: 71b *τὸν*–72 et 76b *τῆσδε Π. χθονός* del. Harberton 1910 ceteris rescriptis || **76** del. Conradt 1895 || **81–83** del. Norwood 1954 || **83** del. Conradt 1895 || **86–87** del. Usener 1868, Klinkenberg 1881, Leutsch apud Busche 1895 || **88–201** del. Verrall 1895, Norwood 1954, Dihle 1981; ab ipso Eur. additos esse iud. Powell 1911 [apud quem suspicio horum versuum Schradero tribuitur, sed duplex error esse videtur: et Schroeder (de tichoscopia 1906) scribere voluisse vid. Powell et ille genuinos hos versus habuit] || **94–98** susp. Wecklein 1901 || **97–98** del. Harberton 1903 || **98** del. Paulson 1896/97 || **123–124** del. Dindorf, Leutsch 1870, Zipperer 1875, al. || **123** *ὦ δέσποινα* del. Hartung 1849 (et hoc et *γεγώς* 1848) || **132** fort. delendum iud. olim Nauck (1854); del. Leutsch 1870 || **139–144** del. Leutsch 1870 || **140–145** del. Grube 1941 (typothetae error pro 141–144 vel 140–144 esse videtur) || **141–144** del. Stahl 1856, Bergk 1860, Zipperer 1875, al. || **143–144** del. Pearson 1909 || **143** del. Burges 1810, Geel, Hartung, Wesener 1866, al. || **144** susp. Busche 1895, Wecklein 1901 || **153** suspicionem Zippereo (1875) trib. Wecklein, sed Z. ipse versum retinendum esse iud. || **193–195** in duos versus conflavit Harberton 1903 et aliter 1910 || **196–201** del. Friedrich 1939 || **196** del. Conradt 1895 (emendato 197) || **198–201** del. olim Hartung (1837) || **239–260** susp. A. L. Brown, Eranos 74, 1976, 8 n. 8 || **271** susp. Nauck[3] 1871, del. Wecklein 1874 || **274**b *βώμιοι*–**275**a *πάρεισι* del. Paulson 1896/97 et (274a emendato) Harberton 1903 et (aliter emendato 274a) 1910 || **275** del. (274 emendato) Wecklein 1901 || **289** del. Harberton 1903 || **291–292** del. Haslam 1976 || **297** del. Haslam 1976, Mueller-Goldingen 1985 || **315** del. Murray 1909, Mueller-Goldingen 1985 || **324** del. olim Hartung (1837) || **346** *ὡς πρέπει* del. Nauck 1859 || **361–363** in duos versus conflavit Harberton 1903 || **369–370** del. West 1981 || **371–374** in unum versum confl. 371 et 373a, ceteris deletis, Harberton 1903 || **371–373** del. Harberton 1910 || **372** del. Kirchhoff 1855, Wesener 1866, Dindorf 1869, al. || **374** del. Stadtmüller BPW 1895, Conradt 1895, West 1981 || **375** abesse posse iud. Valck. (coll. *Σ*); del. Usener 1868, Zipperer 1875, Herwerden 1878, al. || **376–378** del. Usener 1868, Zipperer 1875, Herwerden 1878, Wecklein 1894, al. || **387** del. Haslam 1976 || **393–394** del. Czwalina (1872?) teste Wecklein 1901 || **398–399** del. Harberton 1903 || **406–407** del. Friedrich 1939 || **409–410** del. Harberton 1903 || **412–413** del. Robert apud Spiro 1884 || **428** del. Jortin apud Musgrave 1778, Porson, Hartung 1848, al. || **432–434** del. Wecklein 1874, 1894 || **432**b *ἐπὶ*–**433**a *πόλιν* del. F. W. Schmidt 1876 || **435–437** del. Stadtmüller BPW 1895 || **436** susp. Nauck 1859, del. F. W. Schmidt 1876 || **438–442** del. olim Hartung (1837), Leidloff 1863, F. W. Schmidt 1876, Robert 1915, al. || **447–448** del. Harberton 1903 || **447** del. Nauck 1859, Hirzel 1862, Herwerden 1878 || **450–451** susp. Wecklein 1894, in unum versum confl. Harberton 1903 || **473**b *δωμάτων*–**474**a *τοῦδ'* del. Nauck[1] 1854, Harberton 1903, Jachmann 1934/36 || **474–476** susp. Wecklein 1901 || **475** del. Nauck[1] 1854, Jachmann 1934/36 || **476** del. olim Hartung (1837), Paley, Wecklein 1894, Powell 1911 || **479–480** susp. Wecklein 1901 || **480** del. Nauck 1859, Hirzel 1862, Zipperer 1875, Wecklein 1894, al. || **486–487** del. olim Hartung (1837), Altenburg 1865, Prinz 1867, susp. Geel, Wecklein 1894 || **486** del. Valck. || **487** susp. Nauck[3] 1871 || **502** susp. Berlage 1888 || **520** del. Kirchhoff 1855, Wecklein 1894 et 1901, Reeve 1973 || **523** susp. Herwerden 1875, del. Harberton 1903 || **533–534** alienos iud. Nauck[3] 1871, del. Schumacher 1884 || **541–546** del. Miller 1887 || **546** del. Herwerden 1894 (per errorem 545 dicit Wecklein), Lakon 1900, susp. Murray 1909 || **548** del. Schoene 1858, Paley, Conradt 1895, Powell 1911, al. || **549–567** del. Kovacs 1982 || **552–558** del. Zipperer 1875 || **555–558** del. Nauck[1] 1854, Hirzel 1862, Dindorf 1869, Zipperer 1875, al. || **555–557** del. (retento 558) Wecklein 1871 || **558** del. Valck., Hermann, Cobet 1857, Paley, al. || **562** del. Harberton 1903, Murray 1909, Mueller-Goldingen 1985 || **566–567** del. Dindorf 1839, Paley, Zipperer 1875, Conradt 1895 || **567** del. Valck., Mueller-Goldingen 1985 || **573** del. Herwerden 1878, Wecklein 1894, Harberton 1903 || **574–577** in tres versus confl. Harberton 1903 || **583** del. Conradt 1895 || **608** del. Stadtmüller BPW 1895 || **614–615** in unum versum confl. Harberton 1903 || **616–617**: aut 616 aut 617 delendum esse iud. olim Nauck (1854) || **629–630** del. Conradt 1895 || **630** del. Valck., Zipperer 1875, Wecklein 1894 || **632** susp. Harberton 1903 || **636–637** del. olim Hartung (1837), Schumacher 1884 || **648** del. Geel, Wilam. 1921 || **669** del. Wilam. 1921 || **677** del. Paley || **686** bis del. Hartung 1837 || **690–783** susp. Leidloff 1863, Norwood 1954 || **690–691** in unum versum confl. Harberton 1903 || **691** del. Zipperer 1875 || **692** del. dos Santos Alves 1975 || **696** susp. Geel, del. Herwerden 1903 || **697–699** in unum versum confl. Harberton 1903 || **710–736** del. Jessen 1901 || **710–711** variis modis in unum versum confl. viri docti (710 del. Burges 1809, Dindorf 1869, al.; 711 del. Kirchhoff 1855, Paley, Behrns 1864; *Καδμείων . . . αὐτίκ'* del. Hartung 1837, Fecht 1884; *πέριξ . . . ὅπλοις* del. Wilam. et Verrall apud Murray 1909; *μέλλειν . . . πύργοισι* et *αὐτίκ' . . . στρατόν* del. Harberton 1903) || **742–743** del. Czwalina 1872, Jessen 1901 || **744–745** del. Harberton 1903 || **748–750** in duos versus confl. Harberton 1903 || **751–753** del. Trendelenburg 1867, Friedrich 1939, susp. Zipperer 1875 || **751–752** del. Harberton 1903 || **751** del. Purgold (753 ante 752 transp.) 1802 || **753–765** del. dos Santos Alves 1975 || **753–755** del. Paley, Fraenkel 1963 || **753** mihi suspectus || **756** del. Valck., al. || **759**b *τὴν δόσιν*–**767**a *νιν* del. Schumacher 1884 || **763–765** superfluos iud. Paley, del. Fraenkel 1963 || **764** del. Friedrich 1939, Pohlenz[2] 1954 || **769** del. Zipperer 1875, Harberton 1903 || **774–777** del. Walter 1888, Wecklein 1894, Paulson 1896/97, Jessen 1901, Friedrich 1939, Snell 1959, Fraenkel 1963, Mueller-Goldingen 1985 || **778** del. Kirchhoff 1855, Zipperer 1875, Walter 1888, Wecklein 1894, al. || **781** del. Haslam 1976 || **794** *Ἀργείοις ἐπιπνεύσας* del. Seidler 1811, Hermann 1840 || **797** bis del. Triclinius || **799** *γᾶς βασιλεῦσιν* del. Nauck 1859, *πήματα γᾶς βασιλεῦσιν* del. Nauck[3] 1871 || **800** del. Nauck[2] 1857, Wecklein 1894, Haslam 1976, Ferrari 1981 || **834–1018** retractatos iud. Leidloff 1863 || **847–848** del. Dindorf 1869, Zipperer 1875 || **868–880** del. Reeve 1972 || **869–880** del. Fraenkel 1963 || **869** del. Paley || **870–871** del. Harberton 1903 || **874**b *οὔτε γὰρ*–**876**a *ἐξηγρίωσαν* del. Leidloff 1863 || **878** del. Harberton 1903 || **882** susp. Nauck[1] 1854 || **886–890** del. Fraenkel 1963 || **893** del. Nauck[3] 1871, Hartmann 1882 || **903–904** del. Zipperer 1875, susp. Wecklein 1894 || **904** susp. Nauck[1] 1854 || **911–912** et **914** del. Nauck[3] 1871, Zipperer 1875 || **912** del. Kirchhoff 1855, Kvíčala 1858, Hirzel 1862, Behrns 1864, Wesener 1866, al. || **914** del. Paley || **915–927** susp. dos Santos Alves 1975 || **923–924** del. Harberton 1903 || **930** del. Herwerden 1894 || **943** susp. Geel || **946** del. Valck., Hartung 1849, al. || **965–967** del. Harberton 1903 || **965** del. Conradt 1895 || **967–969** susp. Herwerden 1894 || **968–969** susp. Hermann 1840, Stadtmüller BPW 1895 || **971** del. Harberton

1903 || **974** susp. Valck., del. Wecklein 1894, Conradt 1895, Murray 1909, Fraenkel 1963 || **986–989** del. Conradt 1895 || **988** susp. Nauck[1] 1854, Harberton 1903 || **989** del. olim Hartung (1837), Verrall apud Murray 1909, Mueller-Goldingen 1985 || **989**b -ν εἶμι–**990**a χώρει del. Wecklein 1894 || **990**b μή–**991**a εὖ del. Nauck[1] 1854 || **997–998** del. Herwerden 1862 || **1000** et **1002** del. Harberton 1903 || **1009** del. Harberton 1903 || **1013–1018** del. Scheurleer 1858, Conradt 1895, Harberton 1903, al.; susp. Paley 1860, Wecklein 1894 || **1013–1014** del. Markland 1822, Polle 1890 || **1015–1018** del. Leidloff 1863, susp. Zipperer 1875 || **1069** del. Zipperer 1875, Gross 1905, Cantarella 1930, dubitanter Mueller-Goldingen 1985 || **1070–1071** susp. Reeve 1972 || **1070** del. Bruhn 1887, Wilam. 1900, Jachmann 1934/36 || **1071** del. Harberton 1903 || **1073–1076** in duos versus confl. Harberton 1910 || **1075–1076** susp. Paley || **1075** hac in sede susp. Valck. (transp. Geel); del. Hartung 1848, 1849, Kirchhoff 1855, al. || **1081–1082** in unum versum confl. Harberton 1910 || **1083–1084** in unum versum confl. Harberton 1903 || **1087–1088** del. Harberton 1903 || **1090–1208** retractatos iud. Naber 1882 || **1090**b ὁ–**1091**a στὰς del. Harberton 1903 || **1100–1103** del. Dihle 1981 || **1100–1101** susp. Wecklein 1901 || **1101** del. Kirchhoff 1855, Pearson 1909, susp. Paley || **1104–1140** del. Morus 1771, Walter 1888, Polle 1890, Powell 1911, Friedrich 1939, Fraenkel 1963, al.; interpolatos ex ipsius Euripidis recensione priore non in scena acta iud. Balsamo 1901 || **1110** del. Harberton 1903 || **1116–1118**: 1118 del. Valck., qui etiam 1116–1117 suspectos habuit; 1116–1118 del. Bergk 1835, Hartung 1837, Dindorf 1869, E. O. Schmidt 1870, Zipperer 1875, al. (tantum 1118 del. Hartung 1849, Schoene 1855, Trautmann 1863, al.) || **1120–1121** susp. E. O. Schmidt 1870, sed non deleri posse iud. || **1121–1122** suspicionem Hartungio trib. Wecklein, sed in Hartung (1837) 1121–1122 error est typothetae pro 1126–1127 || **1122** (haud apte haec finxit, si finxit, Euripides: Hermann 1840) || **1126–1127** del. Hartung 1837, Trautmann 1863 || **1126** del. Hartung 1848, E. O. Schmidt 1870, Zipperer 1875 || **1133** del. Valck., Hartung 1837, E. O. Schmidt 1870 || **1135** del. olim Hartung (1837, 1848), Zipperer 1875 || **1136** del. Wecklein 1881, Harberton 1903, Murray 1909 || **1137–1138** del. E. O. Schmidt 1870, Harberton 1903 || **1147** del. Hartung 1837 || **1153–1162** del. Grube 1941 || **1158** susp. Wecklein 1874, 1894 || **1172–1186** del. Grube 1941 || **1181–1185** del. Bernhardy 1880 || **1181**b ἐκτύπησε–**1182**a πάντας del. Nauck 1859 || **1183–1185** del. Nauck[1] 1854, Zipperer 1875, Walter 1888, Herwerden 1903 (ubi per typothetae errorem 1182–1185 legitur), al. || **1183**b χωρὶς–**1186** del. Altenburg 1865 (1183b χωρὶς –1186a εἰλίσσετ' del. Clemm 1870) || **1183–1184** del. Schenkl 1872 || **1184** del. Geel, Trautmann 1863, Naber 1882, al. || **1195** del. Paley 1879 || **1199** del. Matthiae, Hermann 1840, Firnhaber 1840, Wilam. 1875, al. || **1200–1201** susp. Paley 1879, del. Harberton 1910 || **1206**b τῇ–**1207**a λυπρῶς del. Harberton 1903 || **1214–1215** del. Harberton 1903 || **1221–1263** del. Page 1934 || **1221–1258** del. Paley, Powell 1911 || **1225** susp. Geel, del. Hartung 1849, Kirchhoff 1855, al. || **1229** del. Polle 1872, Wecklein 1894 || **1231–1232** susp. Paley, del. Harberton 1903 || **1233–1235** del. Fraenkel 1963, Mueller-Goldingen 1985 || **1235** del. Valck., Hartung 1849, Kirchhoff 1867, al. || **1238–1239** del. Fraenkel 1963 || **1238** susp. Wecklein 1901 || **1239** abesse mavult Nauck[3] 1871 || **1241–1243** del. Harberton 1903 || **1242–1258** del. Fraenkel 1963, Erdmann 1964, dos Santos Alves 1975 || **1244–1245** del. Mueller-Goldingen 1985 || **1250–1253** del. Harberton 1903 || **1251** et **1253** susp. Zipperer 1875, sed non deleri posse iud. || **1256**b ὑγρότητ'–**1257**a λαμπάδ' del. Morus 1771 || **1262–1263** del. Valck., Hartung 1849, Paley, al. || **1263** del. Kirchhoff 1855, Trautmann 1863 || **1264–1283** del. Verrall 1895, Norwood 1954 || **1265–1269** del. Fraenkel 1963, Reeve 1972 || **1267–1269** del. Harberton 1903 || **1268** sqq. susp. Paley || **1269** del. Wecklein 1894, 1901 || **1270–1271** del. (lacuna unius versus statuta) dos Santos Alves 1975 || **1271** del. Nauck[1] 1854 || **1271**b τῶνδε–**1272**a ἔρρει del. Nauck 1859 || **1279**a et **1280**b–**1283** del. Harberton 1903 || **1282** del. Grotius (Triclinium secutus), reliqui paene omnes || **1308** sqq. Creontis adventum spurium iud. Leidloff 1863; 1308–1334 et 1338–1349 del. Fraenkel 1963 || **1311–1314** in duos versus confl. Harberton 1903 || **1312** del. Kirchhoff 1855 (cf. 'dicendi genus non Euripideum' Nauck[1] 1854), Wecklein 1874, 1901, Murray 1909 || **1320–1321** del. Schenkl 1872, Friedrich 1939 || **1323** del. Kvíčala 1858, Hirzel 1862, Zipperer 1875, Wecklein 1894, Verrall 1895 || **1327–1329** del. Leidloff 1863 || **1343** del. (vel transp.) Valck., Hartung 1837, Kirchhoff 1855, al. || **1346** del. Murray 1909, Page 1936 (cf. Hermann 1840: mirum quod hic versus obelum Valckenaerii effugit; *οἴμοι* et *δύστηνος . . . ἐγώ* iam del. Burges 1809) || **1352–1353** susp. Fraenkel 1963 || **1358** del. Wecklein 1874, 1894, 1901, Murray 1909, al. || **1360** susp. Valck., Trautmann 1863, Nauck[3] 1871, del. Kirchhoff 1855, Paley, al. || **1362** del. Valck., Porson, al. || **1362b** *καὶ*–**1363a** *ἀγῶνα* del. Schoene 1855 || **1366** del. Herwerden 1894 (fort. typothetae error est pro 1360 vel 1362) || **1369–1371** del. Valck., Porson, Hartung 1848, 1849, Paley, al. || **1370–1371** del. Kirchhoff 1867, Wecklein 1894, 1895, 1901, Mueller-Goldingen 1985 || **1376** del. Valck., Apitz 1835, Kirchhoff 1855, al. || **1386–1387** tautologiam damnavit Bothe 1800, sed versus non delevit (contra Wecklein) || **1388–1389** del. Wecklein 1894, Conradt 1895 || **1389** del. Nauck 1859 || **1397** del. Wecklein 1894 || **1397b** *στέρνα*–**1398a** *λόγχην κ-* del. Fecht 1884 || **1422** susp. Paley, del. Paulson 1896/97, Blaydes 1901 || **1430** del. Valck., Porson, Hermann, reliqui paene omnes || **1434b** *ἐθρήνει*–**1435a** *στένουσ'* del. Harberton 1903 || **1446** del. Harberton 1903 || **1454** del. Harberton 1903 || **1463–1464** del. Harberton 1903 || **1465** del. (lacuna statuta) Valck., (sine lacuna) Hartung 1849, al. || **1480–1766** del. Norwood 1954 || **1485–1766** spurios vel retractatos iud. Dihle 1981 || **1488** *ἐρύθημα* del. Burges 1807, *ἐρύθημα προσώπου* del. Bothe 1800, Hartung 1837 || **1518** *ὀδυρμοῖς* del. Seidler 1811; *ἐμοῖς ἄχεσι* del. Hartung 1837 || **1523** *ἰαχήσω* del. Burges 1807, Dindorf 1839 || **1543** *ἀφανὲς* del. Hartung 1837 (qui etiam *τί* 1560, *ἀελίου τάδε* 1563, *ἔφερεν* 1568, *ἱκέταν* 1569 del.) || **1582–1766** del. Leidloff 1863, Wecklein 1881, Verrall 1895, Powell 1911, Page 1936 || **1582–1709** del. Wecklein 1894, 1901 || **1582–1614** et **1625–1645** spurios vel retractatos iud. Pearson 1909 || **1582–1591** del. Balsamo 1901 || **1582–1583** del. Geel, Herwerden 1862, Zipperer 1875, Fraenkel 1963, al. || **1585b–1692** et **1703–1766** del. Paulson 1896/97 || **1586–1588** in duos versus confl. Harberton 1903 || **1586b** *ἀρχὰς*–**1590a** *γὰρ* del. Fraenkel 1963, dos Santos Alves 1975 || **1588** del. Walter 1888 (teste Wecklein 1901) [1587–1588 del. Walter secundum Wecklein 1894] || **1595–1626** del. Paley || **1595–1614** del. Kitto 1939, Fraenkel 1963 || **1596** del. L. Dindorf 1825, Apitz 1835, Hermann 1840, al. (iam del. Valck. in marg. ed. suae teste Geel) || **1597–1599** in duo versus confl. Harberton 1903 || **1598–1599** in unum versum confl. Hartung 1837; del. Friedrich 1939 (lacuna statuta) || **1599** del. vel emend. Faust 1881 || **1601b** *πεφυκέναι*–**1602a** *ἐμοῦ* del. Nauck 1859, Zipperer 1875, Gebauer 1888 || **1604–1607** del. Hartung 1849, Dindorf 1869, al. || **1606–1607** del. Apitz 1835, Hartung 1837, Dindorf 1839, Kirchhoff 1867, Wecklein 1874, Gebauer 1888 || **1611** del. Dindorf 1839 || **1612–1614** del. Schenkl 1872 || **1617–1619** paene suspicere videtur Geel || **1621** susp. Kirchhoff 1855, del. Kirchhoff 1867, Fraenkel 1963 || **1627–1634** del. Balsamo 1901, Friedrich 1939, Fraenkel 1963, dos Santos Alves 1975 || **1628b** *δ' ὃς*–**1629a** *ἦλθε* del. Porson, Hartung 1837, Zipperer 1875, Mekler 1879 || **1629** del. Harberton 1903 || **1631–1638** del. Walter 1888 || **1634** del. Valck., reliqui paene omnes || **1635–1636** susp. Paley, del. Stadtmüller BPW 1895 || **1637–1638** del. Dindorf 1839, Hermann 1840, Hartung 1849, Paley, al. || **1638** del. Marchant apud Powell 1911 || **1639–1682** del. Fraenkel 1963 || **1639–1672** del. Balsamo 1901, Friedrich 1939 || **1639–1660** del. Bakhuyzen 1877 || **1639** del. Harberton 1903 || **1643–1757** del. Conradt 1895 || **1644** del. Valck., Porson, Geel, Hartung 1849, Kirchhoff 1867, al. || **1646**sqq. (praecipue 1671–1682) retractatos iud. Pearson 1909 || **1646–1663** interpolatos ex ipsius Euripidis recensione priore non in scena acta iud. Balsamo 1901 || **1646–1649** del. Walter 1888 || **1653–1654** del. Harberton 1903, R. J. Tarrant apud Mastronarde 1974, 552 n. 62 || **1654–1655** abesse mavult Nauck[3] 1871 || **1657–1660** del. Müller 1881, Walter 1888 || **1661–1682** (vel 1664–1682) del. Kitto 1939 || **1675–1678** del. Harberton 1903 (praecipue hos versus damnaverat Leidloff 1863 [cf. ad 1582–1766]; susp. Friedrich 1939 || **1680–1684** del. Harberton 1910 || **1682** susp. Friedrich 1939 || **1686–1689** del. Balsamo 1901 || **1688–1689** del. Müller 1881, Robert 1915, Pohlenz 1930, Friedrich 1939, Fraenkel 1963 || **1698–1699** del. Harberton 1903 || **1702–1722** del. Kitto 1939 || **1703–1707** del. Leidloff 1863, Walter 1888, Riemschneider 1940, al. || **1708–1709** del. Balsamo 1901 || **1710–1766** susp. Wecklein 1897, del. Balsamo 1901 || **1710–1727, 1732–1746, 1758–1766** del. Wecklein 1894, 1901 || **1722** del. Müller 1881; *ἔχων* del. Hermann 1810 || **1723–1766** del. Polle 1872 || **1724** *ἐλαύνων* del. Müller 1881 || **1725** *ἰὼ ἰὼ* del. Müller 1881 || **1726–1736** del. Müller || **1737–1766** del. Kampfhenkel 1888 (monente Kirchhoff), Wilam. 1903, Friedrich 1939, Fraenkel 1963, Mueller-Goldingen 1985 || **1737–1757** del. Valgiglio 1961, Erbse 1984 || **1737–1742** del. Kitto 1939 || **1740–1766** del. Hartung 1837 || **1743–1766** del. Pohlenz 1930 (1743–1763 Pohlenz 1954), Riemschneider 1940 || **1743–1757** del. Schmid 1941 || **1743–1746** del. Müller 1881, Lindskog 1897 || **1744–1766** del. Robert 1915 || **1744–1757** del. Bakhuyzen 1877 || **1747–1766** del. Hartung 1849, Altenburg 1865, Kinkel 1871, Rauchenstein 1871 || **1747–1763** del. Zipperer 1875 || **1751–1757** del. Müller 1881 || **1758–1766** del. Schoene 1855, Gebauer 1888 || **1758–1763** del. Boeckh 1808 || **1758–1759** del. Valck et (lacuna statuta) Kirchhoff 1855 || **1759** del. Porson, Hermann 1840, Geel, Nauck 1859, al. || **1764–1766** separatim del. Wesener 1866 (iam del. Hartung 1837 cum aliis versibus).

CONSPECTVS METRORVM

Notis brevibus plerumque usitatis usus sum. hic explicandae sunt: in fine dactylorum periodi daʌ = ...— × ||, daʌʌ = ...—||; exclam. = exclamatio (vel extra metrum vel quam varie metiri possis); Kurzvers = versus iambo-trochaicus —⏑—⏑—; wil = wilamowitzianus ○○ — × —⏑⏑—, ʌwil = × — × —⏑⏑— (vide K. Itsumi, CQ 32, 1982, 59 – 74). fines periodorum (vide praef. § 19) sic designantur:

||	finem esse periodi probabiliter colligas
||$^?$	finis periodi dubie designatur
||^c	finem esse periodi e catalexi vel e clausula colligas
||^h	finem esse periodi certum est ob hiatum (h1 = hiatus in stropha; h2 = hiatus in antistr.)
||^b	finem esse periodi certum est ob syllabam brevem in elemento longo finali positam (b1 = brevis in stropha; b2 = brevis in antistr.)
|||	finis strophae designatur

103 – 192 Astropha Antigonae (in amoebaeo)

103	⏑⏘—⏑⏘ ⏑——⏑—|	2 dochm
104	—⏘—⏑—|	dochm
105	⏑⏑—⏑⏑———||	an sp
109	⏓—⏘⏑—|	dochm
110	——⏑⏑—⏑⏑—⏑⏑—|	2 an
111	⏑⏘———||^h	dochm
114	—⏘—————⏘⏑—⏑⌒||^b	dochm dochm hex (vel 2 cr?)[1]
115	—⏘—⏑——⏘—⏑—|	2 dochm
116	—⏘———||	dochm
119	⏑—⏑⏑—⏑⏑—|	⏑D
120	⏘⏑———⏑—|	cr ia
121 – 122	——⏑—⏑ —⏑⏑—⏑⏑————||	ia penth D——[2]
127	⏘——⏑— ⏑⏘—⏑—|	2 dochm[3]
128	⏑—⏑—⏑⏑—⏑⏑—⏑|	ia an ⏑ (vel ʌe⏑D⏑)[4]
129	—⏑—⏑⟨—⟩ —⏑—⏑—⏑—	hypod lec
130	⏑⏑—⏑⏑———||	an sp
135	—⏑⏑—⏑⏑—⏑⏑—⏑⏑|	4 da
136	—⏑⏑——————||^c	4 daʌʌ
137	⏑⏘—⏑—||^h	dochm

1) Numeri suspecti multis, qui emend. ut 2 dochm sine periodi fine eveniant.
2) Cf. Ion. 718, Her. 1185 – 1187.
3) Vel exclam ia dochm.
4) Lectio et numeri dubii: ad 128 cf. Med. 207 et Ba. 1190 (ubi sequitur hypod); si ⟨ὥς⟩ non additur, 129 = lec ia; ad 130 cf. 105. aliter divisis versibus et non addito ⟨ὥς⟩ ʌe⏑D⏑|e⏑e⏑|ʌʌe⏑D——|| M. Griffith; enop ⏑—⏑—⏑⏑—⏑⏑—⌒||, ia trim || , dochm || Dale; alia alii.

146	⏑⏑—⏑⏑—⏑⏑—⏑ |	enopl paroem
147	—⏑—⏑—⏑— ||?	lec
148	⏑—⏑—⏓—⏑—⏑—⏑∩ ||b	ia trim
149	⏑⏕—⏑— ||h	dochm
151	—⏑⏑—⏑⏑—⏑⏑—⏑⏑ |	4 da
152	—⏑⏑—⏑⏑———⏑⏑—⏑⏑—∩ ||b	6 da∧
153	⏕⏑—⏑⏕——— ||	cr dochm
156	—⏕—⏑—⏑⏕——— |	2 dochm
157	⏑⏕——— ||h	dochm
163	⏑⏑—⏑⏑—⏑⏑—⏑⏑— |	2 an
164	⏑⏑—⏑⏑—⏑⏑—⏑— ||c?	enopl
165	⏑⏕⏕⏑⏕⏑⏕—⏑— |	2 dochm
166	⏑——⏑—⏑——⏑— |	2 dochm
167	⏑⏕⏕⏑— |	dochm
168	⏑—⏑—⏑—⏑—⏑—⏑∩ ||b	ia trim
169	⏑——⏑—⏑⏕—⏑——⏑— ||h	2 dochm cr (vel ba 2 dochm?)
175	—⏕———⏑⏕—⏑— |	2 dochm
176	⏑———— ⏑⏕——∩ ||b	2 dochm
177	—⏕—⏑—⏑——⏑∩ ||b	2 dochm[1])
178	——⏕⏑———— ||	dochm mol
182	⏓— |	exclam
182 bis	⏑⏕—⏑—⏑⏕——— |	2 dochm
183	⏑—⏑—⏑——⏕—⏑— |	dochm hex dochm
184	⏑⏑—⏑⏑—⏑⏑—⏑⏑——— ||	2 an sp
185	⏑—⏑—⏑—⏑∩ ||b	2 ia
186	—⏕———⏑——⏑— |	2 dochm
187	———⏑——⏑—— |	mol 2 ba
188	⏑——⏑—⏑——⏑— |	2 dochm
189	⏑⏕———⏕⏑— ||?	dochm cr
190	—⏑⏑—⏑⏑———⏑⏑ |	4 da
191	—⏑⏑—⏑⏑—⏑⏑—∩ ||b	4 da∧
192	—⏑⏑—⏑⏑——— ||c	4 da∧∧

202 – 260 Parodos

202/214	⏕⏑—⏑⏑—⏑— |	gl
203/215	—⏓—⏑⏑—⏑— |	gl
204/216	———⏑⏑—— ||c	pher
205/217	——⏒—⏑⏑— |	∧wil
206/218	⏕⏑—⏑⏑⏕⏑— |	gl
207/219	———⏑⏑—— ||hlc	pher
208/220	⏒⏑⏑—⏑⏑—⏑⏕	gl
209/221	———⏑⏑⏒⏑— |	gl
210	⏕⏑———⏑⏑— |	wil
= 222	⏕⏑—⏑⏑—⏑— |	= gl
211/223	⏕⏑—⏑⏑—⏑— |	gl
212/224	———⏑⏑—⏑— |	gl
213/225	———⏑⏑—⏒ |||blc	pher
226	———⏑⏑—⏑— |	gl
227	⏕⏑—⏑⏑⏕⏑— |	gl

1) Brevis in longo hic multis suspecta, sed nulla emendatio mihi arridet.

228	———∪∪——‖[hc]	pher
229	———∪—∪∪—|	wil
230	———∪∪—∪—	gl
231	——×—∪∪—‖[c]	∧wil
232	⏖∪—∪∪—∪—	gl
233	———∪∪—∪—|	gl[1])
234	⏖∪—∪∪⏖∪—	gl
235	———∪∪—∪—|	gl
236	∪—∪——∪∪—|	ia chor (≈ wil)
237	⏖∪—∪∪⏖∪—	gl
238	———∪∪—∩|||[bc]	pher
239/250	—∪—∪—∪∩̄‖[b2]	lec
240/251	—∪—∪—∪—|	lec
241/252	—∪—∪—∪—|	lec
242/253	—∪—∪—∪—‖[?]	lec
243/254	—∪—∪—∪—|	lec
244/255	—∪—∪—∪—‖[h1]	lec
245/256	—∪—∪—∪—|	lec
246/257	———————‖[?]	mol 2 sp
247/258	—∪⏕∪—∪⏖∪|	2 tro
248/259	—∪—∪—∪—∪——‖[h2]	2 tro sp (vel lec ba)
249/260	– ∪—∪—∪—|||	lec

293–300 Astropha chori

293	∪⏖—∪——∪—∪—	dochm hypod[2])
294	∪—∪—∪—∪—∩‖[bh]	dochm hex ba (vel ia ia penth)
295	∪——∪——∪——‖	3 ba
296	⏖∪— ∪⏖⏖∪⏖|	cr dochm
297	—⏖—∪—‖[?]	dochm
298	∪——∪— ∪—∪——‖	dochm ia penth (vel ba ia ba)
299	∪——∪— ∪⏖⏖∪—|	2 dochm
300	∪——∪— ∪——‖	dochm ba

301–354 Monodia Iocastae (astropha)

301	———∪—|	dochm
302	∪——∪—∪——×—|	2 dochm
303	∪⏖∪————∪∩‖[b]	2 ia
304	∪—∪—∪—∪—	2 ia
305	∪—∪—∪—∪—|	2 ia
306	∪—∪—∪—∪—	2 ia
307	∪—∪—∪—∪—‖[?]	2 ia
308	∪—∪—∪—∪—	2 ia
308 bis	∪—∪⏖∪—∪—	2 ia
309	—⏖—∪——∪———‖	dochm cr sp
310	∪—∪—∪—∪—|	2 ia

1) Aut hic aut ad 235 finis periodi statui potest si ϑεῶν vel ϑεοῦ per synizesin metitur ut pher eveniat (M. Griffith).

2) Vel 2 dochm (πῑτν-); sed πιτν- usurpant tragici potius in elemento brevi vel ancipiti quam in longo (ubi πιπτ- praeferunt): cf. autem Tro. 762, Andr. 537, Aesch. Pers. 152, Soph. El. 1380.

311	⏑–⏑–⏑–⏑–⏑–⏑–‖$^{?}$	3 ia
312	⏑–⏑–⏑––‖^{c}	ia ba
313	––⏑–⏑–⌒‖^{bc}	ia ba
314	⏖⏑–⏑–⏑–|	lec
315	⏑–⏑–⏑–⌒‖^{b}	ia ba
316	⏖⏑––⏑––⏑––⏑––⏑–‖	5 cr
317	⏑–⏑⌒‖^{b}	ia
318	⏑––⏑–⏑⏖–⏑–|	2 dochm
319	⏑⏖–⏑–⏑––––‖^{h}	2 dochm
320	–⏑––⏑–|	2 cr
321	–⏑–––‖	cr mol
322	⏑⏖–⏑–⏑⏖–⏑–|	2 dochm
323	⏑⏖–⏑–⏑––⏑–|	2 dochm
324	⏑⏑–⏑⏑––––|	2 an
325	⏑––⏑–⏑––⏑–|	2 dochm
326	⏑⏖–⏑–‖^{h}	dochm
327	⏑–⏑–⏑–⏑–⏑–⏑–‖$^{?}$	3 ia
328	⏑––⏑– ⏑––⏑–	2 dochm
329	⏑––⏑–|	dochm
330	⏑⏑–⏑⏑–⏑⏑–⏑⏑–‖$^{?}$	2 an
331	⏑–⏑–⏑–⏑–	2 ia
332	⏑–⏑–⏑–⏑–	2 ia
333	⏑–⏑–⏑–⏑–	2 ia
334	–⏑–––‖^{c}	cr sp
335	⏑⏖–⏑–⏑––⏑–|	2 dochm
336	⏑⏖–⏑–‖	dochm
337	⏑–⏑– –⏑– ⏑–⏑–|	ia cr ia
338	⏑–⏑–⏑–⏑–⏑–|	dochm hex ia[1])
339	⏑–⏑–⏑–⏑–|	2 ia
340	⏑–⏑–⏑–⏑–|	2 ia
341	⏑–⏑–⏑–⏑–	2 ia
342	⏑–⏑–⏑–⏑–	2 ia
343	⏑–⏑–⏑––‖^{c}	ia ba
344	⏑––⏑–⏑⏖–⏑–|	2 dochm
345	⏑⏖–⏑–|	dochm
346	–⏑––⏖⏖⏑–‖^{h}	cr dochm
347	⏑⏖–⏑––⏖–––|	2 dochm
348	–⏖–⏑–⏑⏖–––|	2 dochm
349	⏑⏖––––⏖–––‖	2 dochm
350	⏑–⏑⏑–⏑⏑–⏑|	⏑D⏑ (vel ⏑D⌒‖^{b})
351	–⏑⏑–⏑⏑–⏑⏑–⏑⏑|	4 da
352	–⏑⏑–⏑⏑–⏑⏑–⏑⏑|	4 da
353	–⏑⏑–⏑⏑–‖	D
354	⏑⏖–⏑–⏑⏖–⏑–‖	2 dochm

638 – 689 Stasimon I

638/657	–⏑⏖⏑–⏑–‖$^{?}$	lec
639/658	⏖⏑–⏑–⏑–|	lec
640/659	–⏑⏖⏑–⏑–⏑|	2 tro
641/660	⏖⏑–⏑–⏑–⏑|	2 tro
642/661	⏖̅⏑–⏑–⏑–‖^{c}	lec

1) Vel (deleto *καὶ* 337) 337 – 338 = 5 ia (Hermann) vel fortasse (accepto *γάμοις ἤδη* **Π**^{13}) ia cr | ia ba ‖^{bc} lec | (M. Griffith).

643/662	⏖∪—∪—∪—|	lec
644/663	—∪⏖∪—∪—|	lec
645/664	—∪⏖∪⏖∪⏕∪|	2 tro
646/665	⏕∪—∪—∪—||[c]	lec
647/666	——∪—∪—|	sync tro cr (vel sp ia?)
648/667	—∪—∪—∪—|	lec
649/669	⏕∪—∪⏕∪—	lec
650/668	—∪—∪—⏒||[b2c]	ithyph
651/670	—∪—∪—∪—|	lec
652/671	∪—∪—∪⏖∪—|	2 ia
653/672	∪—∪—∪—∪—|	2 ia
654/673	∪—∪—∪—∪—∪—∪—||[h2]	3 ia
655/674	—∪—∪—∪—∪	2 tro
655 bis/674 bis	—∪——∪—∪|	cr tro
656/675	—∪—∪—∪—|||	lec
676	—∪—∪—∪⌒||[b]	lec
677	——∪—∪⌒||[b]	sync tro cr (vel sp ia?)
678–679	⏖∪—∪—∪⏖∪⏖∪⏖∪|	3 tro
679 bis	—∪—∪—||[h]	Kurzvers[1])
680	∪—||	exclam
680 bis	—∪—∪—||	Kurzvers
681	—∪—∪—∪—||	lec
682	—∪—∪—∪—	lec
683	—∪—∪—∪—	lec
684	—∪—∪—∪—	lec
685	———∪—	sp cr
686	——∪—⌒||[b]	sp ba
686 bis	——∪—∪—|	sp ia
687	——∪—∪—∪—∪—|	sp 2 ia
688	∪—∪—∪——||[c]	ia ba
689	—∪—∪—∪—|||	lec

784–833 Stasimon II

784/801	—∪∪—∪∪—⁝∪∪—∪∪	4 da
785/802	—∪∪—∪∪—⁝∪∪—∪∪—∪∪——||	6 da∧
786/803	—∪∪—∪∪—⁝∪∪—∪∪—∪∪——||	6 da∧
787/804	—∪∪—∪∪—⁝——∪∪—∪∪——||	6 da∧
788/805	—∪∪—∪∪—⁝∪∪——||[h1]	4 da∧
789/806	—∪∪—∪∪—⁝∪∪———∪∪——||	6 da∧
790/807	—∪∪——||	2 da∧
790 bis/807 bis	—∪∪—∪∪—∪∪——||	4 da∧
791/808	—∪∪—∪∪—⁝∪∪—∪∪——||[h1]	5 da∧
792/809	—∪∪—∪∪—⁝∪∪—∪∪—∪∪—⏓||[b1]	6 da∧
793/810	———∪∪—∪∪——|	4 da
794/811	———∪∪—————∪∪——|	6 da
795/812	———⏓||[b1]	2 da∧
796†/813	—∪∪—∪∪—∪∪—∪∪|	4 da
797/814	—∪∪—∪∪—∪∪—∪∪|	4 da
797 bis/815	———⏔—||[c]	hemiepes (3 da∧∧)
798/816†	———∪∪—∪∪—∪∪|	4 da

1) Cf. 1023 sqq.

799/817†	–⏑⏑–⏑⏑–⏑⏑––||$^{?}$	4 da∧
800/⟨817 bis⟩	–⏑⏑–⏑⏑––|||	3 da∧
818	⏖⏑––⏑⏑–⏑⏑|	cr 2 da
819	–⏑⏑–⏑⏑–⁞⏑⏑–⏑⏑–⏑⏑––||	6 da∧
820	–⏑⏑–⏑⏑–⁞––⏑⏑–⏑⏑––||	6 da∧
821	–⏑⏑–⏑⏑–⁞––––⏑⏑–⌒||^{b}	6 da∧
822	–⏑⏑–⏑⏑–⏑⏑––||$^{?}$	4 da∧
823	–⏑⏑–⏑⏑–⁞––⏑⏑–⏑⏑––||	6 da∧
824	–⏑⏑–⏑⏑–⏑⏑–⏑⏑–⏑⏑––||	6 da∧
825	⏑⏑–⏑⏑–⏑⏑–⏑⏑–|	2 an
826	––⏑⏑–⏑⏑–⏑⏑–|	2 an
827	⏑⏑–––⏑⏑––||^{hc}	paroem
828	–––⏑⏑–⏑⏑––||$^{?}$	4 da ∧
829	–––⏑⏑–⏑⏑–⏑⏑|	4 da
830	–⏑⏑–⏑⏑–⁞⏑⏑–⏑⏑	4 da
831	–⏑⏑–⏑⏑–||^{c}	hemiepes (= D)
832	⏑⏑–⏑⏑–––⏑–	an ia (= ∧D–e)
833	⏑–⏑⏑––|||	reiz (= ⏑d^{1}–)

1019–1066 Stasimon III

1019/1043	⏑–⏑–|	ia
1019 bis/1043 bis	–⏑–⏑–⏑–	lec
1020/1044	⏑–⏑–⏑––||^{c}	ia ba
1021/1045	––– –⏑–|	mol cr
1022/1046	⏑–⏑–⏑–⏑–||$^{?}$	2 ia
1023/1047	–⏑–⏑–|	Kurzvers[1])
1023 bis/1047 bis	–⏑–⏑–|	Kurzvers
1024/1048	–⏑–⏑–|	Kurzvers
1025/1049	⏑–⏑–⏑––||^{c}	ia ba
1026/1050	⏓–––⏑–|	mol cr = ba cr[2])
1027/1051	⏑–⏑–⏑––	ia ba[3])
1028/1052	⏖⏑–⏑–⌒||^{b}	ithyph
1029/1053	⏖⏑–⏑–⌒̄||^{b2}	ithyph
1030/1054	⏖⏑⏖⏑⏖⏑⏖⏑	2 tro (vel 2 ia?)
1031/1055	⏖⏑⏖⏑–⏑–|	lec
1032/1056	–⏑–⏑––||^{c}	ithyph
1033/1057	⏑–⏑–⏑–⏑–|	2 ia
1034/1058	⏑–⏑–⏑–⏑–|	2 ia
1035/1059	–⏑–⏑––||^{c}	ithyph
1036/1060	⏑–⏑–⏑–⏑–|	2 ia
1037/1061	⏑–⏑–⏑–⏑⌓||^{b1}	2 ia
1038/1062	–⏑–⏑–⏑–⏑|	2 tro
1038 bis/1062 bis	⏖⏑–⏑–⏑–||^{c}	lec
1039/1063	–––⏑–⏑|	sp tro
1040/1064	–––⏑–⏑|	sp tro

1) Cf. Wilam. Gr. Verskunst 406.

2) Ad responsionem ⏓–– cf. Ion. 190 ~ 201 (in initio periodi), Soph. El. 485 ~ 501; exempla dubia Aesch. Ag. 978 ~ 991 (cf. Fraenkel et Denniston-Page ad loc.), Sept. 356 ~ 368, Pers. 281 ~ 287, Soph. Phil. 1134 ~ 1157 (cf. Stinton, JHS 97, 1977, 136 sq. et n. 39).

3) Ad ia + ba non in fine periodi positum cf. Parker, CQ 26, 1976, 20 n. 17; Stinton, CQ 27, 1977, 40.

1041/1065	⏖⏑⏖⏑⏔⏑—⏑|	2 tro
1042/1066	—⏑—⏑—⏑—⏑——|||	tro cr ba

1284–1307 Stasimon IV

1284/1296	————⏑⏑—⏑⏑—|	2 an
1285–1286/1297–1298	⏑⏑—⏔—⏑⏑—⏑⏑—|	2 an
1287/1299	⏖⏑⏖⏑⏔⏑—⏑——⏓—||?	lec dochm
1288/1300	⏖⏑⏖⏑⏖⏑⏖⏑⏖—⏒—||h1	lec dochm
1289/1301	⏑——⏑—||h2	dochm
1290/1302	⏑——⏑——||h1	2 ba
1291/1303	⏑⏖—⏑—⏑⏖———|	2 dochm
1292/1304	⏑—⏑—⏑—⏑—|	2 ia
1293/1305	⏑—⏑—⏑—⁀||bc	ia ba
1294–1295/1306–1307	⏑⏖⏑⏖⏑⏖⏑⏖—⏒—|||	dochm hex dochm

1340–1351 Astropha chori et Creontis (inter trimetros posita)

1340	——||	exclam
1341	⏑⏖—⏑—⏑⏖—⏑—||	2 dochm
1345	———⏑—⏑⏖—⏑—||	2 dochm
1350	⏑⏖⏖⏑——⏑⏖|	dochm cr[1])
1351	—⏖—⏑——⏑—⏑—||	dochm hypod

1485–1581 Astropha Antigonae et Oedipodis (monodia et amoebaeum)

1485–1486	—⏑⏑—⏑⏑—⋮⏑⏑—⏑⏑—⏑⏑—⁀||b	6 da∧
1487	—⏑⏑—⏑⏑—⋮⏑⏑—⏑⏑	4 da
1488	———⏑⏑—⏑⏑——||h	4 da∧
1489	—⏑⏑—⏑⏑—⋮——⏑⏑	4 da
1490	———⏑⏑—⏑⏑—⏑⏑	4 da
1491	—⏑⏑—⏑⏑—⏑⏑—⏑⏑—||c	5 da∧∧
1492–1493	—⏑⏑—⏑⏑—⏑⏑—⏑⏑ —⏑⏑——||h	4 da exclam
1494	—⏑⏑—⏑⏑—⏑⏑—⏑⏑ —————||	4 da exclam
1495	—⏑⏑—⏑⏑—⏑⏑—⏑⏑|	4 da
1496	—⏑⏑—⏑⏑—⏑⏑——	4 da
1497	—⏑⏑——||h	2 da∧
1497 bis	—⏑⏑——||c	2 da∧
1498	⏖⏑—⏑|	tro
1499	—⏑⏑—⏑⏑—⋮⏑⏑—⏑⏑|	4 da
1500	—⏑⏑—⏑⏑—⏑⏑—⏑⏑|	4 da
1501	—⏑⏑——||c	2 da∧
1502	—⏑⏑—⏑⏑—⏑⏑—⏑⏑|	4 da
1503	—⏑⏑—⏑⏑—⏑⏑—⏑⏑|	4 da
1504	—⏑⏑—⏑⏑—⋮⏑⏑—⏑⏑|	4 da
1505	—⏑⏑—⏑⏑|	2 da
1506	—⏑⏑—⏑⏑—⋮⏑⏑——||c	4 da∧
1507	—⏑⏑———⏑⏑——||c	4 da∧
1508	×———||?	exclam
1509	⏑—⏑——⏑⏑—|	ia chor
1510	—⏑⏑——⏑⏑—|	2 chor
1511	⏑⏖⏑—⏑—⏑—	2 ia
1512	—⏑⏑—⏑⏑—|	hemiepes
1513	—⏑⏑—⏑⏑⁀||b	hemiepes

1) Si ἀνάγετ' ἀνάγετε retinetur, ia + dochm; alia alii.

1514	⏑——⏑⏑——‖[?]	2 io
1515	⏑⏑——⏑⏑—|	2 io[1])
1516	⏑⏑——⏑⏑——⏑⏑—{—⏑⏑—}|	3 io
1517	†⏑⏑—⏑⏑⏑——†|	corruptum
1518	⏑—⏑⏖⏑—∩‖[b]	ia ba
1519	—⏑⏑——⏑⏑—|	2 chor
1520	—⏑⏑——⏑⏑—	2 chor
1521	—⏑⏑——⏑⏑——⏑⏑—|	3 chor
1522	—⏑⏑——⏑⏑—‖	2 chor
1523	{⏑×——}	interpolatum
1524	⏖⏑—⏖⏑—	2 cr
1525	—⏑——⏑——⏑—‖	3 cr
1526	—⏑⏑——⏑⏑—⏑⏑—	chor hemiepes[2])
1527	—⏑⏑——|	chor — (vel adon)
1528	—⏑⏑——|	chor — (vel adon)
1529	—⏑⏑——⏑⏑——‖	2 chor — (vel chor adon)
1530	⏑—⏑——⏑—|	ia cr
1531	⏑—⏑⏖—⏑⏑—|	ia chor
1532	⏑—⏑—⏑—∩‖[b]	ia ba
1533	—⏖—⏑——⏖⏖⏑⏖|	2 dochm
1534	—⏑⏑—⏑⏑—⏑⏑—⏑⏑|	4 da
1535	—⏑⏑———⏑——⏑—‖[?]	2 dochm
1536	⏑——⏑——	2 ba
1536 bis	⏑——⏑——	2 ba
1537	⏑——⏑—	dochm[3])
1538	——⏑⏑——‖[c]	reiz
1539	⏑——⏑⏑——⏑⏑——|	3 io
1540	⏑⏑——⏑⏑——‖[?]	2 io
1541	⏑——⏑⏑——⏑⏑——	3 io
1542	⏑⏑——⏑⏑——‖[?]	2 io
1543	⏖⏑—⏖⏑⏖——⏑—|	2 cr ia
1544	⏑⏖—⏑—|	dochm
1545	—⏑⏑——‖[c]	adon (2 da∧)
1546	—⏑⏑—⏑⏑—¦⏑⏑——‖[c]	4 da∧
1547	⏑⏑—⏑⏑—⏑⏑——‖[c]	paroem
1548	⏑⏑—⏑⏑—⏑⏑——‖[c]	paroem
1549	—⏑⏑—⏑⏑—¦⏑⏑—⏑⏑—⏑⏑——‖[h]	6 da∧
1550	—⏑⏑——‖[h]	2 da∧
1551–1552	—⏑⏑—⏑⏑—¦⏑⏑—⏑⏑—⏑⏑——‖[c]	6 da∧
1553	————————|	4 sp
1554	—⏑⏑—⏑⏑—⏑⏑——‖[h]	4 da∧
1555	—⏑⏑—⏑⏑—⏑⏑—⏑⏑|	4 da
1556	—⏑⏑—⏑⏑—¦⏑⏑——‖[c]	4 da∧
1557	⏑⏑———|	an[4])
1558	—⏑⏑—⏑⏑—⏑¦⏑—⏑⏑—⏑⏑——‖[c]	6 da∧
1559	—⏑⏑——‖[h]	2 da∧

1) Ad ἦ non correptum in hiatu qui in hac locutione finem periodi non faciat cf. Ba. 110; Wilam. 1903, 598 n. 1 (= Kl. Schr. VI 356 n. 2).

2) Vel $d^1Dd^1\_d^1\_d^1d^1\_$: numeri ambigui, ut saepe fit in choriambicis vel ionicis (aliter divisis versibus 2 chor, 2 io, chor, ∧3 io possis; alia alii).

3) Vel aliter divisis versibus 2 ba, adon (cf. 1544 sq.).

4) Siquidem in proximis versibus inveniuntur dactyli in modum anapaestorum conformati (1550, 1553, 1554, 1555, 1562, 1563, 1564; 1574, 1576), anapaestum hic consulto insertum esse censui (cf. 1575). at si ξίφεσι praefertur, 1557 = tro (cf. 1498).

1560 × – ⏑ ⏖ ⏑ – ⏑ – | 2 ia
1561 – ⏑ ⏖ ⏑ – ⏑ – ||^{c} lec
1562 – ⏑⏑ – ⏑⏑ – ⏑⏑ – – | 4 da[1])
1563 – ⏑⏑ – ⏑⏑ – ⏑⏑ – – | 4 da
1564 – ⏑⏑ – – – ⏑⏑ – – || 4 da∧
1565 – ⏑⏑ – ⏑⏑ – ⁝ ⏑⏑ – ⏑⏑ | 4 da
1566 – ⏑⏑ – ⏑⏑ – ⁝ ⏑⏑ – ⏑⏑ – ⏑⏑ – – ||^{c} 6 da∧
1567 ⏖ ⏑ ⏖ ⏑ ⏖ ⏑ – ⏑ ⏖ ⏑ – ||^{c} 2 tro cr
1568 ⏖ ⏑ – ⏑ ⏖ ⏑ ⏖ ⏑ | 2 tro
1569 ⏖ ⏑ ⏖ ⏑ ⏖ ⏑ – ||^{hc} lec
1570 – ⏑⏑ – – – ⏑⏑ – ⏑⏑ | 4 da
1571 – ⏑⏑ – ⏑⏑ – ⏑⏑ – – ||$^{c?}$ 4 da∧
1572 – ⏑⏑ – ⏑⏑ – ||^{c} hemiepes
1573 – – – ⏑⏑ – ⏑⏑ – – ||$^{c?}$ 4 da∧
1574 – ⏑⏑ – ⏑⏑ – ⏑⏑ – ⏑⏑ | 4 da
1575 – – – – – – – ⏑⏑ ⌒ ||^{b} 2 an
1576 – ⏑⏑ – – – ⏑⏑ – – ||$^{c?}$ 4 da∧
1577 – ⏑⏑ – ⏑⏑ – ⏑ ⁝ ⏑ – ⏑⏑ – ⏑⏑ – – ||^{c} 6 da∧
1578 – ⏑⏑ – ⏑⏑ – ⏑ ⁝ ⏑ – ⏑⏑ – ⏑⏑ – ⌒ ||^{b} 6 da∧
1579 – ⏑⏑ – ⏑⏑ – ⏑⏑ – ⏑⏑ | 4 da
1580 – ⏑⏑ – ⏑⏑ – ⏑ ⁝ ⏑ – ⏑⏑ – ⏑⏑ | 5 da
1581 – ⏑ – ⏑ – – ||^{c} ithyph

1710 – 1736 Astropha Antigonae et Oedipodis (amoebaeum)

1710 – 1711 ⏑ – ⏑ – ⏑ – ⏑ ⏖ ⏑ ⏖ ⏑ – || 3 ia
1712 ⏑ – ⏑ – ⏑ – ⏑ – | 2 ia
1713 ⏑ – ⏑ – ⏑ – ⏑ – ⏑ – – ||^{c} 2 ia ba
1714 ⏑ – || exclam[2])
1714 bis ⏑ – ⏑ – ⏑ – ⏑ – | 2 ia
1715 ⏑ – ⏑ – ⏑ – ⏑ – || 2 ia
1716 ⏑ ⏖ ⏑ ⏖ ⏑ – ⏑ – | 2 ia
1717 ⏑ – ⏑ – × – ⏑ – ⏑ – ⏑ – || 3 ia
1718 ⏖ ⏑ ⏖ ⏑ – ⏑ – ⏑ | 2 tro
1719 – ⏑ ⏖ ⏑ – ⏑ – ||^{c} lec
1720 – ⏑ – ⏑ – ⏑ – || lec
1721 – ⏑ – ⏑ ⏖ ⏑ – ||^{h} lec
1722 – ⏑ – ⏑ – – ||^{c} ithyph
1723 ⏑ – ⏑ – – ⏑ – ⏑ – ⏑ – | ia cr ia
1724 ⏑ – – – ⏑ – ⏑ – ⏑ – | ba cr ia
1725 ⏑ – ⏑ – – ⏑ – ⏑ – – ||^{c} ia cr ba
1726 ⏑ – ⏑ – – ⏑ – ⏑ – ⏑ – | ia cr ia
1727 – ⏑ – ⏑ – ⏑ – ⏑ ⏖ ⏑ – || cr 2 ia
1728 ⏑ – ⏑ – ⏑ ⏖ ⏑ – 2 ia
1729 ⏑ – ⏑ – ⏑ ⏖ ⏑ – | 2 ia
1730 – ⏑ – ⏑ – ⏑ – | lec
1731 – – ⏑ ⏖ ⏑ – – ||^{c} ia ba
1732 – ⏑ ⏖ ⏑ – ⏑ – ⏑ 2 tro
1733 ⏖ ⏑ ⏖ ⏑ – ⏑ – ⏑ – – ||^{c} tro ithyph
1734 ⏖ ⏑ ⏖ ⏑ ⏖ ⏑ ⏖ ⏑ | 2 tro

1) Dactylis 1562sqq. in modum anapaestorum conformatis fortasse spondei catalexin non praestant; igitur dubitanter 4 da pro 4 da∧ scripsi.
2) Ad ἰδού extra metrum positum cf. Ion. 742, Cycl. 544.

1735	⏖⏑⏖⏑⏖⏑⏖⏑|	2 tro
1736	—⏑—⏑——‖[c]	ithyph

1737 – 1757 Astropha spuria Antigonae et Oedipodis (amoebaeum)

1737	⏑—⏑⏖⏑⏖⏑—⏑—⏑—	3 ia
1738	⏑—⏑—⏑⏖⏑⏖⏑——‖[c]	2 ia ba
1739	⏑—⏑—⏑—⏑—‖	2 ia
1740	—⏑—⏑—⏑—‖	lec
1741	—⏑—⏑—⏑—|	lec
1742	—⏑—⏑——‖[c]	ithyph
1743	⏑—⏑———⏑—⏑—⏑—|	3 ia
1744	⏑—⏑—⏖⏑—⏑—⏑—|	ia cr ia
1745	⏑⏖⏑—⏑—⏑—⏑—⏑—|	3 ia
1746	⏖⏑—⏑——‖[c]	ithyph
1747	⏑—⏑—⏑—⏑—‖	2 ia
1750	⏖⏑—⏑—⏑—‖	lec
1749	⏑—⏑—⏑—⏑—‖	2 ia
1748	⏖⏑—⏑—⏑—‖	lec
1751	⏑—⏑⏖⏑⏖⏑—	2 ia
1752	⏑⏖⏑⏖⏑—⏑—‖	2 ia
1753	————|	an
1754	⏑⏑—⏑⏑—⏑⏑—⏑⏑—|	2 an
1755	⏑⏑—⏑⏑∩‖[b]	an
1756	⏖⏑⏖⏑⏖⏑—⏑	2 tro
1757	⏖⏑⏖⏑—⏑—⏑—∩‖	tro ithyph

ADDENDA ET CORRIGENDA

ad Conspectum librorum:

Burgess, D. L., The Teichoskopia in the Phoenissae, Classical Journal 83, 1988, **103–113**

Romilly, J. de, D'Euripide à Platon. L'exemple des Phéniciennes, Estudios Clásicos 26, 1984, 259–265

Saïd, S., Euripide ou l'attente déçue: l'exemple des Phéniciennes, ASNP serie III 15, 2, 1985, 501–527

Vannini, A., L'insuccesso della ragione nelle Fenicie di Euripide, Annali della Facoltà di Lettere e Filosofia dell' Univ. de Siena 5, 1954, 125–141

ad apparatum criticum:

302–303: post **M**^{1} adde (~ **M**^{2s})
499: adde *ταὐτὸν* Sext.
725 *δεύρω*: adde [***Π***^{12}]
1140 *παρφ-*: adde **F**^{c}

ad testimonia:

499–500 Sext. Emp. Pyrrhon. hypotyp. 1,86

ad Appendicem coniecturarum:

1495 *πόνῳ πόνος* Willink ad Orest. 816–818